HYPERBOLE

MATHÉMATIQUES 2de

Joël Malaval
Denise Courbon

Anne Crouzier
Chantal Demetz
Pierre-Antoine Desrousseaux
Danièle Eynard
Franck Lambert
Hélène Lample
Jean-Marc Lécole
Marie-Christine Obert
Lionel Xavier

Nouveau programme

Édition 2010

Totalement compatible avec l'édition 2009

Le papier de cet ouvrage est composé de fibres naturelles, renouvelables, recyclables et fabriquées à partir de bois provenant de forêts gérées de manière responsable et durable.

Nathan

Sommaire

Chapitre 8 Géométrie plane et problèmes

Chapitre 9 Équations de droites et problèmes

Chapitre 10 Vecteurs et problèmes

Chapitre 11 Statistique descriptive. Analyse de données

Chapitre 12 Probabilités et problèmes

Chapitre 13 Échantillonnage et simulation

Les rabats de couverture

Découvrez votre manuel

Ouverture

Un grand **document** ouvre le chapitre sur le monde qui nous entoure.

Des énigmes pour remobiliser les connaissances en s'amusant.

Vérifier les acquis

Un test permet de faire le point sur **les acquis** du collège.

Des renvois vers le formulaire pour faciliter le travail en autonomie.

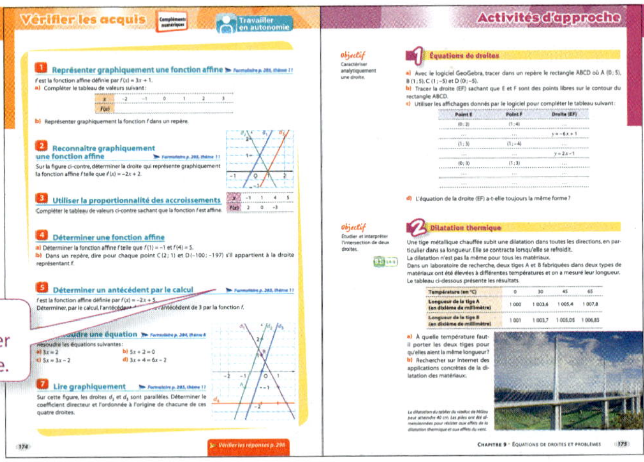

Activités

Deux **activités** courtes permettent d'introduire les nouvelles notions du cours.

Le cours

Le cours présente les définitions et les propriétés.

Le cours est illustré de nombreux exemples.

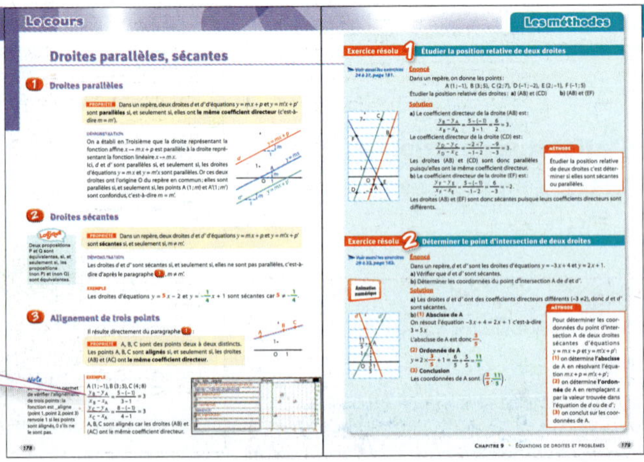

Les méthodes

Les **exercices résolus** permettent de dégager des méthodes de résolution de problèmes.

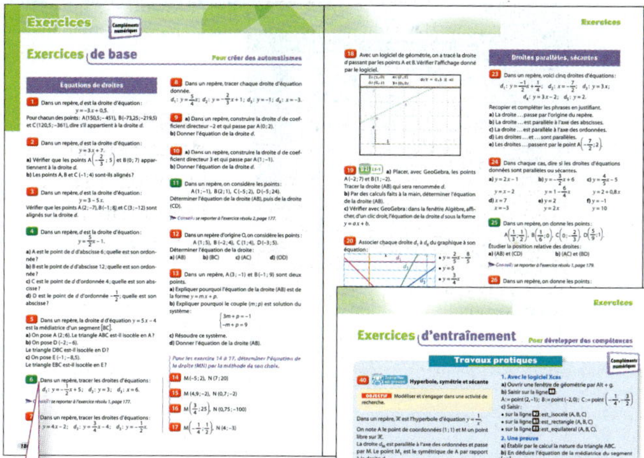

Boîte verte : l'exercice est corrigé en fin de manuel.

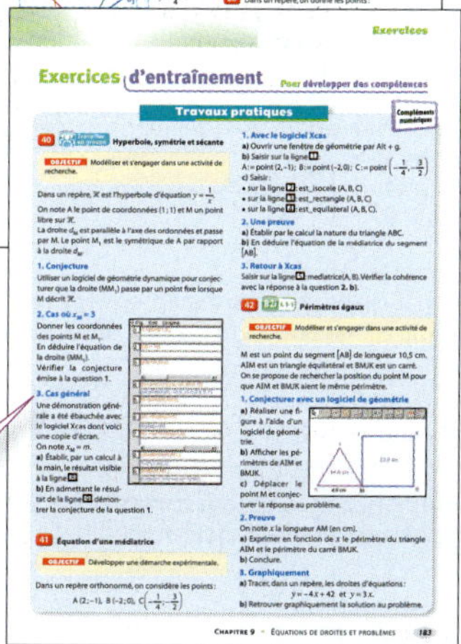

Des travaux pratiques pour expérimenter avec les TICE et la calculatrice.

Les exercices

Les rubriques d'exercices permettent de soigner la progressivité et de diversifier l'activité mathématique.

Exercices de base — Pour créer des automatismes

Exercices d'entraînement — Pour développer des compétences

Exercices d'approfondissement — Pour aller plus loin

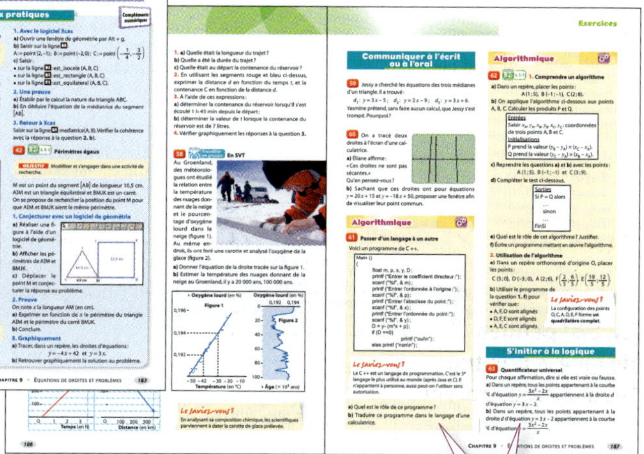

Des exercices d'algorithmique et de logique dans chaque chapitre.

Les exercices incontournables », avec des conseils de révisions.

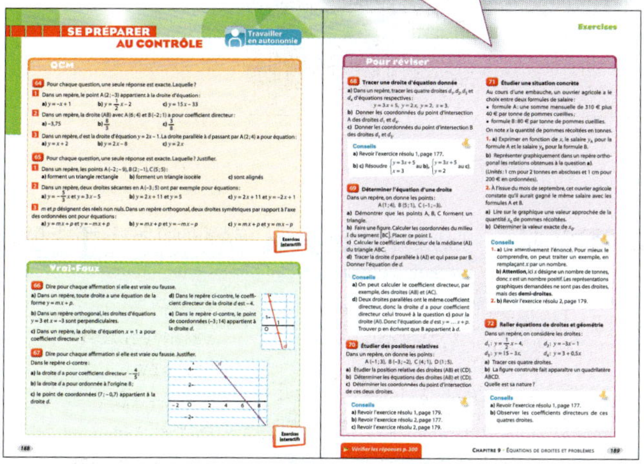

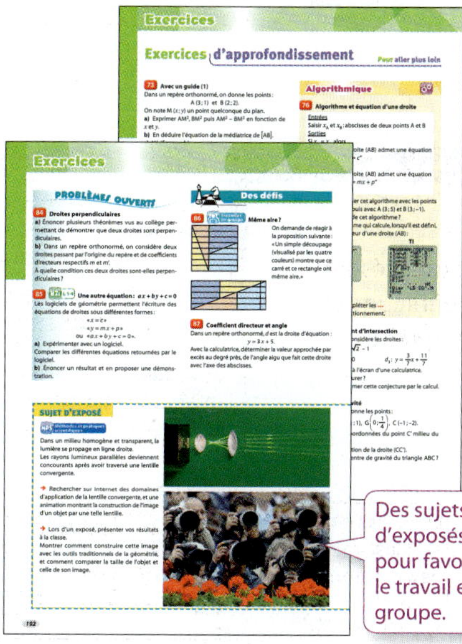

Des sujets d'exposés pour favoriser le travail en groupe.

Les logos du manuel

Travailler en autonomie

B2i L 2-4

Travailler en groupe

MPS Méthodes et pratiques scientifiques

Programme

D'après le B.O. n° 30 du 23 juillet 2009

1. Fonctions

CONTENUS	CAPACITÉS ATTENDUES
Fonctions Image, antécédent, courbe représentative.	• Traduire le lien entre deux quantités par une formule. Pour une fonction définie par une courbe, un tableau de données ou une formule : • identifier la variable et, éventuellement, l'ensemble de définition ; • déterminer l'image d'un nombre ; • rechercher des antécédents d'un nombre.
Étude qualitative de fonctions Fonction croissante, fonction décroissante ; maximum, minimum d'une fonction sur un intervalle.	• Décrire, avec un vocabulaire adapté ou un tableau de variations, le comportement d'une fonction définie par une courbe. • Dessiner une représentation graphique compatible avec un tableau de variations. Lorsque le sens de variation est donné, par une phrase ou un tableau de variations : • comparer les images de deux nombres d'un intervalle ; • déterminer tous les nombres dont l'image est supérieure (ou inférieure) à une image donnée.
Expressions algébriques Transformations d'expressions algébriques en vue d'une résolution de problème.	• Associer à un problème une expression algébrique. • Identifier la forme la plus adéquate (développée, factorisée) d'une expression en vue de la résolution du problème donné. • Développer, factoriser des expressions polynomiales simples ; transformer des expressions rationnelles simples.
Équations Résolution graphique et algébrique d'équations.	• Mettre un problème en équation. • Résoudre une équation se ramenant au premier degré. ◊ Encadrer une racine d'une équation grâce à un algorithme de dichotomie.
Fonctions de référence Fonctions linéaires et fonctions affines Variations de la fonction carré, de la fonction inverse.	• Donner le sens de variation d'une fonction affine. • Donner le tableau de signes de $ax + b$ pour des valeurs numériques données de a et b. • Connaître les variations des fonctions carré et inverse. • Représenter graphiquement les fonctions carré et inverse.
Études de fonctions Fonctions polynômes de degré 2. Fonctions homographiques.	• Connaître les variations des fonctions polynômes de degré 2 (monotonie, extremum) et la propriété de symétrie de leurs courbes. • Identifier l'ensemble de définition d'une fonction homographique.
Inéquations Résolution graphique et algébrique d'inéquations.	• Modéliser un problème par une inéquation. • Résoudre graphiquement des inéquations de la forme : $f(x) < k$; $f(x) < g(x)$. • Résoudre une inéquation à partir de l'étude du signe d'une expression produit ou quotient de facteurs du premier degré. • Résoudre algébriquement les inéquations nécessaires à la résolution d'un problème.
Trigonométrie « Enroulement de la droite numérique » sur le cercle trigonométrique et définition du sinus et du cosinus d'un nombre réel.	• On fait le lien avec les valeurs des sinus et cosinus des angles de 0°, 30°, 45°, 60°, 90°.

2. Géométrie

CONTENUS	CAPACITÉS ATTENDUES
Coordonnées d'un point du plan Abscisse et ordonnée d'un point dans le plan rapporté à un repère orthonormé. Distance de deux points du plan. Milieu d'un segment.	• Repérer un point donné du plan, placer un point connaissant ses coordonnées. • Calculer la distance de deux points connaissant leurs coordonnées. • Calculer les coordonnées du milieu d'un segment.
Configurations du plan Triangles, quadrilatères, cercles.	Pour résoudre des problèmes : • Utiliser les propriétés des triangles, des quadrilatères, des cercles. • Utiliser les propriétés des symétries axiale ou centrale.
Droites Droite comme courbe représentative d'une fonction affine Équations de droites. Droites parallèles, sécantes.	• Tracer une droite dans le plan repéré. • Interpréter graphiquement le coefficient directeur d'une droite. • Caractériser analytiquement une droite. • Établir que trois points sont alignés, non alignés. • Reconnaître que deux droites sont parallèles, sécantes. • Déterminer les coordonnées du point d'intersection de deux droites sécantes.

CONTENUS	CAPACITÉS ATTENDUES
Vecteurs Définition de la translation qui transforme un point A du plan en un point B. Vecteur $\overrightarrow{AB}$ associé. Égalité de deux vecteurs : $\vec{u} = \overrightarrow{AB} = \overrightarrow{CD}$. Coordonnées d'un vecteur dans un repère. Somme de deux vecteurs. Produit d'un vecteur par un nombre réel. Relation de Chasles.	• Savoir que $\overrightarrow{AB} = \overrightarrow{CD}$ équivaut à ABDC est un parallélogramme, éventuellement aplati. • Connaître les coordonnées $(x_B - x_A\,;\, y_B - y_A)$ du vecteur $\overrightarrow{AB}$. • Calculer les coordonnées de la somme de deux vecteurs dans un repère. • Utiliser la notation $\lambda\vec{u}$. • Établir la colinéarité de deux vecteurs. • Construire géométriquement la somme de deux vecteurs. • Caractériser alignement et parallélisme par la colinéarité de vecteurs.
Géométrie dans l'espace Les solides usuels étudiés au collège : parallélépipède rectangle, pyramides, cône et cylindre de révolution, sphère. Droites et plans, positions relatives. Droites et plans parallèles.	• Manipuler, construire, représenter en perspective des solides.

3. Statistiques et probabilités

CONTENUS	CAPACITÉS ATTENDUES
Statistique descriptive, analyse de données Caractéristiques de position et de dispersion : • médiane, quartiles ; • moyenne.	• Utiliser un logiciel (par exemple, un tableur) ou une calculatrice pour étudier une série statistique. • Passer des effectifs aux fréquences, calculer les caractéristiques d'une série définie par effectifs ou fréquences. • Calculer des effectifs cumulés, des fréquences cumulées. • Représenter une série statistique graphiquement (nuage de points, histogramme, courbe des fréquences cumulées).
Échantillonnage Notion d'échantillon. Intervalle de fluctuation d'une fréquence au seuil de 95 %. Réalisation d'une simulation.	• Concevoir, mettre en œuvre et exploiter des simulations de situations concrètes à l'aide du tableur ou d'une calculatrice. • Exploiter et faire une analyse critique d'un résultat d'échantillonnage.
Probabilité sur un ensemble fini Probabilité d'un événement. Réunion et intersection de deux événements, formule : $p(A \cup B) + p(A \cap B) = p(A) + p(B)$.	• Déterminer la probabilité d'événements dans des situations d'équiprobabilité. • Utiliser des modèles définis à partir de fréquences observées. • Connaître et exploiter cette formule.

Algorithmique (objectifs pour le lycée)

L'algorithmique a une place naturelle dans tous les champs des mathématiques et les problèmes posés doivent être en relation avec les autres parties du programme (fonctions, géométrie, statistiques et probabilité, logique) mais aussi avec les autres disciplines ou la vie courante.
À l'occasion de l'écriture d'algorithmes et de petits programmes, il convient de donner aux élèves de bonnes habitudes de rigueur et de les entraîner aux pratiques systématiques de vérification et de contrôle.

Instructions élémentaires (affectation, calcul, entrée, sortie). Les élèves, dans le cadre d'une résolution de problèmes, doivent être capables : • d'écrire une formule permettant un calcul ; • d'écrire un programme calculant et donnant la valeur d'une fonction ; ainsi que les instructions d'entrées et sorties nécessaires au traitement.
Boucle et itérateur, instruction conditionnelle. Les élèves, dans le cadre d'une résolution de problèmes, doivent être capables : • de programmer un calcul itératif, le nombre d'itérations étant donné ; • de programmer une instruction conditionnelle, un calcul itératif, avec une fin de boucle conditionnelle.

Notations et raisonnement mathématiques (objectifs pour le lycée)

Cette rubrique, consacrée à l'apprentissage des notations mathématiques et à la logique, ne doit pas faire l'objet de séances de cours spécifiques mais doit être répartie sur toute l'année scolaire.

Notations mathématiques. Les élèves doivent connaître les notions d'élément d'un ensemble, de sous-ensemble, d'appartenance et d'inclusion, de réunion, d'intersection et de complémentaire et savoir utiliser les symboles de base correspondant : $\in$, $\subset$, $\cup$, $\cap$ ainsi que la notation des ensembles de nombres et des intervalles. Pour le complémentaire d'un ensemble A, on utilise la notation des probabilités $\bar{A}$.
Pour ce qui concerne le raisonnement logique, les élèves sont entraînés, sur des exemples : • à utiliser correctement les connecteurs logiques « et », « ou » et à distinguer leur sens des sens courants de « et », « ou » dans le langage usuel ; • à utiliser à bon escient les quantificateurs universel, existentiel (les symboles $\forall$, $\exists$ ne sont pas exigibles) et à repérer les quantifications implicites dans certaines propositions et, particulièrement, dans les propositions conditionnelles ; • à distinguer, dans le cas d'une proposition conditionnelle, la proposition directe, sa réciproque, sa contraposée et sa négation ; • à utiliser à bon escient les expressions « condition nécessaire », « condition suffisante » ; • à formuler la négation d'une proposition ; • à utiliser un contre-exemple pour infirmer une proposition universelle ; • à reconnaître et à utiliser des types de raisonnement spécifiques : raisonnement par disjonction des cas, recours à la contraposée, raisonnement par l'absurde.

Premiers pas en algorithmique

Notre dispositif pour aborder l'algorithmique

• Les pages « Premiers pas en algorithmique »

Ces pages comportent des activités et des exercices résolus, abordables dès le début de la classe de seconde, qui permettent de faire comprendre le but de l'algorithmique et de présenter ses principaux outils.

On peut se reporter à tout moment à ces pages pour retrouver les structures de programmation.

• Trois blocs d'algorithmique

Ils sont placés après les chapitres sur les fonctions, après ceux sur la géométrie et, enfin, après ceux sur les statistiques et les probabilités.

Quatre pages d'activités et d'exercices, pour chaque bloc, proposent des situations spécifiques aux fonctions, à la géométrie, aux statistiques et aux probabilités.

Ils offrent une introduction possible de l'algorithmique à chaque enseignant selon la progression qu'il a choisie dans sa classe.

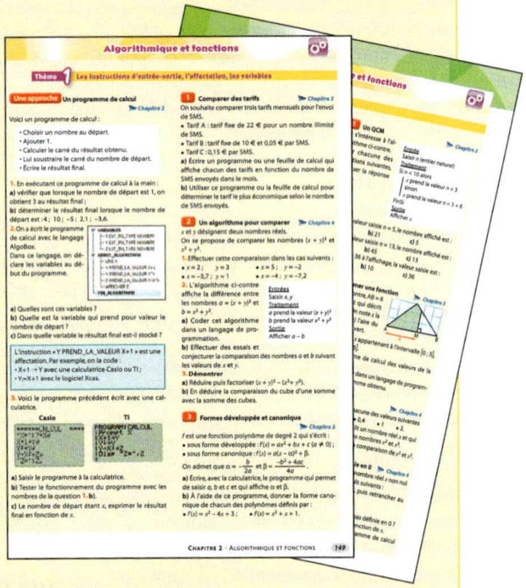

Algorithmique et fonctions

149

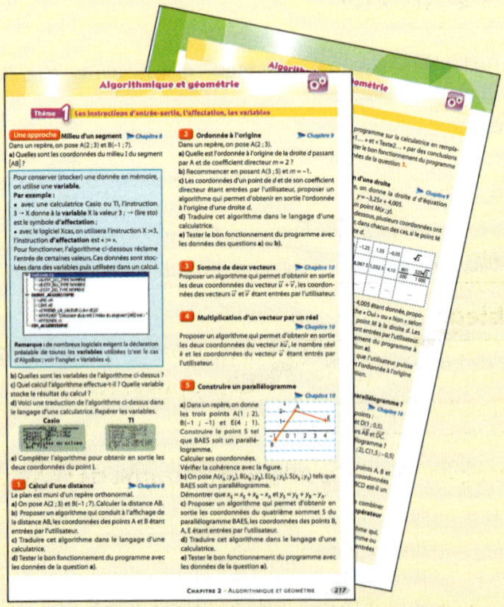

Algorithmique et géométrie

217

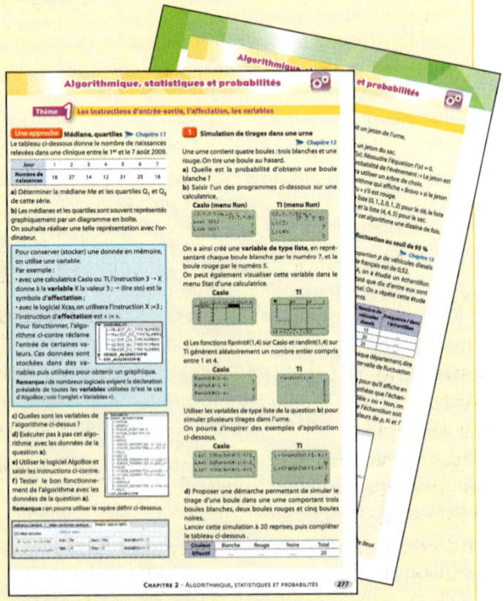

Algorithmique, statistiques et probabilités

277

• Des exercices d'algorithmique dans chaque chapitre

Ces exercices d'algorithmique s'appuient en général sur les documents d'accompagnement du programme de seconde.

Activités d'approche

Thème 1 Les instructions d'entrée-sortie, l'affectation, les variables

Objectifs
Automatiser un calcul.
Dégager les étapes de la rédaction d'un algorithme simple.

1 Des calculs d'hypoténuses

1. Dans chacun des cas suivants, ABC est un triangle rectangle en A.
Calculer la longueur BC de l'hypoténuse et donner la valeur approchée par défaut au millimètre près.

a) AB = 3 cm et AC = 4 cm **b)** AB = 4,8 cm et AC = 3,6 cm
c) AB = 7,5 cm et AC = 6,1 cm **d)** AB = 10 cm et AC = 2 cm

2. On souhaite automatiser ce calcul afin de l'appliquer à un grand nombre de triangles rectangles. Pour cela, on met au point un **algorithme** et on distingue les étapes suivantes :

- Saisir les longueurs X et Y des côtés de l'angle droit.
- Calculer $Z = \sqrt{X^2 + Y^2}$.
- Afficher Z.

On peut traduire cet algorithme dans un langage de programmation.
Saisir l'un des programmes proposés ci-dessous.

- **Avec une calculatrice Casio**

```
======HYP          ===
"X=":?→X↵
"Y=":?→Y↵
√(X²+Y²)→Z↵
"Z=":Z◢
```

- **Avec une calculatrice TI**

```
PROGRAM:HYP
:Prompt X
:Prompt Y
:√(X²+Y²)→Z
:Disp "Z=",Z
```

- **Avec le logiciel AlgoBox**

```
VARIABLES
  X EST_DU_TYPE NOMBRE
  Y EST_DU_TYPE NOMBRE
  Z EST_DU_TYPE NOMBRE
DEBUT_ALGORITHME
  LIRE X
  LIRE Y
  Z PREND_LA_VALEUR sqrt(X*X+Y*Y)
  AFFICHER "Z="
  AFFICHER Z
FIN_ALGORITHME
```

- **Avec un tableur**

	A	B	C
1	X	Y	Z
2	4,8	3,6	=RACINE(A2^2+B2^2)

Saisir cette formule dans la cellule C2, appuyer sur Entrée.

3. Exécuter le programme et vérifier la valeur qu'il fournit dans quelques cas.

Note
Divers algorithmes sont connus dès l'Antiquité, par exemple l'algorithme d'Euclide qui permet le calcul du PGCD de deux nombres entiers non nuls.

SYNTHÈSE

Un **algorithme** est une suite d'**instructions** élémentaires. Ces instructions s'appliquent dans un ordre déterminé à des **données** et fournissent en un nombre fini d'étapes des **résultats**.

Premiers pas en algorithmique

Objectifs

Réfléchir à la notion de variable et à l'instruction d'affectation.

2 Un programme de calcul

1. Voici un programme de calcul.
On note x le nombre choisi au départ.
Appliquer ce programme lorsque :
a) $x = 5$ **b)** $x = 26$ **c)** $x = 100$

- Choisir un nombre.
- Le multiplier par 5.
- Ajouter 3 au produit obtenu.
- Multiplier le nombre obtenu par celui choisi au départ.
- Écrire le résultat.

2. Le programme ci-dessous, écrit avec AlgoBox, automatise les calculs.

```
VARIABLES
  X EST_DU_TYPE NOMBRE
  Y EST_DU_TYPE NOMBRE
DEBUT_ALGORITHME
  LIRE X
  Y PREND_LA_VALEUR X*5
  Y PREND_LA_VALEUR ...   ❶
  Y PREND_LA_VALEUR ...   ❷
  AFFICHER Y
FIN_ALGORITHME
```

a) Compléter les lignes ❶ et ❷ de ce programme.
b) Faire fonctionner ce programme « à la main », c'est-à-dire, pour une valeur donnée de X, exécuter les instructions les unes après les autres en indiquant les valeurs successives de la variable Y.
3. a) Écrire le programme avec l'ordinateur ou la calculatrice (voir la syntaxe des instructions ci-dessous).
b) Vérifier son fonctionnement en effectuant quelques tests.

SYNTHÈSE

- **Variable**

Dans un programme, une variable correspond à un emplacement de la mémoire de la calculatrice ou de l'ordinateur. Elle est repérée par un nom (identificateur) et contient une valeur.

La variable Y a la valeur 5.

- **Affectation**

L'instruction d'affectation permet d'attribuer (d'affecter) une valeur à une variable. « *A prend la valeur 2* » signifie que la valeur 2 est affectée à la variable de nom A.

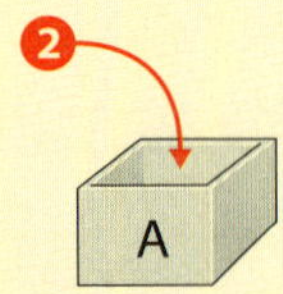

- **Entrée des données**

L'entrée ou la lecture des données est l'opération qui consiste à saisir des valeurs pour qu'elles soient utilisées par le programme. On note cette instruction : « *Saisir A* » ou « *Lire A* ».

- **Sortie des résultats**

La sortie ou l'écriture des résultats permet d'afficher les valeurs des variables après traitement. On note cette instruction : « *Afficher A* ».

SYNTAXE DES INSTRUCTIONS

	Calculatrice Casio	Calculatrice TI	AlgoBox*	Xcas
A prend la valeur 2 Saisir (ou lire) A Afficher A	2 → A ? → A A◢	2 → A Prompt A Disp A	A prend la valeur 2 Lire A Afficher A	A := 2 input("A =",A) ; print(A);

* Avec AlgoBox, les variables doivent être déclarées au début du programme.

Note

Le logiciel Xcas peut être téléchargé sur : http://www.fourier.ujf-grenoble.fr/-parisse/install_fr.
Le logiciel AlgoBox peut être téléchargé sur : http://www.xm1math.net/algobox/download.html.

Thème 2 La structure alternative ou test

Objectif

Aborder la structure alternative.

Note

Pour taper ⩾ sur une calculatrice :

- Casio : SHIFT PRGM F6 (▶) F3 (REL)
- TI : 2nd TEST

3 Calculer les valeurs d'une fonction

f est la fonction qui à tout nombre réel x associe le réel $f(x)$ défini de la façon suivante :

$$\begin{cases} \text{si } x \geqslant 0, \text{ alors } f(x) = 3x + 1\,; \\ \text{si } x < 0, \text{ alors } f(x) = -3x + 1. \end{cases}$$

1. Calculer l'image par la fonction f de chacun des nombres réels suivants.

a) 2 **b)** –5 **c)** 0 **d)** $\frac{1}{3}$ **e)** $-\frac{1}{2}$

2. L'algorithme ci-dessous permet le calcul des valeurs de la fonction f.

```
Entrée
Saisir x
Traitement
Si x ⩾ 0 alors
   | y prend la valeur 3x + 1
   | sinon
   | y prend la valeur –3x + 1
FinSi
Sortie
Afficher y
```

On peut traduire cet algorithme dans un langage de programmation.
Saisir l'un des programmes proposés ci-dessous.

Avec une calculatrice Casio

```
======FONCTION======
"X=":?→X↵
If X≥0↵
Then ↵
3X+1→Y↵
Else ↵
-3X+1→Y↵
IfEnd↵
"Y=":Y◢
```

Avec une calculatrice TI

```
PROGRAM:FONCTION
:Prompt X
:If X≥0
:Then
:3X+1→Y
:Else
:-3X+1→Y
:End
:Disp "Y=",Y
```

Avec le logiciel AlgoBox

```
VARIABLES
  X EST_DU_TYPE NOMBRE
  Y EST_DU_TYPE NOMBRE
DEBUT_ALGORITHME
  LIRE X
  SI (X>=0) ALORS
    DEBUT_SI
    Y PREND_LA_VALEUR 3*X+1
    FIN_SI
    SINON
      DEBUT_SINON
      Y PREND_LA_VALEUR -3*X+1
      FIN_SINON
  AFFICHER Y
FIN_ALGORITHME
```

Avec Xcas

```
input("X=",X)
if(X>=0) {Y:=3*X+1;} else {Y:=-3*X+1;}
print(Y)
```

3. Exécuter le programme et vérifier la valeur qu'il fournit dans quelques cas.

Objectif

Reconnaître la structure alternative dans une situation concrète.

4 Un tarif de photocopies

Un magasin de reprographie applique le tarif suivant :

- 0,15 € l'unité jusqu'à 50 photocopies ;
- 0,10 € l'unité au-delà.

1. Calculer le montant à payer pour 10 ; 50 ; 100 photocopies.

2. Le programme ci-dessous, écrit avec AlgoBox, automatise le calcul du prix à payer pour N photocopies réalisées.

```
▼ VARIABLES
  ├ N EST_DU_TYPE NOMBRE
  └ Prix EST_DU_TYPE NOMBRE
▼ DEBUT_ALGORITHME
  ├ LIRE N
  ▼ SI (N<=50) ALORS
    ├ DEBUT_SI
    ├ Prix PREND_LA_VALEUR ...        ❶
    ├ FIN_SI
    ▼ SINON
      ├ DEBUT_SINON
      ├ Prix PREND_LA_VALEUR ...      ❷
      └ FIN_SINON
  ├ AFFICHER "Prix ="
  └ AFFICHER Prix
└ FIN_ALGORITHME
```

Compléter les lignes ❶ et ❷ de ce programme en indiquant les formules de calcul de prix à payer.

3. a) Écrire ce programme avec la calculatrice ou l'ordinateur (voir syntaxe ci-après).

b) Vérifier les résultats qu'il donne en effectuant quelques tests.

SYNTHÈSE

- Une **condition** est un énoncé qui peut être vrai ou faux. Par exemple, $a = b$ ou encore, n est pair.
- Dans un programme, selon qu'une condition est vraie ou fausse, on peut effectuer un traitement ou un autre : on parle de traitements conditionnels.

On traduit **la structure alternative** par les instructions ci-contre.

On peut également imaginer des tests imbriqués.

```
Si condition alors
   | Traitement 1
   | sinon
   | Traitement 2
FinSi
```

SYNTAXE DU TEST

Calculatrice Casio	Calculatrice TI	AlgoBox	Xcas

If A = 2
Then …
Else …
If End
	If A = 2
	Then
	…
	Else
	…
	End
		SI (A = 2) ALORS
		├ DEBUT_SI
		…
		├ FIN_SI
		SINON
		├DEBUT_SINON
		…
		└FIN_SINON
			if (A ==2)
			{…}
			else
			{…}

Objectif
Proposer un exemple de structure alternative sans « sinon ».

5 Distance d'un nombre réel à 0

1. Sur la droite graduée ci-dessous, indiquer la distance à 0 de chacun des réels suivants.

a) 3 **b)** −2 **c)** $\frac{2}{3}$

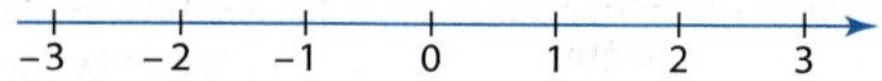

2. L'algorithme ci-contre détermine la distance du réel x à 0.
a) Écrire le programme associé avec la calculatrice ou l'ordinateur.
b) Tester le programme obtenu.

```
Entrée
Saisir x
Traitement
Si x < 0 alors
  | x prend la valeur −x
FinSi
Sortie
Afficher x
```

SYNTHÈSE
Dans un test, il se peut qu'il n'y ait pas de traitement à effectuer lorsque la condition n'est pas vérifiée.

```
Si condition alors
  | Traitement
FinSi
```

Thème 3 La structure itérative ou boucle

Objectif
Dégager la structure itérative dans le cas où le nombre d'itérations est connu à l'avance.

6 Calcul d'une somme

On se pose le problème du calcul de la somme $0 + 1 + 2 + 3 + \ldots + n$ pour toute valeur de l'entier naturel n.

1. a) Calculer cette somme pour $n = 1, n = 2, n = 3, n = 4, n = 5$.
b) Pour $n = 10$, on organise le calcul de la somme dans le tableau ci-dessous.

i	0	1	2	3	4	5	…	$n = 10$
S	0	$0 + 1 = 1$	$1 + 2 = 3$	$3 + 3 = 6$	$6 + 4 = 10$	$10 + 5 = 15$	…	…

Recopier et compléter ce tableau. Quelle valeur de la somme obtient-on ?

2. La réalisation du tableau précédent conduit à la mise au point de l'algorithme ci-dessous.
« Pour chaque entier i de 1 jusqu'à n, on répète l'instruction : S prend la valeur S + i. »

```
Entrée
Saisir n
Initialisation
S prend la valeur 0
Traitement
Pour i de 1 jusqu'à n
  | S prend la valeur S + i
FinPour
Sortie
Afficher S
```

a) Coder cet algorithme dans un langage de programmation (voir syntaxe de la boucle page 14).
b) Tester le programme obtenu.
c) Afficher la somme pour $n = 100$.

SYNTHÈSE

• Une **boucle** permet de répéter plusieurs fois de suite un même traitement.
Lorsque **le nombre d'itérations *n* est connu** à l'avance, on utilise un **compteur** initialisé à 1 et qui s'incrémente automatiquement de 1 à chaque itération jusqu'à *n*.
(Certains langages acceptent une incrémentation autre que 1.)

```
Pour i de 1 jusqu'à n
  | Traitement
FinPour
```

SYNTAXE DE LA BOUCLE « POUR »

Calculatrice Casio	Calculatrice TI	AlgoBox	Xcas
For 1→I to N ... Next	For (I, 1, N) ... End	POUR *i* ALLANT DE 1 À *n* ├DEBUT_POUR ... └FIN_POUR	for (I:=1 ; I<=N ; I:=I+1) {...}

Objectif
Aborder la structure itérative dans le cas où le nombre d'itérations dépend d'une condition.

7 Un placement

Dans l'algorithme ci-contre, S désigne la somme en euros détenue par Paul à la banque et N est le nombre de semestres de dépôt.

```
Initialisations
S prend la valeur 5 000
N prend la valeur 0
Traitement
Tant que S < 8 000
  | S prend la valeur S × 1,02
  | N prend la valeur N+1
  | Sorties
  | Afficher N et S
FinTantque
```

1. a) Écrire les affichages successifs de N et S. Pour cela, on peut recopier et compléter le tableau ci-dessous.

N	1	2	...
S	5 100	5 202	...

(On notera les valeurs approchées par défaut à l'unité près.)

b) Donner un problème dont la solution est fournie par cet algorithme.

2. a) Écrire le programme correspondant dans un langage de programmation et vérifier les résultats qu'il affiche (voir syntaxe ci-après).

b) Modifier l'algorithme pour rendre ce programme d'une application plus générale.

SYNTHÈSE

Dans une boucle, le nombre d'itérations **peut dépendre d'une condition** ; dans ce cas, le traitement est répété tant que la condition est vraie. Lorsque la condition est fausse, on sort de la boucle.

```
Tant que condition
  | Traitement
FinTantque
```

SYNTAXE DE LA BOUCLE « TANT QUE »

Calculatrice Casio	Calculatrice TI	AlgoBox	Xcas
While X< 2 ... WhileEnd	While A < 2 ... End	TANT_QUE (X <2) FAIRE ├DEBUT_TANT_QUE ... └FIN_TANT_QUE	While (X < 2) {...}

Certains langages offrent la possibilité de placer la condition en fin de boucle, ainsi le traitement est toujours réalisé au moins une fois.

Méthodes

Exercice résolu 1 Gérer un compte bancaire

Objectif
Comprendre un algorithme écrit en langage naturel ou semi-formalisé.

Énoncé

1. On considère l'algorithme ci-dessous.

```
Mettre 5 000 dans S
Mettre 0 dans N
Effacer l'écran
Tant que S est strictement inférieur à 6 500
    Choisir un nombre aléatoire A compris
    entre 100 et 200
    Remplacer S par S + A
    Augmenter N de 1
    Afficher N et S
FinTantque
```

S désigne la somme (en euros) détenue par Nicolas à la banque et N désigne le nombre de semestres de dépôt.

a) Choisir des valeurs possibles de A comme nous avons commencé à le faire ci-dessous et compléter le tableau suivant.

N	1	2	3	…
A	150	190	105	…
S	5 150	5 340	5 445	…

b) Est-il possible d'obtenir 6 comme dernière valeur de N ?

c) Quelle est la valeur minimale de la dernière valeur de N ?

c) Donner un problème dont la solution est fournie par cet algorithme.

Note
Cet exercice est issu du document d'accompagnement « Algorithmique ».

Solution

a) S est initialisée à 5 000, N à 0, une suite possible d'affichages de N et S est par exemple :

N	1	2	3	4	5	6	7	8	9	10
A	150	190	105	147	166	182	114	129	177	198
S	5 150	5 340	5 445	5 592	5 758	5 940	6 054	6 183	6 360	6 558

À la dixième étape, S = 6 558, donc S dépasse 6 500 et la boucle s'arrête.

b) Non, car lorsque N = 6, la valeur maximale de S est $5\,000 + 6 \times 200 = 6\,200$. La condition $S < 6\,500$ est vraie et on ne sort pas de la boucle.

c) Le nombre d'itérations est minimal lorsque, à chaque passage dans la boucle, le nombre aléatoire A choisi est égal à 200. Dans ce cas, les dernières valeurs affichées sont N = 8 et S = 6 600. La valeur minimale de la dernière valeur de N est donc 8.

d) La somme détenue par Nicolas augmente chaque semestre d'une somme aléatoire comprise entre 100 € et 200 €. L'algorithme affiche une évolution possible de cette somme et simule le nombre de semestres requis pour qu'elle dépasse 6 500 €.

Exercice résolu 2 Se déplacer en pilotant au clavier

Objectif
Comprendre un algorithme.

Note
Le logiciel SCRATCH peut être téléchargé sur : http://scratch.mit.edu/

Note
Cet exercice est issu du document d'accompagnement « Algorithmique ».

Énoncé

On considère le programme (ou script) suivant écrit avec le logiciel SCRATCH.

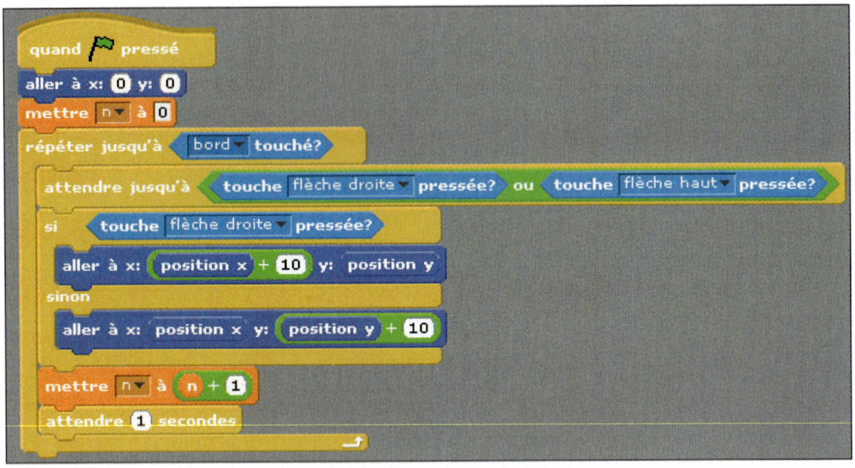

On suppose que l'objet peut se déplacer dans une fenêtre rectangulaire repérée par les points A (–200 ; –150) et B (200 ; 150).

a) Quelle est la position initiale de l'objet ?

b) À quelles conditions l'objet peut-il se déplacer ?

c) Proposer un parcours complet possible de l'objet.

d) Que représente la variable *n* ?

À la sortie du programme, quelle est sa valeur minimale ? sa valeur maximale ?

Solution

a) La position initiale de l'objet est le point de coordonnées (0 ; 0) (2e ligne du script).

b) L'objet se déplace tant qu'il n'a pas encore touché le bord et lorsque l'on appuie sur l'une des touches « flèche droite » ou « flèche haut ».

c) Un parcours possible de l'objet est représenté ci-dessous.

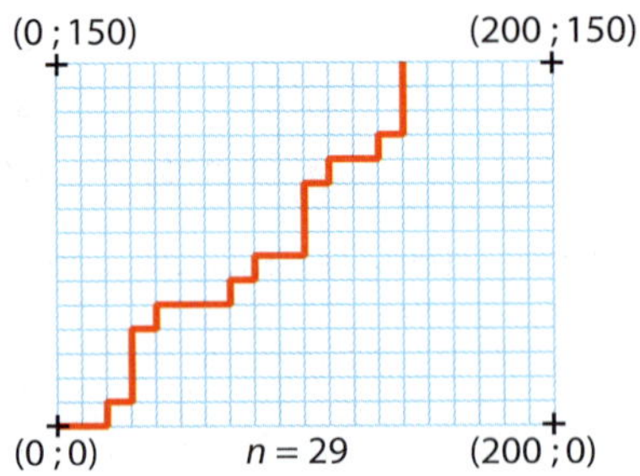

d) • *n* représente le nombre d'itérations, c'est-à-dire le nombre de déplacements lors d'un parcours.

• La valeur minimale de *n* est le nombre de déplacements lors du parcours le plus court pour toucher le bord, c'est-à-dire 15.

• La valeur maximale est le nombre de déplacements lors du parcours le plus long, c'est-à-dire 14 + 20 ou 19 + 15 donc 34.

Exercice résolu 3 Une clé associée à un code

Objectifs
Comprendre le déroulement d'un algorithme.
Suivre l'évolution du contenu des variables.

Énoncé

À partir d'un code constitué de quatre chiffres, un système informatique définit un identifiant formé du code à quatre chiffres suivi d'une clé calculée à l'aide de l'algorithme suivant :

> **1.** *n* est le code à quatre chiffres.
> **2.** Donner à p la valeur de n.
> Initialiser s à 0 et k à 1.
> **3.** Tant que $k \leqslant 4$, réaliser les instructions suivantes :
> | Affecter à u le chiffre des unités de p ;
> | Affecter à k la valeur $k + 1$;
> | Affecter à s la valeur $s + k \times u$;
> | Affecter à p la valeur $\dfrac{p - u}{10}$.
> **4.** À la sortie de la boucle :
> Affecter à r le reste de la division de s par 7 ;
> Affecter à c la valeur $7 - r$.
> **5.** Afficher la clé c.

1. a) Faire fonctionner cet algorithme avec $n = 8\,753$.
Pour cela, reproduire et compléter le tableau ci-dessous afin de suivre l'évolution des variables dans la boucle.

$6 = 0 + 2 \times 3$

s	0	6			
k	1	2	3	4	5
u		3			
p	8 753	875			

b) Vérifier alors que la clé associée à n est égale à 2.
2. Appliquer à nouveau l'algorithme pour déterminer la clé associée à $n = 3\,371$.

Solution

1. a)

s	0	6	21	49	89
k	1	2	3	4	5
u		3	5	7	8
p	8 753	875	87	8	0

b) À la sortie de la boucle : $s = 89$. Or $89 = 12 \times 7 + 5$. Donc $r = 5$ et $c = \mathbf{7 - 5 =} 2$.
La clé associée à $n = 8\,753$ est effectivement égale à 2.

2.

s	0	2	23	35	50
k	1	2	3	4	5
u		1	7	3	3
p	3 371	337	33	3	0

Pour $n = 3\,371$, à la sortie de la boucle, on obtient $s = 50$, donc $r = 1$ et $c = 6$.
La clé associée à $n = 3\,371$ est donc égale à 6.

Exercice résolu 4 Lancers d'un dé

Objectifs

Écrire puis compléter un algorithme.
Coder le programme correspondant dans un langage.

Énoncé

a) Avec AlgoBox, écrire un algorithme qui réalise une simulation de n lancers d'un dé équilibré.

b) Compléter cet algorithme par l'affichage du nombre de fois où la face 6 a été obtenue.

c) Écrire le programme correspondant avec la calculatrice ou Xcas.

d) Effectuer plusieurs essais du programme.

Solution

a)

```
▼ VARIABLES
   ├ n EST_DU_TYPE NOMBRE
   ├ i EST_DU_TYPE NOMBRE
   └ k EST_DU_TYPE NOMBRE
▼ DEBUT_ALGORITHME
   ├ LIRE n
   ▼ POUR i ALLANT_DE 1 A n
      ├ DEBUT_POUR
      ├ k PREND_LA_VALEUR floor(6*random()+1)
      ├ AFFICHER k
      └ FIN_POUR
FIN_ALGORITHME
```

Commentaires

- On donne à n une valeur d'entier naturel n.
- On répète l'affichage d'un nombre entier aléatoire compris entre 1 et 6.

Note

- random () renvoie un nombre aléatoire x tel que : $0 \leqslant x < 1$.
- Donc : $1 \leqslant 6x + 1 < 7$.
- Et floor$(6x + 1)$, c'est-à-dire la partie entière de $6x + 1$, est comprise entre 1 et 6.

b)

```
▼ VARIABLES
   ├ n EST_DU_TYPE NOMBRE
   ├ S EST_DU_TYPE NOMBRE
   ├ i EST_DU_TYPE NOMBRE
   └ k EST_DU_TYPE NOMBRE
▼ DEBUT_ALGORITHME
   ├ LIRE n
   ├ S PREND_LA_VALEUR 0
   ▼ POUR i ALLANT_DE 1 A n
      ├ DEBUT_POUR
      ├ k PREND_LA_VALEUR floor(6*random()+1)
      ▼ SI (k==6) ALORS
         ├ DEBUT_SI
         ├ S PREND_LA_VALEUR S+1
         └ FIN_SI
      └ FIN_POUR
   ├ AFFICHER "S="
   └ AFFICHER S
FIN_ALGORITHME
```

Commentaires

- La variable S représente le nombre de fois où la face 6 est obtenue. Elle est initialisée à 0.
- S est augmentée de 1 à chaque fois que la face 6 est obtenue.

Note

On a supprimé dans l'algorithme l'affichage des entiers aléatoires k successifs.

c)

Avec une calculatrice Casio

```
======DE          =====
"N="↵
?→N↵
0→S↵
For 1→I To N↵
Int (6×Ran# +1)→K↵
If K=6↵
Then S+1→S↵
IfEnd↵
Next↵
"S="↵
S◢
```

Avec une calculatrice TI

```
PROGRAM:DE
:Prompt N
:0→S
:For(I,1,N,1)
:randInt(1,6)→K
:If K=6
:Then
:S+1→S
:End
:End
:Disp "S=",S
:
```

Avec le logiciel Xcas

```
1 Prog  Edit  Add
input("n=",n);
s:=0;
for(j:=1;j<=n;j:=j+1
  {k:=rand(6)+1;
  if(k==6)
    {s:=s+1};};
print("s=",s);
```

d) Voici quelques valeurs obtenues avec ce programme.

n	20	50	100	200
s	2	10	17	36

Exercice résolu 5 Diviseurs d'un entier

Objectifs
Lire et comprendre un programme écrit dans un langage. Compléter ce programme.

Énoncé

1. Le programme ci-contre est écrit avec le langage Scratch.

a) Que donne ce programme si l'on attribue à A la valeur 24 ? la valeur 248 ?

b) De façon générale, quelle est la fonction de ce programme ?

2. On souhaite modifier ce programme afin d'afficher également le nombre N de diviseurs de l'entier A.

a) À quelle valeur faut-il initialiser la variable N ? Quelle opération faut-il appliquer à cette variable ?

b) Coder ce programme avec Scratch.

Note
La fonction **mod** donne le reste de la division de A par D.

Solution

1. a) Si A = 24, liste1 est formée des entiers : 1, 2, 3, 4, 6, 8, 12, 24.
Si A = 248, liste1 est formée des entiers : 1, 2, 4, 8, 31, 62, 124, 248.

b) Dans ce programme, A est un entier naturel non nul.
Dans une boucle, pour tout entier D variant de 1 jusqu'à A, on teste si D est un diviseur ou non de A. On crée ainsi la liste des diviseurs de A.

2. a) La variable N compte le nombre des diviseurs de A, elle est initialisée à 0.
Elle doit être incrémentée de 1 à chaque fois qu'un diviseur est rencontré.

b)

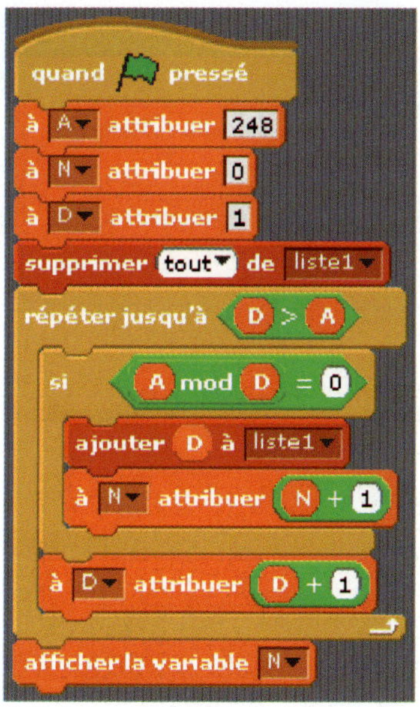

Commentaire
Voici le programme ci-contre écrit avec le logiciel AlgoBox.

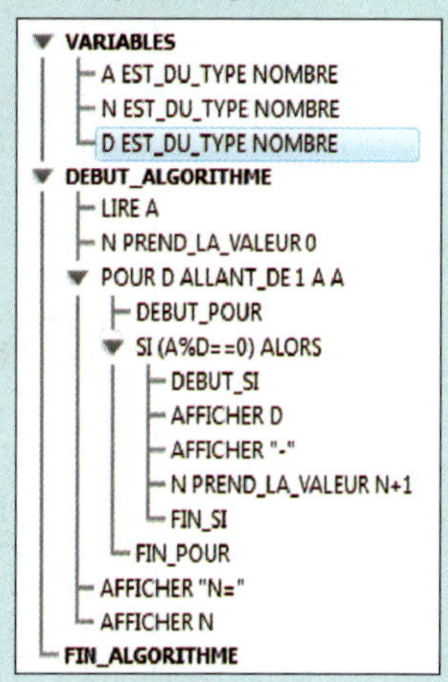

Note
Avec AlgoBox, A%D renvoie le reste de la division euclidienne de A par D.

Exercice résolu 6 Dans une réserve

Objectif
Écrire un programme pour résoudre un problème.

Énoncé

Dans une réserve, on constate une diminution annuelle de 10 % de l'effectif des éléphants. Afin de sauvegarder l'espèce, on décide d'introduire chaque année un nombre fixe x de ces pachydermes.

La population initiale est estimée à 1 000 et on s'intéresse à l'évolution de cette population.

1. On considère que $x = 50$. Calculer la population d'éléphants au bout d'un an, puis au bout de deux ans.

2. Dans l'algorithme ci-contre, n représente le nombre d'années pendant lesquelles la population est étudiée.

a) Que représente la variable p ?

b) Compléter les lignes ❶ et ❷ de l'algorithme qui permettent chaque année le calcul de p.

3. a) Traduire cet algorithme dans un langage de programmation.

b) Étudier alors l'évolution de la population en donnant à n et x différentes valeurs.

```
Entrées
Saisir n
Saisir x
Initialisation
p prend la valeur 1 000
Pour i de 1 jusqu'à n
    p prend la valeur ...      ❶
    p prend la valeur ...      ❷
    Sortie
    Afficher p
FinPour
```

Solution

1. Au bout d'un an, la population a baissé de 10 %, c'est-à-dire de 100, et on a introduit 50 éléphants, elle s'élève donc à 950 car $1\,000 - 100 + 50 = 950$. Au bout de deux ans, elle a baissé de 95, elle s'élève donc à 905 car $950 - 95 + 50 = 905$.

2. a) La variable p représente la population d'éléphants de la réserve.

b) Chaque année, la population diminue de 10 % : (**1**) ***p* prend la valeur 0,9 × *p*** et on introduit chaque année x éléphants : (**2**) ***p* prend la valeur *p* + *x*.**

3. a)

Avec une calculatrice Casio	Avec une calculatrice TI	Avec AlgoBox

Avec une calculatrice Casio :

```
======PACH      ===
"N=":?→N↵
"X=":?→X↵
1000→P↵
For 1→I To N↵
0.9×P→P↵
P+X→P↵
Next↵
"P=":P◢
```

Avec une calculatrice TI :

```
PROGRAM:PACH
:Prompt "N",N
:Prompt "X",X
:1000→P
:For(I,1,N)
:0.9*P→P
:P+X→P
:End
:Disp "P",P
```

Avec AlgoBox :

```
▼ VARIABLES
  ├ N EST_DU_TYPE NOMBRE
  ├ P EST_DU_TYPE NOMBRE
  ├ X EST_DU_TYPE NOMBRE
  └ I EST_DU_TYPE NOMBRE
▼ DEBUT_ALGORITHME
  ├ LIRE N
  ├ LIRE X
  ├ P PREND_LA_VALEUR 1000
  ▼ POUR I ALLANT_DE 1 A N
    ├ DEBUT_POUR
    ├ P PREND_LA_VALEUR 0.9*P
    ├ P PREND_LA_VALEUR P+X
    └ FIN_POUR
  ├ AFFICHER "P="
  └ AFFICHER P
FIN_ALGORITHME
```

b) Par exemple :
- $n = 20$, $x = 50$, $p \approx 561$;
- $n = 20$, $x = 100$, $p = 1\,000$;
- $n = 20$, $x = 120$, $p \approx 1\,176$.

1 Géométrie dans l'espace

Le ballon « rond » n'a de rond que le nom. Il s'agit en fait d'un icosaèdre tronqué à 32 faces : 20 hexagones et 12 pentagones. C'est la forme inventée pour se rapprocher le plus possible de la sphère.

Énigme ★

➤ ***De combien augmente l'aire totale d'un cube lorsque la longueur de chacune de ses arêtes augmente de 50 % ?***

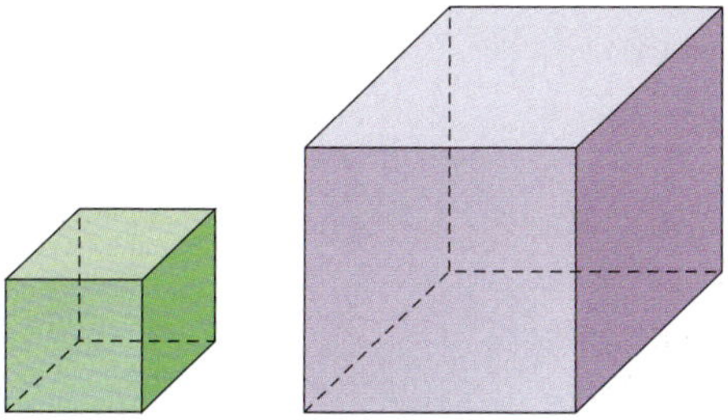

D'après Kangourou des mathématiques

Énigme ★★

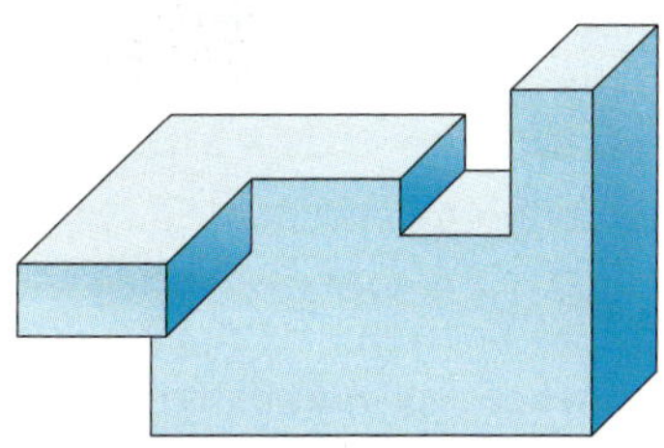

Ce dessin représente une maquette du futur immeuble du Comité International des Jeux Mathématiques.

➤ ***Combien cette maquette possède-t-elle de faces au minimum (y compris celle du dessous) ?***

Championnat des Jeux Mathématiques et Logiques

Vérifier les acquis

Compléments numériques

Travailler en autonomie

1 Représenter un solide usuel en perspective

Formulaire p. 290, thème 20

Sur une feuille à petits carreaux, représenter en perspective :

a) un cylindre de révolution **b)** un cube **c)** un prisme droit à base triangulaire

2 Représenter des patrons d'un solide usuel

Formulaire p. 290, thème 20

Dessiner à main levée cinq patrons non superposables d'un cube.

3 Trouver la nature de la section d'une pyramide par un plan

Formulaire p. 290, thème 20

SABCD est une pyramide à base rectangulaire.
M est un point de l'arête [SA].
Quelle est la nature de la section de cette pyramide par le plan passant par le point M et parallèle à sa base ?

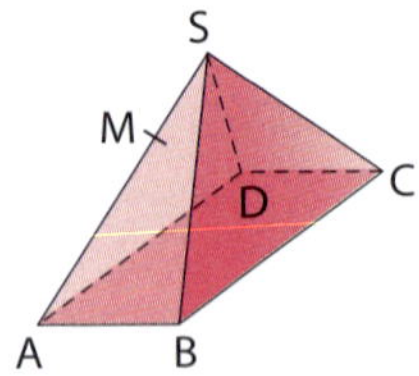

4 Trouver la nature de la section d'un cylindre par un plan

Formulaire p. 290, thème 20

$\mathscr{C}$ est un cylindre de rayon 1 cm.
N, N′, P sont des points du cylindre représenté ci-contre.
Quelle est la nature de la section de $\mathscr{C}$ par :

a) le plan passant par N et N′ et parallèle à son axe ?

b) le plan passant par P et perpendiculaire à son axe ?

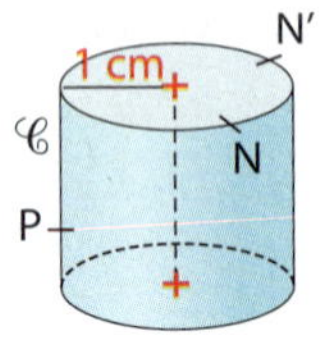

5 Représenter en vraie grandeur

Formulaire p. 291, thème 21

$\mathscr{S}$ est une sphère de centre O.
Un plan coupe cette sphère selon un cercle $\mathscr{C}$ de centre H et de rayon 4,5 cm.
De plus, HO = 2,2 cm.
Représenter le triangle AOH en vraie grandeur.

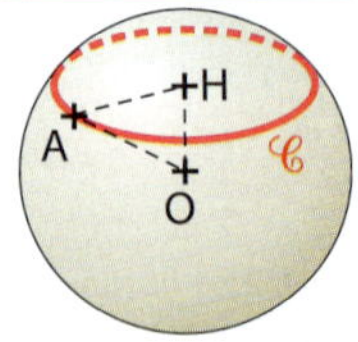

6 Calculer des volumes

Formulaire p. 291, thème 21

$\mathscr{C}$, $\mathscr{S}$, $\mathscr{P}$ sont respectivement le cylindre, la sphère et la pyramide à base carrée inscrits tous trois dans le cube d'arête 3 cm ci-dessous.

a) Calculer le volume de chaque solide $\mathscr{C}$, $\mathscr{S}$ et $\mathscr{P}$.

b) Ranger ces volumes dans l'ordre croissant.

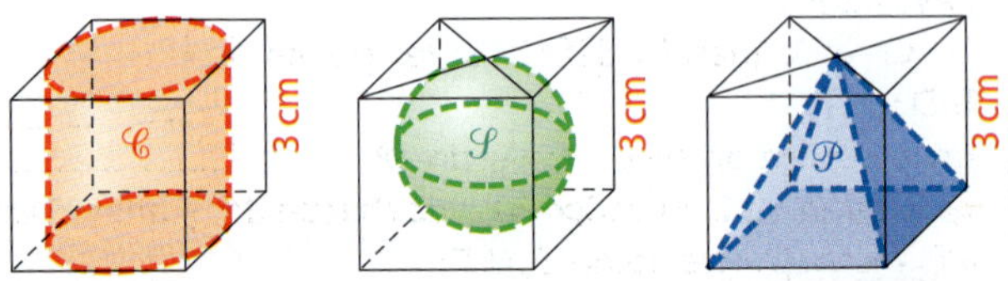

Vérifier les réponses p. 296

Ce chapitre n'a pas exactement la structure habituelle.
Conformément au programme, ces notions seront réinvesties dans l'ensemble des chapitres.

Activités d'approche

Objectifs
- Utiliser les images mentales mises en place au collège lors de l'étude de solides.
- Aborder la notion de droites non coplanaires.

1 Du patron à la perspective

Voici ci-contre le patron d'un solide.

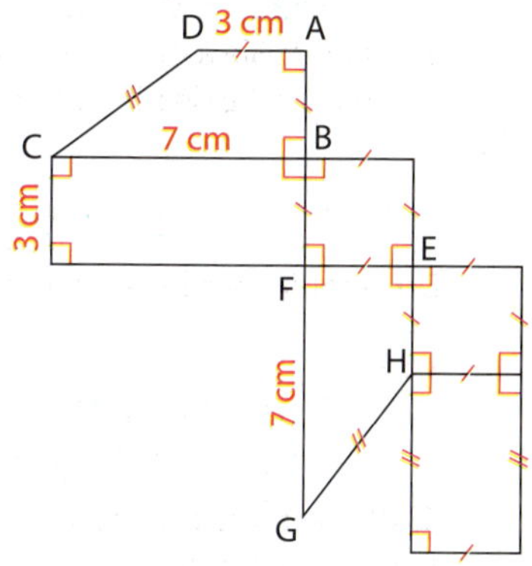

1 **a)** Construire ce patron en vraie grandeur.
b) Réaliser alors la maquette de ce solide.

2 **a)** Citer deux faces parallèles de ce solide.
b) Quelle est la nature de ce solide ?
c) Représenter ce solide en perspective en plaçant l'observateur devant la face ABCD.

3 Les questions suivantes portent sur le solide, et non pas sur le patron.
Dans chaque cas, dire si les droites sont parallèles, sécantes ou ni l'un ni l'autre.
a) (AB) et (EF) **b)** (AB) et (CD) **c)** (EH) et (BC) **d)** (EF) et (CD)

4 Dessiner à main levée deux autres patrons de ce solide.

Objectif
Caractériser un plan.

B2i L1-4

2 Sections planes de solides

$\mathcal{P}$ est le parallélépipède rectangle ABCDEFGH représenté ci-contre et I le milieu de [FG].

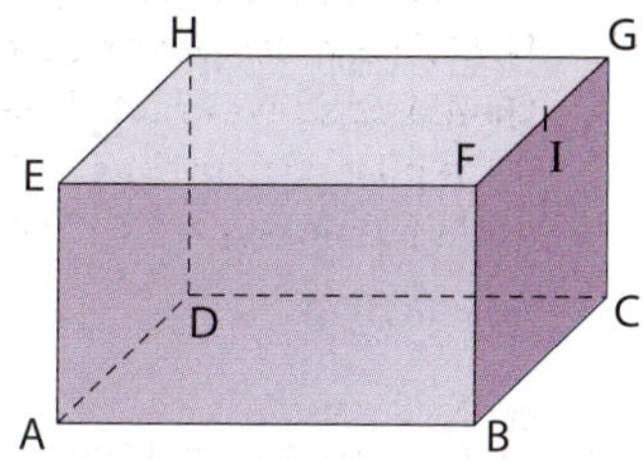

1 **Le bon plan**
Des élèves doivent couper le solide $\mathcal{P}$ selon un plan de leur choix.
Commenter chacune des affirmations suivantes :
Alain : « Je coupe $\mathcal{P}$ par le plan qui passe par F. »
Aline : « Je coupe $\mathcal{P}$ par le plan qui passe par F et H. »
Clément : « Je coupe $\mathcal{P}$ par le plan qui passe par F, I et G. »
Tarek : « Je coupe $\mathcal{P}$ par le plan qui passe par A, C et G. »
Yanice : « Je coupe $\mathcal{P}$ par le plan qui passe par A, B, G et H. »
Cassie : « Je coupe $\mathcal{P}$ par le plan qui passe par E, G, A et B. »

Note
Si l'on ne dispose pas de logiciel de géométrie dans l'espace, cette question peut être traitée avec papier et crayon.

2 **Représenter une section de $\mathcal{P}$ par un plan**

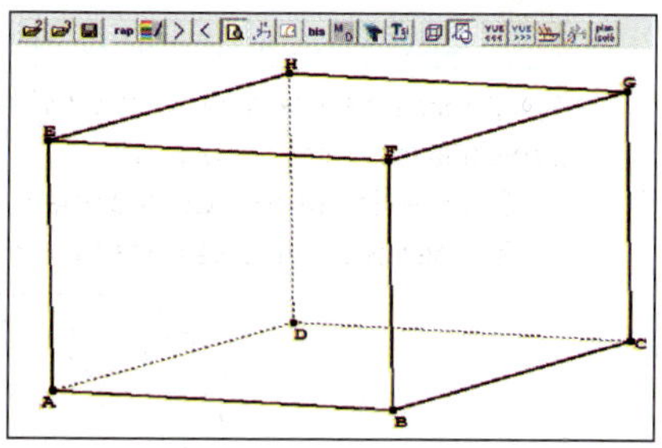

a) Tracer le solide $\mathcal{P}$ avec un logiciel de géométrie dans l'espace (par exemple, avec Geospace il suffit d'ouvrir le fichier PAVE.G3W).
b) Créer le plan P_1 défini par les points B, D, G.
Créer sa section avec le polyèdre $\mathcal{P}$.
c) Reprendre la question **b)** avec chacun des plans suivants :
- P_2 défini par les points D, H, F ;
- P_3 défini par les points I, A, B.

Représentations planes de solides

1 Les patrons d'un solide

Animation numérique

Un patron d'un solide est obtenu en plaçant toutes ses faces dans un même plan.

EXEMPLE

Un patron de pyramide à base triangulaire (ou **tétraèdre**).

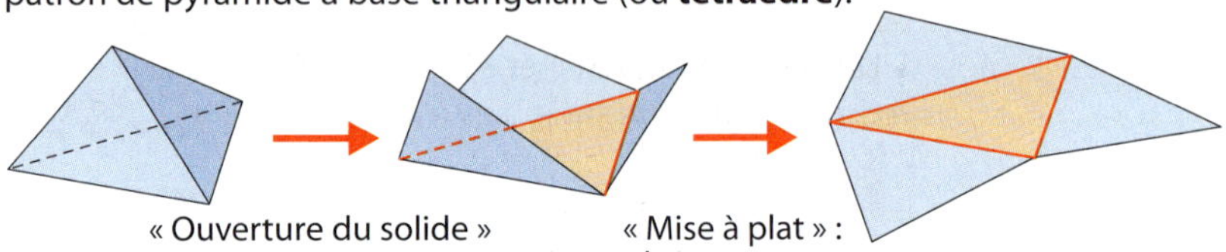

Remarques

- Un même solide peut avoir plusieurs patrons de formes différentes, non superposables.
- Certains solides n'ont pas de patron : c'est le cas de la sphère.

Autre patron

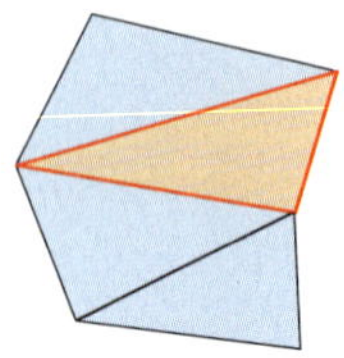

2 La perspective cavalière

RÈGLES Dans la représentation d'un solide en perspective cavalière :

- une figure située dans un plan vu de face est représentée en vraie grandeur (sans changer sa forme) ;
- deux droites parallèles sont représentées par deux droites parallèles ;
- des points alignés sont représentés par des points alignés ;
- le milieu d'un segment est représenté par le milieu du segment dessiné ;
- les éléments visibles sont dessinés en traits pleins ; les éléments cachés sont dessinés en pointillés.

Note

Cette perspective est dite cavalière car c'est le point de vue que l'on avait du haut du « cavalier » : promontoire de terre situé en arrière des fortifications pour voir les assaillants (XVIe siècle).

EXEMPLE

Une représentation en perspective cavalière d'un parallélépipède rectangle ABCDEFGH tel que :

AB = 5 cm, AD = 2 cm, AE = 3 cm.

- ABCD et EFGH sont situées dans des plans vus de face. Ces deux faces sont donc représentées en vraie grandeur.
- Les quatre autres faces rectangulaires sont représentées par des parallélogrammes.
- Les quatre arêtes perpendiculaires aux plans vus de face ([AE], [DH], [BF] et [CG]) :
  – sont réduites ou agrandies dans un même rapport (ici, on a choisi 0,5) ;
  – font un même angle avec l'arête [AD] ou [BC] (ici, on a choisi 45°).

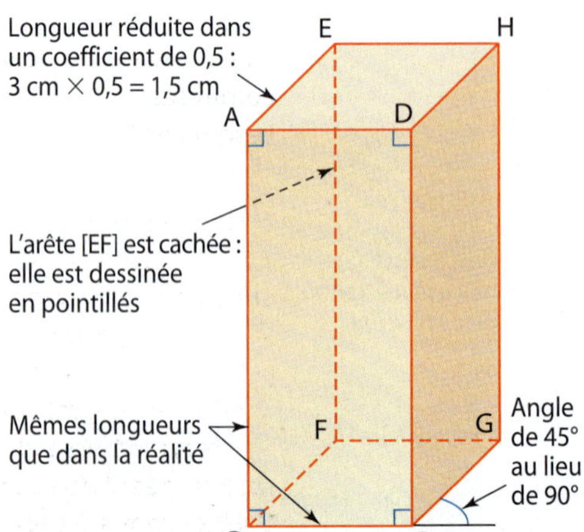

Exercice résolu 1 Construire un patron

Voir aussi les exercices 2 à 4, page 30

Énoncé

ABCDEFGH est un parallélépipède rectangle tel que :

AB = 3,5 cm ; AD = 2,5 cm et AE = 2 cm.

Construire un patron de la pyramide ABDE. Expliquer la construction.

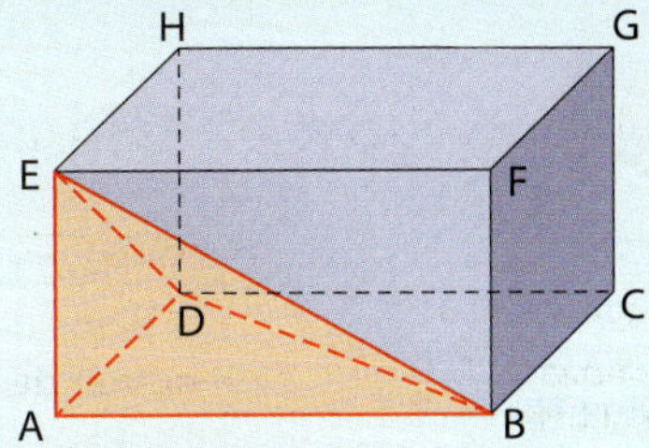

Solution

- Les faces ABCD, ABFE et ADHE sont des rectangles, donc les triangles ABD, ADE et ABE sont des triangles rectangles en A. On les dessine en vraie grandeur dans le plan de la face ABD, par exemple ; on obtient ci-contre les triangles ABD, AE_1D et ABE_2.
- On dessine alors en vraie grandeur le triangle BDE en plaçant, avec le compas, le point E_3, tel que $DE_3 = DE_1$ et $BE_3 = BE_2$, comme ci-contre.

Remarque

En repliant ce patron, les points E_1, E_2, et E_3 vont coïncider en un point qui sera le point E.

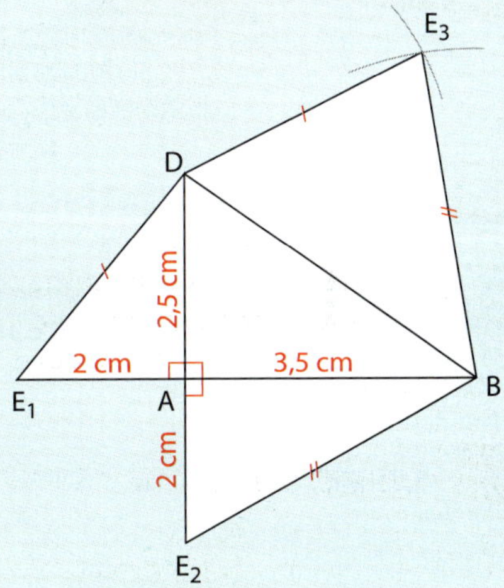

Exercice résolu 2 Respecter les règles de la perspective cavalière

Voir aussi l'exercice 8, page 30

Énoncé

ABCDEF est un prisme droit à base triangulaire.

Cette figure devait être une représentation en perspective cavalière de ce solide, mais des erreurs ont été commises.

Lesquelles ?

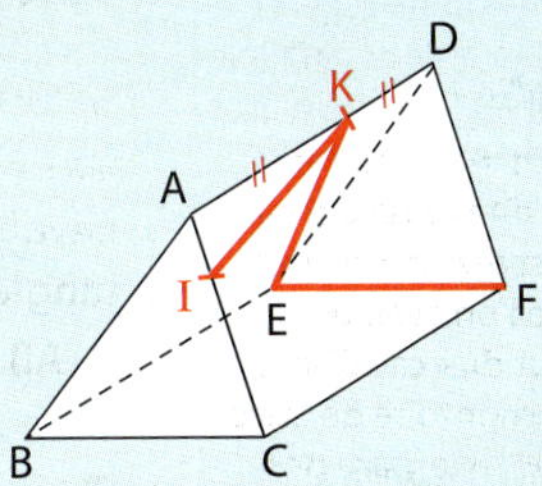

Solution

Il y a trois erreurs.

- L'arête [EF] est cachée par la face ACFD, donc cette arête doit être représentée en pointillés.
- Le point K, d'après le codage, est le milieu de l'arête [AD]. Par conséquent sa représentation doit aussi être le milieu du segment qui représente [AD].
- Le segment [KE] fait partie de la face ADEB, qui est une face cachée : il doit donc être représenté en pointillés.

Voici, ci-contre, la représentation corrigée de ce prisme droit en perspective cavalière.

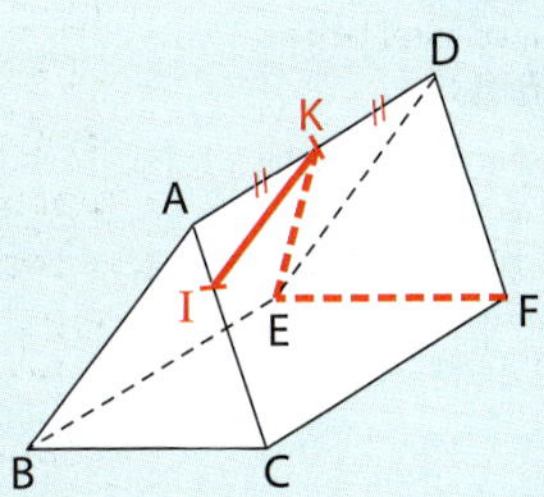

Positions relatives de droites et plans

1 Règles d'incidence

Note
Les règles R1 à R7 énoncées ci-contre sont admises.

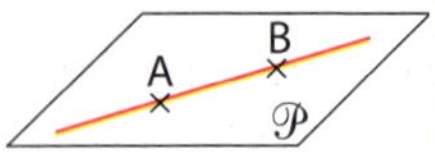

R1 Dans chaque plan de l'espace, on peut appliquer tous les théorèmes de géométrie plane (théorèmes de Pythagore, de Thalès,…).

R2 Par deux points distincts de l'espace, il passe une unique droite.

R3 Par trois points non alignés A, B et C de l'espace, il passe un unique plan, noté (ABC).

R4 Si deux points distincts A et B de l'espace appartiennent à un plan 𝒫, alors la droite (AB) est contenue dans le plan 𝒫.

2 Positions relatives de deux droites

Note
Deux droites de l'espace sont strictement parallèles lorsqu'elles sont coplanaires, et qu'elles n'ont aucun point commun.

R5 Deux droites de l'espace sont soit coplanaires, soit non coplanaires.

Coplanaires (dans un même plan)

d et *d'* sécantes

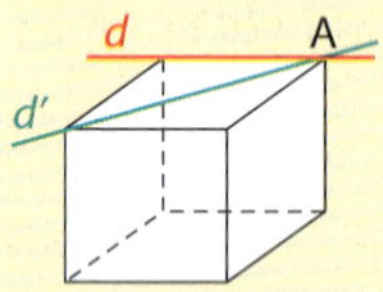

d et *d'* ont un point d'intersection A.

d et *d'* parallèles

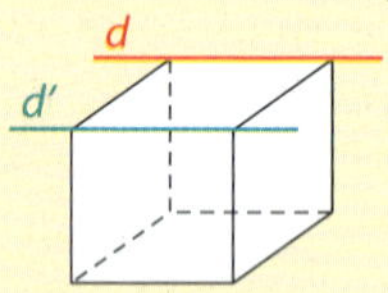

d et *d'* strictement parallèles (pas de point d'intersection).

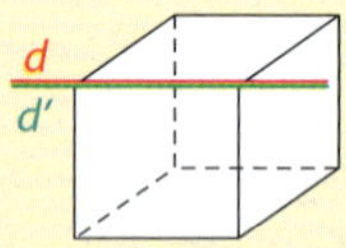

d et *d'* confondues.

Non coplanaires

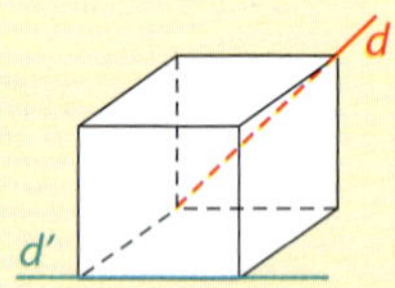

Aucun plan ne contient *d* et *d'* (pas de point d'intersection).

3 Positions relatives d'une droite et d'un plan

Note
Une droite *d* et un plan 𝒫 sont parallèles lorsqu'ils ne sont pas sécants. On note : *d*// 𝒫 ou 𝒫// *d*.

R6 Une droite et un plan de l'espace sont soit sécants, soit parallèles.

Sécants

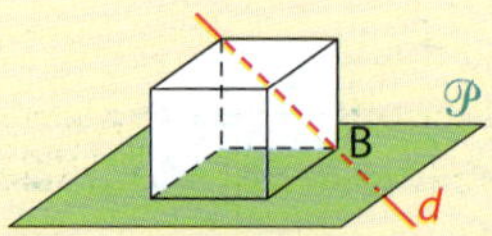

d et 𝒫 ont un point d'intersection B.

Parallèles

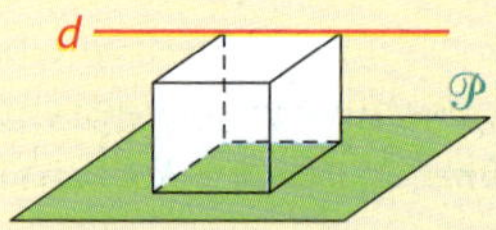

d et 𝒫 strictement parallèles (pas de point d'intersection).

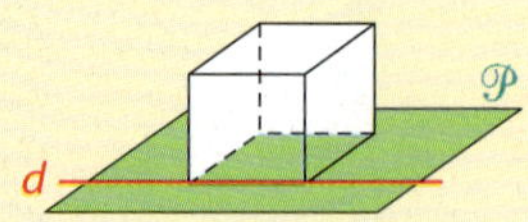

d est contenue dans 𝒫.

4 Positions relatives de deux plans

Note
Deux plans 𝒫 et 𝒫' sont parallèles lorsqu'ils ne sont pas sécants.
On note : 𝒫// 𝒫'.

R7 Deux plans de l'espace sont soit sécants, soit parallèles.

Sécants

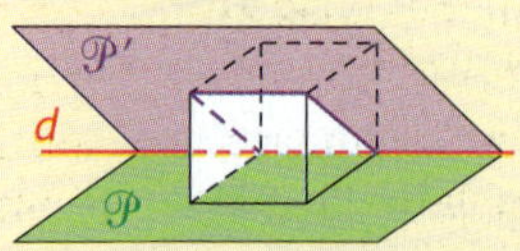

𝒫 et 𝒫' ont une droite d'intersection *d*.

Parallèles

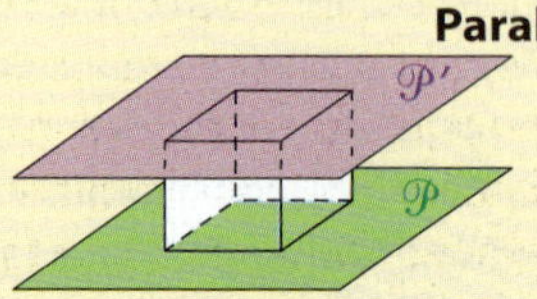

𝒫 et 𝒫' strictement parallèles (pas de point d'intersection).

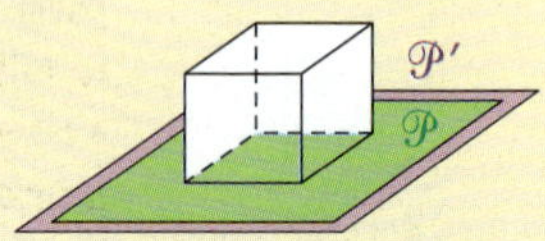

𝒫 et 𝒫' confondus.

Les méthodes

Exercice résolu 1 — Caractériser un plan de l'espace

Voir aussi l'exercice 11, page 31

Énoncé

ABCDEFGH est un parallélépipède rectangle. Les droites (AD) et (DF) définissent-elles un unique plan $\mathcal{P}$? Expliquer.

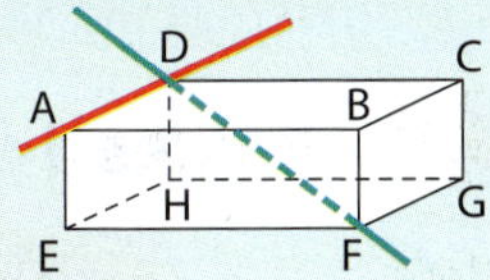

Solution

Les points A, D, F ne sont pas alignés, donc ils définissent un plan et un seul (règle R3).
A et D appartiennent au plan (ADF), donc la droite (AD) est contenue dans ce plan (règle R4). De même, ce plan contient la droite (DF).
Donc les droites (AD) et (DF) sécantes en D définissent un plan unique.

MÉTHODE

Dans l'espace, on peut définir un plan par la donnée de :
- trois points non alignés ;
- deux droites sécantes ;
- deux droites strictement parallèles.

Exercice résolu 2 — Étudier la position relative de deux droites

Voir aussi les exercices 12 à 14, page 31

Énoncé

ABCD est un tétraèdre. Étudier la position relative des droites :
a) (AB) et (CD) **b)** (BD) et (IK)

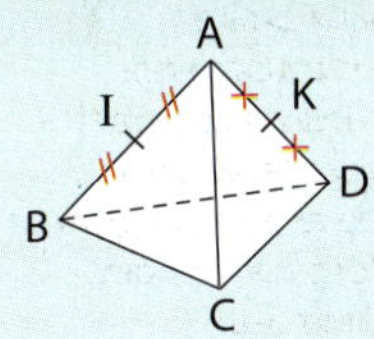

Solution

a) Si un plan contenait les deux droites (AB) et (CD), il s'agirait nécessairement du plan (BCD). Or A n'appartient pas à ce plan. Donc (AB) et (CD) sont non coplanaires.
b) Dans le plan (ABD), le théorème des milieux appliqué au triangle ABD permet d'affirmer que (BD) et (IK) sont strictement parallèles (règle R1).

Commentaire

- Dans un plan donné de l'espace, on peut appliquer les théorèmes de géométrie plane.

Exercice résolu 3 — Étudier l'intersection de deux plans

Voir aussi les exercices 15 à 17, page 31

Énoncé

SABCD est une pyramide de sommet S. Les diagonales de sa base se coupent en I.
Quelle est l'intersection des plans (SAC) et (SBD) ?

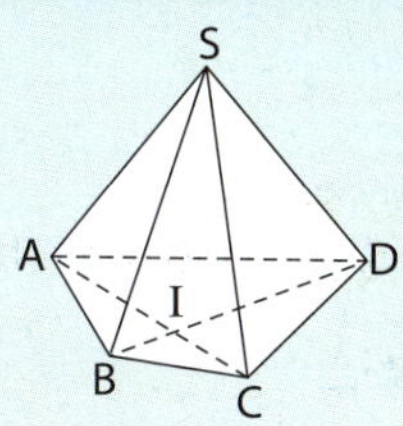

Solution

Les plans (**S**AC) et (**S**BD) ont le sommet **S** en commun ; ils sont donc sécants. La droite (AC) du plan (S**AC**) et la droite (BD) du plan (S**BD**) se coupent en I, donc I est un point commun à ces deux plans.
Donc (SAC) et (SBD) se coupent selon la droite (SI).

Commentaire

Pour déterminer l'intersection de deux plans **sécants**, il suffit de connaître deux points de cette intersection.

Parallélisme dans l'espace

1 Parallélisme entre droites

Note
Les propriétés énoncées sont admises.

P1 Deux droites parallèles à une même droite sont parallèles entre elles.
En d'autres termes : si $d \mathbin{//} d'$ et $d' \mathbin{//} d''$, alors $d \mathbin{//} d''$.

P2 Si deux droites sont parallèles, alors tout plan qui coupe l'une, coupe l'autre.

2 Parallélisme entre plans

P3 Deux plans parallèles à un même plan sont parallèles entre eux.
En d'autres termes : si $\mathcal{P} \mathbin{//} \mathcal{P}'$ et $\mathcal{P}' \mathbin{//} \mathcal{P}''$, alors $\mathcal{P} \mathbin{//} \mathcal{P}''$.

P4 Si deux droites sécantes d et d' d'un plan $\mathcal{P}$ sont parallèles à deux droites sécantes π et Δ' d'un plan $\mathcal{Q}$, alors $\mathcal{P}$ et $\mathcal{Q}$ sont parallèles.

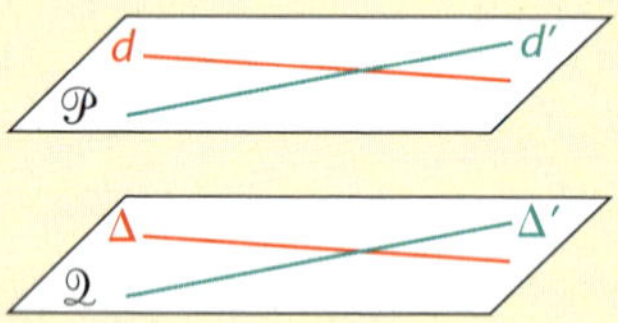

P5 Si deux plans $\mathcal{P}$ et $\mathcal{P}'$ sont parallèles, alors tout plan qui coupe $\mathcal{P}$, coupe aussi $\mathcal{P}'$ et les droites d'intersection d et d' sont parallèles.

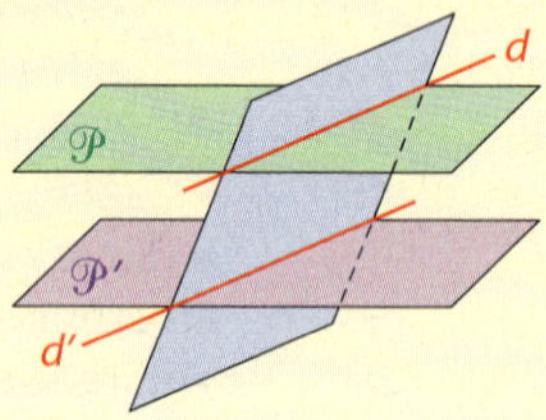

3 Parallélisme entre droite et plan

P6 Si deux plans $\mathcal{P}$ et $\mathcal{P}'$ sont parallèles, et si une droite d est parallèle à $\mathcal{P}$, alors d est parallèle à $\mathcal{P}'$.

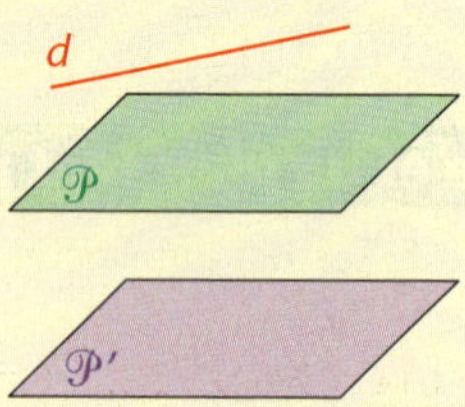

P7 Si deux droites d et Δ sont parallèles, et si d est contenue dans un plan $\mathcal{P}$, alors Δ est parallèle à $\mathcal{P}$.

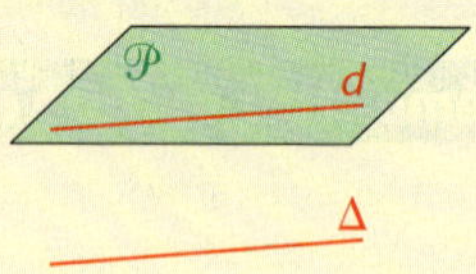

P8 Si $\mathcal{P}$ et $\mathcal{P}'$ sont deux plans sécants selon une droite Δ et si d est une droite parallèle à $\mathcal{P}$ et $\mathcal{P}'$, alors d et Δ sont parallèles.

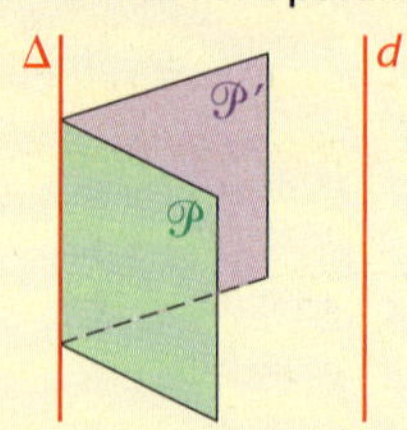

THÉORÈME « DU TOIT »

Si :
- d et d' sont des droites parallèles,
- $\mathcal{P}$ est un plan qui contient d et $\mathcal{P}'$ un plan qui contient d',
- $\mathcal{P}$ et $\mathcal{P}'$ sont sécants selon une droite Δ,

alors Δ est parallèle à d et à d'.

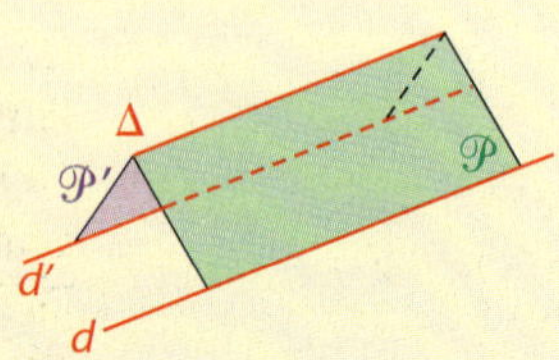

Les méthodes

Exercice résolu 1 Démontrer que deux droites sont parallèles

Voir aussi les exercices 20 et 21, page 32

Énoncé

ABCDEFGH est le cube représenté ci-dessous.
Démontrer que les droites (AB) et (GH) sont parallèles.

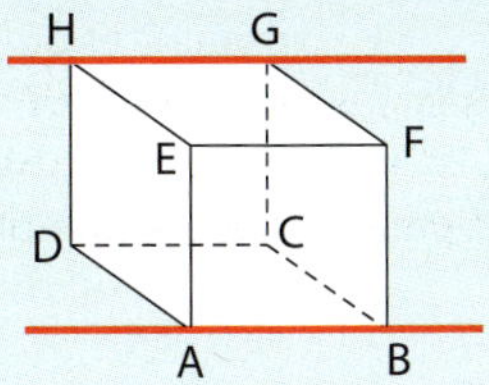

Solution

La face ABFE est un carré, donc : (AB)// (EF).
La face EFGH est un carré, donc : (EF)// (GH).
Les droites (AB) et (GH) sont parallèles toutes deux à la droite (EF), donc elles sont parallèles entre elles : (AB)// (GH) (propriété P1).

MÉTHODE

Pour démontrer que deux droites de l'espace sont parallèles :
- on applique la propriété P1 ;
- ou bien on démontre qu'elles sont coplanaires, et n'ont aucun point d'intersection.

Exercice résolu 2 Démontrer que deux plans sont parallèles

Voir aussi les exercices 25 et 26, page 32

Énoncé

ABCD est un tétraèdre.
M est un point de l'arête [AB] et N est un point de l'arête [AC] tels que : (MN)// (BC).
P est le point de l'arête [AD] tel que : (NP)// (CD).
Démontrer que les plans (MNP) et (BCD) sont parallèles.

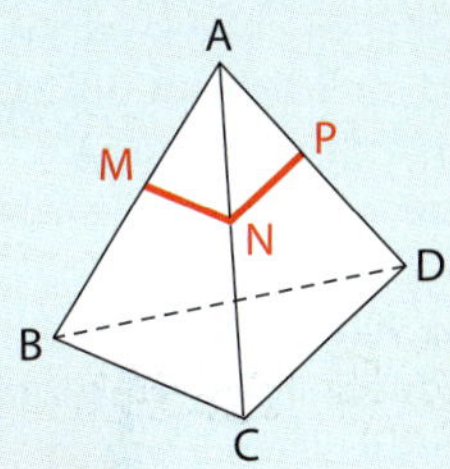

Solution

Les droites (BC) et (CD) sont sécantes et contenues dans le plan (BCD). Les droites (MN) et (NP) sont contenues dans le plan (MNP). De plus, par hypothèse : (BC)// (MN) et (CD)// (NP).
Par conséquent : (MNP)// (BCD) (propriété P4).

MÉTHODE

Pour démontrer que deux plans sont parallèles, on applique l'une ou l'autre des propriétés P3 ou P4.

Exercice résolu 3 Démontrer qu'une droite et un plan sont parallèles

Voir aussi l'exercice 27, page 32

Énoncé

Reprendre l'énoncé et la figure de l'exercice résolu 2, et démontrer que la droite (MP) et le plan (BCD) sont parallèles.

Solution

On sait que les plans (MNP) et (BCD) sont parallèles (exercice résolu 2).
La droite (MP) est contenue dans le plan (MNP) donc elle est parallèle au plan (MNP).
Or les plans (MNP) et (BCD) sont parallèles, donc la droite (MP) est parallèle au plan (BCD) (propriété P6).

MÉTHODE

Pour démontrer qu'une droite d est parallèle à un plan $\mathcal{P}'$, on peut trouver un plan $\mathcal{P}$ contenant d et parallèle à $\mathcal{P}'$.

Exercices de base

Pour créer des automatismes

Représentations planes de solides

1 Les figures suivantes peuvent-elles être des patrons de solides ?

a)
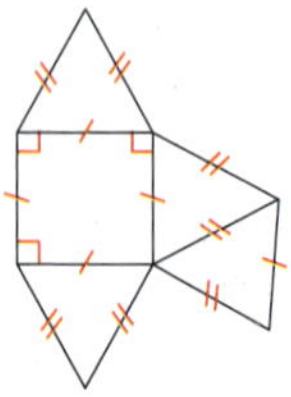

b)
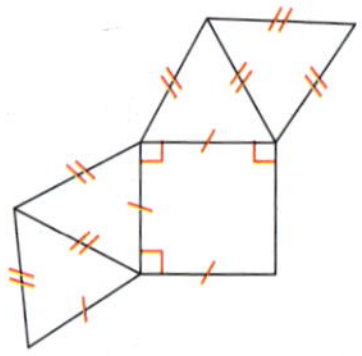

c)
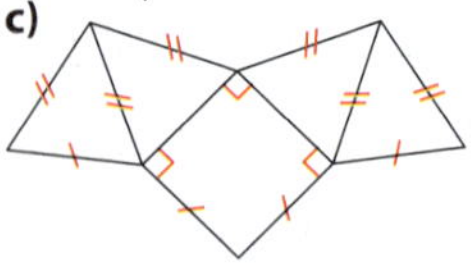

d)
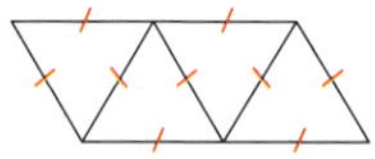

2 ABCDEFGH est un cube.

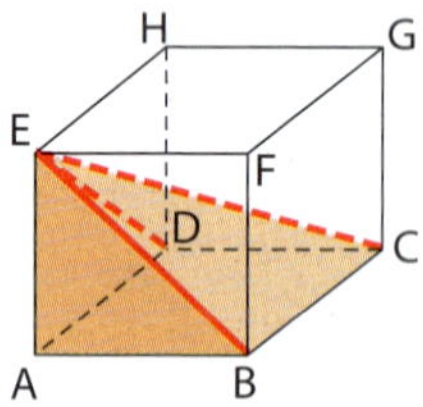

a) Avec un logiciel
Créer ce cube (avec Geospace ouvrir le fichier CUBE2.G3W) et créer la pyramide EABCD.
Créer un patron de cette pyramide.

b) À la main
Construire en vraie grandeur un patron de EABCD lorsque AB = 5 cm.

Conseil : se reporter à l'exercice résolu 1, page 25.

3 **a)** Peut-on construire un solide avec le patron ci-contre ? Expliquer pourquoi.

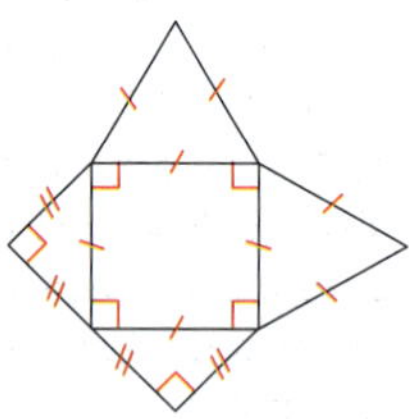

b) SABCD est une pyramide de sommet S dont les arêtes latérales ont pour longueur 5 cm.
De plus ABCD est un rectangle avec AB = 3 cm et BC = 4 cm.
Construire un patron de cette pyramide.

4 Construire un patron :
a) d'un cube d'arête 3 cm ;
b) d'un parallélépipède rectangle de dimensions 2 cm, 3 cm et 4 cm ;
c) d'un tétraèdre régulier (pyramide dont les quatre faces sont des triangles équilatéraux) d'arête 3 cm ;
d) d'une pyramide à base carrée dont les faces latérales sont des triangles équilatéraux de côté 3 cm.

5 **a)** Un patron de cylindre de révolution de rayon R et de hauteur h est constitué d'un rectangle et de deux disques. Exprimer les dimensions du rectangle en fonction de R et h.

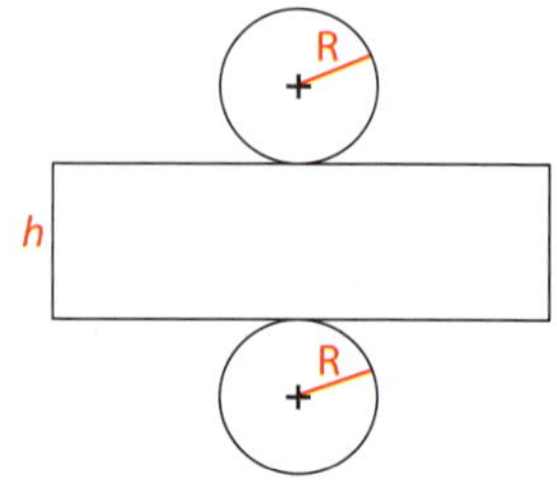

b) Construire un patron d'un cylindre de révolution de rayon 2 cm et de hauteur 6 cm.

6 Un cône de révolution a pour rayon 3 cm et pour hauteur 4 cm. Voici la forme de l'un de ses patrons.

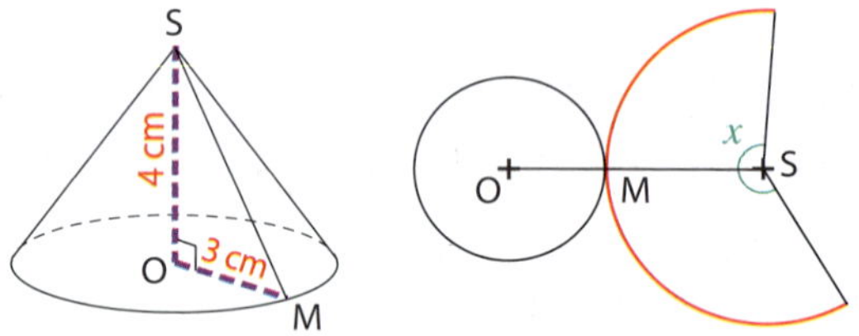

a) Quelle est la longueur exacte de l'arc rouge ?
b) Calculer la longueur d'une génératrice [SM].
c) Expliquer pourquoi la mesure de l'angle du secteur circulaire est $x = 216°$.
d) Construire un patron de ce cône.

7 ABCDEFG est un parallélépipède rectangle. Construire un patron de la pyramide IADHE.

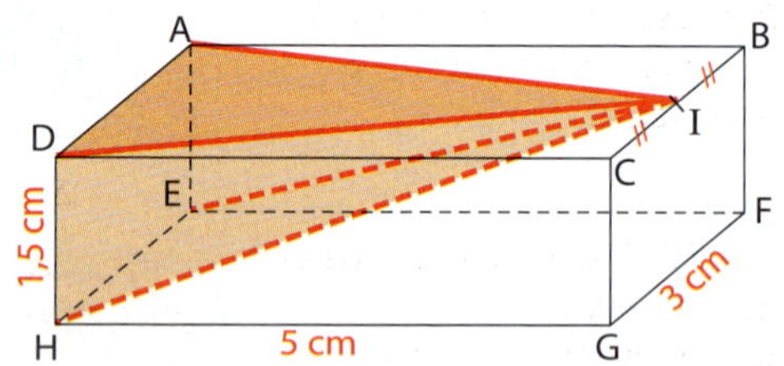

8 Dans chaque cas, certaines règles de la représentation en perspective cavalière n'ont pas été respectées. Trouver les erreurs.

a)
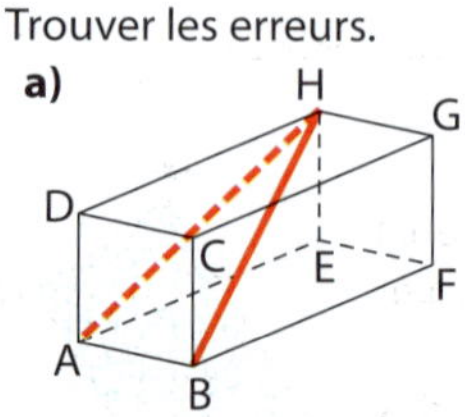

b)
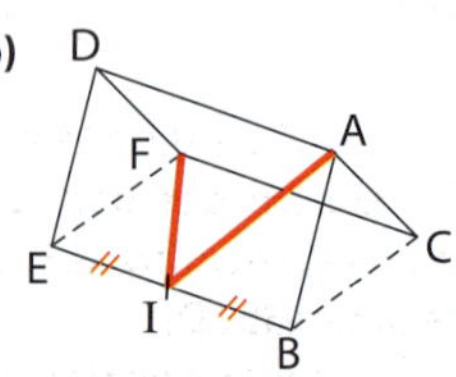

Conseil : se reporter à l'exercice résolu 2, page 25.

9 ABCDEF est un prisme droit à base triangulaire.

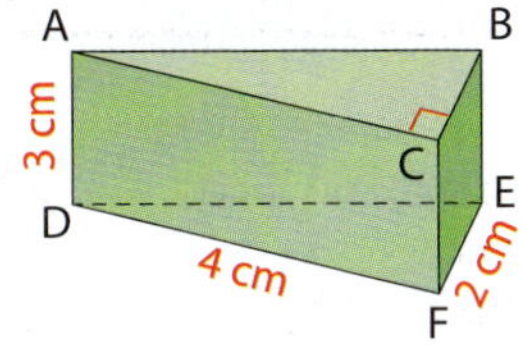

a) Représenter ce prisme en perspective cavalière pour un observateur qui est face à ACFD.
b) Construire en vraie grandeur les faces BCFE et DEF.

10 OABC est une pyramide dont la base est le triangle équilatéral ABC de côté 3 cm et dont la hauteur est le segment [OA] de longueur 3 cm.
a) Faire une représentation en perspective cavalière à main levée de OABC.
b) Construire un patron de OABC.

Positions relatives de droites et plans

11 ABCDEFGH est un cube. I est le milieu de l'arête [AB].
Dans chaque cas, dire si les deux éléments donnés définissent un plan et un seul. Expliquer.

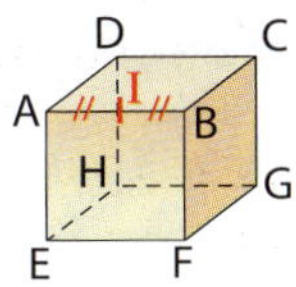

a) I et (AB) **b)** I et (GH) **c)** (AB) et (HG)

Conseil : se reporter à l'exercice résolu 1, page 27.

12 ABCDEFGH est un parallélépipède rectangle.
a) Citer des droites non coplanaires.
b) Citer des droites passant par E et parallèles au plan (BCG).

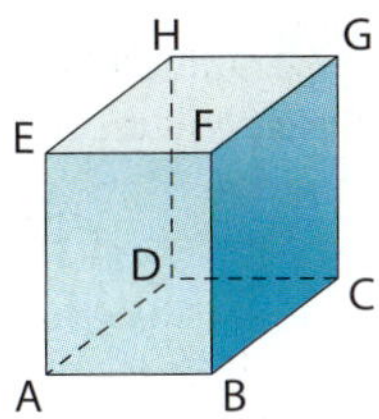

13 ABCDEFGH est un parallélépipède rectangle.
Étudier la position relative des droites :

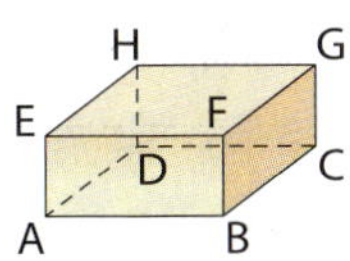

a) (BH) et (BC) **b)** (EG) et (BC)
c) (EG) et (AC)

Conseil : se reporter à l'exercice résolu 2, page 27.

14 ABCD est un tétraèdre.
E, F, G sont des points des arêtes indiqués ci-contre et H est un point de la face (BCD).

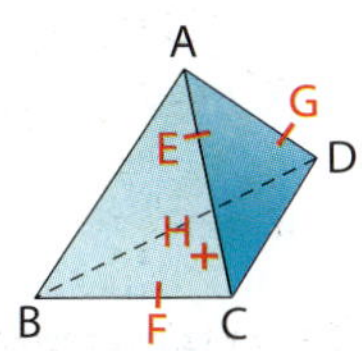

1. Étudier la position relative des droites :
a) (AF) et (EG) **b)** (EH) et (BC) **c)** (FG) et (BC)
2. Dans chaque cas, la droite et le plan sont-ils sécants ?
a) (CH) et (ABD) **b)** (BD) et (ACH)

15 ABCDEFGH est un parallélépipède rectangle.
Quelle est l'intersection des plans :

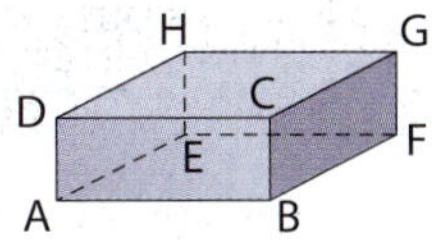

a) (ABF) et (BCG) ? **b)** (CDH) et (EFG) ?
c) (AEG) et (ADH) ? **d)** (BDH) et (CGH) ?

Conseil : se reporter à l'exercice résolu 3, page 27.

16 Travailler en groupe ABCDEFGH est un cube. I est le milieu de [AB] et K est le milieu de [CD].
Quelle est, dans chacun des cas suivants, l'intersection des deux plans ? Justifier chaque réponse.

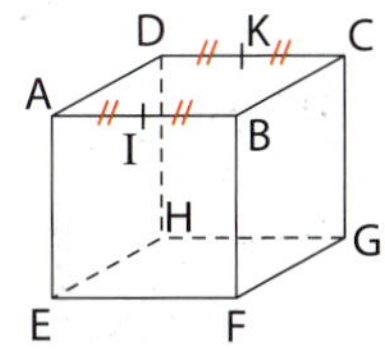

a) Le plan (AIE) et le plan (BIG).
b) Le plan (ADI) et le plan (BKC).
c) Le plan (HEF) et le plan (BKC).

17 B2i L 1-4 ABCD est un tétraèdre. I est le milieu de [BC] et J est le milieu de [CD].
Quelle est l'intersection des plans :

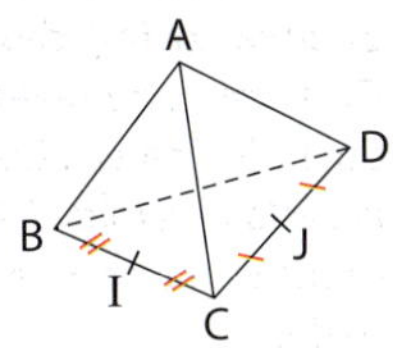

a) (AIJ) et (ABC) ?
b) (AIJ) et (BCD) ?
c) (ABJ) et (ADI) ?

Aide
On pourra réaliser cette figure avec un logiciel de géométrie (ouvrir par exemple le fichier TETRA.G3W avec Geospace).

18 B2i L 1-4 ABCDEFGH est un cube.
a) Faire cette figure. Placer les centres O et O′ respectifs des faces ABFE et BCGF.
b) Quelle est l'intersection des plans (BEG) et (AFC) ?

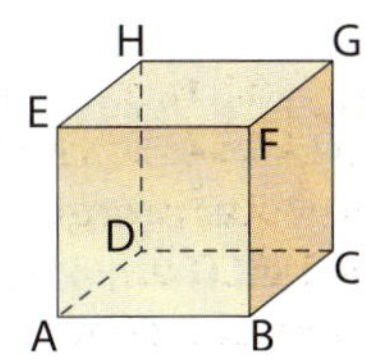

c) Vérifier la réponse avec un logiciel de géométrie (ouvrir par exemple CUBE2.G3W avec Geospace).

19 B2i L 1-1 L 2-4 ABCDEFGH est un cube. I est le milieu de [AB]. On se propose de représenter la droite Δ d'intersection des plans (DIF) et (EFG).

1. Conjecture
a) Réaliser cette figure avec un logiciel de géométrie.
Créer le plan (DIF), puis sa section avec le cube.
b) Conjecturer la nature de cette section.

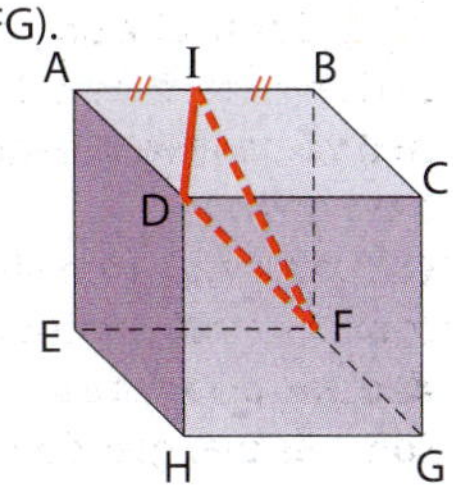

2. Preuve

a) Pourquoi F appartient-il à la droite Δ ?

b) Quelle est l'intersection des plans (DIF) et (ABC) ?

c) Que sait-on sur les plans (ABC) et (EFG) ?
En déduire la droite Δ.

d) Faire une figure, tracer Δ puis tracer la section du cube par le plan (DIF).

Parallélisme dans l'espace

20 SABCD est une pyramide à base carrée.
I est le milieu de [AS] et L est le milieu de [BS].
Démontrer que les droites (IL) et (CD) sont parallèles.

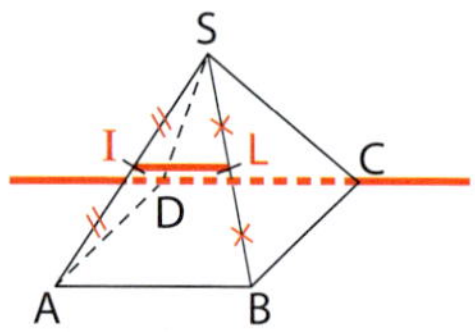

Conseil : se reporter à l'exercice résolu 1, page 29.

21 K et L sont les milieux des arêtes [EH] et [EF] du parallélépipède rectangle ABCDEFGH.
Les droites (AK) et (DH) se coupent en M.
Les droites (AL) et (BF) se coupent en N.

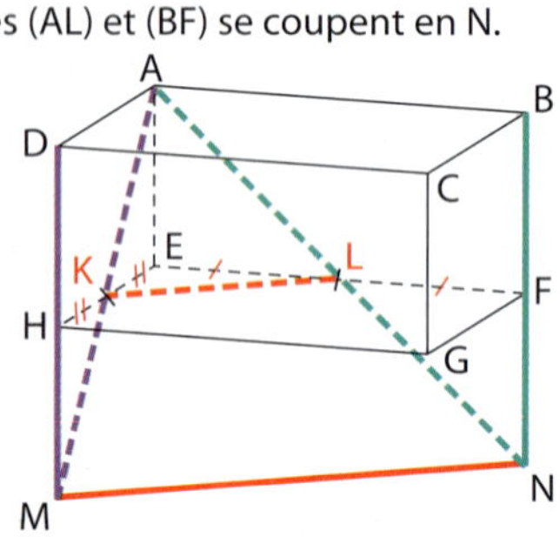

a) Démontrer que K est le milieu de [AM].

b) Démontrer que les droites (KL) et (MN) sont parallèles.

22 ABCDEFGH est un cube.
M est un point de l'arête [AB].
Le plan (GEM) coupe la droite (BC) en N.
Démontrer que les droites (MN) et (EG) sont parallèles.

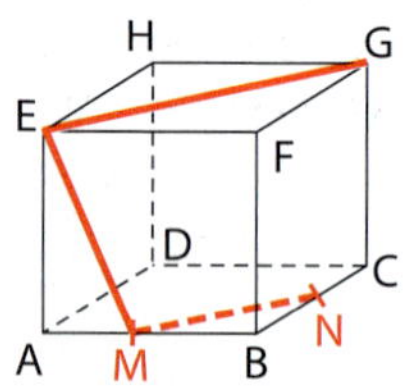

23 SABCD est une pyramide de sommet S à base trapézoïdale avec : (AB)// (CD).
M est un point de l'arête [SC].
Le plan (ABM) coupe la droite (SD) en N.
Démontrer que les droites (MN) et (DC) sont parallèles.

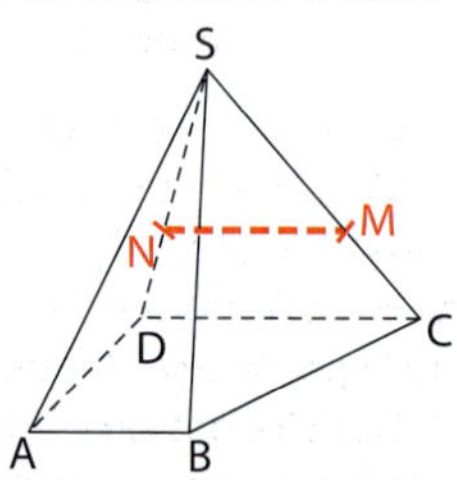

Aide
Penser à utiliser le théorème « du toit ».

24 SABCD est une pyramide dont la base ABCD est un parallélogramme.
Démontrer que les plans (SAB) et (SDC) se coupent selon la parallèle à (AB) passant par S.

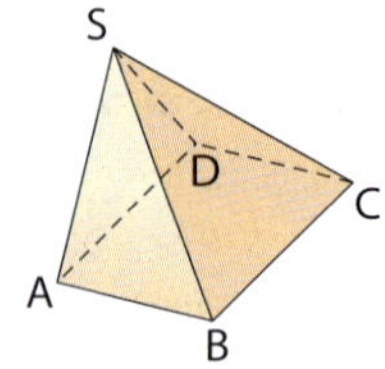

25 ABCDEFGH est un parallélépipède rectangle.

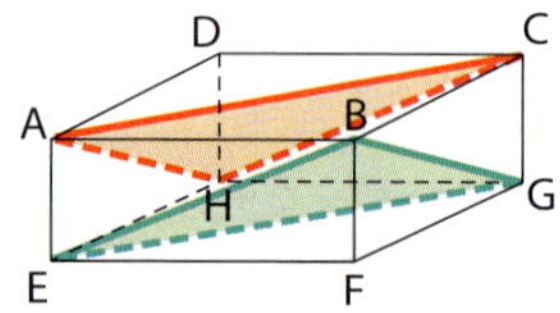

a) Le quadrilatère BEHC est un rectangle.
Que peut-on en déduire pour les droites (EB) et (HC) ?

b) De façon analogue, que peut-on dire des droites (AH) et (BG) ?

c) En déduire alors la position relative des plans (ACH) et (EBG).

Conseil : se reporter à l'exercice résolu 2, page 29.

26 ABCDEF est un prisme droit à base triangulaire. I, K, L sont les points des arêtes [AB], [AC] et [DE] tels que :

$$AI = \frac{2}{3}AB;\ AK = \frac{2}{3}AC;$$

$$EL = \frac{1}{3}ED.$$

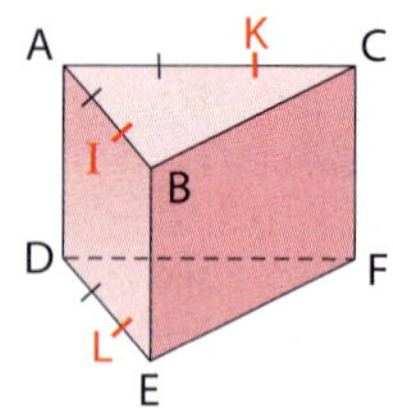

Démontrer que le plan (IKL) est parallèle au plan (BCF).

27 ABCDEFGH est un parallélépipède rectangle.
Démontrer que la droite (AC) est parallèle au plan (EFH).

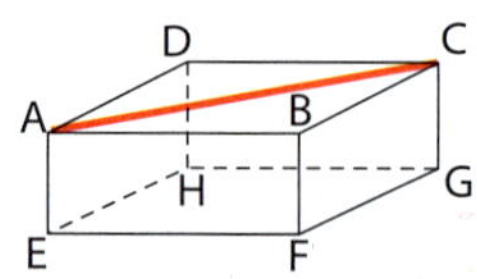

Conseil : se reporter à l'exercice résolu 3, page 29.

Calculs de longueurs, d'aires, de volumes

28 ABCDE est une pyramide régulière dont toutes les faces latérales sont des triangles équilatéraux de côté 4 cm et la base, un carré BCDE de centre O.

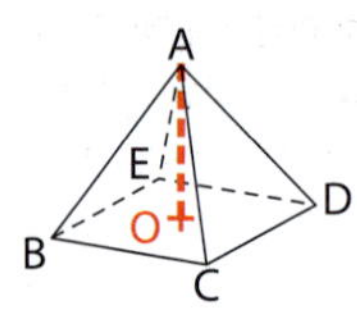

a) Utiliser le triangle ABO rectangle en O pour calculer la hauteur exacte AO de la pyramide.

b) Calculer la valeur exacte de son aire latérale, c'est-à-dire de la somme des aires des faces autres que la base.

29 Un cylindre de révolution a pour hauteur 4 cm et le rayon de sa base est 1 cm.

a) Calculer son volume.

b) Calculer son aire totale.

c) Le patron de sa surface latérale est un rectangle. Calculer la longueur exacte des diagonales de ce rectangle, puis la valeur approchée par excès au centième près.

Formulaire

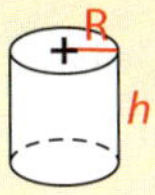

Volume : $\pi R^2 h$
Aire latérale : $2\pi R h$

30 $\mathcal{S}$ est une sphère de centre O et de rayon R.
A est un point qui appartient à $\mathcal{S}$.
M est le point du rayon [AO] tel que $OM = \frac{4}{5} OA$.
$\mathcal{P}$ est le plan perpendiculaire en M à la droite (OA).

1. a) Faire une figure.

b) Le plan $\mathcal{P}$ coupe la sphère $\mathcal{S}$ selon un cercle. Exprimer le rayon de ce cercle en fonction de R.

2. On sait aussi que l'aire de la sphère $\mathcal{S}$ est 64 cm².

a) Calculer alors la valeur exacte de R.

b) En déduire la valeur exacte de son volume $\mathcal{V}$ en cm³, puis la valeur approchée par défaut au dixième près.

Formulaire

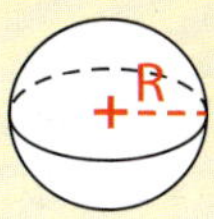

Volume : $\frac{4}{3} \pi R^3$
Aire : $4\pi R^2$

31 Un cône de révolution a pour hauteur 4 cm et le rayon de sa base est 1 cm.

a) Calculer la valeur approchée par excès au dixième près de son volume en cm³.

b) Calculer le périmètre exact du disque de base.

c) Le patron de sa surface latérale est un secteur circulaire. Calculer le rayon et la valeur approchée par défaut au degré près de la mesure de l'angle de ce secteur.

d) Calculer la valeur approchée par excès au dixième près de l'aire totale, en cm², du cône (base comprise).

Formulaire

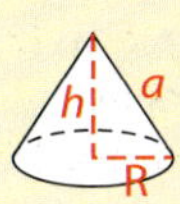

Volume : $\frac{1}{3} \pi R^2 h$
Aire latérale : $\pi R a$

32 En faisant tourner le triangle AHS, rectangle en H, autour de (SH), on obtient le cône de révolution représenté ci-contre. On sait que AS = 10 cm et $\widehat{ASH} = 20°$.
Par la suite, on donnera les valeurs approchées par défaut au centième près des résultats.

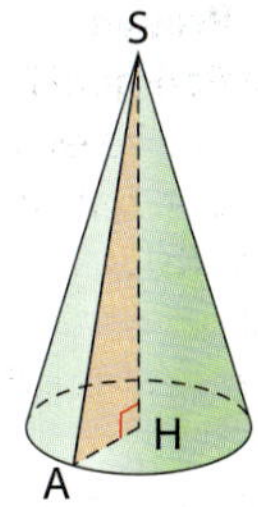

a) Calculer le rayon r, en cm, du cercle de base.

b) Calculer la hauteur h, en cm, du cône.

c) Calculer l'aire latérale, en cm², du cône.

D'après EVAPM

33 ABCDEFGH est un cube d'arête 5 cm.
I est le milieu de l'arête [EF].

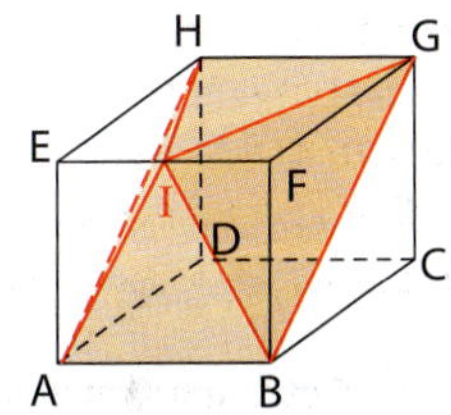

a) Calculer les volumes des tétraèdres IFBG et IEAH, puis le volume du prisme ADHBCG.

b) En déduire le volume de la pyramide IABGH.

c) Calculer l'aire du rectangle ABGH, et en déduire la hauteur IS de cette pyramide.

d) Reproduire cette figure et tracer la hauteur [IS].

Formulaire

Le volume d'une pyramide de hauteur h et dont la base a pour aire $\mathcal{B}$ est $\frac{1}{3} \mathcal{B} h$.

34 Dans le fond d'un vieux tiroir, on a trouvé la bobine en bois ci-après (Figure A). Elle est constituée de deux troncs de cônes identiques et d'une partie cylindrique. Chaque tronc de cône pourrait être obtenu (Figure B) en sectionnant, parallèlement à sa base et à 1 cm de hauteur un grand cône (C_1) de base 9 cm² et de hauteur 3 cm et en retirant le petit cône (C_2).

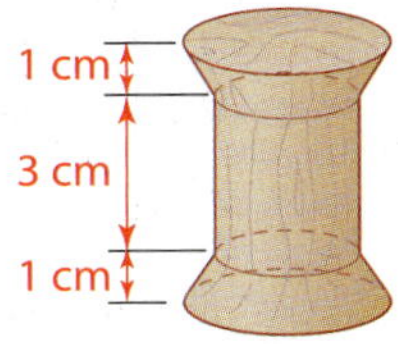

Figure A

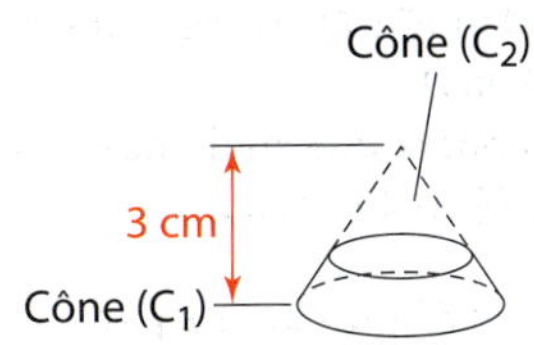

Figure B

1. Quel est le volume du cône (C_1) ?

2. a) Quel est le coefficient de réduction qui permet de passer du cône (C_1) au cône (C_2) ?

b) En déduire l'aire de la base du cône (C_2), puis le volume de la partie cylindrique de la bobine.

3. Déduire des questions précédentes le volume de la bobine (valeur approchée par excès au cm³ près).

Exercices d'entraînement

Pour développer des compétences

Travaux pratiques

Compléments numériques

35 B2i L 1-4 L 2-4 Section d'un cube

OBJECTIF Pratiquer une démarche expérimentale pour visualiser l'espace.

ABCDEFGH est un cube d'arête 2 cm.
M, N, P sont les points des arêtes respectives [AB], [CD], [AE] tels que :

$$AM = \frac{1}{3} AB;\ DN = \frac{1}{3} DC;\ AP = \frac{2}{3} AE.$$

On se propose d'étudier la nature de la section de ce cube par le plan (MNP).

1. Conjecture

a) Créer un cube avec un logiciel de géométrie (avec Geospace ouvrir le fichier CUBE2.G3W).

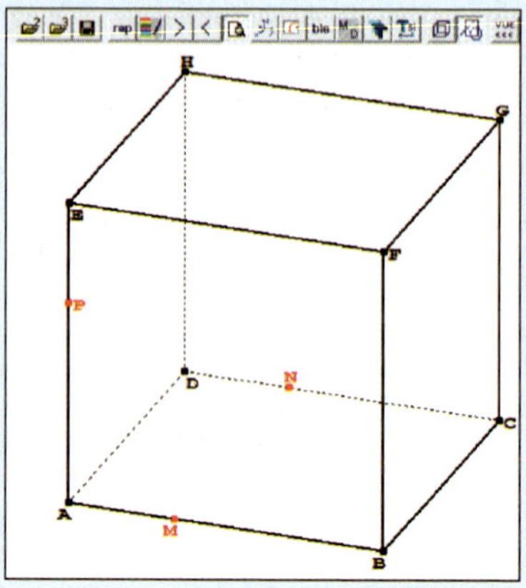

b) Créer les points M, N, P (avec Geospace on utilise Point, Point repéré, Sur une demi-droite).

c) Créer le plan défini par les points M, N, P, puis sa section avec le cube (avec Geospace, utiliser Ligne, Polygone convexe, Section d'un polyèdre par un plan).

d) Quelle semble être la nature de cette section ?

2. Preuve

a) On note [NQ] la section de la face CDHG par le plan (MNP). Démontrer que : (MP)// (NQ).
Que peut-on dire alors du quadrilatère MNQP ?

b) Démontrer que : (MN) // (PQ).
Conclure sur la nature du quadrilatère MNQP.

3. Pour les plus rapides

Cette fois, N est le point de [CD] tel que DN = x DC avec $0 \leqslant x \leqslant 2$.
Piloter le réel x et conjecturer la nature de la section selon les valeurs de x.

36 La molécule de méthane

OBJECTIF Utiliser les théorèmes de géométrie plane pour résoudre un problème dans l'espace.

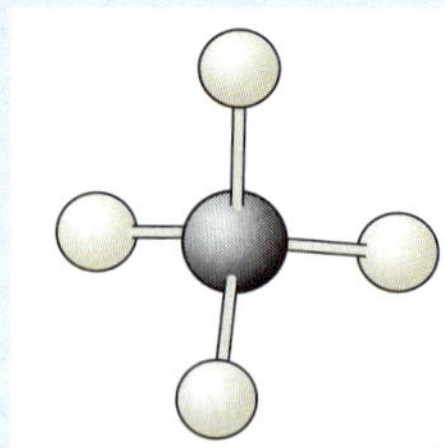

Dans la molécule de méthane CH_4, les centres des noyaux des 4 atomes d'hydrogène sont les sommets d'un tétraèdre régulier. Le centre du noyau de carbone est à l'intérieur de ce tétraèdre à la même distance ℓ des sommets.

On se propose de calculer ℓ ainsi que la mesure α de l'angle formé par deux liaisons C — H.

1. Modélisation

ABCD est un tétraèdre régulier d'arête a (ses quatre faces sont des triangles équilatéraux de côté a). L'une de ses hauteurs est le segment [AG] où G est le centre de gravité de BCD.
I et K sont les milieux des arêtes [CD] et [AB].

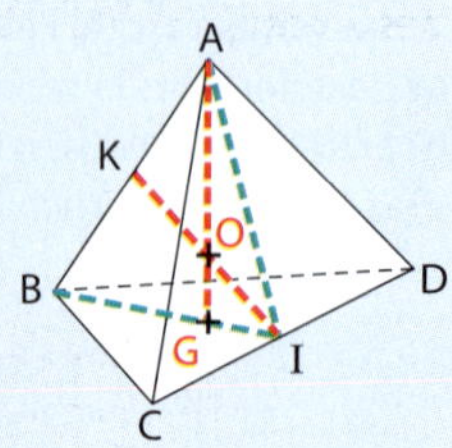

Dans le plan (AIB), les droites (IK) et (AG) se coupent en O.

a) Exprimer les longueurs IA et IB en fonction de a.

b) Dessiner le triangle AIB en vraie grandeur avec, par exemple, $a = 3$ cm ; placer G et O.

c) Expliquer pourquoi OA = OB. De façon analogue, on montre que O est équidistant de A, B, C, D ; on dit que O est le centre du tétraèdre régulier.

d) Utiliser le théorème de Pythagore dans le triangle AGI, pour exprimer AG en fonction de a.

e) Exprimer $\cos \widehat{KAO}$ dans les triangles AKO rectangle en K et AGB rectangle en G et en déduire que $AO = \frac{1}{2} a \sqrt{\frac{3}{2}}$.

f) En déduire la valeur approchée par défaut au centième près de la mesure en degrés de $\widehat{KAO}$, puis que $\widehat{AOB} \approx 109{,}5°$.

2. Retour à la molécule de méthane

La distance entre deux atomes d'hydrogène est d'environ 1,78 Å (angstrœm) soit $1{,}78 \times 10^{-10}$ m.
Utiliser les résultats de la question **1.** pour donner ℓ et α.

Raisonner, démontrer

37 Un puzzle

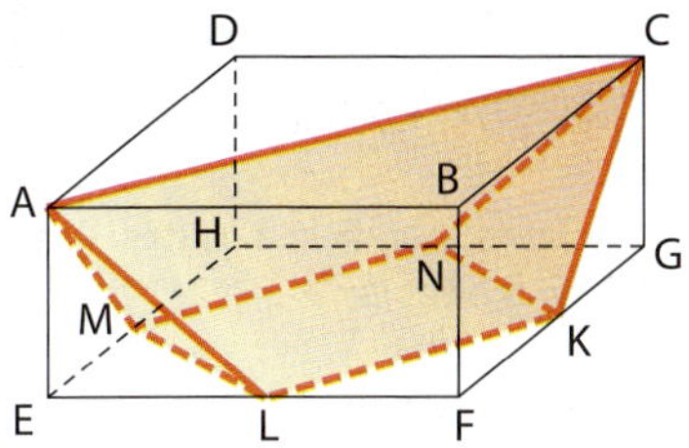

Le solide ABCDEFGH est un parallélépipède rectangle tel que AE = 3 cm. ABCD est un carré de 6 cm de côté. M, K, L et N sont des milieux d'arêtes.
Construire deux exemplaires du solide ACKNML.
Assembler ces deux solides de manière à former une pyramide.

Rallye Mathématiques Sans Frontières Alsace

38 Droites concourantes

ABCD est un tétraèdre. I, J, K, L sont les milieux respectifs des arêtes [AB], [BC], [CD], [DA].

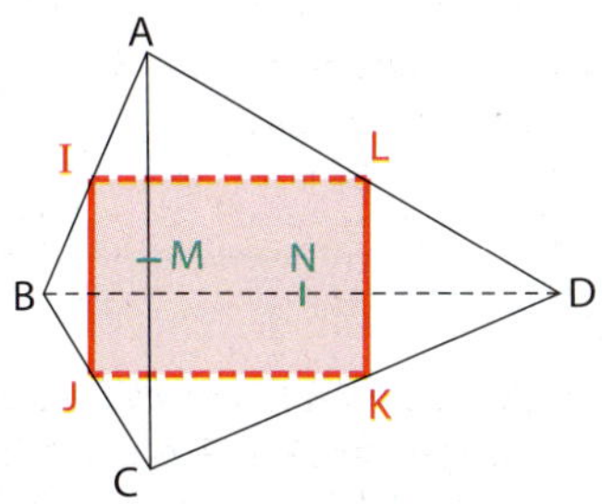

a) Démontrer que IJKL est un parallélogramme.
b) M et N sont les milieux respectifs des arêtes [AC] et [BD].
Démontrer que les trois droites (IK), (JL) et (MN) sont concourantes.

39 Centre de gravité

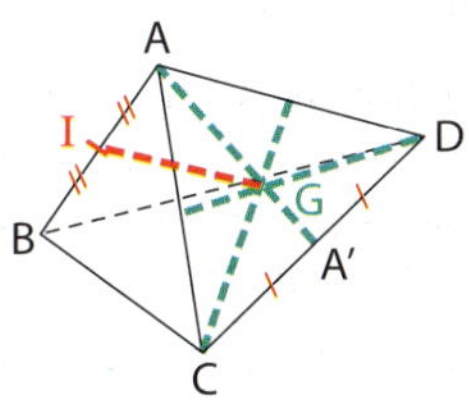

ABCD est un tétraèdre. I est le milieu de [AB]. G est le centre de gravité de la face ACD et A′ est le milieu de [CD].
a) Démontrer que la droite (IG) est contenue dans le plan (ABA′).
b) Pourquoi les droites (IG) et (A′B) sont-elles sécantes en un point E ? Faire la figure et placer E.
c) Quelle est la nature du quadrilatère BDEC ? Expliquer.

Communiquer à l'écrit ou à l'oral

40 Aire et volume

Enzo affirme : « Plus l'aire d'un solide est grande, plus son volume est grand. » Qu'en pensez-vous ?

41 Calcul réfléchi

ABCDEFGH est un cube d'arête a. Déterminer mentalement la mesure de l'angle $\widehat{EBG}$.

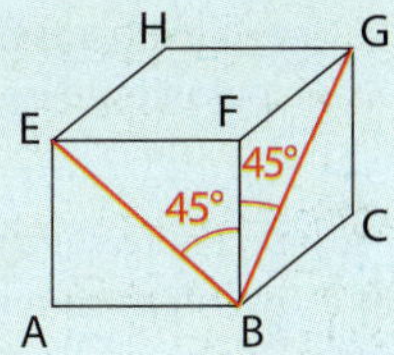

42 Critiquer

Problème : ABCD est un tétraèdre. I et K sont des points des arêtes [AB] et [CD].
Étudier l'intersection des plans (ABK) et (CDI).

Voici la copie d'un élève. Émettre des critiques, puis rédiger à votre tour la solution.

D'après la figure, on voit manifestement que ces deux plans ne sont ni confondus ni strictement parallèles, donc ils sont sécants.
I ∈ (CDI) et I ∈ (ABK)
K ∈ (ABK) et K ∈ (CDI)
Donc l'intersection de (ABK) et (CDI) est les deux points I et K.

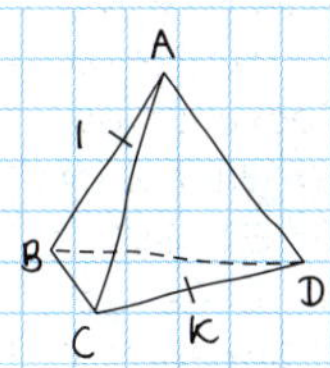

S'initier à la logique

43 Raisonnement par l'absurde

On se propose de démontrer le théorème suivant : « Si d et Δ sont deux droites parallèles et si la droite d est contenue dans un plan $\mathcal{P}$, alors Δ est parallèle à $\mathcal{P}$. »

1. Cas où Δ est incluse dans $\mathcal{P}$
Conclure.

2. Cas où Δ n'est pas contenue dans $\mathcal{P}$
On note $\mathcal{Q}$ le plan contenant d et Δ.
a) Faire une figure. Quelle est l'intersection de $\mathcal{P}$ et $\mathcal{Q}$?
b) On raisonne maintenant par l'absurde et on suppose pour cela que Δ n'est pas parallèle à $\mathcal{P}$.
Δ et $\mathcal{P}$ se couperaient alors en un point M.
Pourquoi M appartiendrait-il à la droite d ? Où est la contradiction ?
c) Conclure.

SE PRÉPARER AU CONTRÔLE

Travailler en autonomie

QCM

44 Pour chaque question, une seule réponse est exacte. Laquelle ?

1 Dans l'espace, deux droites strictement parallèles sont des droites :

a) qui ne se coupent pas **b)** non coplanaires **c)** coplanaires et sans point commun

2 d est une droite parallèle à un plan $\mathcal{P}$. Alors :

a) d est parallèle à une seule droite de $\mathcal{P}$ **b)** d est parallèle à une infinité de droites de $\mathcal{P}$ mais pas à toutes **c)** d est parallèle à toutes les droites de $\mathcal{P}$

3 Si les droites d et d' sont parallèles et si les droites d' et d'' sont sécantes, alors :

a) d et d'' sont sécantes **b)** d et d'' sont coplanaires **c)** d est parallèle au plan qui contient d' et d''

45 Pour chaque question, une seule réponse est exacte. Laquelle ? Justifier.

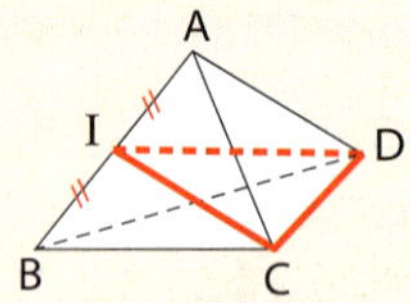

1 ABCD est un tétraèdre régulier (ses quatre faces sont des triangles équilatéraux). I est le milieu de [AB]. Le triangle ICD est :

a) rectangle en C **b)** isocèle en I **c)** équilatéral

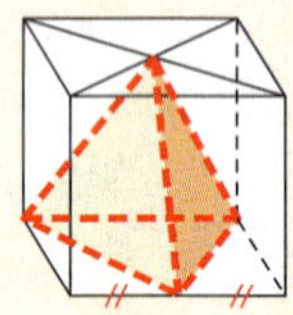

2 Cette figure représente un cube d'arête 1 cm.
Le volume de la pyramide colorée est :

a) $\frac{1}{6}$ cm³ **b)** $\frac{1}{3}$ cm³ **c)** $\frac{1}{8}$ cm³

Exercices interactifs

Vrai-Faux

46 Dire pour chaque affirmation si elle est vraie ou fausse.

$\mathcal{H}$ est le cube ci-contre.

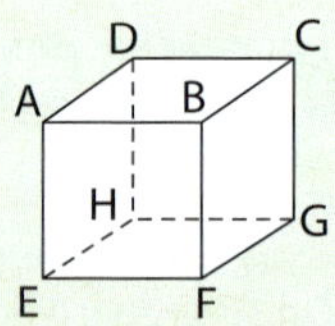

a) Pour le cube $\mathcal{H}$, le quadrilatère DBFH est un carré.

b) Pour le cube $\mathcal{H}$, le triangle AHF est équilatéral.

c) Pour le cube $\mathcal{H}$, les droites (AH) et (DG) sont parallèles.

d) Pour le cube $\mathcal{H}$, les plans (DHG) et (BCF) sont sécants.

e) Pour le cube $\mathcal{H}$, les droites (EH) et (CG) sont parallèles.

f) Pour le cube $\mathcal{H}$, la droite (CD) est parallèle au plan (ABG).

g) Pour le cube $\mathcal{H}$, les segments [AG] et [CE] se coupent en leur milieu.

47 Dire pour chaque affirmation si elle est vraie ou fausse. Justifier.

a) ABCD est un tétraèdre régulier d'arête 1 cm. O est le centre de la face BCD. Alors AO = $\frac{\sqrt{6}}{3}$ cm.

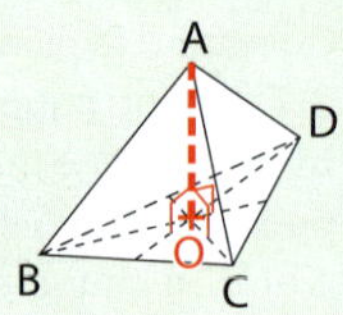

b) Pour que le volume d'une boule soit multiplié par 8, on doit multiplier son rayon par $\frac{8}{3}$.

c) Une pyramide régulière a pour sommet le centre d'une face d'un cube et pour base, la face opposée du cube. Le volume de la pyramide est le tiers du volume du cube.

d) Le même nombre donne l'aire latérale en cm² et le volume en cm³ d'un cylindre de révolution de rayon 2 cm.

Exercices interactifs

Vérifier les réponses p. 300

Chapitre 2

Fonctions, expressions algébriques et problèmes

En mécanique, on étudie des trajectoires c'est-à-dire l'ensemble des positions successives d'un point au cours de son mouvement.
On peut observer ici la trajectoire du phare d'un VTT dans une forêt.
On utilise des fonctions d'une ou plusieurs variables pour décrire ces courbes.

Énigme ★

Alice vend les voyelles, mais offre gratuitement les consonnes et les accents.
Au pays d'Alice, Vénus vaut 30 euros, Mercure vaut 43 euros et Uranus 54 euros. Jupiter vaut le double de Mars et Pluton a le même prix que la Terre.

➤ ***Quel est le prix du Soleil ?***

Tournoi Mathématique du Limousin.

Énigme ★★

Le côté de chaque carré mesure 2 cm de plus que le précédent.
L'aire de cette figure est 83 cm^2.

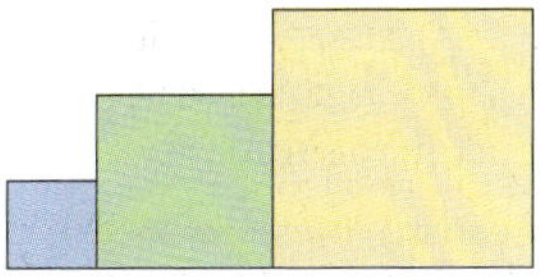

➤ ***Dessiner la figure en vraie grandeur.***

1 Lire des informations sur une courbe

Formulaire p. 285, thème 11

La courbe ci-contre représente la hauteur d'eau (en mètres) dans le port de Saint-Malo en fonction de l'heure pendant une partie d'une journée.

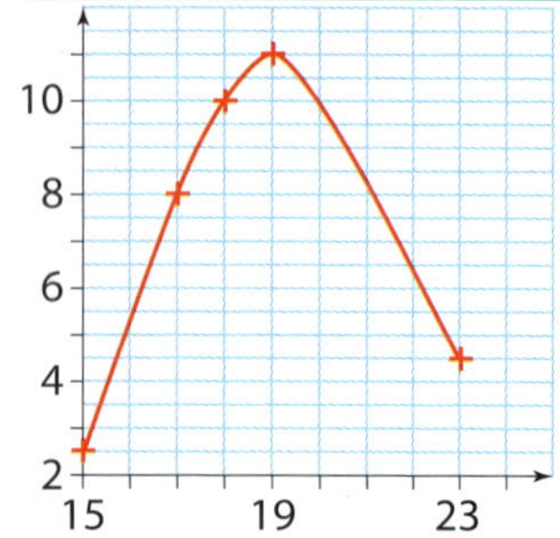

a) Sur quel axe peut-on lire les heures ? les hauteurs d'eau ?
b) À quelle heure s'est produit la marée haute (ou pleine mer) ?
c) Quelle est la hauteur d'eau à 18 h ?

2 Connaître le vocabulaire des fonctions

Formulaire p. 285, thème 11

La courbe ci-contre définit une fonction f.
Recopier et compléter chaque affirmation.

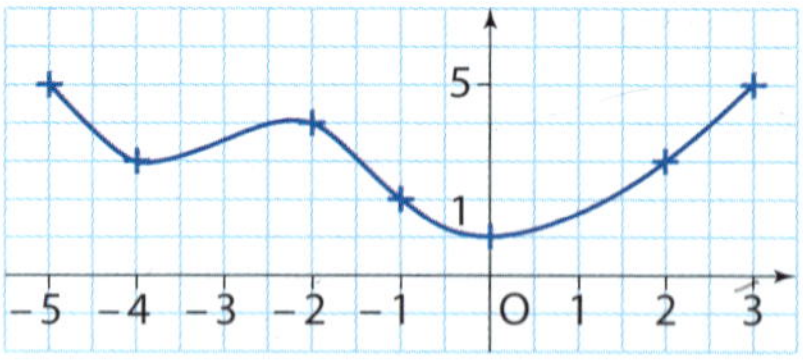

a) Le nombre 3 a pour image … par f.
b) Le nombre 5 a pour antécédents … et … par f.
c) $f(0) = \dots$ et $f(-2) = \dots$

3 Lire des informations sur un tableau

Formulaire p. 285, thème 11

Ce tableau définit une fonction g.

t	0	1	2	3	4	5	6	7	8
$g(t)$	41	27	15	5	–3	–9	–13	–15	–15

Pour chaque affirmation, dire si elle est vraie ou fausse.
a) « Les nombres 2 et 7 ont des images opposées. »
b) « Le nombre 27 a pour image 1. »
c) « L'image du nombre 2,5 est 10. »

4 Connaître les identités remarquables

Formulaire p. 283, thème 6

a et x désignent des nombres. Développer :

a) $(a-5)^2$ **b)** $(2x+3)^2$ **c)** $(3x-4)(3x+4)$

5 Factoriser des expressions algébriques

Formulaire p. 283, thème 6

a, t, x désignent des nombres. Factoriser :

a) $5t^2 + 3t$ **b)** $(2x+1)^2 - 4(2x+1)$ **c)** $a^2 - 9$

6 Mettre en équation

Formulaire p. 284, thème 8

Un producteur de tomates a vendu $\frac{3}{4}$ de sa récolte à une grande surface et 900 kg à des petits commerçants. Il lui reste 350 kg de tomates.

On souhaite connaître la quantité de tomates produites.

Traduire cette situation par une équation en précisant l'inconnue choisie, puis conclure.

Vérifier les réponses p. 296

Objectif
Réfléchir sur la notion de fonction et sur les modes de représentation dans un contexte concret.

1 Sur un circuit automobile

Un pilote de course procède à des essais sur un circuit fermé. Sur un tour lancé de sa voiture, des enregistreurs de vitesse placés sur le circuit, ainsi qu'un capteur de vitesse embarqué, ont permis d'établir le tableau et le graphique suivants.

Enregistreur n°	Distance parcourue depuis la ligne de départ en km	Vitesse en km/h
1	0	
2	0,5	182
3		50
4	5,1	86
5	8	
6	10	220
7	13	
8	15	190

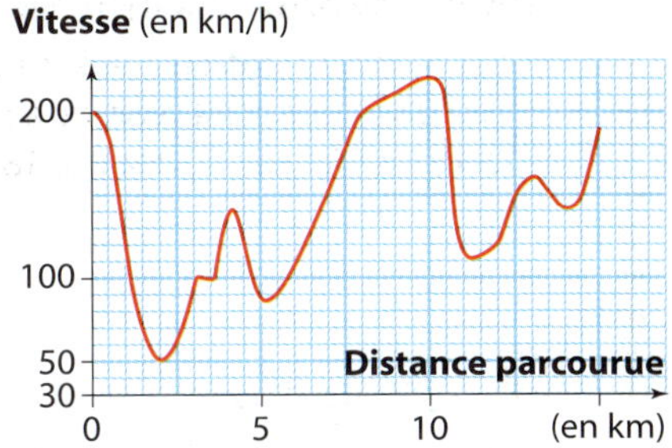

Note
Tour lancé : la voiture prend son élan pendant un tour et on enregistre les vitesses à partir du deuxième tour.

1 **a)** Recopier et compléter les valeurs manquantes du tableau.
b) Combien de fois le pilote atteint-il la vitesse de 160 km/h ?

2 • « À toute distance *d* comprise entre 0 et 15 km correspond une vitesse unique de la voiture de course. »
• « À toute vitesse *v* comprise entre 50 et 220 km/h correspond une distance unique. »
Que pensez-vous de ces affirmations ? Argumenter la réponse.

B2i L3-5

3 **a)** Ouvrir une feuille de calcul d'un tableur et saisir les 2e et 3e colonnes du tableau.
b) Avec l'assistant graphique, représenter ce tableau par un nuage de points, puis par une courbe lissée.
c) Comparer ce graphique avec la courbe donnée ci-dessus. Commenter.

Objectif
Utiliser une fonction pour résoudre un problème de façon graphique ou algébrique.

2 En géométrie

ABCD est un rectangle tel que AB = 6 et AD = 4.
H et K sont des points tels que DH = BK avec B sur [AK] et D sur [AH]. On trace le rectangle AKJH.
On se propose de chercher la position du point H pour que l'aire du domaine coloré soit égale à celle du rectangle ABCD.

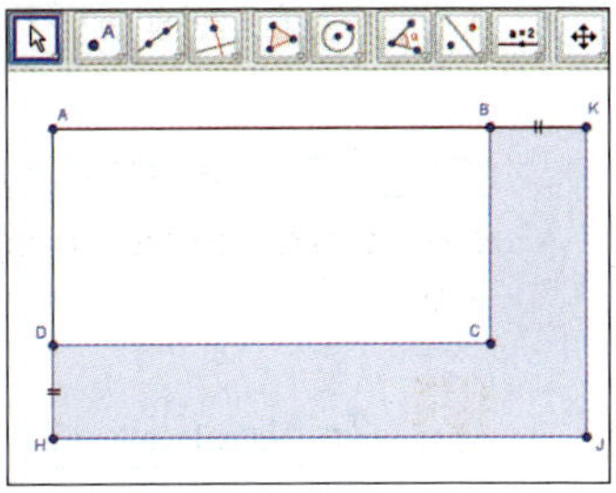

B2i L1-1 L3-4

1 **a)** Réaliser cette figure avec un logiciel de géométrie. Afficher l'aire y du domaine coloré.
b) Piloter le point H. Noter a la longueur DH et afficher cette grandeur.
Quelles sont les valeurs possibles de a ?
c) Conjecturer la position du point H répondant au problème posé.

2 Afficher un repère et placer les points M $(a ; y)$ et N $(a ; 24)$. Observer les traces de M et de N lorsqu'on pilote le point H ; confirment-elles la conjecture ?

3 **a)** Montrer que l'aire notée y est aussi donnée par la formule $f(a) = a^2 + 10a$.
Vérifier que pour toute valeur de a : $a^2 + 10a = (a + 5)^2 - 25$.
b) Montrer que l'équation $f(a) = 24$ s'écrit $(a + 5)^2 - 7^2 = 0$.
c) En déduire la solution exacte du problème posé.

Définir une fonction

1 Ensemble ℝ et intervalles

Note
L'ensemble des nombres **entiers naturels** (positifs) est noté ℕ.
L'ensemble des nombres **entiers relatifs** (positifs ou négatifs) est noté ℤ.

L'ensemble des abscisses des points d'une droite graduée est appelé l'ensemble des **nombres réels.** On note ℝ l'ensemble de tous ces nombres.
Certaines parties de ℝ sont appelées des **intervalles** ; on les note en utilisant des crochets.

Ensemble des réels x tels que :	Représentation	Intervalle
$x < b$		$]-\infty\,;b[$
$x \geqslant a$		$[a;+\infty[$
$a \leqslant x \leqslant b$		$[a;b]$
$a < x < b$		$]a;b[$
$a \leqslant x < b$		$[a;b[$

On définit de la même façon les intervalles $]a;b]$, $]a;+\infty[$ et $]-\infty;b]$.
Attention ! $-\infty$ et $+\infty$ ne désignent pas des nombres réels ; du côté de $-\infty$ et de $+\infty$, le crochet est toujours ouvert. Par exemple, on note : $\mathbb{R} =]-\infty;+\infty[$.

Note
$[a;b[$: en b, le crochet est **ouvert** c'est-à-dire dirigé vers l'extérieur. Cela signifie que b **n'est pas** dans l'intervalle.

2 Vocabulaire des fonctions

DÉFINITION Définir une fonction f sur une partie D de ℝ, c'est associer à tout nombre x de D, un nombre et un seul appelé **image** du nombre x.

NOTATIONS ET VOCABULAIRE
- L'image du nombre x par la fonction f est notée $f(x)$.
- La fonction f est parfois notée $f\colon\ x \mapsto f(x)$.
- On dit que D est **l'ensemble de définition** de f.
- Si $f(a) = b$, on dit que a est **un antécédent** de b par f.

Ici, les parenthèses n'ont pas la même signification que dans un calcul algébrique.

Note
$f(x)$ se lit « f de x ».

EXEMPLE 1 : Une fonction f définie par un graphique
L'ensemble de définition de f est l'intervalle $[-3;2]$.
Le nombre -3 a pour image -1, donc $f(-3) = -1$.
Remarque : Seuls les points repérés par une croix ou des lignes de rappel permettent une lecture exacte des valeurs.

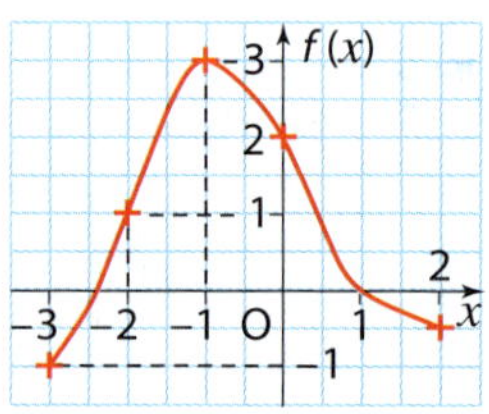

EXEMPLE 2 : Une fonction g définie par un tableau
Le nombre 0 a une seule image 1.
$g(-1) = 4$ et $g(3) = 4$ donc les antécédents de 4 par g sont -1 et 3.

Nombre x	-4	-1	0	2	3
Image $g(x)$	5	4	1	2	4

Note
L'ensemble de définition de g est $D = \{-4;-1;0;2;3\}$.

EXEMPLE 3 : Une fonction h définie par une formule
La fonction h associe à un nombre réel x quelconque, le nombre $h(x) = 2x^2 - 3$.
L'ensemble de définition de h est ℝ.
Pour calculer l'image de -5, on remplace x par -5 dans l'expression de $h(x)$:

$$h(-5) = 2 \times (-5)^2 - 3 = 47.$$

Note
On peut écrire : $h\colon\ x \mapsto 2x^2 - 3$

Exercice résolu 1 — Exploiter différentes présentations d'une fonction

Voir aussi l'exercice 4, page 46

Animation numérique

Énoncé

Algorithme

- Choisir un nombre x.
- L'élever au carré.
- Retrancher trois fois le nombre de départ.
- Afficher le résultat obtenu $f(x)$.

Tableau de valeurs

x	−1	0	1	2	3
$f(x)$		0	−2	−2	0

Formule algébrique

$f(x) = \ldots$

Graphique

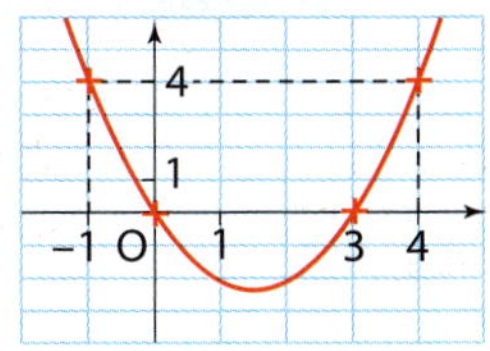

a) Avec l'algorithme, vérifier que $f(2) = -2$ et compléter le tableau avec l'image de −1.
b) Donner la formule algébrique de $f(x)$ pour tout nombre réel x.
c) Choisir le mode le plus pertinent pour déterminer :
- $f(1)$
- les antécédents de 4 par f
- $f\left(-\frac{2}{3}\right)$

Solution

a) $2 \xrightarrow{\text{Carré}} 4$, $2 \xrightarrow{3} 6$, $4 - 6 = -2$ donc $f(2) = -2$.

$-1 \xrightarrow{\text{Carré}} 1$, $-1 \xrightarrow{3} -3$, $1 - (-3) = 4$ donc $f(-1) = 4$.

b) $f(x) = x^2 - 3x$.

c) • $f(1) = -2$ d'après le tableau.

• Les antécédents de 4 sont −1 et 4 par lecture du graphique.

• $f\left(-\frac{2}{3}\right) = \left(-\frac{2}{3}\right)^2 - 3\left(-\frac{2}{3}\right) = \frac{4}{9} + 2 = \frac{22}{9}.$

Commentaires

- Ce résultat est cohérent avec la lecture du tableau.
- Ce résultat est cohérent avec la lecture graphique.
- $x \xrightarrow{\text{Carré}} x^2$, $x \xrightarrow{3} 3x$, $x^2 - 3x$
- Les lignes de rappel (en pointillés) sur le graphique permettent de lire les antécédents de 4.

Exercice résolu 2 — Utiliser le vocabulaire des fonctions

Voir aussi les exercices 6 et 7, page 46

Énoncé

g est la fonction qui à tout nombre x strictement positif associe $g(x) = \frac{4}{x} + 2$.

a) Voici un tableau de valeurs de g.
Quelle formule a-t-on saisi dans la cellule B2 ?

	A	B	C	D	E	F	G
1	x	1	2	3	4	5	6
2	g(x)	6	4	3,333	3	2,8	2,667

b) Quel est l'ensemble de définition de g ?
c) Pour chaque affirmation dire si elle est vraie ou fausse.
(1) −2 a un antécédent. **(2)** 0 n'a pas d'image. **(3)** $g(3) = 3{,}333$.

Solution

a) On tape la formule `=4/B1+2`.
b) $D =]0\,;+\infty[$.
c) (1) Fausse.
(2) Vraie.
(3) Fausse.

Commentaires

- D est formé des réels $x > 0$ (1re phrase de l'énoncé).
- $g(x) = -2$ est réalisé pour $x = -1$, mais $-1 \notin D$.
- $g(3) = \frac{4}{3} + 2 = \frac{10}{3}$ (donc $g(3) \neq 3{,}333$).

Note

$g(3) \approx 3{,}333$.

Courbes et résolutions graphiques

1 Courbe représentative d'une fonction

DÉFINITIONS f est une fonction définie sur D.
Dans un repère du plan, la **courbe représentative** (ou représentation graphique) $\mathscr{C}$ de f est l'ensemble des points M $(x\,;y)$ dont :
- l'abscisse x décrit l'ensemble de définition D ;
- l'ordonnée y est l'image de x par f.

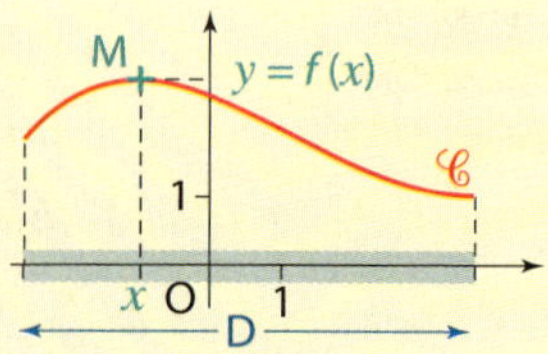

Logique
« Si et seulement si » signifie ici :
• si M $(x\,; y) \in \mathscr{C}$, alors $x \in$ D et $y = f(x)$;
• mais aussi : si $x \in$ D et $y = f(x)$, alors M $(x\,; y) \in$ D.
page 292

Autrement dit : **M $(x\,;y) \in \mathscr{C}$ si, et seulement si, $x \in$ D et $y = f(x)$.**

VOCABULAIRE
On dit que **la courbe $\mathscr{C}$ a pour équation $y = f(x)$ dans le repère choisi.**

EXEMPLE 1
f est la fonction définie sur $\mathbb{R}$ par $f(x) = -x^2 + 2x$.
Voici sa courbe $\mathscr{P}$ à l'écran d'une calculatrice.

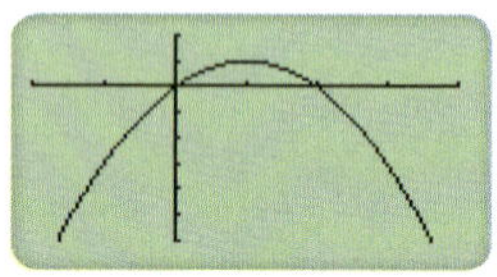

- Le point A $(2\,;0)$ appartient-il à $\mathscr{P}$?

Oui, car $f(2) = -2^2 + 2 \quad 2 = 0$.
- Le point B $(-2\,;-7)$ appartient-il à $\mathscr{P}$?

Non, car $f(-2) = -(-2)^2 + 2(-2) = -8$ et $-8 \neq -7$.

EXEMPLE 2
f est la fonction définie sur $\mathbb{R}$ par $f(x) = k$ où k est un nombre donné. Cette fonction affine est dite constante. Sa courbe est la droite d'équation $y = k$ représentée ci-contre.

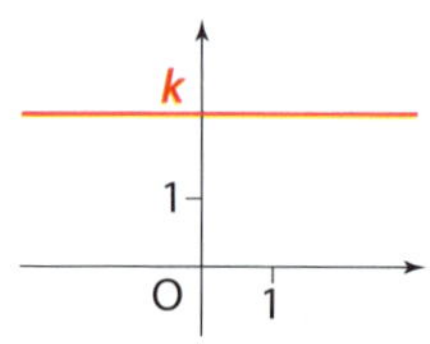

2 Résolution graphique d'équations

$\mathscr{C}_f$ et $\mathscr{C}_g$ sont les courbes représentatives des fonctions f et g dans un repère.

Équation $f(x) = k$ (avec k réel)

PROPRIÉTÉ Les solutions de l'équation $f(x) = k$ sont **les abscisses** des points d'intersection de la courbe $\mathscr{C}_f$ et de la droite d'équation $y = k$.

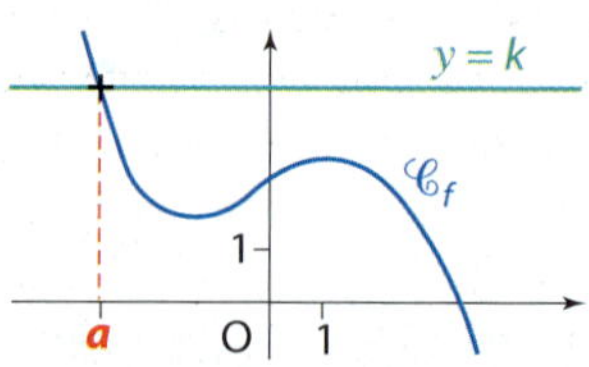

Sur cette figure, l'équation $f(x) = k$ a pour seule solution le nombre a.

Équation $f(x) = g(x)$

PROPRIÉTÉ Les solutions de l'équation $f(x) = g(x)$ sont **les abscisses** des points d'intersection des courbes $\mathscr{C}_f$ et $\mathscr{C}_g$.

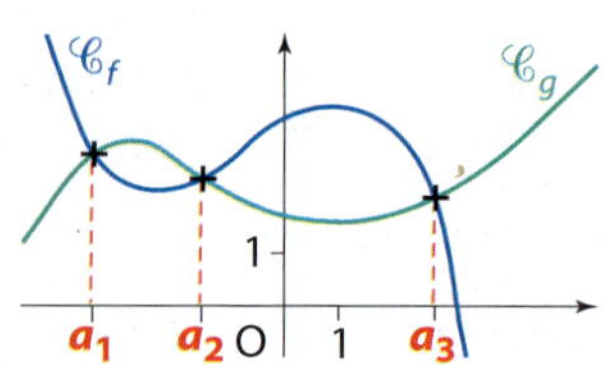

Sur cette figure, l'équation $f(x) = g(x)$ a trois solutions : a_1, a_2, a_3.

Exercice résolu 1 Utiliser une calculatrice graphique

Voir aussi les exercices 12 et 13, page 47

Animation numérique

Énoncé

f est la fonction définie sur l'intervalle $[-6;2]$ par $f(x)=x^2+4x-8$.

a) Éditer le tableau de valeurs de f avec un pas de 2 (c'est-à-dire de 2 en 2).

b) Tracer la courbe de f à l'écran de la calculatrice.

Solution TI

a) • Taper sur Y= et en Y1 saisir :

X,T,Θ,n x² + 4 X,T,Θ,n − 8 ENTER

• Taper sur TBLSET et renseigner ainsi.

• Taper sur TABLE ; on obtient cet écran.

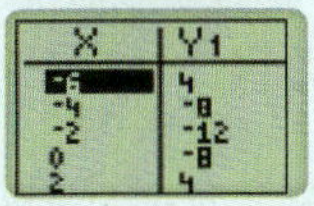

b) • Taper sur WINDOW et renseigner comme indiqué (écran de gauche).

• Taper sur GRAPH pour obtenir la courbe.

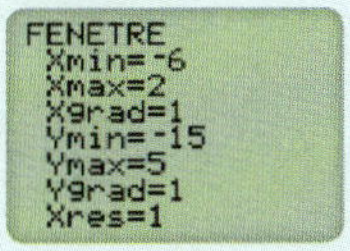

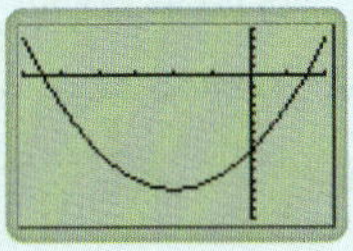

Solution Casio

a) • Taper sur MENU et entrer dans TABLE. En Y1, saisir :

X,θ,T x² + 4 X,θ,T − 8 EXE

• Taper sur SET et renseigner ainsi.

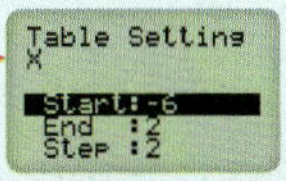

• Taper sur TABL ; on obtient cet écran.

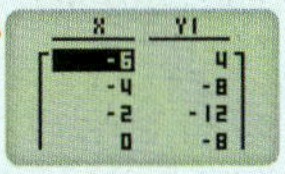

b) • Taper sur MENU, entrer dans GRAPH, saisir l'expression de $f(x)$ dans Y1.

• Taper sur V-WINDOW et renseigner comme indiqué (écran de gauche).

• Taper sur DRAW pour obtenir la courbe.

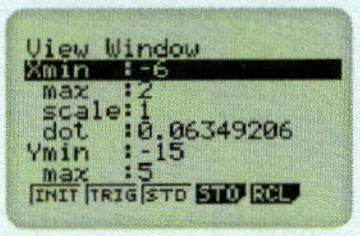

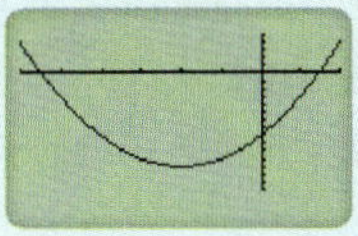

Exercice résolu 2 Résoudre graphiquement une équation

Voir aussi les exercices 14 à 16, page 47

Animation numérique

Énoncé

f est la fonction définie à l'exercice 1. Résoudre graphiquement :

a) l'équation $f(x)=0$ **b)** l'équation $f(x)=-5$

Solution

a) Les solutions sont les abscisses des points d'intersection de la courbe avec la droite d'équation $y=0$, autrement dit, avec l'axe des abscisses.

Sur le graphique de l'exercice 1, on lit que l'équation $f(x)=0$ a deux solutions x_1 et x_2 avec $x_1\approx-5{,}5$ et $x_2\approx1{,}5$.

b) Les solutions sont les abscisses des points d'intersection de la courbe avec la droite d'équation $y=-5$. Avec la calculatrice, on trace cette droite.

L'équation $f(x)=-5$ a deux solutions : $x'_1\approx-4{,}6$ et $x'_2\approx0{,}6$.

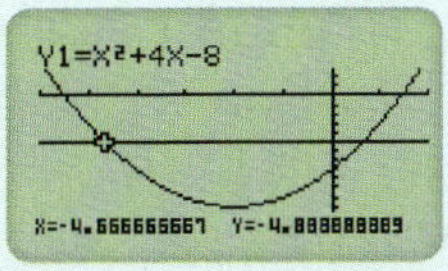

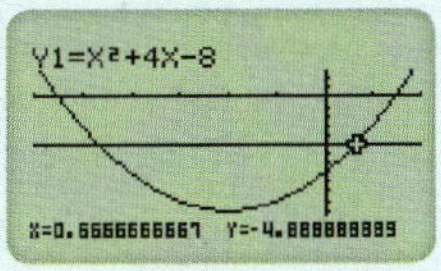

Note

On utilise le mode TRACE de la calculatrice. On déplace le curseur approximativement jusqu'aux points d'intersection et on lit au bas de l'écran leurs abscisses.

Expressions algébriques, équations

a, *b*, *c*, *d* et *k* désignent des nombres réels.

1 Développer - Factoriser

DÉFINITION **Développer** un produit, c'est le transformer en somme.
Factoriser une somme, c'est la transformer en produit.

- **Distributivité**

Développer →

$$k(a+b)=ka+kb$$

← Factoriser

- **Double distributivité**

$$(a+b)(c+d)=ac+ad+bc+bd$$

- **Identités remarquables**

Développer →

$$(a+b)^2=a^2+2ab+b^2$$
$$(a-b)^2=a^2-2ab+b^2$$
$$(a+b)(a-b)=a^2-b^2$$

← Factoriser

EXEMPLE 1
f est la fonction définie sur $\mathbb{R}$ par $f(x)=(2x+5)(x-3)$.
Développement : $f(x)=2x^2-6x+5x-15$.
Réduction : $f(x)=2x^2-x-15$.

EXEMPLE 2
g est la fonction définie sur $\mathbb{R}$ par $g(x)=2x^2-5x$.
Factorisation : $g(x)=x\times 2x-x\times 5=x(2x-5)$.

On met x en facteur.

EXEMPLE 3
h est la fonction définie sur $\mathbb{R}$ par $h(x)=4x^2-9$.
Factorisation : $h(x)=(2x)^2-3^2=(2x+3)(2x-3)$.

2 Résoudre une équation

Équation du premier degré

EXEMPLE : Résolution de l'équation $5x+7=3-2x$

$$5x+7=3-2x$$
$$5x+\cancel{7}-\cancel{7}+2x=3-\cancel{2x}-7+\cancel{2x}$$
$$7x=-4$$
$$x=-\frac{4}{7}$$

On se ramène à une équation du type $ax=b$.

La solution de l'équation $5x+7=3-2x$ est $-\frac{4}{7}$.

Équation « produit nul »

Logique
« Si et seulement si », « équivaut à » expriment des conditions nécessaires et suffisantes.
➤ page 292

PROPRIÉTÉ **Règle du produit nul**
Un produit est nul si, et seulement si, l'un des facteurs est nul.
Autrement dit : $A\times B=0$ **équivaut à** $A=0$ **ou** $B=0$.

EXEMPLE : Résolution de l'équation $(x+5)(2-x)=0$
$(x+5)(2-x)=0$ équivaut à $x+5=0$ ou $2-x=0$ c'est-à-dire $x=-5$ ou $x=2$.
Les solutions de cette équation sont les nombres -5 et 2.

Exercice résolu 1 Choisir la bonne expression

Voir aussi l'exercice 28, page 48

Énoncé

f est la fonction définie sur $\mathbb{R}$ par $f(x) = (2 - x)(1 - 3x) + 4x(1 - 3x)$.
Déterminer les valeurs exactes des antécédents de 0 par f.

Solution

Déterminer les antécédents de 0 par f revient à résoudre l'équation $f(x) = 0$.
C'est-à-dire successivement :

$(2 - x)\mathbf{(1 - 3x)} + 4x\mathbf{(1 - 3x)} = 0$

$\mathbf{(1 - 3x)}(2 - x + 4x) = 0$

$(1 - 3x)(2 + 3x) = 0$

$1 - 3x = 0$ ou $2 + 3x = 0$

$x = \frac{1}{3}$ ou $x = -\frac{2}{3}$.

Les antécédents de 0 par f sont donc les réels $\frac{1}{3}$ et $-\frac{2}{3}$.

MÉTHODE

Pour répondre à cette question, on peut penser à :
- utiliser le mode TRACE de la calculatrice, mais il n'aurait fourni que des **valeurs approchées** des antécédents ;
- développer l'expression de $f(x)$, mais on n'aurait pas su résoudre l'équation $-9x^2 - 3x + 2 = 0$;
- factoriser l'expression de $f(x)$. C'est ici la bonne démarche.

Exercice résolu 2 Conjecturer, puis résoudre

Voir aussi l'exercice 29, page 48

Énoncé

Voici les courbes représentatives des fonctions $f : x \mapsto x^2 - 3x + 5$ et $g : x \mapsto 7 - 3x$ obtenues à l'écran d'une calculatrice.

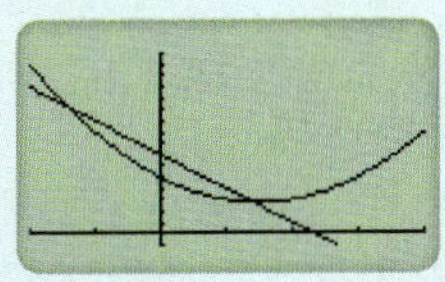

a) Conjecturer les abscisses des points d'intersection des deux courbes.
b) Démontrer cette conjecture.

Solution

a) Pour lire les coordonnées des points d'intersection à l'écran de la calculatrice, on peut utiliser :
- G-Solv, puis ISCT sur Casio ;
- CALC, puis intersect sur TI.

On conjecture qu'il y a deux points d'intersection et que leurs abscisses sont $x_1 \approx -1{,}4$ et $x_2 \approx 1{,}4$.

b) Les abscisses des points d'intersection de ces courbes sont les solutions de l'équation $f(x) = g(x)$ c'est-à-dire :

$$x^2 - \cancel{3x} + 5 = 7 - \cancel{3x}$$
$$x^2 = 2.$$

Les abscisses cherchées sont donc :
$$x_1 = -\sqrt{2} \text{ et } x_2 = \sqrt{2}.$$

Note

Sur TI, il faut de plus indiquer la courbe 1 et la courbe 2, puis une valeur inférieure à l'abscisse cherchée.

Commentaires

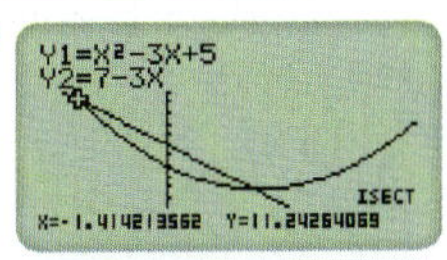

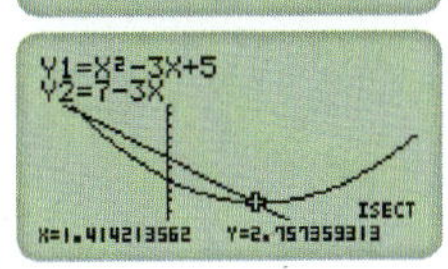

À l'écran on voit deux points d'intersection, mais on ne sait pas s'il n'y en a pas d'autres à l'extérieur de la fenêtre choisie.

Exercices de base

Pour créer des automatismes

Définir une fonction

1 Traduire chaque information par l'appartenance de x à un intervalle.
Représenter cet intervalle sur une droite graduée.
a) $3 \leqslant x \leqslant 7$ **b)** $-3 \leqslant x < 5$ **c)** $x < 5$
d) $x \geqslant 0$ **e)** $-2 < x \leqslant 1$ **f)** $x \leqslant -2$

2 Traduire chaque information par des inégalités.
a) $x \in [-2;1]$ **b)** $x \in]0;4[$ **c)** $x \in [1;100[$
d) $x \in]-\infty;10[$ **e)** $x \in [5;+\infty[$ **f)** $x \in]-\infty;0]$

3 La courbe ci-dessous représente une fonction f.

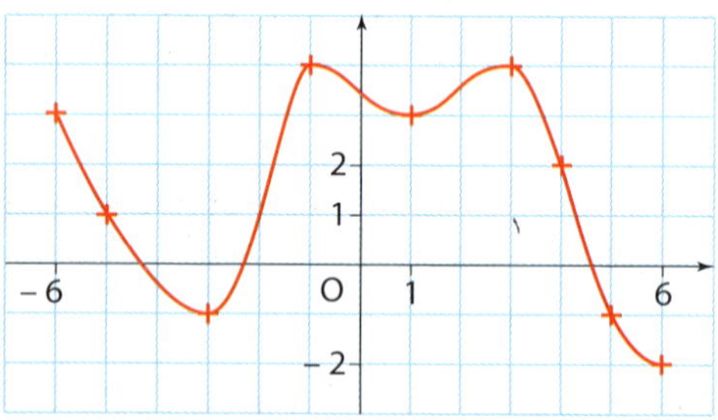

a) Lire graphiquement l'ensemble de définition de f.
b) Lire graphiquement les images par f de :
• –5 • 3 • 6
c) Lire graphiquement les antécédents par f de :
• 4 • –1 • 3

4 On considère l'algorithme de calcul suivant.

- Choisir un nombre entier naturel n.
- Lui ajouter 4.
- Multiplier la somme obtenue par le nombre choisi.
- Ajouter 4 à ce produit.
- Écrire le résultat $f(n)$.

a) Vérifier que l'on définit ainsi une fonction f sur l'ensemble $\mathbb{N}$ des nombres entiers naturels.
b) Réaliser un tableau de valeurs de $f(n)$ pour n entier entre 0 et 10.
c) En observant les nombres $f(n)$ obtenus dans le tableau, émettre une conjecture.
d) Écrire la formule définissant $f(n)$ pour tout entier naturel n, puis démontrer la conjecture émise au **c)**.

Conseil : *se reporter à l'exercice résolu 1, page 41.*

5 x et y désignent des réels strictement positifs.
Un rectangle de dimensions x et y (en centimètres) a pour aire 25 cm^2.
a) Exprimer y en fonction de x.
b) On définit une fonction en associant à la dimension x, l'autre dimension y.
Quel est l'ensemble de définition de cette fonction ?

6 La fonction f est définie par le tableau de valeurs suivant.

x	–5	–2	–1	0	4
$f(x)$	2	5	0	–3	2

Pour chaque affirmation, dire si elle est vraie ou fausse.
a) 2 n'a pas d'image par f.
b) 5 et –5 ont des images opposées.
c) 0 a une image par f qui est –1.

Conseil : *se reporter à l'exercice résolu 2, page 41.*

7 f est la fonction définie sur $\mathbb{R}$ par :
$$f(t) = -3\,(t-1)^2.$$
a) Calculer l'image de 2.
b) Calculer $f(-3)$.
c) Est-il vrai que 4 n'admet pas d'antécédent par f ?
d) Est-il vrai que 0 admet un seul antécédent par f ?
e) Déterminer un antécédent de –12.

8 Dans un manuel de Physique-Chimie, on trouve ce graphique qui montre le tracé de la caractéristique d'une lampe.

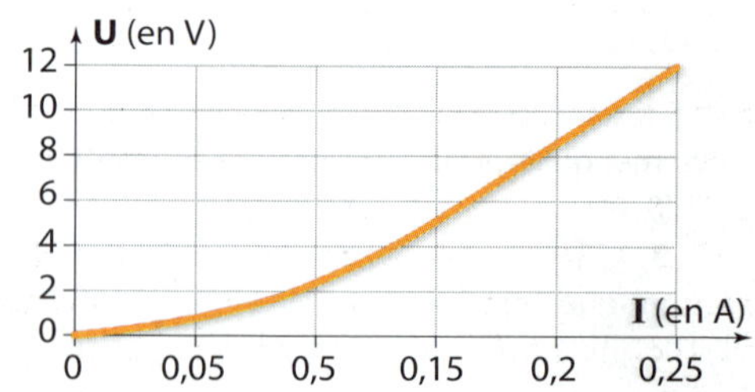

a) Quelle grandeur électrique figure sur chaque axe ?
Recopier et compléter :
« La caractéristique est la représentation de la fonction qui à chaque …, exprimée en … associe une seule … exprimée en … »
b) Quelle est approximativement l'image de 0,2 ?
Interpréter cette information dans le contexte électrique.

9 f est la fonction définie sur $]-2\,;+\infty[$ par :

$$f(x) = \frac{1}{x+2}.$$

a) Expliquer pourquoi f n'est pas définie en -2.

b) Calculer $f(4)$.

c) Déterminer un antécédent de $\frac{1}{2}$.

Courbes et résolutions graphiques

10 On réchauffe doucement un glaçon et on mesure l'évolution de sa température en fonction du temps. À l'instant t en secondes, on associe la température $f(t)$ de la matière observée (glace ou eau) en degrés Celsius.
On a relevé les températures suivantes.

t	0	9	22	35	45	58
f(t)	–5,5	–4	–2	–1	–0,5	0

t	100	120	160	180	200	220
f(t)	0	0	0	0,1	0,5	1

a) Tracer une courbe pouvant représenter f (*unités :* 1 cm pour 20 secondes et 1 cm pour 1 degré Celsius).

b) Pendant combien de secondes la température reste-t-elle comprise entre $-0{,}5$ et $+0{,}5$ degré ?

11 La courbe $\mathscr{C}$ ci-dessous représente une fonction f définie sur l'intervalle $[0\,;5]$.

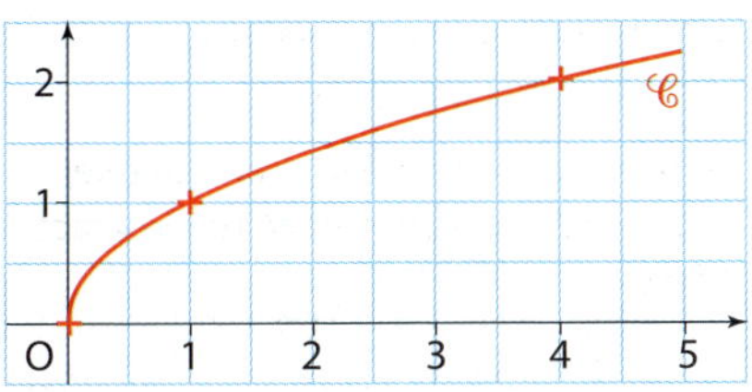

a) Parmi les points suivants, quels sont ceux dont on peut affirmer qu'ils appartiennent à la courbe $\mathscr{C}$?

O (0 ; 0) ; A (1 ; 1) ; B (2 ; 1,4) ;
C (3 ; 1,7) ; D (4 ; 2) ; E (2,25 ; 1,5).

b) Sachant que f est définie par $f(x) = \sqrt{x}$, dire, par le calcul, si chacun des points précédents appartient ou non à la courbe $\mathscr{C}$.

12 f est la fonction définie sur $[-10\,;10]$ par :

$$f(x) = (x-4)(x+5).$$

a) Éditer le tableau de valeurs de f avec le pas 0,5.

b) Tracer la courbe de f à l'écran de la calculatrice.

➤ ***Conseil :*** *se reporter à l'exercice résolu 1, page 43.*

13 f est la fonction définie sur $[-4\,;6]$ par :

$$f(x) = x^2 + 2x - 4.$$

a) Faire afficher par la calculatrice une table des valeurs de $f(x)$ pour x allant de -4 à 6 avec un pas de 1.

b) Donner deux antécédents de -1 par f.

14 **1.** Tracer à l'écran de la calculatrice la courbe représentative de la fonction f : $x \mapsto x^2 + 2x - 3$.

2. a) Résoudre graphiquement l'équation $f(x) = 0$.

b) Vérifier par le calcul les solutions lues sur le graphique.

➤ ***Conseil :*** *se reporter à l'exercice résolu 2, page 43.*

15 f est la fonction définie sur l'intervalle $[0\,;+\infty[$ par :

$$f(x) = \sqrt{x}.$$

g est la fonction définie sur $\mathbb{R}$ par :

$$g(x) = 2x - 1.$$

1. Tracer à l'écran de la calculatrice les courbes représentatives des fonctions f et g.

2. a) Combien de solutions l'équation $\sqrt{x} = 2x - 1$ semble-t-elle avoir ? Conjecturer sa (ou ses) valeur(s).

b) Vérifier cette conjecture par le calcul.

16 Dans un repère, $\mathscr{C}$ est la courbe représentative d'une fonction f définie sur l'intervalle $[-4\,;3]$.

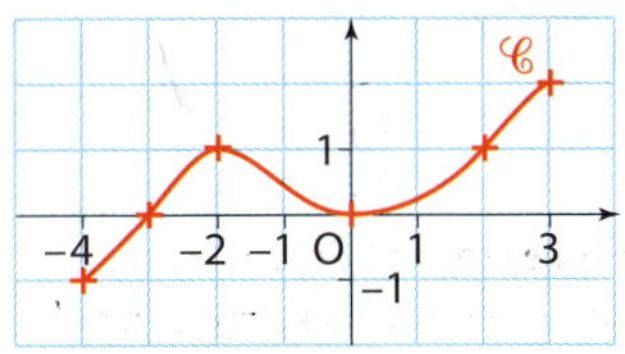

Résoudre graphiquement les équations :

a) $f(x) = 2$; **b)** $f(x) = 1$; **c)** $f(x) = 0$;
d) $f(x) = -1$; **e)** $f(x) = -2$.

17 Travailler en groupe À l'aide d'un sonar, un navire sonde le fond marin. Pour cela, il se déplace en suivant une droite d à partir d'un point origine et il émet des salves d'ultrasons. Il mesure le temps qui s'écoule avant de recevoir l'écho des ultrasons et en déduit la profondeur $h(x)$ de la mer sous le point situé à la distance x de l'origine.
Le tableau ci-dessous donne les mesures, en mètres, effectuées pour plusieurs positions du navire.

x	0	50	100	200	250	350
$h(x)$	–45	–45	–30	–30	–37,5	–37,5

a) Tracer le nuage de points associé à ce tableau (*unités :* 2 cm pour 100 m en abscisses et 4 cm pour 50 m en ordonnées). Que représente ici l'axe des abscisses ?

b) Réaliser à main levée un tracé du profil du fond marin le long de la droite d.

c) Estimer la profondeur pour $x = 150$ m et les positions pour lesquelles il y a 37,5 m de fond.
d) La machine embarquée sur le navire relie deux points consécutifs du nuage par un segment de droite. Construire ce tracé d'une autre couleur et répondre à nouveau à la question **c)**.

Expressions algébriques, équations

Pour les exercices 18 à 20, développer, puis réduire chaque expression.

18 **a)** $(7x + 1)^2$ **b)** $(x - 3)^2$ **c)** $\left(\frac{1}{3} - \frac{3}{4}a\right)^2$

19 **a)** $(-3 - 2x)^2$ **b)** $(5x - 4)^2$ **c)** $\left(\frac{1}{2}x - 4\right)^2$

20 **a)** $(3x + 1)(3x - 1)$ **b)** $4\left(\frac{1}{2}y - 1\right)\left(\frac{1}{2}y + 1\right)$

21 Développer, puis réduire, l'expression de la fonction f définie sur $\mathbb{R}$ par :
$$f(x) = \left(\frac{1}{2}x - 1\right)^2 - (2x - 1)(2x + 1).$$

22 Factoriser chaque expression en mettant en évidence un facteur commun.
a) $9a + 15$ **b)** $3x^2 - 15x$
c) $8x - x^2(5x - 1)$ **d)** $(3x - 2)^2 - (2x - 1)(3x - 2)$

23 **« Le coup du 1 »**
$$A = (2x + 5)^2 + (2x + 5)(x - 4) + 2x + 5$$
a) Hervé doit factoriser A. Voici sa copie.

A = (2x + 5)(2x + 5 + x − 4)
A = (2x + 5)(3x + 1)

Tester l'égalité obtenue par Hervé pour $x = 0$.
Que peut-on en conclure ?
b) Pour factoriser A, on peut penser à écrire :
$$A = (2x + 5)^2 + (2x + 5)(x - 4) + (2x + 5) \quad 1.$$
Factoriser alors correctement A.

24 **« Le coup du – 1 »**
1. $B = (2x - 3)(5x + 7) - 2x + 3$
Il semble qu'il n'y ait pas de facteur commun évident dans l'expression B. Et pourtant…
a) Recopier et compléter :
$$B = (2x - 3)(5x + 7) - 1\,(\ldots).$$
b) Factoriser alors B.
2. Factoriser :
$C = (x - 3)^2 - x + 3$ et $D = (x - 4)(3x + 2) - 3x - 2$

Pour les exercices 25 à 27, factoriser chaque expression en utilisant une identité remarquable.

25 **a)** $x^2 + 16x + 64$ **b)** $4x^2 - 20x + 25$

26 **a)** $16x^2 - 1$ **b)** $4x^2 - 25$

27 **a)** $9 - x^2$ **b)** $(x + 2)^2 - 49$

28 On donne plusieurs expressions d'une même fonction f définie sur $\mathbb{R}$.
Forme 1 : $f(x) = 4(x - 5)^2 - 9$.
Forme 2 : $f(x) = (2x - 13)(2x - 7)$.
Forme 3 : $f(x) = 4x^2 - 40x + 91$.
1. Développer les formes 1 et 2 ; vérifier que l'on obtient la forme 3.
2. Quelle est la forme factorisée de $f(x)$?
3. Dans chaque situation, choisir la forme la plus appropriée pour répondre à la question posée.
a) Résoudre l'équation $f(x) = 0$.
b) Calculer $f(0)$.
c) Déterminer les antécédents de -9.
d) Calculer l'image de $\sqrt{2}$.
e) Résoudre l'équation $f(x) = 91$.
Conseil : *se reporter à l'exercice résolu 1, page 45.*

29 g est la fonction définie sur $\mathbb{R}$ par :
$$g(x) = (2x + 1)^2 - \left(\frac{5}{2}x - 1\right)(2x + 1).$$
a) Avec la calculatrice, tracer la courbe représentative de g avec une fenêtre adaptée et conjecturer les solutions des équations $g(x) = 0$ et $g(x) = 2$.
b) Développer et réduire l'expression de $g(x)$.
c) Factoriser l'expression de $g(x)$.
d) Résoudre algébriquement les équations $g(x) = 0$ et $g(x) = 2$.
Conseil : *se reporter à l'exercice résolu 2, page 45.*

30 La base de la pyramide S_1 est un triangle rectangle et la base du parallélépipède rectangle S_2 est un carré.

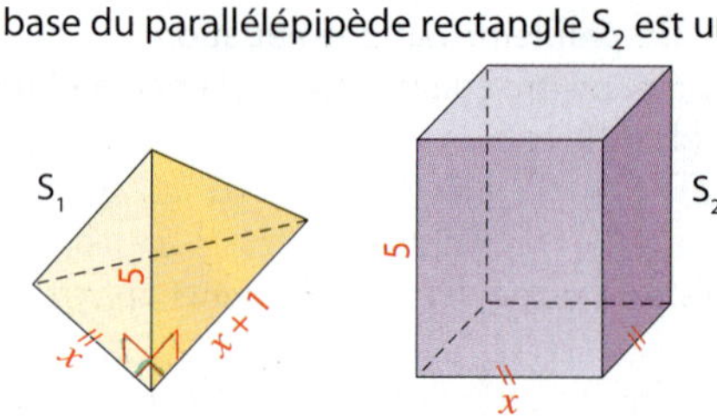

a) Exprimer en fonction de x les volumes V_1 et V_2 des solides S_1 et S_2.
Aide : *voir le Formulaire, page 281.*
b) Est-ce possible de choisir x pour que S_1 et S_2 aient le même volume ?

Exercices d'entraînement

Pour développer des compétences

Travaux pratiques

Compléments numériques

31 B2i L 1-1 L 2-4 Fonctions et géométrie

OBJECTIF Explorer un problème en géométrie dynamique, puis le résoudre algébriquement.

On considère un rectangle ABCD tel que AB = 8 et AD = 10.
M est un point variable sur le segment [AB]. On considère le point J du segment [AD] et le point I tels que AMIJ soit un carré.
On note H le point d'intersection des droites (IJ) et (BC) et K le point d'intersection des droites (MI) et (CD).

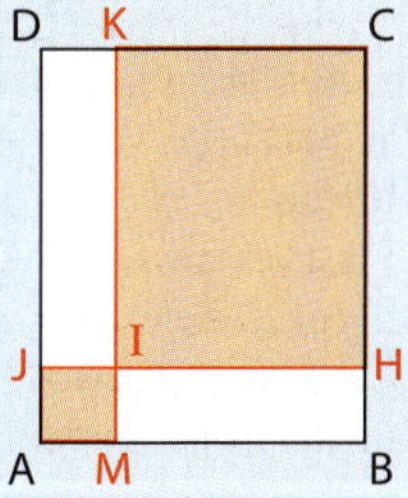

On se propose de chercher les positions du point M pour lesquelles la somme des aires des quadrilatères AMIJ et CKIH est égale à la moitié de l'aire du rectangle ABCD.

1. Conjecture

a) À l'aide d'un logiciel de géométrie dynamique, réaliser une figure.

b) Afficher la distance AM et la somme S des aires des quadrilatères AMIJ et CKIH.
Piloter le point M sur le segment [AB] et émettre une conjecture sur les positions du point M qui semblent répondre au problème.

2. Preuve

On note x la longueur du segment [AM].

a) Exprimer en fonction de x la somme des aires des quadrilatères AMIJ et CKIH que l'on notera S (x).

b) Quel est l'ensemble de définition de la fonction S ?
Développer et réduire l'expression de S (x).

c) Traduire le problème par une équation.

d) Développer le produit $(x-4)(x-5)$ et en déduire les solutions du problème posé.

D'après Académie de Versailles

32 Résoudre un problème de plusieurs façons

OBJECTIF Pratiquer une activité expérimentale, utiliser des outils logiciels, conduire une démonstration.

On se propose de résoudre le problème suivant :
« Peut-on trouver un réel positif qui, une fois élevé au cube, a la même valeur que son double augmenté de 1 ? »

1. Avec un tableur

a) Réaliser cette feuille de calcul et donner un encadrement d'une solution au problème.

	A	B	C	D
1	x	x^3	2x + 1	x^3 - (2x + 1)
2	0			
3	1			
4	2			
5	3			
6	4			
7	5			

b) Modifier la feuille de calcul de façon à donner une valeur approchée de la solution à 0,1 près.

c) Donner de même une valeur approchée de la solution à 0,01 près, puis à 0,001 près.
En quoi cette méthode est-elle algorithmique ?

2. Avec la calculatrice

a) Utiliser la calculatrice pour conjecturer le nombre de solutions positives de l'équation $x^3 = 2x + 1$ (ajuster éventuellement la fenêtre graphique).

b) Lire une valeur approchée de chaque solution.

3. Avec le calcul formel

Voici une copie d'écran du logiciel Xcas.

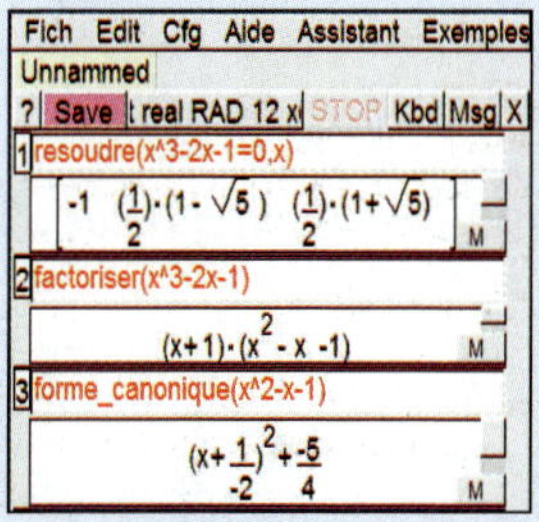

a) Utiliser la ligne 1 pour donner la solution exacte du problème.

b) Écrire les deux égalités fournies par les lignes 2 et 3.

4. Par le calcul algébrique

a) Vérifier que résoudre le problème équivaut à résoudre :

$$x^3 - 2x - 1 = 0 \text{ avec } x > 0.$$

b) Justifier que pour tout réel x :

$$x^3 - 2x - 1 = (x+1)(x^2 - x - 1).$$

c) En déduire que résoudre le problème équivaut à résoudre :

$$x^2 - x - 1 = 0 \text{ avec } x > 0.$$

d) Justifier que pour tout réel x :

$$x^2 - x - 1 = \left(x - \frac{1}{2}\right)^2 - \frac{5}{4}.$$

En déduire la solution exacte du problème.

Info

*La solution de ce problème est **le nombre d'or** que l'on retrouve en particulier en architecture pour caractériser des proportions harmonieuses.*

Exercices

Raisonner, démontrer

33 Voici quatre équations :

(E_1) $1-(x-5)^2=0$ (E_2) $3x^2-x(x-1)=0$

(E_3) $2(x-4)(x+2)=0$ (E_4) $2(x-3)+5x-4=0$

1. a) En développant mentalement (et partiellement) les membres de gauche, déterminer la seule de ces équations qui ne comporte pas de terme en x^2.

b) Résoudre alors cette équation.

2. a) Pourquoi résoudre l'équation (E_3) équivaut à résoudre l'équation $(x-4)(x+2)=0$?

b) Résoudre alors cette équation.

3. a) Pour les deux équations restantes, factoriser le membre de gauche.

b) Résoudre alors ces équations.

34 f et g sont les fonctions définies sur $\mathbb{R}$ par :

$$f(x)=2x(x-1) \text{ et } g(x)=-3x+3.$$

a) Tracer à l'écran de la calculatrice les courbes représentatives des fonctions f et g.

b) Conjecturer graphiquement les solutions de l'équation $f(x)=g(x)$.

c) Résoudre algébriquement l'équation $f(x)=g(x)$.

d) En déduire les coordonnées des points d'intersection des deux courbes.

35 On se propose de trouver les antécédents de 0 par la fonction f définie sur $\mathbb{R}$ par :

$$f(x)=(3x+1)(6x-9)-(2x-3)^2.$$

a) Écrire une équation permettant de résoudre ce problème.

b) Factoriser $6x-9$.

c) En déduire une factorisation de $f(x)$ et la réponse à la question posée.

36 Calcul mental et réfléchi (sans calculatrice)

Les trois questions sont indépendantes.

a) La fonction f est définie sur $\mathbb{R}$ par $f(x)=43x-42^2$. Quelle est l'image de 41 par f?

b) Quelle est la solution de l'équation :

$$(x+2)^2-(x+1)^2=1 \ ?$$

c) Combien vaut le produit 9 998 10 002 ?

37 B2i L 3-4 **a)** Créer une feuille de calcul sur le modèle ci-contre. La colonne A contient des nombres quelconques et dans la cellule B1, on a indiqué une formule à saisir.

	A	B
1	1	=A1^2-(A1+5)*(A1-5)
2	5	
3	8	
4	10	
5	248	

Observer les résultats obtenus et émettre une conjecture.

c) Écrire sous forme algébrique la conjecture émise à la question **b)**.

d) Démontrer ce résultat.

38 **1.** Le mathématicien arabe al-Khuwārizmī (IXe siècle) cherchait la longueur 7 telle que l'aire du rectangle AEFD ci-dessous soit égale à 21.

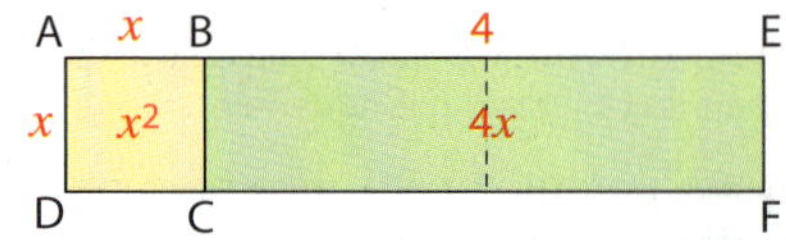

a) Vérifier que 7 est solution de l'équation $x^2=-4x+21$.

b) Voici les courbes d'équations $y=x^2$ et $y=-4x+21$ à l'écran d'une calculatrice.

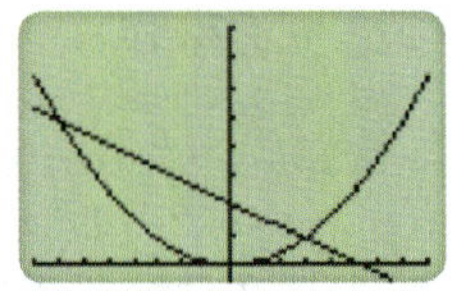

Sachant que la fenêtre graphique montre des valeurs de x dans l'intervalle $[-8;+8]$, proposer une résolution graphique de cette équation.

Valider par le calcul les solutions proposées.

c) Pour résoudre son problème al-Khuwārizmī a eu l'idée de découper BEFC en deux rectangles de mêmes dimensions (x et 2) et de former le grand carré ci-contre. Recopier et compléter l'égalité : $x^2+4x=(x+2)^2-\ldots$

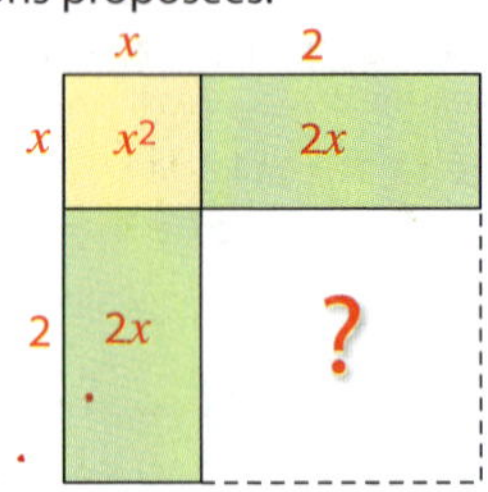

d) En déduire la résolution algébrique de l'équation et le nombre de solutions du problème de al-Khuwārizmī.

2. En utilisant l'égalité de la question **1. c)**, résoudre algébriquement les équations :

a) $x^2=-4x+3$; **b)** $x^2+4x=-1$; **c)** $x^2+4x=-5$.

39 B2i L 1-1 Une balle est lancée en l'air à un instant initial de date $t=0$. On établit que son altitude (en mètres) après t secondes est $h(t)=-5t^2+4t+1$.

Problème : La balle atteindra-t-elle l'altitude de 2 m ?

1. a) À quelle altitude la balle a-t-elle été lancée ?

b) Quelle est l'altitude de la balle après une seconde ? Interpréter la réponse dans le contexte de l'exercice.

2. Afin de résoudre le problème posé, on se propose de visualiser avec un logiciel de géométrie dynamique les différentes positions de la balle en fonction du temps t sur l'intervalle $[0;1]$.

a) Créer pour cela une variable libre, que l'on notera t, dans l'intervalle $[0;1]$.

b) Placer le point M de coordonnées $(t;-5t^2+4t+1)$. Observer la trace du point M lorsque t varie.

c) Afficher le lieu des points M lorsque *t* varie ; ce lieu est la trajectoire du point M. Répondre alors au problème posé.

3. Après une seconde, la balle rebondit et on établit que son altitude en mètres est alors :

$$k(t) = -5t^2 + 14t - 9 \quad \text{pour} \quad t \in [1 ; 1{,}8].$$

Visualiser alors ce rebond avec le logiciel de géométrie.

40 On se propose de résoudre l'équation (E) :

$$\sqrt{x^2 + x + 1} = x.$$

a) Expliquer pourquoi cette équation ne peut pas admettre de solution négative.

b) On cherche donc des solutions positives.

- Expliquer pourquoi si $x \geqslant 0$, alors $x^2 + x + 1 \geqslant 0$.
- Expliquer pourquoi alors, résoudre l'équation (E) équivaut à résoudre l'équation $x^2 + x + 1 = x^2$ avec $x \geqslant 0$.
- Résoudre cette équation.
- Conclure sur l'ensemble des solutions de (E).

41 ABCD est un carré de côté 6 cm et E est le milieu du côté [BC].

I est un point quelconque du segment [AB] distinct de A et B. On note AI $= x$ (en cm).

$\mathscr{C}$ est le cercle de centre I qui passe par A.

Γ est le cercle de diamètre [BC].

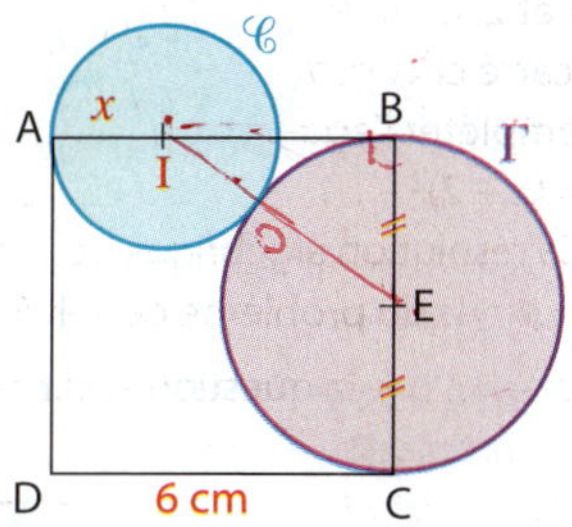

On se propose de chercher s'il existe un point I tel que $\mathscr{C}$ et Γ soient tangents.

a) Exprimer IE^2 en fonction de x, puis vérifier que $\mathscr{C}$ et Γ sont tangents lorsque :

$$(x + 3)^2 = (6 - x)^2 + 3^2.$$

Conseil : *utiliser le fait que deux cercles sont tangents extérieurement lorsque la distance des centres est égale à la somme des rayons.*

b) Résoudre cette équation.

c) Conclure : existe-t-il un point I de [AB] tel que $\mathscr{C}$ et Γ soient tangents ? Si oui, lequel ou lesquels ?

42 **1. Une équation du second degré**

(E_1) est l'équation $7x^2 + 10x - 8 = 0$.

a) On pose $f(x) = 7x^2 + 10x - 8$.

Tracer la courbe représentative de cette fonction f à l'écran de la calculatrice. Conjecturer le nombre de solutions de l'équation $f(x) = 0$.

b) Une des solutions de l'équation (E_1) semble être un nombre entier ; lequel ? Vérifier par le calcul.

c) Recopier et compléter :

pour tout réel x, $7x^2 + 10x - 8 = (x + 2)(\ldots x - \ldots)$.

d) En déduire les valeurs exactes des solutions de (E_1).

2. Un autre cas d'équation du second degré

(E_2) est l'équation $x^2 + 2x + 3 = 0$.

a) On pose $h(x) = x^2 + 2x + 3$.

Observer la courbe représentant la fonction h à l'écran de la calculatrice et conjecturer le nombre de solutions de l'équation (E_2).

b) En remarquant que $x^2 + 2x = x^2 + 2x + 1 - 1$, vérifier que résoudre l'équation (E_2) équivaut à résoudre l'équation $(x + 1)^2 + 2 = 0$. Conclure la résolution de (E_2).

Algorithmique

43 **Un algorithme de dichotomie**

f est la fonction définie sur un intervalle $[a ; b]$ représentée ci-contre. On suppose que l'équation $f(x) = 0$ admet une solution unique x_0 dans l'intervalle $[a ; b]$.

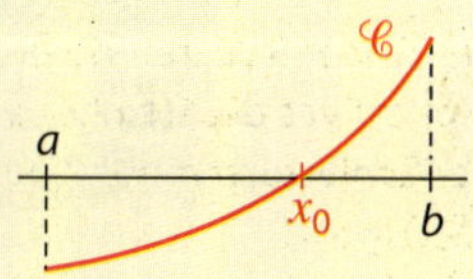

On considère l'algorithme suivant :

```
Entrées
Saisir
a, b : bornes de l'intervalle de définition
f : fonction étudiée
N : entier naturel, N ⩾ 1
Traitement
Pour k de 1 jusqu'à N
    m prend la valeur (a+b)/2
    Si f(m) et f(a) sont de même signe alors
        a prend la valeur m
    sinon
        b prend la valeur m
    FinSi
FinPour
Sorties
Afficher a, b
```

a) On applique cet algorithme à la fonction f définie sur l'intervalle $[0 ; 1]$ par $f(x) = x^3 + 2x - 2$.

Prendre N = 4 et compléter le tableau suivant.

k		1	2	3	4
m		0,5			
a	0	0,5			
b	1	1			

b) Quel est le rôle de cet algorithme ? Expliquer en particulier la fonction de la variable N.

c) Traduire cet algorithme dans un langage de programmation et tester le programme obtenu.

Analyse critique d'un document

44 Corriger les erreurs dans ces factorisations extraites de copies d'élèves.

$$\begin{aligned} A(x) &= (2+x)(1-x)-3x(x-1)\\ &= (1-x)(2+x-3x)\\ &= (1-x)(-2x+2)\\ &= 2(x-1)^2 \end{aligned}$$

$$\begin{aligned} B(x) &= 4(x-1)^2-9(4x-4)\\ &= [2(x-1)-3(2x-2)][2(x-1)+3(2x-2)]\\ &= (2x-2-6x-6)(2x-2+6x-6)\\ &= (-4x-8)(8x-8) \end{aligned}$$

45 Travailler en groupe

Voici la copie d'un écran du logiciel AlgoBox.

```
VARIABLES
  n EST_DU_TYPE NOMBRE
  q EST_DU_TYPE NOMBRE
DEBUT_ALGORITHME
  LIRE n
  q PREND_LA_VALEUR (n+2)*(n+2)
  q PREND_LA_VALEUR q-(n+4)
  q PREND_LA_VALEUR q/(n+3)
  AFFICHER q
FIN_ALGORITHME
```

a) Tester cet algorithme avec $n = 4$, puis $n = 7$.

b) Un élève à saisi $n = -3$. Que se passe -t-il ? Pourquoi ?

c) Émettre une conjecture sur le résultat fourni par cet algorithme.

d) Démontrer algébriquement cette conjecture.

46 f est la fonction définie sur $\mathbb{R}$ par :

$$f(x) = x^3 + 20x^2 - 4x - 80.$$

1. Zora a tracé la courbe de f à l'écran de sa calculatrice. Voici ce qu'elle a obtenu :

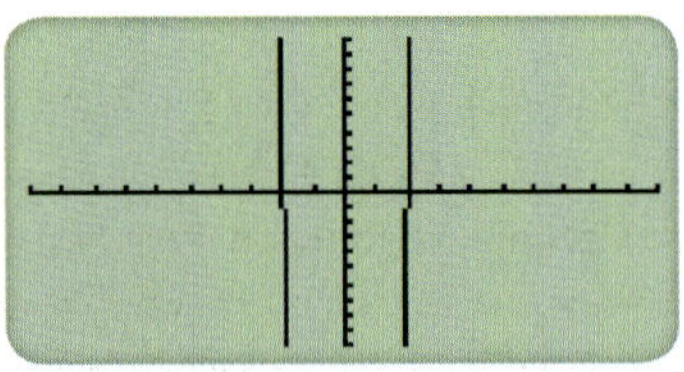

a) Conjecturer le nombre de solutions de l'équation $f(x) = 0$.

b) Vérifier par le calcul que les nombres lus à l'écran sont bien solutions de cette équation.

2. a) Déterminer un réel b tel que, pour tout réel x :

$$f(x) = (x - 2)(x + 2)(x + b).$$

b) En déduire les solutions de l'équation $f(x) = 0$.

c) Donner les dimensions d'une fenêtre sur la calculatrice qui permet de visualiser toutes les solutions de cette équation.

47 Travailler en groupe On a administré une même dose de médicament à deux groupes de patients à la date $t = 0$. Le groupe A est constitué de sujets « standards » et le groupe B est constitué de sujets souffrant d'une insuffisance rénale. Les graphiques représentent l'évolution de la concentration moyenne de produit actif du médicament dans le sang (en mg/L) en fonction du temps (en heures).

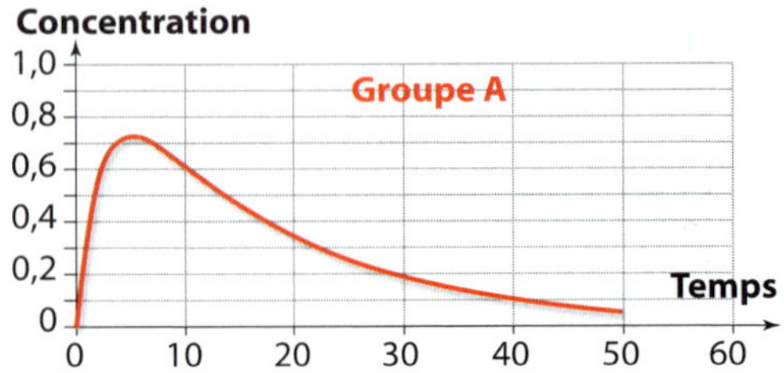

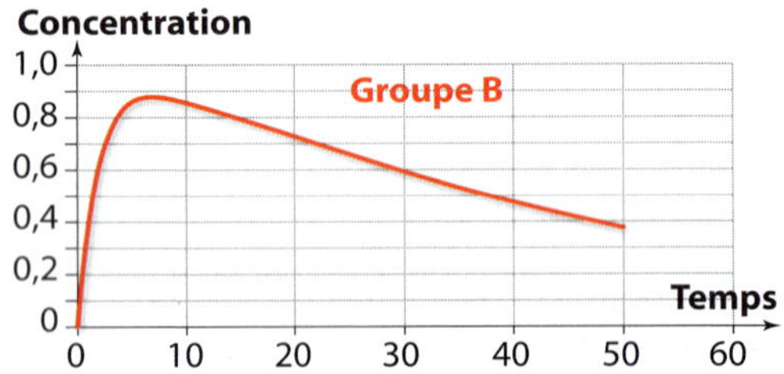

a) Comparer les deux graphiques et commenter. Justifier cette affirmation : « La réadministration du médicament, selon un intervalle identique aux sujets du groupe A et du groupe B, conduirait à des concentrations beaucoup plus élevées dans le groupe B ».

b) Pour que le médicament soit actif, la concentration du produit actif doit être au minimum de 0,5 mg/L. Relever pour chaque groupe la date à partir de laquelle le médicament commence à agir (en moyenne).

c) On réadministre le médicament au patient lorsque la concentration en produit actif descend à 0,4 mg/L. Relever pour chaque groupe la date à partir de laquelle il faut à nouveau administrer le médicament au patient (en moyenne).

Communiquer à l'écrit ou à l'oral

48 Samia et Nicolas ont tracé sur leur calculatrice la courbe de la fonction $f : x \mapsto 1 - \dfrac{2}{x - 1}$.

❶

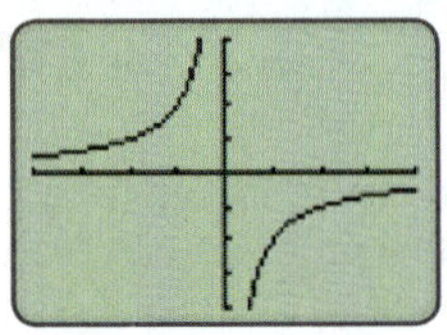

❷

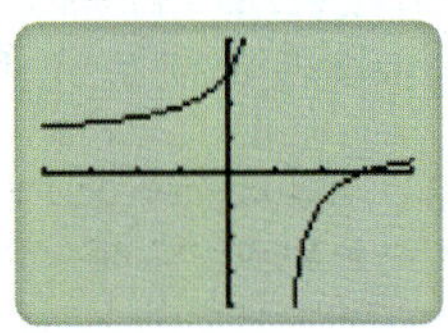

Samia affirme qu'il n'est pas possible d'obtenir l'image de 1 par f mais Nicolas, lui, annonce que $f(1) = -2$.

a) Quelle est la courbe affichée sur la calculatrice de Samia ? sur celle de Nicolas ?

b) Quel argument algébrique Samia peut-elle utiliser afin de convaincre Nicolas que c'est elle qui a raison ?

c) Quelle erreur Nicolas a-t-il commise ?

49 Travailler en groupe Voici les copies de deux élèves qui ont résolu l'équation $x(x+1) = (3x-5)(x+1)$.

Arthur	Noémie
J'ai tracé sur ma calculatrice les fonctions $f(x) = x(x+1)$ et $g(x) = (3x-5)(x+1)$. J'ai trouvé deux points d'intersection donc il y a deux solutions.	J'ai résolu l'équation. Je divise les deux membres par $(x+1)$. J'obtiens $x = 3x-5$ donc $-2x = -5$ et $x = \frac{5}{2}$. Donc l'équation a une solution $\frac{5}{2}$.

a) Rectifier le vocabulaire utilisé par Arthur. Répond-il complètement à la question ?

b) Quelle est la méthode qui vous convient le mieux ? Expliquer pourquoi en deux ou trois lignes.

c) Relever une erreur de raisonnement sur la copie de Noémie.

d) Le professeur demandait une résolution algébrique de l'équation. Rédiger une réponse correcte.

50 x désigne un nombre réel.
Recopier et compléter ce tableau.

Inégalité	Représentation	Intervalle	Langage naturel
$x \geqslant 2$			
			x est un réel inférieur ou égal à 3
		$x \in [-1;1]$	

$-2 \leqslant x < 3$			
		$x \in]0;5[$	
			x est un réel strictement positif
			x est un réel négatif ou nul

S'initier à la logique

51 Implication et équivalence

a et b désignent deux nombres réels.

❶ $(a+b)^2 = 0$ ❷ $a = 0$ **et** $b = 0$

Si la proposition ❷ est vraie, alors la proposition ❶ est vraie. On dit que la proposition ❷ **implique** la proposition ❶.

a) La proposition ❶ implique-t-elle la proposition ❷ ?

b) Voici six propositions :

Ⓐ $a^2 = b^2$ Ⓑ $a = b$

Ⓒ $a = -b$ Ⓓ $(a+b)(a-b) = 0$

Ⓔ $a = b$ **ou** $a = -b$ Ⓕ $a = 0$ **ou** $b = 0$

Dans chaque cas, recopier et compléter par le nom de l'une de ces propositions :

- la proposition Ⓐ implique la proposition … ;
- la proposition … implique la proposition Ⓐ ;
- les propositions … et … sont équivalentes.

D'après Pour les mathématiques vivantes en 2de, APMEP

52 Réunion d'intervalles. Connecteur « ou »

a) Sur le menu du restaurant scolaire, il est écrit « fromage ou yaourt ». Est-il permis de prendre une portion de fromage et un yaourt ?

b) $D_1 =]-\infty;3[$ et $D_2 = [2;4]$.
x désigne un réel qui appartient à D_1 ou à D_2.
Emma écrit : « C'est-à-dire $x \leqslant 4$ ».
Qu'en pensez-vous ?

c) Comparer les significations du mot « ou » dans le langage courant et le langage mathématique.

> *Info*
> *L'ensemble des réels qui appartiennent à D_1 ou D_2 est **la réunion** des intervalles D_1 et D_2 ; on la note $D_1 \cup D_2$.*

53 Intersection d'intervalles. Connecteur « et »

f est la fonction définie sur $D_1 =]-3;5]$ par :

$$f(x) = x^2 + 1.$$

g est la fonction définie sur $D_2 = [-1;7]$ par :

$$g(x) = 2x + 1.$$

On voudrait définir une fonction h par $h(x) = f(x) + g(x)$.

a) Pour quelles valeurs de x le nombre $h(x)$ est-il défini ?

b) Représenter D_1 et D_2 sur une droite graduée.

c) On note D l'ensemble de définition de la fonction h. Compléter avec une conjonction de coordination :
$(x \in D)$ équivaut à $(x \in]-3;5]$ … $x \in [-1;7])$.

d) Écrire D sous la forme d'un intervalle.

> *Info*
> *On dit que D est **l'intersection** des intervalles D_1 et D_2 et on écrit $D =]-3;5] \cap [-1;7]$.*

SE PRÉPARER AU CONTRÔLE

Travailler en autonomie

QCM

54 Pour chaque question, une seule réponse est exacte. Laquelle ?
On donne ci-contre la courbe représentative d'une fonction f définie sur l'intervalle $[-2\,;5]$.

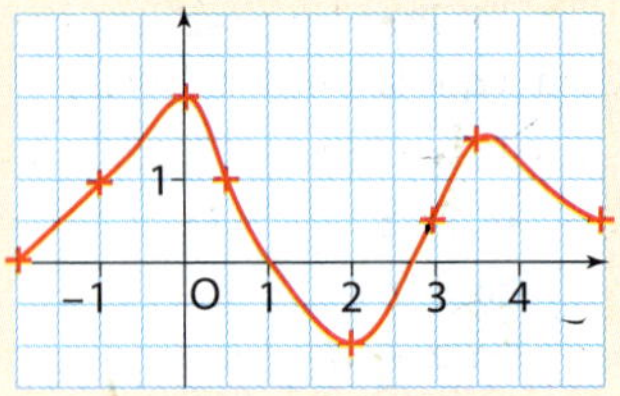

1 $f(3)$:

a) est égal à 1 **b)** est égal à 0,5 **c)** n'existe pas

2 L'équation $f(x) = 2$ a pour solution :

a) 0 **b)** −1 **c)** 2

3 L'équation $f(x) = 0$ admet :

a) une solution **b)** trois solutions **c)** aucune solution

4 Le nombre 1 :

a) admet un seul antécédent **b)** admet quatre antécédents **c)** admet deux antécédents

55 Pour chaque question, une seule réponse est exacte. Laquelle ? Justifier.

1 L'équation $-\frac{1}{3}x = 0$ a pour solution : **a)** −3 **b)** $\frac{1}{3}$ **c)** 0

2 L'équation $x - 2(7 + x) = 0$ a pour solution(s) : **a)** 2 et −7 **b)** −7 **c)** −14

3 L'équation $2(x - 3)(x^2 + 1) = 0$ a pour solution(s) : **a)** 3 **b)** 3 et −1 **c)** 2 et 3

4 L'équation $(2x - 3)(x + 1) = (2x - 3)^2$ a pour solution(s) : **a)** $\frac{3}{2}$ **b)** $\frac{3}{2}$ et 4 **c)** $\frac{3}{2}$ et −2

Exercices interactifs

Vrai-Faux

56 f désigne une fonction. Dire pour chaque affirmation si elle est vraie ou fausse.

a) Il est possible que la courbe représentative de la fonction f dans un repère soit un cercle.

b) Un nombre réel peut avoir deux images par la fonction f.

c) Deux nombres réels peuvent avoir la même image par la fonction f.

d) Résoudre l'équation $f(x) = 4$, c'est calculer f pour $x = 4$.

57 Dire pour chaque affirmation si elle est vraie ou fausse. Justifier.

a) L'équation $x^2 + 9 = 0$ a pour solutions −3 et 3.

b) Le nombre 0 admet deux antécédents par la fonction $x \mapsto \frac{x^2 - 5}{2x}$.

c) 1 est un antécédent de 0 par la fonction $x \mapsto \frac{x^2 - x}{x - 1}$.

d) Il n'existe pas de réel x tel que $(x + 1)^2 = x^2$.

e) Dans le repère ci-contre, $\mathscr{C}_f$ et $\mathscr{C}_g$ sont les courbes représentatives des fonctions f et g définies sur $[-3\,;3]$. L'équation $f(x) = g(x)$ a cinq solutions.

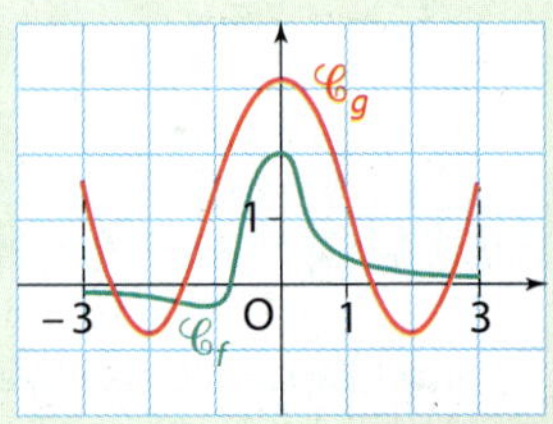

Exercices interactifs

Pour réviser

58 Utiliser le vocabulaire des fonctions

On sait que la fonction f vérifie les conditions suivantes :

- son ensemble de définition est $D = [-5 ; 4]$;
- les nombres -4 et 4 ont la même image 3 ;
- les solutions de l'équation $f(x) = -2$ sont 1 et 2 ;
- le nombre -5 est un antécédent de 0 par f ;
- $f(-2) = -1$, $f(0) = -3$ et $f(3) = 0{,}5$.

Tracer à main levée une courbe pouvant représenter la fonction f.

Conseils

• Sur quel axe du repère lit-on l'ensemble de définition ?

• Exploiter les autres conditions pour remplir un tableau de valeurs de $f(x)$. Il facilitera le tracé d'une courbe possible.

59 Utiliser la calculatrice

La fonction f est définie sur $\mathbb{R}$ par $f(x) = (x-1)^2 - 5 + 2x$.

a) Réaliser avec la calculatrice une table des valeurs de $f(x)$ sur $[-1 ; 3]$ avec un pas de 0,5.

b) L'équation $f(x) = 0$ semble-t-elle admettre des solutions ?

c) Résoudre graphiquement cette équation avec la calculatrice.

d) Résoudre algébriquement l'équation $f(x) = 0$.

Conseils

a) Revoir l'exercice résolu 1, page 43. Saisir correctement la fonction (attention aux parenthèses et à la touche [–] d'opération).

c) Revoir l'exercice résolu 2, page 43.

d) Pour résoudre algébriquement, commencer par développer et réduire $f(x)$. Factoriser ensuite.

60 Résoudre une équation $f(x) = g(x)$

Avec une calculatrice, on a représenté sur l'intervalle $[-5 ; 5]$ les fonctions :

$$f : x \mapsto (2x-3)(x+2) \quad \text{et} \quad g : x \mapsto 2x - 3.$$

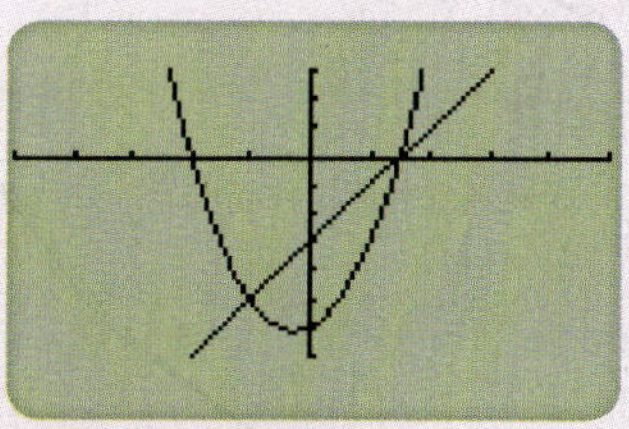

a) Résoudre graphiquement l'équation $f(x) = g(x)$.

b) Résoudre algébriquement cette équation.

Conseils

a) Revoir l'exercice résolu 2, page 43.

b) Il faut factoriser la différence $f(x) - g(x)$ en laissant bien $g(x)$ entre parenthèses. On reconnaît un facteur commun. Une fois factorisé, il faut penser à appliquer la règle du produit nul.

61 Choisir une forme adaptée

f est la fonction définie sur l'intervalle $[-2 ; 5]$ par :

$$f(x) = (3x-5)^2 - 4x^2 \text{ (forme 1).}$$

1. a) Factoriser l'expression de $f(x)$ (forme 2).

b) Développer l'expression de $f(x)$ (forme 3).

2. Utiliser la forme la plus adaptée pour répondre aux questions suivantes.

a) Quelle est l'ordonnée du point C de la courbe représentative de f qui a pour abscisse $\sqrt{2}$?

b) Quelles sont les coordonnées des points d'intersection de cette courbe avec les axes du repère ?

c) Résoudre l'équation $f(x) = 25$.

Conseils

1. a) Remarquer que $4x^2$ est le carré de $2x$ et utiliser une identité remarquable pour factoriser.

b) Utiliser une identité remarquable pour développer ; en particulier, bien écrire le carré de $3x$.

2. a) L'ordonnée du point C est $f(\sqrt{2})$.

b) • Les points de l'axe des ordonnées ont une abscisse nulle.

• Les points de l'axe des abscisses ont une ordonnée nulle, donc pour trouver les points communs à la courbe et à l'axe des abscisses, on résout l'équation….

62 Utiliser une équation de courbe

f est la fonction définie sur $\mathbb{R}$ par :

$$f(x) = \frac{1-x}{1+x^2}.$$

$\mathscr{C}$ est la courbe représentative de f dans un repère.

a) Le point A $(-2 ; 0{,}6)$ appartient-il à $\mathscr{C}$?

b) Le point B $(3 ; -0{,}5)$ appartient-il à $\mathscr{C}$?

Conseils

• Ici, un point $M(x ; y)$ appartient à $\mathscr{C}$ si, et seulement si, $y = f(x)$.

➤ Vérifier les réponses p. 300

Exercices d'approfondissement

Pour aller plus loin

63 Avec un guide (1)

f est la fonction définie sur $D =]0 ; +\infty[$ par :

$$f(x) = \frac{(5x-2)^2}{4x}.$$

a) Tracer la courbe représentative de *f* sur la calculatrice.

b) Déterminer, en utilisant une résolution graphique, une valeur approchée des nombres qui sont égaux à leurs images par *f*.

c) Déterminer algébriquement les nombres x strictement positifs qui sont égaux à leur image par *f*.

Guide de résolution

a) Une fenêtre graphique avec $X > 0$ et $Y > 0$ suffit.

b) Il s'agit de résoudre graphiquement l'équation $f(x) = x$. Il faut donc tracer la représentation graphique de la fonction $x \mapsto x$.

c) On expliquera pourquoi résoudre $f(x) = x$ dans $]0 ; +\infty[$ équivaut à résoudre l'équation $(5x-2)^2 = 4x^2$ dans $]0 ; +\infty[$.

64 Avec un guide (2)

Un rectangle a un périmètre égal à 8 m et une aire égale à 1 m². On se propose de déterminer les dimensions x et y de ce rectangle.

1. Expliquer pourquoi la situation se traduit par :

$$\begin{cases} xy = 1 \\ x + y = 4 \end{cases} \quad \text{avec } x > 0 \text{ et } y > 0$$

2. Montrer que les valeurs possibles de x vérifient :

$$\frac{1}{x} = -x + 4 \text{ avec } x > 0.$$

3. a) Résoudre graphiquement cette équation.

b) En déduire une résolution approchée du problème posé.

4. a) Développer $(x-2)^2 - 3$.

b) En déduire les valeurs exactes de x et y.

Guide de résolution

1. Les longueurs sont des nombres positifs. Le périmètre du rectangle est $2(x + y)$.

2. Les nombres x et y cherchés vérifient $y = \frac{1}{x}$ et $y = 4 - x$.

3. Les valeurs possibles de x sont les abscisses des points d'intersection des courbes des fonctions $x \mapsto \frac{1}{x}$ et $x \mapsto -x + 4$. Une calculatrice donne deux valeurs de x possibles ; on calcule y dans chaque cas.

4. b) On expliquera pourquoi l'équation de la question **2.** s'écrit $x^2 - 4x + 1 = 0$.

65 Nombres et calculs algébriques

a) Calculer $A = 50\,000\,006 \times 70\,000\,008$ avec la calculatrice et recopier sur la copie le résultat obtenu. Pourquoi sait-on que ce résultat n'est pas la valeur exacte de A ?

b) Vérifier que A s'écrit aussi :

$$A = (5 \times 10^7 + 6)(7 \times 10^7 + 8).$$

Développer cette expression et en déduire que :

$$A = 3\,500\,000\,820\,000\,048.$$

c) Par une méthode analogue, déterminer la valeur exacte de $B = (3 \times 10^{-6} + 1)(10^{-6} + 1)$. On donnera un résultat exprimé avec les puissances de 10, puis l'écriture décimale de B.

66 Courbes et horizontales

Dans un repère, $\mathscr{C}$ est la courbe représentative d'une fonction *f* définie sur l'intervalle $[-3 ; 5]$.

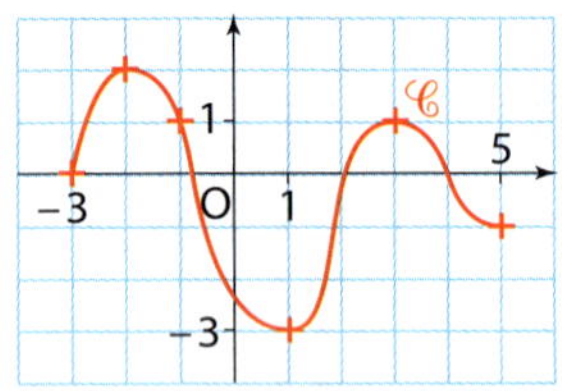

1. Indiquer le nombre de solutions de chacune des équations suivantes.

a) $f(x) = 3$ **b)** $f(x) = 2$ **c)** $f(x) = 1{,}5$

d) $f(x) = 1$ **e)** $f(x) = 0$ **f)** $f(x) = -0{,}2$

g) $f(x) = -2{,}3$ **h)** $f(x) = -3$ **i)** $f(x) = -3{,}1$

2. Préciser les valeurs du réel m pour lesquelles l'équation $f(x) = m$ possède :

a) aucune solution **b)** 1 solution **c)** 2 solutions

d) 3 solutions **e)** 4 solutions

Algorithmique

67 Un algorithme de tracé de courbe

f est une fonction définie sur un intervalle $[a ; b]$. On étudie l'algorithme suivant.

```
Entrées
Saisir
a, b : bornes de l'intervalle de définition
f : fonction étudiée
N : entier naturel, N ⩾ 1
Initialisations
pas prend la valeur (b − a)/N
x prend la valeur a
Traitement
Pour k de 0 jusqu'à N
    Marquer le point de coordonnée (x ; f(x))
    x prend la valeur x + pas
FinPour
```

1. Faire fonctionner l'algorithme dans les cas suivants.

a) *f* définie sur l'intervalle $[0 ; 1]$ par $f(x) = -3x^2 + 2x$ en prenant $N = 10$.

b) f définie sur l'intervalle $[0;2]$ par :

$$\begin{cases} f(x) = 1 & \text{si } x \in [0\,;1[\\ f(x) = x+1 & \text{si } x \in [1\,;2] \end{cases}$$

en prenant N = 20.

2. Expliquer le rôle et le fonctionnement de cet algorithme.

3. On modifie l'algorithme précédent. Le traitement est alors le suivant :

```
Traitement
Pour k de 1 jusqu'à N
  | Tracer le segment de (x ; f(x))
  | à (x + pas ; f(x + pas))
  | x prend la valeur de x + pas
FinPour
```

Faire fonctionner l'algorithme avec les fonctions de la question **1.** Que remarque-t-on dans le cas **b)** ?

4. Traduire le dernier algorithme dans un langage de programmation et tester le programme obtenu.

68 Une fonction à deux variables

ABCD est un trapèze rectangle en A et D tel que AB = 6 cm et CD < AB.

On note b la longueur CD, h la hauteur du trapèze (en cm) et $\mathscr{A}$ son aire (en cm²).

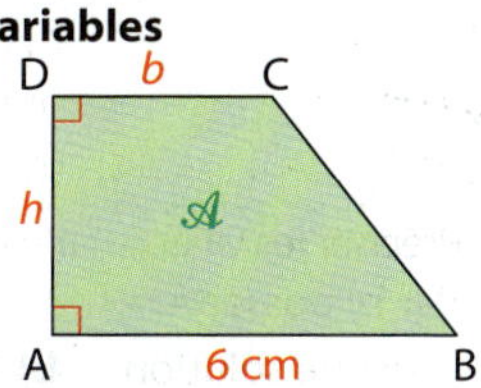

1. Exprimer l'aire $\mathscr{A}$ en fonction de b et h.

2. Dans chacun des cas suivants, construire un trapèze vérifiant les conditions données et calculer $\mathscr{A}$.

a) $b = 2$ et $h = 5$ **b)** $b = 3{,}5$ et $h = 4$ **c)** $b = 5{,}2$ et $h = 3{,}5$

3. À quels intervalles respectifs I et J doivent appartenir b et h ?

4. À chaque couple $(b;h)$ avec b dans I et h dans J, on associe une valeur unique de l'aire $\mathscr{A}$ du trapèze.

On définit ainsi une fonction f à deux variables :

$$f\colon (b;h) \mapsto \mathscr{A}.$$

a) Calculer $f(2;3)$, c'est-à-dire l'aire du trapèze de base $b = 2$ et de hauteur $h = 3$.

Calculer de même $f(2;4)$, $f(4;3{,}6)$, $f(5;3{,}6)$.

b) On pose $h = 2$.

Tracer dans un repère la courbe représentative de la fonction qui à b associe $\mathscr{A}$.

c) On pose $b = 4$.

Tracer dans un repère la courbe représentative de la fonction qui à h associe $\mathscr{A}$.

69 Représenter l'évolution d'un volume

ABCDEFGH est un cube de côté 8 cm.

M et N sont des points des arêtes [AD] et [AB] tels que AM = AN = x (en cm).

P est le point de l'arête [EA] tel que EP = x (en cm).

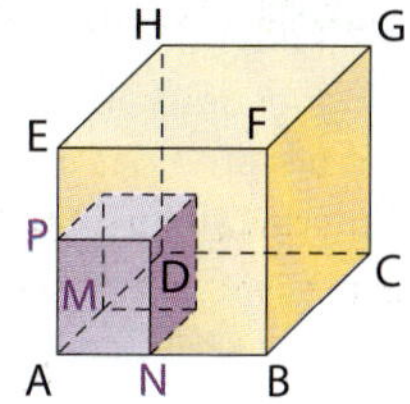

1. On note V(x) le volume, en cm³, du parallélépipède rectangle représenté en violet sur la figure.

a) Quel est l'ensemble de définition de la fonction V ?

b) Exprimer V(x) en fonction de x.

2. On se propose de représenter la fonction V sur une feuille de papier millimétré.

a) Avec un tableur, réaliser une table de valeurs de la fonction avec un pas de 2.

b) Dans un repère (*unités* : 1 cm en abscisses et 0,2 cm en ordonnées), construire le nuage de points associés à ce tableau et proposer à main levée un tracé de la courbe de V. Sur la figure ci-dessous, on peut voir le tracé obtenu avec le tableur.

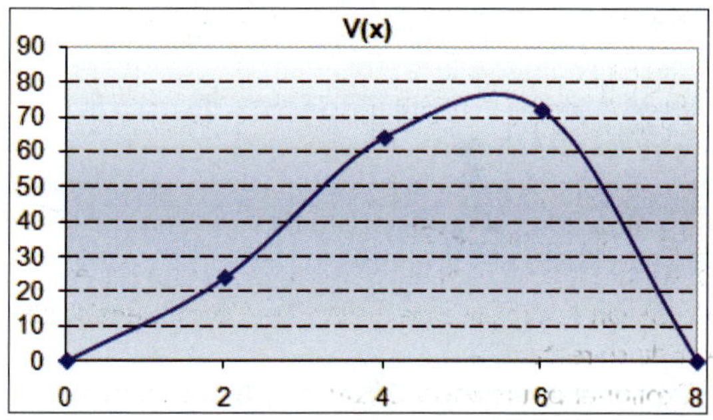

c) Afin d'affiner le tracé, modifier la feuille de calcul de façon à obtenir une table avec un pas de 1. Placer sur la feuille de papier les nouveaux points obtenus et rectifier le tracé précédent.

d) Réaliser une table avec un pas de 0,5 et affiner à nouveau le tracé de la courbe.

Algorithmique

3. On considère l'algorithme suivant :

```
Entrée
Saisir
N : nombre d'étapes de la construction du nuage
Initialisation
L : longueur de l'intervalle entre deux points
L prend la valeur 8
Traitement
Pour k de 1 jusqu'à N
  | L prend la valeur L/2
  | x prend la valeur 0
  | Tant que x ⩽ 8
  |   | Marquer le point de coordonnées (x ; f(x))
  |   | x prend la valeur x + L
  | FinTantque
FinPour
```

a) Que donne cet algorithme pour N = 1 ? N = 2 ? N = 4 ?
b) Pour quelles valeurs de N ne pourra-t-on pas distinguer deux abscisses consécutives sachant que l'œil ne discerne pas des points situés à moins de 0,5 mm l'un de l'autre ?

PROBLÈMES OUVERTS

70 Triangle rectangle et carré
ABC est un triangle isocèle en A et de périmètre 16 cm. De plus, son aire est égale au quart de l'aire du carré construit sur sa base [BC].
Quelles sont les longueurs des côtés de ce triangle ?

71 Tracer la courbe d'une fonction géométrique
Dans un repère, A est le point de coordonnées (–3 ; 0) ; B est le point de coordonnées (–3 ; *t*) où *t* est une variable libre dans l'intervalle [0 ; 10].
H est le pied de la hauteur issue de A du triangle OAB.
L'aire du triangle AHO est notée $\mathcal{A}(t)$.
1. Réaliser une figure avec un logiciel de géométrie.
2. a) Pourquoi a-t-on ainsi défini une fonction $\mathcal{A}$? Quel est son ensemble de définition ?
b) Tracer la droite (AB) et animer la figure.
Que remarque-t-on ? Pourquoi ?
3. Afficher la courbe représentative de la fonction $\mathcal{A}$ qui à chaque réel *t* de l'intervalle [0 ; 10] associe l'aire $\mathcal{A}(t)$ du triangle.

Des défis

72 Sur l'ensemble des entiers naturels
La fonction *f* est définie pour des valeurs entières par :

$$\begin{cases} f(n) = \dfrac{n}{2} & \text{si } n \text{ est pair} \\ f(n) = 2n + 7 & \text{si } n \text{ est impair} \end{cases}$$

Calculer $f(5n) - 5f(n)$ pour tout entier *n*.

La Recherche, Spécial Jeux 2007-08

73 Somme et pointillés
Pour tout réel x,

$$f(x) = x - (x+1) + (x+2) - (x+3) + \ldots + (x+2008) - (x+2009).$$

Calculer l'image de 2 231 par *f*.

SUJETS D'EXPOSÉS

SUJET 1

MPS Méthodes et pratiques scientifiques

→ Effectuer des recherches au CDI ou sur Internet sur la trajectoire d'un point de la roue d'un vélo qui roule à vitesse constante (un chewing-gum collé à la roue par exemple).

→ Explorer le mode paramétrique de votre calculatrice afin de représenter cette trajectoire à l'écran.
Lors d'un exposé, présenter le résultat de vos recherches à la classe.

SUJET 2

→ Effectuer des recherches au CDI ou sur Internet afin d'obtenir l'évolution, en fonction du temps, du cours de bourse d'une action (par exemple l'action EDF) sur plusieurs périodes :
- depuis la date de son introduction en bourse jusqu'à août 2008 ;
- depuis la date de son introduction en bourse jusqu'à aujourd'hui ;
- depuis avril 2009 jusqu'à aujourd'hui ;
- sur une semaine donnée.

→ Commenter les résultats obtenus. Avez-vous observé des fonctions définies sur $[0 ; +\infty[$?

→ Effectuer à nouveau des recherches sur les moyens mis en œuvre pour effectuer des prévisions sur les cours de l'action dans un futur proche.

→ Lors d'un exposé, présenter le résultat de vos recherches à la classe.

Chapitre 3

Variations de fonctions et problèmes

Une bulle de savon tend, naturellement, à prendre la forme qui lui permet d'enfermer un volume d'air donné dans une surface d'aire minimale.

Énigme ★

Avec cette grille, on forme des mots de 7 lettres au plus en prenant une lettre dans chaque colonne, de gauche à droite.
On code ce mot en indiquant de combien de lignes on se déplace de la 1re à la 2e lettre, puis de la 2e lettre à la 3e lettre, et ainsi de suite (si le nombre est positif, on monte, sinon on descend).

B	E	X	N	T	U	L
M	R	O	I	N	I	S
N	A	E	A	U	G	M
D	I	G	Z	M	E	F

Par exemple, BIEN est codé :

– 3	1	2

➤ ***Coder le mot DROITES.***

➤ ***Et maintenant, décoder ce mot de 7 lettres :***

– 1	2	– 1	– 2	3	– 2

Énigme ★★

➤ ***Si l'on sait qu'une grandeur ne cesse d'augmenter au cours du temps, peut-on affirmer qu'il suffit d'être patient pour qu'elle devienne aussi grande que l'on veut ?***

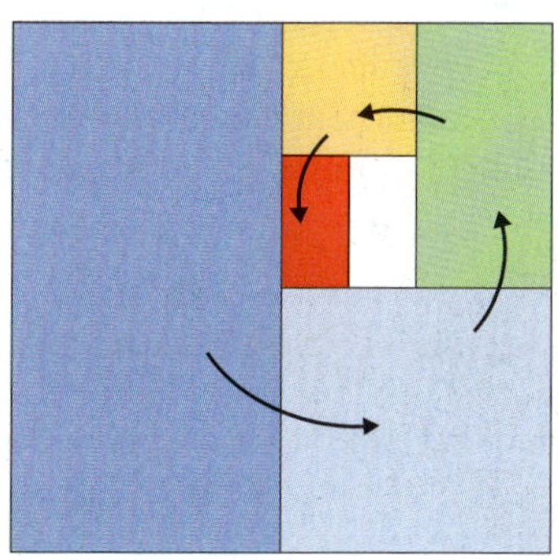

Vérifier les acquis

Compléments numériques

Travailler en autonomie

1 Calculer des images et des antécédents

➤ Formulaire p. 285, thème 11

f et g sont deux fonctions définies par $f(x) = 3x + 5$ et $g(x) = x^2 - 3x + 5$.

a) Calculer $f(2)$ et $g(-3)$.

b) Quel est le nombre dont l'image est 1 par la fonction f ?

2 Lire graphiquement

➤ Formulaire p. 285, thème 11

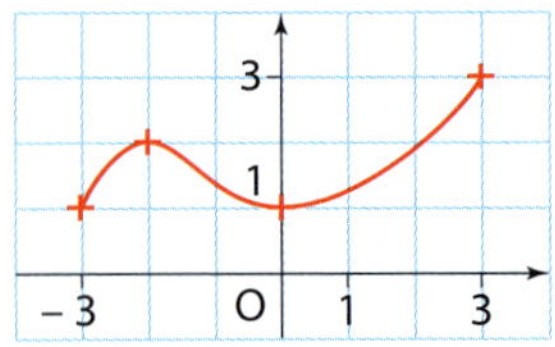

La courbe ci-contre définit une fonction f sur l'intervalle $[-3\,;3]$.
Pour chaque affirmation, dire si elle est vraie ou fausse.

a) $f(-2) < f(-1)$ **b)** $f(0) < f(2)$ **c)** $f(-2) < f(0)$

3 Reconnaître des fonctions affines et linéaires

➤ Formulaire p. 285, thème 11

Parmi les fonctions dont les expressions algébriques sont données ci-dessous, indiquer celles qui sont affines. Préciser si, parmi celles-ci, certaines sont des fonctions linéaires.

$$f(x) = x\sqrt{3} + 2\,;\quad g(x) = 1{,}25x\,;\quad h(x) = \pi\,;\quad k(x) = 2x^2 + 3\,;\quad l(x) = (x+5)^2 - (x+2)^2$$

4 Étudier le signe de la différence

f est la fonction affine définie par $f(x) = 2x - 3$.

a) Calculer $f(5) - f(1)$. En déduire la comparaison de $f(5)$ et $f(1)$.

b) a désigne un nombre.
Exprimer $f(a+1) - f(a)$ en fonction de a. En déduire la comparaison de $f(a+1)$ et $f(a)$.

5 Tracer la représentation graphique d'une fonction affine

➤ Formulaire p. 285, thème 11

Dans un repère, tracer la représentation graphique des fonctions affines définies par :

$$f(x) = -\frac{3}{2}x + \frac{7}{2}\,;\quad g(x) = 2\,;\quad h(x) = \frac{1}{2}x + 3\,;\quad k(x) = -\frac{3}{4}x\,.$$

6 Déterminer graphiquement une fonction affine

➤ Formulaire p. 285, thème 11

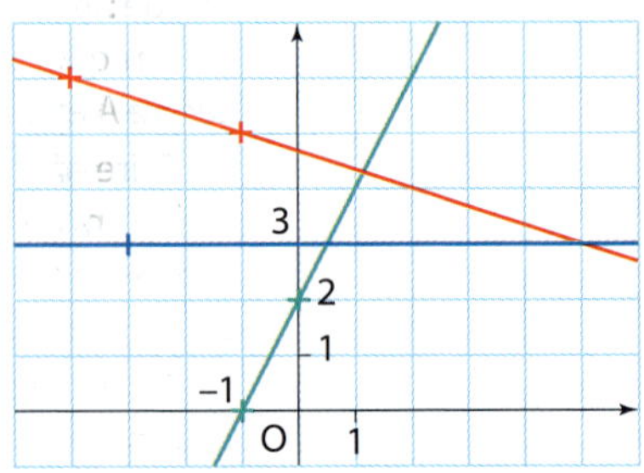

Trois fonctions affines sont représentées sur le graphique ci-contre.

a) Lire le coefficient directeur de chacune de ces droites.

b) Donner l'expression algébrique de chacune de ces fonctions affines.

7 Connaître les propriétés des fonctions affines

Dans chaque cas, dire si le tableau de valeurs peut être celui d'une fonction affine.

a)

x	−2	−1	0	1	2
$f(x)$	5	2	1	2	5

b)

x	−4	−1	0	1	3
$g(x)$	2	0,5	0	− 0,5	− 1,5

c)

x	1	3	6	8	9
$h(x)$	5	9	15	19	21

➤ Vérifier les réponses p. 296

Objectif
Introduire les variations d'une fonction et la notion de maximum et minimum.

1 Une petite randonnée

Ce graphique indique l'altitude atteinte en fonction de la distance parcourue, lors d'une promenade de 5 km.

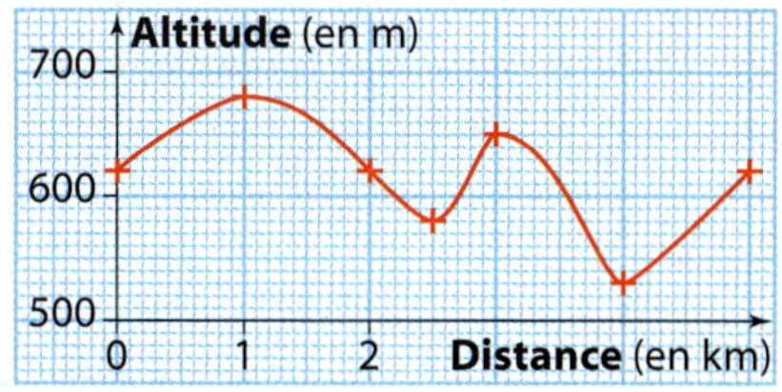

a) Sur quels tronçons du parcours le promeneur monte-t-il ? descend-il ?

b) Quelle est l'altitude maximale de la promenade ? l'altitude minimale ? À quelles distances ces altitudes sont-elles atteintes ?

c) On a commencé à représenter dans un tableau les variations de l'altitude en fonction de la distance parcourue.
Recopier et compléter ce tableau.

Distance	0	1	...	...	...	5
Altitude	620	680				

d) Quelle est l'altitude minimale pendant les trois premiers kilomètres ?

e) Combien de fois le promeneur passe-t-il en dessous de 600 m d'altitude ?

f) La promenade peut-elle être un « aller-retour » ? Peut-elle être une « boucle » ?

Objectif
Conjecturer les réponses à un problème géométrique en construisant dynamiquement la représentation graphique d'une fonction.

B2i L1-1 L1-4

2 Le meilleur équilibre

Lorsque les deux pieds sont posés au sol, s'ils ne sont pas parallèles, on se sent plus stable, mais il ne faut pas exagérer l'angle qu'ils forment.

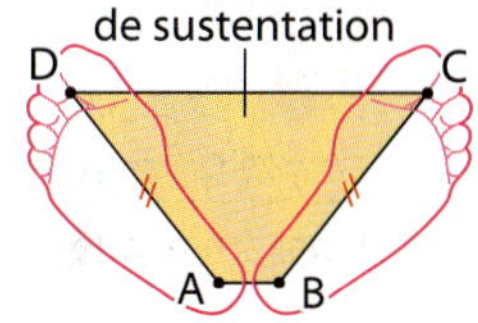

On se propose de déterminer la position pour laquelle l'aire du trapèze isocèle ABCD est maximale.
On suppose par la suite que AB = 10 cm et AD = BC = 30 cm.

a) Réaliser cette figure avec un logiciel de géométrie dynamique : le point D est libre sur un quart de cercle de centre A et de rayon 30 cm.

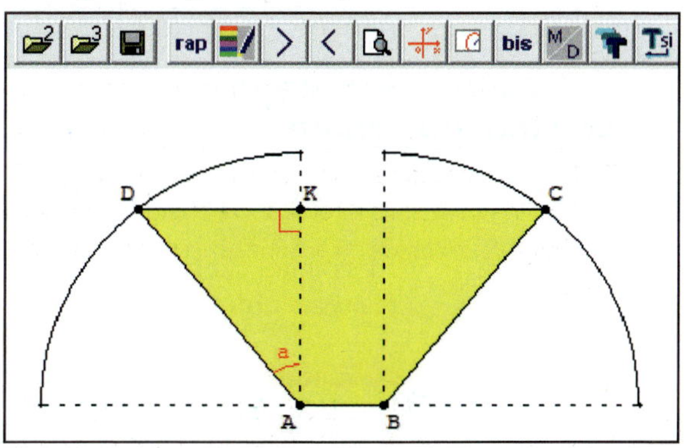

b) Faire afficher la mesure a de l'angle $\widehat{DAK}$ et l'aire (notée aire ou poly 1 ou…) du trapèze ABCD.

c) Créer le point M de coordonnées (a ; aire) et afficher la trace de M lorsque D décrit le quart de cercle.

d) Lire une valeur approchée de a pour laquelle l'aire de ABCD est maximale.

e) Recopier et compléter :
- « Lorsque a augmente de … à …, l'aire de ABCD augmente de … à … . »
- « Lorsque a augmente de … à …, l'aire de ABCD diminue de … à … . »

Sens de variation et extremums

1 Idées intuitives

Note
Les termes « monte », « descend », « bas » se réfèrent bien sûr à un repère dont les axes sont orientés de façon classique (comme sur le graphique).

f est la fonction définie sur l'intervalle $[-4;2]$ par la courbe ci-dessous.

Maximum de f sur $[-3;2]$.
Le point de coordonnées $(-1;3)$ est « le plus haut » de la courbe sur $[-3;2]$. On dit que **3** est **le maximum** de f sur $[-3;2]$; il est atteint en **−1**.

Sens de variation de f sur $[-3;-1]$.
La courbe « monte de gauche à droite » sur $[-3;-1]$. On dit que f est **croissante** sur $[-3;-1]$.

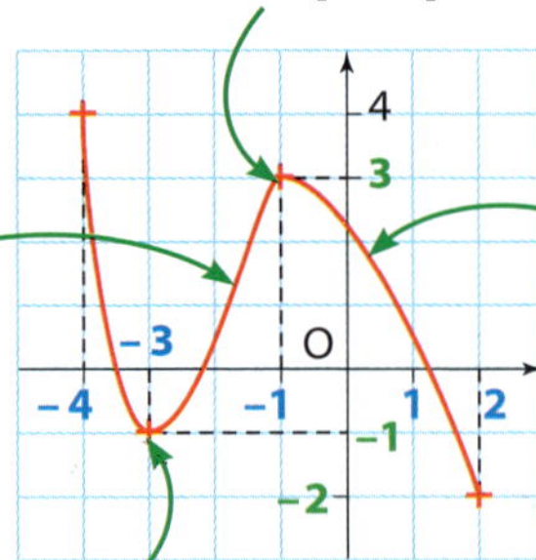

Sens de variation de f sur $[-1;2]$.
La courbe « descend de gauche à droite » sur $[-1;2]$. On dit que f est **décroissante** sur $[-1;2]$.

Minimum de f sur $[-4;-1]$.
Le point de coordonnées $(-3;-1)$ est « le plus bas » de la courbe sur $[-4;-1]$. On dit que **−1** est **le minimum** de f sur $[-4;-1]$; il est atteint en **−3**.

On résume le sens de variation de f dans **un tableau de variation**.

x	−4	−3	−1	2
$f(x)$	4 ↘	−1 ↗	3 ↘	−2

se lisent sur l'axe des abscisses (ligne x)
se lisent sur l'axe des ordonnées (ligne $f(x)$)

2 Traductions algébriques

Animation numérique

f est une fonction définie sur un intervalle I, de courbe représentative $\mathscr{C}$ dans un repère.

DÉFINITIONS

Dire que f est **croissante sur I** signifie que pour tous nombres réels u et v de I,
si $u \leqslant v$, alors $f(u) \leqslant f(v)$.

Dire que f est **décroissante sur I** signifie que pour tous nombres réels u et v de I,
si $u \leqslant v$, alors $f(u) \geqslant f(v)$.

Une fonction croissante conserve l'ordre.
Deux réels quelconques de I et leurs images sont rangés dans **le même ordre**.

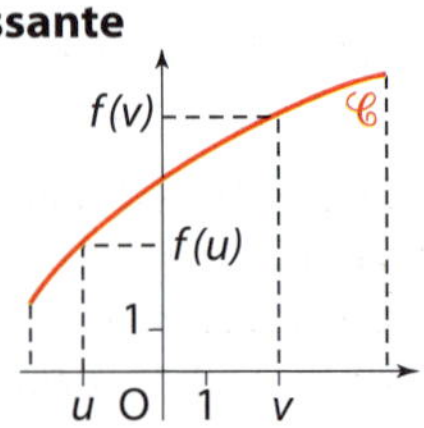

Une fonction décroissante change l'ordre.
Deux réels quelconques de I et leurs images sont rangés dans **des ordres contraires**.

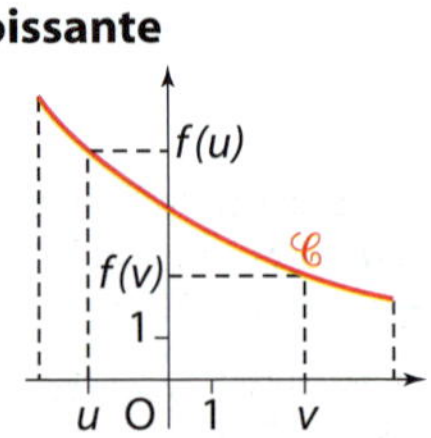

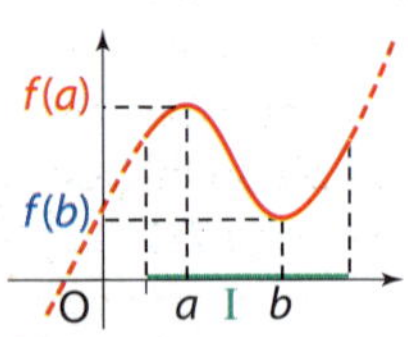

$f(a)$ maximum et **$f(b)$** minimum de f sur I.

DÉFINITIONS a désigne un nombre réel de l'intervalle I.

Dire que **$f(a)$ est le maximum** de f sur I signifie que, pour tout réel x de I :
$f(x) \leqslant f(a)$.

Dire que **$f(a)$ est le minimum** de f sur I signifie que, pour tout réel x de I :
$f(a) \leqslant f(x)$.

VOCABULAIRE : On dit que $f(a)$ est **un extremum** de f sur I pour indiquer que $f(a)$ est un maximum ou un minimum de f sur I.

Exercice résolu 1 — Passer du tableau de variation à une courbe

Voir aussi les exercices 3 et 4, page 66

Animation numérique

Énoncé

Voici le tableau de variation d'une fonction g définie sur l'intervalle $[-3\,;4]$.

x	-3		0		2		4
$g(x)$	1	↘	-4	↗	0	↘	-3

a) Décrire les variations de la fonction g.

b) Comparer lorsque cela est possible :

• $g(-3)$ et $g(-1)$ • $g(1)$ et $g(3)$

c) Lire le maximum de g sur $[0\,;4]$ et le minimum de g sur $[-3\,;4]$.

d) Tracer une courbe susceptible de représenter graphiquement la fonction g.

Solution

a) g est décroissante sur $[-3\,;0]$, croissante sur $[0\,;2]$ et décroissante, sur $[2\,;4]$.

b) • -3 et -1 appartiennent à $[-3\,;0]$. Or $-3 \leqslant -1$, donc $g(-3) \geqslant g(-1)$ car g est décroissante sur $[-3\,;0]$ (« deux réels et leurs images sont rangés dans des ordres contraires »).

• Sur l'intervalle $[1\,;3]$, la fonction g n'est ni croissante, ni décroissante donc on ne peut pas comparer $g(1)$ et $g(3)$.

c) • Le maximum de g sur $[0\,;4]$ est $g(2)$, c'est-à-dire 0.

• Le minimum de g sur $[-3\,;4]$ est $g(0)$, c'est-à-dire -4.

d) La courbe ci-contre est une représentation possible de la fonction g.

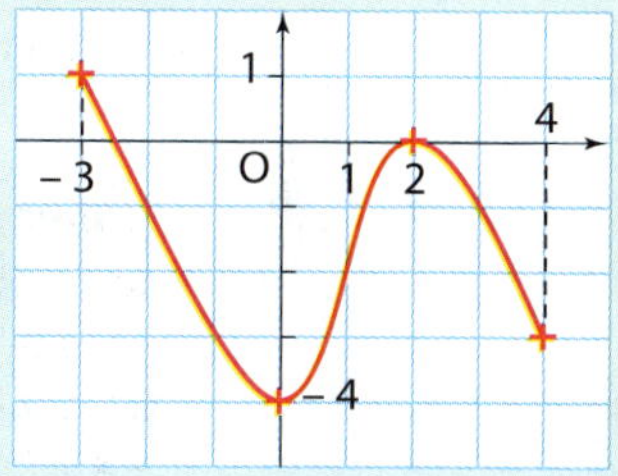

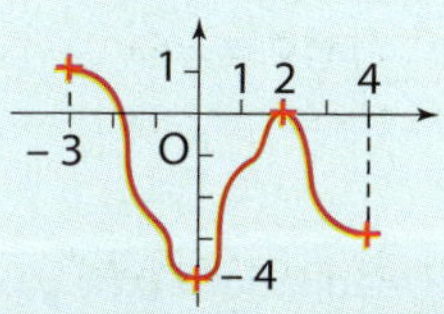

Cette courbe est une autre représentation possible de la fonction g.

Exercice résolu 2 — Éviter des erreurs

Voir aussi l'exercice 9, page 67

Énoncé

f est la fonction définie sur $\mathbb{R}$ par :

$$f(x) = \frac{1}{144}x^3 - \frac{3}{4}x$$

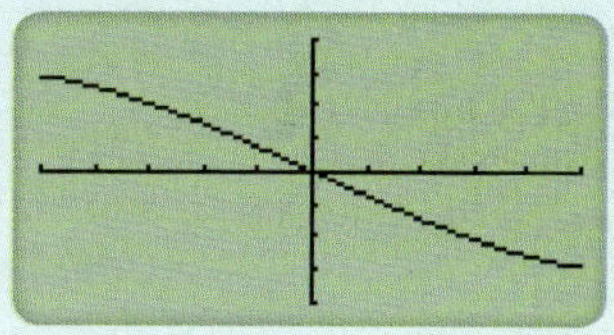

Voici sa courbe représentative à l'écran d'une calculatrice (pas 1 sur chaque axe).

Jérémy affirme : « f est décroissante sur $\mathbb{R}$. » Qu'en pensez-vous ?

Solution

Jérémy ne voit à l'écran qu'une partie de la courbe et il se trompe.

Avec une table de valeurs sur la calculatrice, par exemple, on constate que $f(12) = 3$ et $f(0) = 0$.

Or $0 \leqslant 12$ et $f(0) \leqslant f(12)$, donc f n'est pas décroissante sur $\mathbb{R}$ (car on aurait dû avoir $f(0) \geqslant f(12)$).

Voici la courbe avec une autre fenêtre graphique :

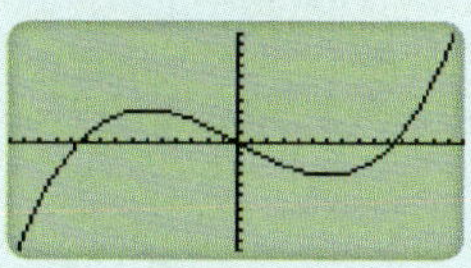

Commentaire

• Pour démontrer qu'une fonction **n'est pas** décroissante sur un intervalle, un contre-exemple suffit (voir l'exercice 37, page 71).

Résolution graphique – Fonctions affines

1 Résolution graphique d'inéquations

$\mathscr{C}_f$ et $\mathscr{C}_g$ sont les courbes représentatives des fonctions f et g dans un repère.

Inéquation $f(x) > k$ (avec k réel)

PROPRIÉTÉ Les solutions de l'inéquation $f(x) > k$ sont **les abscisses** des points de la courbe $\mathscr{C}_f$ situés **au-dessus** de la droite d'équation $y = k$.

Illustration

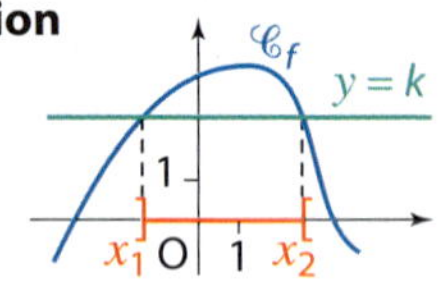

Sur cette figure, l'inéquation $f(x) > k$ a pour solutions les réels de $]x_1 ; x_2[$.

Inéquation $f(x) > g(x)$

PROPRIÉTÉ Les solutions de l'inéquation $f(x) > g(x)$ sont **les abscisses** des points de la courbe $\mathscr{C}_f$ situés **au-dessus** de la courbe $\mathscr{C}_g$.

Illustration

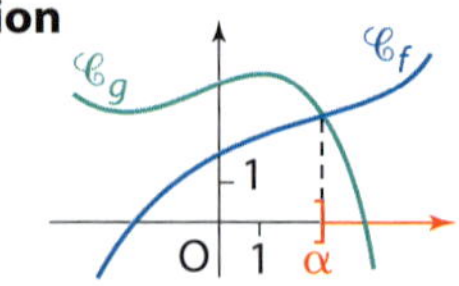

Sur cette figure, l'inéquation $f(x) > g(x)$ a pour solutions les réels de $]\alpha ; +\infty[$.

2 Sens de variation d'une fonction affine

PROPRIÉTÉ f est la fonction affine $x \mapsto ax + b$ avec $a \neq 0$.

- Si $\boldsymbol{a > 0}$, alors f est croissante sur $\mathbb{R}$.
- Si $\boldsymbol{a < 0}$, alors f est décroissante sur $\mathbb{R}$.

Note
Lorsque $a = 0$, f est une fonction constante ($f(x) = b$).

DÉMONSTRATION

u et v désignent deux nombres réels tels que $u \leqslant v$.

- Si $a > 0$, alors $au \leqslant av$ et $au + b \leqslant av + b$ soit $f(u) \leqslant f(v)$.
Donc f est croissante sur $\mathbb{R}$.
- Si $a < 0$, alors $au \geqslant av$ et $au + b \geqslant av + b$ soit $f(u) \geqslant f(v)$.
Donc f est décroissante sur $\mathbb{R}$.

Cette propriété et le fait que $f(x) = 0$ pour $x = -\dfrac{b}{a}$ permettent de connaître le signe de $f(x)$ selon les valeurs de x.

Note
On peut aussi étudier le signe de $ax + b$ en résolvant l'inéquation $ax + b > 0$.

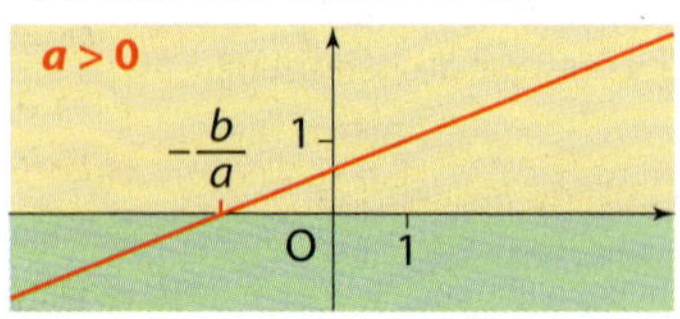

$ax + b > 0$

$ax + b < 0$

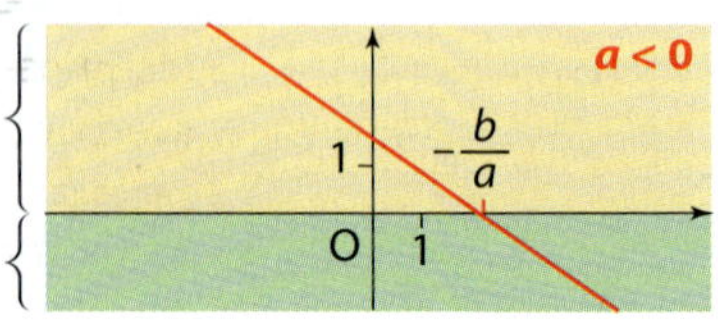

On résume ces résultats dans un tableau de signes.

PROPRIÉTÉ **Règle du signe de $ax + b$**

$\boldsymbol{a > 0}$

x	$-\infty$	$-\dfrac{b}{a}$	$+\infty$
$ax + b$	$-$	0	$+$

$\boldsymbol{a < 0}$

x	$-\infty$	$-\dfrac{b}{a}$	$+\infty$
$ax + b$	$+$	0	$-$

Exercice résolu 1 Résoudre graphiquement une inéquation

Voir aussi les exercices 12 et 13, page 67

Énoncé

f et g sont les fonctions définies sur l'intervalle $[-4;4]$ par :

$$f(x) = x^2 \quad \text{et} \quad g(x) = x + 6$$

Avec la calculatrice, résoudre graphiquement l'inéquation $f(x) \leqslant g(x)$.

Animation numérique

Solution

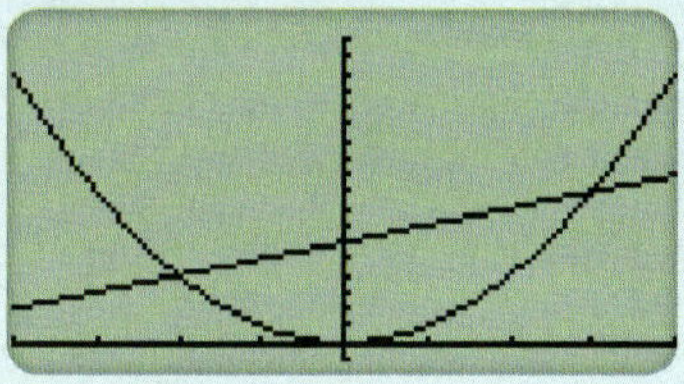

Voici les courbes représentant f et g à l'écran d'une calculatrice (pas 1 sur chaque axe).

• L'équation $f(x) = g(x)$ a deux solutions (abscisses des points d'intersection des courbes).
Il semble que ces solutions soient –2 et 3.
On le vérifie par le calcul : $f(-2) = g(-2) = 4$ et $f(3) = g(3) = 9$.

• On lit sur le graphique que la courbe de f est au-dessous de la courbe de g sur l'intervalle $[-2;3]$, c'est-à-dire que les solutions de l'inéquation $f(x) \leqslant g(x)$ sont les réels de l'intervalle $[-2;3]$.

Exercice résolu 2 Étudier le signe de $ax + b$

Voir aussi les exercices 18 et 19, page 67

Énoncé

Un ticket de bus coûte 1,20 €.
On peut aussi prendre un abonnement annuel de 30 € ; le trajet coûte alors 1 €.

a) On note x le nombre de trajets en bus effectués dans l'année.
Donner l'expression de la fonction :
• f qui à x associe le prix total sans abonnement ;
• g qui à x associe le prix total avec abonnement.

b) Donner l'expression réduite de $h(x) = f(x) - g(x)$. Que représente $h(x)$?

c) À partir de combien de trajets effectués dans l'année l'abonnement est-il intéressant ?

Solution

a) $f(x) = 1{,}2x$
$g(x) = 30 + 1x = 30 + x$

b) • $h(x) = 1{,}2x - (30 + x)$
$= 1{,}2x - 30 - x$
$= 0{,}2x - 30$

• $h(x)$ représente l'« économie » éventuellement réalisée avec l'abonnement.

c) L'abonnement est intéressant lorsque $h(x) \geqslant 0$, c'est-à-dire successivement :

$$0{,}2x - 30 \geqslant 0$$
$$0{,}2x \geqslant 30$$
$$x \geqslant \frac{30}{0{,}2}$$
$$x \geqslant 150$$

L'abonnement devient intéressant à partir du 150e trajet.

Commentaires

• Lorsqu'on soustrait une somme (ou une différence), il faut penser à l'écrire entre parenthèses.

• Après avoir résolu l'équation $0{,}2x - 30 = 0$, on aurait pu dresser le tableau de signes de la fonction affine h avec $a > 0$ (ici $a = 0{,}2$) :

x	$-\infty$	150	$+\infty$
$h(x)$	–	0	+

On retrouve $h(x) \geqslant 0$ pour $x \geqslant 150$.

Exercices de base

Pour créer des automatismes

Sens de variation et extremums

Pour les exercices 1 et 2, décrire les variations de la fonction définie par la courbe donnée, puis dresser son tableau de variation.

1 a)

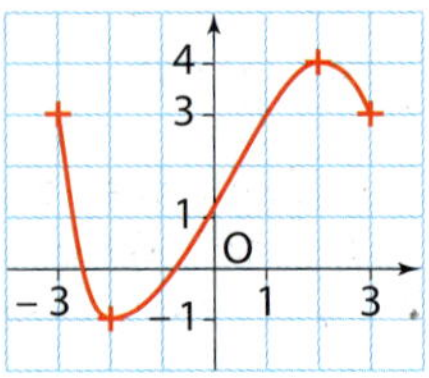

b)

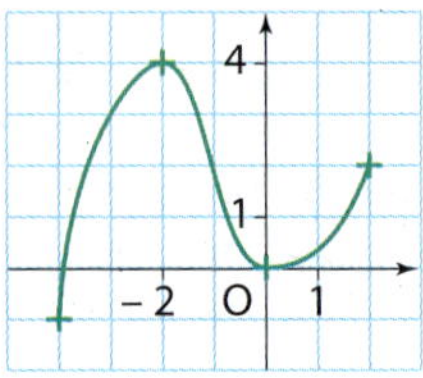

2 a)

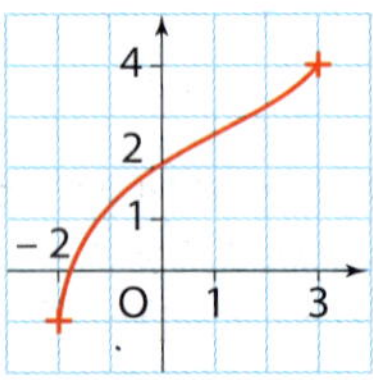

b)

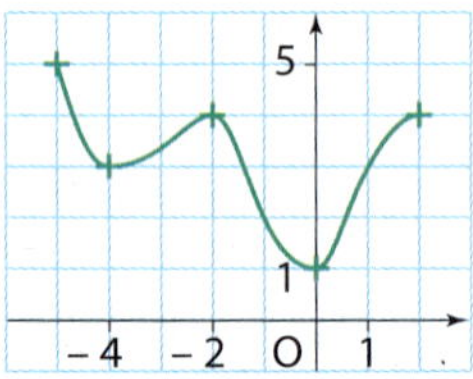

3 Voici le tableau de variation d'une fonction f.

x	-2	0	$0{,}5$	3	$+\infty$
$f(x)$	-1 ↘	-2 ↗	0 ↗	2 ↘	

1. a) Quel est l'ensemble de définition de la fonction f ?
b) Donner $f(0)$, $f(-2)$, $f(0{,}5)$.
2. La fonction f est-elle :
a) croissante sur $[-2;2]$? sur $[0;1]$?
b) décroissante sur $[3;10]$? sur $[-2;1]$?
3. Tracer une courbe $\mathscr{C}$ susceptible de représenter la fonction f dans un repère.

➤ ***Conseil :*** *se reporter à l'exercice résolu 1, page 63.*

4 Voici le tableau de variation d'une fonction h.

x	-2	0	3	4
$h(x)$	-1 ↗	$\frac{5}{2}$ ↘	1 ↗	6

Comparer les nombres suivants :

a) $h(-2)$ et $h(-1)$ **b)** $h\left(\frac{1}{3}\right)$ et $h\left(\frac{3}{2}\right)$

c) $h(3{,}6)$ et $h(3{,}7)$ **d)** $h\left(\frac{7}{2}\right)$ et $h(4)$

5 f est la fonction définie sur l'intervalle $[-6;6]$ dont voici le tableau de variation.

x	-6	-4	-3	0	3	4	6
$f(x)$	-2 ↗	2 ↘	1 ↗	4 ↘	1 ↗	2 ↘	-1

a) Décrire le sens de variation de f.
b) Comparer lorsque cela est possible :
• $f(-3{,}9)$ et $f(-3)$ • $f(1)$ et $f(3{,}5)$
c) Tracer une courbe susceptible de représenter f dans un repère.

6 Dans un repère d'origine O, $\mathscr{C}$ est le demi-cercle ci-contre de centre O et de rayon 4.
A est le point de coordonnées $(0;5)$.

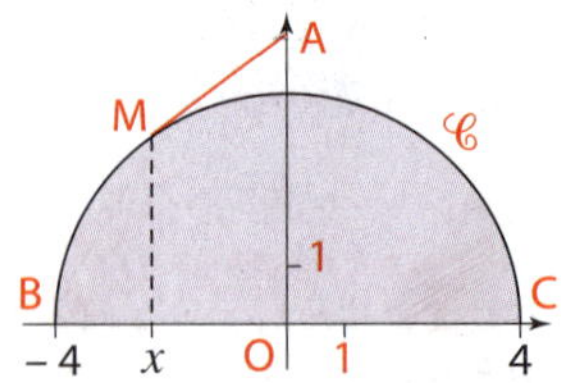

Pour tout réel x de $[-4;4]$, on pose $f(x) = \text{AM}$ où M est le point d'abscisse x de $\mathscr{C}$.
En observant la figure, donner le tableau de variation de f.

7 La courbe ci-dessous est la représentation graphique d'une fonction f définie sur l'intervalle $[-3;5]$.

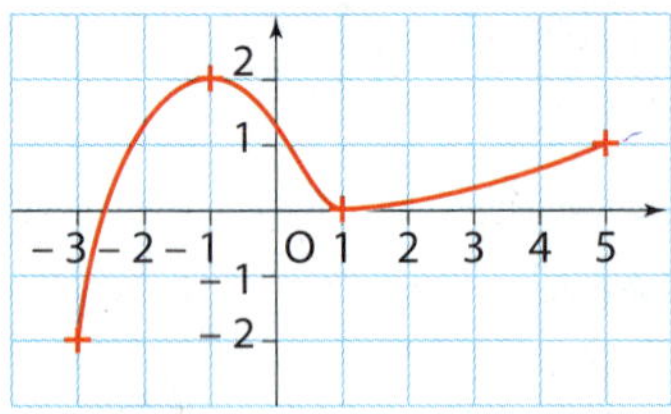

Lire sur la courbe :
1. le maximum de f sur chacun des intervalles :
a) $[-3;5]$ **b)** $[-2;3]$ **c)** $[1;5]$
2. le minimum de f sur chacun des intervalles :
a) $[-3;5]$ **b)** $[-1;4]$ **c)** $[0;5]$

8 Voici le tableau de variation d'une fonction f définie sur l'intervalle $[-3;7]$.

x	-3	-2	1	4	7
$f(x)$	3 ↘	-1 ↗	1 ↘	0 ↗	$\frac{1}{2}$

Sur chaque intervalle, donner le maximum et le minimum de f et préciser pour quelles valeurs de x ils sont atteints.
a) $[-3;7]$ **b)** $[-2;4]$ **c)** $[-2;7]$

9 Voici la courbe obtenue à l'écran d'une calculatrice pour la fonction f définie sur $[-3;3]$ par :

$$f(x) = \frac{1}{4}x^4 + \frac{1}{3}x^3 - x^2$$

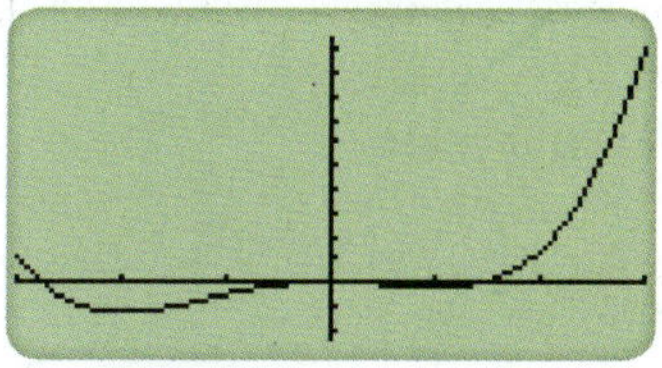

Jemma affirme : « f est décroissante sur $[-3;-2]$ et croissante sur $[-2;3]$. » Qu'en pensez-vous ?

Conseil : se reporter à l'exercice résolu 2, page 63.

Résolution graphique d'inéquations

10 f est la fonction définie sur $[-2;6]$ par :

$$f(x) = x^2 - 4x$$

a) Tracer la courbe de f à l'écran d'une calculatrice.

b) Résoudre graphiquement l'équation $f(x) = 0$. Vérifier la validité des réponses par le calcul.

c) Résoudre graphiquement l'inéquation $f(x) > 0$.

11 f est la fonction définie sur $[-4;\ 4]$ par la courbe ci-contre. Résoudre graphiquement les inéquations :

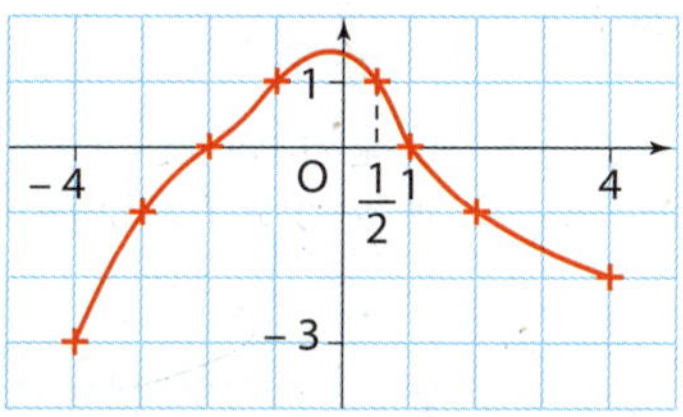

a) $f(x) \geqslant 1$ **b)** $f(x) > 0$ **c)** $f(x) \leqslant -1$ **d)** $f(x) > -3$

Conseil : se reporter à l'exercice résolu 1, page 65.

12 Dans un repère, $\mathscr{C}_f$ et $\mathscr{C}_g$ sont les courbes représentatives de fonctions f et g définies sur $[-3;3]$.
Résoudre graphiquement les inéquations :

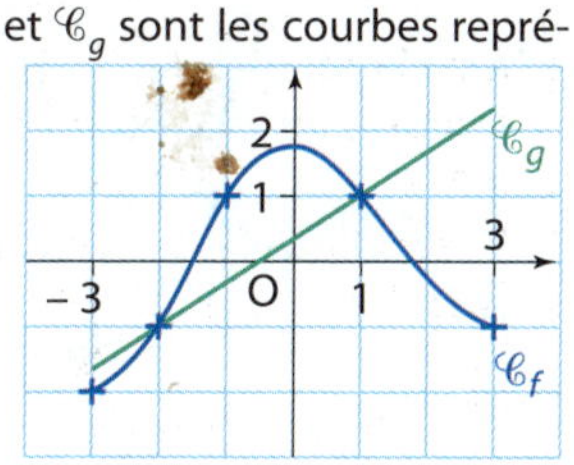

a) $f(x) \geqslant g(x)$

b) $f(x) > g(x)$

c) $f(x) \leqslant g(x)$

13 f et g sont les fonctions définies sur $[-4;4]$ par :

$$f(x) = (2-x)(x^2+x-7) \quad \text{et} \quad g(x) = 4 - x^2$$

a) Tracer les courbes représentant f et g à l'écran d'une calculatrice.

b) L'équation $f(x) = g(x)$ admet trois solutions. Les lire graphiquement et vérifier leur validité par le calcul.

c) Résoudre graphiquement l'inéquation $f(x) \leqslant g(x)$.

Fonctions affines

14 Indiquer le sens de variation de chacune des fonctions affines définies ci-dessous.

a) $f(x) = 7 - x$ **b)** $f(x) = \dfrac{-2x+3}{5}$

c) $f(x) = \left(\sqrt{2}-1\right)x$ **d)** $f(x) = -\dfrac{1}{3}(2-x)$

e) $f(x) = \sqrt{3}(x-1)$ **f)** $f(x) = -\dfrac{x}{1-\sqrt{2}}$

15 f est la fonction affine définie par :

$$f(x) = -3x + 15$$

a) Dans un repère, représenter graphiquement f.

b) Résoudre par le calcul, l'équation $f(x) = 0$.

c) Graphiquement, lire les solutions de l'inéquation $f(x) > 0$.

16 g est la fonction affine définie par :

$$g(x) = -2{,}5 + 0{,}5x$$

a) Dans un repère, représenter graphiquement g.

b) Résoudre par le calcul, l'équation $g(x) = 15$.

c) En déduire sans nouveau calcul, la résolution de l'inéquation $g(x) > 15$.

17 Donner le tableau de signes de chaque expression.

a) $5x - 3$ **b)** $-0{,}5x + 2$ **c)** $-2x - 5$ **d)** $3x + 9$

18 Sur un site internet, on peut faire tirer des photographies numériques.
Si on paie une adhésion de 10 €, les photographies reviennent à 0,07 € l'unité, sinon cela coûte 0,10 € l'unité.
On note x le nombre de photographies à tirer.

a) Déterminer la fonction f qui à x associe le coût total sans adhésion.

b) Déterminer la fonction g qui à x associe le coût total avec adhésion.

c) Que représente la fonction h définie par :

$$h(x) = f(x) - g(x) ?$$

d) Déterminer à partir de combien de photographies il est intéressant de payer l'adhésion.

Conseil : se reporter à l'exercice résolu 2, page 65.

19 Une entreprise de confection propose à ses couturières deux types de contrats.

- Contrat A : salaire mensuel fixe de 320 € auquel s'ajoutent 26 € par vêtement réalisé.
- Contrat B : salaire mensuel fixe de 686 € et 8 € par vêtement réalisé.

Déterminer, suivant le nombre de vêtements réalisés, le contrat le plus avantageux pour la couturière.

Exercices d'entraînement

Pour développer des compétences

Travaux pratiques

Compléments numériques

20 B2i L 1-1 L 2-4 Longueur d'une ligne polygonale

OBJECTIF Développer une démarche expérimentale.

A et B sont deux points tels que AB = 6.
M est un point du segment [AB] tel que AM = x avec $0 \leqslant x \leqslant 6$.
On construit du même côté de la droite (AB) les carrés AMNP et MBQR.
On se propose d'étudier les variations de la longueur L de la ligne polygonale APNRQB.

1. Conjecture

a) Réaliser cette figure avec un logiciel de géométrie dynamique.

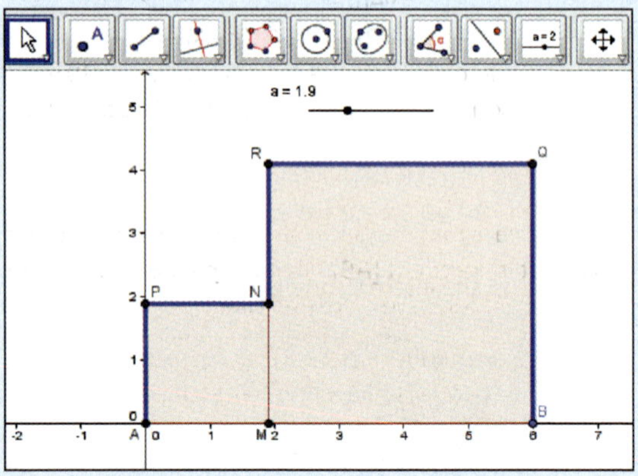

b) Afficher la longueur L et créer le point X de coordonnées $(x\,;\text{L})$.

c) Activer la trace du point X et piloter le point M sur le segment [AB].

d) Conjecturer le sens de variation de la fonction $x \mapsto \text{L}$.

2. Preuve

On note f la fonction qui à tout réel x de $[0\,;6]$ fait correspondre la longueur L.

a) Exprimer $f(x)$ en fonction de x en distinguant les cas $0 \leqslant x \leqslant 3$ et $3 \leqslant x \leqslant 6$.

b) Étudier le sens de variation de la fonction f.

c) Dans un repère, tracer la courbe représentative de la fonction f.

21 Surface minimale

OBJECTIF Modéliser et s'engager dans une activité de recherche.

On se propose de réaliser une boîte cylindrique en carton, avec un couvercle, de contenance 1 dm^3, en utilisant le moins de carton possible.

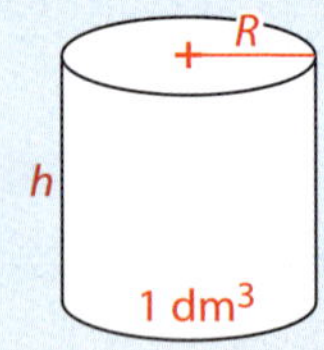

1. Modélisation

On note h la hauteur en dm de la boîte et R le rayon en dm de la base.

a) On sait que V = 1 dm^3.
Exprimer alors h en fonction de R.

b) Exprimer l'aire **totale** S, en dm^2, du cylindre en fonction de R et de h.

c) Vérifier que $\text{S} = 2\pi \text{R}^2 + \dfrac{2}{\text{R}}$.

Rappel
L'aire latérale du cylindre est : $\mathcal{A} = 2\pi \text{R}h$

2. Expérimentation

On note f la fonction $\text{R} \mapsto \text{S}$.

a) Expliquer pourquoi f est définie sur $]0\,;+\infty[$.

b) Tracer la courbe représentant f sur l'intervalle $]0\,;4]$ à l'écran de la calculatrice en indiquant la fenêtre graphique choisie.

c) Avec le menu G-Solv ou CALC de la calculatrice, déterminer la valeur approchée par défaut au dixième près du rayon qui rend l'aire totale minimale. Quelle est cette aire ? Quelle est la hauteur correspondante ?

Remarque : en classe de Seconde, on admet que le minimum de f trouvé sur $]0\,;4]$ est aussi le minimum de f sur $]0\,;+\infty[$.

3. Compléments

Déterminer les dimensions d'une boîte en carton de contenance 1 dm^3 utilisant le moins de carton possible lorsque :

a) la boîte est cylindrique sans couvercle ;

b) la boîte, avec un couvercle, a la forme d'un parallélépipède rectangle à base carrée ;

c) la boîte, avec un couvercle, a la forme d'un prisme droit de base un hexagone régulier.

Restitution organisée de connaissances

22 **1.** f est la fonction affine définie sur $\mathbb{R}$ par :

$$f(x) = 3x - 4$$

u et v désignent deux nombres réels tels que $u \leqslant v$.

a) Recopier et compléter en indiquant la propriété utilisée.

- $3u \ldots 3v$ car ...
- $3u - 4 \ldots 3v - 4$ car ...

b) Que vient-on de démontrer pour la fonction f ?

2. De façon analogue, étudier les variations de la fonction affine g définie sur $\mathbb{R}$ par $g(x) = -2x + 5$.

Raisonner, démontrer

23 Un petit plaisantin a effacé les tarifs d'une bibliothèque.

 euros pour l'inscription

 euros par livre emprunté

Parmi ces deux tableaux, lequel permet de retrouver les tarifs effacés ? Quels sont ces tarifs ?

(1)

Nombre de livres empruntés	2	4	6	8
Coût en euros	20	21	23	24

(2)

Nombre de livres empruntés	2	4	6	8
Coût en euros	42	44	46	48

D'après EVAPM

24 Pour aller en train de Paris à Grenoble, un voyageur prend un TGV, puis un TER.

Le TGV met 2 h pour parcourir les 400 km entre Paris et Lyon, puis le TER met 1 h 30 pour les 100 km entre Lyon et Grenoble.

On néglige les temps d'arrêt (on considère que chaque train roule à une vitesse constante) et de changement de train.

a) Représenter graphiquement à quelle distance le voyageur se trouve de Lyon en fonction du temps.

b) Pendant combien de temps le voyageur sera-t-il à moins de 50 km de Lyon ?

25 ABC est un triangle équilatéral de côté 12 cm et I est le milieu du segment [AB].

M est un point variable du segment [AI] et N le point du segment [AB] distinct de M tel que AM = NB.

Q est le point du segment [BC] et P est le point du segment [AC] tels que MNQP soit un rectangle.

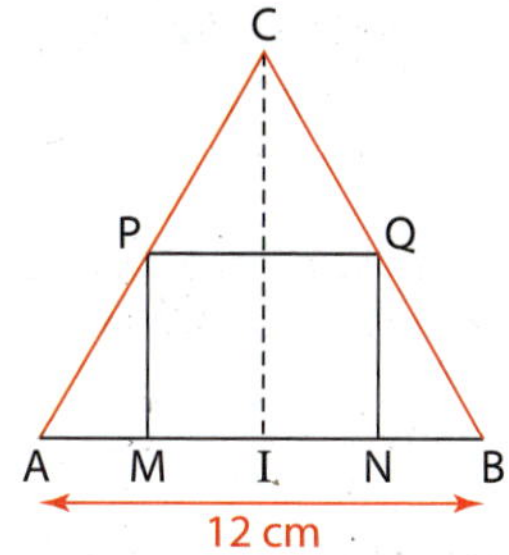

On note f la fonction qui à x = AM (en cm) associe l'aire, en cm², du rectangle MNQP.

a) Quel est l'ensemble de définition de f ?

b) Exprimer MN, puis MP en fonction de x.

En déduire l'expression algébrique de $f(x)$.

c) Calculer $f(3)$, puis vérifier que pour tout x de $[0\,;6[$:

$$f(x) - f(3) = -2\sqrt{3}\,(x-3)^2$$

d) En déduire que $f(3)$ est le maximum de f sur $[0\,;6[$.

e) Quelles sont les dimensions du rectangle d'aire maximale ?

26 Sur la figure suivante, AB = 12 et M est un point qui décrit le segment [AB]. On note x la distance AM et $f(x)$ l'aire du domaine coloré en bleu.

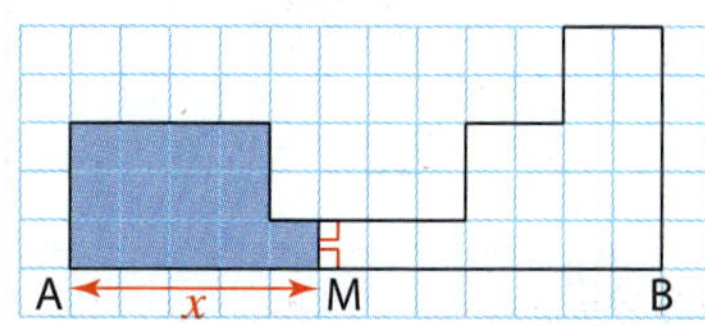

1. Calculer $f(x)$ pour x appartenant à chacun des intervalles suivants :

a) $[0\,;4]$ **b)** $[4\,;8]$ **c)** $[8\,;10]$ **d)** $[10\,;12]$

Algorithmique

2. a) Écrire en langage naturel un algorithme de tracé de la courbe représentant f dans un repère.

b) Tracer cette courbe.

Info

La fonction f ci-dessus est appelée une fonction affine par morceaux.

On peut la tracer à l'écran de la calculatrice avec une instruction (à compléter) telle que :

Y1 = (3X) * (0 ⩽ X and X ⩽ 4) + (X + 8) * (...

27 Dans un grand cercle de diamètre 10 cm, on trace deux cercles tangents ; on note x le diamètre, en cm, de l'un des deux cercles.

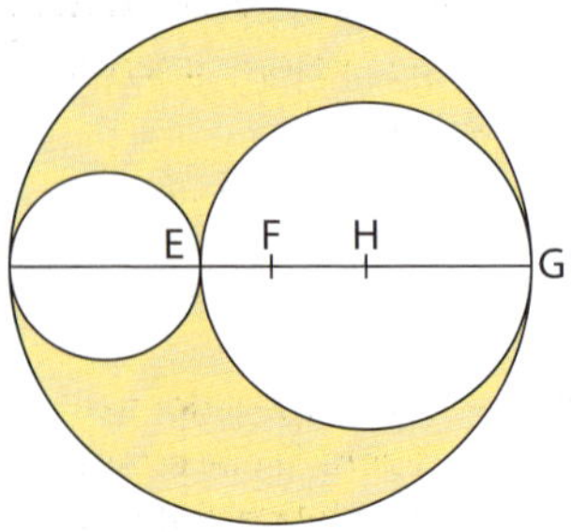

f est la fonction qui à x associe l'aire, en cm^2, du domaine blanc.

a) Quel est l'ensemble de définition de f ?

b) Donner l'expression algébrique de $f(x)$.

c) Tracer la courbe représentant f à l'écran d'une calculatrice en précisant la fenêtre graphique choisie.

d) Conjecturer l'existence d'un minimum pour la fonction f et la valeur de x pour laquelle il est atteint.

e) Vérifier que $f(x) - f(5) = \frac{\pi}{2}(x-5)^2$.

En déduire le minimum de f et faire la figure dans ce cas.

28 Voici le tableau de variation de la fonction f définie sur $\mathbb{R}$ par $f(x) = x^2 - 3x$.

x	$-\infty$	$\frac{3}{2}$	$+\infty$
$f(x)$	↘	m	↗

1. Calculer m, $f(-1)$ et $f(4)$.

2. a désigne un nombre réel de l'intervalle $\left[\frac{3}{2} ; +\infty\right[$. Comparer $f(a)$ et $f(a+1)$.

3. Donner le meilleur encadrement possible de $f(x)$ dans chacun des cas suivants :

a) $x \in \left[-1 ; \frac{3}{2}\right]$ **b)** $x \in [-1 ; 4]$

29 f et g sont deux fonctions définies sur $\mathbb{R}$.
f est croissante sur $\mathbb{R}$ et g est décroissante sur $\mathbb{R}$.
De plus $f(1) = g(1)$.

a) Démontrer que pour tout $x \geqslant 1$, $f(x) \geqslant g(x)$.

b) Comparer $f(x)$ et $g(x)$ sur $]-\infty ; 1]$.

Analyse critique d'un document

30 Travailler en groupe Après avoir changé d'enseigne, les prix ont changé dans un hypermarché.

Voici la courbe des nouveaux prix en fonction des anciens prix (en euros).

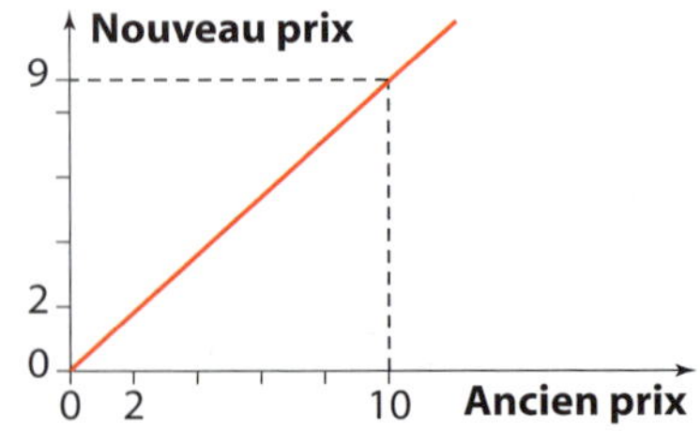

Voyant ce graphique, Pierre en conclut que les prix ont augmenté.
Qu'en pensez-vous ? Justifier la réponse.

31 Ce graphique représente l'énergie solaire journalière moyenne reçue hors de l'atmosphère en fonction du jour de l'année.

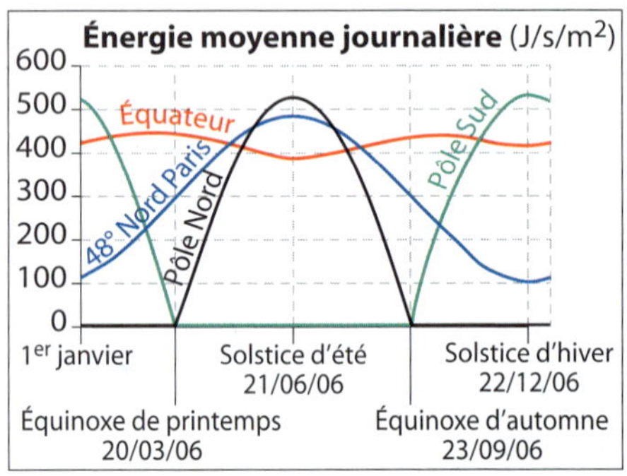

Avec la précision permise par une lecture graphique, déterminer :

a) quand l'énergie solaire journalière moyenne reçue au pôle Sud est la même que celle reçue à Paris ;

b) quand l'énergie solaire journalière moyenne reçue au pôle Nord est supérieure à celle reçue à Paris ;

c) quand l'énergie solaire journalière moyenne reçue au pôle Sud est supérieure à celle reçue sur l'équateur.

Les quatre saisons.

Communiquer à l'écrit ou à l'oral

32 f est une fonction définie sur l'intervalle $\mathrm{I} = [0\,;10]$ et $\mathscr{C}$ est sa courbe représentative dans un repère.
Recopier et compléter les cases vides.

Langage des fonctions	Langage algébrique	Langage lié au graphique
Déterminer l'image de 3 par f	Calculer $f(3)$	Donner l'ordonnée du point de $\mathscr{C}$ dont l'abscisse est 3
	Résoudre dans I l'équation $f(x) = k$	
f est croissante sur I		
	Résoudre dans I l'inéquation $f(x) > m$	

33 Travailler en groupe Un cycliste descend une côte de 4 km en 6 minutes, s'arrête 3 minutes et remonte la même côte en 12 minutes. d est la fonction qui, à un instant t (en min), associe la distance $d(t)$ (en km) parcourue par ce cycliste.

1. Lequel de ces graphiques est susceptible de représenter la fonction d ?

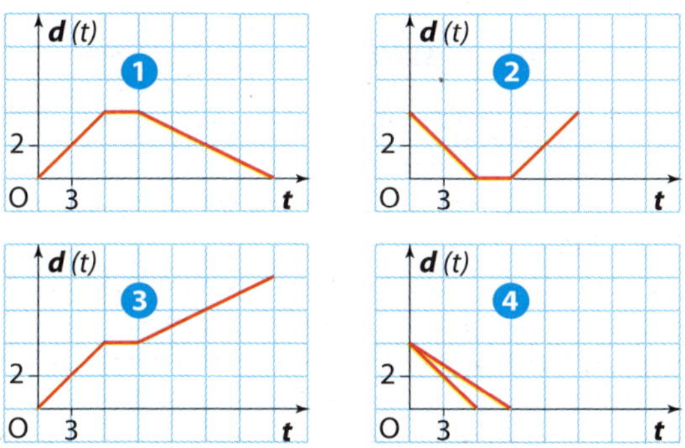

2. Donner l'expression de $d(t)$ en fonction de t lorsque :
a) $t \in [0\,;6]$ **b)** $t \in [6\,;9]$ **c)** $t \in [9\,;21]$

34 **a)** Pour chacun des graphiques ci-dessous, préciser ce qui est représenté, et en fonction de quoi.
b) Commenter chacun des graphiques.

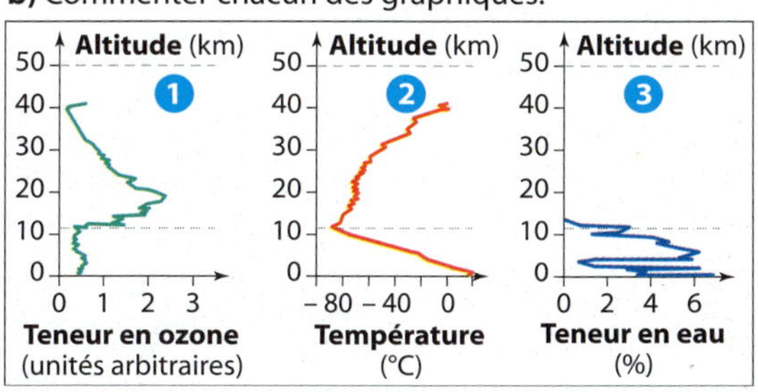

S'initier à la logique

35 **Quantificateurs universel, existentiel**
f est une fonction définie sur l'intervalle $[-4\,;4]$ dont voici le tableau de variation.

x	-4		-1		4
$f(x)$	-5	↗	2	↘	-2

En exploitant les informations données, justifier, pour chacune des propositions, si elle est vraie ou fausse.
a) Il existe un nombre réel de l'intervalle $[-4\,;4]$ qui a une image strictement négative par f.
b) Tous les nombres réels de l'intervalle $[-4\,;4]$ ont une image négative par f.
c) Tous les nombres réels de l'intervalle $[-4\,;4]$ ont une image strictement inférieure à 3 par f.
d) Il existe un nombre réel de l'intervalle $[-4\,;4]$ qui a une image supérieure à 3 par f.

36 **Négation, et, ou, si ... alors ...**

Logique

A et B désignent des phrases.
- La négation de la phrase « A **ou** B » est « non A **et** non B ».
- La négation de la phrase « A **et** B » est « non A **ou** non B ».
- La négation de la phrase « si A, alors B » est « A et non B ».

Par exemple, la négation de « $x < 3$ ou $x > 7$ » est « $x \geqslant 3$ et $x \leqslant 7$ » c'est-à-dire « $3 \leqslant x \leqslant 7$ ».
Écrire la négation de chaque phrase.
a) Tout entier naturel est pair ou impair.
b) Si ABCD est un losange, alors ABCD est un parallélogramme.
c) Si $x^2 = 1$, alors $x = 1$ ou $x = -1$.
d) (AB) $\perp$ (CD) et AB = CD.

37 **Fonctions non croissantes, non décroissantes**
1. f est une fonction croissante sur un intervalle I signifie : « pour tous réels u et v de I, si $u \leqslant v$ alors $f(u) \leqslant f(v)$ ».
a) Écrire la définition d'une fonction non croissante sur I.
b) Une fonction non croissante sur I est-elle une fonction décroissante sur I ? Illustrer son propos avec un graphique.
2. f est la fonction définie sur $[0\,;3]$ par $f(x) = x^2 - 2x + 4$.
Pierre a écrit : « $f(0) = 4$ et $f(1) = 1 - 2 + 4 = 3$.
$0 \leqslant 1$ et $f(0) \geqslant f(1)$ donc f est décroissante sur $[0\,;3]$. »
a) Expliquer pourquoi ce raisonnement est faux.
b) Faire une conclusion correcte à partir des calculs de Pierre, commençant par « $0 \leqslant 1$ et $f(0) \geqslant f(1)$ donc... ».

SE PRÉPARER AU CONTRÔLE

Travailler en autonomie

QCM

38 Pour chaque question, une seule réponse est exacte. Laquelle ?

1 Voici le tableau de variation d'une fonction f. Alors :

a) $f(0) = 0$ **b)** $f(3) < f(5)$ **c)** $f(5) \leqslant 0$

x	$-\infty$	4	$+\infty$
$f(x)$	↘	0	↘

2 f est la fonction définie par le graphique ci-contre.

a) f est décroissante sur $\left[-1 ; \frac{1}{2}\right]$ **b)** f est croissante sur $\left[0 ; \frac{3}{2}\right]$ **c)** f est décroissante sur $[1 ; 2]$

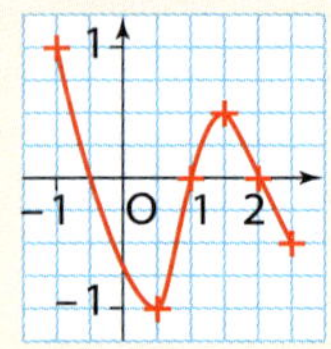

3 f est la fonction définie par le graphique ci-contre.
Le maximum de f sur $[0 ; 2]$ est : **a)** 1 **b)** $\frac{1}{2}$ **c)** -1

39 Pour chaque question, une seule réponse est exacte. Laquelle ? Justifier.

1 f est une fonction telle que $f(-1) = 0$, $f(1) = -3$, $f(4) = 5$.
De plus, f est décroissante sur $[-1 ; 1]$ et croissante sur $[1 ; 4]$.
Alors, pour tout réel x de $[-1 ; 4]$: **a)** $f(x) \geqslant -3$ **b)** $f(x) > -3$ **c)** $f(x) < 0$.

2 Le tableau de signes de $10 - 5x$ est :

a)

x	$-\infty$		2		$+\infty$
$10 - 5x$		$-$	0	$+$	

b)

x	$-\infty$		-2		$+\infty$
$10 - 5x$		$+$	0	$-$	

c)

x	$-\infty$		2		$+\infty$
$10 - 5x$		$+$	0	$-$	

3 f est une fonction affine décroissante sur $\mathbb{R}$ et la droite qui la représente dans un repère coupe l'axe des abscisses au point A $(5 ; 0)$. Une expression possible de $f(x)$ est :

a) $f(x) = -2x + 10$ **b)** $f(x) = 2x - 10$ **c)** $f(x) = -5x + 1$

Exercices interactifs

Vrai-Faux

40 Dire pour chaque affirmation si elle est vraie ou fausse.

a) f est une fonction définie sur $[0 ; 1]$ et $f(0) > f(1)$.
Alors f est croissante sur $[0 ; 1]$.

b) Une fonction qui n'est pas croissante sur un intervalle I est décroissante sur I.

c) Une fonction croissante sur $[0 ; 2]$ ne peut pas prendre des valeurs négatives.

d) Ce tableau de variation est convenable.

x	0		1		2		5
$f(x)$	-1	↘	1	↗	$0{,}5$	↘	-2

41 Dire pour chaque affirmation si elle est vraie ou fausse. Justifier.

a) D'après ce tableau de variation, pour tout réel u de $[-2 ; 0]$ et tout réel v de $[0 ; 3]$, $f(u) \leqslant f(v)$.

x	-2		0		3
$f(x)$	-2	↗	2	↘	0

b) f est la fonction dont le tableau de variation est donné ci-dessus. Pour tout x de $[-2 ; 3]$, $f(x) \leqslant 3$.

c) f est la fonction affine $x \mapsto \frac{1}{3}x - 5$.
Quand x augmente de 3, alors $f(x)$ augmente de 1.

d) f est la fonction affine $x \mapsto 52 - 0{,}05x$.
Pour tout x de l'intervalle $[1\,000 ; 1\,100]$, $f(x) > 0$.

e) La fonction $x \mapsto 3x^2 + 1$ est croissante sur $\mathbb{R}$.

Exercices interactifs

Pour réviser

42 Lire un graphique

f est la fonction définie sur l'intervalle $[-6;6]$ par le graphique suivant :

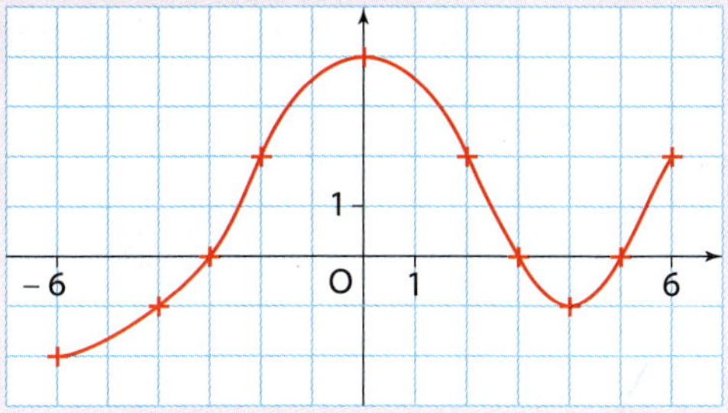

a) Quel est le minimum de f sur $[-3;6]$?
b) Quel est le maximum de f sur $[-6;6]$?
c) Résoudre graphiquement l'équation $f(x) = 0$.
d) Résoudre graphiquement l'équation $f(x) = 2$.
e) Résoudre graphiquement l'inéquation $f(x) \geqslant -1$.
f) Résoudre graphiquement l'inéquation $f(x) \leqslant 2$.

Conseils
a) b) Revoir le cours, § 1, page 62.
c) d) Revoir l'exercice résolu 2, page 43.
e) Revoir l'exercice 11, page 67, corrigé en fin de manuel.

43 Lire un tableau de variation

Voici le tableau de variation d'une fonction f définie sur l'intervalle $[-8;8]$.

x	-8	-2	1	8
$f(x)$	0 ↗	4 ↘	-3 ↗	1

Pour chaque affirmation, dire si elle est vraie ou fausse ou si l'on ne peut pas décider.
Dans ce dernier cas, expliquer pourquoi.
a) La fonction f est croissante sur $[-8;8]$.
b) La fonction f est décroissante sur $[-8;1]$.
c) La fonction f est décroissante sur $[0;1]$.
d) La fonction f est croissante sur $[-8;-1]$.
e) $f(-4) \leqslant 4$ f) $f(-7) = 1$ g) $f(1) = -3$
h) $f(0) = 5$ i) $f(-7) \leqslant f(-3)$ j) $f(-1) \leqslant f(0)$
k) $f(3) \leqslant f(7)$ l) $f(-5) \leqslant f(0)$ m) $f(-3) = f(-1)$

Conseils
• Faire attention aux intervalles considérés, au sens de variation de la fonction, aux extremums et aux valeurs que peut prendre $f(x)$ sur ces intervalles.

44 Encadrer $f(x)$

f est la fonction définie sur l'intervalle $[-3;4]$ par le graphique suivant :

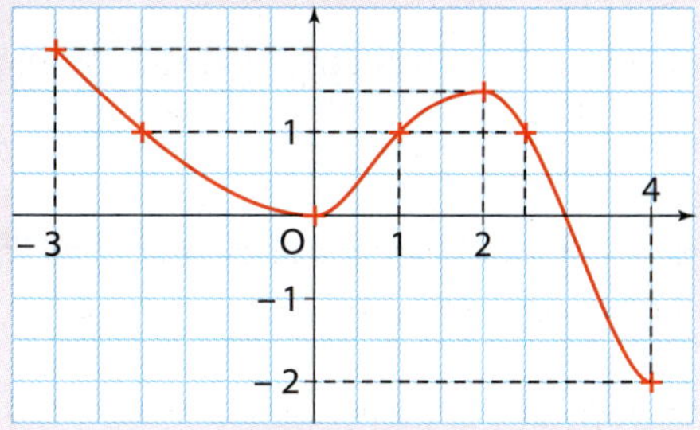

1. a) Quel est le sens de variation de f sur $[-3;0]$?
b) En déduire le meilleur encadrement possible de $f(x)$ sur $[-3;0]$.
2. a) Quel est le sens de variation de f sur $[0;2]$?
b) En déduire le meilleur encadrement possible de $f(x)$ sur $[0;2]$.
3. a) Quel est le sens de variation de f sur $[2;4]$?
b) On sait que x est un réel de $[2;4]$ et que $-2 \leqslant f(x) \leqslant 1$.
Donner le meilleur encadrement possible de x.
4. Sachant que $-3 \leqslant x \leqslant 2$, donner le meilleur encadrement possible de $f(x)$.

Conseils
1. b) Déterminer le maximum et le minimum de f sur $[-3;0]$. Utiliser la même méthode pour les questions **2. b)** et **4.**
3. b) Lire les antécédents de 1 et -2 dans $[2;4]$.

45 Traduire une situation

Une entreprise de menuiserie fabrique 150 chaises par jour. Elle produit deux sortes de chaises, les unes vendues 38 € pièce, les autres 60 € pièce.
L'entreprise souhaite que le montant des ventes soit strictement supérieur à 7 320 € par jour et elle veut fabriquer plus de chaises à 38 € que de chaises à 60 €.
On note x le nombre de chaises à 38 € fabriquées et f la fonction qui à x associe le montant journalier des ventes.
a) Expliquer pourquoi $f(x) = 9\,000 - 22x$.
b) Résoudre l'inéquation $f(x) > 7\,320$.
c) Combien de chaises à 38 € doit fabriquer l'entreprise ?

Conseils
• Revoir l'exercice résolu 2, page 65.

Vérifier les réponses p. 300

Exercices d'approfondissement

Pour aller plus loin

46 Avec un guide (1)

f est la fonction définie sur $[-3\,;3]$ par :

$$f(x) = x^2 + 1.$$

a) Calculer $f(-2)$ et $f(1)$. Pourquoi peut-on affirmer que f n'est pas croissante sur $[-3\,;3]$?

b) Montrer que le minimum de la fonction est atteint pour $x_0 = 0$.

c) Montrer que le maximum de f est 10. Pour quelle(s) valeur(s) est-il atteint ?

d) Contrôler les résultats en programmant la fonction sur votre calculatrice.

> **Guide de résolution**
>
> **a)** Pour prouver qu'une propriété est fausse, il suffit d'avoir un contre-exemple : si f était croissante sur $[-3\,;3]$, dans quel ordre seraient rangés $f(-2)$ et $f(1)$?
>
> **b)** Calculer $f(0)$ et montrer que $f(x) - f(0)$ est positif pour tout x de $[-3\,;3]$.

47 Avec un guide (2)

f est la fonction définie sur $[0\,;+\infty[$ par :

$$f(x) = x^2 + x.$$

On se propose d'étudier les variations de f.

1. Conjecture

a) Utiliser la calculatrice graphique pour conjecturer le sens de variation de f.

b) Pourquoi l'observation de l'écran de la calculatrice ne suffit pas pour être certain du sens de variation sur $[0\,;+\infty[$?

2. Preuve

u et v désignent deux réels de $[0\,;+\infty[$.

a) Quel est le signe de chacun des réels u et v ?

b) Vérifier que $f(u) - f(v) = (u - v)(u + v + 1)$.

c) Déduire de **a)**, le signe de $u + v + 1$.

d) On suppose que $u \leqslant v$. Que peut-on dire alors du signe de $f(u) - f(v)$?

e) Conclure pour le sens de variation de f.

> **Guide de résolution**
>
> **2. a)** Pour comparer les réels $f(u)$ et $f(v)$, on étudie le signe de leur différence $f(u) - f(v)$. Penser ici aux parenthèses :
>
> $f(u) - f(v) = u^2 + u - (v^2 + v)$
>
> Utiliser ensuite une factorisation de $u^2 - v^2$, puis un facteur commun apparaît.

48 En économie

L'entreprise des volcans fabrique des pâtes de fruits. Les frais fixes (c'est-à-dire qui ne dépendent pas de la quantité produite) s'élèvent à 2 000 euros par semaine, auxquels il faut ajouter des frais variables de 4 euros par kilogramme produit.

a) Dire intuitivement quel est le sens de variation du coût total de fabrication en fonction du nombre de kilogrammes produits.

b) De même, dire intuitivement quel est le sens de variation du prix de revient moyen d'un kilogramme de pâtes de fruits produit en fonction du nombre de kilogrammes produits.

c) Démontrer ou infirmer vos conjectures. On notera x le nombre de kilogrammes de pâtes de fruits, C la fonction coût total de fabrication et P la fonction prix de revient moyen d'un kilogramme produit.

Algorithmique

49 Un algorithme pour tester la monotonie

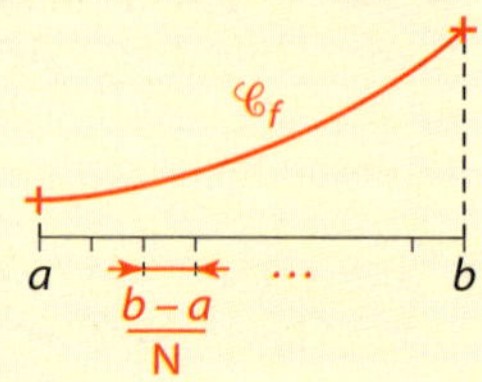

f est une fonction définie sur $[a\,;b]$ avec $f(a) \neq f(b)$. On découpe l'intervalle $[a\,;b]$ en N intervalles de même longueur $\dfrac{b-a}{N}$ et on considère l'algorithme suivant :

<u>Entrées</u>
a, b : les bornes de l'intervalle
f : la fonction étudiée
N : le nombre d'intervalles
<u>Initialisations</u>
pas prend la valeur $\dfrac{b-a}{N}$
d prend la valeur $f(b) - f(a)$
x prend la valeur a
<u>Traitement</u>
Pour k de 1 jusqu'à N
  Si $f(x + \text{pas}) - f(x)$ et d pas de même signe alors
    Sortie
    Afficher "La fonction n'est pas monotone"
    Fin du programme
  FinSi
  x prend la valeur x + pas
FinPour
<u>Sortie</u>
Afficher "La fonction semble monotone"

a) Expliquer le fonctionnement de cet algorithme.

b) Pourquoi, à la sortie de la boucle, affiche-t-on : « La fonction **semble** monotone » ?

c) Traduire cet algorithme par un programme et tester ce programme.

Algorithmique

50 Un algorithme de recherche d'extremums

f est une fonction définie sur un intervalle $[a;b]$. On découpe cet intervalle en N intervalles de même longueur $\dfrac{b-a}{\text{N}}$.

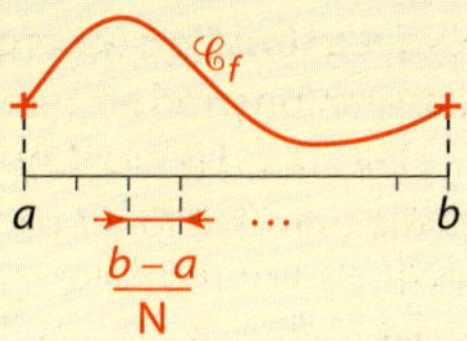

On considère l'algorithme suivant :

<u>Entrées</u>
a, b : les bornes de l'intervalle
f : la fonction étudiée
N : le nombre d'intervalles
<u>Initialisations</u>
min prend la valeur $f(a)$
max prend la valeur $f(a)$
x prend la valeur a
pas prend la valeur $\dfrac{b-a}{\text{N}}$
<u>Traitement</u>
Pour k de 1 jusqu'à N
  | x prend la valeur x + pas
  | y prend la valeur $f(x)$
  | Si y > max alors
  | | max prend la valeur y
  | FinSi
  | Si y < min alors
  | | min prend la valeur y
  | FinSi
FinPour
<u>Sorties</u>
Afficher min et max

a) Faire fonctionner cet algorithme avec une fonction f définie sur $[0;1]$ en prenant N = 10 et les valeurs de f suivantes :

x	0	0,1	0,2	0,3	0,4	0,5	0,6	0,7	0,8	0,9	1
$f(x)$	0,1	0,3	0,9	0,7	0,5	0,3	0,1	– 0,2	– 0,5	0,4	0,6

Afin de suivre l'évolution du contenu des variables lors du déroulement de l'algorithme, compléter le tableau :

k		1	2	3	4	5	6	7	8	9	10
x	0	0,1									
y		0,3									
max	0,1	0,3									
min	0,1	0,1									

b) Faire également fonctionner l'algorithme avec la fonction g définie sur $[0;1]$ par $g(x) = 5x^2 - 2x - 1$ en prenant toujours N = 10. Vérifier les résultats obtenus.

c) Traduire cet algorithme par un programme.

d) Remarquer à l'aide d'exemples que les valeurs fournies par le programme ne sont le plus souvent que des valeurs approchées des extremums.

51 En géographie

Le graphique ci-dessous donne la durée du jour en heures dans une ville de France au cours d'une année, t étant exprimé en jours.

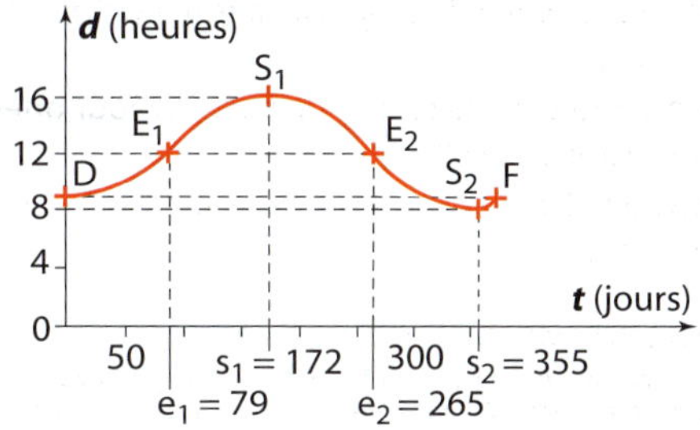

a) Commenter le graphique en ce qui concerne les points notés S_1 et S_2. Comment s'appelle les jours correspondants s_1 et s_2 ?

b) Que peut-on dire des ordonnées de D et F ? Était-ce prévisible ?

c) Que peut-on dire de la durée du jour pour les valeurs e_1 et e_2 de t ? Comment s'appellent ces jours ?

52 Travailler en groupe La bouteille

Une bouteille est formée d'un cube d'arête 6 cm et d'un cylindre de hauteur 6 cm et de rayon 2 cm. On note h la hauteur en cm du liquide dans cette bouteille, V le volume d'eau en cm³ dans la bouteille et t la durée écoulée depuis le début du remplissage à débit constant.

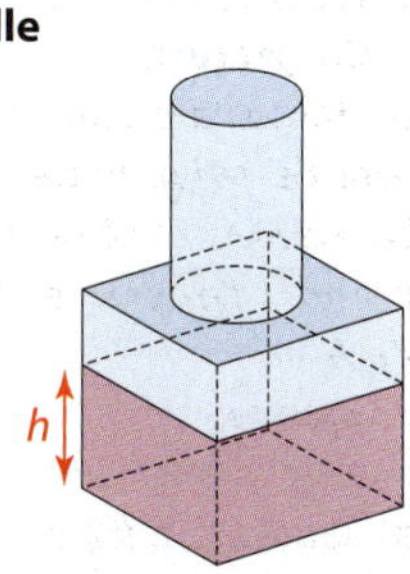

Parmi ces graphiques, lesquels peuvent représenter cette situation ?

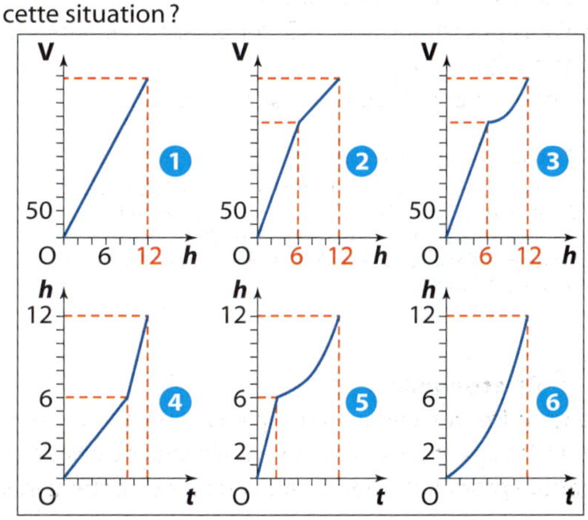

PROBLÈMES OUVERTS

53 Triangle déformable

ABCD est un carré de côté 5 cm. M est un point de [AB], on pose $x = \text{AM}$ (en cm). I est le milieu de [DM]. On considère la fonction f qui à x associe l'aire en cm^2 du triangle DCI.

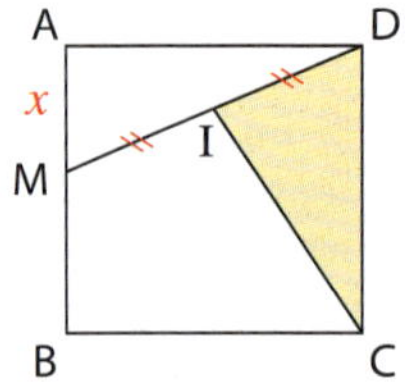

Conjecturer les variations de cette fonction. Admet-elle un maximum, un minimum ? Démontrer les résultats obtenus.

54 Dans un demi-cercle

[AC] est un segment de longueur 10 cm et B est le point de [AC] tel que AB = 4 cm. M est un point du demi-cercle de diamètre [AC].

On note x la longueur de l'arc $\overset{\frown}{AM}$, en cm, et f la fonction qui à x associe l'aire, en cm^2, du triangle ABM.

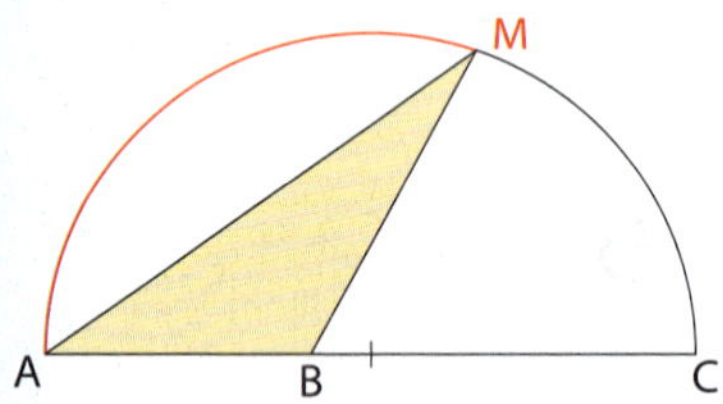

Dresser le tableau de variation de la fonction f.

Des défis

55 La fonction inconnue

f est une fonction affine telle que :

$$f(1) \leqslant f(2), \quad f(3) \geqslant f(4) \quad \text{et} \quad f(5) = 5.$$

Quelle est cette fonction affine ?

D'après Olympiades de Belgique

56 L'image de l'image

Trouver au moins une fonction affine f telle que pour tout réel x :

$$f(f(x)) = 4x - 3.$$

D'après Kangourou des mathématiques junior

57 Trios de fonctions affines

« Bonjour. Je suis b, une fonction affine, comme mes deux copines a et c. Nous dépendons de la valeur de la variable x. Enfin, sauf a. Plus x augmente, plus j'augmente, alors que c'est le contraire pour c.

- Quand x vaut 0, il y a un écart de 4 entre la valeur que je prends et celle que prend a.
- J'ai la même valeur que a quand x vaut 4, et c a la même valeur que a quand x vaut 9.
- Si on nous ajoute quand x vaut 0, on obtient un total de 9,5. Il existe une valeur entière de x telle que je vaille 1 de plus que a, et que c vaille 1 de plus que moi.

Qui sommes-nous ? »

SUJETS D'EXPOSÉS

Betty Heidler au lancer du marteau.

SUJET 1

MPS Méthodes et pratiques scientifiques

En athlétisme, on lance le poids, le marteau, le javelot, le disque. Par un mouvement adapté, le lanceur donne une vitesse initiale au projectile qui suit alors une trajectoire.

→ Rechercher sur Internet des informations sur ce type de trajectoire. En particulier, s'informer sur les variations de la portée du lancer en fonction de l'angle de tir.

→ Lors d'un exposé, présenter vos résultats à la classe.

SUJET 2

Leonhard Euler (XVIIIe siècle) est l'un des plus grand mathématiciens de tous les temps. En particulier, il introduisit la notation $f(x)$ pour désigner l'image d'un nombre par une fonction.

→ Expliquer l'intérêt de cette notation par rapport à celles utilisées auparavant, et présenter la vie et l'œuvre de cet homme.

Chapitre 4

Fonctions de référence et problèmes

La voûte du barrage de Vouglans sur l'Ain (Jura) est un arc de parabole. Cette forme reporte la poussée des eaux sur les versants.

Énigme ★

À chaque résultat, on associe la lettre correspondante dans l'alphabet (1 → A ; 2 → B, 3 → C, …).

$12\times\left(\frac{3}{4}+\frac{1}{6}\right)-2$ → $2^2+3^2+1^2$ → $2+2\sqrt{100}$ → $\frac{3\times4\times7}{28}+\frac{28}{14}$ → $\left(\frac{2}{5}+\frac{3}{4}+\frac{1}{10}\right)\times20-7$ → 3^3-2^3 → $3-4+5-6+7$

➤ ***Quel mot obtient-on?***

Énigme ★★

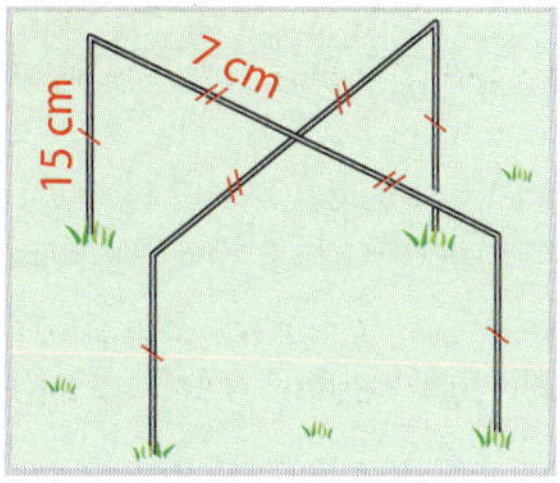

Lætitia souhaite faire passer une balle de diamètre 10 cm sous deux arceaux perpendiculaires en leur milieu et de largeur 14 cm.

➤ ***Est-ce possible?***

Compléments numériques

Travailler en autonomie

1 Calculer un carré

Formulaire p. 282, thème 3

Calculer à la main $4x^2$ lorsque :

a) $x = -5$ **b)** $x = \dfrac{3}{4}$ **c)** $x = \sqrt{2}$

2 Connaître l'inverse d'un nombre non nul

Formulaire p. 281, thème 1

Pour chaque affirmation, dire si elle est vraie ou fausse.

a) -5 est l'inverse de 5. **b)** L'inverse de 5 est le nombre y tel que $5y = 1$. **c)** L'inverse de 5 est 0,2.

3 Comprendre l'ordre des calculs

Formulaire p. 281, thème 1

x désigne un nombre différent de 0. Écrire l'expression qui correspond :

a) au produit du carré de x et de 5 **b)** à la somme de 5 et de l'inverse de x

4 Connaître les identités remarquables

Formulaire p. 283, thème 6

x désigne un nombre. Développer chacune des expressions :

a) $(x+5)^2$ **b)** $(3-x)^2$ **c)** $\left(2x+\dfrac{1}{2}\right)^2$

d) $\left(\dfrac{1}{2}x-1\right)^2$ **e)** $(x+6)(x-6)$ **f)** $(1-4x)(1+4x)$

5 Comprendre le sens d'une inégalité

x désigne un nombre. Dans chaque cas, traduire la phrase par une inégalité.

a) x est strictement positif. **b)** x est négatif ou nul. **c)** x est inférieur ou égal à 5.

6 Utiliser les règles sur les inégalités

Formulaire p. 283, thème 7

a et b désignent deux nombres tels que $a < b$. Comparer alors les nombres.

a) $a+2$ et $b+2$ **b)** $-2a$ et $-2b$ **c)** $\dfrac{a}{3}$ et $\dfrac{b}{3}$

7 Comprendre le vocabulaire des fonctions

Formulaire p. 285, thème 11

f est la fonction qui à chaque nombre x associe $3-5x$.

a) Calculer l'image de 4 par f. **b)** Calculer l'antécédent de 4 par f.

8 Lire une représentation graphique de fonction

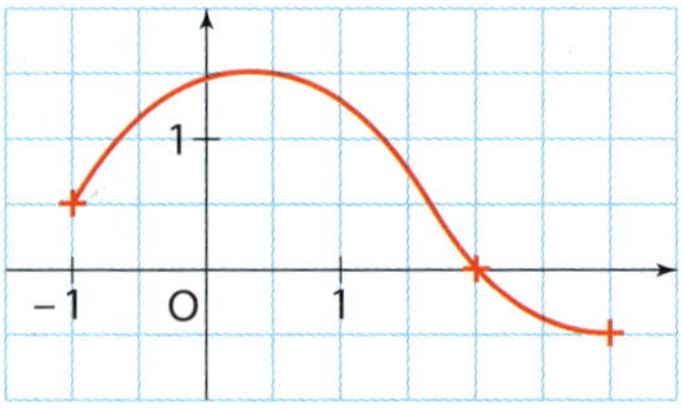

g est la fonction définie par la courbe ci-contre.

Pour chaque affirmation, dire si elle est vraie ou fausse.

a) $g(2) = 0$ **b)** 1 a deux antécédents par g

c) L'image de 1,5 par g est 0,5 **d)** -1 a pour antécédent 0,5

Vérifier les réponses p. 296

Objectif
Approcher la courbe de la fonction carré lors de l'étude d'un problème d'aire.

B2i L1-1 L2-4

1 La fonction carré

Lors de la fête du vent, des enfants souhaitent réaliser des cerfs-volants tels que celui ci-contre avec BD = 2AC. On se propose d'étudier l'aire de tels cerfs-volants.

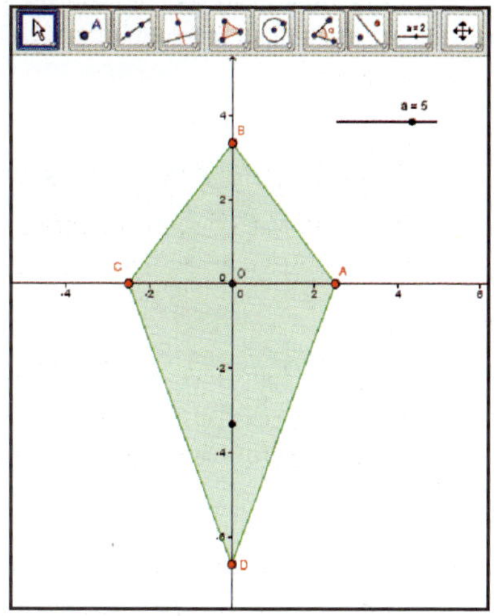

1 Expérimentation

a) À l'aide d'un logiciel de géométrie dynamique :

- créer un paramètre a allant de −10 à 10 avec un incrément de 0,1 (par exemple avec GeoGebra, on utilise l'icône [a=2]);
- placer les points de coordonnées : $A\left(\frac{a}{2};0\right), C\left(-\frac{a}{2};0\right), B\left(0;\frac{2a}{3}\right), D\left(0;-\frac{4a}{3}\right)$;
- tracer le quadrilatère ABCD que l'on notera poly 1 ;
- afficher l'aire s de poly 1.

b) Placer le point M $(a; s)$ et afficher sa trace lorsque a décrit l'intervalle $[-10 ; 10]$.

2 Avec une fonction

a) f est la fonction qui, à un nombre a, associe l'aire du quadrilatère ABCD.
Donner l'expression de $f(a)$.

b) En vous aidant de **1.b)**, conjecturer des propriétés de la courbe représentant f et en proposer une justification.

Objectif
Approcher la courbe de la fonction inverse lors de l'étude d'une situation de physique.

2 La fonction inverse

La puissance dissipée dans un dipôle est donnée par la formule : $P = U \times I$

où I est l'intensité, en ampères (A)
U la tension, en volts (V) et
P la puissance, en watts (W).

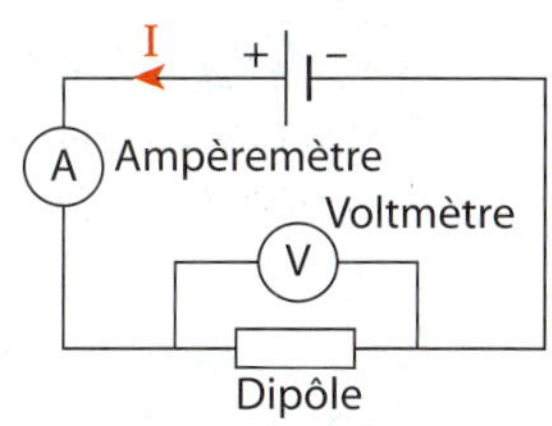

Le dipôle utilisé dans ce circuit ne peut supporter qu'une puissance maximale $P_{max} = 1$ W, au-delà de laquelle il serait détruit.

a) Dans un repère orthonormé, placer des points de coordonnées (U ; I) correspondants aux conditions de puissance maximale.
La tension U peut-elle être nulle ? et l'intensité I ?

b) Colorer en rouge la zone de destruction de ce dipôle et en vert la zone de fonctionnement normal. Que représente la frontière entre ces zones ?

La fonction $x \mapsto x^2$

DÉFINITION La fonction définie sur $\mathbb{R}$, qui à tout réel x associe son carré x^2, est appelée **fonction carré**.

1 Sens de variation de la fonction carré

Note
Cette propriété peut être admise dans un premier temps.

PROPRIÉTÉ La fonction f : $x \mapsto x^2$ est **décroissante sur $]-\infty\,;0]$** et **croissante sur $[0\,;+\infty[$**.

x	$-\infty$	0	$+\infty$
$f(x)$	↘	0	↗

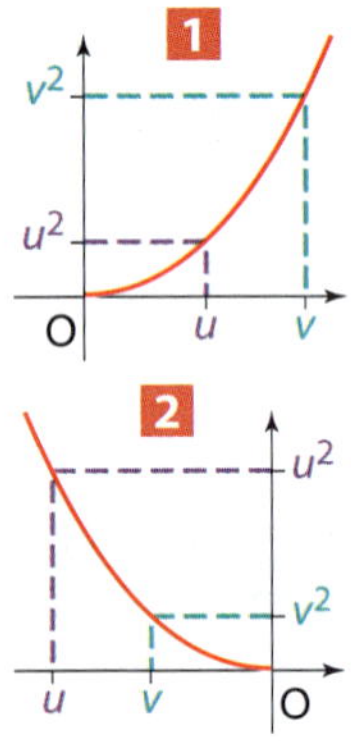

DÉMONSTRATION
u et v désignent deux nombres réels tels que $u \leqslant v$, c'est-à-dire tels que $u - v \leqslant 0$.
On étudie alors le signe de $f(u) - f(v)$ dans chacun des cas suivants :

1 u et v sont **positifs**.
$f(u) - f(v) = u^2 - v^2 = \underbrace{(u - v)}_{\text{négatif}}\ \underbrace{(u + v)}_{\text{positif}}$
Donc $f(u) - f(v) \leqslant 0$, soit $f(u) \leqslant f(v)$.
Ainsi, **pour tous réels positifs u et v, si $u \leqslant v$, alors $u^2 \leqslant v^2$.**
La fonction carré est croissante sur l'intervalle $[0\,;+\infty[$.

2 u et v sont **négatifs**.
$f(u) - f(v) = u^2 - v^2 = \underbrace{(u - v)}_{\text{négatif}}\ \underbrace{(u + v)}_{\text{négatif}}$
Donc $f(u) - f(v) \geqslant 0$, soit $f(u) \geqslant f(v)$.
Ainsi, **pour tous réels négatifs u et v, si $u \leqslant v$, alors $u^2 \geqslant v^2$.**
La fonction carré est décroissante sur l'intervalle $]-\infty\,;0]$.

2 Représentation graphique de la fonction carré

Animation numérique

DÉFINITION Dans un repère orthogonal d'origine O, la représentation graphique de la fonction carré est appelée **parabole de sommet O**.

Note
À l'exercice 62 page 81, on montre que la parabole ne contient aucun segment de droite.

PROPRIÉTÉ Dans un repère orthogonal, la parabole $\mathcal{P}$ représentant la fonction carré est symétrique par rapport à l'axe des ordonnées.

DÉMONSTRATION
Pour tout nombre réel x, le point M $(x\,;x^2)$ appartient à la parabole $\mathcal{P}$. Son symétrique par rapport à l'axe des ordonnées est le point M'$(-x\,;x^2)$.
Or $(-x)^2 = x^2$ donc M' appartient aussi à la parabole $\mathcal{P}$.

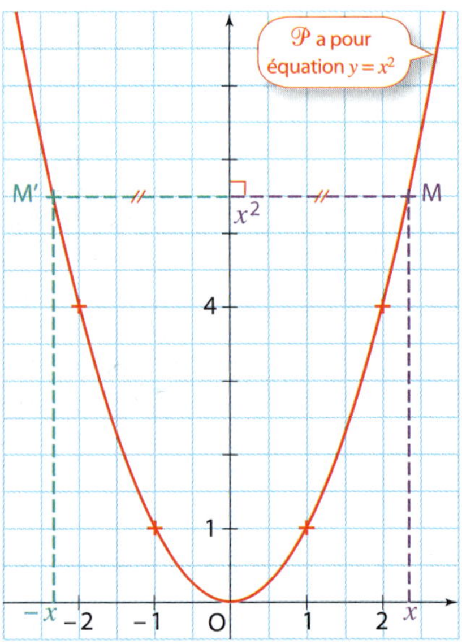

Exercice résolu 1 Comparer les carrés de nombres de même signe

Voir aussi les exercices 17 et 18, page 85

Énoncé

Dans chaque cas, comparer les nombres suivants sans les calculer.

a) $2{,}3^2$ et $2{,}15^2$ **b)** $(-1{,}002)^2$ et $(-0{,}999)^2$

Solution

a) 2,3 et 2,15 sont tous deux positifs.
Or la fonction carré est croissante sur $[0\ ;+\infty[$, donc de $2{,}15 \leqslant 2{,}3$ on déduit que $2{,}15^2 \leqslant 2{,}3^2$.

b) −1,002 et −0,999 sont tous deux négatifs.
Or la fonction carré est décroissante sur $]-\infty\ ;0]$, donc de $-1{,}002 \leqslant -0{,}999$ on déduit que $(-1{,}002)^2 \geqslant (-0{,}999)^2$.

MÉTHODE

D'après le sens de variation de la fonction carré :
- deux réels **positifs** et leurs carrés sont rangés dans le **même ordre** ;
- deux réels **négatifs** et leurs carrés sont rangés dans **l'ordre contraire**.

Remarque : si deux nombres réels sont de signes contraires, aucun résultat général ne permet de comparer immédiatement leurs carrés. En effet :

$$-3 \leqslant 2 \text{ et } (-3)^2 \geqslant 2^2 \text{ mais } -3 \leqslant 4 \text{ et } (-3)^2 \leqslant 4^2$$

Exercice résolu 2 Utiliser la courbe de la fonction carré

Voir aussi les exercices 22 à 24, page 85

Animation numérique

Énoncé

Résoudre l'inéquation $x^2 \leqslant 5$ en s'aidant de la courbe de la fonction carré.

Solution

1. On trace la courbe $\mathcal{P}$ de la fonction carré dans un repère.

2. On place 5 sur l'axe des ordonnées et les points de $\mathcal{P}$ qui ont pour ordonnée 5. Leurs abscisses sont $\sqrt{5}$ et $-\sqrt{5}$: on les note sur l'axe des abscisses.

3. On visualise (**en vert**) sur l'axe des ordonnées les nombres inférieurs ou égaux à 5.

4. On lit sur l'axe des abscisses (**en bleu**) les nombres dont le carré appartient à la partie verte de l'axe des ordonnées.

5. On conclut :
l'ensemble des solutions de l'inéquation $x^2 \leqslant 5$ est l'intervalle $\left[-\sqrt{5}\ ;\sqrt{5}\right]$.

Rappel
a désigne un réel positif.
L'équation $x^2 = a$ admet pour solutions :
$-\sqrt{a}$ et $\sqrt{a}$

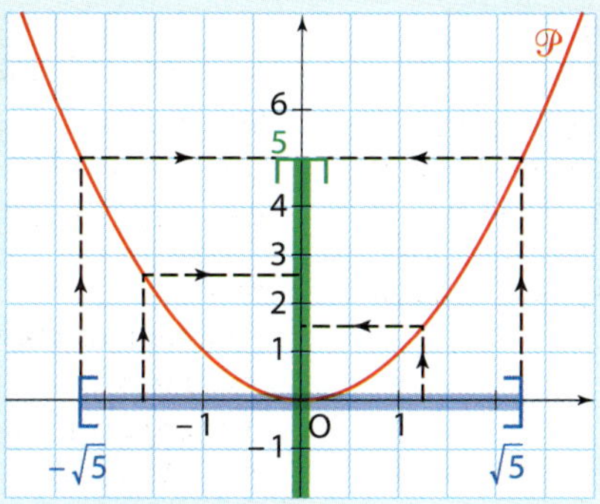

La fonction $x \mapsto \dfrac{1}{x}$

Tout nombre réel x **différent de 0** admet un inverse $\dfrac{1}{x}$.

L'ensemble des réels différents de 0 est $]-\infty\,;0[\,\cup\,]0\,;+\infty[$ (réunion de deux intervalles) ; cet ensemble est noté de façon concise : $\mathbb{R}^*$.

DÉFINITION La fonction définie sur $\mathbb{R}^*$, qui à tout réel x différent de 0 associe son inverse $\dfrac{1}{x}$ est appelée **fonction inverse**.

1 Sens de variation de la fonction inverse

Note

Cette propriété peut être admise dans un premier temps.

PROPRIÉTÉ La fonction f : $x \mapsto \dfrac{1}{x}$ est **décroissante sur** $]-\infty\,;0[$ et **décroissante sur** $]0\,;+\infty[$.

x	$-\infty$	0	$+\infty$
$f(x)$	↘	‖	↘

La double barre indique que f n'est pas définie en 0.

DÉMONSTRATION

u et v désignent deux réels différents de 0 tels que $u \leqslant v$, c'est-à-dire tels que $u - v \leqslant 0$, soit $v - u \geqslant 0$.

On étudie alors le signe de $f(u) - f(v)$ dans chacun des cas suivants :

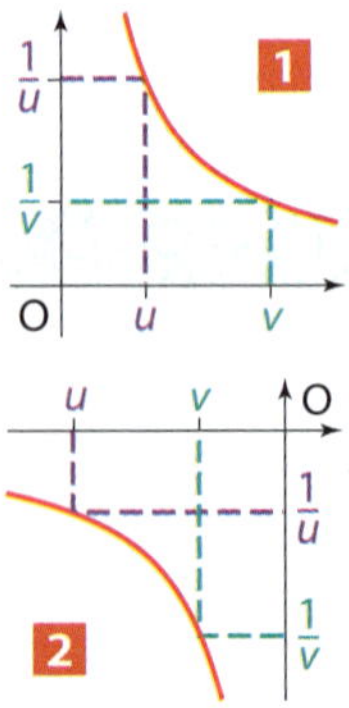

1 u et v sont **strictement positifs**.

$f(u) - f(v) = \dfrac{1}{u} - \dfrac{1}{v} = \dfrac{v-u}{uv}$ ← positif (numérateur) ; ← positif (dénominateur)

Donc $f(u) - f(v) \geqslant 0$, soit $f(u) \geqslant f(v)$.

Ainsi, **pour tous réels strictement positifs u et v, si $u \leqslant v$, alors $\dfrac{1}{u} \geqslant \dfrac{1}{v}$.**

La fonction inverse est décroissante sur l'intervalle $]0\,;+\infty[$.

2 u et v sont **strictement négatifs**.

$f(u) - f(v) = \dfrac{1}{u} - \dfrac{1}{v} = \dfrac{v-u}{uv}$ ← positif (numérateur) ; ← positif (dénominateur)

Donc $f(u) - f(v) \geqslant 0$, soit $f(u) \geqslant f(v)$.

Ainsi, **pour tous réels strictement négatifs u et v, si $u \leqslant v$, alors $\dfrac{1}{u} \geqslant \dfrac{1}{v}$.**

La fonction inverse est décroissante sur l'intervalle $]-\infty\,;0[$.

2 Représentation graphique de la fonction inverse

Animation numérique

DÉFINITION Dans un repère, la représentation graphique de la fonction inverse est appelée **hyperbole**.

PROPRIÉTÉ Dans un repère d'origine O, l'hyperbole $\mathcal{H}$ représentant la fonction inverse est symétrique par rapport à O.

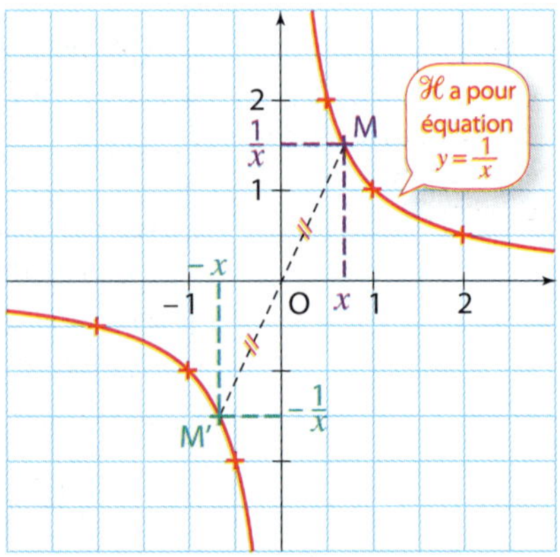

DÉMONSTRATION

Pour tout réel $x \neq 0$, le point $M\left(x\,;\dfrac{1}{x}\right)$ appartient à $\mathcal{H}$. Son symétrique par rapport à O est le point $M'\left(-x\,;-\dfrac{1}{x}\right)$. Or $\dfrac{1}{-x} = -\dfrac{1}{x}$, donc M' appartient aussi à $\mathcal{H}$.

Exercice résolu 1 Comparer les inverses de nombres de même signe

Voir aussi les exercices 38 et 39, page 86

Énoncé

Dans chaque cas, comparer les nombres suivants sans les calculer.

a) $\dfrac{1}{-0{,}012}$ et $\dfrac{1}{-0{,}0099}$ **b)** $\dfrac{1}{\pi - 3}$ et $\dfrac{1}{0{,}21}$

Solution

a) $-0{,}012$ et $-0{,}0099$ sont tous deux négatifs.
Or la fonction inverse est décroissante sur $]-\infty\,;0[$ donc de $-0{,}012 \leqslant -0{,}0099$, on déduit que :

$$\frac{1}{-0{,}012} \geqslant \frac{1}{-0{,}0099}.$$

b) $\pi \approx 3{,}14$ donc $\pi - 3 \approx 0{,}14$.
Ainsi $\pi - 3$ et $0{,}21$ sont tous deux positifs.
Or la fonction inverse est décroissante sur sur $]0\,;+\infty[$, donc de $\pi - 3 \leqslant 0{,}21$ on déduit que $\dfrac{1}{\pi - 3} \geqslant \dfrac{1}{0{,}21}$.

Remarque : si deux réels non nuls sont de signes contraires, il est clair que l'inverse du réel négatif est inférieur à l'inverse du réel positif.

MÉTHODE

D'après le sens de variation de la fonction inverse : deux réels non nuls **de même signe** et leurs inverses sont rangés dans l'**ordre contraire**.

Exercice résolu 2 Utiliser la courbe de la fonction inverse

Voir aussi les exercices 43 à 45, page 86

Animation numérique

Énoncé

Résoudre l'inéquation $\dfrac{1}{x} \leqslant 2$ en s'aidant de la courbe de la fonction inverse.

Solution

1. On trace la courbe $\mathscr{H}$ de la fonction inverse dans un repère.

2. On place **2** sur l'axe des ordonnées et le point de $\mathscr{H}$ qui a pour ordonnée **2**. Son abscisse est $\dfrac{1}{2}$: on le note sur l'axe des abscisses.

3. On visualise (**en vert**) sur l'axe des ordonnées les nombres inférieurs ou égaux à **2**.

4. On lit sur l'axe des abscisses (**en bleu**) les nombres dont l'inverse appartient à la partie verte de l'axe des ordonnées.

5. On conclut :
l'ensemble des solutions de l'inéquation $\dfrac{1}{x} \leqslant 2$ est la réunion d'intervalles :

$$\left]-\infty\,;0\right[\cup \left[\frac{1}{2}\,;+\infty\right[.$$

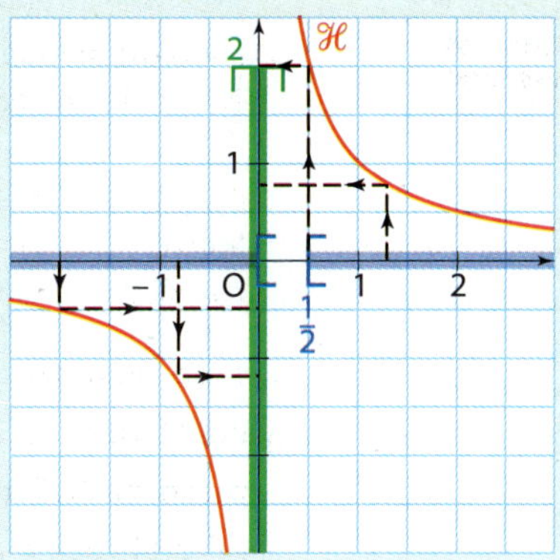

Rappel

a et x désignent des réels non nuls.
$\dfrac{1}{x} = a$ équivaut à $x = \dfrac{1}{a}$.

Note

La résolution algébrique de ce type d'inéquation est proposée au chapitre 6.

Exercices de base

Pour créer des automatismes

La fonction $x \mapsto x^2$

1 f est la fonction carré.
Calculer les images par f des réels :
a) 4 **b)** 100 **c)** 0 **d)** 0,1

2 **a)** Voici la copie d'un élève.

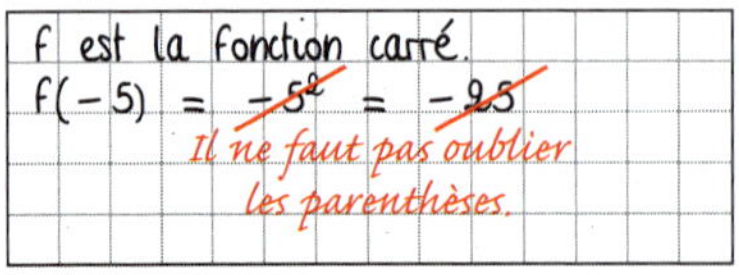
f est la fonction carré.
f(– 5) = ~~–5²~~ = ~~–25~~
Il ne faut pas oublier les parenthèses.

Calculer correctement $f(-5)$.
b) Calculer les images par la fonction carré des réels :
• –4 • –1 • –3,5 • –0,5

3 f est la fonction carré.
Calculer les images par f des réels :
a) $\frac{3}{4}$ **b)** $-\frac{4}{5}$ **c)** $-\frac{11}{5}$

Rappel
$\left(\frac{a}{b}\right)^2 = \frac{a^2}{b^2}$ $(b \neq 0)$

4 f est la fonction carré.
Calculer les images par f des réels :
a) $\sqrt{5}$ **b)** $-\sqrt{5}$
c) $2\sqrt{3}$ **d)** $-4\sqrt{5}$

Rappel
$\left(\sqrt{a}\right)^2 = a$ $(a \geqslant 0)$
$(ab)^2 = a^2 b^2$

5 f est la fonction carré. Calculer les images par f des réels : **a)** 10^3 **b)** 10^{-5} **c)** 8×10^{-4}
d) $2 + \sqrt{5}$ **e)** $\sqrt{8} - \sqrt{6}$ **f)** $3 - \sqrt{2}$

6 À l'aide de la calculatrice, reproduire et compléter le tableau de valeurs.

x	–1	–0,7	–0,4	–0,1	0,2	0,5	0,8
x^2							

7 Voici la courbe représentative de la fonction carré dans un repère.
Expliquer graphiquement :
a) pourquoi il existe **deux** réels dont le carré est 4.
Quels sont ces réels ?
b) pourquoi il n'existe pas de réel dont le carré est –1.

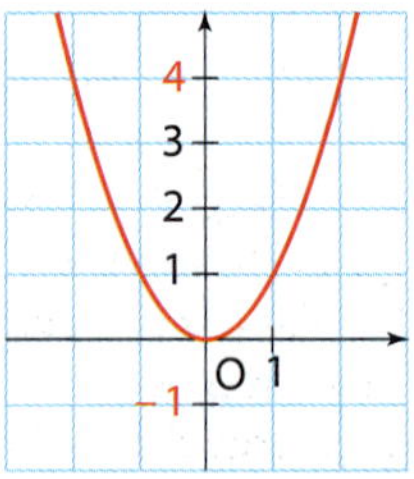

8 f est la fonction carré.
Déterminer les antécédents par f, lorsque cela est possible, de chacun des réels :
a) 1 **b)** – 4 **c)** 0 **d)** $\frac{5}{4}$ **e)** 100

9 Lise a obtenu l'écran de calculatrice ci-contre à l'aide de la fonction carré et du mode TRACE.

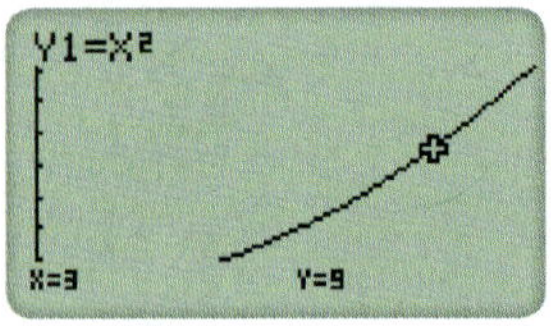

Elle affirme : « 9 est un antécédent de 3 par la fonction carré ».
a) Expliquer son erreur.
b) Que ne montre pas cet écran de calculatrice ?

10 **a)** Quelles sont les **deux** solutions de l'équation $x^2 = 5$?
b) Pourquoi l'équation $x^2 = -3$ n'a-t-elle pas de solution ?
c) Quelle est l'unique solution de l'équation $x^2 = 0$?

Pour les exercices 11 et 12, tracer dans un repère orthonormé la courbe de la fonction carré sur l'intervalle I indiqué.

11 $\mathrm{I} = [-1\,;3]$ (*unités* : 1 cm sur chaque axe).

12 $\mathrm{I} = [-1\,;1]$ (*unités* : 10 cm sur chaque axe).

13 Afficher à l'écran de la calculatrice la courbe de la fonction carré sur l'intervalle I indiqué, en précisant la fenêtre utilisée.
a) $\mathrm{I} = [-0{,}3\,;0{,}3]$ **b)** $\mathrm{I} = [100\,;1\,000]$

14 **a)** Dans un repère orthogonal (*unités* : 1 cm sur l'axe des abscisses et 0,5 cm sur l'axe des ordonnées), tracer la courbe représentative de la fonction carré sur l'intervalle $[-4\,;4]$.
b) Lire graphiquement (en laissant apparents les traits de construction) le nombre d'antécédents de chaque réel par f :
• 9 • 13 • 8 • –5
c) Donner les valeurs exactes de ces antécédents.

15 Citer la propriété de la fonction carré qui permet d'affirmer sans calcul que :
a) $5{,}15 \leqslant 5{,}825$ donc $5{,}15^2 \leqslant 5{,}825^2$
b) $-3{,}52 \leqslant -3{,}07$ donc $(-3{,}52)^2 \geqslant (-3{,}07)^2$

16 Recopier, puis compléter les pointillés par $\leqslant$ ou $\geqslant$ et le cadre par la propriété de la fonction carré utilisée.

a) $6{,}314 \ldots 8{,}7$ donc $6{,}314^2 \ldots 8{,}7^2$ car la fonction carré est ☐

b) $-10{,}5 \ldots -8{,}72$ donc $(-10{,}5)^2 \ldots (-8{,}72)^2$ car la fonction carré est ☐

17 Dans chaque cas, comparer les nombres sans les calculer.

a) $5{,}314^2$ et $5{,}8^2$ **b)** $(-5{,}3)^2$ et $(-5{,}87)^2$

c) $(1-\pi)^2$ et $(-2{,}5)^2$ **d)** $(10^3)^2$ et $(10^4)^2$

Conseil : *se reporter à l'exercice résolu 1, page 81.*

18 Dans chaque cas, comparer à la main.

a) $\sqrt{\dfrac{24}{7}}$ et $\sqrt{\dfrac{10}{3}}$ **b)** $-\sqrt{\dfrac{11}{5}}$ et $-\sqrt{\dfrac{13}{6}}$

19 Le tableau de variation de la fonction carré est reproduit ci-dessous.

x	$-\infty$		0	1	3	$+\infty$
x^2	↘		0	↗		

Lorsque $x \in [1\,;3]$, à quel intervalle appartient x^2 ?

20 Utiliser le tableau de variation de la fonction carré pour dire à quel intervalle appartient x^2 lorsque :

a) $x \in [0\,;10]$ **b)** $x \in [-5\,;-3]$ **c)** $x \in [-8\,;2[$

21 Utiliser le sens de variation de la fonction carré pour donner une information la plus précise possible sur x^2 lorsque :

a) $x \geqslant 3$ **b)** $x \leqslant -1$ **c)** $-5 \leqslant x \leqslant -2$

22 Résoudre l'inéquation $x^2 \geqslant 4$ en s'aidant de la courbe de la fonction carré.

Conseil : *se reporter à l'exercice résolu 2, page 81.*

23 Résoudre chaque inéquation en s'aidant de la courbe de la fonction carré.

a) $x^2 \leqslant 25$ **b)** $x^2 > 1$ **c)** $x^2 < 3$

24 S'aider de la courbe de la fonction carré pour trouver les réels x tels que :

a) $0 \leqslant x^2 \leqslant 3$ **b)** $2 \leqslant x^2 \leqslant 9$ **c)** $4 < x^2 < 16$

25 Cette sculpture construite à l'aide de la fonction carré est haute de 5 m d'un côté et de 3 m de l'autre.
Calculer la valeur approchée par excès au cm près de sa largeur ℓ.

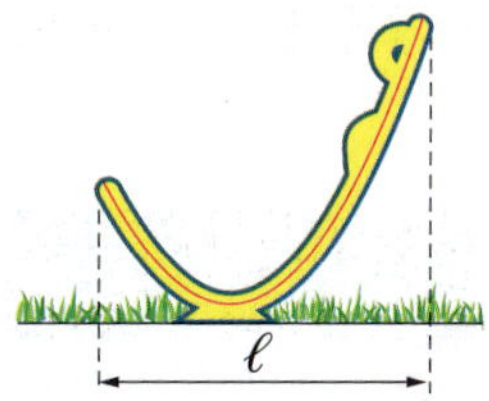

La fonction $x \mapsto \dfrac{1}{x}$

26 **a)** Voici la copie d'un élève.

f est la fonction inverse.
f(5) = −5
Il ne faut pas confondre inverse et opposé.

Calculer correctement $f(5)$.

b) Calculer les images par la fonction inverse des réels :

- 4 • 0,5 • −2 • 10 • 2,5

27 f est la fonction inverse.
Calculer les images par f des réels :

a) $\dfrac{5}{7}$ **b)** $-\dfrac{1}{9}$

c) $-\dfrac{3}{4}$ **d)** $\dfrac{5}{8}$

e) 10^{-6} **f)** 10^5

> **Rappel**
> L'inverse de $\dfrac{a}{b}$ est $\dfrac{b}{a}$
> (avec $a \neq 0,\ b \neq 0$)

28 f est la fonction inverse.
Calculer les images par f des réels sans laisser de radical au dénominateur :

a) $\sqrt{2}$

b) $-\sqrt{3}$

c) $2\sqrt{5}$

> **Rappel**
> $\dfrac{1}{\sqrt{a}} = \dfrac{\sqrt{a}}{\sqrt{a} \times \sqrt{a}} = \dfrac{\sqrt{a}}{a}$
> (avec $a > 0$)

29 Voici la courbe représentative de la fonction inverse dans un repère.

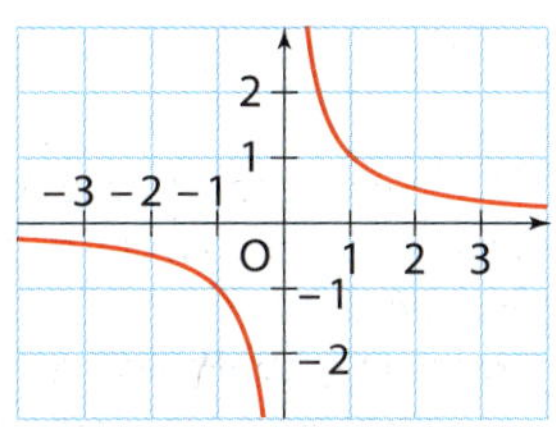

Expliquer graphiquement :

a) pourquoi il n'existe qu'un réel dont l'inverse est 2. Quel est ce réel ?

b) pourquoi il n'existe qu'un réel dont l'inverse est −3. Quel est ce réel ?

c) pourquoi il n'existe pas de réel dont l'inverse est 0.

30 f est la fonction inverse.
Déterminer les antécédents par f de chacun des réels.

a) $\frac{4}{3}$ **b)** 0,02

c) 10^{-5} **d)** 2×10^4

31 Donner les solutions des équations suivantes :

a) $\frac{1}{x} = 5$ **b)** $\frac{1}{x} = -\frac{3}{2}$

c) $\frac{1}{x} = 0{,}8$ **d)** $\frac{1}{x} = \frac{\sqrt{2}}{2}$

Pour les exercices 32 et 33, tracer dans un repère orthonormé la courbe de la fonction inverse sur l'intervalle I indiqué.

32 $\mathrm{I} = [-2\,;3]$ (*unités* : 1 cm sur chaque axe).

33 $\mathrm{I} = [-10\,;10]$ (*unités* : 1 cm sur chaque axe).

34 Afficher à l'écran de la calculatrice la courbe de la fonction inverse sur l'intervalle I indiqué, en précisant la fenêtre utilisée.

a) $\mathrm{I} = [-1\,;-0{,}1]$

b) $\mathrm{I} = [10\,;100]$

35 **a)** Dans un repère orthogonal, tracer la courbe représentative de la fonction inverse sur l'intervalle $[-3\,;3]$.

b) Indiquer graphiquement, en laissant apparaître les traits de construction :

- les images de –3, de 1 et de $\frac{3}{2}$
- les antécédents de –3, de 1 et de $\frac{3}{2}$

c) Retrouver ces résultats par le calcul.

36 Citer la propriété de la fonction inverse qui permet d'affirmer sans calcul que :

a) $3{,}14 \leqslant 3{,}151$ donc $\frac{1}{3{,}14} \geqslant \frac{1}{3{,}151}$

b) $-0{,}1 \leqslant -0{,}001$ donc $\frac{1}{-0{,}1} \geqslant \frac{1}{-0{,}001}$

37 Recopier, puis compléter les pointillés par $\leqslant$ ou $\geqslant$ et le cadre par la propriété de la fonction inverse utilisée.

a) $\pi \ldots \pi - 1$ donc $\frac{1}{\pi} \cdots \frac{1}{\pi - 1}$ car ☐

b) $2 - \sqrt{7} \ldots 2 - \sqrt{5}$

donc $\frac{1}{2-\sqrt{7}} \cdots \frac{1}{2-\sqrt{5}}$ car ☐

38 Dans chaque cas, comparer les nombres sans les calculer.

a) $\frac{1}{-0{,}1}$ et $\frac{1}{-0{,}99}$ **b)** $\frac{1}{2+\sqrt{2}}$ et $\frac{1}{3+\sqrt{2}}$

Conseil : *se reporter à l'exercice résolu 1, page 83.*

39 Dans chaque cas, comparer sans calculatrice.

a) $\frac{1}{\sqrt{5}+2}$ et $\frac{1}{\sqrt{5}-3}$ **b)** $\frac{1}{x^2+2}$ et $\frac{1}{x^2+1}$

40 Le tableau de variation de la fonction inverse est reproduit ci-dessous.

x	$-\infty$		0	1	5	$+\infty$
$\frac{1}{x}$	↘		‖	↘		

Lorsque $x \in [1\,;5]$, à quel intervalle appartient $\frac{1}{x}$?

41 Utiliser le tableau de variation de la fonction inverse pour dire à quel intervalle appartient $\frac{1}{x}$ lorsque :

a) $x \in [2\,;7]$ **b)** $x \in]0\,;5]$ **c)** $x \in]-2\,;-\frac{1}{5}]$

42 Utiliser le sens de variation de la fonction inverse pour donner une information la plus précise possible sur $\frac{1}{x}$ lorsque :

a) $x \geqslant 2$ **b)** $x \leqslant -4$ **c)** $-1 \leqslant x \leqslant -\frac{1}{2}$

43 Résoudre l'inéquation $\frac{1}{x} \geqslant 5$ en s'aidant de la courbe de la fonction inverse.

Conseil : *se reporter à l'exercice résolu 2, page 83.*

44 Résoudre chaque inéquation en s'aidant de la courbe de la fonction inverse.

a) $\frac{1}{x} \leqslant \frac{3}{4}$ **b)** $\frac{1}{x} \leqslant -3$ **c)** $\frac{1}{x} > -2$

45 S'aider de la courbe de la fonction inverse pour trouver les réels x tels que :

a) $1 \leqslant \frac{1}{x} \leqslant 7$ **b)** $-5 \leqslant \frac{1}{x} \leqslant -\frac{1}{4}$ **c)** $-\frac{1}{2} \leqslant \frac{1}{x} \leqslant 5$

46 À l'intérieur d'un piston, la pression P, en bars, et le volume V, en litres, suivent la loi **P × V = 1**.

a) Expliquer pourquoi cette loi est liée à la fonction inverse.

b) Sachant qu'à l'intérieur du piston, le volume peut varier entre 0,5 et 5 litres, quelles sont les valeurs possibles pour la pression ?

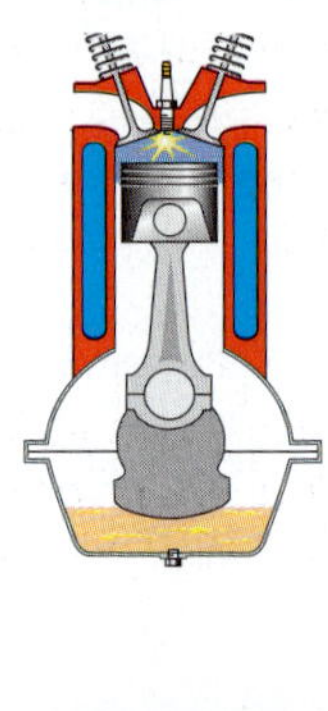

Exercices d'entraînement

Pour développer des compétences

Travaux pratiques

Compléments numériques

47 B2i L1-1 L2-4 Une courbe connue

OBJECTIF Développer une démarche expérimentale.

Dans un repère orthonormé (O ; I, J), A est le point de coordonnées (0 ; –1) et M est un point, distinct de O, qui décrit l'axe des abscisses.
On note x l'abscisse du point M.
La parallèle à la droite (AM) passant par I coupe l'axe des ordonnées en N.
H est le point tel que OMHN est un rectangle.

1. Conjecture

a) Avec un logiciel de géométrie dynamique, réaliser la figure.

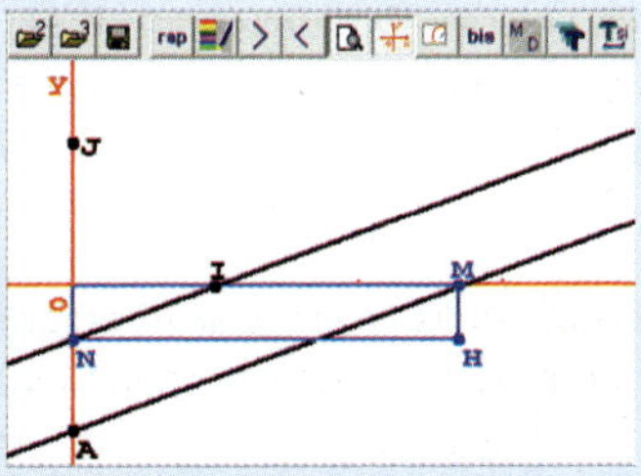

b) Visualiser le lieu du point H lorsque M décrit l'axe des abscisses.

c) Émettre une conjecture sur la nature de ce lieu.

2. Preuve

Démontrer cette conjecture.

48 Intersection de deux courbes

OBJECTIF Modéliser et s'engager dans une activité de recherche.

Dans un repère orthogonal, $\mathscr{C}$ et $\mathscr{C}'$ sont les courbes représentatives respectives des fonctions $x \mapsto \dfrac{1}{x}$ et $x \mapsto 0{,}02\,x$.
On se propose d'étudier l'intersection de $\mathscr{C}$ et $\mathscr{C}'$.

1. Avec la calculatrice

a) Utiliser cette fenêtre pour afficher ces deux courbes à l'écran d'une calculatrice.

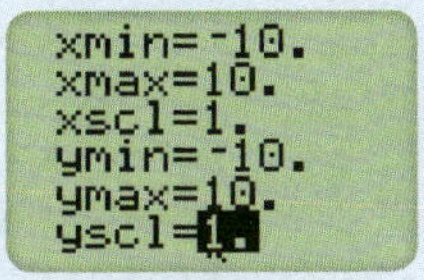

b) Que constate-t-on ?

2. Par le calcul

Déterminer algébriquement les coordonnées des points d'intersection de $\mathscr{C}$ et $\mathscr{C}'$.

3. Retour à la calculatrice

Choisir maintenant une fenêtre convenable afin d'afficher les courbes $\mathscr{C}$ et $\mathscr{C}'$ et leurs points d'intersection.

49 B2i L1-1 L3-5 Aérodynamique et fonction $x \mapsto ax^2$

OBJECTIF Développer une démarche expérimentale autour d'un problème lié à la Physique.

Lorsqu'un véhicule roule à une vitesse v (en m.s^{-1}), la résistance de l'air R (en newtons) qui s'oppose à son déplacement est approximativement donnée par la formule $R = Cv^2$, où le coefficient strictement positif C dépend de la taille et de la forme du véhicule.

Simulation dans une soufflerie du déplacement d'un véhicule : forte résistance pour les zones rouges, faible résistance pour les zones vertes.

1. Conjecture

a) À l'aide d'un grapheur ou de la calculatrice, construire un paramètre C allant de 0,5 à 3 avec le pas 0,5.
(Par exemple, avec GeoGebra, sélectionner [icône] dans l'avant-dernière icône, puis choisir le « min », le « max » et l'« Incrément ».)

b) Tracer alors les courbes représentatives des fonctions $v \mapsto Cv^2$ sur l'intervalle [0 ; 36] pour les valeurs de C obtenues au **a)**.
(Par exemple, avec GeoGebra, on fait varier le paramètre à l'aide de [icône].)

c) On suppose maintenant que le paramètre C décrit $\mathbb{R}$. Conjecturer le tableau de variation des fonctions $v \mapsto Cv^2$ en fonction de C.

2. Preuve

Démontrer cette conjecture.

Restitution organisée de connaissances

50 **1.** Démontrer que la fonction carré est croissante sur $[0\,;+\infty[$ et décroissante sur $]-\infty\,;0]$.

2. f est la fonction définie sur $\mathbb{R}$ par $f(x) = x^2 - 1$.

a) Afficher la courbe $\mathscr{C}$ représentative de f à l'écran d'une calculatrice. Conjecturer le signe de $f(x)$ suivant les valeurs de x.

b) Démontrer que si $0 \leqslant x \leqslant 1$, alors $x^2 \leqslant 1$.

c) Comparer de même x^2 à 1 dans chacun des cas suivants :

- $x \geqslant 1$
- $-1 \leqslant x \leqslant 0$
- $x \leqslant -1$

d) Justifier alors la conjecture émise à la question **2. a)**.

51 **1.** Démontrer que la fonction inverse est décroissante sur $]-\infty\,;0[$ et sur $]0\,;+\infty[$.

2. f est la fonction définie sur $\mathbb{R}^*$ par $f(x) = \dfrac{-3}{x}$.

a) Représenter la courbe de f à l'écran de la calculatrice afin de conjecturer son tableau de variation.

b) Démontrer cette conjecture.

52 **1.** Démontrer que, dans un repère orthogonal, la parabole $\mathscr{P}$ représentative de la fonction carré est symétrique par rapport à l'axe des ordonnées.

2. f est la fonction définie sur $\mathbb{R}$ par $f(x) = 2x^2 - 3$.

La courbe ci-contre est la représentation graphique de f dans un repère.

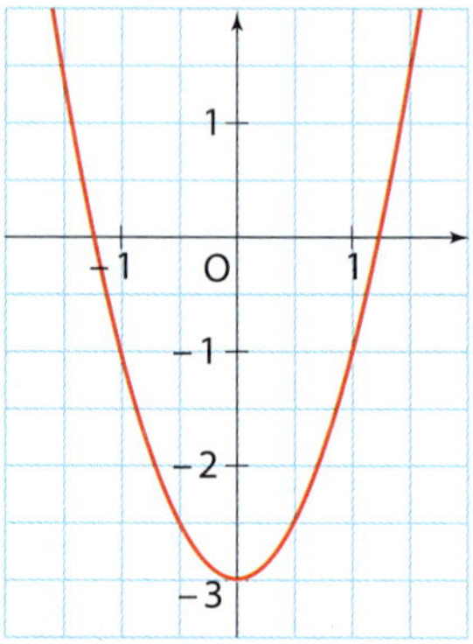

a) Conjecturer un élément de symétrie de cette courbe.

b) En utilisant un raisonnement analogue à celui de la question **1.**, démontrer cette conjecture.

Raisonner, démontrer

53 Sur cet écran sont tracées les courbes de la fonction $x \mapsto x^2$ et de la fonction $x \mapsto x$.

Comparer un réel et son carré. Justifier les réponses.

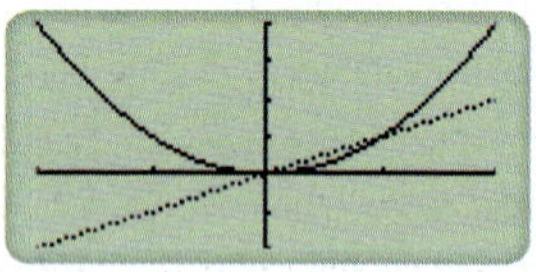

54 Sur cet écran sont tracées les courbes de la fonction $x \mapsto \dfrac{1}{x}$ et de la fonction $x \mapsto x$.

Comparer un réel non nul et son inverse.

Justifier les réponses.

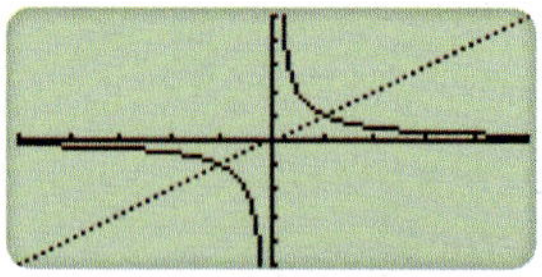

Algorithmique

55 **Un algorithme pour comparer deux réels**

Écrire un algorithme qui lit un nombre non nul x et qui affiche suivant les valeurs de x le plus grand des deux nombres x^2 et $\dfrac{1}{x}$.

56 **a)** Représenter à l'écran de la calculatrice les fonctions f : $x \mapsto x^2 - 3x$ et g : $x \mapsto -3x + 2$.

b) Utiliser le menu G-solv ISCT (sur Casio) ou CALC Intersect (sur TI) pour conjecturer les coordonnées des points d'intersection de ces deux courbes.

c) Démontrer cette conjecture.

57 **a)** Dans un repère orthogonal, tracer la courbe représentative de la fonction carré sur l'intervalle $[-3\,;3]$, puis celle de la fonction affine $x \mapsto -x + 2$.

Par lecture graphique, déterminer les coordonnées des points d'intersection de ces deux courbes.

b) Développer $(x + 2)(x - 1)$.

c) Retrouver les solutions du **a)** par le calcul.

58 **a)** Conjecturer les coordonnées des points d'intersection des courbes représentées sur l'écran.

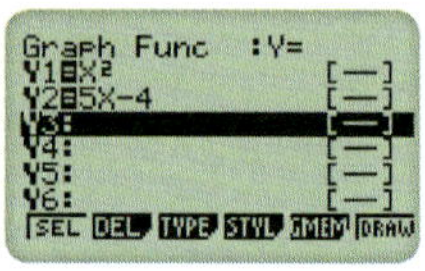

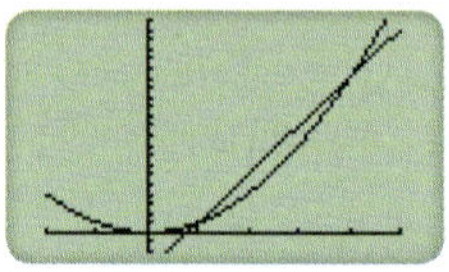

b) Après avoir développé $(x - 1)(x - 4)$, démontrer cette conjecture.

59 **a)** Conjecturer les coordonnées des points d'intersection des courbes représentées sur l'écran.

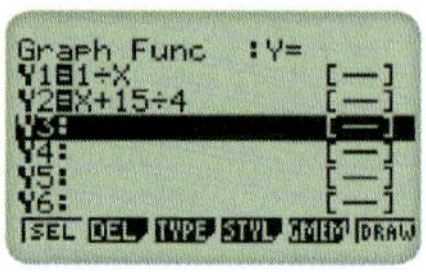

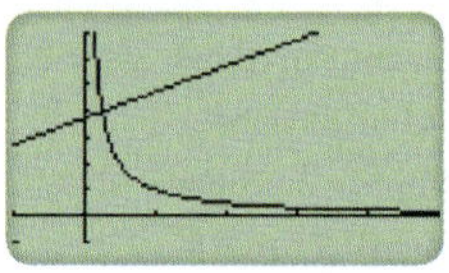

b) Après avoir développé $\left(x - \dfrac{1}{4}\right)(x + 4)$, démontrer cette conjecture.

60 Sur cet écran, sont tracées les courbes des fonctions :

$x \mapsto \dfrac{1}{x}$, $x \mapsto 4x+3$

et $x \mapsto -2x+\dfrac{9}{2}$.

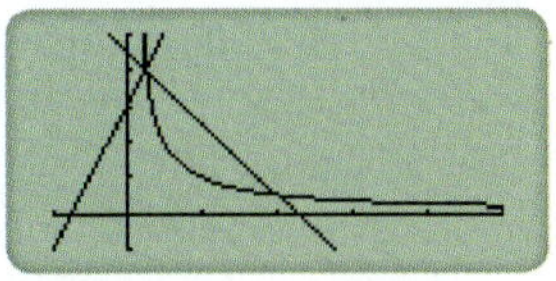

a) Émettre une conjecture pour ces trois courbes.

b) Démontrer cette conjecture.

Algorithmique

61 **Un algorithme pour encadrer**

1. a) Représenter à l'écran de la calculatrice les fonctions : $x \mapsto x^2$ et $x \mapsto x+1$.

b) Lire une valeur approchée à 0,1 près de la solution positive de l'équation $x^2 = x+1$.

2. On considère l'algorithme suivant :

```
Initialisations
a prend la valeur 1
b prend la valeur 2
Traitement
Tant que  b − a > 0,01
    m prend la valeur (a + b)/2
    Si  m² < m + 1  alors
        a prend la valeur m
        sinon
        b prend la valeur m
    FinSi
FinTantque
Sorties
Afficher a, b
```

a) Faire fonctionner cet algorithme : effectuer quatre itérations et noter les valeurs successives de a et b.

b) Quel est le rôle de cet algorithme ?

c) Réaliser le programme associé avec le tableur ou la calculatrice. Indiquer l'encadrement obtenu.

62 Travailler en groupe **La parabole et la règle**

Un élève a placé quelques points de la parabole $\mathscr{P}$ représentant la fonction carré. Ensuite il a rejoint ces points avec la règle.

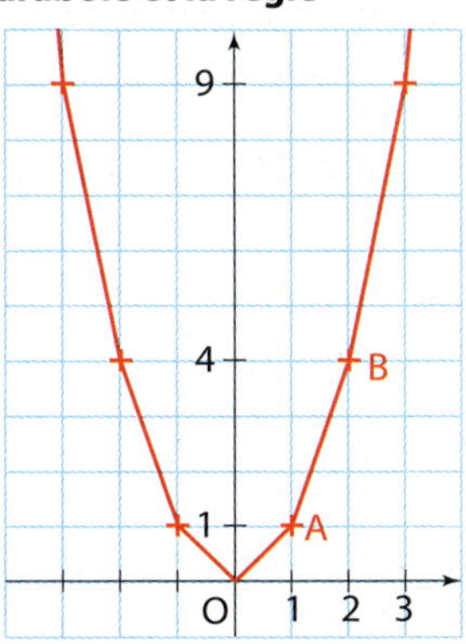

1. Expliquer pourquoi :

a) sur l'intervalle $[0\,;1]$, $\mathscr{P}$ n'est pas confondue avec le segment [OA] ;

b) sur l'intervalle $[1\,;2]$, $\mathscr{P}$ n'est pas confondue avec le segment [AB].

2. Généralisation

On se propose de démontrer que la parabole $\mathscr{P}$ ne contient aucun segment de droite.

u et v désignent deux réels tels que $0 < u < v$.

M$(u\,;u^2)$ et N$(v\,;v^2)$ sont deux points de la parabole $\mathscr{P}$.

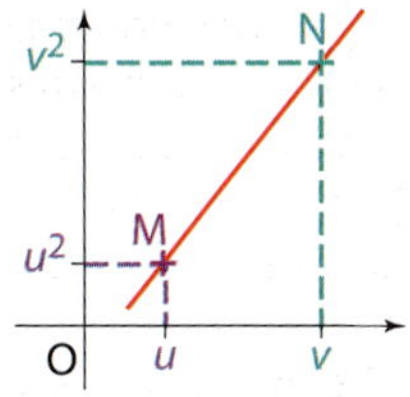

a) La droite (MN) représente une fonction affine $f : x \mapsto ax+b$.

Expliquer pourquoi $a = u+v$.

Vérifier alors que :

$$b = u^2 - (u+v)\,u.$$

b) On note x un réel de l'intervalle $]u\,;v[$.

P$(x\,;x^2)$ est un point de la parabole $\mathscr{P}$ et Q$(x\,;y_Q)$ est un point du segment [MN].

Vérifier que $y_Q - x^2 = (x-u)\,(v-x)$.

En déduire le signe de $y_Q - x^2$.

c) En déduire la position de la parabole $\mathscr{P}$ par rapport au segment [MN] sur l'intervalle $]u\,;v[$.

63 **Bien rédiger**

Recopier et compléter en indiquant dans chaque cadre la propriété utilisée.

a) On sait que $x \geqslant 3$.

Donc :	• $x^2 \dots$	car	
	• $-5x^2 \dots$	car	
	• $-5x^2+10 \dots$	car	

b) On sait que $x \leqslant -5$.

Donc :	• $\dfrac{1}{x} \dots$	car	
	• $\dfrac{1}{x} - 3 \dots$	car	
	• $2\left(\dfrac{1}{x} - 3\right) \dots$	car	

64 **a)** On sait que $x \geqslant 0$.

Comparer alors $\dfrac{1}{x+4}$ et $\dfrac{1}{x+1}$.

b) On sait que $x \leqslant 0$.

Comparer alors $\dfrac{1}{x-5}$ et $\dfrac{1}{x-\sqrt{10}}$.

c) On sait que $x \geqslant 5$.

Comparer alors $\dfrac{1}{4x-1}$ et $\dfrac{1}{19}$.

65 Que penser des affirmations suivantes ?

a) « Le carré de la somme de deux réels est égal à la somme des carrés de ces réels. »

Être le plus précis possible dans sa réponse.

b) « L'inverse de la somme (non nulle) de deux réels est égal à la somme des inverses de ces réels (non nuls). »

Être le plus précis possible dans sa réponse.

Analyse critique d'un document

66 Que penser des raisonnements suivants ?

Johanna

L'équation $x^2 + 1 = 0$ a pour solution $x = -1$

Mehdi

On sait que $x^2 \geqslant 4^2$ donc $x \geqslant 4$

Amanda

On sait que $x \leqslant 10$ donc $\frac{1}{x} \leqslant 0{,}1$

67 Sophie doit résoudre graphiquement l'équation $x^2 = 16$. Voici l'écran de calculatrice qu'elle a obtenu et sa réponse.

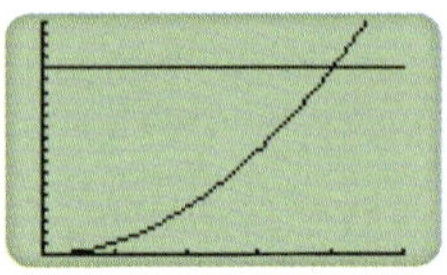

L'équation $x^2 = 16$ a pour solution $x = 4$

Qu'en pensez-vous ?

68 Voici la copie de Clara. Quelle erreur a-t-elle commise ?

x	-2	5
$\frac{1}{x}$	$-0{,}5$ ↘	$0{,}2$

69 « On voit sur le graphique ci-contre que l'équation $\frac{1}{x} = -2{,}3$ n'a pas de solution. »

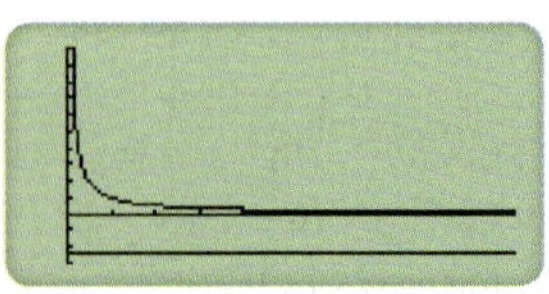

Critiquer cette affirmation.

70 Voici une copie d'élève.

Que va écrire le professeur de mathématiques sur cette copie ?

On sait que $1 < x < 2$

Donc $(x-1)^3 < (x-1)^2$

71 Maxime affirme : « Par la fonction carré, il existe deux nombres égaux à leur image. »

Andréa prétend : « Par la fonction inverse, il existe deux nombre égaux à leur antécédent. »

Ont-ils tort ? Si oui, expliquer pourquoi.

Si non, trouver les nombres dont Maxime et Andréa parlent.

72 Lila affirme que l'inverse d'un nombre strictement positif est toujours plus petit que son carré.

Imaginer un procédé graphique simple permettant de contrôler cette information.

Algorithmique

73 Algorithme pour définir une fonction

Voici un algorithme :

1. Lire x (x nombre réel non nul).
2. Donner à u la valeur x^2.
3. Donner à y la valeur $\frac{1}{u}$.

Quelle est la fonction définie par cet algorithme ?

74 Bien rédiger

Dans chaque cas, la phrase proposée est mal rédigée. Proposer une phrase correcte.

a) La fonction inverse est décroissante.

b) La fonction carré est décroissante, puis croissante.

c) La fonction carré est symétrique par rapport à l'axe des ordonnées.

d) La fonction carré et la fonction inverse ont un seul point d'intersection dans un repère.

75 Calcul mental

1. On se propose de comparer **mentalement** 12 et $7\sqrt{3}$.

a) Sibylle sait que $\sqrt{3} \approx 1{,}73$.

Comment procède-t-elle alors pour comparer 12 et $7\sqrt{3}$?

b) Ladji : « Inutile de connaître une valeur approchée de $\sqrt{3}$. Moi, je calcule mentalement 12^2 et $(7\sqrt{3})^2$. »

Expliquer le procédé de Ladji.

2. À votre tour, comparer **mentalement** :

a) 15 et $7\sqrt{5}$ **b)** $-2\sqrt{13}$ et $-3\sqrt{7}$

76 Calcul mental

Comparer mentalement $(1+\sqrt{3})^2$ et $\left(\frac{12}{7}\right)^2$.

S'initier à la logique

77 Implication

x désigne un nombre réel non nul. Dans chaque cas, dire si la proposition est vraie ou fausse. Si elle est vraie, indiquer la propriété qui permet de l'affirmer. Si elle est fausse, expliquer pourquoi à l'aide d'un contre-exemple.

a) Si $x \geqslant 4$, alors $x^2 \geqslant 16$.

b) Si $x \leqslant 2$, alors $x^2 \leqslant 4$.

c) Si $x \leqslant -1$, alors $x^2 \geqslant 1$.

78 Notion d'inclusion

x désigne un nombre réel. Dans chaque cas, dire si l'implication est vraie ou fausse. Expliquer pourquoi.

a) Si $-5 \leqslant x \leqslant -2$, alors $0 \leqslant x^2 \leqslant 30$.

b) Si $1{,}37 \leqslant x \leqslant 1{,}42$, alors $1{,}88 \leqslant x^2 \leqslant 2{,}01$.

c) Si $12{,}5 \leqslant x \leqslant 13{,}2$, alors $156{,}2 \leqslant x^2 \leqslant 174{,}3$.

d) Si $-1 \leqslant x \leqslant 2$, alors $1 \leqslant x^2 \leqslant 4$.

79 QCM

Dans chaque cas, une seule réponse est exacte. Laquelle ?

		①	②	③
a)	Si $x > 5$, alors …	$\frac{1}{x} > \frac{1}{5}$	$0 < \frac{1}{x} < \frac{1}{5}$	$\frac{1}{x} < -5$
b)	Si $x > 2$, alors …	$\frac{1}{x} < \frac{1}{2}$	$\frac{1}{x} > \frac{1}{2}$	$\frac{1}{x} < 0$
c)	Si $-1 < x < 0$, alors …	$\frac{1}{x} < -10$	$\frac{1}{x} < -1$	$\frac{1}{x} > 1$
d)	Si $0 < x < 4$, alors …	$\frac{1}{x} > 0{,}25$	$\frac{1}{x} < 0$	$0 < \frac{1}{x} < \frac{1}{5}$

80 Fabrique de propositions

Recopier et compléter la phrase « Pour tout réel x, si ☐, alors ☐ » par les étiquettes ci-dessous qui conviennent, de façon à obtenir 5 propositions **vraies**.

$x^2 = 25$ | $x = 5$ | $x = -5$ | $x = 5$ ou $x = -5$ | $x^3 = 125$

81 Quantificateurs

Dans chaque cas, lorsque cela est possible, recopier et compléter par :

Pour tout réel $x \neq 0$ | Il existe un réel x tel que

a) ☐ si $x \geqslant 5$, alors $0 < \frac{1}{x} \leqslant 0{,}1$.

b) ☐ si $\frac{1}{x} \geqslant 1$, alors $1 \leqslant x \leqslant 2$.

c) ☐ si $\frac{1}{x} < -2$, alors $x < 0$.

82 Propositions vraies ou fausses

Recopier et compléter la phrase :

« Il existe au moins un réel x tel que si $x^2 = 36$, alors ... »

pour obtenir :

a) une proposition vraie ;

b) une proposition fausse.

83 Travailler en groupe — Propositions directe, réciproque, contraposée

1. Un derby du Nord-Pas-de-Calais

Durant la saison 2009-2010 de Ligue 1 de football, les équipes de Lille et Boulogne-sur-Mer vont se rencontrer. Lors du match, les supporters de Lille portent tous une écharpe rouge.

a) On voit un supporter de Lille. Porte-t-il une écharpe rouge ?

b) Un supporter porte une écharpe jaune. Est-il supporter de Lille ?

c) Un supporter porte une écharpe rouge. Est-il supporter de Lille ?

2. Avec la fonction carré

Dans chaque cas, répondre par vrai ou faux en justifiant. a et b désignent des nombres réels.

a) Si $a = b$, alors $a^2 = b^2$.

b) Si $a^2 \neq b^2$, alors $a \neq b$.

c) Si $a^2 = b^2$, alors $a = b$.

3. Avec la fonction inverse

Dans chaque cas, répondre par vrai ou faux en justifiant. a et b désignent des réels non nuls.

a) Si $a = b$, alors $\frac{1}{a} = \frac{1}{b}$.

b) Si $\frac{1}{a} \neq \frac{1}{b}$, alors $a \neq b$.

c) Si $\frac{1}{a} = \frac{1}{b}$, alors $a = b$.

84 Une erreur à éviter

Luka affirme : « La fonction inverse est décroissante sur l'intervalle $[-2\,;0[$. »

Amélie ajoute : « La fonction inverse est aussi décroissante sur l'intervalle $]0\,;2]$. »

Bahia surenchérit : « Donc la fonction inverse est décroissante sur la réunion $[-2\,;0[\,\cup\,]0\,;2]$. »

Commenter, critiquer, justifier ces affirmations.

QCM

85 Pour chaque question, une seule réponse est exacte. Laquelle ?

1 Dans un repère orthogonal, la représentation graphique de la fonction carré est symétrique par rapport :
a) à l'origine **b)** à l'axe des abscisses **c)** à l'axe des ordonnées

2 Sur l'intervalle $]-\infty\,;0[$, les fonctions carré et inverse :
a) sont croissantes **b)** sont décroissantes **c)** ont des sens de variation contraires

3 x désigne un nombre réel non nul. $x^2 < \frac{1}{x}$ lorsque :
a) $0 < x < 1$ **b)** $x > 1$ **c)** $x < -1$

86 Pour chaque question, une seule réponse est exacte. Laquelle ? Justifier.

1 Pour tout nombre réel a, si $a \leqslant -2$, alors :
a) $a^2 \leqslant 4$ **b)** $a^2 \geqslant 4$ **c)** $a^2 \leqslant -4$

2 Pour tout nombre réel a, si a est inférieur ou égal à -5, alors l'inverse de a est :
a) supérieur ou égal à 5 **b)** supérieur ou égal à $-\frac{1}{5}$ **c)** supérieur ou égal à $\frac{1}{5}$

3 L'affirmation exacte est :
a) $(1-\pi)^2 \leqslant (3-\pi)^2$ **b)** $\left(2+\sqrt{2}\right)^2 \geqslant \left(3+\sqrt{5}\right)^2$ **c)** $\left(1-\sqrt{5}\right)^2 \geqslant \left(2-\sqrt{5}\right)^2$

4 L'affirmation exacte est :
a) $\frac{1}{\pi+3} \leqslant \frac{1}{\pi+4}$ **b)** $(3+\pi)^2 \geqslant \frac{1}{\pi+4}$ **c)** $\frac{1}{\pi+4} \geqslant \frac{1}{\pi+3}$

Exercices interactifs

Vrai-Faux

87 Dire pour chaque affirmation si elle est vraie ou fausse.

a) Dans un repère, la représentation graphique de la fonction carré est l'hyperbole.

b) Lorsque x décrit $\mathbb{R}$, $x^2 \geqslant 0$.

c) La fonction inverse est décroissante sur $]-\infty\,;0[$ et croissante sur $]0\,;+\infty[$.

d) La représentation graphique de la fonction inverse est symétrique par rapport à l'origine du repère.

e) Tout nombre admet deux antécédents par la fonction carré.

f) Il existe un réel x tel que $\frac{1}{x} = 0$.

88 Dire pour chaque affirmation si elle est vraie ou fausse. Justifier.

a) Pour tout réel $x > 0$, si $x^2 \geqslant 4$, alors $x \geqslant 2$.

b) Pour tout réel x, si $x^2 \geqslant 49$, alors $x \geqslant 7$.

c) Deux réels non nuls et leurs inverses sont rangés dans l'ordre contraire.

d) $\frac{1}{\pi+\sqrt{3}} \geqslant \frac{1}{\pi+\sqrt{2}}$

e) $\frac{5}{9}$ est l'antécédent de $1+\frac{4}{5}$ par la fonction inverse.

f) On sait que $x \leqslant 2$ et que la fonction inverse est décroissante sur $]0\,;+\infty[$, donc $\frac{1}{x} \geqslant \frac{1}{2}$.

Exercices interactifs

Pour réviser

89 Comparer des nombres sans calculatrice

Sans effectuer de calculs et sans utiliser la calculatrice, comparer les nombres :

a) $\left(1-\sqrt{2}\right)^2$ et $\left(1-\sqrt{3}\right)^2$ **b)** $\dfrac{1}{\sqrt{3}-1}$ et $\dfrac{1}{\sqrt{2}-1}$

Conseils

a) • Déterminer le signe des nombres $1-\sqrt{2}$ et $1-\sqrt{3}$. Comparer alors ces deux nombres.
• Utiliser les variations de la fonction carré sur $]-\infty\,;0]$ ou sur $[0\,;+\infty[$ pour conclure. On peut revoir l'exercice résolu 1, page 81.

b) Procéder de même, en utilisant la fonction inverse. On peut revoir l'exercice résolu 1, page 83.

90 Utiliser la lecture graphique

a) Résoudre l'inéquation $x^2 \geqslant 2$, en s'aidant de la courbe de la fonction carré dans un repère.

b) Résoudre l'inéquation $\dfrac{1}{x} < 2$, en s'aidant de la courbe de la fonction inverse dans un repère.

Conseils

a) • Connaître et savoir tracer rapidement la courbe de la fonction carré.
• Revoir l'exercice résolu 2, page 81.

b) • Connaître et savoir tracer rapidement la courbe de la fonction inverse.
• Revoir l'exercice résolu 2, page 83.

91 Obtenir des encadrements

a) x désigne un nombre réel quelconque de l'intervalle $[-1\,;3[$. À quel intervalle appartient x^2 ?

b) x désigne un nombre réel quelconque de l'intervalle $[-5\,;-1[$. À quel intervalle appartient $\dfrac{1}{x}$?

Conseils

a) • Dresser le tableau de variation de $x \to x^2$.
• Placer les valeurs -1 et 3 pour x et les valeurs correspondantes pour x^2. On peut revoir l'exercice 20, page 85, corrigé en fin de manuel.
• Conclure : lorsque $x \in [-1\,;3[$, $x^2 \in \ldots.$

b) Procéder de même, en utilisant la fonction inverse. On peut revoir l'exercice 41, page 86, corrigé en fin de manuel.

92 Utiliser les variations

a) Utiliser le tableau de variation de la fonction carré pour déterminer les réels x tels que $x^2 \leqslant 7$.

b) Trouver les réels x tels que $\dfrac{1}{2} \leqslant \dfrac{1}{x} \leqslant 5$.

Conseils

a) • Connaître le tableau de variation de x x^2.
• Placer 7 sur chacune des flèches du tableau et en déduire la réponse sur « la ligne des x ».

b) • Connaître le tableau de variation de la fonction inverse.
• Placer $\dfrac{1}{2}$ et 5 sur celle des deux flèches qui convient et en déduire la réponse sur « la ligne des x ».

93 Comparer deux fonctions

f et g sont les fonctions définies sur $[1\,;+\infty[$ par :

$$f(x)=x^2 \quad \text{et} \quad g(x)=x^2-x+1.$$

a) À l'aide de la calculatrice, conjecturer la position relative des courbes de f et de g sur l'intervalle $[1\,;+\infty[$.

b) Démontrer la conjecture de la question **a)**.

Conseils

a) Savoir manipuler la calculatrice : connaître les fonctions WINDOWS, TRACE ou TABLE.

b) • Étudier le signe de la différence $f(x)-g(x)$ suivant les valeurs de x. On peut revoir l'exercice 53, page 88, corrigé en fin de manuel.

94 Calculer mentalement

$$A=\sqrt{3}+\sqrt{5} \quad \text{et} \quad B=\sqrt{7+2\sqrt{15}}.$$

On se propose de comparer A et B. Difficile de le faire mentalement... et pourtant !

a) Donner mentalement la valeur exacte de A^2, puis de B^2.

b) Sans aucun calcul, comparer A et B. Expliquer.

Conseils

a) • Utiliser une identité remarquable pour calculer mentalement A^2.

b) • Comparer mentalement A^2 et B^2, en déduire la comparaison de A et B à l'aide d'une propriété, à préciser, de la fonction carré.

Vérifier les réponses p. 300

Exercices d'approfondissement

Pour aller plus loin

95 Avec un guide

Voici le procédé utilisé par les tailleurs de pierre pour tracer une parabole sur un bloc rectangulaire.

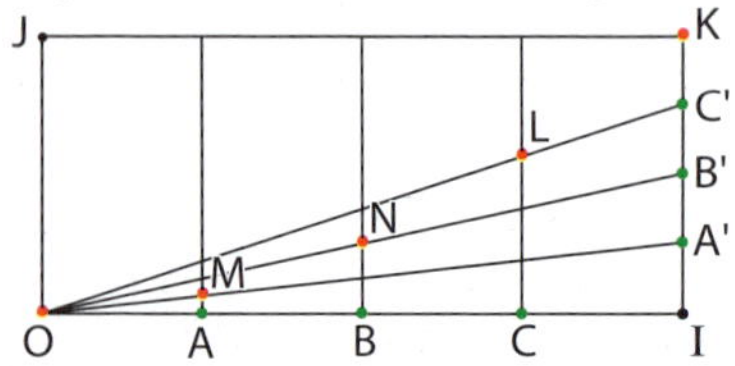

Les points A, B, C du segment [OI] sont tels que :

OA = AB = BC = CI.

Les points A′, B′, C′ du segment [IK] sont tels que :

IA′ = A′B′ = B′C′ = C′K.

Justifier que les points O, M, N, L et K appartiennent à la courbe de la fonction carré.

Guide de résolution

On peut utiliser le théorème de Thalès dans certains triangles ou on peut déterminer les coordonnées des points dans le repère (O ; I, J).
On vérifie ensuite que les points O, M, N, L, K appartiennent à la parabole.

Algorithmique

96 Algorithme pour comparer $(x+y)^2$ et x^2+y^2

x et y désignent des réels.

1. On considère l'algorithme :

a) Écrire le programme correspondant avec la calculatrice.

b) Conjecturer la comparaison de a et b suivant les valeurs de x et y.

<u>Entrées</u>
Saisir x, y
<u>Traitement</u>
a prend la valeur $(x+y)^2$
b prend la valeur (x^2+y^2)
<u>Sortie</u>
Afficher $a-b$

2. Démonstration

a) Développer et réduire $(x+y)^2-(x^2+y^2)$.

b) En déduire la comparaison du carré de la somme de deux réels avec la somme de leurs carrés.

97 En économie

Une entreprise produit un objet en grande quantité. Le coût de production total, pour une production inférieure à 10 000 unités, comporte un coût fixe de 3 000 € et un coût variable de 15 € par unité.

a) On note C(x) le coût total de production pour x unités produites. Donner l'expression de C(x).

b) Lorsqu'on fabrique x unités, le coût moyen de production de chaque unité est $f(x)=\frac{C(x)}{x}$ (avec $0 < x \leqslant 10\,000$).

Vérifier que $f(x)=15+\frac{3\,000}{x}$.

c) Afficher à l'écran de la calculatrice, la courbe représentative de la fonction f sur l'intervalle]0 ; 10 000].

d) Une unité produite est vendue 25 €.

Déterminer graphiquement une estimation de la quantité à partir de laquelle la production est rentable pour l'entreprise. Par le calcul, trouver la quantité exacte.

98 Espace et fonction

SABCDEF est une pyramide dont la base est un hexagone régulier ABCDEF. O est le milieu de [AD] et :

AO = 5 cm et OS = 10 cm.

M est un point variable sur le segment [SO]. On pose :

SM = x (avec x en cm)

Le plan passant par M et parallèle à la base coupe les segments [SA], [SB], [SC], [SD], [SE] et [SF] en P, Q, R, T, U et V.

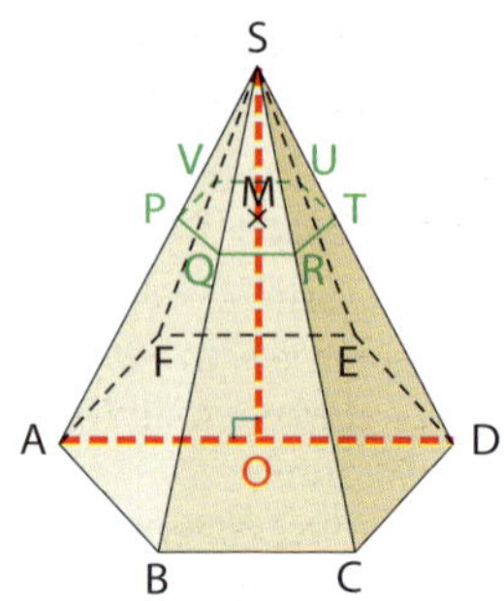

1. a) Démontrer que les droites (MP) et (OA) sont parallèles.

b) Exprimer MP en fonction de x.

2. Démontrer que l'aire en cm² de l'hexagone PQRTUV est :

$$\frac{3x^2\sqrt{3}}{8}$$

3. f est la fonction qui à x associe l'aire en cm² de PQRTUV.

a) Écrire l'ensemble de définition de f sous la forme d'un intervalle.

b) Dresser le tableau de variation de f. Justifier.

c) Dans un repère orthogonal (*unités graphiques* : 1 cm sur l'axe des abscisses et 0,25 cm sur l'axe des ordonnées), représenter graphiquement la fonction f.

d) Estimer graphiquement la valeur de x pour laquelle l'aire de PQRTUV est 50 cm², puis calculer cette valeur. On en donnera en plus la valeur approchée par excès au centième près.

e) Trouver par le calcul et sous forme d'intervalle, l'ensemble des valeurs de x telles que l'aire de PQRTUV soit comprise entre 20 cm² et 30 cm².

99 **Une figure d'aire donnée**

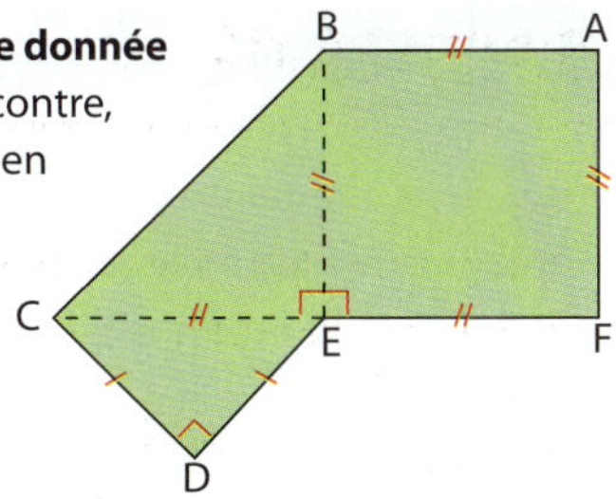

Sur la figure codée ci-contre, on note x la longueur en cm du côté [AB].

$\mathscr{A}$ est la fonction définie sur $[0\,;+\infty[$ qui à x associe l'aire, en cm², du domaine coloré en vert.

a) L'expression de $\mathscr{A}(x)$ est de la forme ax^2. Déterminer a.

b) Afficher à l'écran d'une calculatrice la courbe représentative de la fonction $\mathscr{A}$ sur l'intervalle $[0\,;10]$.

c) À l'aide de la calculatrice estimer la valeur de x telle que $\mathscr{A}(x) = 112$.

d) Résoudre par le calcul l'équation $\mathscr{A}(x) = 112$.
Construire cette figure avec la valeur de x trouvée.

100 **Fouilles archéologiques**

(d'après un texte de Lionel Dupuydauby)

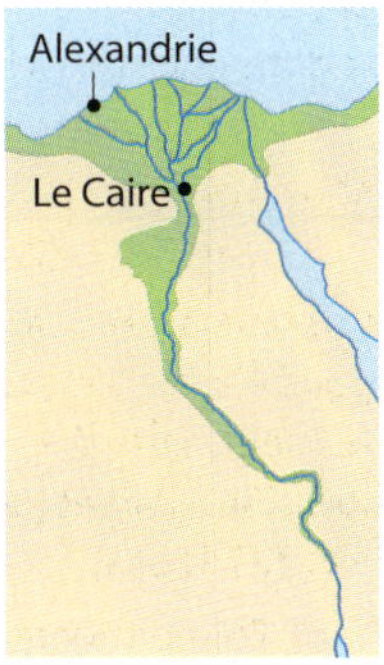

Pour remonter à la surface des blocs de granit posés au fond du port d'Alexandrie (en Égypte), les archéologues utilisent des ballons gonflés avec de l'air comprimé.

On note x le rayon en mètres d'un tel ballon sphérique.

1. a) Quelle est l'expression de son volume en m³ ?

b) La masse volumique de l'eau dans ce port est de 1 046 kg/m³.
En déduire, en fonction de x, la masse d'eau déplacée par une immersion totale de ce ballon.

c) On sait que P = mg, où P est le poids en N et m la masse en kg d'un objet. En prenant $g = 10$, vérifier que le poids de la masse d'eau obtenue au **b)** est :

$$f(x) = \frac{41\,840}{3}\pi x^3.$$

2. a) Avec la calculatrice, tabuler la fonction f sur l'intervalle $[0\,;1]$ avec le pas 0,01.

b) Les archéologues souhaitent remonter à la surface une statue de 380 kg, c'est-à-dire dont le poids est de 3 800 N.
Déterminer un encadrement d'amplitude 10^{-2} du rayon x_0 du ballon pour que cela soit possible.

Le saviez-vous ?

Tout corps plongé dans l'eau subit une poussée verticale, dirigée de bas en haut et égale au poids du volume d'eau déplacé. Cette force est appelée « poussée d'Archimède ».

101 **En musique**

La fréquence de vibration f (en hertz) d'une corde tendue dépend de sa longueur (en mètres) et de sa tension T (en newtons).
Pour une corde de violon (de longueur utile 33 cm), la fréquence émise est donnée par la formule :

$$f = 50\sqrt{T}\,.$$

On considère la fonction $T \mapsto 50\sqrt{T}$ définie sur l'intervalle $[0\,;+\infty[$.

a) Afficher à l'écran de la calculatrice la courbe représentative de cette fonction sur l'intervalle $[0\,;100]$.

b) Conjecturer le sens de variation de cette fonction sur $[0\,;+\infty[$.

c) u et v désignent deux réels positifs tels que :

$$u \leqslant v.$$

Vérifier que :

$$\sqrt{u} - \sqrt{v} = \frac{u - v}{\sqrt{u} + \sqrt{v}}.$$

Démontrer alors la conjecture émise au **b)**.

d) Déterminer la tension de cette corde pour qu'elle donne le **la$_3$** de fréquence 435 Hz, d'abord avec la calculatrice, ensuite par le calcul.

PROBLÈMES OUVERTS

102 **La zone de baignade**

Compléments numériques

Les moniteurs d'un centre aéré disposent d'une ligne de bouchons de 60 m pour créer une zone rectangulaire de baignade surveillée au bord de la mer.

Le côté [PM] est le bord de la plage supposé bien droit et les trois autres côtés correspondent à la ligne flottante.

Trouver les dimensions du rectangle pour que l'aire de la zone de baignade soit maximale.

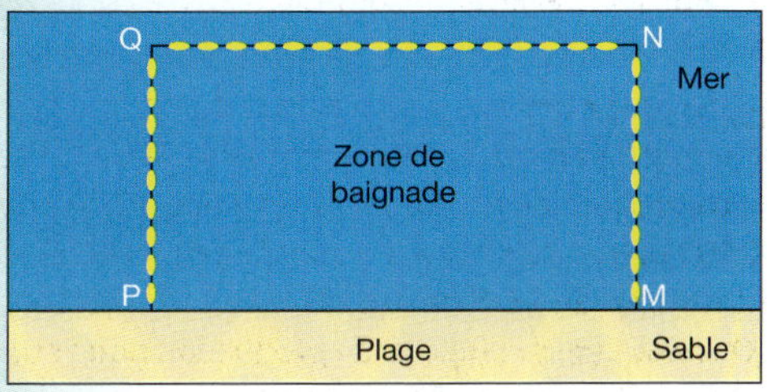

103 B2i L1-4 L3-4 **Boire ou conduire ... il faut choisir**

Deux personnes sont au restaurant.
Laure affirme : « Je devrais conduire la voiture au retour. »
Marc rétorque : « Tu as bu une coupe de champagne et deux verres de vin ! »
Laure insiste : « Oui, mais toi tu as bu un whisky et deux verres de vin ! »

> **Texte de loi**
> Selon la loi, il est interdit de conduire un véhicule avec un taux d'alcool supérieur ou égal à 0,5g/L de sang.

Comment peut-on déterminer la personne dont le fonctionnement de l'organisme est le moins perturbé par cette consommation d'alcool ?
On peut télécharger le logiciel *éthylotest* à l'adresse : http://pagesperso-orange.fr/jourdan.eric/log/alcool.htm

D'après IREM Lille

Des défis

104 **Tout augmente !**

On augmente un nombre réel positif non nul de 25 %. Comment varie son inverse ?

105 **Des 0 et des 2**

On considère le nombre qui s'écrit :

$$20002000\ldots2000$$

où on retrouve 2 000 fois la séquence « 2 000 ».
Ce nombre est-il le carré d'un entier ?

106 **Différence des inverses**

Peut-on trouver deux entiers naturels consécutifs dont la différence des inverses est égale à $\frac{1}{2\,070}$?

SUJETS D'EXPOSÉS

SUJET 1

Lorsqu'un plongeur expulse de l'air, les bulles remontent en grossissant continuellement.

→ Rechercher sur Internet une explication de ce phénomène physique et son lien avec la fonction inverse.
Lors d'un exposé, présenter vos résultats à la classe.

SUJET 2

MPS Méthodes et pratiques scientifiques

Au sein de la police scientifique, les experts en balistique étudient les trajectoires des balles, ainsi que leur degré de pénétration dans la cible, afin d'estimer la position du tireur et la distance entre le tireur et la cible.

→ Rechercher sur Internet la notion de balistique et son lien avec la fonction carré.
Lors d'un exposé, présenter à la classe une étude de trajectoire d'un projectile.

Chapitre 5

Fonctions et formules algébriques

Le cône de lumière émis par une lampe munie d'un abat-jour rencontre un mur vertical selon des arcs d'hyperbole.

Énigme ★

Calculer $C = \dfrac{\left(8^{n+1} + 8^{n}\right)^{2}}{\left(4^{n} - 4^{n-1}\right)^{3}}$.

➤ ***Est-il vraiment utile de noter la valeur choisie pour n ?***

D'après Maths et Malices, *n° 13*

Énigme ★★

➤ ***Trouver un nombre entier de quatre chiffres qui a deux chiffres identiques à gauche et deux chiffres identiques à droite et qui est le carré d'un nombre entier.***

Vérifier les acquis

Compléments numériques

Travailler en autonomie

1 Passer d'une formule à une fonction

La distance d'arrêt D_A d'un véhicule est la somme de la distance D_R parcourue pendant le temps de réaction du conducteur et de la distance D_F de freinage. D_A, D_R, D_F sont exprimées en mètres.

$D_A = D_R + D_F$ avec $D_R = \dfrac{V}{3,6}$ (V en km/h) et $D_F = \dfrac{V^2}{254 \times f}$ où f est le coefficient d'adhérence qui dépend de la chaussée.
Les valeurs de f sur route sèche sont : 0,8 pour un béton bitumineux ; 0,7 pour un revêtement moyen ; 0,6 pour un pavé. Sur route mouillée, ces valeurs sont divisées par 2.

Michel roule sur une route sèche, de revêtement moyen. Donner l'expression de la distance d'arrêt de son véhicule, en fonction de sa vitesse x.

2 Tester une inégalité

L'inégalité $\dfrac{5}{x} < 3$ est vraie, lorsque x prend, par exemple comme valeur :

a) -4 **b)** $\dfrac{3}{5}$ **c)** 1 **d)** 2,4

3 Donner du sens aux symboles

Pour chaque inégalité, dire si elle est vraie pour tout nombre x.

a) $(x + 2)^2 - 4 \geqslant -4$ **b)** $-4\,(x - 3,5)^2 \leqslant 0$ **c)** $0,81 - x^2 \leqslant 0$

4 Utiliser un tableur

Formulaire p. 285, thème 11

Le tableau ci-contre donne, dans la colonne D, les images par une fonction f, des nombres x situés dans la colonne A. Donner l'expression de $f(x)$.

	A	B	C	D
1	-2,5	=A1 - 1	= 1/B1	=C1 - 4
2	-2	-3	-0,33333333	-4,33333333
3	-1,5	-2,5	-0,4	-4,4
4	-1	-2	-0,5	-4,5
5	0	-1	-1	-5

5 Développer et réduire avec une identité remarquable

Formulaire p. 283, thème 6

x désigne un nombre. Développer et réduire les expressions suivantes :

a) $(2x - 3)^2$ **b)** $(3x + 1)^2$ **c)** $(2 - 5x)(2 + 5x)$ **d)** $8 - 2(x - 3)^2$

6 Factoriser avec une identité remarquable

Formulaire p. 283, thème 6

x désigne un nombre. Factoriser les expressions suivantes :

a) $x^2 + 10x + 25$ **b)** $9 - x^2$ **c)** $4x^2 - 4x + 1$ **d)** $8 - 2(x - 3)^2$

7 Réduire au même dénominateur

Formulaire p. 283, thème 5

x désigne un nombre différent de 1. Réduire les expressions suivantes au même dénominateur.

a) $\dfrac{x-1}{2} + 3$ **b)** $\dfrac{2}{x-1} + 3$ **c)** $\dfrac{2}{x-1} - 3$

Vérifier les réponses p. 296

Objectif
Développer la démarche d'investigation pour résoudre un problème du type $f(x) = k$ ou un problème d'optimisation. Confronter les stratégies.

B2i L1-1 L2-4 L3-7

1 Création d'un jardin

Une entreprise paysagiste doit créer un espace « jardin et terrasse » sur un terrain ABCD de forme carrée de côté 8 m. Le projet présenté aux clients, modifiable à souhait, est schématisé sur la figure ci-contre. La partie « jardin » est colorée en vert (carré et triangle ayant un sommet commun). La terrasse occupe le reste du terrain. Le point P peut occuper n'importe quelle position sur le segment [AB].

Au cours des échanges entre le client et le paysagiste, diverses questions sont posées.

(1) Est-il possible que l'aire du jardin soit égale à la moitié de celle du terrain ?
(2) Est-il possible que l'aire du jardin soit égale au quart de l'aire du terrain ?
(3) Est-il possible de faire en sorte que l'aire du jardin soit minimale ?
Faire le travail suivant pour aider le paysagiste à répondre à ces questions.

1 Expérimentation

a) Réaliser la figure à l'aide d'un logiciel de géométrie dynamique.
b) Expérimenter à l'aide du logiciel et émettre des conjectures sur les questions posées.
c) Enregistrer votre travail dans le répertoire Documents.

2 Modélisation mathématique

a) On note x la longueur AP en mètres.
Exprimer l'aire du jardin en fonction de x.
b) Parmi les expressions suivantes, reconnaître celles qui donnent aussi l'aire du jardin :
- $x^2 - 4x + 32$
- $x^2 - 8x + 64$
- $(x - 2)^2 + 28$
- $x(x + 4)$

c) Utiliser la forme la plus adaptée pour répondre à chaque question **(1)**, **(2)**, **(3)**.
Les réponses sont-elles conformes aux conjectures émises ?

Objectif
Développer des stratégies basées sur l'observation de courbes.

B2i L1-1

2 Carte de vœux

Coraline, passionnée d'arts et de mathématiques, a fabriqué cette jolie carte de vœux.
On se propose de retrouver comment elle l'a réalisée.
a désigne un nombre réel non nul, α et β des nombres réels.
f est la fonction définie sur $\mathbb{R}$ par $f(x) = a(x - \alpha)^2 + \beta$.

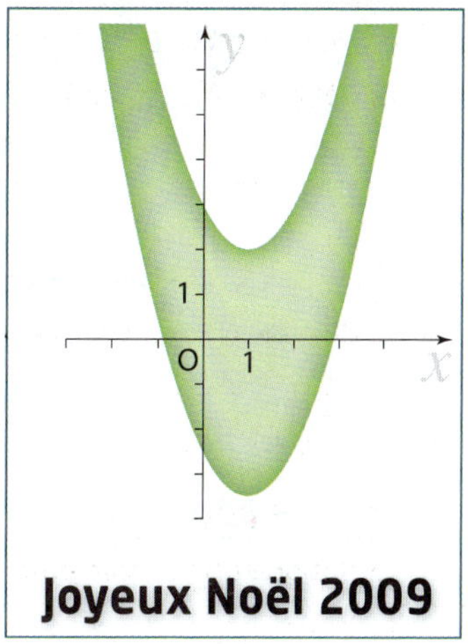

a) À l'aide d'un logiciel de géométrie dynamique, observer la courbe représentative de la fonction f :
- pour $\alpha = 0, \beta = 0$ et a variable ;
- pour $a = 1, \alpha = 0$ et β variable ;
- pour $a = 1, \beta = 0$ et α variable ;
- pour des valeurs de a, α, β de votre choix.

b) Conjecturer des propriétés pour la fonction f et sa courbe représentative suivant les valeurs de a, α et β.
c) Retrouver comment Coraline a réalisé sa carte de vœux.

La fonction $f : x \mapsto a(x - \alpha)^2 + \beta$

1 Sens de variation de f

La fonction f est définie sur $\mathbb{R}$ par l'enchaînement :

$$x \longrightarrow (x - \alpha) \longrightarrow (x - \alpha)^2 \longrightarrow a(x - \alpha)^2 \longrightarrow a(x - \alpha)^2 + \beta$$

Note
Cette propriété peut être admise ou démontrée sur un exemple générique.

Cas $a > 0$

x	$-\infty$	α	$+\infty$
$x \mapsto x - \alpha$	↗	0	↗
Explication	Deux réels négatifs et leurs carrés sont rangés dans l'ordre contraire.		Deux réels positifs et leurs carrés sont rangés dans le même ordre.
$x \mapsto (x - \alpha)^2$	↘	0	↗
Explication	Multiplier par a ($a > 0$) ne change pas l'ordre.		
$x \mapsto a(x - \alpha)^2$	↘	0	↗
Explication	Ajouter un réel β ne change pas l'ordre.		
$x \mapsto f(x)$	↘	β	↗

Cas $a < 0$

x	$-\infty$	α	$+\infty$
$x \mapsto x - \alpha$	↗	0	↗
Explication	Deux réels négatifs et leurs carrés sont rangés dans l'ordre contraire.		Deux réels positifs et leurs carrés sont rangés dans le même ordre.
$x \mapsto (x - \alpha)^2$	↘	0	↗
Explication	Multiplier par a ($a < 0$) change l'ordre.		
$x \mapsto a(x - \alpha)^2$	↗	0	↘
Explication	Ajouter un réel β ne change pas l'ordre.		
$x \mapsto f(x)$	↗	β	↘

PROPRIÉTÉ f est la fonction $x \mapsto a(x - \alpha)^2 + \beta$ avec $a \neq 0$.

- Si $a > 0$, alors la fonction f est décroissante sur $]-\infty\,;\alpha]$ et croissante sur $[\alpha\,;+\infty[$.
- Si $a < 0$, alors la fonction f est croissante sur $]-\infty\,;\alpha]$ et décroissante sur $[\alpha\,;+\infty[$.

2 Représentation graphique de f

DÉFINITION f est la fonction $x \mapsto a(x - \alpha)^2 + \beta$ avec $a \neq 0$.
Dans un repère orthonormé, la représentation graphique de f est une parabole $\mathcal{P}$ de sommet S $(\alpha\,;\beta)$.

Note
Du fait de l'axe de symétrie, **l'abscisse α du sommet** est **la demi-somme** des abscisses de deux points de $\mathcal{P}$ de même ordonnée.

On admet que cette parabole $\mathcal{P}$ **a pour axe de symétrie la droite passant par le sommet S et parallèle à l'axe des ordonnées.**

- Si $a > 0$, la parabole $\mathcal{P}$ est tournée « vers le haut ».

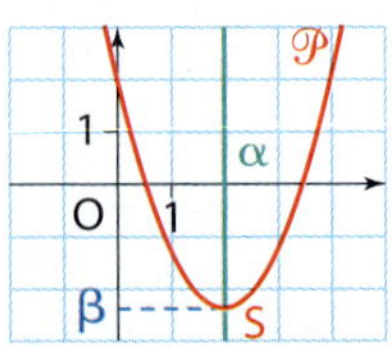

- Si $a < 0$, la parabole $\mathcal{P}$ est tournée « vers le bas ».

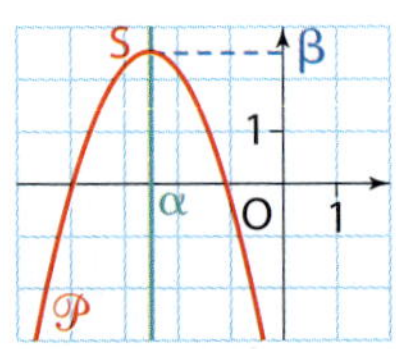

Les méthodes

Exercice résolu 1 Justifier un extremum

Voir aussi l'exercice 5, page 104

Énoncé

On dispose d'un carré de côté 8 découpé en quatre rectangles comme indiqué ci-contre.
On note $\mathscr{A}(x)$ l'aire du domaine coloré en orange.

a) À quel intervalle appartient x ?
b) Montrer que $\mathscr{A}(x) = 2(x-4)^2 + 32$.
c) Quel est le minimum de cette aire ?

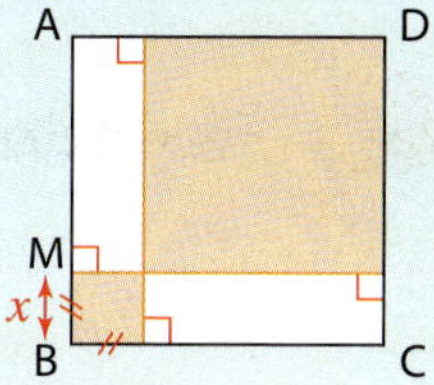

Solution

a) x appartient à l'intervalle $[0;8]$.
b) $\mathscr{A}(x) = x^2 + (8-x)^2$
Donc $\mathscr{A}(x) = x^2 + 64 - 16x + x^2$
$= 2x^2 - 16x + 64$
Or $2(x-4)^2 + 32 = 2(x^2 - 8x + 16) + 32$
$= 2x^2 - 16x + 64.$
Donc, pour tout réel x de $[0;8]$,
$$\mathscr{A}(x) = 2(x-4)^2 + 32$$
c) Méthode (1) : $\mathscr{A}(x)$ est de la forme $a(x-\alpha)^2 + \beta$ avec $a = 2, \alpha = 4, \beta = 32$.
Or $a > 0$ donc la fonction $\mathscr{A}$ est décroissante sur $[0;4]$ et croissante sur $[4;8]$.
Donc $\mathscr{A}$ admet 32 pour minimum ; il est atteint pour $x = 4$.

x	0	4	8
$f(x)$	↘	32	↗

Méthode (2) : $\mathscr{A}(x) - 32 = 2(x-4)^2$.
Donc, pour tout réel x de $[0;8]$, $\mathscr{A}(x) - 32 \geqslant 0$ c'est-à-dire $\mathscr{A}(x) \geqslant 32$.
Or $\mathscr{A}(4) = 32$. Donc $\mathscr{A}$ admet 32 pour minimum et il est atteint pour $x = 4$.

Commentaires

- M décrit le côté $[AB]$ du carré ABCD.
- $\mathscr{A}(x)$ est la somme des aires d'un carré de côté x et d'un carré de côté $(8-x)$.

MÉTHODE

- Pour justifier qu'une fonction $f : x \mapsto a(x-\alpha)^2 + \beta$ présente un extremum, on peut utiliser l'une ou l'autre des méthodes suivantes :
(1) soit on trouve les variations de f en observant le signe de a ;
(2) soit on étudie le signe de $f(x) - \beta$ et on vérifie que $f(\alpha) = \beta$.

Exercice résolu 2 Tracer une parabole

Voir aussi les exercices 7 et 8, page 104

Animation numérique

Énoncé

f est la fonction définie sur $\mathbb{R}$ par $f(x) = 4 - (x-1)^2$.
Tracer la courbe représentative $\mathscr{P}$ de f dans un repère orthogonal.

Solution

$f(x) = a(x-\alpha)^2 + \beta$ avec $a = -1, \alpha = 1, \beta = 4$.
Donc f est représentée par une parabole $\mathscr{P}$ de sommet S (1 ; 4) et tournée « vers le bas » (car $a < 0$).

Remarque : Pour tracer $\mathscr{P}$, on place aussi quelques points, par exemple ici : (0 ; 3), (2 ; 3), (–1 ; 0), (3 ; 0) et le sommet de la parabole.

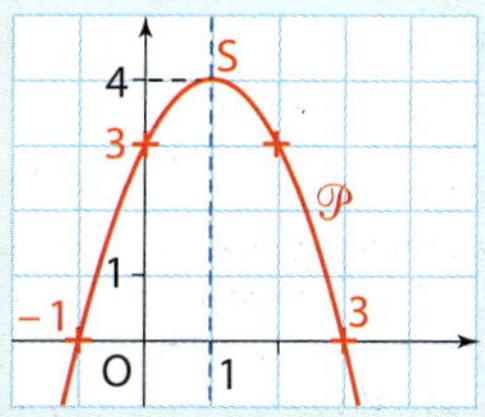

Études de fonctions

1 Fonctions polynômes de degré 2

DÉFINITION Dire qu'une fonction f définie sur $\mathbb{R}$ est une fonction polynôme de degré 2, signifie qu'il existe des nombres réels a ($a \neq 0$), b et c tels que pour tout réel x :

$$\boldsymbol{f(x) = ax^2 + bx + c}.$$

Il s'agit de **la forme développée de $f(x)$**.

• On admet que $f(x)$ peut aussi s'écrire sous la forme $\boldsymbol{f(x) = a(x - \alpha)^2 + \beta}$ où α et β sont des nombres réels. Il s'agit de **la forme canonique de $f(x)$**.
• On peut parfois factoriser $f(x)$. On admet que c'est le cas lorsque la parabole $\mathscr{P}$ représentant f coupe l'axe des abscisses du repère. On obtient alors $\boldsymbol{f(x) = a(x - x_1)(x - x_2)}$. Il s'agit, lorsqu'elle existe, de **la forme factorisée de $f(x)$**.

EXEMPLES

• Pour tout x, $\boldsymbol{f(x) = (x - 2)^2 + 1}$

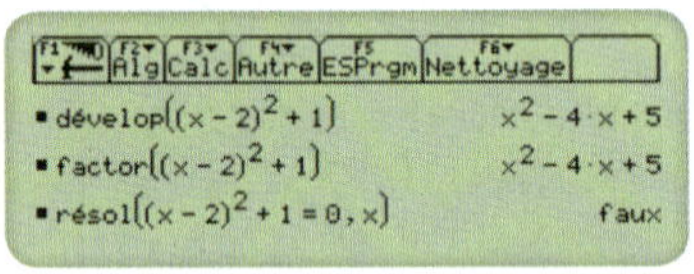

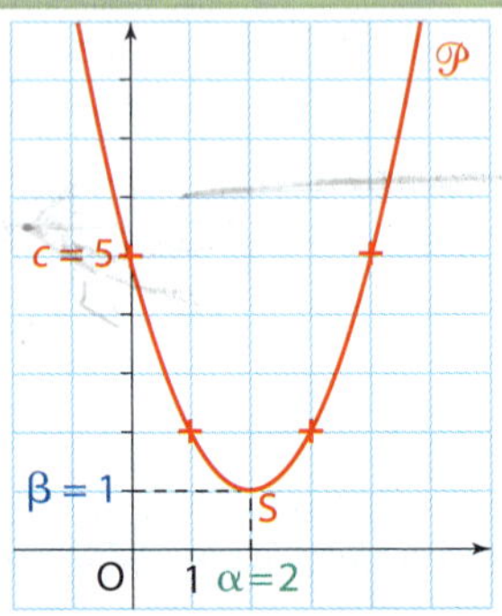

• Pour tout x, $\boldsymbol{f(x) = 8 - 2(x - 1)^2}$

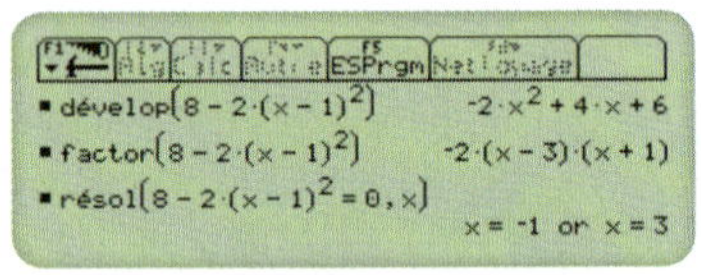

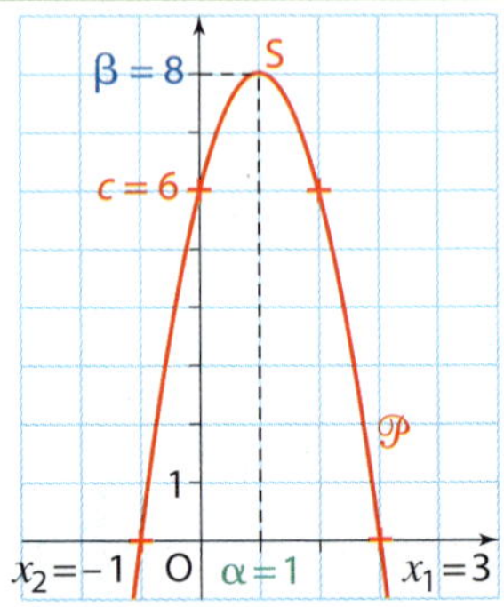

Notes

• $\mathscr{P}$ coupe l'axe des ordonnées au point de coordonnées (0 ; f(0)) avec $f(0) = c$.

• Les abscisses des points d'intersection de $\mathscr{P}$ avec l'axe des abscisses (quand ils existent) sont les solutions de l'équation $f(x) = 0$.

2 Fonctions homographiques

DÉFINITION Dire qu'une fonction f est une **fonction homographique** signifie qu'il existe des nombres réels a, b, c ($c \neq 0$) et d tels que, pour tout nombre réel x **n'annulant pas le dénominateur**, $\boldsymbol{f(x) = \dfrac{ax + b}{cx + d}}$.

EXEMPLE

f est la fonction homographique $x \mapsto \dfrac{x - 1}{2x + 3}$ ($a = 1, b = -1, c = 2, d = 3$).

$2x + 3 \neq 0$ lorsque $x \neq -\dfrac{3}{2}$, donc l'ensemble de définition de f est :

$$\mathbf{D} = \left]-\infty ; -\frac{3}{2}\right[\cup \left]-\frac{3}{2} ; +\infty\right[\text{ que l'on écrit quelquefois } \mathrm{D} = \mathbb{R} - \left\{-\frac{3}{2}\right\}.$$

Exercice résolu 1 Identifier la forme la plus adaptée

Voir aussi les exercices 15 à 17, page 105

Énoncé

f est la fonction définie sur $\mathbb{R}$ par :

$$f(x) = -2(x-3)^2 + 2.$$

$\mathcal{P}$ est sa courbe représentative dans un repère orthogonal. L'écran ci-contre a été obtenu avec le logiciel de calcul formel Xcas.

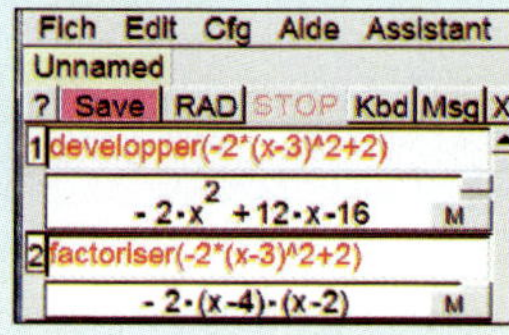

Sélectionner la forme la plus adaptée pour répondre aux questions suivantes et y répondre.

a) En quel point la courbe $\mathcal{P}$ coupe-t-elle l'axe des ordonnées ?

b) En quels points la courbe $\mathcal{P}$ coupe-t-elle l'axe des abscisses ?

c) Quel est le sens de variation de la fonction *f* ?

d) Quel est le maximum de la fonction ? Pour quel nombre x est-il atteint ?

Solution

a) Forme développée : $\boldsymbol{f(x) = -2x^2 + 12x - 16}$.
Donc $f(0) = -16$ et $\mathcal{P}$ passe par le point A $(0\,;-16)$.

b) Forme factorisée : $\boldsymbol{f(x) = -2(x-4)(x-2)}$.
$f(x) = 0$ si, et seulement si, $x - 4 = 0$ ou $x - 2 = 0$, c'est-à-dire $x = 4$ ou $x = 2$.
Donc $\mathcal{P}$ passe par les points B $(2\,;0)$ et C $(4\,;0)$.

c) Forme canonique : $\boldsymbol{f(x) = -2(x-3)^2 + 2}$.
$a = -2$, donc $a < 0$. Par conséquent, *f* est croissante sur $]-\infty\,;3]$ et décroissante sur $[3\,;+\infty[$.

d) Forme canonique : $\boldsymbol{f(x) = -2(x-3)^2 + 2}$.
Le maximum de *f* est 2 ; il est atteint pour $x = 3$.

> **MÉTHODE**
>
> Pour trouver l'extremum d'une fonction polynôme du second degré, on peut :
> - soit identifier les coordonnées $(\alpha\,;\beta)$ sur la forme canonique de *f* ;
> - soit repérer deux points de la courbe de même ordonnée ; α est alors la demi-somme de leurs abscisses (voir exercice 20, page 97).

Exercice résolu 2 Reconnaître une fonction homographique

Voir aussi les exercices 21 et 22, page 105

Énoncé

f est la fonction $x \mapsto -3 + \dfrac{1}{x+1}$.

a) Identifier l'ensemble de définition de *f*.

b) Démontrer que *f* est une fonction homographique.

Solution

a) $x + 1 \neq 0$ si, et seulement si, $x \neq -1$.
Donc *f* est définie sur $]-\infty\,;-1[\,\cup\,]-1\,;+\infty[$.

b) Pour tout $x \neq -1$, $f(x) = \dfrac{-3(x+1)+1}{x+1}$

c'est-à-dire $f(x) = \dfrac{-3x-2}{x+1}$.

Donc *f* est une fonction homographique.

> **Commentaires**
>
> - On réduit au même dénominateur l'expression de $f(x)$:
>
> $$\frac{-3(x+1)}{x+1} + \frac{1}{x+1}$$

Exercices de base

Pour créer des automatismes

La fonction $f : x \mapsto a(x-\alpha)^2 + \beta$

Algorithmique

1 Algorithme et fonction

Recopier et compléter les algorithmes suivants :

a) x —ajouter 3→ … —élever au carré→ … —multiplier par – 2→ … —soustraire 4→ …

b) x —…→ … —…→ … —…→ … —…→ $2(x-5)^2+6$

2 Dans chaque cas, donner le sens de variation de la fonction définie sur $\mathbb{R}$ et son extremum.

a) $f_1(x) = 3(x-1)^2 - 4$ b) $f_2(x) = 4 - 3(x-1)^2$
c) $f_3(x) = -2x^2 + 7$ d) $f_4(x) = -5 + 3x^2$

3 f est la fonction définie sur $\mathbb{R}$ par :

$$f(x) = 2(x-3)^2 + 4$$

1. Dresser le tableau de variation de f.
2. Sans calculer, comparer, si possible :
a) $f(-1)$ et $f(2)$ b) $f(1)$ et $f(4)$ c) $f(20)$ et $f(19{,}7)$
3. a désigne un réel de l'intervalle $]-\infty\,;3]$.
Comparer $f(a)$ et $f(a-1)$.

4 Comparer A et B sans utiliser la calculatrice.

a) $A = -3\left(\sqrt{2}+1\right)^2$ $B = -3\left(\sqrt{3}+1\right)^2$
b) $A = -2(0{,}01+3)^2 + 1$ $B = -2(0{,}02+3)^2 + 1$
c) $A = -2(-5{,}1+3)^2 + 1$ $B = -2(-5{,}4+3)^2 + 1$

5 Un centre nautique possède l'enseigne lumineuse ci-contre en forme de triangle rectangle isocèle. M, N, P sont des points des côtés de ce triangle tels que AMNP soit un rectangle.

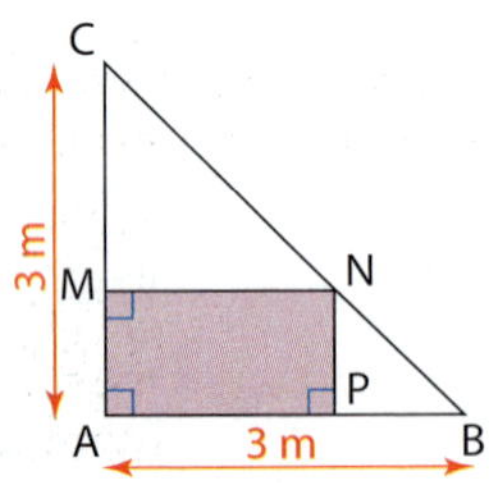

On note x la longueur AM en mètres et $\mathcal{A}(x)$ l'aire en m² du rectangle AMNP.

a) À quel intervalle appartient x ?

b) Montrer que $\mathcal{A}(x) = -\left(x - \dfrac{3}{2}\right)^2 + \dfrac{9}{4}$.

c) Quel est le maximum de cette aire ?
À quelle position du point M cela correspond-il ?

Conseil : *se reporter à l'exercice résolu 1, page 101.*

6 En observant sur sa calculatrice la courbe de la fonction $x \mapsto 0{,}5(x-11)^2 - 15$, Yasmina affirme : « Cette fonction est décroissante. » Qu'en pensez-vous ?

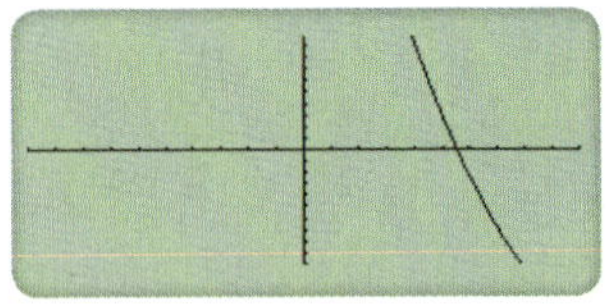

7 a) f est celle des trois fonctions saisies ci-dessous, qui est définie par une expression de la forme $a(x-\alpha)^2+\beta$. Donner l'expression de $f(x)$.

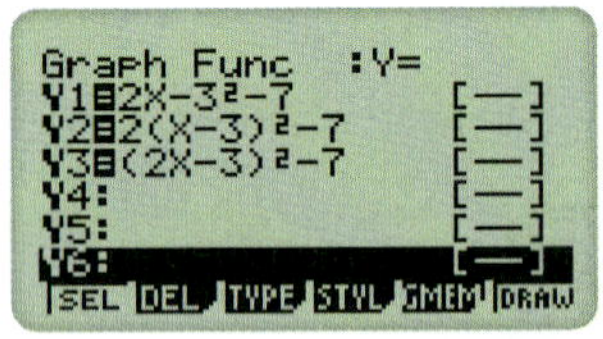

b) Tracer la courbe représentative de f dans un repère orthogonal.

Conseil : *se reporter à l'exercice résolu 2, page 101.*

8 Dans chaque cas, dire si la parabole représentant la fonction est tournée « vers le haut » ou « vers le bas ». Donner les coordonnées du sommet et tracer la parabole dans un repère orthogonal.

a) $f_1(x) = -(x+2)^2 - 3$ b) $f_2(x) = \dfrac{25}{2} + 2\left(x - \dfrac{1}{2}\right)^2$

c) $f_3(x) = -4(x-3{,}5)^2 + 1{,}5$ d) $f_4(x) = 7 + x^2$

9 Proposer une fenêtre adaptée pour visualiser la courbe de la fonction f sur l'intervalle I à l'écran d'une calculatrice.

a) $f(x) = (x+2)^2 - 16$ $I = [-10\,;10]$
b) $f(x) = 8 - (x-12)^2$ $I = [0\,;20]$
c) $f(x) = 0{,}58(x-100)^2 + 200$ $I = [0\,;200]$

10 Sans utiliser la calculatrice, associer à chaque fonction la représentation graphique qui lui correspond.

$f(x) = -2(x+1)^2 + 3$ $g(x) = 2(x+1)^2 - 3$
$h(x) = 2(x+1)^2 + 3$

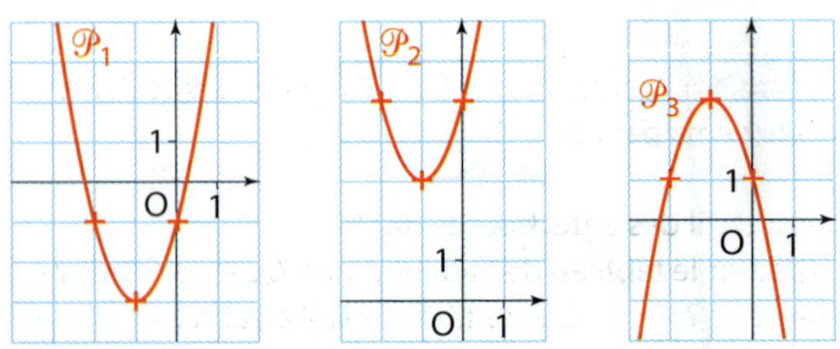

Pour les exercices 11 à 14, tracer la courbe représentant la fonction f dans un repère orthogonal. Résoudre l'équation f (x) = 5 graphiquement, puis par le calcul.

11 $f(x) = 9 - (x-1)^2$

12 $f(x) = (x+3)^2 - 4$

13 $f(x) = -2(x-1)^2 + 13$

14 $f(x) = \frac{1}{2}(x+2)^2 - 1$

Étude de fonctions

15 Voici trois expressions d'une même fonction f représentée par une parabole $\mathcal{P}$, dans un repère.

- $f(x) = 2\left(x + \frac{1}{4}\right)^2 - \frac{49}{8}$
- $f(x) = 2\left(x - \frac{3}{2}\right)(x+2)$
- $f(x) = 2x^2 + x - 6$

Choisir la forme la plus adaptée pour répondre aux questions suivantes.

a) En quel point, $\mathcal{P}$ coupe-t-elle l'axe des abscisses ?
b) En quel point, $\mathcal{P}$ coupe-t-elle l'axe des ordonnées ?
c) Quel est le sens de variation de f ?
d) Quel est le minimum de f ?
Pour quel nombre x est-il atteint ?

Conseil : *se reporter à l'exercice résolu 1, page 103.*

16 Voici trois formes d'une même fonction f :

- $f(x) = -2x^2 - 6x - 4$
- $f(x) = -2(x+2)(x+1)$
- $f(x) = -2\left(x + \frac{3}{2}\right)^2 + \frac{1}{2}$

Reconnaître ces trois formes.
Choisir la forme la mieux adaptée et calculer :

a) $f(-2)$ **b)** $f\left(-\frac{3}{2}\right)$ **c)** $f(0)$

17 Voici trois formes d'une même fonction f :

- $f(x) = 3(x+2)^2 - 27$
- $f(x) = 3(x-1)(x+5)$
- $f(x) = 3x^2 + 12x - 15$

1. Choisir l'expression la mieux adaptée et calculer les antécédents par f de :
a) 0 **b)** –15 **c)** –27
2. –30 a-t-il des antécédents par f ?
3. Dresser le tableau de variation de f. Quel est le minimum de f ? Pour quel nombre x est-il atteint ?

18 f est un polynôme du second degré. $\mathcal{P}$ est la parabole représentant f dans un repère orthogonal.
Dans chacun des cas suivants, traiter les informations pour retrouver l'expression de $f(x)$.

a) $\mathcal{P}$ a pour sommet S (2 ; 3). Le point A (0 ; –1) appartient à $\mathcal{P}$.
b) $\mathcal{P}$ coupe l'axe des abscisses aux points A (–2 ; 0) et B (1 ; 0), et l'axe des ordonnées au point C (0 ; 2).
c) $\mathcal{P}$ admet pour axe de symétrie la droite parallèle à l'axe des ordonnées passant par le point A (1 ; 0). $\mathcal{P}$ coupe l'axe des abscisses en l'origine O du repère et passe par le point A (3 ; 1).

19 Sur une Peugeot 406 1,6i, les variations de la résistance R (en Ω) de la sonde de « température d'eau » en fonction de la température T (en °C) du liquide dans le circuit de refroidissement sont données par :

$$R = 0{,}58\,T^2 - 116\,T + 6\,000 \quad (\text{avec } 0 \leqslant T \leqslant 150).$$

a) Vérifier que $R = 0{,}58\,(T - 100)^2 + 200$.
b) Quel est le minimum de cette résistance ?
À quelle température est-il atteint ?

20 f est la fonction définie sur $\mathbb{R}$ par :

$$f(x) = x^2 + 3x - 4$$

$\mathcal{P}$ est la parabole représentant f dans un repère orthogonal.

a) Déterminer les antécédents de –4.
b) En déduire l'abscisse du sommet de $\mathcal{P}$. Calculer alors l'ordonnée du sommet de $\mathcal{P}$.
c) Tracer la parabole $\mathcal{P}$.
d. Trouver la forme canonique.

21 **a)** Retrouver l'expression de chacune des fonctions saisies ci-après et identifier leur ensemble de définition.

b) Dire, dans chaque cas, s'il s'agit d'une fonction homographique.

Conseil : *se reporter à l'exercice résolu 2, page 103.*

22 f est la fonction $x \mapsto 5x - \frac{1}{2x} + 4$.

a) Identifier l'ensemble de définition de f.
b) f est-elle une fonction homographique ?

Exercices d'entraînement

Pour développer des compétences

Travaux pratiques

Compléments numériques

23 B2i L2-4 L3-4 L3-5 Recette maximale

OBJECTIF Pratiquer une démarche scientifique et résoudre un problème.

Le directeur d'une salle de spectacle sait qu'il reçoit en moyenne 500 spectateurs quand le prix d'une place est de 20 €.

Il a constaté que chaque réduction de 1 € sur le prix d'une place attire 50 spectateurs de plus.
Il souhaiterait déterminer le prix d'une place lui assurant la meilleure recette.

1. Conjecture

a) Faire quelques essais à la main.
b) Réaliser une telle feuille de calcul avec un tableur.

	A	B	C	D
1	Réduction (en €)	Prix (en €)	Nombre de spectateurs	Recette (en €)
2	0	20	500	10000
3	1			

c) Représenter graphiquement, à l'aide du tableur, la recette en fonction du montant de la réduction.
d) En affinant éventuellement l'exploration, émettre une conjecture sur le montant de la recette maximale.

2. Preuve

a) Déterminer la fonction f qui à une réduction x associe la recette.
b) Justifier la conjecture.

3. Pour les plus rapides Travailler en groupe

a) Modifier la feuille de calcul précédente de telle sorte qu'elle soit utilisable même si la réduction d'un euro entraîne une augmentation différente du nombre de spectateurs.
b) Recopier et compléter le tableau suivant :

Augmentation du nombre de spectateurs pour une réduction de 1 €	Recette maximale
20 30 ⋮ 100	

c) Rédiger un compte rendu de l'activité.

24 B2i L1-1 Poutre de volume maximal

OBJECTIF Modéliser et s'engager dans une activité de recherche.

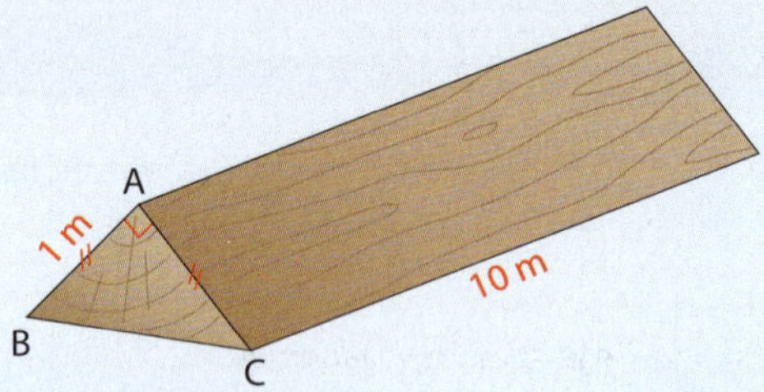

Ce morceau de bois est un prisme droit dont la base est un triangle rectangle isocèle.
Un menuisier doit y découper une poutre parallélépipédique de volume maximal.
Hugo et Laïla ont amorcé les démarches suivantes jugées correctes par leur professeur.

Brouillon de Hugo

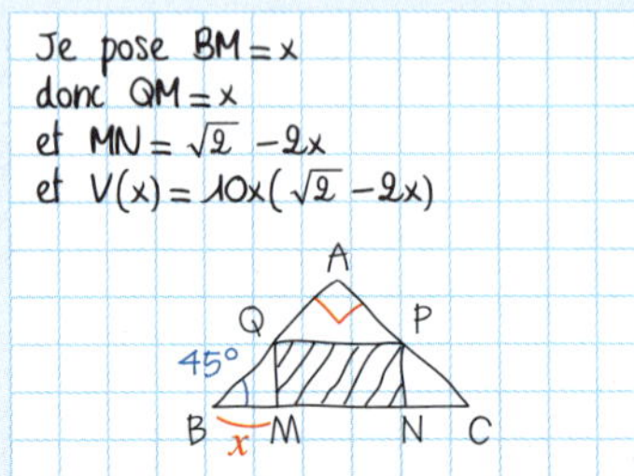

Brouillon de Laïla

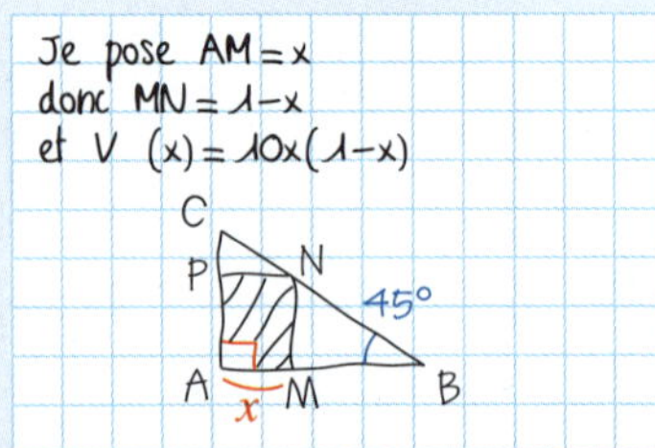

a) Justifier les résultats énoncés par Hugo et Laïla.
b) Choisir l'une des démarches et répondre au problème, en justifiant (pour les calculs, on pourra éventuellement s'aider d'un logiciel de calcul formel).
c) Confronter les résultats de Hugo et de Laïla, en questionnant les camarades ayant utilisé l'autre démarche.

Restitution organisée de connaissances

25 f est la fonction définie sur $\mathbb{R}$ par :

$$f(x) = -3(x+1{,}5)^2 + 5.$$

a) u et v désignent deux nombres réels supérieurs ou égaux à $-1{,}5$.

Recopier et compléter les pointillés par des inégalités et les cadres par les propriétés utilisées.

Si $-1{,}5 \leqslant u \leqslant v$ alors $0 \ldots u + 1{,}5 \ldots v + 1{,}5$

car [ ]

donc $(u+1{,}5)^2 \ldots (v+1{,}5)^2$

car [ ]

d'où $-3\,(u+1{,}5)^2 \ldots -3\,(v+1{,}5)^2$

car [ ]

enfin, $-3\,(u+1{,}5)^2 + 5 \ldots -3\,(v+1{,}5)^2 + 5$

car [ ]

b) En déduire le sens de variation de f sur $[-1{,}5\,;+\infty[$.

c) Par un raisonnement analogue, étudier le sens de variation de f sur $]-\infty\,;-1{,}5]$.

Raisonner, démontrer

26 f est une fonction polynôme de degré 2. Voici son tableau de variation :

t	-3	1	5
$f(t)$	↗	$1{,}85$	↘ $-2{,}15$

a) Que vaut $f(-3)$? Justifier.

b) Donner l'expression de $f(x)$.

27 Marie a représenté ci-contre la fonction f définie sur $\mathbb{R}$ par :

$$f(x) = x^2 - 2x + 1$$

Marie a oublié de dessiner le repère.

Reproduire cette figure à main levée et placer le repère.

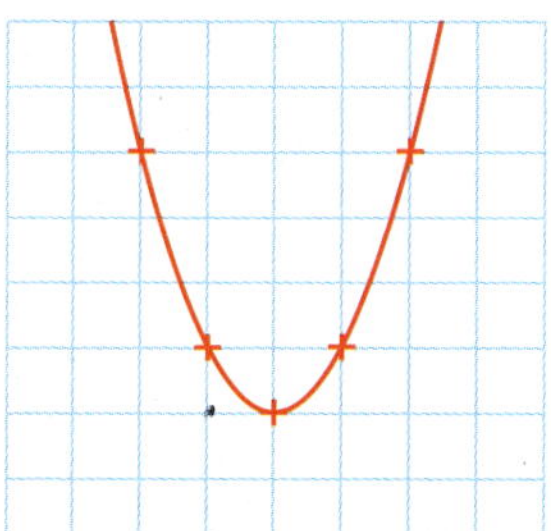

28 **1.** f est la fonction définie sur $\mathbb{R}$ par :

$f(x) = a\,(x-\alpha)^2 + \beta$, avec a réel non nul, α et β réels.

En étudiant le signe de $f(x) - \beta$ suivant les valeurs de a, démontrer que f admet un extremum égal à β.

2. Chaque jour, une entreprise fabrique x objets, avec $x \in [0\,;50]$.

Le coût de production des x objets est donné en euros par :

$$C(x) = 60 - 0{,}3x$$

Le revenu des x objets est donné en euros par :

$$R\,(x) = 20{,}1x - 0{,}3x^2$$

Le bénéfice quotidien de cette entreprise est donné par $B\,(x)$, avec $B\,(x) = R(x) - C(x)$.

a) Exprimer $B\,(x)$ en fonction de x et vérifier que :

$$B\,(x) = -0{,}3(x-34)^2 + 286{,}8$$

b) Quel est le bénéfice maximal ? Quel nombre d'objets l'entreprise doit-elle produire pour l'atteindre ?

29 Dans chacun des cas suivants, les fonctions f et g sont-elles égales ?

a) Pour tout réel x,

$f(x) = 2(x-1)^2 + 3$ et $g(x) = 2x^2 - 4x + 5$.

b) Pour tout réel x,

$f(x) = 8x^2 + 6x$ et $g(x) = 4x^2 + 3x$.

c) Pour tout réel x différent de -4,

$f(x) = 2 - \dfrac{3}{x+4}$ et $g(x) = \dfrac{2x+5}{x+4}$.

d) Pour tout réel x non nul,

$f(x) = 2x + 1 + \dfrac{1}{x}$ et $g(x) = \dfrac{2x^2+2}{x}$.

e) Pour tout réel x,

$f(x) = (x+1)(4-x)$ et $g(x) = \dfrac{25}{4} - \left(x - \dfrac{3}{2}\right)^2$.

MÉTHODE

1. Observer les courbes à la calculatrice pour émettre une conjecture.

2. Pour démontrer que l'égalité $f(x) = g(x)$ est vraie **pour tout réel x de I**, on peut :

- transformer $f(x)$ en $g(x)$, ou $g(x)$ en $f(x)$;
- transformer $f(x)$ et $g(x)$ et montrer qu'ils sont tous deux égaux à une autre expression ;
- montrer que $f(x) - g(x) = 0$.

3. Pour démontrer que l'égalité est fausse, il suffit de trouver un contre-exemple.

30 f est la fonction définie sur $\mathbb{R}$ par :

$$f(x) = -\frac{1}{2}x^2 + 3x - \frac{1}{2}$$

$\mathcal{P}$ est la courbe représentant f dans un repère orthogonal.

a) Tracer la courbe $\mathcal{P}$ à l'écran d'une calculatrice et conjecturer les coordonnées du sommet S de $\mathcal{P}$.

b) Pour savoir si cette conjecture est vraie :

- factoriser $f(x) - 4$ à l'aide d'une identité remarquable ;
- en déduire que pour tout réel x, $f(x) \leqslant 4$.

c) Conclure maintenant sur les coordonnées de S.

31 Voici une affirmation de Lucile à propos de l'équation $a(x-\alpha)^2+\beta=0$ avec $a \neq 0$ et $\beta \neq 0$: « Lorsque a et β sont de signes contraires, alors l'équation admet deux solutions. »

1. Se faire une idée

Pour chaque équation ci-dessous, observer que a et β sont de signes contraires et observer le nombre de solutions de l'équation.

a) $4\left(x-\dfrac{7}{8}\right)^2-\dfrac{65}{16}=0$

b) $-100\,(x+0{,}05)^2+0{,}125=0$

c) $0{,}1\left(x-\sqrt{2}\right)^2-4=0$

d) $-2\,(x+3)^2+1=0$.

2. Émettre une conjecture

Recopier et compléter par « vraie » ou « fausse » : « L'affirmation de Lucile me semble ... »

3. Une preuve

$a(x-\alpha)^2+\beta=0$ revient à $(x-\alpha)^2=\dfrac{-\beta}{a}$.

Conclure.

32 f est la fonction définie sur $]1\,;+\infty[$ par :

$$f(x)=\frac{3}{x-1}$$

On se propose d'étudier les variations de f de deux façons.

u et v désignent deux réels de $]1\,;+\infty[$ tels que $u \leqslant v$.

1. Avec la définition

a) Vérifier que $f(u)-f(v)=\dfrac{3(v-u)}{(u-1)(v-1)}$.

b) Donner le signe de $v-u$, $u-1$, $v-1$. En déduire le signe de $f(u)-f(v)$.

c) En déduire le sens de variation de f sur $]1\,;+\infty[$.

2. Avec les fonctions de référence

a) Recopier et compléter les inégalités par des pointillés et les cadres par les propriétés utilisées.

Si $1<u\leqslant v$, alors $0\ \dots\ u-1\ \dots\ v-1$

donc $\dfrac{1}{u-1}\ \dots\ \dfrac{1}{v-1}$ car [ ]

donc $\dfrac{3}{u-1}\ \dots\ \dfrac{3}{v-1}$ car [ ]

b) En déduire le sens de variation de f sur $]1\,;+\infty[$.

Analyse critique d'un document

33 Tom a saisi les expressions suivantes sur sa calculatrice :

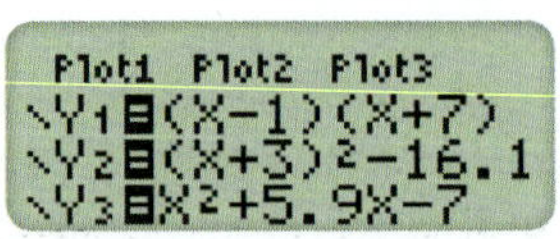

Il affirme, en observant les courbes, que les trois expressions sont égales.

Critiquer cette affirmation.

34 Pour chaque question, une seule des réponses proposées est exacte. Laquelle ?

f est la fonction définie sur $\mathbb{R}$ par $f(x)=3x^2-12x+12$.

g est la fonction définie pour tout réel x différent de 3 par $g(x)=\dfrac{2x-3}{x-3}$.

1. La fonction f est croissante sur :

a) $\mathbb{R}$ **b)** $]1\,;+\infty[$ **c)** $[2\,;+\infty[$

2. Dans un repère, le sommet de la parabole représentant f :

a) appartient à la courbe représentant g ;

b) appartient à l'axe des abscisses ;

c) a pour coordonnées $(0\,;2)$.

3. On peut calculer $g(x)$ pour :

a) $x\in\ ]0\,;+\infty[$ **b)** $x\in\mathbb{R}$ **c)** $x\in\ ]-\infty\,;-3[$

Communiquer à l'écrit ou à l'oral

35 **Bien rédiger**

Dans chaque cas, la phrase proposée est mal rédigée. Proposer une phrase correcte.

a) La fonction $x\mapsto\dfrac{1}{3}(x-1)^2+3$ est décroissante, puis croissante.

b) Une fonction polynôme du second degré est symétrique par rapport à une droite.

c) La fonction $x\mapsto(x-1)(2x+3)$ a deux points d'intersection avec l'axe des abscisses.

d) Une parabole est une fonction polynôme de degré 2.

36 ABCD est un carré de côté 1 et M est un point mobile sur le segment [AB].

Chaque courbe représente l'aire du domaine coloré sur une configuration en fonction de $x=\mathrm{AM}$.

Chaque fonction donne l'aire du domaine coloré sur une configuration.

Associer à chaque configuration, la courbe et la fonction correspondante.

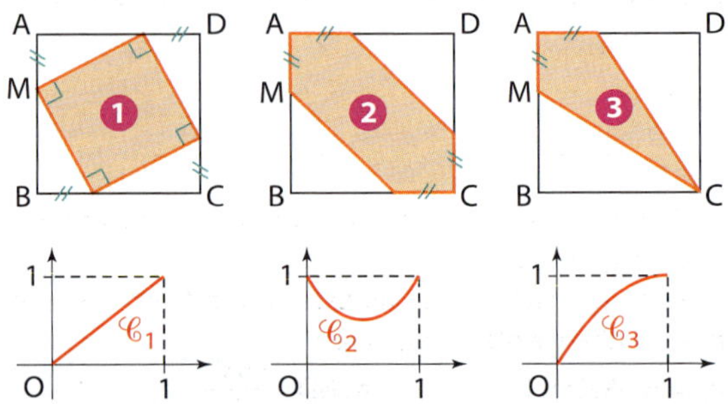

• $f(x)=-x^2+2x$ • $g(x)=x$ • $h(x)=2x^2-2x+1$

37 Travailler en groupe Voici trois verres (un conique, un cylindrique et un sphérique), trois courbes dans un repère orthogonal et trois fonctions.

Le cercle $\mathscr{C}$ a pour diamètre 10 cm ; M est un point mobile sur l'axe du verre.

Chaque courbe représente l'aire (en cm²) du domaine coloré sur un verre en fonction de x = AM (en cm).

Chaque fonction donne l'aire du domaine coloré sur un verre.

Associer à chaque verre, la courbe et la fonction correspondante.

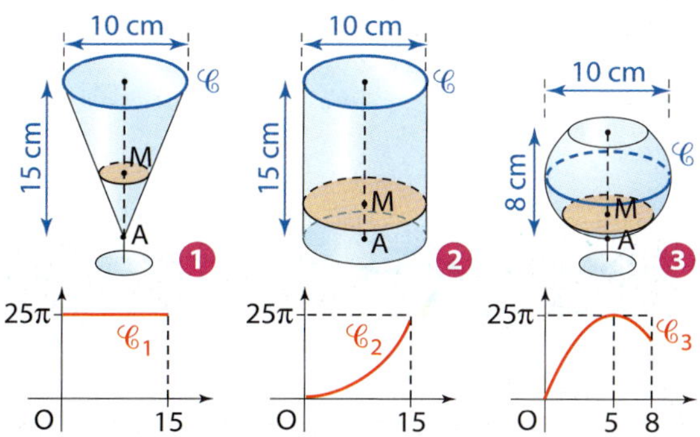

• $f(x) = \pi(10x - x^2)$ • $g(x) = 25\pi$ • $h(x) = \dfrac{1}{9}\pi x^2$

38 Dans chaque cas, identifier à l'oral l'ensemble de définition de f.

a) $f(x) = \dfrac{40x}{20 + x}$ **b)** $f(x) = \dfrac{2x - 3}{4x - 1}$ **c)** $f(x) = \dfrac{7}{3 + 2x}$

Traiter l'information

39 Un groupe de lycéens a recueilli des données sur la masse (M), la taille (T) et l'indice de masse corporelle (IMC) d'individus. Ils ont examiné la dépendance de la masse M par rapport aux deux autres variables, en triant leurs données et en dessinant les graphiques suivants.

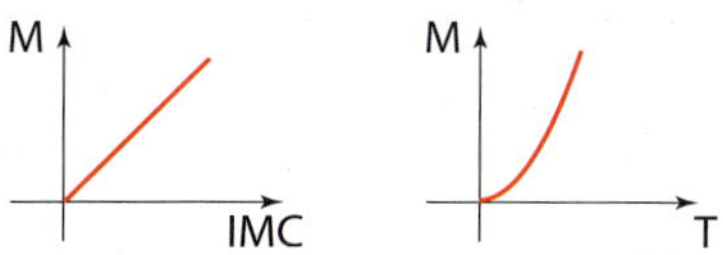

1. Comment ont été triées les données pour obtenir chaque graphique ?

2. Parmi les relations suivantes, quelle est celle qui a le plus de chance d'être correcte ?

a) M = (IMC) × T **b)** $M = \dfrac{(IMC)}{T}$

c) M = (IMC) × T² **d)** M = (IMC)² π T

40 L'objectif de cet exercice est de trouver l'expression de la fonction f associée à la trajectoire de la balle de ping-pong.

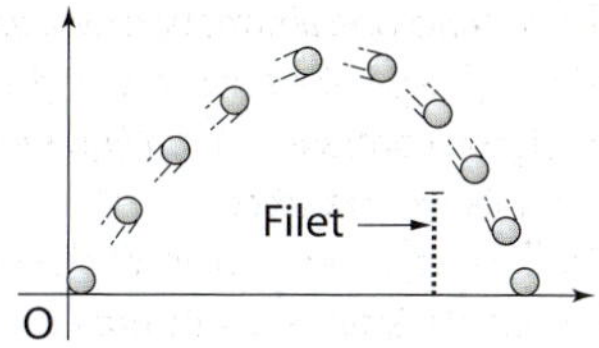

a) • Partie de l'origine du repère, la balle arriverait 150 cm plus loin sans filet.

• Elle s'est élevée de 50 cm de haut.

Traiter ces informations pour déterminer $f(x)$ sachant que f est une fonction polynôme de degré 2.

b) Sachant que le filet se trouve à 120 cm de l'origine et que la hauteur est 15,25 cm, la balle est-elle passée au-dessus du filet ?

S'initier à la logique

41 Quantificateurs universel, existentiel (1)

Les propositions suivantes sont-elles vraies ou fausses ? Justifier les réponses.

P_1 : « Pour tout nombre réel x, $x^2 + 2x - 3 = (x + 1)^2 - 4$. »

P_2 : « Pour tout nombre réel x, $x^2 = -2x + 3$. »

P_3 : « Il existe une valeur du nombre réel x pour laquelle on a $x^2 = -2x + 3$. »

42 Quantificateurs universel, existentiel (2)

Les propositions suivantes sont-elles vraies ou fausses ? Justifier les réponses.

P_1 : « Pour tout réel x différent de 4, $\dfrac{3x - 10}{x - 4} = \dfrac{2}{x - 4} + 3$. »

P_2 : « Il existe une valeur de x pour laquelle $\dfrac{3x - 10}{x - 4} = 3$. »

P_3 : « Il existe une valeur de x pour laquelle $\dfrac{2}{x - 4} = -3$. »

43 Quantificateurs universel, existentiel (3)

Les propositions suivantes sont-elles vraies ou fausses ? Justifier les réponses.

P_1 : « Il existe une valeur de x pour laquelle :

$$-x^2 + 4x - 2 \leqslant -(x - 2)^2.»$$

P_2 : « Pour tout nombre réel x, $-x^2 + 4x - 2 \leqslant -(x + 3)^2$. »

P_3 : « Il existe une valeur de x pour laquelle $\dfrac{40x}{20 + x} = 40$. »

44 Implication

Dans chaque cas, dire si l'implication est vraie ou fausse. Expliquer pourquoi.

a) Si $(x - 4)^2 \geqslant 9$, alors $x \geqslant 7$.

b) Si $a \leqslant 0$ et $b \geqslant 0$, alors $a^2 + 3 \leqslant b^2 + 3$.

c) Si deux nombres réels a et b de $]-\infty ; -1]$ sont tels que $a \leqslant b$, alors $5 - (a + 1)^2 \leqslant 5 - (b + 1)^2$.

SE PRÉPARER AU CONTRÔLE

Travailler en autonomie

QCM

45 Pour chaque question, une seule réponse est exacte. Laquelle ?

1 Sur l'intervalle $]-\infty\,;3[$, les fonctions $f: x \mapsto 2(x-3)^2-1$ et $g: x \mapsto 5(x-3)^2+1$:

a) ont des sens de variation contraires **b)** sont décroissantes **c)** sont croissantes

2 Dans un repère orthogonal, la courbe représentant la fonction $f: x \mapsto -2(x-1)^2+3$ admet :

a) pour axe de symétrie, une droite parallèle à l'axe des ordonnées **b)** pour centre de symétrie, le point I $(1\,;3)$ **c)** pour axe de symétrie, une droite parallèle à l'axe des abscisses

3 La fonction $f: x \mapsto \dfrac{1}{2x-10}$ est définie sur :

a) $]-\infty\,;0[\cup]0\,;+\infty[$ **b)** $\mathbb{R}$ **c)** $]5\,;+\infty[$

4 f est la fonction définie sur $]-\infty\,;3[$ par $f(x)=\dfrac{1}{x-3}-2$. Alors, pour tout réel $x<3$:

a) $f(x)=\dfrac{-2x-5}{x-3}$ **b)** $f(x)=\dfrac{-2x+7}{x-3}$ **c)** $f(x)=\dfrac{-1}{x-3}$

46 Pour chaque question, une seule réponse est exacte. Laquelle ? Justifier.

1 Si $a \leqslant 3$, alors :

a) $2(a-5)^2+1 \leqslant 9$ **b)** $2(a-5)^2+1 \geqslant 9$ **c)** $2(a-5)^2+1 \leqslant -9$

2 Pour tout réel x $f(x)=a(x-1)^2+2{,}5$, où a est un réel non nul. Alors :

a) $f(-2)<f(4)$ si $a>0$ **b)** $f(-2)>f(4)$ si $a<0$ **c)** $f(-2)=f(4)$

3 La fonction $f: x \mapsto \dfrac{1}{2}(x+1)^2-3$ admet :

a) un maximum égal à -3 **b)** un minimum égal à -1 **c)** un minimum égal à -3

Exercices interactifs

Vrai-Faux

47 Dire pour chaque affirmation si elle est vraie ou fausse.

a) Dans un repère orthogonal, la représentation graphique d'une fonction polynôme du second degré est symétrique par rapport à l'axe des ordonnées.

b) Tout nombre a une image unique par une fonction homographique.

c) Tout nombre a deux antécédents par une fonction polynôme du second degré.

d) Toute fonction f polynôme du second degré peut s'écrire sous la forme :
pour tout réel x, $f(x)=a(x-x_1)(x-x_2)$ avec $a \neq 0$.

48 Dire pour chaque affirmation si elle est vraie ou fausse. Justifier

a) La fonction $x \mapsto 2(x-1{,}5)^2+3$ est croissante sur $\mathbb{R}$.

b) La fonction $x \mapsto 4-(x-1)^2$ est croissante sur $]-\infty\,;1]$ et décroissante sur $[1\,;+\infty[$.

c) $\sqrt{2} \leqslant \pi$ donc $\left(\sqrt{2}-4\right)^2+5 \leqslant (\pi-4)^2+5$

d) Pour tout réel x, $7-(5-x)^2=x^2-10x-18$.

e) Les fonctions $x \mapsto 7-(2x-3)^2$ et $x \mapsto x^2-(8-x)^2$ sont des fonctions polynômes du second degré.

f) Les fonctions $x \mapsto 1-\dfrac{1}{x}$ et $x \mapsto x-\dfrac{1}{x}$ sont des fonctions homographiques.

Exercices interactifs

Pour réviser

49 Connaître le sens de variation

f est la fonction définie sur $\mathbb{R}$ par :

$$f(x) = -2 + (x - 4)^2$$

a) Donner le sens de variation de f.

b) Donner son extremum.

Conseils

a) Revoir le cours § 1, page 100.

b) Revoir l'exercice résolu 1, page 101.

50 Utiliser la lecture graphique

f est une fonction polynôme du second degré.

1. Comment se nomme la forme :

a) $f(x) = a(x - x_1)(x - x_2)$?

b) $f(x) = a(x - \alpha)^2 + \beta$?

2. a) Où lire sur la courbe de f représentée ci-contre les valeurs de x_1, x_2, α, β ?

b) Que dire de a par lecture graphique ?

3. Comment retrouver la valeur de a par le calcul ?

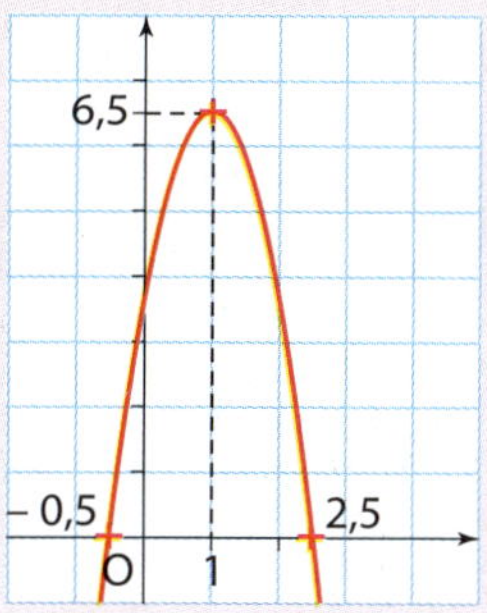

Conseils

1. Revoir le cours § 1, page 102.

2. Pratiquer une lecture active de l'information en faisant le lien entre les expressions d'une fonction polynôme de degré 2 et sa courbe.

3. Traduire à l'aide des coordonnées l'appartenance d'un point à une courbe.

51 Comprendre un algorithme

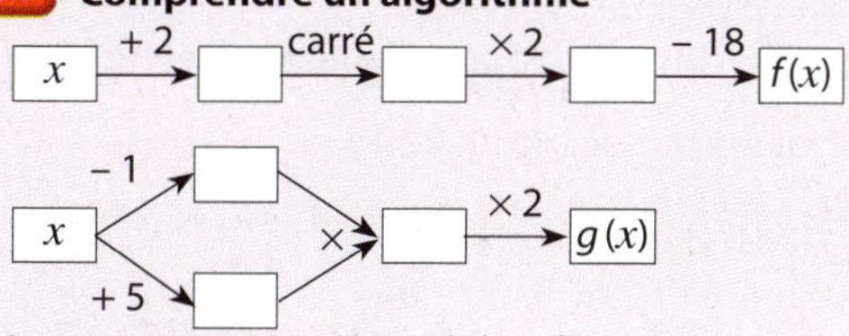

Démontrer que pour tout réel x, $f(x) = g(x)$.

Conseils

- Donner les expressions de $f(x)$ et $g(x)$. Les vérifier en substituant quelques valeurs à x dans l'algorithme et dans les expressions.
- Pour établir l'égalité demandée, on peut développer les expressions obtenues de $f(x)$ et $g(x)$.

52 Utiliser la forme adéquate

L'altitude d'un plongeur, en mètres, repérée par rapport au niveau de l'eau, est exprimée en fonction du temps écoulé, en secondes, depuis le départ du plongeur par $h(t) = -4t^2 + 4t + 3$.

a) Vérifier que $h(t) = -4\left(t - \frac{1}{2}\right)^2 + 4$.

b) À quelle hauteur se trouve le plongeoir ?

c) Quelle est l'altitude maximale du plongeur ?

d) Au bout de combien de temps le plongeur arrive-t-il dans l'eau ?

Conseils

Se reporter à l'exercice résolu 1, page 103.

53 Tracer une parabole

f est la fonction définie sur $\mathbb{R}$ par :

$$f(x) = -2(x - 8)^2 + 12$$

a) Pour répondre à la question « Tracer la courbe représentant f dans un repère orthogonal », Clara s'apprête à recopier la courbe qu'elle a obtenue à l'écran de sa calculatrice.

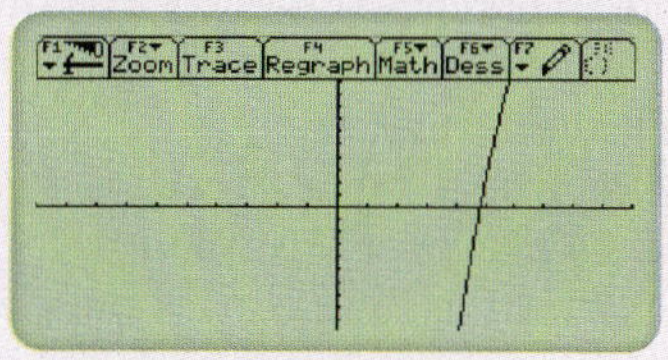

Expliquer à Clara son erreur.

b) Tracer la courbe représentative de f à la main.

c) Lire graphiquement les solutions de l'équation $f(x) = 2$. Résoudre cette équation par le calcul.

Conseils

a) b) Revoir le cours § 2, page 100.

c) Revoir l'exercice 11, page 105, corrigé en fin de manuel.

54 Reconnaître une fonction homographique

f est la fonction $x \longmapsto 5 + \dfrac{1}{2 + 3x}$.

a) Quel est l'ensemble de définition de f ?

b) f est-elle une fonction homographique ?

Conseils

Se reporter à l'exercice résolu 2, page 103.

➤ Vérifier les réponses p. 300

Exercices d'approfondissement

Pour aller plus loin

55 Avec un guide (1)

Dans un grenier, on souhaite construire une chambre de forme parallélépipédique, de volume le plus grand possible.

On a schématisé la situation ci-dessous.

OA = OB = 5 m

AD = 10 m

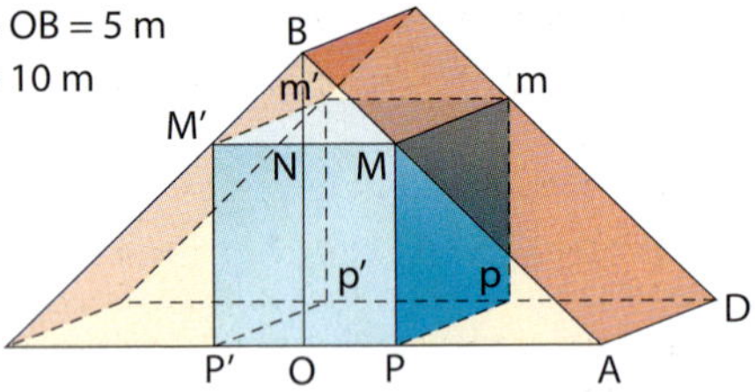

a) On note OP = x (en mètres).
Expliquer pourquoi MP = $5 - x$.

b) Donner l'expression du volume $V(x)$, en m^3, de la chambre (en bleu sur la figure).

c) Afficher à l'écran de la calculatrice la courbe représentative de la fonction V sur l'intervalle $[0\,;5]$.

d) Conjecturer la valeur de x pour laquelle le volume de la chambre est maximal et la valeur de ce maximum.

e) Pour démontrer cette conjecture, Pauline et Clément exposent oralement leurs stratégies.

Pauline : « Je cherche la forme canonique de $V(x)$ avec le logiciel Xcas, puis je pourrai conclure. »

Clément : « Je factorise $V(x) - 125$, puis je pourrai conclure. »

Choisir l'une de ces démarches et démontrer la conjecture du **d)**.

Guide de résolution

a) Penser aux angles du triangle OAB.

c) Observer d'abord un tableau de valeurs de V sur $[0\,; 5]$ pour choisir une bonne fenêtre.

56 Avec un guide (2)

Deux conducteurs ohmiques de résistances R_1 et R_2 (en ohms) sont disposés comme ci-contre dans un circuit électrique.

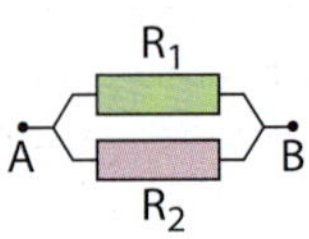

On sait que l'on peut remplacer ces deux conducteurs par un seul de résistance 10 Ω, à condition que :

$$\frac{1}{R_1} + \frac{1}{R_2} = \frac{1}{10}$$

a) Exprimer R_2 en fonction de R_1.

b) On note f la fonction définie sur $]10\,; +\infty[$ qui à R_1 associe R_2.

Afficher à l'écran d'une calculatrice la courbe représentative de la fonction f sur l'intervalle $]10\,;50]$.

c) Lire graphiquement la valeur de R_1 lorsque $R_2 = 50$ Ω.
Retrouver ce résultat par le calcul.

Guide de résolution

a) Mettre $\frac{1}{R_2}$ sous forme d'un quotient puis passer aux inverses.

b) Observer un tableau de valeurs de R_2 sur $]10\,;50]$ pour choisir une bonne fenêtre.

c) Tracer Y = 50 et utiliser l'intersection de deux courbes.

57 Le coup de génie de Khayyam

Info

Au XIe siècle, le mathématicien persan, Omar Ibn Ibrahim al-Khayyam, a mis au point une technique nouvelle pour étudier des équations du 3e degré. Pour cela, il utilise une méthode graphique par intersection de courbes.

Voici un exemple.

(E) désigne l'équation $x^3 - 2x - 3 = 0$. Le mathématicien déclare que :

- 0 n'est pas solution de (E) ;
- résoudre (E) revient à résoudre $x^2 - 2 = \frac{3}{x}$;
- il suffit de tracer les courbes représentant les fonctions $x \mapsto x^2 - 2$ et $x \mapsto \frac{3}{x}$ dans un repère.

a) Expliquer la méthode de Khayyam, tracer les courbes dans un repère et lire sur le graphique le nombre de solutions de l'équation (E) et une valeur approchée de chacune d'elles.

b) Utiliser la méthode précédente pour résoudre l'équation $x^3 - x + 1 = 0$.

58 Pourcentage d'évolution

1. Le prix d'un article est 120 €.

a) Le prix subit une hausse de 15 %, puis une baisse de 15 %.
Le prix de cet article revient-il à sa valeur initiale ?

b) Le prix subit une hausse de 25 %, puis une seconde évolution qui le ramène à sa valeur initiale.
Quel est le taux de cette seconde évolution ?

2. D'une façon plus générale, un prix subit deux évolutions successives, la première à un taux x et la seconde à un taux y. Il revient alors à sa valeur initiale P.

a) Démontrer que $(1 + x)(1 + y) = 1$.

b) En déduire que $y = \dfrac{1}{x+1} - 1$.

c) f est la fonction définie sur $[-0,5\,;1]$ par $f(x) = \dfrac{1}{x+1} - 1$.

• Identifier l'enchaînement de fonctions qui conduit de x à $f(x)$.

• Recopier et compléter le tableau de variation suivant en justifiant les étapes.

x	$-0,5$ ... 1
$x \mapsto x+1$	... ↗ ...
Explication du passage	
$x \mapsto \dfrac{1}{x+1}$	
Explication du passage	
$x \mapsto \dfrac{1}{x+1} - 1$	

• En déduire le sens de variation de f.

• Tracer la courbe de f dans un repère.

3. À l'aide de la courbe de f, répondre aux questions suivantes.

a) Retrouver le résultat de la question **1. b)**.

b) Quelle évolution faut-il faire subir à un prix augmenté de 50 % pour retrouver le prix initial ?

c) Quelle évolution faut-il faire subir à un prix diminué de 50 % pour retrouver le prix initial ?

59 Les triangles et les nombres

Les mathématiciens grecs représentaient certains nombres géométriquement, comme ici les nombres triangulaires.

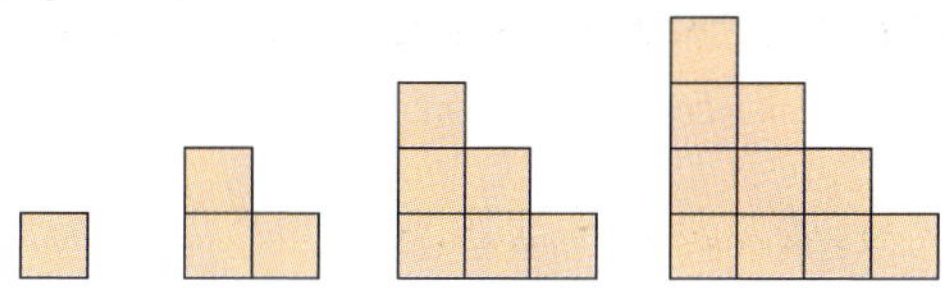

$T_1 = 1$ $T_2 = 3$ $T_3 = 6$ $T_4 = 10$

1. Que vaut T_5 ? T_6 ?

2. Recopier et compléter le tableau suivant :

n	1	2	3	4	5	6	7	8
T_n			6					

3. On se propose de calculer T_{100}.

a) Placer dans un repère orthogonal les points de coordonnées $(n\,;T_n)$.

b) Les relier par une courbe $\mathscr{C}$. Quel type de courbe peut-on conjecturer ?

c) Conjecturer l'expression de la fonction f définie sur $[1\,;+\infty[$ ayant pour courbe $\mathscr{C}$.

Aide

• *Utiliser le menu STAT de la calculatrice.*

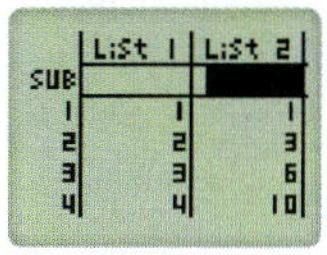

Dans CALC cliquer sur REG, puis sur X∧2, ou bien cliquer sur QuadReg.

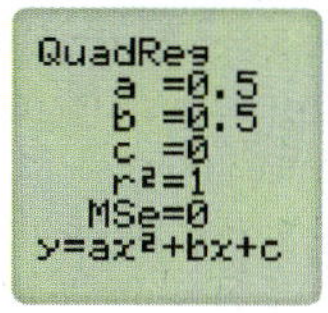

• *Ou bien utiliser un tableur et la courbe de tendance.*

d) Vérifier que $T_n = f(n)$ pour n entier de 1 à 8.

e) Justification

n désigne un entier naturel non nul quelconque. On assemble deux nombres T_n comme ci-contre pour former un rectangle. $2\,T_n$ représente le nombre de carrés dans ce rectangle.

En déduire l'expression de T_n et calculer T_{100}.

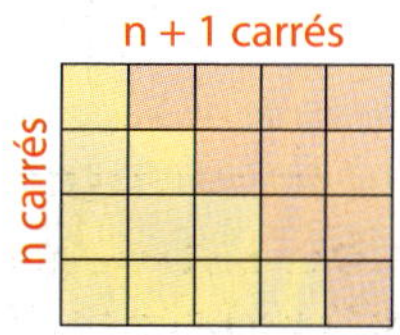

Algorithmique

4. Julie a tapé le programme ci-dessous dans sa calculatrice.

TI

```
PROGRAM:T
:Prompt N
:1→T
:For(P,2,N,1)
:T+P→T
:End
:Disp T
:
```

Casio

```
======T
?→N↵
1→T↵
For 2→P To N↵
T+P→T↵
Next↵
T◢
```

a) Traduire cet algorithme en langage naturel.

b) Que permet-il de calculer ? Faire tourner ce programme et retrouver T_{100}.

PROBLÈMES OUVERTS

60 Remises successives

Un magasin affiche la publicité ci-dessous pendant la période des soldes.

Bruno a bénéficié des deux remises, et a payé 360 € un article dont le prix initial était 500 €.

Quel est le taux de la 1re remise ?

61 **Sécurité routière**

Pour aller de la ville R à la ville B, on emprunte d'abord une route nationale sur 105 km, puis une autoroute sur 120 km. Jean-Marc est un automobiliste prudent qui roule à 70 km/h de moyenne sur la nationale.
Jean-Marc déclare en arrivant à B : « J'ai fait le trajet à 100 km/h de moyenne. »
A-t-il toujours respecté la limitation de vitesse sur l'autoroute ?

62 **La recette du pompiste**

Un pompiste revend le litre d'essence au prix de 1,20 €, alors que le prix d'achat est pour lui de 0,85 €. Le pompiste sait alors qu'il peut compter sur une vente journalière de 1 000 litres. Mais il sait aussi qu'à chaque baisse qu'il consent d'un centime d'euro pour le prix de vente du litre, il vend 100 litres supplémentaires par jour de ce carburant.
Comment doit-il fixer le prix de vente du carburant pour garantir un bénéfice maximal ?

63 **Recherche d'extremum**

Dans chaque cas, donner l'extremum de la fonction définie sur $\mathbb{R}$ par :

a) $f(x) = -x^2 + 4x - 1$ **b)** $g(x) = x^2 - 6x + 10$
c) $h(x) = 3x^2 - 4x - 8$

Des défis

64 **L'année cachée**

$A = 1\,005^2 - 1\,004^2$; $B = \sqrt{1 + 2\,008\sqrt{1 + 2\,009 \times 2011}}$

$C = \sqrt{2\,002^2 - 2\,003^2 - 2\,004^2 + 2\,005^2 - 2\,006^2 + 2\,007^2 + 2\,008^2}$

$D = \sqrt{2\,010^2 + 2\,011^2 - 2\,012^2 + 2\,013^2 - 2\,014^2 - 2\,015^2 + 2\,016^2}$

Sans calculatrice, comparer les nombres A, B, C et D.

65 **Dépasser 100**

Trouver le plus petit entier naturel n tel que :

$$\frac{1}{1+\sqrt{2}} + \frac{1}{\sqrt{2}+\sqrt{3}} + \frac{1}{\sqrt{3}+\sqrt{4}} + \ldots + \frac{1}{\sqrt{n}+\sqrt{n+1}} \geqslant 100$$

D'après Olympiades mathématiques belges

66 **Calcul mental**

a) $15^2 = 225$ $25^2 = 625$ $35^2 = 1\,225$ $45^2 = 2\,025$
Y a-t-il un truc pour calculer mentalement le carré d'un entier dont le chiffre des unités est 5 ? Justifier.
b) 84 86 = 7 224 57 53 = 3 021
Le même truc marche-t-il pour les multiplications des nombres entiers de deux chiffres dont les dizaines sont égales et la somme des unités est 10 ?

SUJETS D'EXPOSÉS

SUJET 1 MPS Méthodes et pratiques scientifiques

Certaines trajectoires d'objets lancés ou en chute libre peuvent être modélisées par une parabole (lancer d'une balle, plongeon, …).

- → Rechercher sur Internet des exemples.
- → Réaliser un diaporama présentant l'exemple et la trajectoire décrite (y intégrer des images).

SUJET 2 MPS Méthodes et pratiques scientifiques

Sur une autoroute, il faut respecter la distance de sécurité avec la voiture qui précède.

- → Rechercher sur Internet des informations sur la distance de freinage.
- → Réaliser un diaporama présentant les recherches.

Chapitre 6

Résolution d'inéquations et problèmes

Décider de l'affectation des personnels et des machines dans une grande entreprise est un problème économique complexe. Il se traduit souvent par des systèmes formés de milliers d'équations et d'inéquations.

Énigme ★

Ce puzzle est constitué de deux pièces identiques posées sur un support plan. Les seuls mouvements autorisés sont les glissements dans le plan des deux pièces.

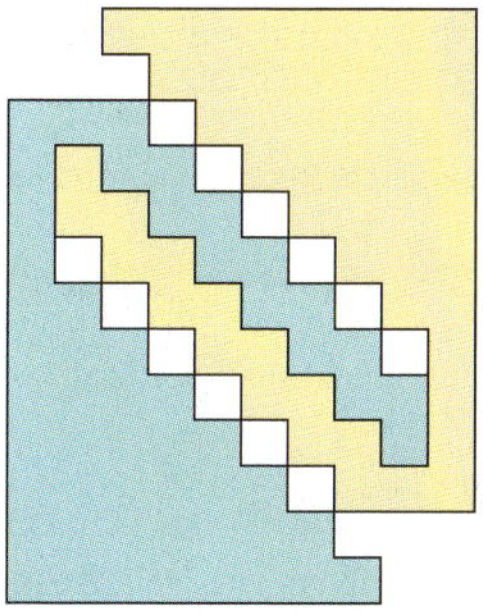

En combien de mouvements, au minimum, peut-on les désolidariser l'une de l'autre ?

D'après Tangente, *Hors-série n° 35*

Énigme ★★

La voiture radiocommandée de Francis ne peut se déplacer qu'en marche avant, soit en ligne droite, soit par arcs de cercle de rayon 63 cm. Francis dispose sa voiture en A orientée vers le Nord, sur un grand parking.

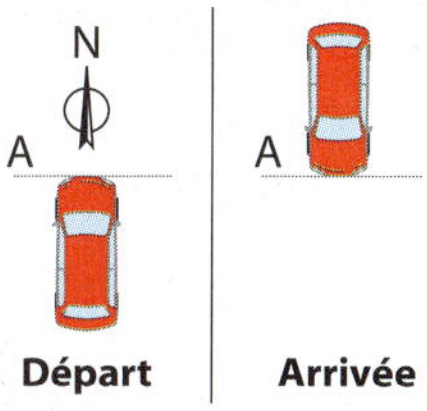

Quelle distance minimale Francis doit-il faire parcourir à sa voiture pour qu'elle se retrouve en A mais orientée vers le Sud ?

D'après Championnat des jeux mathématiques et logiques

Compléments numériques

Travailler en autonomie

1 Reconnaître une solution d'une inéquation

Formulaire p. 284, thème 9

Dans chaque cas, dire si le nombre –3 est solution de l'inéquation proposée.

a) $x + 3 \geqslant 0$
b) $3y \geqslant 0$
c) $7x \leqslant -4$
d) $5 - 2x \leqslant 10$
e) $2x + 6 < 0$
f) $2x - 3 \geqslant \frac{x}{3} - 8$

2 Connaître les règles reliant ordre et opérations

Formulaire p. 283, thème 7

a et b désignent deux nombres tels que $a \leqslant b$.
Recopier et remplacer les pointillés par $\leqslant$ ou $\geqslant$.

a) $a - 7{,}5 \ldots b - 7{,}5$
b) $3a \ldots 3b$
c) $\frac{a}{3} \ldots \frac{b}{3}$
d) $-a \ldots -b$
e) $-2a + 5 \ldots -2b + 5$
f) $-\frac{1}{2}a - 7 \ldots -\frac{1}{2}b - 7$

3 Résoudre une inéquation de la forme $ax + b \geqslant 0$ ou $ax + b \leqslant 0$

Formulaire p. 284, thème 9

Résoudre chacune des inéquations suivantes et représenter l'ensemble des solutions sur une droite graduée.

a) $3x - 4 \leqslant 0$
b) $-5x + 7 \geqslant 0$
c) $-\frac{2}{3}x + 1 < 0$

4 Résoudre une inéquation de la forme $ax + b \leqslant cx + d$

Formulaire p. 284, thème 9

Résoudre chacune des inéquations suivantes :

a) $2x + 5 \leqslant 3x - 4$
b) $\frac{3}{2}x + 1 > 3x - 5$
c) $2x + 4 < \frac{x}{3}$

5 Reconnaître la forme d'une expression

Formulaire p. 283, thème 6

Parmi les expressions suivantes, préciser celles écrites sous la forme d'une somme et celles écrites sous la forme d'un produit.

$A = 3x + 4$
$B = x(x + 1)$
$C = x(x + 3) - 4$
$D = (x + 1)^2$
$E = (x - 1)(2x + 3) + (x - 1)(x + 5)$
$F = (t - 3)(2t + 5)$

6 Reconnaître le signe d'un nombre

Formulaire p. 281, thème 2

Pour chacun des nombres suivants, préciser s'il est positif, négatif ou si son signe dépend de la valeur du nombre x.

$A = x^2$
$B = (-x)^2$
$C = -5x^2$
$D = 10x$
$E = -x - 7$
$F = 3x^2 + 4$
$G = 2x + 1$
$H = -x^2 - 1$
$I = x^2 - 4$

7 Factoriser

Formulaire p. 283, thème 6

Écrire sous forme d'un produit de facteurs chacune des expressions suivantes :

$A = x^2 + 3x$
$B = x^2 - 4$
$C = x^2 + 6x + 9$

Vérifier les réponses p. 296

Objectif
Conjecturer, puis établir, le signe d'un produit de facteurs du 1er degré.

1 Signe d'un produit

1 Rappel du signe d'un produit

a et b désignent deux nombres réels.
Recopier et compléter le tableau ci-dessous.

Signe de a	+	−	+	−
Signe de b	−	+	+	−
Signe de $a \times b$				

2 Étude du signe d'une fonction polynôme du second degré

f est la fonction définie sur $\mathbb{R}$ par $f(x) = (3x + 2)(4 - x)$.
$\mathscr{C}$ est la courbe représentative de f dans un repère.

a) Calculer les abscisses des points d'intersection de la courbe $\mathscr{C}$ avec l'axe des abscisses.

b) Représenter graphiquement la fonction f à l'écran d'une calculatrice.
Conjecturer le signe de $f(x)$ selon les valeurs de x.

c) • Rappeler la règle du signe de $ax + b$ suivant les valeurs de x (avec $a \neq 0$).
• Recopier et compléter le tableau suivant :

x	$-\infty$		$-\frac{2}{3}$		4		$+\infty$
Signe de $(3x + 2)$			0	+		+	
Signe de $(4 - x)$					0		
Signe de $(3x + 2)(4 - x)$							

• Le résultat est-il cohérent avec la conjecture émise au **b)** ?

Objectif
Conjecturer, puis établir, le signe d'un quotient de facteurs du 1er degré.

2 Signe d'un quotient

1 Rappel du signe d'un quotient

a et b désignent deux nombres réels, avec $b \neq 0$.

Comparer les signes de ab et $\dfrac{a}{b}$ selon les signes de a et b.

2 Étude du signe d'une fonction homographique

g est la fonction définie sur $\mathbb{R} - \{3\}$ par $g(x) = \dfrac{2x+1}{x-3}$.

a) Avec la calculatrice, conjecturer le signe de $g(x)$ selon les valeurs de x.

b) • Recopier et compléter le tableau ci-dessous en précisant la signification de la double barre sur la dernière ligne.

x	$-\infty$		…		…		$+\infty$
Signe de $(2x + 1)$		…	0	…		…	
Signe de $(x - 3)$		…		…	0	…	
Signe de $g(x)$		…		…	‖	…	

• Le résultat est-il cohérent avec la conjecture émise au **a)** ?

Inéquations

1 Inégalité et inéquation

Résoudre une inéquation, c'est trouver toutes les valeurs possibles du nombre inconnu telles que l'inégalité soit vraie : ces valeurs sont les solutions de l'inéquation.

EXEMPLE : Résolution de l'inéquation $3x - 6 \geqslant 0$

$3x - 6 \geqslant 0$ équivaut à $3x \geqslant 6$, soit encore $x \geqslant 2$.

Les solutions de l'inéquation $3x - 6 \geqslant 0$ sont tous les nombres réels supérieurs ou égaux à 2. On peut représenter l'ensemble $\mathcal{S}$ des solutions sur une droite graduée.

Ainsi $\mathcal{S} = [2 ; +\infty[$.

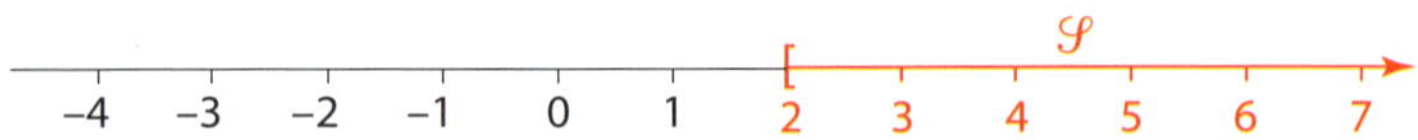

2 Signe d'un produit, d'un quotient

PROPRIÉTÉS Règle des signes

Le produit ou le quotient de deux réels de **même signe** est **positif**.
Le produit ou le quotient de deux réels de **signes contraires** est **négatif**.

EXEMPLE 1 : Étude du signe du produit $(x + 5)(-x + 3)$ dans un tableau

❶ On résout chaque équation $x + 5 = 0$ et $-x + 3 = 0$ et on inscrit les solutions par ordre croissant.

❷ On applique la règle du signe de $ax + b$.

❸ On applique la règle des signes.

x	$-\infty$		-5		3		$+\infty$
$x+5$		$-$	0	$+$		$+$	
$-x+3$		$+$		$+$	0	$-$	
$(x+5)(-x+3)$		$-$	0	$+$	0	$-$	

– par + donne –

+ par + donne +

Sur la dernière et la première lignes du tableau, on lit que :

- $(x + 5)(-x + 3)$ est négatif ou nul pour $x \leqslant -5$ **ou** $x \geqslant 3$;
- $(x + 5)(-x + 3)$ est positif ou nul pour $-5 \leqslant x \leqslant 3$.

Note

Afficher la courbe de $x \mapsto (x + 5)(-x + 3)$ à l'écran d'une calculatrice permet de contrôler la cohérence avec les résultats trouvés.

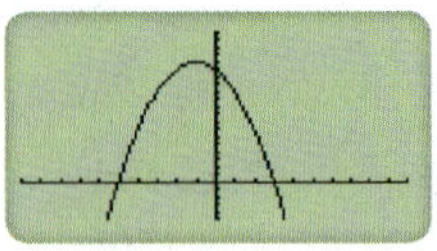

EXEMPLE 2 : Étude du signe du quotient $\dfrac{x+5}{-x+3}$ dans un tableau

On procède comme à l'exemple précédent, mais, sur la dernière ligne, on indique que le dénominateur du quotient doit être **différent de 0,** donc ici $x \neq 3$.

Sur la dernière et la première lignes du tableau, on lit que :

x	$-\infty$		-5		3		$+\infty$
$x+5$		$-$	0	$+$		$+$	
$-x+3$		$+$		$+$	0	$-$	
$\dfrac{x+5}{-x+3}$		$-$	0	$+$	‖	$-$	

La double barre indique que 3 est une « valeur interdite ».

- $\dfrac{x+5}{-x+3}$ est négatif ou nul pour $x \leqslant -5$ **ou** $x > 3$.
- $\dfrac{x+5}{-x+3}$ est positif ou nul pour $-5 \leqslant x < 3$.

Note

On peut vérifier la cohérence avec les résultats trouvés sur l'écran ci-dessous où est représentée la fonction $x \mapsto \dfrac{x+5}{-x+3}$.

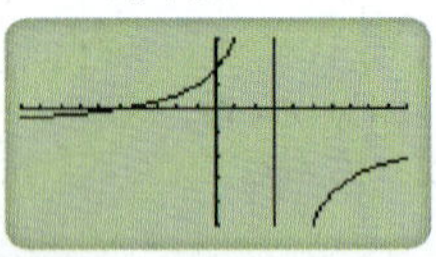

Les méthodes

Exercice résolu 1 Résoudre une inéquation produit

Voir aussi les exercices 14 à 18, page 120

Animation numérique

Énoncé

Résoudre l'inéquation $(5x + 1)(3x - 2) < 0$.

Solution

$5x + 1 = 0$ équivaut à $x = -\frac{1}{5}$.

$3x - 2 = 0$ équivaut à $x = \frac{2}{3}$.

x	$-\infty$		$-\frac{1}{5}$		$\frac{2}{3}$		$+\infty$
$5x+1$		$-$	0	$+$		$+$	
$3x-2$		$-$		$-$	0	$+$	
$(5x+1)(3x-2)$		$+$	0	$-$	0	$+$	

$(5x + 1)(3x - 2)$ est **strictement négatif** lorsque $-\frac{1}{5} < x < \frac{2}{3}$.

L'ensemble des solutions de l'inéquation est :

$$\mathscr{S} = \left]-\frac{1}{5}\,;\frac{2}{3}\right[.$$

MÉTHODE

Pour résoudre une inéquation du type $A \times B < 0$ (ou $A \times B \geqslant 0$ ou...) :

- on dresse le tableau de signes du produit $A \times B$;
- on repère sur la dernière ligne du tableau le signe voulu (case rouge), puis on lit sur « la ligne des x » les solutions (zone verte) ;
- on note l'ensemble des solutions avec des intervalles, en faisant attention aux sens des crochets.

Exercice résolu 2 Résoudre une inéquation quotient

Voir aussi les exercices 25 à 28, page 121

Animation numérique

Énoncé

Résoudre l'inéquation $\frac{2x-1}{4-x} \leqslant 0$.

Solution

$2x - 1 = 0$ équivaut à $x = \frac{1}{2}$.

$4 - x = 0$ équivaut à $x = 4$.

x	$-\infty$		$\frac{1}{2}$		4		$+\infty$
$2x-1$		$-$	0	$+$		$+$	
$4-x$		$+$		$+$	0	$-$	
$\frac{2x-1}{4-x}$		$-$	0	$+$	‖	$-$	

$\frac{2x-1}{4-x}$ est **négatif ou nul** lorsque $x \leqslant \frac{1}{2}$ ou $x > 4$.

L'ensemble des solutions de l'inéquation est :

$$\mathscr{S} = \left]-\infty\,;\frac{1}{2}\right] \cup \left]4\,;+\infty\right[.$$

Note

Ici $\mathscr{S}$ est la réunion de deux intervalles.

MÉTHODE

Pour résoudre une inéquation du type $\frac{A}{B} \leqslant 0$ (ou $\frac{A}{B} > 0$ ou...) :

- on dresse le tableau de signes du quotient $\frac{A}{B}$. On pense en particulier à indiquer les valeurs interdites par une double barre ;
- on repère sur la dernière ligne du tableau le signe voulu (cases rouges), puis on lit sur « la ligne des x » les solutions (zones vertes) ;
- on note l'ensemble des solutions avec des intervalles, en faisant attention aux sens des crochets.

Exercices de base

Pour créer des automatismes

1 Chacune des affirmations suivantes concerne l'inéquation $x - 3 \geqslant 0$. Lesquelles sont exactes ?

a) 4 est une solution de l'inéquation.
b) 5 est la solution de l'inéquation.
c) Les solutions sont les réels strictement supérieurs à 3.
d) Les réels supérieurs à 4 sont solutions de l'inéquation.

2 Chacune des affirmations suivantes concerne l'inéquation $2x - 1 < 0$. Lesquelles sont exactes ?

a) 0 est une solution de l'inéquation.
b) –1 est la solution de l'inéquation.
c) Les solutions sont les nombres réels strictement inférieurs à $\frac{1}{2}$.
d) Les réels négatifs sont solutions de l'inéquation.

3 Résoudre chaque inéquation.

a) $7x + 4 < -2x + 1$ **b)** $2x - 3 > 6x + 4$
c) $\frac{3}{4}x \leqslant 0$ **d)** $-5x \geqslant \frac{1}{4}$
e) $\frac{x+3}{-2} \geqslant 0$ **f)** $\frac{2x+7}{5} \leqslant \frac{x-9}{4}$

Algorithmique

4 **Algorithme et inéquations**

a) On considère l'inéquation $6x + 7 \geqslant 0$.
Résoudre cette inéquation en suivant pas à pas les instructions de l'algorithme suivant :

- Retrancher 7 dans les deux membres.
- Diviser par 6 les deux membres.
- Écrire l'ensemble des solutions.

b) Écrire un algorithme de résolution de l'inéquation :
$$5x + 3 < -x + 6.$$

5 Combien d'entiers naturels x vérifient :
$$5x + 1\,789 < 12x + 1\,515 < 4x + 2\,009\,?$$

6 **a)** Résoudre l'inéquation $x + 15 \geqslant \frac{2}{3}(x + 27)$.

b) Un bureau de recherche emploie 27 informaticiens et 15 mathématiciens.
On envisage d'embaucher le même nombre d'informaticiens et de mathématiciens.
Combien faut-il embaucher de spécialistes de chaque sorte pour que le nombre de mathématiciens soit au moins égal aux deux tiers du nombre d'informaticiens ?

7 Pendant la période estivale, un marchand de glaces a remarqué qu'il dépensait 75 € par semaine pour faire, en moyenne, 150 glaces.
Sachant qu'une glace est vendue 2,50 €, combien doit-il vendre de glaces au minimum, dans la semaine, pour avoir un bénéfice supérieur à 76 € ?

8 Voici le tableau de signes d'une expression.

x	$-\infty$		-4		1		$+\infty$
$f(x)$		$-$	0	$+$	0	$-$	

Pour chaque affirmation, dire si elle est exacte.

a) $f(-7{,}5) < 0$ **b)** $f(\pi) \geqslant 0$
c) -4 et 1 sont les solutions de l'équation $f(x) = 0$.
d) Les solutions de l'inéquation $f(x) \leqslant 0$ sont les nombres réels de $]-\infty\,;-4]$ ou de $[1\,;+\infty[$.
e) Les nombres tels que $f(x) > 0$ sont les réels x vérifiant $-4 \leqslant x \leqslant 1$.

Pour les exercices 9 à 12, dresser le tableau de signes de chaque expression, puis vérifier la réponse graphiquement avec la calculatrice.

9 **a)** $(3x - 1)(x + 2)$ **b)** $(-5x + 1)(2x + 1)$

10 **a)** $(-3x + 4)(-x - 3)$ **b)** $-x(5 + x)$

11 **a)** $(1 + x^2)(3 - x)$ **b)** $(x + 3)^2(x - 1)$

12 **a)** $x^2(1 - x)(2 - x)$ **b)** $(2x + 1)(x - 3)(5 - 3x)$

13 **a)** Tracer à l'écran de la calculatrice la courbe représentative de la fonction f : $x \mapsto x^2 - x - 2$.
b) Quelles semblent être les solutions de l'équation $f(x) = 0$? Vérifier par le calcul.
c) Conjecturer graphiquement le signe de $f(x)$.
d) Vérifier que pour tout réel x,
$$x^2 - x - 2 = (x + 1)(x - 2).$$
Prouver la conjecture du **c)** à l'aide d'un tableau de signes.

14 **1.** Étudier le signe du produit $(3x - 1)(2x + 5)$.
2. En déduire les solutions de l'inéquation :
a) $(3x - 1)(2x + 5) < 0$ **b)** $(3x - 1)(2x + 5) \geqslant 0$

Conseil : *se reporter à l'exercice résolu 1, page 119.*

15 **1.** Étudier le signe du produit $(-x+4)(3x+2)$.

2. En déduire les solutions de l'inéquation :

a) $(-x+4)(3x+2) > 0$

b) $(-x+4)(3x+2) \leqslant 0$

Pour les exercices 16 à 18, résoudre chaque inéquation. Vérifier à l'aide de la calculatrice.

16 **a)** $(x-4)(3-x) \leqslant 0$ **b)** $(-2x+3)(5+x) > 0$

17 **a)** $3x(3x-5) < 0$ **b)** $-(x+1)^2(2x-1) \geqslant 0$

18 **a)** $-2x(x-1)(4-x) \leqslant 0$ **b)** $x^2(4-x)(-2x+1) > 0$

19 Factoriser le membre de gauche, puis résoudre l'inéquation.

a) $4x^2 - 9 \leqslant 0$

b) $(x+3)^2 - 4 \geqslant 0$

Rappel
Pour tous réels a et b, $a^2 - b^2 = (a-b)(a+b)$

20 Observer, réfléchir puis résoudre chacune des inéquations.

a) $-5x^2 \leqslant 0$ **b)** $(x-4)^2 \geqslant 0$

c) $(x-1)^2 < 0$ **d)** $x^2 + (x-1)^2 \leqslant -1$

21 On considère les inéquations :

(1) $x^2 \geqslant 4$ **(2)** $x \geqslant 2$

1. a) Le nombre -3 est-il solution de l'inéquation **(1)** ? de l'inéquation **(2)** ?

b) Les inéquations **(1)** et **(2)** ont-elles le même ensemble de solutions ?

2. a) Factoriser $x^2 - 4$.

b) Étudier le signe de $x^2 - 4$.

c) En déduire les solutions de l'inéquation **(1)**.

Pour les exercices 22 à 24, dresser le tableau de signes de chaque expression, puis vérifier la réponse graphiquement avec la calculatrice.

22 **a)** $\dfrac{x+3}{2x-1}$ **b)** $\dfrac{2-x}{5-2x}$ **c)** $\dfrac{3x-1}{-x+5}$

23 **a)** $\dfrac{5x(x-2)}{4x+1}$ **b)** $\dfrac{2x^2}{(-x+1)(x+3)}$

24 **a)** $\dfrac{-x(x-4)}{2+x^2}$ **b)** $\dfrac{(x+1)(x-2)}{3-x}$

25 **a)** Étudier le signe du quotient $\dfrac{9-4x}{11-5x}$.

b) En déduire les solutions de l'inéquation :

$$\frac{9-4x}{11-5x} > 0.$$

Conseil : se reporter à l'exercice résolu 2, page 119.

26 **a)** Étudier le signe du quotient $\dfrac{-5+4x}{2x-1}$.

b) En déduire les solutions de l'inéquation :

$$\frac{-5+4x}{2x-1} \geqslant 0.$$

Pour les exercices 27 et 28, résoudre chaque inéquation, puis vérifier la réponse graphiquement avec la calculatrice.

27 **a)** $\dfrac{x+1}{3-x} \geqslant 0$ **b)** $\dfrac{7-2x}{2x-1} \leqslant 0$

28 **a)** $\dfrac{-5x}{(2x-7)^2} \geqslant 0$ **b)** $\dfrac{1+2x^2}{7-x} \leqslant 0$

29 On considère les inéquations :

(1) $\dfrac{1}{x} \leqslant 3$ **(2)** $1 \leqslant 3x$

1. a) Le nombre -2 est-il solution de l'inéquation **(1)** ? de l'inéquation **(2)** ?

b) Les inéquations **(1)** et **(2)** ont-elles le même ensemble de solutions ?

2. a) Justifier que l'inéquation **(1)** est équivalente à l'inéquation $\dfrac{1-3x}{x} \leqslant 0$.

b) Étudier le signe du quotient $\dfrac{1-3x}{x}$ et en déduire les solutions de l'inéquation **(1)**.

30 **a)** Tracer à l'écran de la calculatrice la courbe de la fonction $x \mapsto \dfrac{x+4}{5-x}$.

b) Conjecturer graphiquement les solutions de l'inéquation $f(x) < 2$.

c) Vérifier que pour tout réel $x \neq 5$,

$$\frac{x+4}{5-x} - 2 = \frac{3x-6}{5-x}.$$

Prouver la conjecture du **c)** à l'aide d'un tableau de signes.

31 **a)** Tracer à l'écran de la calculatrice la courbe de la fonction $x \mapsto \dfrac{-5}{2x+1}$.

b) Conjecturer graphiquement les solutions de l'inéquation $f(x) \geqslant 1$.

c) Vérifier que pour tout réel $x \neq -\dfrac{1}{2}$,

$$\frac{-5}{2x+1} - 1 = \frac{-2x-6}{2x+1}.$$

Prouver la conjecture du **c)** à l'aide d'un tableau de signes.

Exercices d'entraînement

Pour développer des compétences

Travaux pratiques

Compléments numériques

32 B2i L 2-4 L 3-7 Contrats de travail

OBJECTIF Étudier de diverses façons une situation de la vie courante.

Une entreprise de confection propose à ses couturières deux types de contrats.

- **Contrat A :** salaire mensuel fixe de 320 € auquel s'ajoutent 26 € par vêtement réalisé.
- **Contrat B :** salaire mensuel fixe de 686 € auquel s'ajoutent 8 € par vêtement réalisé.

Manon doit être embauchée ; elle se demande quel est le meilleur contrat pour elle.

1. Avec un tableur

a) Réaliser une feuille de calcul pour déterminer le salaire total en fonction du nombre de vêtements fabriqués selon le contrat.

	A	B	C
1	Nombre de vêtements	Contrat A	Contrat B
2	1	346	694
3	2	372	702
4	3	398	710
5	4	424	718

b) Conjecturer le contrat le plus avantageux pour Manon selon le nombre de vêtements fabriqués mensuellement.

2. Avec un graphique

On note f et g les fonctions qui au nombre x de vêtements fabriqués associent le salaire total, respectivement avec le contrat A et le contrat B.

a) Donner les expressions de $f(x)$ et $g(x)$.

b) Tracer les courbes représentatives de f et g dans un repère (axe des abscisses : gradué de 0 à 40 avec 1 cm pour 2 ; axe des ordonnées : gradué de 300 à 1 400 avec 1 cm pour 100).

c) Déterminer les coordonnées du point d'intersection de ces courbes.

d) Conclure graphiquement sur le contrat le plus avantageux pour Manon.

3. Avec une inéquation

Déterminer le contrat le plus avantageux pour Manon en résolvant une inéquation.

33 B2i L 2-4 L 3-5 Inéquation et aire

OBJECTIF Modéliser et s'engager dans une activité de recherche.

ABCD est un trapèze rectangle tel que :

$\widehat{ABC} = \widehat{BCD} = 90°$; CD = 6 cm ; $\widehat{ADC} = 45°$.

Le côté [BC] a une longueur variable, notée a, en cm.

On se propose de trouver les valeurs de a pour lesquelles l'aire du trapèze est supérieure à 10 cm^2.

1. Conjecture

a) Faire cette figure avec un logiciel de géométrie dynamique. (Par exemple, avec GeoGebra créer un curseur et un point libre B (0 ; a).)

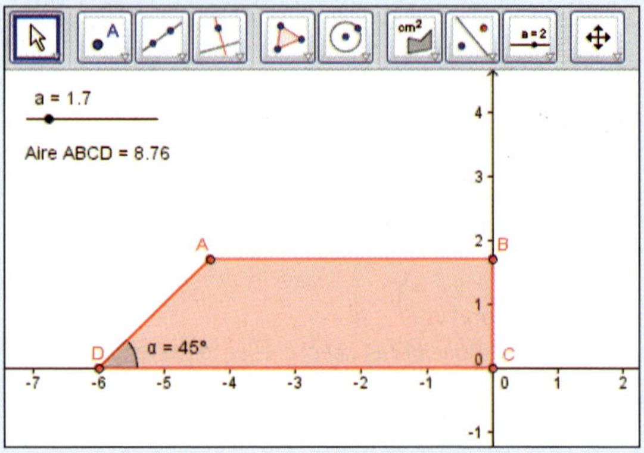

b) Afficher l'aire du trapèze ABCD ; piloter le point B et conjecturer la réponse au problème posé.

2. Preuve

a) À quel intervalle doit appartenir a ?

b) Exprimer la longueur AB en fonction de a.

c) Exprimer l'aire $\mathscr{A}$ du trapèze ABCD en fonction de a.

d) Avec le logiciel de calcul formel Xcas, on a obtenu les résultats ci-après. Vérifier ces résultats et les utiliser pour démontrer la conjecture émise à la question **1**.

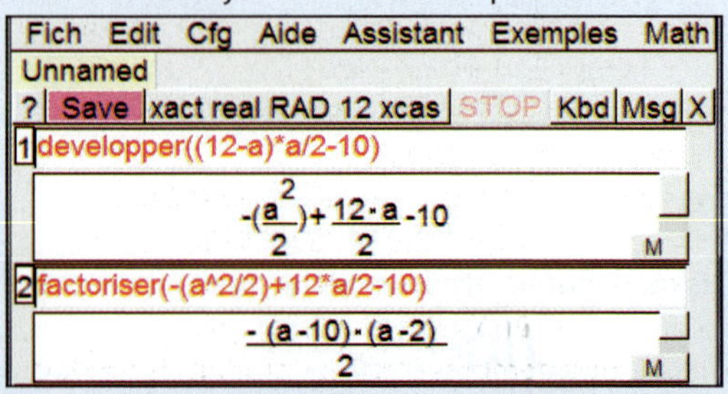

Raisonner, démontrer

34 Résoudre chaque inéquation.

a) $3x(x+3)-(x+3)^2 \leqslant 0$

b) $x^3+2x^2+x \geqslant 0$

35 **1.** Représenter graphiquement à l'écran de la calculatrice les fonctions f et g définies sur $\mathbb{R}$ par :

$$f(x)=x^2-4x \text{ et } g(x)=-2x-1.$$

2. Résoudre algébriquement l'équation $f(x)=g(x)$.

3. a) Résoudre graphiquement l'inéquation $g(x) \leqslant f(x)$.

b) Retrouver algébriquement les solutions de l'inéquation précédente.

36 **1. a)** Représenter graphiquement à l'écran de la calculatrice les fonctions définies sur $\mathbb{R}$ par :

$$f(x)=x^2 \text{ et } g(x)=2x+1.$$

b) Déterminer à l'aide de la calculatrice des valeurs approchées des abscisses des points d'intersection des deux courbes.

c) Conjecturer les valeurs de x telles que $f(x)<g(x)$.

2. a) Vérifier que pour tout réel x,

$$f(x)-g(x)=(x-1-\sqrt{2})(x-1+\sqrt{2}).$$

b) Résoudre algébriquement l'inéquation $f(x)<g(x)$.

37 ABCD est un carré de côté x, exprimé en cm, avec $x>6$. E est le point du segment $[AB]$ tel que :

EB = 6 cm.

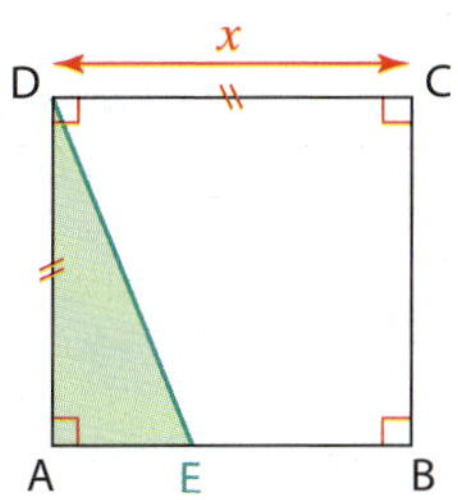

a) Exprimer en fonction de x, l'aire en cm² du triangle AED.

b) Peut-on trouver x pour que l'aire du carré ABCD soit strictement supérieure au triple de l'aire du triangle AED ?

38 Une entreprise fabrique un produit. Pour une période donnée, le coût total de production, en euros, est donné en fonction du nombre q d'articles fabriqués par :

$$C(q)=2q^2+10q+900 \text{ pour } 0<q<80.$$

Tous les articles fabriqués sont vendus ; la recette totale en euros est donnée par $R(q)=120q$.

a) Vérifier que le bénéfice total est donné par :

$$B(q)=-2(q^2-55q+450),$$

puis que la forme factorisée de $B(q)$ est :

$$B(q)=-2(q-10)(q-45).$$

b) Pour quels nombres d'articles produits la production est-elle rentable ?

39 Pendant une expérience, l'altitude (en mètres) d'un projectile lancé à partir du sol est donnée à l'instant t (en secondes) par la formule :

$$h(t)=-5t^2+100t.$$

(L'origine correspond à $t=0$ s.)

1. À quel instant le projectile retombe-t-il au sol ?

2. À l'aide de la calculatrice, tracer la représentation graphique de la fonction h sur l'intervalle $[0;20]$.

3. Déterminer graphiquement la période pendant laquelle l'altitude du projectile est supérieure ou égale à 320 m.

4. a) Vérifier que :

$$h(t)-320=-5(t-16)(t-4).$$

b) Répondre à la question **3.** par le calcul.

40 **1. a)** À l'aide de la calculatrice, tracer la courbe de la fonction $f : x \mapsto x^2+0{,}02x-0{,}000\,3$ (fenêtre graphique : $-3 \leqslant X \leqslant 3$ et $-1 \leqslant Y \leqslant 10$).

b) Conjecturer le signe de $f(x)$.

c) Conjecturer à l'aide de la calculatrice le minimum de la fonction f.

d) Les deux résultats sont-ils cohérents ?

2. a) Vérifier que pour tout réel x,

$$f(x)=(x+0{,}01)^2-0{,}000\,4.$$

b) En déduire que f présente un minimum.

c) Le résultat est-il en accord avec la conjecture de la question **1. c)** ?

3. a) Vérifier que pour tout réel x,

$$f(x)=(x-0{,}01)(x+0{,}03).$$

b) Étudier le signe de $f(x)$.

c) Que penser de la conjecture de la question **1. b)** ?

41 **a)** Résoudre l'inéquation $\dfrac{2x+3}{x-1} \geqslant 4$.

b) Comment vérifier graphiquement ce résultat ?

42 **1. a)** Tracer à l'écran de la calculatrice la courbe $\mathscr{C}$ représentant la fonction $x \mapsto \dfrac{1}{x}$ et la droite Δ d'équation $y=3x+2$.

b) Conjecturer les abscisses des points d'intersection de $\mathscr{C}$ et Δ.

c) Conjecturer les valeurs de x pour lesquelles $\mathscr{C}$ est au-dessus de Δ.

2. a) Vérifier que, pour tout réel $x \neq 0$,

$$\frac{1}{x}-(3x+2)=\frac{(1-3x)(x+1)}{x}.$$

b) Étudier le signe de $\dfrac{(1-3x)(x+1)}{x}$.

c) Est-ce en accord avec les conjectures émises aux questions **1. b)** et **1. c)** ?

Exercices

Analyse critique d'un document

43 Pour résoudre l'inéquation $\dfrac{x-3}{x-1} \geqslant \dfrac{2}{3}$, un élève a écrit sur sa copie :

L'inéquation s'écrit :
$3(x-3) \geqslant 2(x-1)$
$3x-9 \geqslant 2x-2$
$x \geqslant 7$
donc $\mathcal{S} = [7\,;+\infty[$.

Critiquer sa résolution, puis proposer une solution correcte.

Traiter l'information

44 Travailler en groupe La société qui exploite une autoroute propose aux usagers un abonnement : l'achat d'une carte annuelle d'abonnement permet d'obtenir une réduction sur le prix du kilomètre.

Une étude sur le tableau des tarifs a été réalisée.

	A	B	C	D	E
1	km	prix non abonné	prix abonné	économie de l'abonné	pourcentage d'économie
2	0	0	56	-56	
3	1	0,07	56,05	-55,98	-79971,43
4	2	0,14	56,1	-55,96	-39971,43
5	3	0,21	56,15	-55,94	-26638,10

⋮

	A	B	C	D	E
2797	2795	195,65	195,75	-0,1	-0,05
2798	2796	195,72	195,8	-0,08	-0,04
2799	2797	195,79	195,85	-0,06	-0,03
2800	2798	195,86	195,9	-0,04	-0,02
2801	2799	195,93	195,95	-0,02	-0,01
2802	2800	196	196	0	0,00
2803	2801	196,07	196,05	0,02	0,01
2804	2802	196,14	196,1	0,04	0,02
2805	2803	196,21	196,15	0,06	0,03

⋮

	A	B	C	D	E
9997	9995	699,65	555,75	143,9	20,57
9998	9996	699,72	555,8	143,92	20,57
9999	9997	699,79	555,85	143,94	20,57
10000	9998	699,86	555,9	143,96	20,57

Répondre aux questions suivantes :

a) Quel est le prix du kilomètre sans abonnement ?

b) Quel est le prix de la carte d'abonnement ?

c) Quel est le prix du kilomètre avec la carte d'abonnement ?

d) Quel est le nombre de kilomètres à partir duquel la formule d'abonnement devient intéressante ?

e) Comment retrouver les résultats des cellules D10000 et E10000 ?

45 **1. a)** Que font les programmes de calculatrice suivants ?

TI

```
:For(X,-5,5,1)
:X^2→A
:2X+8→B
:If A≤B
:Then
:Disp "X",X
:Pause
:Else
:End
:End
```

Casio

```
For -5→X To 5↵
X²→A↵
2X+8→B↵
If A≤B↵
Then ↵
"X="↵
X◢
IfEnd↵
Next↵
```

b) La calculatrice affiche la courbe représentative de la fonction carré et la droite d'équation $y = 2x + 8$.
Comment retrouve-t-on sur le graphique le résultat précédent ? Expliquer.

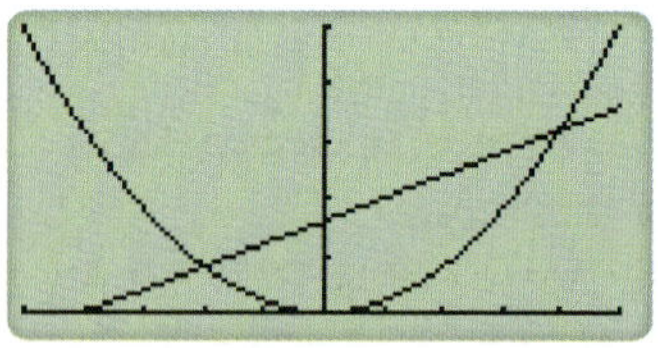

c) Vérifier que l'inéquation $x^2 \leqslant 2x + 8$ est équivalente à l'inéquation $(x + 2)(x - 4) \leqslant 0$.
Résoudre cette inéquation et retrouver le résultat précédent.

2. En s'inspirant de la question **1.**, étudier la position de la courbe de la fonction cube et de la droite d'équation $y = 3x - 2$.
On pourra utiliser cet écran de calculatrice formelle :

```
F1 | F2▾ Alg | F3▾ Calc | F4▾ Autre | F5 ESPrgm | F6▾ Nettoyage
■ factor(x³ - 3·x + 2)          (x - 1)²·(x + 2)
```

Communiquer à l'écrit ou à l'oral

46 **1.** Les propositions suivantes apparaissent souvent sur des copies d'élèves ; pourtant elles sont fausses. Vérifier pourquoi, éventuellement à l'aide d'un graphique.

a) Si $x^2 \geqslant 9$, alors $x \geqslant 3$.

b) Si $\frac{1}{x} > 1$, alors $1 < x$.

c) Si $x(1-x) < 2x$ alors $1 - x < 2$.

d) Si $\frac{2x+1}{x-3} \leqslant 1$, alors $2x + 1 \leqslant x - 3$.

2. Décrire la méthode à envisager pour résoudre chacune des inéquations précédentes.

Algorithmique

47 **Algorithme et distance entre réels**

Écrire un algorithme qui lit deux nombres réels x et y et qui affiche la distance entre ces deux nombres.

48 Voici le tableau de signes d'une expression P(x).

x	$-\infty$		-2		3		$+\infty$
P (x)		+	0	−	‖	+	

1. Quelle est la valeur de x pour laquelle :

a) on ne peut pas calculer P(x) ?

b) P(x) s'annule ?

2. Donner le signe de :

a) P(0)

b) P(−100)

c) P(2 541,35)

3. Recopier et compléter par <, >, ⩽ ou ⩾.

a) Pour $x < -2$, P(x) … 0.

b) Pour $-2 < x < 3$, P(x) … 0.

c) Pour $x > 3$, P(x) … 0.

d) Pour $x \leqslant -2$, P(x) … 0.

e) Pour $-2 \leqslant x < 3$, P(x) … 0.

S'initier à la logique

49 **Quantificateurs universel, existentiel**

Les propositions suivantes sont-elles vraies ou fausses ? Justifier.

a) Il existe un nombre réel x tel que $(x+1)(2x-1) < 0$.

b) Pour tout nombre réel x, $-x(-x-3) \leqslant 0$.

c) Pour tout nombre réel x, $3(2x+1)^2 > 0$.

d) Pour tout nombre réel x, $-5(x-1)^2 - 2 \leqslant 0$.

e) Il n'existe pas de nombre réel x tel que :

$$x^2 + (3x-5)^2 \leqslant -1.$$

50 **Ensemble, appartenance, inclusion**

Les propositions suivantes sont-elles vraies ou fausses ? Justifier.

a) 2 est une solution de l'inéquation $\frac{1}{x} < x$.

b) $x^2 \geqslant 1$ si $x \leqslant -1$.

c) Si $x \in [1\,;+\infty[$, alors $x^2 \geqslant 1$.

d) Si x est une solution de l'inéquation $\sqrt{2x-1} \geqslant 2$, alors $2x - 1 \geqslant 4$.

e) L'intervalle $]-1\,;1[$ est l'ensemble des solutions de l'inéquation $x^2 < 1$.

51 **Implication et équivalence**

Voici deux propositions où x désigne un nombre réel.

❶ $x^3 - x = 0$ ❷ $x = 0$

Si la proposition ❷ est vraie, alors la proposition ❶ est vraie. On note ❷ ⇒ ❶ et on dit que la proposition ❷ implique la proposition ❶.

a) Est-il vrai que la proposition ❶ implique la proposition ❷ ?

b) Recopier et compléter ce tableau par Vrai ou Faux.

❶	❷	❶ ⇒ ❷	❷ ⇒ ❶	❶ ⇔ ❷
$x = 0$ ou $x = 1$	$x^2 - x = 0$			
$\frac{-x+3}{2-\pi} > 0$	$-x + 3 > 0$			
$2x - 1 \leqslant -4$	$(2x-1)^2 \geqslant 16$			
$\frac{x-9}{x^2+1} > 0$	$x - 9 > 0$			
$(x-4)(x+3) \geqslant 0$	$x - 4 \geqslant 0$ ou $x - 3 \geqslant 0$			
$(5+x)^2 > 1$	$x > -4$			

SE PRÉPARER AU CONTRÔLE

Travailler en autonomie

QCM

52 Pour chaque question, une seule réponse est exacte. Laquelle ?

1 Les fonctions f et g sont représentées ci-contre dans un repère.
Par lecture graphique :

a) $f(-1) < 0$ **b)** $f(0,5) < 0$ **c)** $g(-0,5) < -1$

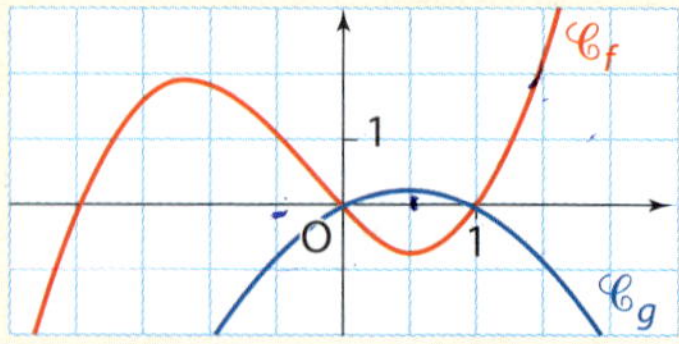

2 Sur le graphique ci-contre, on lit que :

a) $f(-1) > g(-1)$ **b)** $f(1,5) < g(1,5)$ **c)** $g(1) > f(1)$

3 Voici ci-contre le tableau de signes d'une expression $h(x)$.
Il peut correspondre à :

x	$-\infty$		-2		$\frac{1}{2}$		$+\infty$
$h(x)$		+	0	−	0	+	

a) $h(x) = (3x + 6)(2x - 1)$ **b)** $h(x) = \dfrac{2x-1}{x+2}$ **c)** $h(x) = (x + 2)(-2x + 1)$

4 Tous les réels de l'intervalle $]-2\,;+\infty[$ sont solutions de l'inéquation :

a) $x^2 > 4$ **b)** $-3x - 2 > -x + 2$ **c)** $(x + 2)(x^2 + 3) > 0$

53 Pour chaque question, une seule réponse est exacte. Laquelle ? Justifier.

1 L'inéquation $(x - 1)(5 - x) > 0$ a pour ensemble de solutions :

a) $]-\infty\,;1[\,\cup\,]5\,;+\infty[$ **b)** $[1\,;5]$ **c)** $]1\,;5[$

2 L'inéquation $\dfrac{x-2}{5+x} \leqslant 0$ a pour ensemble de solutions :

a) $[-5\,;2]$ **b)** $]-5\,;2]$ **c)** $]-\infty\,;-5[\,\cup\,[2\,;+\infty[$

3 Résoudre l'inéquation $\dfrac{1}{x-1} < -1$ équivaut à résoudre l'inéquation :

a) $x - 1 < 1$ **b)** $1 < -x + 1$ **c)** $\dfrac{x}{x-1} < 0$

4 Résoudre l'inéquation $x\,(x - 3) \geqslant 2(x - 3)$ équivaut à résoudre l'inéquation :

a) $x - 2 \geqslant 0$ **b)** $x - 3 \geqslant 0$ **c)** $(x - 2)(x - 3) \geqslant 0$

Exercices interactifs

Vrai-Faux

54 Dire pour chaque affirmation si elle est vraie ou fausse.

a) Voici le tableau de signes d'une expression.

x	$-\infty$		-3		5		$+\infty$
$f(x)$		−	‖	+	0	−	

L'ensemble des solutions de l'inéquation $f(x) \leqslant 0$ est $\mathscr{S} =]-\infty\,;-3[\,\cup\,]5\,;+\infty[$.

b) L'inéquation $\dfrac{x^2+1}{x} < 0$ a le même ensemble de solutions que l'inéquation $\dfrac{1}{x} < 0$.

55 Dire pour chaque affirmation si elle est vraie ou fausse. Justifier.

a) L'inéquation $\dfrac{2x+3}{x-1} \geqslant 1$ a le même ensemble de solutions que l'inéquation $2x + 3 \geqslant x - 1$.

b) La fonction f représentée ci-contre a pour tableau de signes :

x	$-\infty$		-1		3		$+\infty$
$f(x)$		−	0	−	0	+	

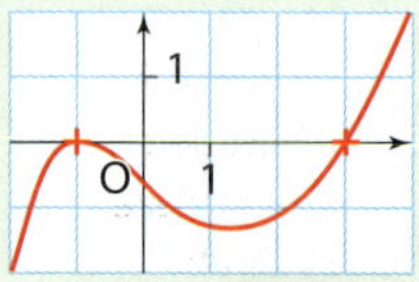

Exercices interactifs

Pour réviser

56 Résoudre une inéquation produit

Résoudre chacune des inéquations :

a) $(3x - 1)(x + 4) \leqslant 0$

b) $-5x(-2x + 1) < 0$

Conseils

- Pour résoudre une inéquation produit, penser à étudier le signe du produit à l'aide d'un tableau de signes.
- Revoir l'exercice résolu 1, page 119.

57 Résoudre une inéquation quotient

Résoudre chacune des inéquations :

a) $\dfrac{-2x+7}{3-x} > 0$

b) $\dfrac{x+5}{-2x+4} \geqslant 0$

Conseils

- Une inéquation quotient se résout comme une inéquation produit à l'aide d'un tableau de signes.
- Le dénominateur doit être différent de 0 ; penser à la double barre signalant la valeur interdite.
- Revoir l'exercice résolu 2, page 119.

58 Éviter certaines erreurs classiques

Résoudre l'inéquation :

$$x^2 \leqslant 15.$$

Conseils

- Observer la courbe de la fonction carré sur la calculatrice et conjecturer l'ensemble des solutions.
- Factoriser $x^2 - 15$ pour se ramener à une inéquation produit.
- Revoir l'exercice 21, page 121, corrigé en fin de manuel.

59 Éviter certaines erreurs classiques (bis)

Résoudre l'inéquation : $\dfrac{2x-1}{x-3} \geqslant 1.$

Conseils

- Conjecturer les solutions à l'aide de la calculatrice.
- Se ramener à une inéquation quotient, c'est-à-dire à l'étude du signe d'un quotient.
- Revoir l'exercice 30, page 121, corrigé en fin de manuel.

60 Étudier la position de deux courbes

1. a) Tracer à l'écran de la calculatrice la courbe $\mathscr{C}$ représentant la fonction $x \mapsto \dfrac{2x-4}{x-1}$ et la droite Δ d'équation $y = x$.

b) Conjecturer les valeurs de x pour lesquelles $\mathscr{C}$ est au-dessous de Δ.

2. a) Vérifier que, pour tout réel $x \neq 1$:

$$\frac{2x+4}{x-1} - x = \frac{(x+1)(-x+4)}{x-1}.$$

b) Étudier le signe de $\dfrac{(x+1)(-x+4)}{x-1}$.

c) Valider la conjecture émise à la question **1. b)**.

Conseils

- Revoir l'exercice 42, page 123, corrigé en fin de manuel.

2. c) Pour étudier algébriquement la position des courbes représentant deux fonctions f et g, on étudie le signe de la différence $f(x) - g(x)$.

61 Étudier une situation concrète

Une entreprise fabrique un article haut de gamme. Le coût de production mensuel (en euros) en fonction du nombre x d'articles fabriqués est :

$$C(x) = x^3 - 300x^2 + 25\,000x.$$

L'entreprise peut fabriquer au maximum 300 articles par mois ; on suppose qu'elle les vend tous.

1. Le coût mensuel moyen de production d'un article lorsqu'on en produit x (non nul) est : $C_m(x) = \dfrac{C(x)}{x}$.

a) Vérifier que $C_m(x) = (x - 150)^2 + 2\,500$.

b) Démontrer que le minimum de la fonction C_m est 2 500.

Pour quelle production est-il atteint ?

2. Chaque article est vendu 8 900 €.

a) Exprimer le bénéfice mensuel $B(x)$ en fonction du nombre x d'articles fabriqués et vendus.

b) Le bénéfice mensuel moyen sur un article lorsqu'on en produit x (non nul) est $B_m(x) = \dfrac{B(x)}{x}$.

Vérifier que $B_m(x) = 6\,400 - (x - 150)^2$.

En déduire les productions pour lesquelles $B_m(x) \geqslant 0$.

Conseils

2. b). Factoriser l'expression de $B_m(x)$.

- Vérifier la cohérence des résultats à laide de la calculatrice.

Vérifier les réponses p. 300

Exercices d'approfondissement

Pour aller plus loin

62 Avec un guide (1)

Marie part de chez elle à 10 h pour se rendre chez une copine. Elle effectue le parcours à vélo à la vitesse moyenne de 24 km·h^{-1}. Elle reste 1 h 20 min chez sa copine puis repart chez elle, à la vitesse moyenne de 20 km·h^{-1}.
Elle rentre avant midi.
Que peut-on dire de la distance entre les deux maisons ?

Guide de résolution
- Noter d la distance, en km, entre les deux maisons, t et t' les durées, en h, des trajets aller et retour.
- Quelle condition impose l'énoncé à $t + t'$?
- En déduire une inéquation d'inconnue d. La résoudre et conclure.

63 Avec un guide (2)

Un cycliste se rend d'une ville A à une ville B. Il effectue la moitié du trajet à la vitesse de 20 km·h^{-1} et l'autre moitié à la vitesse de x km·h^{-1}.

a) Montrer que sa vitesse moyenne $v(x)$ en km·h^{-1} sur l'ensemble du trajet est donnée par :
$$v(x) = \frac{40x}{x+20}.$$
b) Calculer x pour que sa vitesse moyenne $v(x)$ soit égale à 24 km·h^{-1}.
c) Déterminer les valeurs de x pour lesquelles la vitesse moyenne est supérieure ou égale à 15 km·h^{-1}.
d) Montrer que la vitesse moyenne ne peut pas dépasser 40 km·h^{-1}.

Guide de résolution
a) Noter d la distance AB, en km, t et t' les durées, en h, des trajets sur chaque moitié de parcours.
Exprimer alors la vitesse moyenne entre A et B en fonction de d et de x, puis de x uniquement.
d) Étudier le signe de la différence $v(x) - 40$.

64 En économie

Une entreprise fabrique et vend un produit. On note $f(x)$ le coût de production (exprimé en milliers d'euros) de x tonnes de ce produit.
Pour $0 \leqslant x \leqslant 11$, des études ont montré que :
$$f(x) = x^3 - 12x^2 + 50x.$$
1. a) Dresser un tableau de valeurs de la fonction f (donner à x les valeurs entières de 0 à 11).
b) Tracer sur l'intervalle $[0 ; 11]$ la courbe représentative de la fonction f à l'écran de la calculatrice, puis sur une feuille (*unités :* 1cm pour 1 tonne en abscisses et 2 cm pour 100 000 euros en ordonnées).
2. L'entreprise vend son produit 30 000 € la tonne ; on note $g(x)$ la recette exprimée en milliers d'euros et $B(x)$ le bénéfice : $B(x) = g(x) - f(x)$.
a) Exprimer $g(x)$ en fonction de x.
b) Représenter graphiquement la fonction g dans le même repère que la fonction f.
3. a) Déterminer graphiquement les quantités de produit pour lesquelles l'entreprise est bénéficiaire.
b) Développer $(x - 2)(x - 10)$.
c) Résoudre algébriquement l'inéquation $B(x) > 0$.

65 B2i L 2-4 L 3-5 En géométrie

ABC est un triangle rectangle en A, tel que :
$$AB = 8 \text{ et } AC = 6.$$
M est un point de l'hypoténuse $[BC]$.
Par M, on trace les perpendiculaires à (AB) et (AC) ; elles coupent $[AB]$ et $[AC]$ respectivement en P et Q.

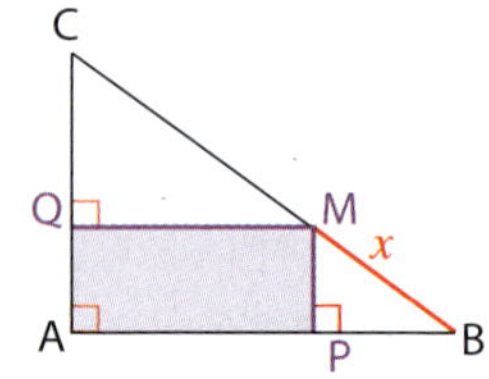

On se propose d'étudier quelques propriétés du périmètre du rectangle APMQ.
1. À l'aide d'un logiciel de géométrie, conjecturer les réponses aux questions suivantes.
a) Pour quelles positions de M le périmètre est-il supérieur ou égal à 13,5 ?
b) Comparer le périmètre au demi-périmètre du triangle ABC.
2. On pose $BM = x$.
a) Démontrer que $MP = 0{,}6x$ et $MQ = 8 - 0{,}8x$.
b) Exprimer, en fonction de x, le périmètre $p(x)$ du rectangle APMQ.
3. Dans un repère, tracer la courbe représentative de la fonction $x \mapsto p(x)$ sur l'intervalle $[0 ; 10]$.
4. Traiter algébriquement et graphiquement les questions **1. a)** et **1. b)**.

66 Fréquence cardiaque

La fréquence cardiaque d'une sportive en fonction de la puissance de l'effort est modélisée par la fonction f définie sur l'intervalle $[0 ; 340]$ par :
$$f(x) = 0{,}001\,25x^2 + 0{,}025x + 60,$$
où x est exprimé en watts et $f(x)$ est le nombre de battements du cœur par minute.
1. Déterminer la fréquence cardiaque de cette sportive lorsqu'elle exerce un effort d'une puissance de 200 W.
2. On admet que la fonction f est croissante sur l'intervalle $[0 ; 340]$.

a) Tracer la courbe représentative de f dans un repère orthogonal (*unités :* 1 cm pour 20 watts en abscisses et 1 cm pour 10 battements/minute en ordonnées).

b) Déterminer graphiquement la puissance que doit fournir cette sportive pour que sa fréquence cardiaque soit supérieure à 180 battements par minute.

3. a) Vérifier que pour tout réel x,

$$f(x) - 180 = 0{,}001\,25(x - 300)(x + 320).$$

b) Étudier le signe de $(x - 300)(x + 320)$ et retrouver le résultat de la question **2.b)**.

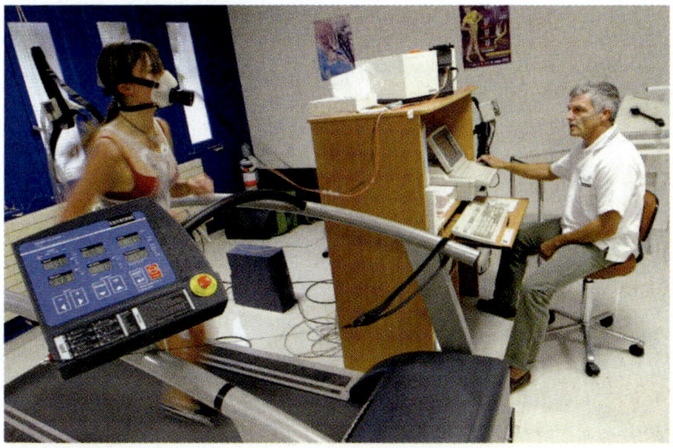

Algorithmique

67 Algorithme et nombres triangulaires

Voici les quatre premiers nombres triangulaires :

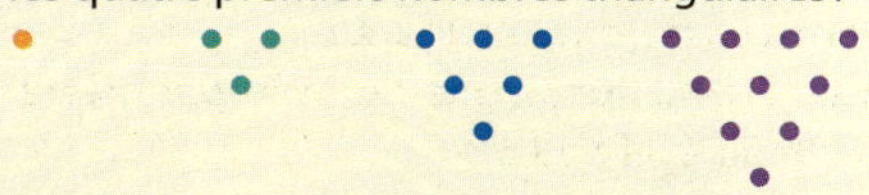

$T_1 = 1$ $T_2 = 3$ $T_3 = 6$ $T_4 = 10$

a) Représenter et donner les valeurs de T_5 et T_6.

b) Écrire un algorithme qui, pour un entier naturel non nul n donné, calcule et affiche les nombres triangulaires successifs $T_1, T_2, T_3, \ldots$ jusqu'à T_n.

c) Rédiger le programme associé dans un langage de programmation.

d) Utiliser le programme pour trouver les valeurs de n telles que : • $T_n \geqslant 100$; • $T_n \geqslant 1\,000$.

Algorithmique

68 Algorithme et $\sqrt{7}$

On considère l'algorithme ci-après.

a) Faire fonctionner cet algorithme : on pourra effectuer quatre itérations. On notera les valeurs de a et b obtenues après chaque itération.

b) Quel est le rôle de cet algorithme ?

c) Construire le programme associé avec le tableur ou la calculatrice.

d) Indiquer l'encadrement donné par le programme.

```
Initialisations
a prend la valeur 2
b prend la valeur 3
Traitement
Tant que b – a > 10^(-3)
    m prend la valeur (a + b)/2
    Si m² < 7 alors
        a prend la valeur m
    sinon
        b prend la valeur m
    FinSi
FinTantque
Sorties
Afficher a, b
```

PROBLÈMES OUVERTS

69 Une droite mobile

Dans un repère, $\mathscr{P}$ est la courbe représentative de la fonction $f : x \mapsto x^2$.

p désigne un nombre réel et Δ la droite représentant la fonction affine $x \mapsto 2x + p$.

Pour quelles valeurs de p, la droite Δ est-elle au-dessous de la courbe $\mathscr{P}$?

70 Que d'inégalités !

Les inégalités suivantes sont-elles vraies ?

$$\frac{102}{5} \geqslant \frac{1}{3}$$

$$\frac{102 + 1}{5} \geqslant \frac{1}{3} + 1$$

$$\frac{102 + 2}{5} \geqslant \frac{1}{3} + 2$$

$$\frac{102 + 3}{5} \geqslant \frac{1}{3} + 3$$

$$\vdots$$

$$\frac{102 + 100}{5} \geqslant \frac{1}{3} + 100$$

71 La borne kilométrique

Pour quelles valeurs de x l'aire du rectangle est-elle plus grande que celle du demi-disque ?

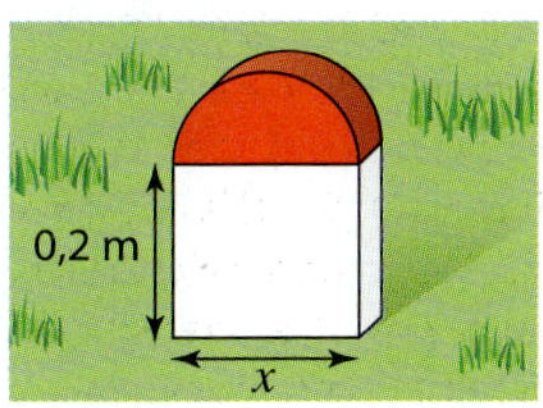

72 **Le père Noël**

Une cheminée est représentée par le rectangle ABCD dont les côtés mesurent 2 m et 1 m. L'intérieur de la cheminée est représenté par le rectangle EFGH. La partie entre les deux rectangles, appelée bandeau, a partout la même largeur.

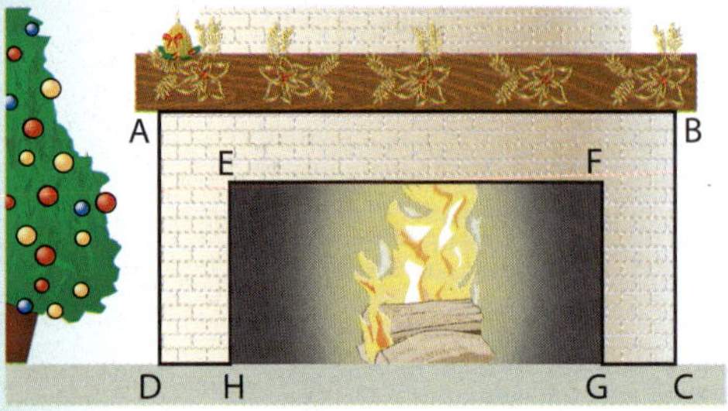

Pour que le père Noël puisse facilement passer, l'aire du rectangle EFGH doit être supérieure à 0,5 m^2.

Quelle doit être la largeur du bandeau pour qu'il en soit ainsi ?

73 **Le problème du fil de fer**

Un fil de fer a pour longueur 4,5 m.

On le coupe en deux morceaux : on plie le premier morceau en forme de carré et le second morceau en forme de rectangle dont une dimension est 1 m.

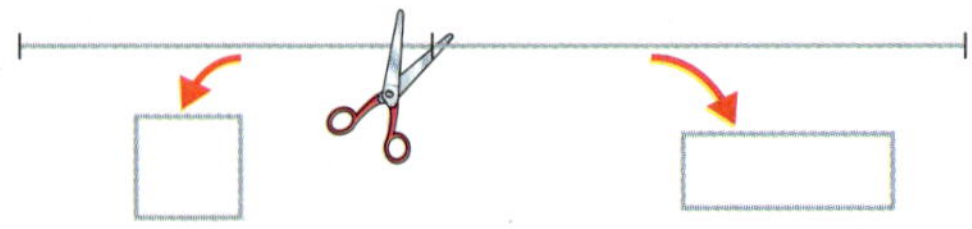

Déterminer les longueurs possibles du premier morceau pour que l'aire du rectangle soit plus grande que celle du carré.

Des défis

74 **Comparaison**

a) Comparer, sur l'intervalle $[0\,;+\infty[$, les fonctions :

$$x \mapsto \sqrt{1+x} \quad \text{et} \quad x \mapsto 1+\frac{x}{2}.$$

b) Quel est le plus grand de ces deux nombres :

$$A = \sqrt{1{,}000\,001} \quad \text{ou} \quad B = 1{,}000\,000\,5\,?$$

75 **Comparaison (bis)**

a et b désignent deux réels non nuls.

Démontrer que :

$$\frac{a^2}{b^2}+\frac{b^2}{a^2}+3 > 2\left(\frac{a}{b}+\frac{b}{a}\right).$$

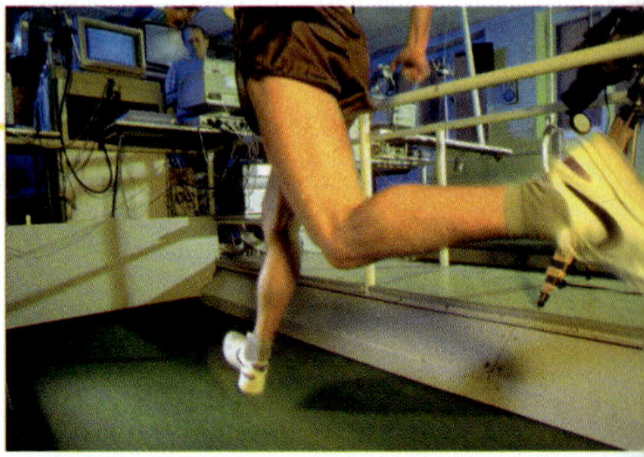

SUJETS D'EXPOSÉS

SUJET 1

MPS Méthodes et pratiques scientifiques

Effectuer des recherches au CDI ou sur Internet sur la fréquence cardiaque d'un sportif amateur, d'un sportif de haut niveau, et sur leurs évolutions en fonction de l'effort fourni.

→ Lors d'un exposé, présenter le résultat de vos recherches en classe.

SUJET 2

Le Chat de Philippe Geluck a une conception bien particulière de l'ordre ; en voici deux exemples :

« Les choses moches, il vaut mieux les regarder par deux. Parce qu'il y en a toujours une qui est moins moche que l'autre ».

La mathématique du Chat,
P. Geluck, © Casterman 2008.

→ Rechercher sur Internet des informations sur ce que l'on appelle en mathématiques le théorème de Zermelo. Le présenter à la classe lors d'un exposé et indiquer si le Chat accepte ce théorème.

Chapitre 7

Trigonométrie et problèmes

La trigonométrie permet, entre autres choses, de mesurer la hauteur d'un arbre, d'un bâtiment,…

Énigme ★

La ville de Mostaganem (M) en Algérie est située sur le méridien de Greenwich (G).

Les latitudes des deux villes sont 35° 55′ 54″ Nord et 51° 28′ 38″ Nord.

La longueur totale du méridien est 40 000 km.

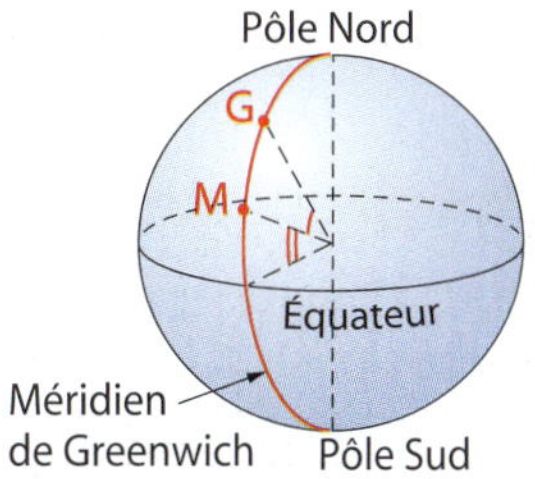

➤ ***Calculer la distance entre ces deux villes en suivant le méridien.***

Énigme ★★

« Sur un mur de la gare de Dôme-les-Puys, il y a une grande horloge ronde dans un rectangle en lave émaillée. Le centre de l'horloge est au centre du rectangle qui mesure 12 m de long et 4 m de haut.

Hier après-midi, j'ai pris le train pour Or-la-Ville où je voulais assister à un concert à 18 h. Le trajet de Dôme-les-Puys à Or-la-Ville dure 2 heures et demie, et je déteste être en retard.

Lorsque mon train a quitté la gare de Dôme-les-Puys, la petite aiguille de l'horloge était exactement sur une diagonale du rectangle. »

➤ ***Quelle heure était-il, à la minute près ?***

D'après Rallye Mathématique d'Auvergne

Compléments numériques

Travailler en autonomie

1 Mesurer un angle

Formulaire p. 287, thème 14

Donner la mesure de chaque angle :

a) d'un triangle équilatéral ABC ; **b)** d'un triangle MNP rectangle isocèle en M.

2 Calculer la longueur d'un arc

Formulaire p. 291, thème 21

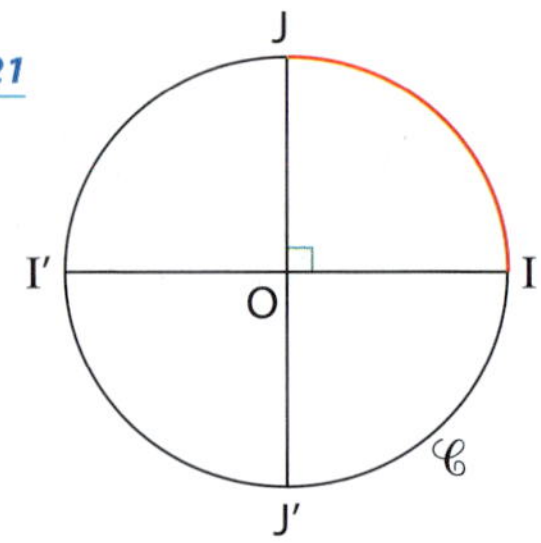

Une unité de longueur est choisie dans le plan.

𝒞 est un cercle de centre O et de rayon 1.

[II′] et [JJ′] sont deux diamètres perpendiculaires de 𝒞 représentés sur la figure.

a) Quel est le périmètre du cercle 𝒞 ?

b) Calculer la longueur de l'arc rouge $\overset{\frown}{IJ}$, puis de l'arc $\overset{\frown}{II'}$.

3 Situer des points sur un cercle

Formulaire p. 289, thème 18

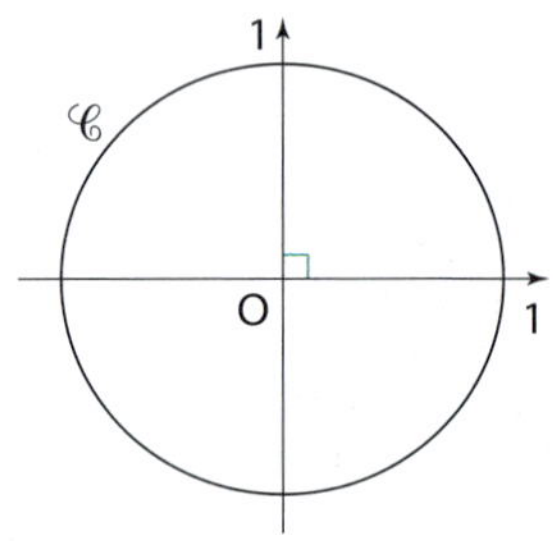

Dans un repère orthonormé de centre O, 𝒞 est le cercle de centre O et de rayon 1.

a) Faire cette figure et construire le point M du cercle 𝒞 qui a pour abscisse $\frac{1}{2}$ et dont l'ordonnée est positive.

Calculer l'ordonnée du point M.

b) Construire le point N du cercle 𝒞 qui a pour ordonnée $\frac{1}{2}$ et dont l'abscisse est négative.

Calculer l'abscisse du point N.

4 Calculer le cosinus d'un angle aigu

Formulaire p. 289, thème 17

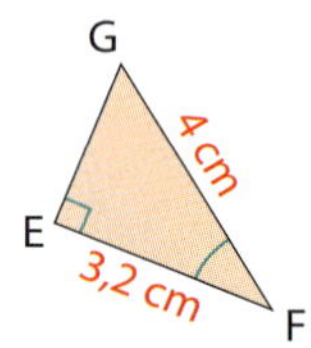

EFG est un triangle rectangle en E tel que EF = 3,2 cm et FG = 4 cm.

a) Calculer cos $\widehat{F}$.

b) Avec la calculatrice, donner la valeur approchée par excès, au degré près, de la mesure de l'angle $\widehat{F}$.

5 Calculer le sinus d'un angle aigu

Formulaire p. 289, thème 17

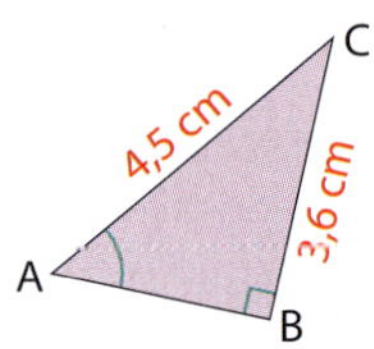

ABC est un triangle rectangle en B tel que AC = 4,5 cm et BC = 3,6 cm.

a) Calculer sin $\hat{A}$.

b) Avec la calculatrice, donner la valeur approchée par défaut, au degré près, de la mesure de l'angle $\hat{A}$.

6 Calculer dans un triangle rectangle

Formulaire p. 289, thème 17

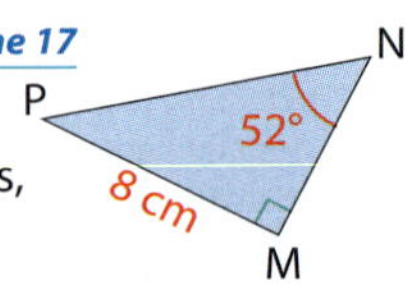

MNP est un triangle rectangle en M tel que MP = 8 cm et $\widehat{MNP}$ = 52°.

Calculer les longueurs PN et MN, puis donner les valeurs approchées par excès, au mm près.

Vérifier les réponses p. 296

Objectif
Établir le lien entre la mesure de l'angle au centre et la longueur de l'arc intercepté.

1 Longueur d'un arc de cercle

Une unité de longueur est choisie dans le plan.
$\mathscr{C}$ est un cercle de centre O et de rayon 1, [I'I] et [J'J] sont deux diamètres perpendiculaires de $\mathscr{C}$.

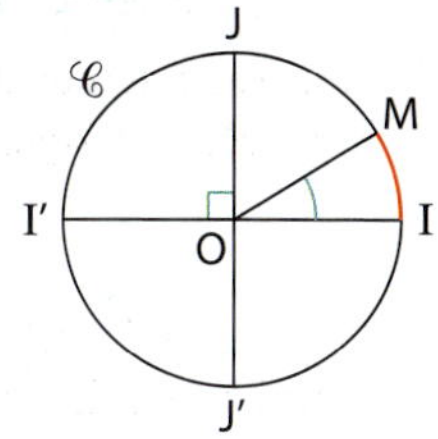

a) Recopier et compléter le tableau suivant où M désigne un point du cercle $\mathscr{C}$.

Mesure de l'angle $\widehat{IOM}$	180°	90°	60°	45°		0°
Longueur de l'arc $\overset{\frown}{IM}$					$\frac{\pi}{6}$	

x…

b) La longueur de l'arc $\overset{\frown}{IM}$ est proportionnelle à la mesure en degrés de $\widehat{IOM}$. Quel est le coefficient de proportionnalité ?

c) Quelle est la longueur exacte de l'arc $\overset{\frown}{IM}$ lorsque $\widehat{IOM} = 48°$?

d) Quelle est la mesure de l'angle $\widehat{IOM}$ lorsque la longueur de l'arc $\overset{\frown}{IM}$ est $\frac{\pi}{5}$?

Objectifs
Associer à chaque réel un point du cercle par enroulement de la droite numérique.
Définir le cosinus et le sinus d'un réel.

2 Enroulement de la droite numérique sur un cercle

Les notations sont celles de l'activité précédente.

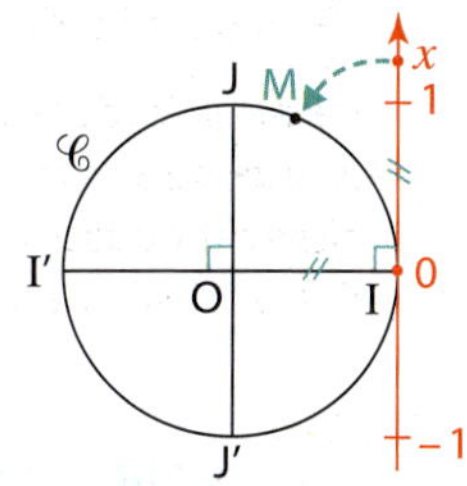

1 La tangente au cercle $\mathscr{C}$ en I, graduée comme il est indiqué ci-contre, représente l'ensemble $\mathbb{R}$ des nombres réels.
On enroule cette droite autour du cercle $\mathscr{C}$, ainsi à chaque nombre réel x de la droite correspond un point M de $\mathscr{C}$.

a) Expliquer pourquoi le point J correspond au réel $\frac{\pi}{2}$.

b) Quel point de $\mathscr{C}$ correspond au réel $-\frac{\pi}{2}$?

c) Expliquer pourquoi aux réels $0, 2\pi, -2\pi$ correspond le même point de $\mathscr{C}$.

d) Donner trois réels qui correspondent au point I' de $\mathscr{C}$.

2 Dans le repère (O ; I, J), le point M de $\mathscr{C}$ qui correspond au nombre réel x, a pour coordonnées **($\cos x$; $\sin x$)**.

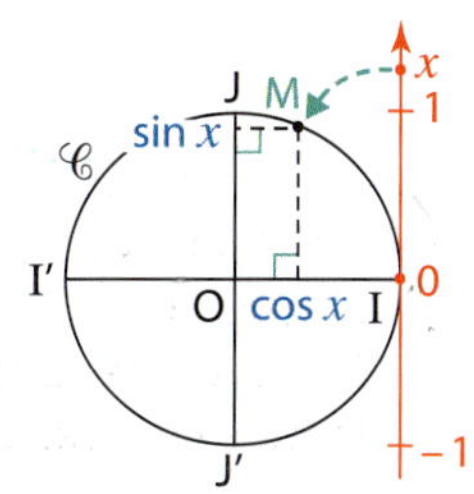

a) Recopier et compléter le tableau suivant :

Réel x	0	$\frac{\pi}{2}$	π	$\frac{3\pi}{2}$	2π	$-\frac{\pi}{2}$	$-\pi$	$-\frac{3\pi}{2}$
$\cos x$								
$\sin x$								

b) A est le point de $\mathscr{C}$ associé au réel $\frac{\pi}{3}$.

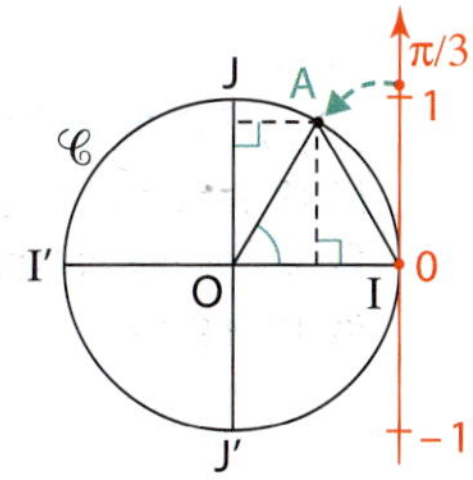

- Quelle est la mesure de l'angle $\widehat{IOA}$?
- Démontrer que le triangle IOA est équilatéral.
- En déduire la valeur exacte de $\sin\frac{\pi}{3}$, puis celle de $\cos\frac{\pi}{3}$.

Enroulement de la droite numérique

1 Cercle trigonométrique

DÉFINITION Le cercle trigonométrique de centre O est celui qui a pour rayon 1 et qui est muni d'un sens direct : le sens inverse des aiguilles d'une montre.

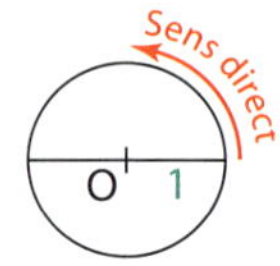

2 Enroulement de la droite numérique sur un cercle

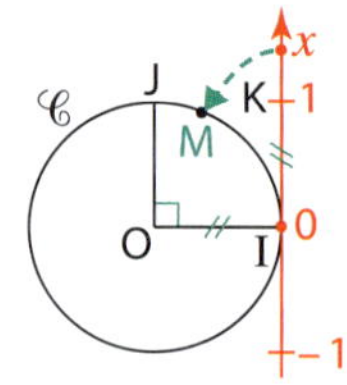

$\mathscr{C}$ est le cercle trigonométrique de centre O.
(O ; I, J) est un repère orthonormé **direct** : sur le cercle $\mathscr{C}$, on se déplace de I vers J, selon le trajet le plus court, dans le sens direct.
K est le point de coordonnées (1 ; 1). On munit la droite (IK) du repère (I ; K) : cette droite graduée représente l'ensemble $\mathbb{R}$ des nombres réels, on l'appelle **droite numérique**.
On enroule la droite (IK) sur le cercle trigonométrique $\mathscr{C}$. Tout réel x vient s'appliquer sur un point M de $\mathscr{C}$: on dit que **M est le point image du réel x**.

Note
Mesure en radians
Lorsque $x \in [0 ; \pi]$, on dit que l'angle $\widehat{IOM}$ a pour mesure x en radians.

Animation numérique

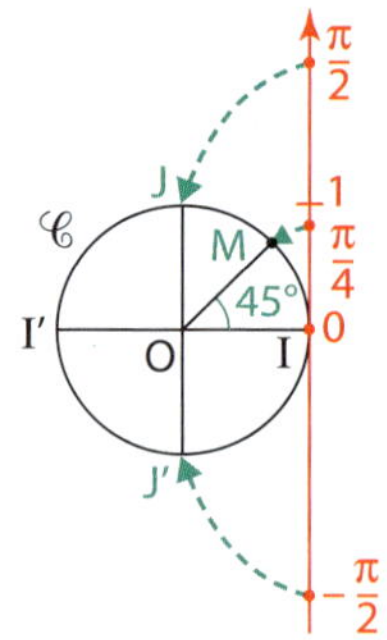

EXEMPLE
J est le point image du réel $\frac{\pi}{2}$ et J' celui du réel $-\frac{\pi}{2}$.
Le réel $\frac{\pi}{4}$ vient s'appliquer sur le point M tel que la longueur de l'arc $\overset{\frown}{IM}$ soit $\frac{\pi}{4}$, on a alors $\widehat{IOM} = 45°$.

PROPRIÉTÉ Si x et x' désignent des nombres réels tels que $x - x' = k \times 2\pi$ où k est un entier relatif, alors x et x' viennent s'appliquer sur un même point du cercle trigonométrique $\mathscr{C}$.

DÉMONSTRATION
En effet, 2π est la longueur du cercle $\mathscr{C}$ et $x - x'$ est un multiple de 2π.

PROPRIÉTÉ Si M est le point du cercle trigonométrique $\mathscr{C}$, image d'un nombre réel x, alors M est aussi le point image des nombres réels :

$$x + 2\pi ;\ x + 2 \times 2\pi ;\ \dots$$
$$x - 2\pi ;\ x - 2 \times 2\pi ;\ \dots$$

et plus généralement de tous les nombres réels :

$$x + k \times 2\pi \text{ où } k \text{ est un entier relatif.}$$

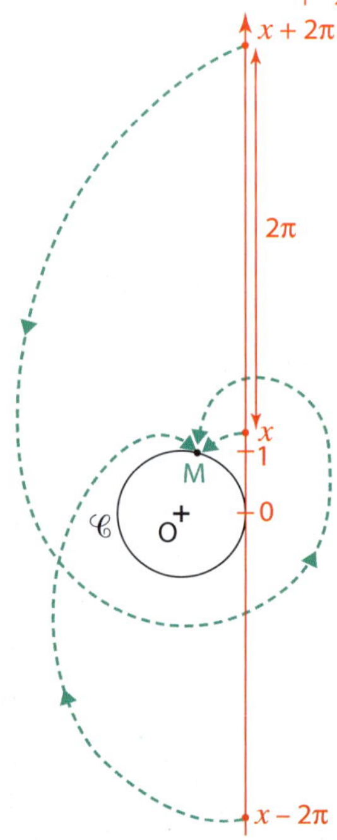

Exercice résolu 1 Déterminer le point image associé à un réel

Voir aussi les exercices 1 à 4, page 138

Énoncé

Tracer un cercle trigonométrique et placer :

a) le point M_1 associé à $\frac{2\pi}{3}$; **b)** le point M_2 associé à $-\frac{3\pi}{4}$.

Solution

a) $\widehat{IOM_1} = \frac{180}{\pi} \times \frac{2\pi}{3} = 120°$.

b) $\widehat{IOM_2} = \frac{180}{\pi} \times \frac{3\pi}{4} = 135°$.

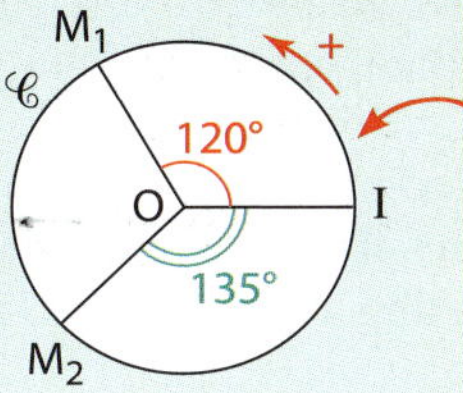

Commentaires

Pour $0 \leqslant x \leqslant \pi$, on a le tableau de proportionnalité :

$\widehat{IOM}$	180	d
$\overset{\frown}{IM}$	π	x

$d = \frac{180}{\pi} x$

Exercice résolu 2 Vérifier que des réels ont le même point image sur $\mathscr{C}$

Voir aussi les exercices 7 et 8, page 138

Énoncé

Dans chacun des cas suivants, dire si les deux réels ont le même point image sur le cercle trigonométrique $\mathscr{C}$.

a) $\frac{\pi}{4}$ et $-\frac{7\pi}{4}$ **b)** $\frac{2\pi}{3}$ et $-\frac{5\pi}{6}$ **c)** $-\frac{\pi}{6}$ et $\frac{17\pi}{6}$

Solution

a) $\frac{\pi}{4} - \left(-\frac{7\pi}{4}\right) = \frac{\pi}{4} + \frac{7\pi}{4} = 2\pi$ donc ces deux réels ont le même point image sur $\mathscr{C}$.

b) $\frac{2\pi}{3} - \left(-\frac{5\pi}{6}\right) = \frac{2\pi}{3} + \frac{5\pi}{6} = \frac{3\pi}{2}$. Or $\frac{3}{2}$ n'est pas un entier, donc ces deux réels n'ont pas le même point image sur $\mathscr{C}$.

c) $-\frac{\pi}{6} - \frac{17\pi}{6} = -3\pi$. Or -3 n'est pas un entier pair, donc ces deux réels n'ont pas le même point image sur $\mathscr{C}$.

Exercice résolu 3 Déterminer des réels associés à un même point image sur $\mathscr{C}$

Voir aussi l'exercice 9, page 138

Énoncé

a) Donner un réel positif et un réel négatif ayant le même point image sur un cercle trigonométrique $\mathscr{C}$ que le réel $\frac{\pi}{4}$.

b) Donner tous les réels ayant le même point image sur $\mathscr{C}$ que le réel $\frac{2\pi}{3}$.

Solution

a) Un réel positif est $\frac{\pi}{4} + 2\pi = \frac{9\pi}{4}$.

Un réel négatif est $\frac{\pi}{4} - 2\pi = -\frac{7\pi}{4}$.

b) Les réels qui ont le même point image sur $\mathscr{C}$ que $\frac{2\pi}{3}$ sont les réels $\frac{2\pi}{3} + k \times 2\pi$ où k est un entier relatif.

Cosinus et sinus d'un nombre réel

1 Cosinus et sinus d'un réel

Animation numérique

DÉFINITION
(O ; I, J) est un repère orthonormé direct et $\mathscr{C}$ est le cercle trigonométrique de centre O.
M est le point de $\mathscr{C}$ image du nombre réel x.
Le **cosinus de x**, noté **cos x**, est l'abscisse de M.
Le **sinus de x**, noté **sin x**, est l'ordonnée de M.

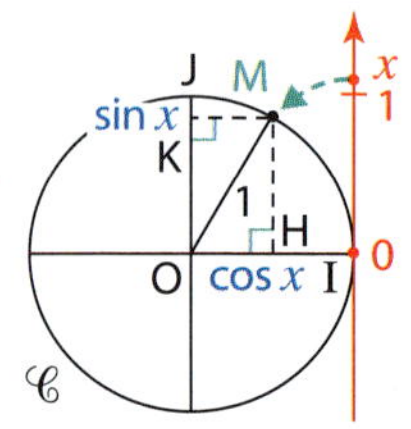

EXEMPLE
Le réel $\frac{\pi}{2}$ a pour image le point J de coordonnées (**0** ; **1**) donc $\cos\frac{\pi}{2} = \mathbf{0}$ et $\sin\frac{\pi}{2} = \mathbf{1}$.

Note
Cette propriété permet de faire le lien avec la trigonométrie du triangle rectangle vue au collège.

PROPRIÉTÉ x désigne un nombre réel compris entre 0 et $\frac{\pi}{2}$. M est son point image sur le cercle trigonométrique $\mathscr{C}$. Alors $\cos x = \cos \widehat{IOM}$ et $\sin x = \sin \widehat{IOM}$.

DÉMONSTRATION
Avec les notations de la figure précédente :
- $\cos x = OH = OM \times \cos \widehat{IOM}$ or $OM = 1$ donc $\cos x = \cos \widehat{IOM}$.
- $\sin x = OK = HM = OM \times \sin \widehat{IOM}$ or $OM = 1$ donc $\sin x = \sin \widehat{IOM}$.

2 Propriétés du cosinus et du sinus

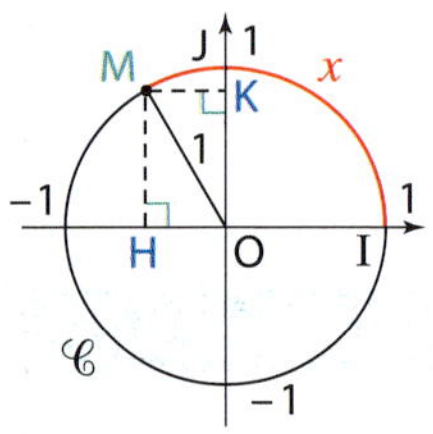

PROPRIÉTÉS Pour tout nombre réel x,
(1) $-1 \leqslant \cos x \leqslant 1$ **(2)** $-1 \leqslant \sin x \leqslant 1$ **(3)** $\cos^2 x + \sin^2 x = 1$

DÉMONSTRATION
- L'abscisse et l'ordonnée de tout point du cercle $\mathscr{C}$ sont comprises entre – 1 et 1, **(1)** et **(2)** en découlent.
- Avec les notations ci-contre, OHM est un triangle rectangle en H. D'après le théorème de Pythagore, $OM^2 = OH^2 + HM^2 = OH^2 + OK^2 = (\cos x)^2 + (\sin x)^2 = \cos^2 x + \sin^2 x$ car OH est égal à $\cos x$ ou $-\cos x$ et OK est égal à $\sin x$ ou $-\sin x$.
Enfin $OM = 1$, donc $\cos^2 x + \sin^2 x = 1$.

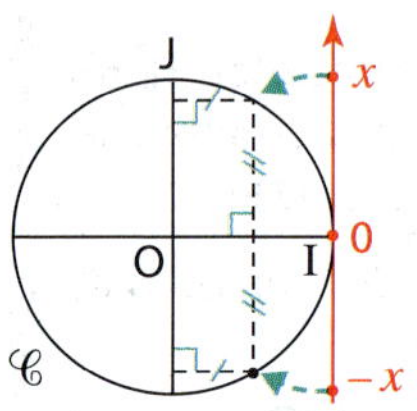

PROPRIÉTÉS Pour tout nombre réel x, **(1)** $\cos(-x) = \cos x$ **(2)** $\sin(-x) = -\sin x$

DÉMONSTRATION
Les points images des nombres réels x et $-x$ sur le cercle trigonométrique sont symétriques par rapport à l'axe des abscisses. Ces points ont donc la même abscisse : $\cos(-x) = \cos x$ et des ordonnées opposées : $\sin(-x) = -\sin x$.

Note
Les points images de x et $x + 2\pi$ sont confondus, ils ont les mêmes coordonnées.

PROPRIÉTÉS Pour tout nombre réel x, **(1)** $\cos(x + 2\pi) = \cos x$ **(2)** $\sin(x + 2\pi) = \sin x$

Les méthodes

Exercice résolu 1 — Calculer des valeurs remarquables

➤ *Voir aussi l'exercice 10, page 138*

Énoncé

Expliquer les nombres écrits en rouge dans le tableau ci-contre.

x	0	$\frac{\pi}{6}$	$\frac{\pi}{4}$	$\frac{\pi}{3}$	$\frac{\pi}{2}$	π
$\cos x$	1	$\frac{\sqrt{3}}{2}$	$\frac{\sqrt{2}}{2}$	$\frac{1}{2}$	0	–1
$\sin x$	0	$\frac{1}{2}$	$\frac{\sqrt{2}}{2}$	$\frac{\sqrt{3}}{2}$	1	0

Solution

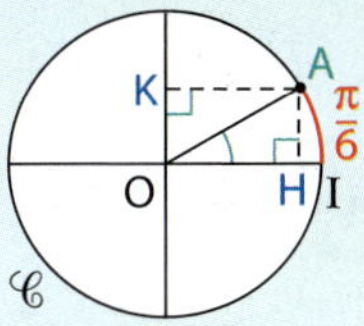

On note A le point image de $\frac{\pi}{6}$ sur un cercle trigonométrique $\mathscr{C}$.

$\widehat{IOA} = \frac{180}{\pi} \times \frac{\pi}{6} = 30°$.

Donc OAH est un demi-triangle équilatéral. Alors :

- $AH = \frac{1}{2} OA = \frac{1}{2}$ et $\sin 30° = \frac{1}{2}$;
- d'après le théorème de Pythagore, $OH^2 = OA^2 - AH^2 = 1^2 - \left(\frac{1}{2}\right)^2 = \frac{3}{4}$.

Donc $OH = \frac{\sqrt{3}}{2}$ et $\cos 30° = \frac{\sqrt{3}}{2}$.

Conclusion : $\cos \frac{\pi}{6} = \cos 30° = \frac{\sqrt{3}}{2}$ et $\sin \frac{\pi}{6} = \sin 30° = \frac{1}{2}$ (d'après la propriété du paragraphe 1 ci-contre).

Exercice résolu 2 — Utiliser des propriétés pour calculer cos x et sin x

➤ *Voir aussi l'exercice 13, page 138*

Énoncé

Calculer le cosinus et le sinus des nombres réels : **a)** $-\frac{\pi}{3}$ **b)** $\frac{5\pi}{3}$

Solution

a) $\cos(-x) = \cos x$ donc $\cos\left(-\frac{\pi}{3}\right) = \cos\frac{\pi}{3} = \frac{1}{2}$.

$\sin(-x) = -\sin x$ donc $\sin\left(-\frac{\pi}{3}\right) = -\sin\frac{\pi}{3} = -\frac{\sqrt{3}}{2}$.

b) $\frac{5\pi}{3} = -\frac{\pi}{3} + 2\pi$; or $\cos(x + 2\pi) = \cos x$ et $\sin(x + 2\pi) = \sin x$

donc $\cos\frac{5\pi}{3} = \cos\left(-\frac{\pi}{3}\right) = \frac{1}{2}$ et $\sin\frac{5\pi}{3} = \sin\left(-\frac{\pi}{3}\right) = -\frac{\sqrt{3}}{2}$.

Exercice résolu 3 — Trouver un réel dont on connaît le cosinus ou le sinus

➤ *Voir aussi les exercices 19 à 22, page 139*

Énoncé

Donner, avec la calculatrice, la valeur approchée par excès, au centième près, du nombre réel x tel que :

a) $\sin x = 0{,}9$ et $x \in \left[0 ; \frac{\pi}{2}\right]$ **b)** $\cos x = 0{,}1$ et $x \in [0 ; \pi]$

Solution

On met la calculatrice en mode radian.

a) On tape **sin⁻¹** 0.9 **ENTRER** ou **Asn** 0.9 **EXE**.

On lit $x \approx 1{,}12$.

b) On utilise **cos⁻¹** ou **Acs**. On lit $x \approx 1{,}48$.

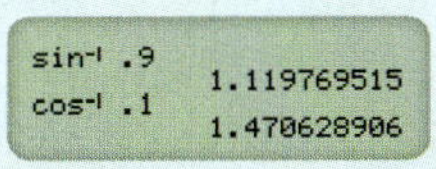

Commentaires

- La touche **Asn** ou **sin⁻¹** d'une calculatrice donne le réel x de l'intervalle $\left[-\frac{\pi}{2} ; \frac{\pi}{2}\right]$ dont on connaît le sinus.
- La touche **Acs** ou **cos⁻¹** d'une calculatrice donne le réel x de l'intervalle $[0 ; \pi]$ dont on connaît le cosinus.

Exercices de base

Pour créer des automatismes

Enroulement de la droite numérique

1 Tracer un cercle trigonométrique et placer le point associé à $\frac{\pi}{3}$, puis à $-\frac{4\pi}{5}$.

Conseil : se reporter à l'exercice résolu 1, page 135.

Pour les exercices 2 à 4, tracer un cercle trigonométrique et placer les points images des nombres réels donnés.

2 a) π b) $\frac{\pi}{2}$ c) $\frac{\pi}{4}$ d) $\frac{\pi}{5}$ e) $\frac{\pi}{6}$

3 a) $-\pi$ b) $-\frac{\pi}{2}$ c) $-\frac{\pi}{4}$ d) $-\frac{\pi}{3}$ e) $-\frac{\pi}{6}$

4 a) $\frac{2\pi}{3}$ b) $\frac{3\pi}{4}$ c) $\frac{5\pi}{6}$ d) $-\frac{2\pi}{5}$ e) $-\frac{5\pi}{6}$

5 M est un point du cercle trigonométrique ci-contre.

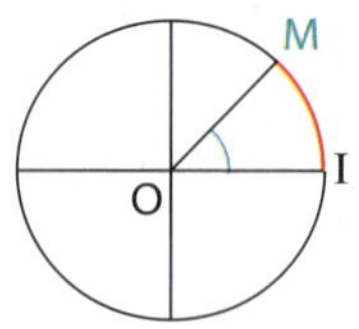

a) Quelle est la mesure de l'angle $\widehat{IOM}$ lorsque M est le point image du réel $\frac{\pi}{10}$?

b) Quelle est la longueur de l'arc $\overset{\frown}{IM}$ lorsque $\widehat{IOM} = 50°$?

6 Sur la figure ci-dessous, ABCD est un carré et IMNPQR un hexagone régulier, tous les deux inscrits dans un cercle trigonométrique de centre O.

Dans chaque cas, indiquer le réel de l'intervalle $[0; 2\pi]$ dont chacun des sommets est l'image.

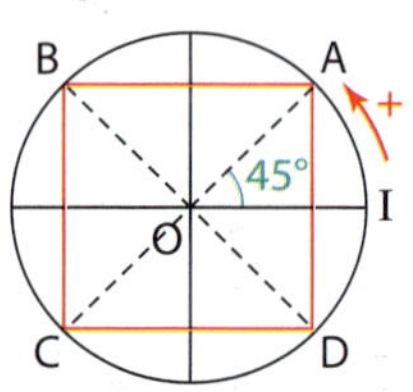

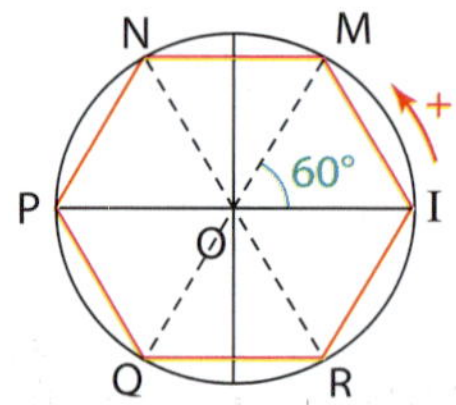

7 Dans chaque cas, dire si les deux réels ont le même point image sur un cercle trigonométrique.

a) $\frac{\pi}{6}$ et $-\frac{11\pi}{6}$ b) $-\frac{\pi}{4}$ et $\frac{5\pi}{4}$ c) $-\frac{\pi}{3}$ et $\frac{8\pi}{3}$

Conseil : se reporter à l'exercice résolu 2, page 135.

8 Regrouper les réels de cette liste qui ont le même point image sur un cercle trigonométrique.

- $\frac{\pi}{3}$ • 0 • $-\frac{5\pi}{3}$ • π • $-\frac{29\pi}{4}$
- $\frac{19\pi}{4}$ • $-\frac{23\pi}{6}$ • 2π • $\frac{7\pi}{3}$ • $-\frac{3\pi}{4}$
- $\frac{19\pi}{3}$ • -8π • $\frac{\pi}{6}$ • $\frac{13\pi}{4}$ • -9π

9 **a)** Donner un réel positif et un réel négatif ayant le même point image sur un cercle trigonométrique $\mathscr{C}$ que le réel $-\frac{\pi}{6}$.

b) Donner deux réels positifs ayant le même point image sur $\mathscr{C}$ que le réel $-\frac{3\pi}{4}$.

c) Donner tous les réels ayant le même point image sur $\mathscr{C}$ que le réel $\frac{\pi}{12}$.

Conseil : se reporter à l'exercice résolu 3, page 135.

Cosinus et sinus d'un nombre réel

10 Démontrer que $\cos\frac{\pi}{4} = \frac{\sqrt{2}}{2}$ et $\sin\frac{\pi}{4} = \frac{\sqrt{2}}{2}$.

Conseil : se reporter à l'exercice résolu 1, page 137.

11 En s'aidant d'un cercle trigonométrique, donner le signe de $\cos x$ et $\sin x$ dans chaque cas.

a) $x \in \left[0 ; \frac{\pi}{2}\right]$ **b)** $x \in \left[\frac{\pi}{2} ; \pi\right]$ **c)** $x \in \left[\pi ; \frac{3\pi}{2}\right]$

d) $x \in \left[\frac{3\pi}{2} ; 2\pi\right]$ **e)** $x \in \left[-\frac{\pi}{2} ; 0\right]$ **f)** $x \in \left[-\pi ; -\frac{\pi}{2}\right]$

12 **a)** Dans le repère (O ; I, J) ci-contre, donner les valeurs exactes des coordonnés des points A, B, C, D, E, F.

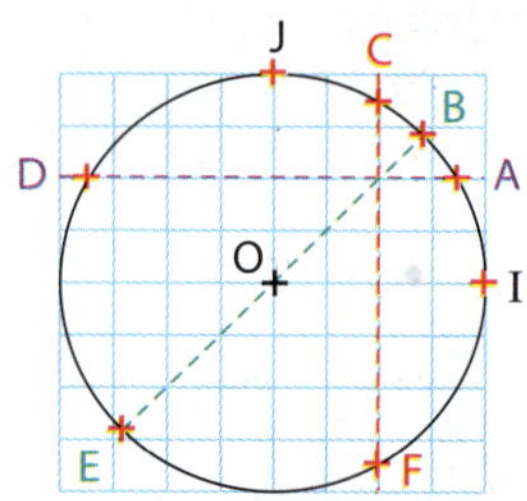

b) Exprimer ces coordonnées à l'aide du cosinus et du sinus d'un réel.

13 Calculer le cosinus et le sinus des nombres réels :

a) $-\frac{\pi}{3}$ **b)** $\frac{3\pi}{4}$ **c)** $\frac{7\pi}{6}$

Conseil : se reporter à l'exercice résolu 2, page 137.

14 x désigne un nombre réel de l'intervalle $\left[0\,;\,\frac{\pi}{2}\right]$ tel que $\sin x = \frac{2}{3}$.

a) Placer le point M image du réel x sur un cercle trigonométrique.

b) Utiliser la relation $\cos^2 x + \sin^2 x = 1$ pour calculer la valeur exacte de $\cos x$.

15 a désigne un nombre réel de l'intervalle $[-\pi\,;\,0]$ tel que $\cos a = -\frac{1}{5}$.

a) Placer le point A image du réel a sur un cercle trigonométrique.

b) Calculer la valeur exacte de $\sin a$.

16 On donne $\cos\frac{\pi}{5} = \frac{1+\sqrt{5}}{4}$.

a) Calculer la valeur exacte de $\sin\frac{\pi}{5}$.

b) En déduire les valeurs exactes du sinus et du cosinus des réels $\frac{4\pi}{5}$ et $\frac{9\pi}{5}$.

17 Sur un cercle trigonométrique de centre O, M est le point image d'un réel x.

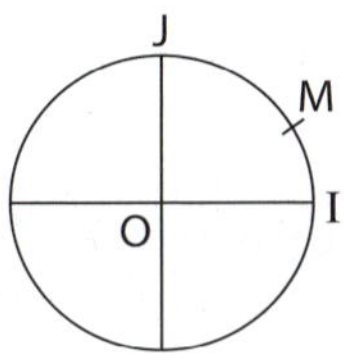

a) Construire cette figure et placer :
- le point N image du réel $x + \pi$;
- le point P image du réel $-x$;
- le point Q image du réel $-x + \pi$.

b) À l'aide de la figure, exprimer $\cos(x + \pi)$, $\sin(x + \pi)$, $\cos(-x + \pi)$, $\sin(-x + \pi)$ en fonction de $\cos x$ et $\sin x$.

18 Avec la calculatrice en mode radian, donner la valeur approchée par excès au centième près du cosinus et du sinus de :

a) $\frac{\pi}{5}$ **b)** $\frac{\pi}{12}$ **c)** $-\frac{3\pi}{7}$ **d)** $\frac{19\pi}{8}$

19 Donner avec la calculatrice en mode radian, la valeur approchée par défaut au centième près du réel x tel que :

a) $\sin x = -0{,}6$ et $x \in \left[-\frac{\pi}{2}\,;\,0\right]$

b) $\cos x = -0{,}8$ et $x \in \left[\frac{\pi}{2}\,;\,\pi\right]$

Conseil : *se reporter à l'exercice résolu 3, page 137.*

20 Donner avec la calculatrice en mode radian, la valeur approchée par excès au dixième près du réel x tel que :

a) $\sin x = 0{,}4$ et $x \in \left[-\frac{\pi}{2}\,;\,\frac{\pi}{2}\right]$;

b) $\cos x = -0{,}7$ et $x \in [0\,;\pi]$.

21 x est le réel de $[-\pi\,;0]$ tel que $\cos x = \frac{3}{4}$.

a) Donner la valeur de $\cos(-x)$.
À quel intervalle appartient $-x$? En donner la valeur approchée par excès au centième près avec la calculatrice en mode radian.

b) En déduire une valeur approchée de x.

22 Donner avec la calculatrice en mode radian, la valeur approchée par excès au centième près du réel x de $\left[-\frac{3\pi}{2}\,;\,-\frac{\pi}{2}\right]$ tel que $\sin x = -\frac{1}{5}$.

23 a désigne un nombre réel tel que $\sin a = 0{,}1$.

a) Placer sur un cercle trigonométrique les deux points images possibles du réel a.

b) À l'aide de la calculatrice en mode radian, donner une valeur approchée par défaut au dixième près d'une valeur possible de a dans l'intervalle $\left[0\,;\,\frac{\pi}{2}\right]$, puis dans $\left[\frac{\pi}{2}\,;\,\pi\right]$.

24 b désigne un nombre réel tel que $\cos b = -\frac{5}{6}$.

a) Placer sur un cercle trigonométrique les deux points images possibles du réel b.

b) À l'aide de la calculatrice en mode radian, donner une valeur approchée par excès au dixième près d'une valeur possible de b dans l'intervalle $[0\,;\,\pi]$, puis dans $[-\pi\,;0]$.

25 B2i L 1-1 **a)** Avec un logiciel de géométrie, tracer un cercle trigonométrique de centre O, placer un point M sur ce cercle.

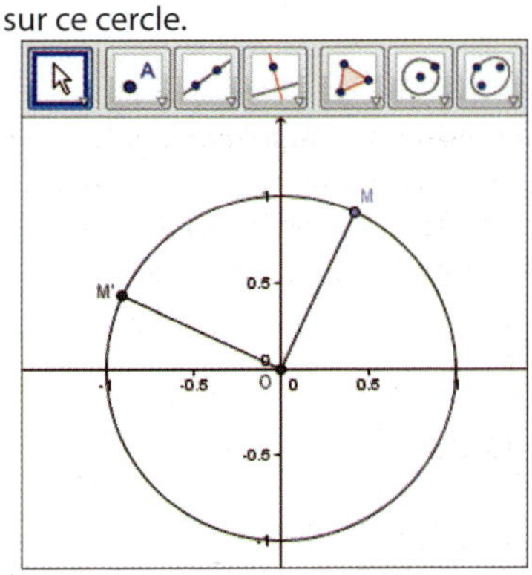

b) Placer M′ sur le cercle tel que $\widehat{MOM'} = 90°$ et que l'on se déplace de M à M′ dans le sens direct.

c) Faire varier le point M sur le cercle et comparer les coordonnées des points M et M′.

d) Conjecturer l'expression de $\cos\left(x + \frac{\pi}{2}\right)$ et $\sin\left(x + \frac{\pi}{2}\right)$ en fonction de $\cos x$ et $\sin x$.

Exercices d'entraînement

Pour développer des compétences

Travaux pratiques

Compléments numériques

26 B2i L1-1 L2-4 Aire et trigonométrie

OBJECTIF Modéliser et s'engager dans une activité de recherche.

ABC est un triangle rectangle en A tel que AC = 5 et H est le pied de la hauteur issue de A.
On se propose de déterminer la mesure α en degrés de l'angle $\widehat{ACB}$ afin que l'aire du triangle AHC soit égale au quart de l'aire du triangle ABC.

1. Conjecture

a) Réaliser cette figure avec un logiciel de géométrie. Afficher :

- la mesure α en degrés de l'angle $\widehat{ACB}$;
- les aires des triangles ABC et AHC ;
- le rapport q de ces aires (par exemple, avec GeoGebra q = poly 2/poly 1).

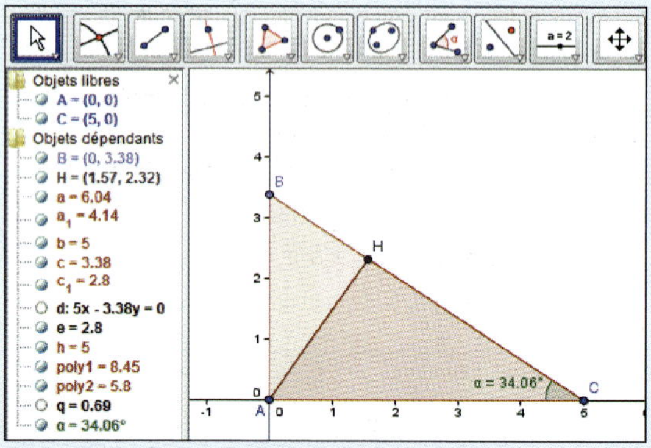

b) Déplacer le point B et conjecturer la valeur de α cherchée.

2. Preuve

a) Exprimer $\cos\widehat{C}$ et $\sin\widehat{C}$ dans les triangles rectangles ABC et AHC.

b) Démontrer que :

- l'aire de AHC est $\dfrac{25}{2}\cos\widehat{C}\times\sin\widehat{C}$;
- l'aire de ABC est $\dfrac{25}{2}\dfrac{\sin\widehat{C}}{\cos\widehat{C}}$.

c) En déduire alors la solution du problème posé.

27 B2i L 1-1 Étude d'une longueur

OBJECTIF Développer une démarche expérimentale.

(O ; I, J) est un repère orthonormé et $\mathscr{C}$ est le cercle trigonométrique de centre O.
On note M le point de $\mathscr{C}$ associé à un réel t de l'intervalle $[0\,;2\pi]$.
On se propose d'étudier les variations de la longueur IM en fonction de t.

1. Conjecture

a) Réaliser cette figure avec un logiciel de géométrie. Créer une variable libre t dans l'intervalle $[0\,;2\pi]$ (par exemple avec GeoGebra, utiliser [a=2]).
Construire le point M de coordonnées ($\cos t$; $\sin t$).
Afficher la longueur IM.

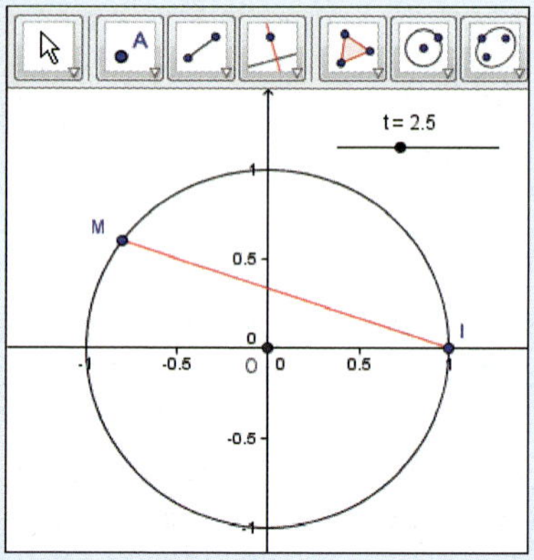

b) Piloter le réel t et conjecturer les variations de la longueur IM en fonction de t.

2. Avec la calculatrice

On note H le point de coordonnées ($\cos t$; 0).

a) Justifier l'égalité IH = 1 − $\cos t$.

b) Avec le théorème de Pythagore, démontrer que :

$$IM = \sqrt{2 - 2\cos t}.$$

c) Définir la fonction $f : t \mapsto \sqrt{2-2\cos t}$ dans le menu GRAPH ou Y = de la calculatrice.
Tracer la courbe de f sur $[0\,;2\pi]$ à l'écran de la calculatrice.
Cela confirme-t-il la conjecture émise à la question **1. b)** ?

Remarque : En Seconde, on ne dispose pas des outils nécessaires pour démontrer cette conjecture.

Restitution organisée de connaissances

28 **a)** Expliquer pourquoi, lorsqu'on enroule la droite numérique sur un cercle trigonométrique $\mathscr{C}$, les réels x, $x + 2\pi$, $x + 4\pi$, $x - 2\pi$ viennent s'appliquer sur un même point M de $\mathscr{C}$.
b) Parmi les réels suivants, dire lesquels s'appliquent également sur le point M : $x + 7\pi$; $x - 12\pi$; $x - 23\pi$.

29 **1. Question de cours**
Démontrer que pour tout réel x, $\cos^2 x + \sin^2 x = 1$.
2. x désigne un réel tel que $\cos x = -\frac{3}{5}$.
a) Calculer les deux valeurs possibles de $\sin x$.
b) On sait que $x \in [-\pi ; 0]$. Donner alors l'unique valeur de $\sin x$ qui convient.

30 **a) Question de cours**
Démontrer que pour tout réel x,
$$\cos(-x) = \cos x \quad \text{et} \quad \sin(-x) = -\sin x.$$
b) Reproduire et compléter le tableau de valeurs suivant :

x	0	$-\frac{\pi}{6}$	$-\frac{\pi}{4}$	$-\frac{\pi}{3}$	$-\frac{\pi}{2}$
$\cos x$					
$\sin x$					

Raisonner, démontrer

31 **1. a)** Tracer un cercle trigonométrique de centre O et placer sur le cercle les points A et B associés aux réels $-\frac{\pi}{4}$ et $\frac{2\pi}{3}$.
b) On note I l'intervalle $\left[-\frac{\pi}{4} ; \frac{2\pi}{3}\right]$. À chaque réel x de l'intervalle I, on associe un point M du cercle.
Colorer l'ensemble des points M obtenus lorsqu'on donne à x toutes les valeurs comprises entre $-\frac{\pi}{4}$ et $\frac{2\pi}{3}$.
2. a) En déduire que pour tout réel x de I, $-\frac{1}{2} \leqslant \cos x \leqslant 1$.
b) Écrire l'encadrement correspondant pour $\sin x$.

32 **1.** M est un point d'un cercle trigonométrique $\mathscr{C}$, associé à un nombre réel x.

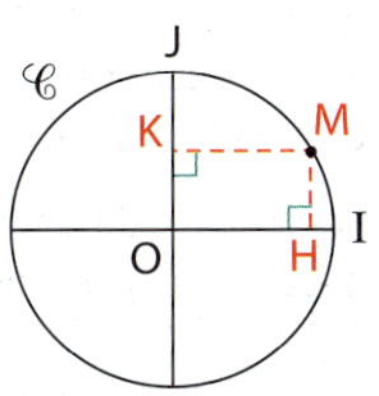

a) Reproduire la figure et construire le point N symétrique du point M par rapport à la droite (OJ).
b) Comparer les coordonnées des points M et N.
En déduire les expressions de $\cos(\pi - x)$ et $\sin(\pi - x)$ en fonction de $\cos x$ et $\sin x$.
2. Donner les valeurs du sinus et du cosinus des réels :
$$\frac{2\pi}{3}, \frac{3\pi}{4} \text{ et } \frac{5\pi}{6}.$$

33 **1.** M est un point d'un cercle trigonométrique $\mathscr{C}$ associé à un réel x.

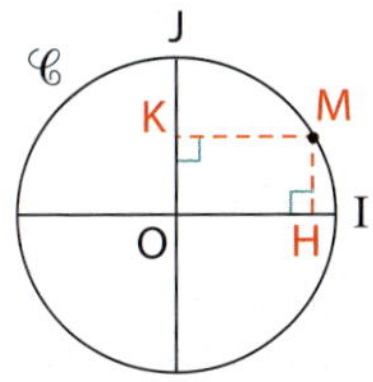

a) Faire la figure et construire le point P symétrique du point M par rapport au point O.
b) Comparer les coordonnées des points M et P.
En déduire les expressions de $\cos(x + \pi)$ et $\sin(x + \pi)$ en fonction de $\cos x$ et $\sin x$.
2. Donner les valeurs du sinus et du cosinus des réels :
$$\frac{7\pi}{6}, \frac{5\pi}{4} \text{ et } \frac{4\pi}{3}.$$

34 Dans chaque cas, comparer les deux nombres sans utiliser la calculatrice et en s'aidant d'un cercle trigonométrique.
a) $\sin\frac{\pi}{7}$ et $\sin\frac{\pi}{12}$ **b)** $\cos\frac{\pi}{7}$ et $\cos\frac{\pi}{12}$
c) $\sin\frac{7\pi}{10}$ et $\sin\frac{4\pi}{5}$ **d)** $\cos\frac{7\pi}{10}$ et $\cos\frac{4\pi}{5}$

35 Démontrer que pour tout nombre réel x :
a) $(\cos x + \sin x)^2 + (\cos x - \sin x)^2 = 2$
b) $(\cos x + \sin x)^2 - (\cos x - \sin x)^2 = 4\cos x \sin x$

36 Résoudre les équations :
a) $x \in [0 ; 2\pi]$, $\cos x = \frac{1}{2}$;
b) $x \in [-\pi ; \pi]$, $\sin x = \frac{1}{2}$;
c) $x \in [0 ; 4\pi]$, $\cos x = \frac{\sqrt{3}}{2}$.

37 ABCD est un parallélogramme tel que AB = 5 et AD = 4.

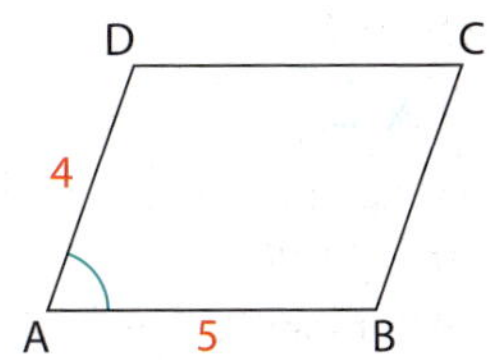

a) Démontrer que l'aire du parallélogramme est donnée par $\mathscr{A} = 20 \times \sin\hat{A}$.
b) Calculer la valeur exacte de l'aire du parallélogramme lorsque $\hat{A} = 45°$. En donner la valeur approchée par excès au dixième près.
c) Pour quelles valeurs en degrés de $\hat{A}$, l'aire du parallélogramme est-elle égale à 10 ?
d) Pour quelle valeur de $\hat{A}$, l'aire est-elle maximale ? Quelle est dans ce cas la nature du parallélogramme ?

38 Lorsqu'un rayon lumineux traverse une surface d'eau, les angles d'incidence $\widehat{i}$ et de réfraction $\widehat{r}$ vérifient la relation $\sin\widehat{i} = \frac{4}{3}\sin\widehat{r}$.

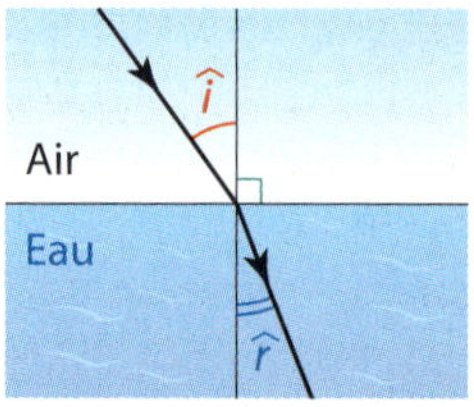

a) Avec la calculatrice, donner la valeur approchée par excès au dixième près de la mesure en degrés de l'angle $\widehat{r}$ pour les valeurs suivantes de l'angle $\widehat{i}$:

- 20°
- 45°
- 60°
- 80°

b) Quelles sont les valeurs extrêmes que peut prendre $\sin\widehat{r}$?
En déduire les valeurs extrêmes que peut prendre $\widehat{r}$.

39 Un voilier approche de la côte. Il est à égale distance des phares A et B. L'angle $\widehat{AVB}$ mesure 58° et le marin sait que les deux phares sont distants de 10 km.
Calculer la distance entre le voilier et le phare A (valeur approchée par défaut au dixième près).

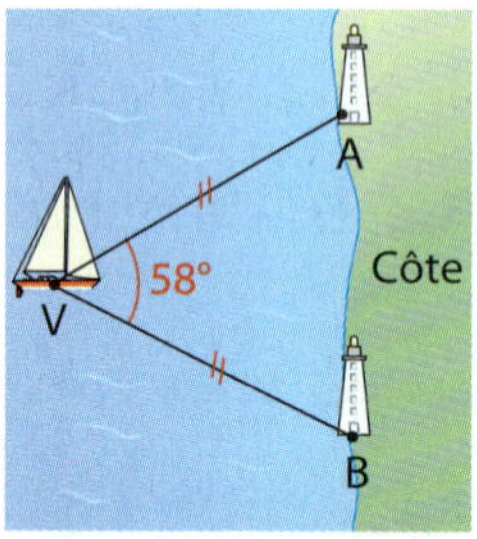

40 Sur le cercle trigonométrique $\mathscr{C}$ représenté ci-dessous, M est le point associé au réel $\frac{\pi}{6}$.

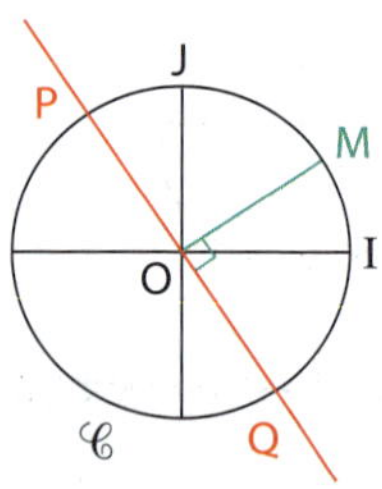

La droite d perpendiculaire en O à la droite (OM) coupe le cercle $\mathscr{C}$ en P et Q.

a) Donner un réel auquel P est associé et un réel auquel Q est associé.

b) Déterminer les coordonnées des points M, P et Q dans le repère (O ; I, J).

Analyse critique d'un document

41 Une seule des quatre colonnes du tableau suivant donne les valeurs de $\sin x$.
Sans utiliser de calculatrice, indiquer cette colonne et expliquer pourquoi les autres ne conviennent pas.

x	y1	y2	y3	y4
0.	1.	0.	0.	0.
.2	.98007	-.1987	.19867	.21854
.4	.92106	-.3894	.38942	.42836
.6	.82534	-.5646	.56464	.62111
.8	.69671	-.7174	.71736	.78909
1.	.5403	-.8415	.84147	.92562
1.2	.36236	-.932	.93204	1.0252
1.4	.16997	-.9854	.98545	1.084

x=0.
MAIN RAD AUTO FUNC

42 **a)** Laurine cherche une valeur approchée, au centième près, du réel x tel que :

$$\sin x = 0{,}8 \text{ et } x \in \left[\frac{\pi}{2} ; \frac{3\pi}{2}\right].$$

Par lecture de l'écran ci-contre, elle conclut $x \approx 0{,}93$.
Qu'en pensez-vous ?

sin⁻¹ .8
0.927295218

b) Enzo résout l'équation : $x \in [0 ; \pi]$, $\cos x = 0{,}6$.
Voici l'écran de calculatrice qu'il obtient.
Qu'en pensez-vous ?

cos⁻¹ .6
53.13010235

43 Que penser des raisonnements suivants ?

Pauline

On sait que $\sin x = \frac{1}{2}$ donc $x = \frac{\pi}{6}$.

Damien

L'équation $\cos x = 1$ a pour solution $x = 0$.

Marion

On sait que $\cos^2 x = \frac{1}{4}$ donc $\cos x = \frac{1}{2}$.

44 **Vrai ou faux**
Dans chaque cas, dire si l'affirmation est vraie ou fausse.
Si elle est fausse, donner un contre-exemple.

a) Si $x \in [0 ; \pi]$, alors $\sin x \geqslant 0$.

b) Si $x \in \left[\frac{3\pi}{2} ; \frac{5\pi}{2}\right]$, alors $\cos x \geqslant 0$.

c) Si $a \geqslant b$, alors $\sin a \geqslant \sin b$.

d) Si $a \geqslant b$, alors $\cos a \leqslant \cos b$.

Communiquer à l'écrit ou à l'oral

45 $\mathscr{C}$ est un cercle trigonométrique de centre O. Donner les coordonnées des points A, B, C, D, E et F construits sur le cercle $\mathscr{C}$ ci-dessous. Justifier les réponses.

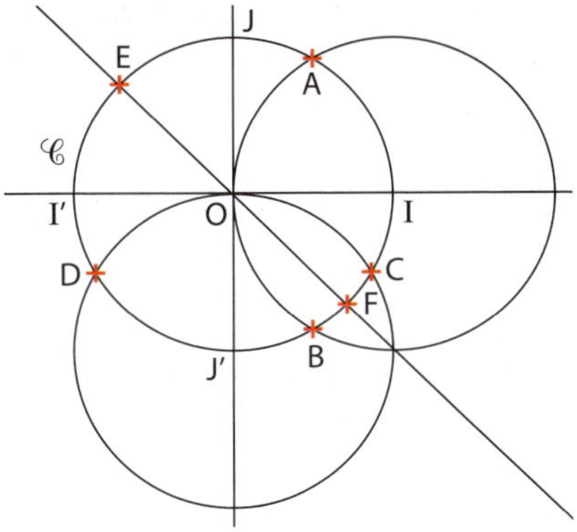

46 Le point M, image d'un réel x, se déplace sur un cercle trigonométrique.
Pour chacun des déplacements suivants, indiquer comment se comportent $\cos x$ et $\sin x$.

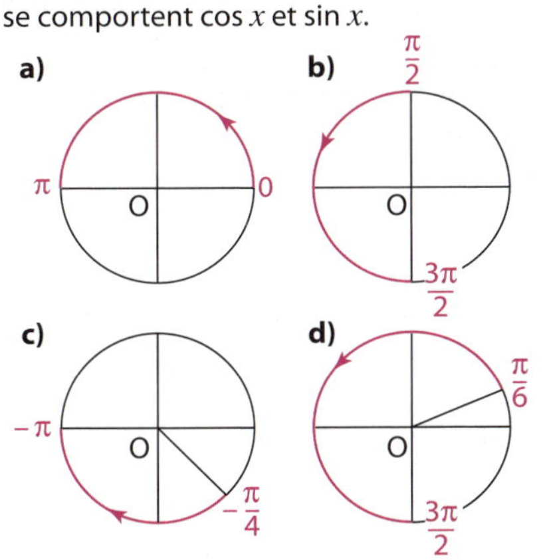

Algorithmique

47 **Algorithme et cercle trigonométrique**

Voici un programme écrit dans le langage d'une calculatrice.
La variable x représente un réel **positif**.

TI

```
PROGRAM:TRIGO
:Input "X=",X
:While X>2*π
:X-2*π→X
:End
:Disp X
```

Casio

```
======TRIGO ==
"X="↵
?→X↵
While X>2π↵
X-2π→X↵
WhileEnd↵
X◢
```

a) Écrire l'algorithme associé.

b) Quel est le rôle de ce programme ?

48 Travailler en groupe (O ; I, J) est un repère orthonormé.
$\mathscr{K}$ est le carré représenté ci-contre, K est le point de coordonnées (1 ; 1). La droite (IK) munie du repère (I ; K) représente la droite des réels. On enroule cette droite sur le carré $\mathscr{K}$, tout réel x vient s'appliquer sur son point image M.

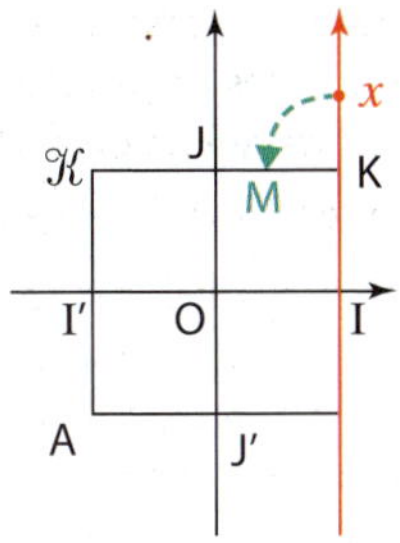

1. a) Donner pour chacun des points J, I' et J' un réel qui vient s'appliquer sur ce point.

b) Que peut-on dire de deux réels x et x' qui viennent s'appliquer sur un même point de $\mathscr{K}$?

c) Donner **tous** les réels qui s'appliquent sur le point A (−1 ; −1).

2. On note $i(x)$ l'abscisse du point M et $j(x)$ son ordonnée.

a) Construire une table des valeurs des fonctions i et j pour les entiers de 0 à 8.

b) Calculer $i(371)$ et $j(371)$.

S'initier à la logique

49 **Quantificateurs universel, existentiel**

Pour chaque affirmation, dire si elle est vraie ou fausse et justifier la réponse.

a) Il existe un réel x tel que $\sin x = 0{,}7$.

b) Il existe un unique réel x tel que $\cos x = -0{,}3$.

c) Il existe un réel x tel que $\sin x = 1{,}01$.

d) Pour tout réel x, $0 \leqslant \sin x \leqslant 1$.

e) Pour tout réel x, $-1 \leqslant \cos x$.

f) Pour tout réel x, $\cos^2 x + \sin^2 x = 1$.

50 **Implication, inclusion**

Sur un cercle trigonométrique, on considère les arcs $\overset{\frown}{IJ}$ et $\overset{\frown}{II'}$ représentés ci-dessous.

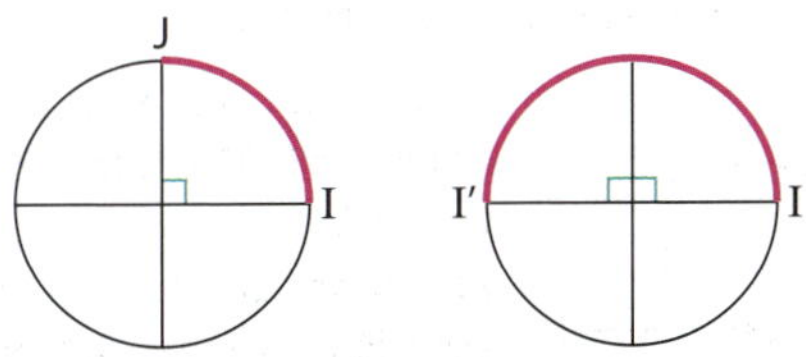

a) Recopier et compléter l'énoncé :
« Si M est un point de l'arc ..., alors M est un point de l'arc ... . »

b) L'énoncé réciproque est-il vrai ?

SE PRÉPARER AU CONTRÔLE

Travailler en autonomie

QCM

51 Pour chaque question, une seule réponse est exacte. Laquelle ?

1 M est le point d'un cercle trigonométrique, image du réel $-\frac{\pi}{3}$. Un autre réel qui vient s'appliquer sur M est :

a) $\frac{2\pi}{3}$ **b)** $\frac{5\pi}{3}$ **c)** $-\frac{4\pi}{3}$

2 Le cosinus du réel $-\frac{\pi}{4}$ est égal à :

a) $-\frac{\sqrt{2}}{2}$ **b)** -1 **c)** $\frac{\sqrt{2}}{2}$

3 La valeur approchée par défaut au centième près du réel x de $\left[-\frac{\pi}{2}\,;\,\frac{\pi}{2}\right]$ tel que $\sin x = 0{,}6$ est :

a) 0,64 **b)** 36,87 **c)** 0,93

52 Pour chaque question, une seule réponse est exacte. Laquelle ? Justifier.

1 $\sin\left(-\frac{4\pi}{3}\right)$ est égal à :

a) $-\frac{1}{2}$ **b)** $\frac{\sqrt{3}}{2}$ **c)** $\frac{1}{2}$

2 x désigne le réel de l'intervalle $\left[\pi\,;\,\frac{3\pi}{2}\right]$ tel que $\cos x = -\frac{3}{5}$. Alors $\sin x$ est égal à :

a) $-\frac{4}{5}$ **b)** $\frac{4}{5}$ **c)** $\frac{2}{5}$

3 La solution de l'équation : $x \in [3\pi\,;4\pi]$, $\cos x = \frac{\sqrt{2}}{2}$ est :

a) $\frac{15\pi}{4}$ **b)** $\frac{13\pi}{4}$ **c)** $-\frac{\pi}{4}$

Exercices interactifs

Vrai-Faux

53 Dire pour chaque affirmation si elle est vraie ou fausse.

Sur ce cercle trigonométrique :

a) A est le point associé au réel $\frac{\pi}{3}$.

b) B est le point associé au réel $\frac{2\pi}{3}$.

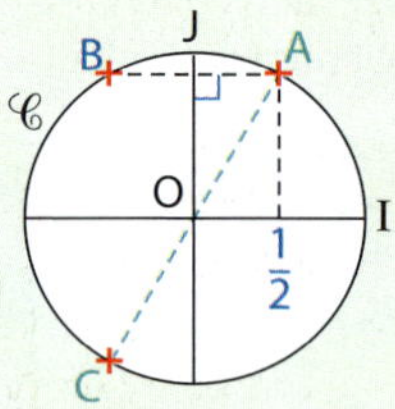

c) C est le point associé au réel $-\frac{\pi}{3}$.

d) L'ordonnée du point B est égale à $\frac{\sqrt{3}}{2}$.

e) L'abscisse et l'ordonnée du point C sont égales.

54 Dire pour chaque affirmation si elle est vraie ou fausse. Justifier.

a) Les réels $-\frac{\pi}{8}$ et $\frac{7\pi}{8}$ ont le même point image sur un cercle trigonométrique.

b) Pour tout réel x, $\sin(x + 4\pi) = \sin x$.

c) Il n'existe pas de réel x tel que $\sin x + \cos x = 0$.

d) Pour tout réel x, $0 \leqslant \cos^2 x \leqslant 1$.

e) L'équation $\sin x = 0{,}25$ a une solution unique dans l'intervalle $[0\,;2\pi]$.

f) L'équation $\sin x = -1$ a une solution unique dans l'intervalle $[-\pi\,;\pi]$.

Exercices interactifs

Pour réviser

55 Connaître les valeurs remarquables

Simplifier le nombre :

$A = \sin\frac{\pi}{6} + \sin\frac{\pi}{3} + \sin\frac{\pi}{2} + \sin\frac{2\pi}{3} + \sin\frac{5\pi}{6}$

Conseils
- Revoir le tableau des valeurs remarquables page 137.
- Situer sur le cercle trigonométrique les points associés aux réels $\frac{2\pi}{3}$ et $\frac{5\pi}{6}$, en déduire $\sin\frac{2\pi}{3}$ et $\sin\frac{5\pi}{6}$.
- Calculer la somme A des sinus obtenus.

56 Connaître les définitions de cos *x* et sin *x*

(O; I, J) est un repère orthonormé et $\mathscr{C}$ est le cercle trigonométrique de centre O représenté ci-contre.
Déterminer les coordonnées du point A.

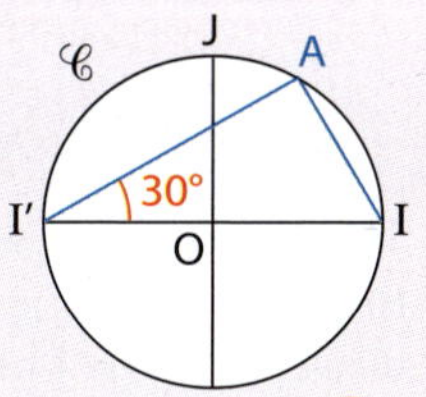

Conseils
- L'angle au centre $\widehat{IOA}$ intercepte le même arc que l'angle inscrit $\widehat{II'A}$; en déduire sa mesure.
- Revoir le cours § 1, page 136.

57 Connaître les propriétés de cos *x* et sin *x*

x désigne un nombre réel de l'intervalle $[-\pi\,;0]$ tel que $\cos x = -\frac{1}{5}$.

a) Construire un cercle trigonométrique et placer le point M image du réel x.

b) Calculer la valeur exacte de $\sin x$.

Conseils

a) • x est un réel de $[-\pi\,;0]$, en déduire l'arc du cercle sur lequel est situé le point M.
 • Revoir la définition de $\cos x$ pour placer M.

b) • Revoir le cours § 2, page 136.
 • Calculer $\sin^2 x$, préciser le signe de $\sin x$ puis en déduire sa valeur.

58 Encadrer un cosinus

1. a) Tracer un cercle trigonométrique $\mathscr{C}$ et placer les points A et B associés aux réels $-\frac{\pi}{6}$ et $\frac{3\pi}{4}$.

b) À tout réel x de l'intervalle $I = \left[-\frac{\pi}{6}\,;\frac{3\pi}{4}\right]$, on associe son point image M sur le cercle $\mathscr{C}$.
Colorer l'arc du cercle $\mathscr{C}$ formé des points M obtenus lorsque x décrit I.

2. En déduire un encadrement de $\cos x$ pour x dans I.

Conseils

1. • Revoir le cours § 2, page 134.
 • Revoir l'exercice résolu 1, page 135.

2. Revoir le cours § 1, page 136.

59

(O; I, J) est un repère orthonormé, $\mathscr{C}$ est le cercle trigonométrique de centre O.
M est le point de $\mathscr{C}$ associé au réel $\frac{\pi}{4}$ et H est le point de l'axe des abscisses tel que $\widehat{IHM} = 90°$.

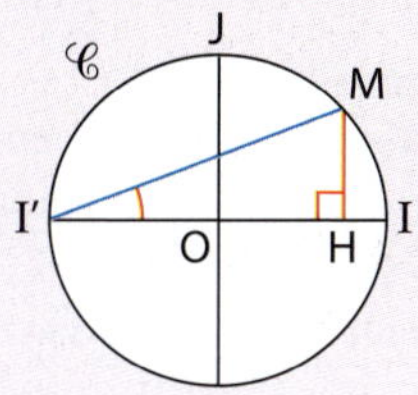

1. a) Calculer la longueur I'H.

b) Démontrer en appliquant le théorème de Pythagore dans le triangle rectangle I'MH que $I'M = \sqrt{2+\sqrt{2}}$.

2. a) En considérant l'angle $\widehat{MI'I}$, calculer les valeurs exactes de $\cos\frac{\pi}{8}$ et $\sin\frac{\pi}{8}$.

b) En déduire les valeurs exactes de $\cos\frac{7\pi}{8}$ et $\sin\frac{7\pi}{8}$.

Conseils

1. a) Écrire les coordonnées du point M. Déterminer la longueur OH, puis la longueur I'H.

b) Donner la longueur MH, puis appliquer le théorème de Pythagore dans le triangle I'MH.

2. a) • L'angle inscrit $\widehat{MI'I}$ intercepte le même arc que l'angle au centre $\widehat{MOI}$.
 • Revoir le cours § 1, page 136.

b) Placer sur un cercle trigonométrique les points associés aux réels $\frac{\pi}{8}$ et $\frac{7\pi}{8}$, puis comparer les sinus et cosinus de ces réels.

▶ Vérifier les réponses p. 300

Exercices d'approfondissement

Pour aller plus loin

60 Avec un guide (1)

a) On sait que $\cos\frac{\pi}{12} = \frac{\sqrt{2}+\sqrt{6}}{4}$.

Calculer $\sin\frac{\pi}{12}$.

b) À l'aide d'un cercle trigonométrique, en déduire $\cos\frac{11\pi}{12}$ et $\sin\frac{11\pi}{12}$.

Guide de résolution

a) Appliquer la formule : $\cos^2 x + \sin^2 x = 1$ afin de calculer $\sin^2\left(\frac{\pi}{12}\right)$.

Préciser le signe de $\sin\frac{\pi}{12}$ et en déduire sa valeur.

b) Tracer un cercle trigonométrique et placer les points associés aux réels $\frac{\pi}{12}$ et $\frac{11\pi}{12}$. Que peut-on dire de ces deux points ?

61 Avec un guide (2)

$\mathscr{C}$ est un cercle trigonométrique de centre O.

x est un réel tel que $0 < x < \frac{\pi}{2}$ et M est le point de $\mathscr{C}$ associé au réel x.

N est le pied de la hauteur issue de I dans le triangle IOM.

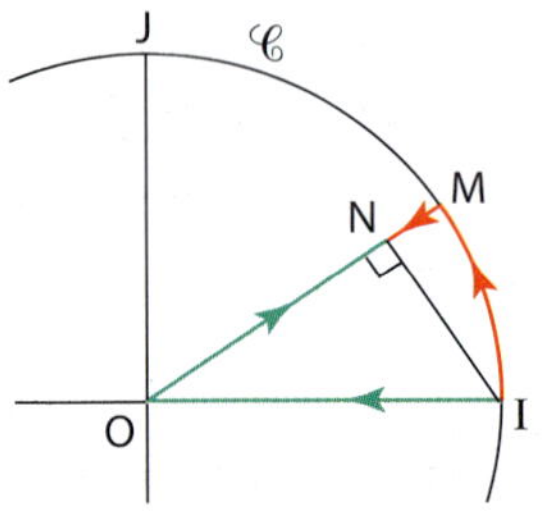

On étudie la longueur des deux « trajets » (en vert et en rouge) qui mènent de I à N.

1. Exprimer en fonction de x :

a) la longueur du trajet vert ;

b) la longueur du trajet rouge.

2. Comparer les longueurs des deux trajets pour les valeurs suivantes de x : $\frac{\pi}{6}$, $\frac{\pi}{4}$ et $\frac{\pi}{3}$.

Guide de résolution

1. a) Dans le triangle rectangle OIN, exprimer ON en fonction de $\cos\widehat{ION}$ et établir que $ON = \cos x$.

b) Exprimer la longueur de l'arc $\overset{\frown}{IM}$ et la longueur MN en fonction de x.

2. Revoir le tableau des valeurs remarquables du cosinus. Calculer les longueurs exactes des trajets, en donner des valeurs approchées avec la calculatrice.

62 Une formule de duplication

(O ; I, J) est un repère orthonormé et $\mathscr{C}$ est le cercle trigonométrique de centre O.

x désigne un réel de l'intervalle $\left]0\,;\frac{\pi}{2}\right[$, M est le point de $\mathscr{C}$ associé à x, et P celui associé à $2x$.

H est le point de l'axe des abscisses tel que le triangle PHI soit rectangle en H et A le point d'intersection des droites (OM) et (IP).

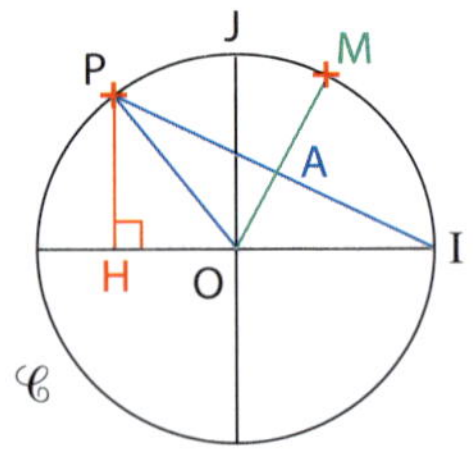

1. a) Quelle est la nature du triangle IOP ?

b) Démontrer que les droites (OM) et (IP) sont perpendiculaires et que A est le milieu de [IP].

2. Démontrer que :

- $OA = \cos x$,
- $IA = \sin x$,
- $PH = \sin 2x$.

3. En calculant de deux façons différentes l'aire du triangle OIP, démontrer la formule de duplication du sinus :

$$\sin 2x = 2\sin x\cos x.$$

Info

Duplication : opération par laquelle on reproduit en double.

63 Les fonctions cosinus et sinus

Vocabulaire

Les fonctions définies sur $\mathbb{R}$ par $x \mapsto \cos x$ et $x \mapsto \sin x$ sont respectivement appelées « fonction cosinus » (notée cos) et « fonction sinus » (notée sin).

a) Avec la calculatrice, tracer la courbe représentative de chacune des fonctions cos et sin sur l'intervalle $[-3\pi\,;3\pi]$.

b) Utiliser un cercle trigonométrique pour étudier le sens de variation de chacune des fonctions cos et sin sur l'intervalle $[0\,;2\pi]$.

64 Comparaison d'aires

$\mathscr{C}$ est un cercle trigonométrique de centre O.

x désigne un réel de l'intervalle $[0\,;\pi]$ et M le point de $\mathscr{C}$ associé au réel x.

On se propose de comparer l'aire du triangle OIM à celle du domaine coloré en rouge.

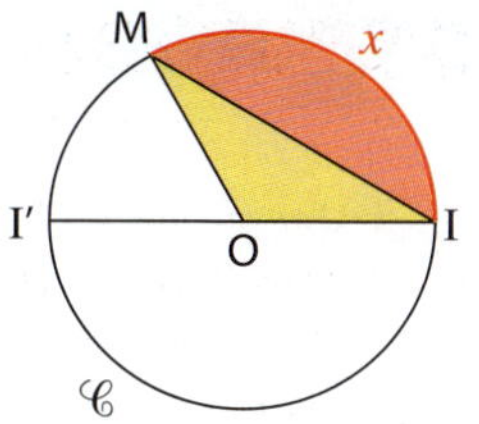

a) Exprimer, en fonction de x, l'aire $\mathscr{A}_1$ du triangle OIM et l'aire $\mathscr{A}_2$ du domaine coloré en rouge.

b) On note $f(x) = \mathscr{A}_1 - \mathscr{A}_2$.
Tracer à l'écran de la calculatrice la courbe représentative de la fonction f sur l'intervalle $[0;\pi]$.

c) Les deux aires sont égales pour une seule valeur x_0 appartenant à $]0;\pi[$. Donner un encadrement d'amplitude de 10^{-2} de x_0.

d) À l'aide de la courbe, comparer les deux aires.

Info

Pour $0 \leqslant x \leqslant 2\pi$ et M le point du cercle trigonométrique associé à x, l'aire du secteur circulaire coloré est égale à $\frac{x}{2}$.

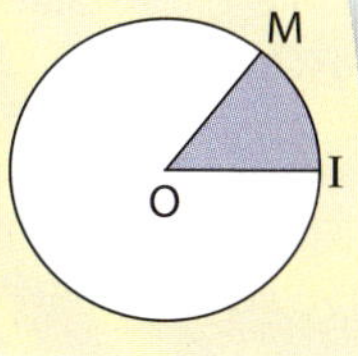

65 Travailler en groupe **Résolution d'une équation**

On considère l'équation : $x \in [0;\pi]$, $\sin x = \frac{x}{2}$.

1. Tracer à l'écran de la calculatrice les courbes représentatives des fonctions $x \mapsto \sin x$ et $x \mapsto \frac{x}{2}$ sur l'intervalle $[0;\pi]$.

2. L'équation $\sin x = \frac{x}{2}$ admet une solution unique x_0 dans l'intervalle $[0;\pi]$.

Algorithmique

Voici un algorithme :

<u>Initialisations</u>
a prend la valeur 0
b prend la valeur π
<u>Traitement</u>
Tant que $b - a > 10^{-3}$
 x prend la valeur $\frac{a+b}{2}$
 Si $\sin x > \frac{x}{2}$ alors
  a prend la valeur x
  sinon
  b prend la valeur x
 FinSi
FinTantque
<u>Sorties</u>
Afficher a et b

a) Faire fonctionner à la main cet algorithme : on pourra effectuer quatre itérations.
On notera les valeurs a et b obtenues après chaque itération.

b) Quel est le rôle de cet algorithme ?

c) Écrire le programme associé avec le tableur ou la calculatrice.

d) Quelles sont les valeurs a et b affichées par le programme ?

e) Comment modifier le programme pour obtenir un encadrement plus précis de la solution cherchée ?

66 **Histoire des mathématiques**

x désigne un réel tel que $0 < x < \frac{\pi}{2}$. Sur le cercle trigonométrique $\mathscr{C}$ représenté ci-contre, M est le point associé au réel x. H est le point de la droite (OI) tel que le triangle OHM soit rectangle en H.

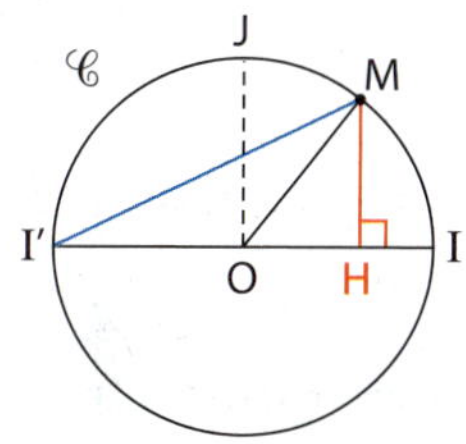

1. a) Justifier les égalités :

• $\text{I'H} = 1 + \cos x$ • $\cos\frac{x}{2} = \frac{\text{I'H}}{\text{I'M}}$ • $\cos\frac{x}{2} = \frac{\text{I'M}}{2}$

b) En déduire que $\cos^2\left(\frac{x}{2}\right) = \frac{1+\cos x}{2}$.

2. Application

a) En utilisant la valeur connue de $\cos\frac{\pi}{4}$, vérifier que :

$$\cos\frac{\pi}{8} = \frac{1}{2}\sqrt{2+\sqrt{2}}.$$

En déduire la valeur exacte de $\sin\frac{\pi}{8}$.

b) Calculer les valeurs exactes de $\cos\frac{\pi}{12}$ et $\sin\frac{\pi}{12}$.

Info

Cette méthode de calcul de $\cos\frac{x}{2}$ connaissant $\cos x$ est due au mathématicien grec Hipparque (IIe siècle av. J.-C.).

67 **Un programme**

Voici un programme écrit dans le langage d'une calculatrice.

TI

```
PROGRAM:INV
:Input "X=",X
:cos(X)→Y
:cos⁻¹(Y)→Z
:Disp "Z=",Z
```

Casio

```
======INV          ==
"X="↵
?→X↵
cos X→Y↵
cos⁻¹ Y→Z↵
"Z="↵
Z◢
```

a) Pour chacune des valeurs suivantes de x, donner la valeur z affichée par le programme.

$x = 1$; $x = 0{,}3$; $x = \frac{\pi}{3}$; $x = -\frac{1}{2}$; $x = \frac{5\pi}{4}$.

b) Expliquer le rôle de ce programme.

68 **Un calcul de cos $\frac{\pi}{5}$**

Sur le cercle trigonométrique représenté ci-contre, A est le point associé au réel $\frac{\pi}{5}$.

La bissectrice de l'angle $\widehat{OAI}$ coupe le segment $[OI]$ en J.

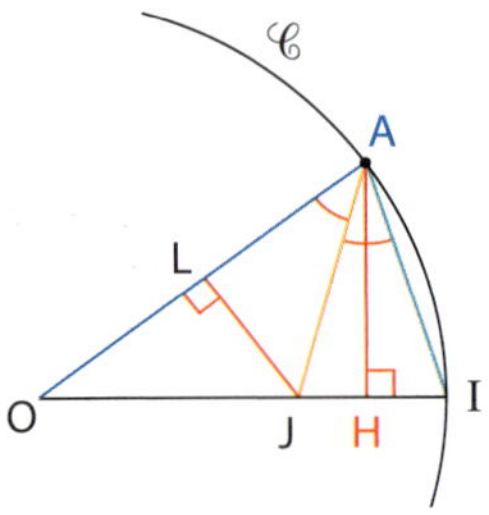

a) Démontrer que les triangles OAJ et AJI sont isocèles.

b) Dans le triangle AIJ, H est le pied de la hauteur issue de A. Démontrer que $HI = 1 - \cos\frac{\pi}{5}$ et en déduire que :

$$OJ = 2\cos\frac{\pi}{5} - 1.$$

c) Dans le triangle OAJ, L est le pied de la hauteur issue de J. Démontrer que $OJ = \dfrac{1}{2\cos\frac{\pi}{5}}$.

d) En déduire que $4\cos^2\frac{\pi}{5} - 2\cos\frac{\pi}{5} - 1 = 0$.

e) Utiliser cet écran de calculatrice formelle pour donner la valeur exacte de $\cos\frac{\pi}{5}$.

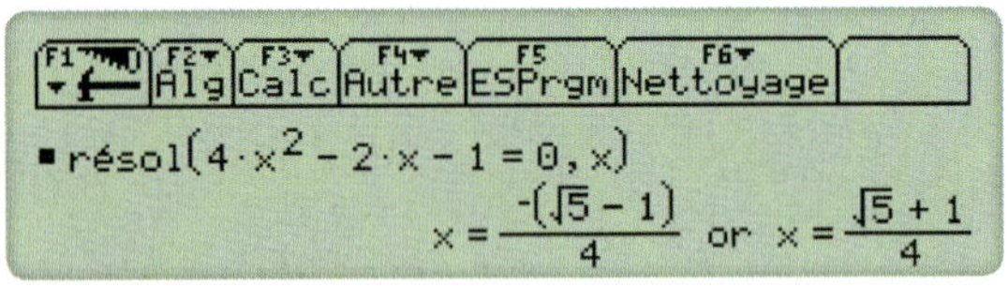

Des défis

69 **Une promenade**

Un parc a la forme d'un hexagone régulier de 2 km de côté. Alice marche le long du périmètre du parc et parcourt 5 km.

À combien de kilomètres en ligne droite est-elle de son point de départ ?

D'après Les Olympiades mathématiques

70 **Un cerf volant**

Voici un quadrilatère en forme de cerf-volant.

Quelle est la valeur exacte de $\sin\alpha$?

D'après IREM

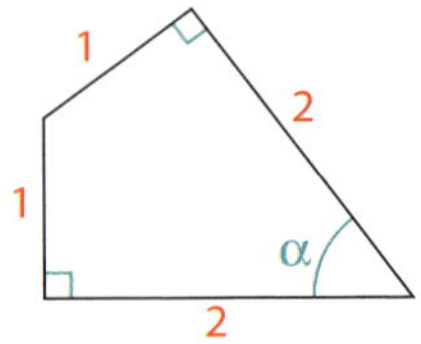

Pierre Méchain (1744-1804)

SUJETS D'EXPOSÉS

SUJET 1

Afin de donner une définition officielle du mètre, les géomètres Delambre et Méchain, de 1792 à 1798, mesurèrent la distance entre Dunkerque et Barcelone sur le méridien de Paris grâce au procédé de triangulation.

→ Rechercher sur Internet en quoi consiste ce procédé de triangulation. Lors d'un exposé, présenter cette méthode à la classe ainsi que quelques applications.

SUJET 2

Le 8 mars 2009, le navigateur Rich Wilson qui participe au Vendée Globe avec son bateau « Great Américan III » envoie le message suivant : « *On profite du vent, qui se déplace à la même vitesse que nous d'ouest en est et il faut être à plus de 40° de ce vent réel, ce qui fait que nous ne pouvons pas prendre une route directe vers Les Sables d'Olonne. Étant donné les règles trigonométriques (sin 45° = 0,7071) cela veut dire que si nous faisons 10 nœuds sur l'eau, notre progression vers l'arrivée n'est que 7 nœuds vers la France. En ce moment nous n'avons que dix nœuds de vent, ce qui fait que le bateau avance à 7 nœuds à 40° de la route directe. En fin de compte nous ne progressons vers l'arrivée qu'à 4,9 nœuds.* »

→ Lors d'un exposé, présenter ce texte à la classe et expliquer les calculs du navigateur.

Thème 1 Les instructions d'entrée-sortie, l'affectation, les variables

Une approche Un programme de calcul

▶ Chapitre 2

Voici un programme de calcul :

- Choisir un nombre au départ.
- Ajouter 1.
- Calculer le carré du résultat obtenu.
- Lui soustraire le carré du nombre de départ.
- Écrire le résultat final.

1. En exécutant ce programme de calcul à la main :

a) vérifier que lorsque le nombre de départ est 1, on obtient 3 au résultat final ;

b) déterminer le résultat final lorsque le nombre de départ est : 4 ; 10 ; –5 ; 2,1 ; –3,6.

2. On a écrit le programme de calcul avec le langage AlgoBox.

Dans ce langage, on déclare les variables au début du programme.

```
VARIABLES
  X EST_DU_TYPE NOMBRE
  Y EST_DU_TYPE NOMBRE
  Z EST_DU_TYPE NOMBRE
DEBUT_ALGORITHME
  LIRE X
  Y PREND_LA_VALEUR X+1
  Y PREND_LA_VALEUR Y*Y
  Z PREND_LA_VALEUR Y-X*X
  AFFICHER Z
FIN_ALGORITHME
```

a) Quelles sont ces variables ?

b) Quelle est la variable qui prend pour valeur le nombre de départ ?

c) Dans quelle variable le résultat final est-il stocké ?

> L'instruction « Y PREND_LA_VALEUR X+1 » est une affectation. Par exemple, on la code :
> - X+1 → Y avec une calculatrice Casio ou TI ;
> - Y:=X+1 avec le logiciel Xcas.

3. Voici le programme précédent écrit avec une calculatrice.

Casio

```
======CALCUL ====
"X=":?→X↵
X+1→Y↵
Y²→Y↵
Y-X²→Z↵
"Z=":Z◢
```

TI

```
PROGRAM:CALCUL
:Prompt X
:X+1→Y
:Y²→Y
:Y-X²→Z
:Disp "Z=",Z
:
```

a) Saisir le programme à la calculatrice.

b) Tester le fonctionnement du programme avec les nombres de la question **1. b)**.

c) Le nombre de départ étant x, exprimer le résultat final en fonction de x.

1 Comparer des tarifs

▶ Chapitre 3

On souhaite comparer trois tarifs mensuels pour l'envoi de SMS.

- Tarif A : tarif fixe de 22 € pour un nombre illimité de SMS.
- Tarif B : tarif fixe de 10 € et 0,05 € par SMS.
- Tarif C : 0,15 € par SMS.

a) Écrire un programme ou une feuille de calcul qui affiche chacun des tarifs en fonction du nombre de SMS envoyés dans le mois.

b) Utiliser ce programme ou la feuille de calcul pour déterminer le tarif le plus économique selon le nombre de SMS envoyés.

2 Un algorithme pour comparer

▶ Chapitre 4

x et y désignent deux nombres réels.

On se propose de comparer les nombres $(x+y)^3$ et x^3+y^3.

1. Effectuer cette comparaison dans les cas suivants :

- $x = 2$; $y = 3$
- $x = 5$; $y = -2$
- $x = -3{,}7$; $y = 1$
- $x = -4$; $y = -7{,}2$

2. L'algorithme ci-contre affiche la différence entre les nombres $a = (x+y)^3$ et $b = x^3 + y^3$.

> <u>Entrées</u>
> Saisir x, y
> <u>Traitement</u>
> a prend la valeur $(x+y)^3$
> b prend la valeur x^3+y^3
> <u>Sortie</u>
> Afficher $a - b$

a) Coder cet algorithme dans un langage de programmation.

b) Effectuer des essais et conjecturer la comparaison des nombres a et b suivant les valeurs de x et y.

3. Démontrer

a) Réduire puis factoriser $(x+y)^3 - (x^3 + y^3)$.

b) En déduire la comparaison du cube d'une somme avec la somme des cubes.

3 Formes développée et canonique

▶ Chapitre 5

f est une fonction polynôme de degré 2 qui s'écrit :

- sous forme développée : $f(x) = ax^2 + bx + c$ $(a \neq 0)$;
- sous forme canonique : $f(x) = a(x - \alpha)^2 + \beta$.

On admet que $\alpha = -\dfrac{b}{2a}$ et $\beta = \dfrac{-b^2 + 4ac}{4a}$.

a) Écrire, avec la calculatrice, le programme qui permet de saisir a, b et c et qui affiche α et β.

b) À l'aide de ce programme, donner la forme canonique de chacun des polynômes définis par :

- $f(x) = x^2 - 4x + 3$;
- $f(x) = x^2 + x + 1$.

Thème 2 La structure alternative ou test

Une approche Définir une fonction ➤ Chapitre 2

Le programme ci-contre, écrit avec AlgoBox, calcule et affiche les valeurs d'une fonction qui à tout entier naturel n associe $y = f(n)$.

```
▼ VARIABLES
  ├ n EST_DU_TYPE NOMBRE
  └ y EST_DU_TYPE NOMBRE
▼ DEBUT_ALGORITHME
  ├ LIRE n
  ▼ SI (floor(n/2)==n/2) ALORS
    ├ DEBUT_SI
    ├ y PREND_LA_VALEUR n/2
    ├ FIN_SI
    ▼ SINON
      ├ DEBUT_SINON
      ├ y PREND_LA_VALEUR 3*n+1
      └ FIN_SINON
  ├ AFFICHER y
FIN_ALGORITHME
```

a) La variable y peut être calculée de deux façons différentes selon les valeurs de n.

À quelle condition la variable y prend-elle la valeur :

- $\frac{n}{2}$?
- $3n + 1$?

Remarque : floor $\left(\frac{n}{2}\right)$ donne pour valeur la partie entière de $\frac{n}{2}$.

> Il s'agit de la **structure alternative** : suivant qu'une condition est vraie ou fausse, on effectue un traitement ou un autre.

b) Calculer l'image par la fonction f de chacun des entiers suivants : 0 ; 1 ; 2 ; 3 ; 4 ; 5 ; 50 ; 51.

c) Voici la traduction de cet algorithme dans le langage des calculatrices.

Saisir l'un de ces programmes et l'exécuter.

Casio

```
======DEFFCT  ======
"N=":?→N↵
If Intg (N÷2)=N÷2↵
Then ↵
N÷2→Y↵
Else ↵
3×N+1→Y↵
IfEnd↵
"Y=":Y◢
```

TI

```
PROGRAM:DEFFCT
:Prompt N
:If int(N/2)=N/2
:Then
:N/2→Y
:Else
:3*N+1→Y
:Disp "Y=",Y
```

4 Une fonction définie par intervalles ➤ Chapitre 2

Le programme ci-contre, écrit avec AlgoBox, calcule les valeurs prises par une fonction.

```
▼ VARIABLES
  ├ x EST_DU_TYPE NOMBRE
  └ y EST_DU_TYPE NOMBRE
▼ DEBUT_ALGORITHME
  ├ LIRE x
  ▼ SI (x<0) ALORS
    ├ DEBUT_SI
    ├ y PREND_LA_VALEUR 2*x+3
    ├ AFFICHER "f(x)="
    ├ AFFICHER y
    └ FIN_SI
  ▼ SI (x>=0 ET x<=3) ALORS
    ├ DEBUT_SI
    ├ y PREND_LA_VALEUR -x+2
    ├ AFFICHER "f(x)="
    ├ AFFICHER y
    └ FIN_SI
  ▼ SI (x>3) ALORS
    ├ DEBUT_SI
    ├ y PREND_LA_VALEUR 2*x-8
    ├ AFFICHER "f(x)="
    ├ AFFICHER y
    └ FIN_SI
FIN_ALGORITHME
```

a) Déterminer les images par la fonction f des réels : -2 ; $-1{,}5$; 0 ; $\frac{1}{2}$; 2 ; 3 ; 3,1 ; $\frac{7}{2}$.

b) Dans un repère, construire la représentation graphique de la fonction f.

5 Un QCM ➤ Chapitre 2

On s'intéresse à l'algorithme ci-contre. Pour chacune des questions suivantes, indiquer la réponse exacte.

```
Entrée
Saisir n (entier naturel)
Traitement
Si n < 10 alors
    x prend la valeur n × 3
  sinon
    x prend la valeur n × 3 + 6
FinSi
Sortie
Afficher x
```

1. Pour la valeur saisie $n = 5$, le nombre affiché est :
a) 15 **b)** 21 **c)** 5

2. Pour la valeur saisie $n = 13$, le nombre affiché est :
a) 39 **b)** 45 **c)** 13

3. On obtient 36 à l'affichage, la valeur saisie est :
a) 12 **b)** 10 **c)** 36

6 Programmer une fonction ➤ Chapitre 3

Sur la figure ci-contre, AB = 6 et M est un point qui décrit le segment [AB]. On note x la distance AM et $f(x)$ l'aire du domaine coloré en vert.

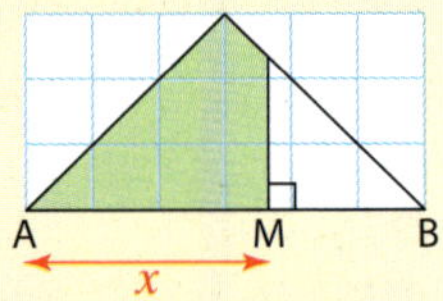

a) Calculer $f(x)$ pour x appartenant à l'intervalle $[0\,;3]$, puis à l'intervalle $[3\,;6]$.

b) Écrire un algorithme de calcul des valeurs de la fonction f.

c) Coder cet algorithme dans un langage de programmation. Tester le programme obtenu.

7 Comparer x^2 et x^3 ➤ Chapitre 4

a) Comparer x^2 et x^3 pour chacune des valeurs suivantes de x : • -2 • 0 • 0,4 • 1 • 2.

b) Écrire un programme qui lit un nombre réel x et qui affiche le plus grand des deux nombres x^2 et x^3.

c) Établir de façon théorique la comparaison de x^2 et x^3.

8 Une fonction non définie en 0 ➤ Chapitre 4

f est la fonction qui associe à un nombre réel x non nul le résultat obtenu après les calculs suivants :

prendre la moitié du triple de x, puis retrancher au résultat l'inverse de x.

a) Calculer $f(2)$, $f(4)$; $f(-1)$, $f(-5)$.

b) Pourquoi la fonction f n'est-elle pas définie en 0 ?

c) Pour x non nul, exprimer $f(x)$ en fonction de x.

d) Écrire l'algorithme, puis un programme de calcul des valeurs de la fonction f.

Thème 3 La structure itérative ou boucle

Une approche Un tracé point par point

Chapitre 2

On note F1 la fonction définie sur l'intervalle $[0\,;2]$ par $F1(x) = x^2 + 2x - 3$. On souhaite écrire un programme qui construit point par point la courbe représentative de la fonction F1.

1. a) Voici un début de programme écrit avec AlgoBox. On définit avec ce logiciel la fonction F1 et un repère comme ci-dessous.

```
VARIABLES
DEBUT_ALGORITHME
  TRACER_POINT (0,F(0))
  TRACER_POINT (0.1,F1(0.1))
  TRACER_POINT (0.2,F1(0.2))
  TRACER_POINT (0.3,F1(0.3))
FIN_ALGORITHME
```

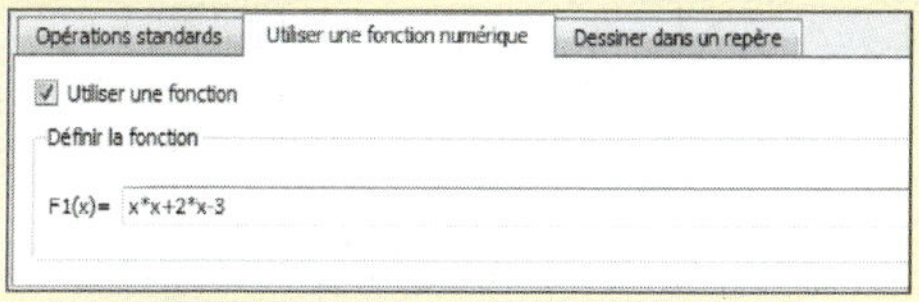

Appliquer ce programme et construire dans un repère les quatre points successifs.

b) Combien faudrait-il construire ainsi de points successifs pour obtenir le résultat escompté ?

2. Dans un programme, une **boucle** permet de répéter plusieurs fois un même traitement ; ici, le nombre de répétitions est connu à l'avance.

On rédige alors le programme ci-contre.

```
VARIABLES
  x EST_DU_TYPE NOMBRE
  i EST_DU_TYPE NOMBRE
DEBUT_ALGORITHME
  x PREND_LA_VALEUR 0
  POUR i ALLANT_DE 0 A 20
    DEBUT_POUR
    TRACER_POINT (x,F1(x))
    x PREND_LA_VALEUR x+0.1
    FIN_POUR
FIN_ALGORITHME
```

a) On exécute ce programme pas à pas et on note l'évolution des variables dans un tableau.

i		0	1	…	?
Point construit		(0;F1(0))	?	…	?
x	Initialisation : 0	0,1	?	…	?

Compléter les cases qui ont un point d'interrogation.

b) Saisir ce programme sur l'ordinateur ou la calculatrice et l'exécuter.

Casio

```
======TRACE    ======
0→X↵
For 0→I To 20↵
Plot X,X²+2X-3↵
X+0.1→X↵
Next
```

TI

```
PROGRAM:TRACE
:0→X
:For(I,0,20)
:Pt-On(X,X²+2X-3)
:X+0.1→X
:End
```

Pour Casio, Plot se trouve dans SKETCH PLOT.

Pour TI, Pt-On se trouve dans DRAW POINTS.

9 Lorsque $f(x)$ dépasse k

Chapitre 3

Dans le programme ci-contre, F1 est la fonction définie par :

$$F1(x) = 2x^2 + 5x + 7.$$

Cette fonction est croissante sur $[0\,;+\infty[$.

```
VARIABLES
  k EST_DU_TYPE NOMBRE
  x EST_DU_TYPE NOMBRE
DEBUT_ALGORITHME
  LIRE k
  x PREND_LA_VALEUR 0
  TANT_QUE (F1(x)<k) FAIRE
    DEBUT_TANT_QUE
    x PREND_LA_VALEUR x+1
    FIN_TANT_QUE
  AFFICHER "x="
  AFFICHER x
FIN_ALGORITHME
```

a) La boucle de ce programme est gérée par une condition. Laquelle ? Quand sort-on de la boucle ?

b) On exécute ce programme pas à pas et on saisit $k = 50$.

Reproduire et compléter le tableau suivant :

x	0	1	…
F1(x)	7	14	…

Quelle est la valeur x affichée par le programme ?

c) Définir le rôle de ce programme.

d) Saisir le programme correspondant à cet algorithme sur la calculatrice et l'exécuter avec $k = 100$, $k = 500$, $k = 1\,000$.

Casio

```
======DEPASSEK======
"K=":?→K↵
0→X↵
While 2X²+5X+7<K↵
X+1→X↵
WhileEnd↵
"X=":X◢
```

TI

```
PROGRAM:DEPASSEK
:Prompt K
:0→X
:While 2X²+5X+7<
K
:X+1→X
:End
:Disp "X=",X
```

10 Courbe représentative d'un polynôme de degré 2

Chapitre 5

L'algorithme ci-contre saisit les réels a, b, c et construit point par point la courbe représentative de la fonction f définie par :

$$f(x) = a(x - b)^2 + c$$

sur l'intervalle $[u\,;v]$.

<u>Entrées</u>
Saisir u, v, a, b, c
<u>Initialisation</u>
x prend la valeur u
<u>Traitement</u>
Tant que $x \leqslant v$
  Marquer le point de coordonnées $(x\,;f(x))$
  x prend la valeur $x + 0{,}1$
FinTantque

a) Écrire le programme associé sur la calculatrice ou l'ordinateur.

b) Tester le programme obtenu et vérifier les résultats obtenus dans le cours : sens de variation de f, sommet de la parabole.

Thème 4 D'autres exemples

11 Des suites de nombres

Chapitre 2

On considère l'algorithme ci-dessous.

a) Faire fonctionner cet algorithme pas à pas pour la valeur saisie $n = 5$. Recopier et compléter le tableau ci-dessous.

```
Entrée
Saisir n
Initialisations
x prend la valeur 1
y prend la valeur 2
Traitement
Pour i de 1 jusqu'à n
    z prend la valeur x + y
    x prend la valeur y
    y prend la valeur z
    Afficher z
FinPour
```

i		1	2	3	4	5
x	1	2				
y	2	3				
z		3				

b) Conjecturer, pour $n = 8$, les nombres affichés par l'algorithme.

c) Écrire le programme avec la calculatrice ou l'ordinateur et vérifier la conjecture précédente.

12 Un algorithme écrit en langage naturel

Chapitre 2

On s'intéresse à l'algorithme suivant, écrit en langage naturel :

1. Donner à n la valeur d'un entier naturel non nul.
2. Initialiser a et i en leur donnant la valeur n.
3. Tant que $i > 2$, répéter le traitement suivant :
   - Donner à i la valeur $i - 1$.
   - Donner à a la valeur $a \times i$.
4. À la sortie de la boucle, donner à a la valeur $a - 1$.
5. Afficher a.

Pour la valeur lue n, on note A_n le nombre affiché à l'étape 5 de l'algorithme.

a) Déterminer A_1, A_2, A_3, A_4, A_5.

b) Traduire l'algorithme dans un langage et saisir le programme à la calculatrice ou à l'ordinateur.

c) Vérifier avec le programme les valeurs trouvées à la question **a)**.

13 Résolution d'une équation

Chapitre 4

f est la fonction définie sur l'intervalle $[0 ; 1]$ par :

$$f(x) = x^3 + x.$$

a) Tracer, à l'écran de la calculatrice, la courbe représentative de la fonction f.

b) On s'intéresse au programme ci-après.
(F1 dans le texte correspond à la fonction f.)

Faire fonctionner ce programme. Pour cela, reproduire et compléter le tableau suivant :

```
VARIABLES
  a EST_DU_TYPE NOMBRE
  b EST_DU_TYPE NOMBRE
  m EST_DU_TYPE NOMBRE
DEBUT_ALGORITHME
  a PREND_LA_VALEUR 0
  b PREND_LA_VALEUR 1
  TANT_QUE (b-a>0.01) FAIRE
    DEBUT_TANT_QUE
    m PREND_LA_VALEUR (a+b)/2
    SI (F1(m)<1) ALORS
      DEBUT_SI
      a PREND_LA_VALEUR m
      FIN_SI
      SINON
        DEBUT_SINON
        b PREND_LA_VALEUR m
        FIN_SINON
    FIN_TANT_QUE
  AFFICHER "a="
  AFFICHER a
  AFFICHER "b="
  AFFICHER b
FIN_ALGORITHME
```

a	0			…
b	1			…
m	$\frac{1}{2}$			…
F1(m)				…

c) Expliquer le rôle de ce programme.

d) La condition $b - a > 0{,}01$, qui gère la boucle, peut-elle être modifiée ? Expliquer.

14 L'algorithme de Héron d'Alexandrie

Chapitre 6

1. Valeurs approchées de $\sqrt{2}$

On pose $a_1 = 2$.

a) Calculer les nombres $a_2 = \frac{1}{2}\left(a_1 + \frac{2}{a_1}\right)$, $a_3 = \frac{1}{2}\left(a_2 + \frac{2}{a_2}\right)$, et ainsi de suite jusqu'à a_5.

b) Recopier le tableau suivant et y reporter les valeurs trouvées :

	Valeur exacte	Valeur approchée avec 8 décimales
a_2	$\frac{3}{2}$	1,5
a_3		
a_4		
a_5		

On démontre que l'on obtient, en poursuivant les calculs de la même façon, des valeurs approchées de plus en plus précises de $\sqrt{2}$.

2. Valeurs approchées de $\sqrt{p}$ avec p entier naturel, $p \geqslant 2$

On reprend la suite précédente, avec :

$$a_1 = p \ ; \ a_2 = \frac{1}{2}\left(a_1 + \frac{p}{a_1}\right) \ ; \ a_3 = \frac{1}{2}\left(a_2 + \frac{p}{a_2}\right) ; \ldots$$

On démontre que l'on obtient des valeurs approchées de plus en plus précises de $\sqrt{p}$.

a) Écrire un algorithme qui lit p, un entier n, avec $n \geqslant 2$, et qui calcule et affiche les termes successifs $a_2, a_3, \ldots$ jusqu'à a_n.

b) Réaliser le programme sur le tableur et la calculatrice.

c) Faire des essais, observer la précision des valeurs approchées obtenues.

Chapitre 8

Géométrie plane et problèmes

Le système GPS et le radar permettent de repérer un objet, une personne par ses coordonnées.

Énigme ★

Un relief est simulé par la juxtaposition des rectangles ci-dessous.

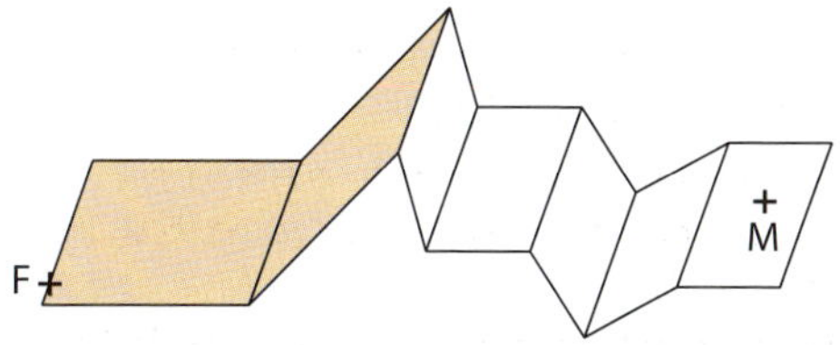

➤ *Comment suivre le chemin le plus court de F à M ?*

Énigme ★★

Sur ce quadrillage, on se déplace en suivant les lignes.

➤ *Quels sont les nœuds de ce quadrillage qui sont à égale distance de A et de B ?*

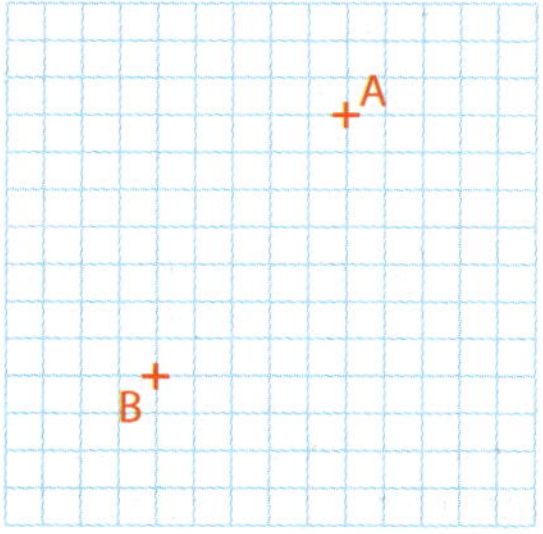

1 Calculer une longueur

➤ Formulaire p. 288, thème 15

ABC est un triangle rectangle en A tel que AB = 4 cm et BC = 5 cm.
Calculer la longueur AC.

2 Calculer une longueur sur une droite graduée

➤ Formulaire p. 289, thème 18

Sur une droite graduée avec pour unité le centimètre, A, B, C sont les points d'abscisses respectives –3 ; 4,8 et –5,1.

a) Faire une figure.

b) Calculer les longueurs AB, AC, BC.

3 Repérer des points du plan

➤ Formulaire p. 289, thème 18

Dans le repère orthogonal d'origine O ci-contre :

a) lire les coordonnées des points E, D, B et F ;

b) nommer les points qui ont des abscisses égales ;

c) nommer les points qui ont des ordonnées égales ;

d) nommer les points qui ont leurs abscisses et leurs ordonnées opposées.

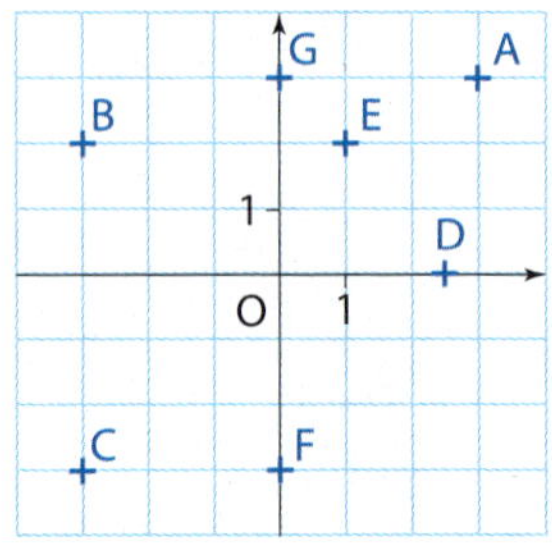

4 Calculer avec des entiers relatifs

a) Euclide, auteur des *Éléments de géométrie*, est né en –325 et est mort en –265. À quel âge est-il mort ?

b) Calculer mentalement la somme, la différence et la moyenne des nombres 35 et – 42.

5 Résoudre une équation

➤ Formulaire p. 284, thème 8

Résoudre les équations suivantes : **a)** $3x + 1 = 0$ **b)** $3x + 1 = 5x - 7$

6 Connaître les fonctions affines

➤ Formulaire p. 285, thème 11

a) Dans le repère ci-contre, les droites $\mathscr{C}_f$ et $\mathscr{C}_g$ sont les représentations graphiques de deux fonctions affines f et g.
Parmi les quatre expressions proposées, retrouver celle de $f(x)$ et celle de $g(x)$:

- $2x - 3$
- 3
- $-2x + 1$
- $-x + 0,5$

b) Donner l'expression d'une autre fonction affine dont la droite représentative est parallèle à celle de f.

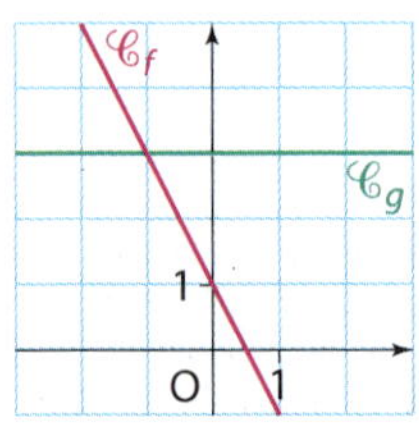

7 Démontrer avec des milieux

➤ Formulaire p. 288, thème 15

ABCD est le trapèze ci-contre tel que : (AD)// (BC).
I et J sont les milieux respectifs des segments [AB] et [BD].

a) Démontrer que les droites (IJ) et (AD) sont parallèles, ainsi que (IJ) et (BC).

b) En déduire que la droite (IJ) coupe le segment [CD] en son milieu.

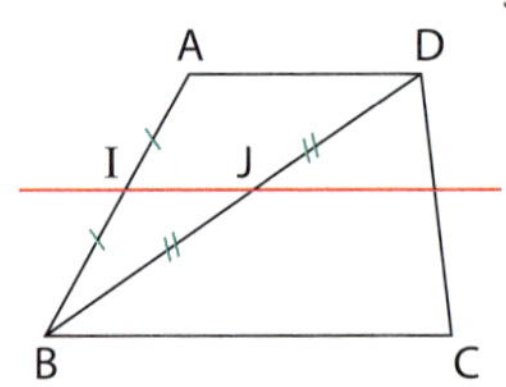

➤ Vérifier les réponses p. 296

Objectif

Utiliser un logiciel de géométrie pour observer les coordonnées du milieu d'un segment.

B2i L1-1 L1-4

Note

Ces formules seront établies en cours.

1 Coordonnées du milieu

a) À l'aide d'un logiciel de géométrie dynamique, placer dans un repère, les points A (2 ; 1) et B (4 ; 5). Placer le milieu C du segment [AB] ; afficher et noter ses coordonnées.

b) Reprendre la question précédente en déplaçant B sur le point de coordonnées (4 ; 1), puis (4 ; y) avec y réel de votre choix.

Que remarque-t-on quant à l'abscisse des points C dans tous ces cas-là ?

c) Conjecturer une formule de calcul de l'abscisse de C, puis de son ordonnée à partir de celles de A et B.

d) Voici un algorithme et sa traduction dans le langage des calculatrices.

Algorithme

<u>Initialisations</u>

- X_a prend la valeur 4
- Y_a prend la valeur – 2
- T prend une valeur entière aléatoire entre 0 et 10
- X_b prend la valeur T – 5
- T prend une valeur entière aléatoire entre 0 et 10
- Y_b prend la valeur T – 5
- Afficher X_b, Y_b

<u>Entrées</u>

- Saisir X_c, Y_c

<u>Traitement</u>

- X prend la valeur $\dfrac{X_a + X_b}{2}$
- Y prend la valeur $\dfrac{Y_a + Y_b}{2}$

<u>Sortie</u>

Si $X = X_c$ et $Y = Y_c$ alors
- Afficher "Bravo"
- sinon
- Afficher "Faux"

FinSi

Casio

```
4→I↵
-2→J↵
Int (11×Ran# )-5→P↵
"XB="↵
P◢
Int (11×Ran# )-5→Q↵
"YB="↵
Q◢
"XC="↵
?→M↵
"YC="↵
?→N↵
(I+P)÷2→X↵
(J+Q)÷2→Y↵
If X=M And Y=N↵
Then "BRAVO"↵
Else "FAUX"
```

TI

```
:4→I
:-2→J
:randInt(-5,5)→P
:Disp "XB=",P
:randInt(-5,5)→Q
:Disp "YB=",Q
:Disp "XC="
:Input M
:Disp "YC="
:Input N
:(I+P)/2→X
:(J+Q)/2→Y
:If X=M and Y=N
:Then
:Disp "BRAVO"
:Else
:Disp "FAUX"
:Stop
```

- Expliquer le rôle de cet algorithme.
- Taper l'un de ces programmes.
- Tester votre habileté à calculer les coordonnées du milieu de [AB].

Objectif

Calculer la distance entre deux points à l'aide de leurs coordonnées dans un repère orthonormé.

2 Le rallye-raid

Dans ce repère orthonormé (*unité sur chaque axe :* 20 km), V désigne la position d'un véhicule, R la position du ravitaillement et A celle de l'arrivée.

Dans le réservoir du véhicule, il reste de quoi parcourir 90 km.

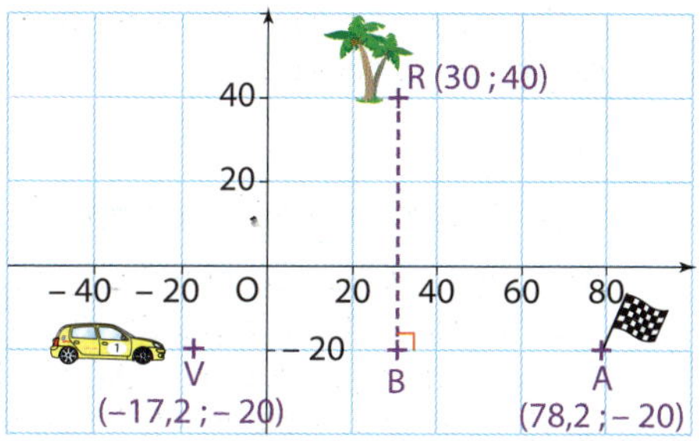

a) Le véhicule peut-il rejoindre l'arrivée sans passer par le ravitaillement ?

b) Quelle distance reste-t-il à parcourir à ce véhicule avant d'arriver ?
(Donner la valeur approchée par excès au km près.)

Coordonnées de points du plan

1 Repère et coordonnées

PROPRIÉTÉ Dans un repère orthonormé, tout point M du plan est repéré par un **unique** couple $(x_M ; y_M)$ de réels, appelé couple des **coordonnées** de M.
x_M est l'**abscisse** de M et y_M est l'**ordonnée** de M.

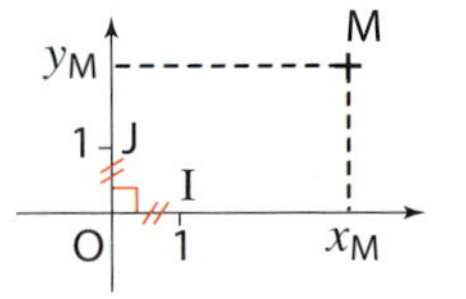

(O ; I, J) repère **orthonormé** :
(OI) ⊥ (OJ) et OI = OJ

Note
Cette propriété reste valable dans un repère quelconque.

PROPRIÉTÉ Dans un repère orthonormé, A $(x_A ; y_A)$ et B $(x_B ; y_B)$ sont deux points.
Le milieu I du segment [AB] a pour coordonnées $(x_I ; y_I)$ avec :

$$x_I = \frac{x_A + x_B}{2} \quad \text{et} \quad y_I = \frac{y_A + y_B}{2}$$

Note
On procéderait de façon analogue lorsque « $y_A = y_B$ et $x_B < x_A$ », « $x_A = x_B$ et $y_B > y_A$ »,…

DÉMONSTRATION

1er cas : $x_A = x_B$ **ou** $y_A = y_B$.
On suppose que $y_A = y_B$ et $x_B > x_A$. I est le milieu de [AB] si, et seulement si, I ∈ [AB] et IA = IB, c'est-à-dire $y_I = y_A = y_B$ et $x_I - x_A = x_B - x_I$ soit $y_I = y_A = y_B$ et $x_I = \frac{x_A + x_B}{2}$.

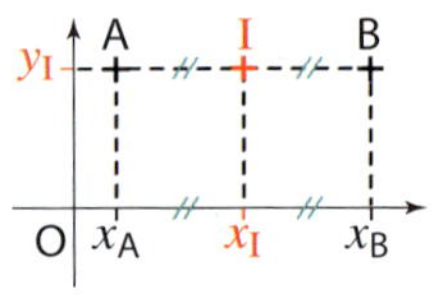

2e cas : $x_A \neq x_B$ **et** $y_A \neq y_B$.
On note C le point tel que $x_C = x_B$ et $y_C = y_A$.
Le triangle ABC est rectangle en C. On note K le milieu de [AC] ; d'après le théorème des milieux, la droite (IK) est parallèle à (BC). Donc $x_I = x_K = \frac{x_A + x_C}{2}$ (d'après 1er cas) soit $x_I = \frac{x_A + x_B}{2}$.
On procéderait de même avec le milieu L de [BC] pour établir que $y_I = \frac{y_A + y_B}{2}$.

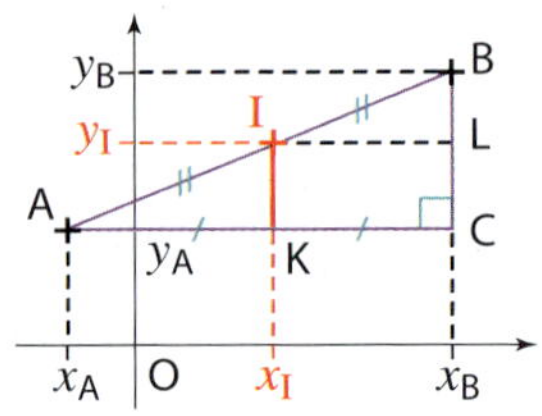

Logique
On procède ici par disjonction de cas. La négation de « $x_A = x_B$ **ou** $y_A = y_B$ » est « $x_A \neq x_B$ **et** $y_A \neq y_B$ »

2 Distance entre deux points du plan

Note
Cette propriété **n'est plus valable** dans un repère quelconque.

PROPRIÉTÉ Dans un repère orthonormé, A $(x_A ; y_A)$ et B $(x_B ; y_B)$ sont deux points.
La distance entre les points A et B est :

$$\mathbf{AB} = \sqrt{(x_B - x_A)^2 + (y_B - y_A)^2}$$

DÉMONSTRATION

On suppose, comme sur la figure, que $x_B > x_A$ et $y_B > y_A$.
On note C le point tel que $x_C = x_B$ et $y_c = y_A$.
Dans le triangle ABC rectangle en C, le théorème de Pythagore donne $AB^2 = AC^2 + BC^2$, c'est-à-dire :

$$AB^2 = (x_B - x_A)^2 + (y_B - y_A)^2.$$

Donc $AB = \sqrt{(x_B - x_A)^2 + (y_B - y_A)^2}$ (car AB est positif).

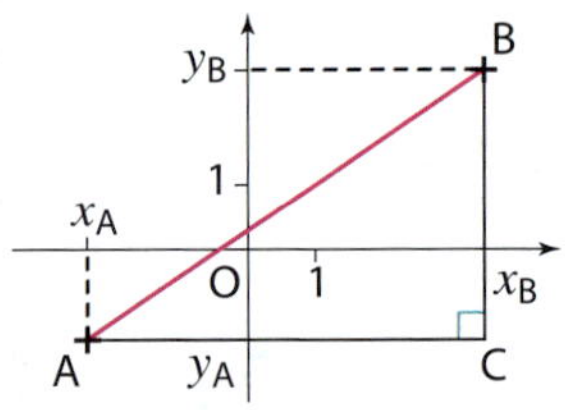

Les méthodes

Exercice résolu 1 Lire des coordonnées

Voir aussi les exercices 5 et 6, page 160

Énoncé

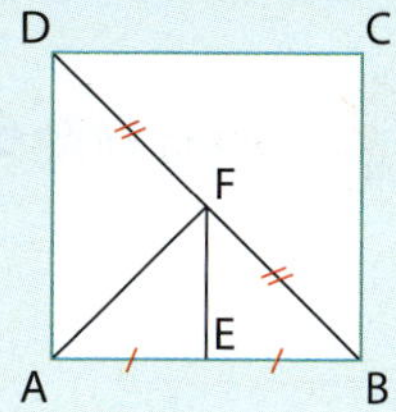

ABCD est un carré. E est le milieu du segment [AB] et F est le milieu du segment [BD].
Dans le repère orthonormé (A; B, D), donner les coordonnées des différents points.

Solution

- A (0;0), B (1;0), D (0;1) et C (1;1).
- $E\left(\frac{1}{2};0\right)$. En effet, E est le milieu de [AB] et appartient à l'axe des abscisses, donc :

$$x_E = \frac{x_A + x_B}{2} = \frac{0+1}{2} = \frac{1}{2} \text{ et } y_E = 0$$

- $F\left(\frac{1}{2};\frac{1}{2}\right)$. En effet, F est le milieu de [BD], donc :

$$x_F = \frac{x_B + x_D}{2} = \frac{1+0}{2} = \frac{1}{2} \text{ et } y_F = \frac{y_B + y_D}{2} = \frac{0+1}{2} = \frac{1}{2}$$

Exercice résolu 2 Démontrer qu'un triangle est rectangle

Voir aussi les exercices 19 et 20, page 161

Énoncé

Dans un repère orthonormé, on donne les points A (–2; 1), B (2; –1) et C (1; –3).
Démontrer que le triangle ABC est rectangle.

Solution

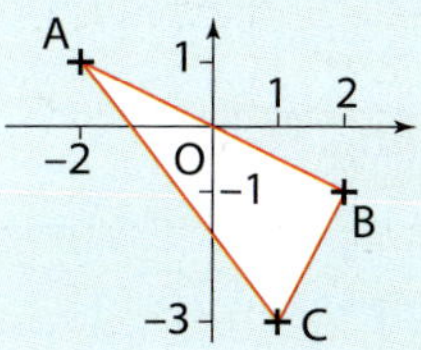

- $AB^2 = (2-(-2))^2 + ((-1)-1)^2 = 4^2 + (-2)^2 = 20$.
- $AC^2 = (1-(-2))^2 + ((-3)-1)^2 = 3^2 + (-4)^2 = 25$.
- $BC^2 = (1-2)^2 + (-3-(-1))^2 = (-1)^2 + (-2)^2 = 5$.
- Donc $AC^2 = AB^2 + BC^2$ et la réciproque du théorème de Pythagore permet de conclure que le triangle ABC est rectangle en B.

Commentaires

Au lieu de calculer les longueurs AB, AC, BC, il suffit de calculer les carrés de ces longueurs car ce sont AB^2, AC^2, BC^2 qui interviennent dans la réciproque du théorème de Pythagore.

Exercice résolu 3 Étudier l'alignement de trois points

Voir aussi les exercices 28 et 29, page 161

Énoncé

Dans un repère orthonormé, on donne les points A (– 8; –2), B (0; 2) et C (16; 10).
Les points A, B, C sont-ils alignés ?

Solution

(1) La fonction affine f représentée par (AB) est définie par $f(x) = ax + b$. Or B ∈ (AB), donc $f(0) = 2$ c'est-à-dire $a \times 0 + b = 2$. D'où $b = \mathbf{2}$.
A ∈ (AB), donc $f(-8) = -2$ c'est-à-dire :
$a(-8) + \mathbf{2} = -2$. D'où $a = \frac{1}{2}$. Donc $f(x) = \frac{1}{2}x + \mathbf{2}$.

(2) C appartient-il à (AB) ?
Oui, car $f(16) = \frac{1}{2} \times 16 + 2 = 8 + 2 = 10$.

MÉTHODE

Pour étudier l'alignement de trois points A, B, C, on peut :
(1) définir la fonction affine f associée à la droite (AB) ;
(2) calculer $f(x_C)$ et conclure : si $y_C = f(x_C)$, alors C ∈ (AB), sinon C ∉ (AB).

Configurations du plan

1 Les triangles

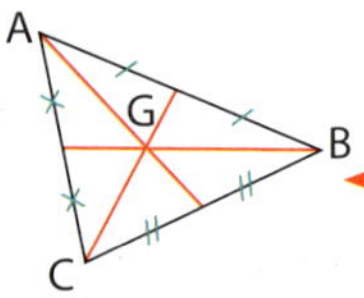

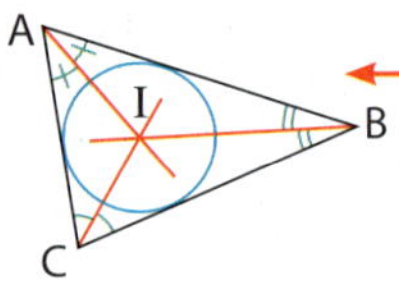

PROPRIÉTÉS • Les **médiatrices** des côtés d'un triangle sont concourantes au **centre O de son cercle circonscrit**.
• Les **médianes** d'un triangle sont concourantes au **centre de gravité** G du triangle.
• Les **hauteurs** d'un triangle sont concourantes en l'**orthocentre** H du triangle.
• Les **bissectrices** des angles d'un triangle sont concourantes au **centre I de son cercle inscrit**.

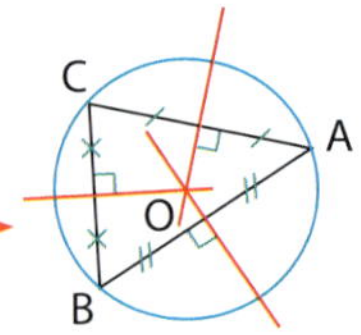

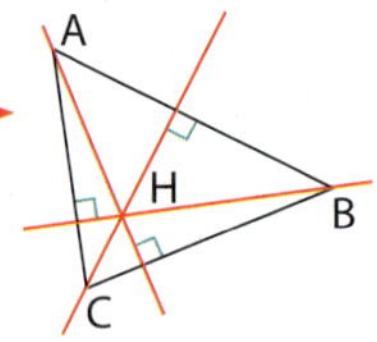

PROPRIÉTÉS • Un triangle **isocèle** a un axe de symétrie : la médiatrice de sa base.
• Un triangle **équilatéral** a trois axes de symétrie : les médiatrices de ses côtés.

PROPRIÉTÉS Un triangle ABC est rectangle en A si, et seulement si, le côté [BC] est le diamètre de son cercle circonscrit.

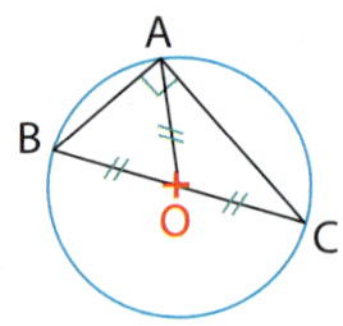

2 Les quadrilatères

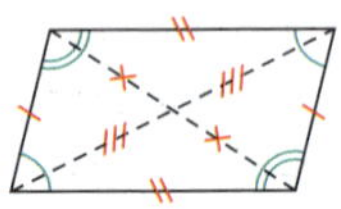

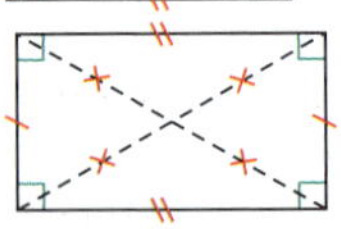

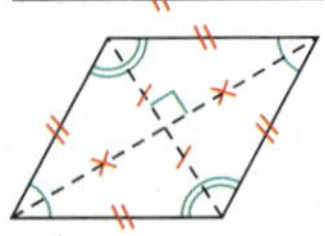

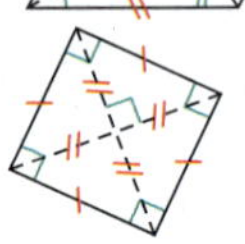

	DÉFINITIONS	PROPRIÉTÉS CARACTÉRISTIQUES
Un **parallélogramme** est un quadrilatère qui a...	ses côtés opposés parallèles deux à deux.	des diagonales qui ont le même milieu.
Un **rectangle** est un quadrilatère qui a...	quatre angles droits.	des diagonales qui ont le même milieu et qui sont de même longueur.
Un **losange** est un quadrilatère qui a...	quatre côtés de même longueur.	des diagonales qui ont le même milieu et qui sont perpendiculaires.
Un **carré** est un quadrilatère qui a...	quatre angles droits et quatre côtés de même longueur.	des diagonales qui ont le même milieu, la même longueur et qui sont perpendiculaires.

PROPRIÉTÉS • Un parallélogramme a un centre de symétrie : le point d'intersection de ses diagonales.
• Un rectangle a deux axes de symétrie (les médiatrices de ses côtés) et un centre de symétrie (le point d'intersection des diagonales).
• Un losange a deux axes de symétrie (ses diagonales) et un centre de symétrie (le point d'intersection des diagonales).

Exercice résolu 1 Reconnaître un triangle rectangle

Voir aussi les exercices 36 et 37, page 162

Énoncé

ABC, ACD et ADE sont trois triangles équilatéraux disposés comme sur la figure ci-contre.
Démontrer que le triangle BCE est un triangle rectangle.

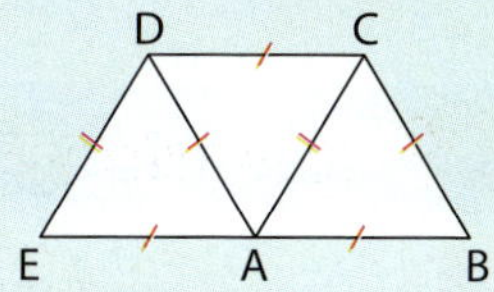

Solution

- Les points A, B, E sont alignés, car :
$\widehat{BAE} = 3 \times 60° = 180°$.
- AE = AB = AC, donc le milieu A de [BE] est le centre du cercle circonscrit au triangle BCE.
- Ainsi, le côté [BE] est un diamètre du cercle circonscrit au triangle BCE. Donc ce triangle est rectangle en C.

Commentaires

- Un triangle équilatéral a trois angles de mesure 60°.
- Le codage de la figure peut faire penser à utiliser cette propriété caractéristique des triangles rectangles.

Exercice résolu 2 Démontrer que des points sont alignés

Voir aussi l'exercice 38, page 162

Énoncé

ABCD est un parallélogramme de centre O. Les points E et I sont les milieux respectifs des segments [AD] et [AB]. Les droites (AC) et (BE) se coupent en L.
Démontrer que les points D, L et I sont alignés.

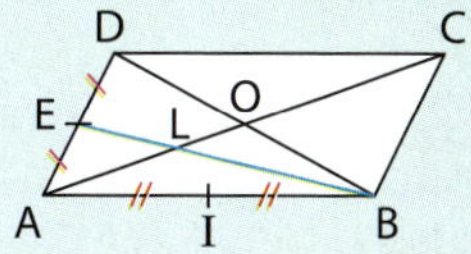

Solution

- ABCD est un parallélogramme de centre O, donc O est le milieu de la diagonale [BD].
- De plus E est le milieu du côté [AD], donc les droites (BE) et (AO) sont deux médianes du triangle ABD.
- Ces deux médianes sont sécantes en L, donc la troisième médiane, qui est (DI), passe par L.
Donc, les points D, L, I sont alignés.

Commentaires

- La figure peut inviter à penser que (BE) est une médiane de ABD. D'où l'idée de prouver que (AO) en est une autre.
- L est le **centre de gravité** du triangle ABD.

Exercice résolu 3 Démontrer que des droites sont perpendiculaires

Voir aussi l'exercice 39, page 162

Énoncé

$\mathscr{C}$ et $\mathscr{C}'$ sont deux cercles de même rayon et de centres respectifs O et O'. $\mathscr{C}$ et $\mathscr{C}'$ sont sécants en deux points A et B.
Démontrer que (OO') et (AB) sont perpendiculaires.

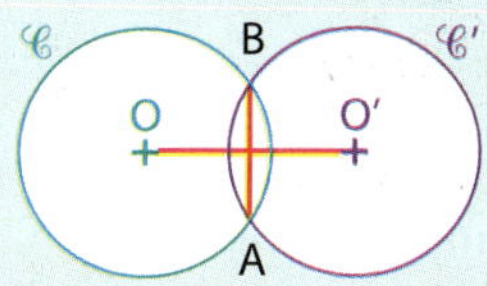

Solution

Les cercles $\mathscr{C}$ et $\mathscr{C}'$ ont même rayon donc OA = OB = O'A = O'B.
Le quadrilatère OBO'A est donc un losange.
Un losange a ses diagonales perpendiculaires, donc les droites (OO') et (AB) sont perpendiculaires.

Exercices de base

Pour créer des automatismes

Coordonnées de points du plan

1 **a)** Dans le repère orthonormé (O ; I, J) ci-contre, lire les coordonnées des points A, B, C.
b) Reproduire ce repère et placer les points :
D (–5 ; –0,5) et E (3 ; –1,5).

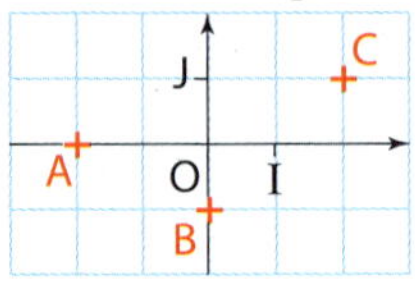

2 **a)** Dans le repère (O ; I, J), ci-contre, lire les coordonnées des points A, B et C.
b) Reproduire le repère et placer les points D (1,5 ; 0), E (– 0,5 ; 2), F $\left(-\frac{3}{2} ; \frac{3}{2}\right)$.
c) Quelles sont les coordonnées des points A, B et C dans le repère (D ; I, A) ?

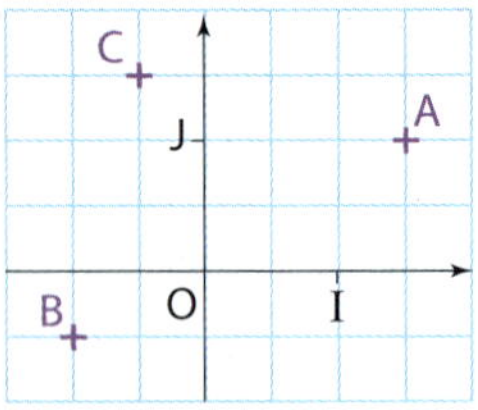

3 (O ; I, J) est un repère orthonormé tel que OI = OJ = 1 cm.
a) Placer les points A (– 4 ; 6), B (–2 ; –3), C (2 ; 0), D (0 ; 3), E (2 ; 3).
b) Quelles sont les coordonnées des points A et B dans le repère (O ; C, D) ? dans le repère (O ; D, C) ?
c) Quelles sont les coordonnées du point O dans le repère (E ; C, D) ?

4 **a)** Tracer un repère orthogonal (O ; I, J) avec OI = 3 cm et OJ = 2 cm.
b) Placer les points A (–2 ; 2), B (0 ; 1,5) et C (3 ; –1).

5 Cette figure est formée par un carré, un rectangle et un triangle rectangle.
a) Donner les coordonnées de tous les points de cette figure dans le repère (C ; M, B).
b) Calculer les coordonnées du milieu I du segment [MN], puis du milieu J de [EI].

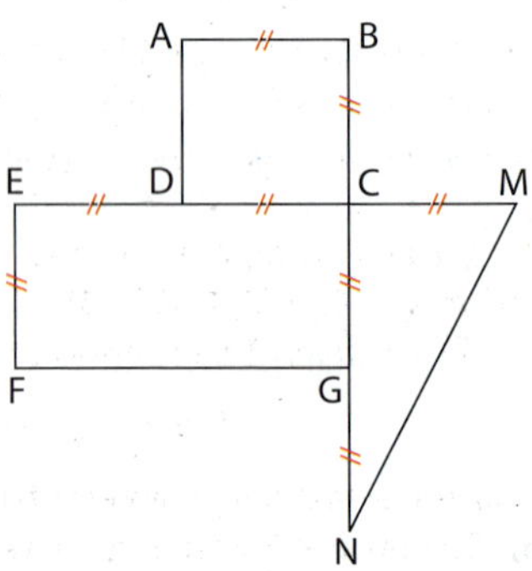

Conseil : se reporter à l'exercice résolu 1, page 157.

6 Sur la figure ci-contre, ABCD est un carré et CDFE est un quadrilatère tel que CE = CD et (CD) ⊥ (CE).
a) Après avoir choisi un repère orthonormé, noter les coordonnées des différents points.
b) Comparer les milieux des segments [AE] et [BF].

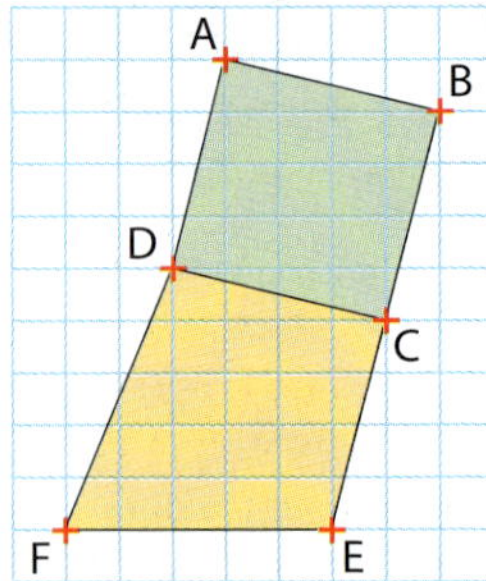

7 Dans un repère orthonormé d'origine O, on donne les points A (–3 ; – 4), B (7 ; – 4), C (5 ; 2).
a) Calculer les coordonnées du milieu J de [OB].
b) Calculer les coordonnées du milieu K de [AC].
c) Contrôler les résultats au moyen d'une figure.

8 Dans un repère orthonormé, A $\left(\frac{1}{2} ; \frac{2}{3}\right)$, B $\left(2 ; \frac{3}{4}\right)$, C $\left(-1 ; \frac{1}{2}\right)$ sont trois points.
a) Faire une figure.
b) Calculer les coordonnées du milieu J de [AB].
c) Les points B et C sont-ils symétriques par rapport au point A ?

9 Dans un repère orthonormé d'origine O, on donne les points A (2 ; 5) et B (–5 ; 1).
a) Calculer les coordonnées du point M tel que O soit le milieu du segment [AM].
b) Calculer les coordonnées du point N tel que A soit le milieu du segment [BN].

10 Dans un repère orthonormé, on considère les points P (– 4 ; –1), Q (1 ; 0), R (2 ; 2), S (–3 ; 1).
a) Calculer les coordonnées du milieu du segment [PR], puis du milieu du segment [QS].
b) Que peut-on en déduire pour le quadrilatère PQRS ?

11 Dans un repère orthonormé, on considère les points R (–1 ; 4), S (5,5 ; –1,5), T (4,5 ; 3) et U (0 ; – 0,6).
Le quadrilatère RTSU est-il un parallélogramme ?

12 Dans un repère orthonormé, on donne les points :
A (3 ; 1), B (2 ; 4) et C (–1 ; 3).
a) Calculer les coordonnées du milieu I de [BC].
b) En déduire les coordonnées du point E tel que ABEC soit un parallélogramme.

13 Dans un repère orthonormé, on donne les points : M (–1 ; 2), N (5 ; 4), P (2 ; –3).

1. Calculer les coordonnées du point :

a) Q tel que MNPQ soit un parallélogramme ;

b) R tel que MRNP soit un parallélogramme.

2. Démontrer que M est le milieu de [RQ] :

a) avec les coordonnées ; **b)** sans les coordonnées.

14 Dans un repère orthonormé, on donne les points : R (4 ; –1), S (2 ; 5), T (3 ; 2) et U (4 ; 1).

1. Placer les points R, S, T et U.

2. Démontrer que T est le milieu de [RS].

3. a) Tracer la parallèle à (RU) passant par T.
Justifier qu'elle coupe le segment [SU] en son milieu V.

b) Calculer les coordonnées de V.

Pour les exercices 15 à 18, A et B sont deux points d'un repère orthonormé. Calculer la longueur AB.

15 A (–3 ; –2), B (5 ; 2) **16** A (–7 ; 3), B (– 9 ; 6)

17 A (4 ; 3,2), B (5,6 ; 9)

18 A$\left(\frac{3}{4} ; \frac{1}{2}\right)$, B$\left(\frac{15}{4} ; \frac{7}{2}\right)$

19 Dans un repère orthonormé, on considère les points A (–1 ; 2), B (–3 ; 6), C (–7 ; – 1).

a) Vérifier que AC = $3\sqrt{5}$.

b) Démontrer que le triangle ABC est rectangle en A.

Conseil : se reporter à l'exercice résolu 2, page 157.

20 Dans un repère orthonormé, on donne les points : M (3 ; –2), N (–2 ; –3), P (– 4 ; 3).
Le triangle MNP est-il rectangle ?

21 Dans un repère orthonormé, on donne les points : A (–5 ; –2), B (– 4 ; 3), C (– 4 ; –5), D (3 ; –1).

a) Calculer les longueurs DA, DB, DC.

b) Que peut-on en déduire ?

22 Dans un repère orthonormé, on donne les points : E (3 ; –2), F (–2 ; –3), G (–3 ; 2).
Calculer les longueurs EF, FG, EG et en déduire la nature du triangle EFG.

23 Dans un repère orthonormé, on considère les points A (–1 ; –1), B (1 ; 3) et C (5 ; 1).

a) Placer ces points. Que peut-on conjecturer quant à la nature du triangle ABC ? Justifier la conjecture.

b) Déterminer les coordonnées du milieu K de [AC]. Le placer sur le dessin.

c) On note D le symétrique du point B par rapport au point K. Calculer les coordonnées de D.

d) Reconnaître la nature du quadrilatère ABCD. Justifier.

24 Dans un repère orthonormé, on donne les points : A (–2 ; 3), B (2 ; 1), C (0 ; 2) et D (–1 ; 4).

a) Vérifier par le calcul que C est le milieu de [AB].

b) Tracer le cercle circonscrit au triangle ABD.
Quel semble être son centre ?

c) Démontrer la conjecture précédente.

25 Dans un repère orthonormé, on donne les points : A (4 ; 3), B (–1 ; 0) et K (3 ; –1).

a) Calculer les longueurs AK et BK.

b) En déduire que K appartient à la médiatrice de [AB].

c) En est-il de même pour L$\left(\frac{1}{2} ; 3\right)$?

26 **a)** Dans un repère orthonormé, placer les points : A (4 ; 2), B (6 ; – 4), C (0 ; – 2).

b) Démontrer que le triangle est isocèle.

c) On note H le pied de la hauteur issue de B.
Calculer la longueur AH, puis la longueur BH.

27 Dans un repère orthonormé, on donne les points : A (3 ; 1), B (2 ; 3), C (– 4 ; 0), D (– 3 ; – 2).

a) Démontrer que ABCD est un parallélogramme.

b) Démontrer de plus que ABCD est un rectangle.

Points alignés

28 f est la fonction affine définie par :

$$f(x) = -4x + 7.$$

Dans un repère orthonormé, les points A (0 ; 7), B (– 4 ; 0), C (40 ; – 153) appartiennent-ils à la droite représentant f ?

29 Dans un repère orthonormé, on donne les points : A (– 2 ; 1), B (3 ; 3), C$\left(1 ; \frac{11}{5}\right)$, D (45 ; 20).

a) Définir la fonction affine f dont la représentation graphique est la droite (AB).

b) Les points A, B, C sont-ils alignés ?

c) Les points A, B, D sont-ils alignés ?

Conseil : se reporter à l'exercice résolu 3, page 157.

30 Dans un repère orthonormé, on considère les points A (3 ; 3), B (7 ; 4), C (0 ; 3).
f est la fonction affine définie par :

$$f(x) = -\frac{5}{7}x + 5.$$

1. a) Tracer la droite d représentant f.

b) On note E et F les points d'intersection respectifs de d avec l'axe des abscisses et l'axe des ordonnées.
Lire les coordonnées de E et F.
Retrouver ces résultats par le calcul.

2. Justifier, sans calcul, que les droites (FC) et (BE) sont parallèles.
3. Les points F, A et E sont-ils alignés ?

31 À une base de saut à l'élastique, on a relevé lors d'essais avec des sacs de sable les allongements A (en m) de l'élastique en fonction de la masse M (en kg) du sac.

M	25	30	32	40	50	54
A	32	40	43	61	74	80

M	60	65	70	74	80	100
A	92	97	107	111	116	152

a) Placer les points de coordonnées (M ; A) dans un repère orthogonal (*unités :* 1 cm pour 5 kg en abscisses et 1 cm pour 10 m en ordonnées). Quelle est la particularité du nuage de points ?
b) Déterminer la fonction affine dont la représentation graphique passe par les points de coordonnées (30 ; 40) et (100 ; 152).
c) Calculer l'allongement prévisible du ressort pour une charge de 90 kg. Vérifier graphiquement.

Configurations du plan

32 Les droites (AM) et (BM) sont respectivement perpendiculaires aux droites (OB) et (OA).
a) Démontrer que les droites (OM) et (AB) sont perpendiculaires.
b) Que représente le point B pour le triangle OAM ?

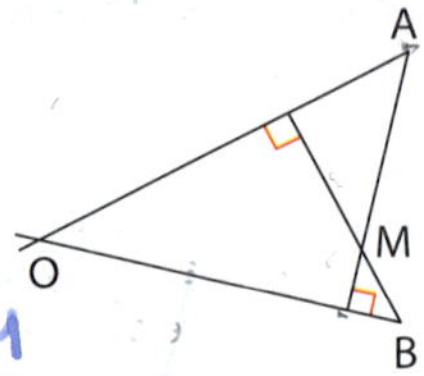

33 Les médiatrices des segments [PM] et [MN] ci-contre se coupent en O.
a) Que représente O pour le triangle PMN ?
b) Que peut-on dire de la médiatrice du segment [PN] ?

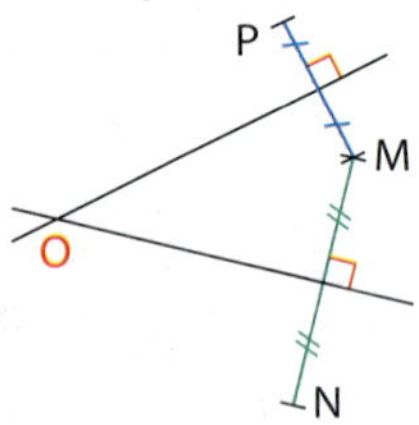

34 B, C et G sont trois points donnés non alignés. Construire le triangle ABC dont le centre de gravité est G.

35 Travailler en groupe Voici un cercle.
Rédiger un programme de construction indiquant comment retrouver son centre O.

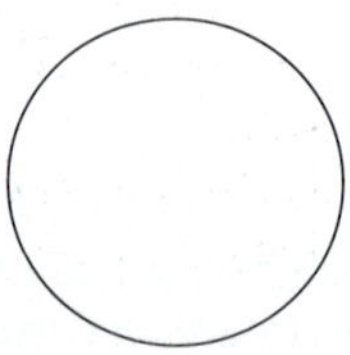

36 ABC est un triangle isocèle en A.
D est le symétrique de B par rapport à A.
Démontrer que le triangle BCD est un triangle rectangle.
Conseil : *se reporter à l'exercice résolu 1, page 159.*

37 ABC est un triangle et M est un point de [BC].
I et K sont les centres des cercles inscrits dans les triangles ABM et AMC.
Calculer la mesure de l'angle $\widehat{IMK}$ et en déduire la nature du triangle IMK.

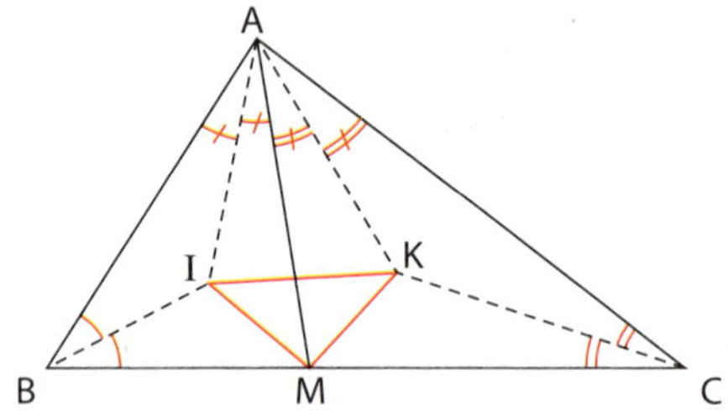

38 Les points A, B, D et A, C, E sont alignés.
Dans le triangle ABC, les bissectrices isues de B et C se coupent en I.
Dans le triangle ADE, les bissectrices issues de D et E se coupent en K.
Démonter que les points A, I et K sont alignés.
Conseil : *se reporter à l'exercice résolu 2, page 159.*

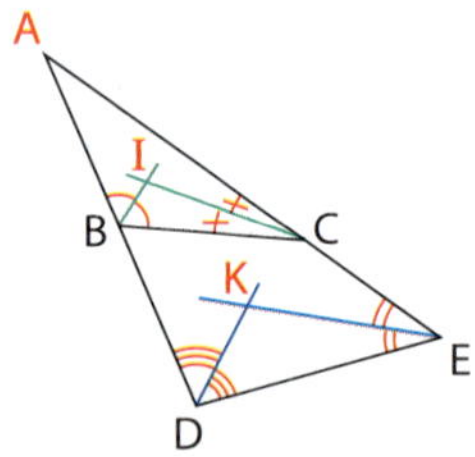

39 ABC est un triangle isocèle en A.
Les parallèles à (AC) passant par B et à (AB) passant par C se coupent en un point M.
Démontrer que les droites (AM) et (BC) sont perpendiculaires.
Conseil : *se reporter à l'exercice résolu 3, page 159.*

40 [AB] et [CD] sont deux diamètres quelconques d'un cercle $\mathscr{C}$.
Quelle est la nature du quadrilatère ACBD ?
Justifier la réponse.

41 ABCD est un parallélogramme de centre O, I est le milieu de [AB] et K est le milieu de [CD]. (AK) coupe (BD) en M et (CI) coupe (BD) en N.

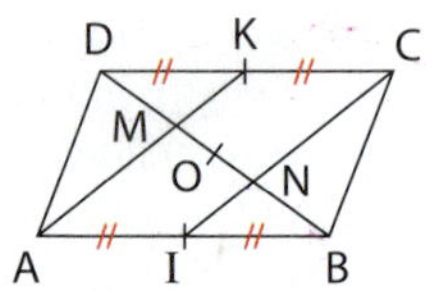

a) Démontrer que BN = NM = MD (on repèrera des configurations de Thalès).
b) Quel rôle joue le point N pour le triangle ABC ?

Exercices d'entraînement

Pour développer des compétences

Travaux pratiques

Compléments numériques

42 B2i L1-4 L2-4 Avec des coordonnées

OBJECTIF Modéliser et s'engager dans une activité de recherche.

ABCD est un carré.
I est le point à l'intérieur du carré et L est le point à l'extérieur du carré tels que les triangles DCI et BCL soient équilatéraux.

1. Conjecture

a) Avec le logiciel GeoGebra, tracer un carré ABCD de côté variable.
Utiliser la fonction « Angle de mesure donnée » pour construire les points I et L.

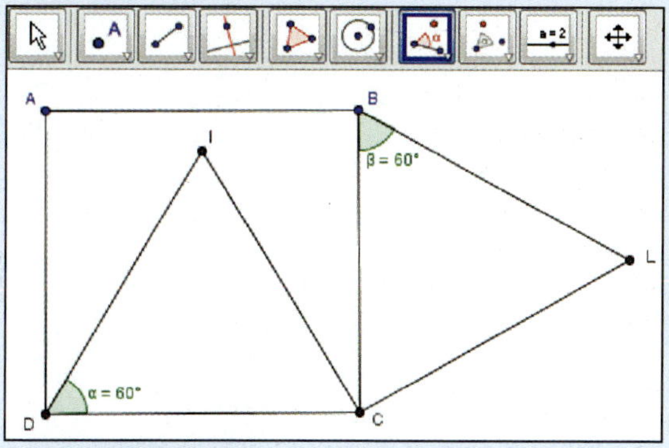

b) Tracer la droite (AI).
Faire varier le côté du carré et conjecturer une propriété des points A, I, L.

2. Preuve

On se place dans le repère orthonormé (D ; C, A).
a) Donner les coordonnées des points D, C, A, B.
b) Calculer les valeurs exactes des coordonnées des points I et L.
c) Démontrer la conjecture émise à la question **1**.

Rappel

- $\cos 60° = \frac{1}{2}$
- $\sin 60° = \frac{\sqrt{3}}{2}$
- $\tan 60° = \sqrt{3}$

43 B2i L1-1 L2-4 Sans coordonnées

OBJECTIF Développer une démarche expérimentale.

A, B, C, D sont quatre points distincts deux à deux.
E, F, G, H sont les milieux respectifs des côtés [AB], [BC], [CD], [DA].

1. Expérimentation

a) Faire cette figure avec un logiciel de géométrie.

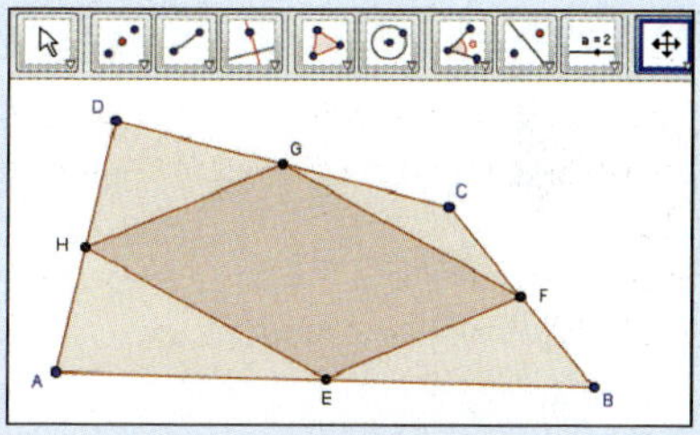

b) Déformer le quadrilatère ABCD. Conjecturer la nature du quadrilatère EFGH.
c) Semble-t-il possible de choisir ABCD de façon que le quadrilatère EFGH soit :
- un rectangle ?
- un losange ?
- un carré ?

2. Preuve

a) Démontrer que les droites (EF) et (GH) sont parallèles, puis qu'il en est de même de (HE) et (FG).
b) Conclure quant à la nature du quadrilatère EFGH.
c) Quelles propriétés doivent avoir les diagonales du quadrilatère ABCD pour que EFGH soit :
- un rectangle ?
- un losange ?
- un carré ?

3. Cas particuliers

Que sait-on pour le quadrilatère EFGH lorsque le quadrilatère ABCD est :
a) un rectangle ? **b)** un losange ? **c)** un carré ?

44 Un repère orthogonal

OBJECTIF Prendre des initiatives.

ABC est un triangle équilatéral.
I est le milieu du côté [BC] et G est le centre de gravité de ABC.
Quelles sont les coordonnées des points I et G dans le repère (A ; B, C) ?

Restitution organisée de connaissances

45 (O ; I, J) est un repère orthonormé.

a) A (x_A ; y_A) et B (x_B ; y_B) sont deux points.
On suppose que $x_A < x_B$ et $y_A < y_B$.
Démontrer que $AB = \sqrt{(x_B - x_A)^2 + (y_B - y_A)^2}$.

b) Application
M (5 ; y) et N (–3 ; 3) sont deux points où y désigne un nombre réel.
Comment choisir y pour que MN = 10 ?

Raisonner, démontrer

Algorithmique

46 Algorithme et symétrie

Voici un algorithme :

Entrées
Saisir $x_A, y_A, x_B, y_B, x_C, y_C$
Traitement
x_I prend la valeur $\dfrac{x_A + x_C}{2}$
y_I prend la valeur $\dfrac{y_A + y_C}{2}$
x_D prend la valeur $2x_I - x_B$
y_D prend la valeur $2y_I - y_B$
Sorties
Afficher x_D, y_D

1. a) Faire fonctionner cet algorithme dans chacun des cas ci-dessous ; tracer un repère orthonormé et placer les points A, B, C, D.
- A (2 ; –1), B (–3 ; 1), C (5 ; 4) ;
- A (2 ; 2), B (–4 ; – 19), C (1 ; –1,5).

b) Conjecturer le rôle de cet algorithme.
c) Prouver cette conjecture.
2. a) Traduire cet algorithme par un programme dans le langage de votre calculatrice ou bien réaliser une feuille de calcul avec un tableur.
b) Tester le bon fonctionnement du programme ou de la feuille de calcul.

47 Dans un repère orthonormé, on donne les points :
A (–1 ; –1), B (–2 ; 1), C (2 ; 3) et D (3 ; 1).
a) Placer les points A, B, C et D.
b) Quelle semble être la nature du quadrilatère ABCD ? Justifier la réponse.

48 Dans un repère orthonormé, on donne les points :
A (–3 ; –2), B (–5 ; 2), C (–3 ; 6) et D (–1 ; 2).
Quelle semble être la nature du quadrilatère ABCD ? Justifier la réponse.

49 Dans un repère orthonormé, on donne les points :
A (–1 ; 1), B (3 ; 2), C (–2 ; 5), D (2 ; 6).
Quelle semble être la nature du quadrilatère ABDC ? Justifier la réponse.

50 Dans un repère orthonormé, on donne les points :
A (1 ; 2), B (5 ; 4), C $(3 - \sqrt{3} ; 3 + 2\sqrt{3})$.
Démontrer que le triangle ABC est équilatéral.

51 Dans un repère orthonormé, on donne les points :
A (– 7 ; – 5), B (– 6 ; 2), C (2 ; 4) et H (– 3 ; – 1).
a) Faire une figure.
b) Démontrer que les triangles AHB et BHC sont rectangles en H. En déduire que les points A, H et C sont alignés.
c) Calculer l'aire du triangle ABC.

52 Dans un repère orthonormé, on donne les points :
A (–1 ; –1), B (2 ; 3) et C (4 ; –1).
a) Quelle semble être la nature du triangle ABC ? Justifier la réponse.
b) Calculer le périmètre du triangle ABC (valeur approchée par défaut au centième près).
c) Calculer l'aire du triangle ABC.

53 **1. a)** Dans un repère orthonormé, placer les points :
A (6 ; 1), B (3 ; 5) et D (11 ; 1).
b) Quelle est la nature du triangle ABD ? Justifier.
2. E est le point de coordonnées $\left(\dfrac{17}{2} ; 6\right)$.
Démontrer que E est le centre du cercle $\mathscr{C}$, circonscrit au triangle ABD.
3. I est le point d'intersection de (AE) et (BD).
a) Quel rôle joue (AE) pour le segment [BD] ? Justifier.
b) En déduire la nature du triangle BIA.
c) Quelles sont les coordonnées du centre F du cercle $\mathscr{C}'$, circonscrit au triangle BIA ?

54 Dans un repère orthonormé, on donne les points :
A (2 ; 0), B (6 ; 0), C (0 ; 3) et D (0 ; 5).
Par A et D, on trace les perpendiculaires à la droite (BC) ; elles coupent (BC) respectivement en H et K.
a) Évaluer de deux manières différentes l'aire du triangle ABC, puis l'aire du triangle BCD.
b) En déduire que A et D sont équidistants de la droite (BC).

55 ABC est un triangle équilatéral de côté 2 cm.
M est le milieu du côté [AC].
N est le symétrique de B par rapport à C.
P et Q sont les points du côté [AB] tels que AP = PQ = QB.
1. Faire une figure.
2. a) Calculer les coordonnées des points M, N, P dans le repère non orthogonal (B ; C, A).
b) Démontrer que les points M, N, P sont alignés.
3. a) Démontrer que le triangle ABN est rectangle.
b) En déduire la longueur AN.

56 Observer la figure ci-dessous et prouver que les droites d_1, d_2 et d_3 sont concourantes.

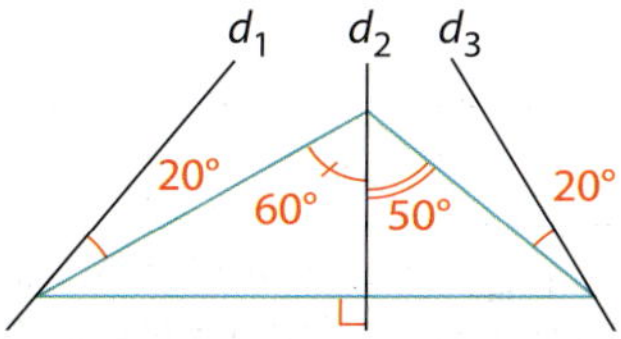

57 $\mathscr{C}$ est un cercle de centre O et A est un point extérieur à $\mathscr{C}$. On se propose de construire, à la règle et au compas, les tangentes au cercle $\mathscr{C}$ issues de A.
a) On suppose le problème résolu.

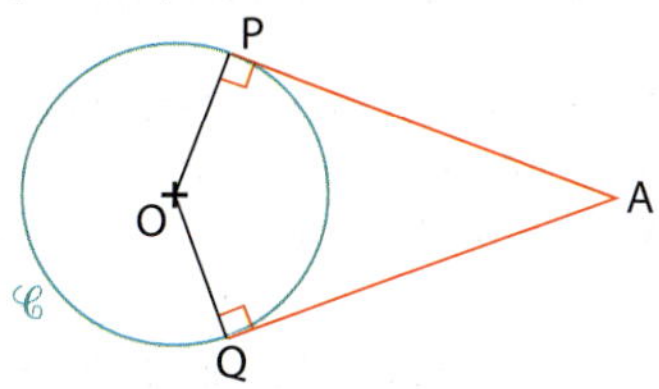

Que peut-on dire des quatre points O, P, A, Q ? Pourquoi ?
b) Tracer le cercle $\mathscr{C}$ et placer le point A. Rédiger un programme de construction des points P et Q ci-dessus. Construire (AP) et (AQ). Justifier que ces droites sont bien tangentes au cercle $\mathscr{C}$.

58 ABC est un triangle isocèle en A.
A′ est le milieu de [BC]. La perpendiculaire à (AC) passant par A′ coupe le côté [AC] en H.
I est le milieu de [A′H] et K est le milieu de [HC].
On se propose de démontrer que les droites (BH) et (AI) sont perpendiculaires.

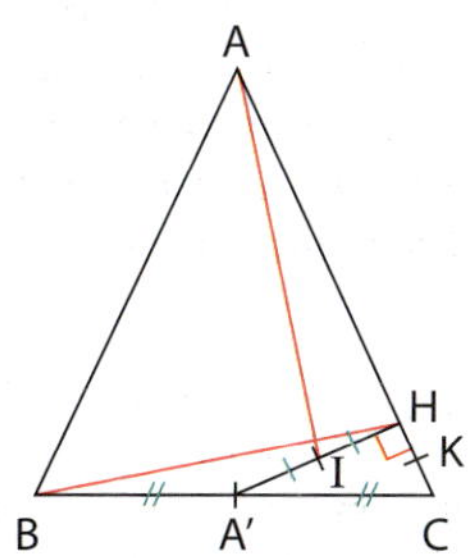

a) Que peut-on affirmer pour les droites (KI) et (AA′) ? Justifier.
b) Quel rôle joue le point I dans le triangle AA′K ? Justifier.
c) Conclure pour les droites (BH) et (AI).

Analyse critique d'un document

59 **a)** Quelle est l'échelle utilisée pour l'extrait du plan de Paris présenté ci-contre ?
b) Calculer la distance approximative à vol d'oiseau entre la place de la Madeleine et le musée de l'Orangerie.
c) Repérer le bassin près du musée de l'Orangerie. Quelle est approximativement son aire en m^2 ?

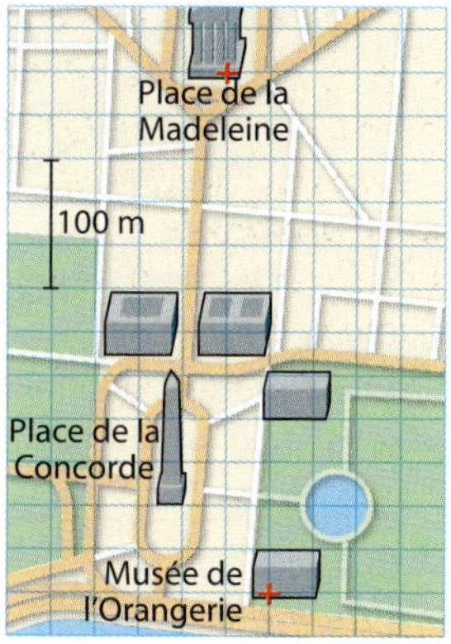

60 Dans le Vercors, sont installés 462 points d'observation de la nature afin de répertorier les espèces animales locales. Pour les oiseaux, il a été entrepris une cartographie en fonction de l'altitude de vie de chaque espèce.

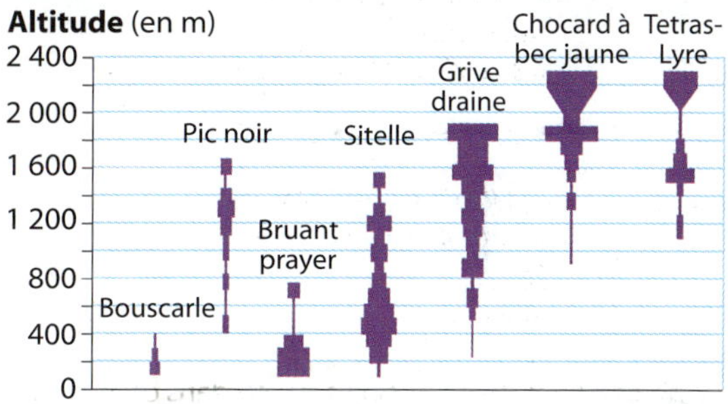

Pour chacune des espèces représentées, calculer une valeur approchée de son « altitude moyenne » (moyenne entre les altitudes maximale et minimale).

61 Lire ci-dessous l'énoncé, puis la solution d'un élève.
Rédiger cette solution en tenant compte des remarques du correcteur.
Énoncé : Dans un repère, on donne les points :

A (1 ; 2), B (3 ; –4) et C (2 ; –1).

a) Démontrer que B est le symétrique de A par rapport à C.
b) Calculer les coordonnées de l'image N du point M (–3 ; 5) par la symétrie de centre C.

Copie d'un élève

a) C est le milieu de [AB]
À prouver par le calcul
b) N (x ; y)
$\begin{cases} -3 + x = 4 \\ 5 + y = -2 \end{cases}$ *D'où cela vient-il ?*
Donc x = 7 et y = −7 *Conclusion ?*

62 Dans un repère orthonormé, on donne les points :
A (5 ; 2), B (3 ; 4), C (6 ; −3) et D (8 ; −5).

Un élève a fait des recherches sur son cahier mais il n'a rédigé aucune explication. Retrouver les questions posées et rédiger les réponses.

a) $\sqrt{(6-5)^2+(-3-2)^2} = \sqrt{1+25} = \sqrt{26}$
$\sqrt{(8-3)^2+(-5-4)^2} = \sqrt{25+81} = \sqrt{106}$
Non.
b) $\dfrac{5+6}{2} = \dfrac{11}{2}$ et $\dfrac{2-3}{2} = -\dfrac{1}{2}$

Communiquer à l'écrit ou à l'oral

63 B2i L1-4 L2-4 **a)** À l'aide d'un logiciel de géométrie, construire avec précision la figure suivante, où ABCD est un carré de côté quelconque. Deux de ses sommets sont sur un cercle qui est tangent au carré en E.

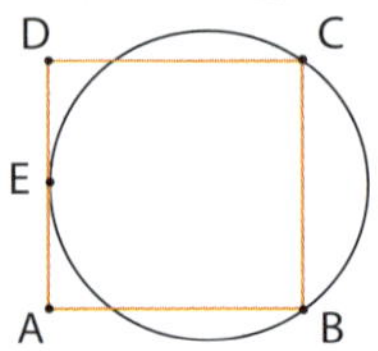

b) Faire afficher le rapport des aires du disque et du carré. Ce rapport dépend-il des dimensions de la figure ? Mettre en commun les résultats trouvés.

c) Retrouver le résultat par le calcul.

64 Travailler en groupe On dispose de la figure plane suivante, où B, C et E sont les milieux respectifs de [FD], [BD] et [AD].

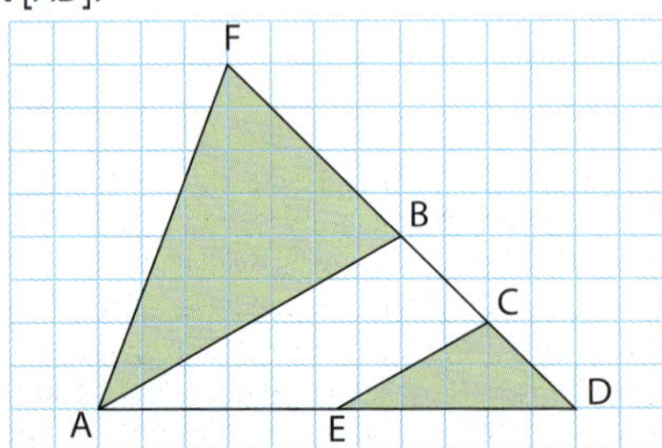

1. a) Quelle unité choisiriez-vous pour définir un repère d'origine A ?

b) Calculer alors le rapport des aires (en unités d'aire) des triangles CDE et AFB.

2. a) Proposer un nouveau repère d'origine E cette fois et avec une autre unité.

b) Calculer à nouveau le rapport des aires des deux triangles. Que remarque-t-on ?

65 a) Dans un repère orthonormé d'origine O, placer les points A (−2 ; 6), B (5 ; 5), C (−2,5 ; 3), D (2 ; 5), E (7,5 ; 0,5) et F (2 ; −1).

b) Combien de droites différentes peut-on tracer à l'aide de ces six points ?

c) Parmi toutes les droites que l'on peut tracer à l'aide de ces six points, quelles sont celles qui semblent parallèles ? Valider ou invalider ces conjectures par le calcul.

66 L'immeuble de la MKV est un immense pavé tout vitré. Les initiales de l'entreprise sont inscrites sur trois des façades de verre (voir figure).

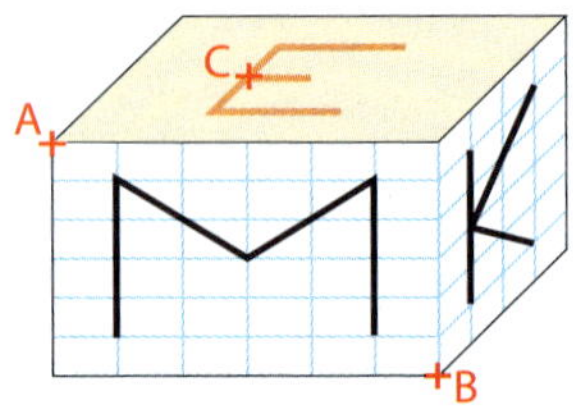

a) Donner les coordonnées des 5 sommets du point M de la façade principale, dans un repère d'origine A.

b) Faire de même pour les coordonnées des 5 points du K de la façade de droite, en prenant pour origine B.

c) La firme modifie son sigle en MKV-E (E pour Europe). Ce E sera réalisé sur le toit. Après avoir construit un maillage adapté du toit, d'origine C, préciser les coordonnées des six sommets du E.

Algorithmique

67 Avec le logiciel Scratch

Un cavalier d'un jeu d'échec attaque une tour avec des règles un peu particulières. La tour restera immobile sur une des cases de la colonne H de l'échiquier. Le cavalier démarre de la case A8. À partir d'une case, il ne peut se déplacer que de trois façons précisées ci-dessus (en restant sur l'échiquier).

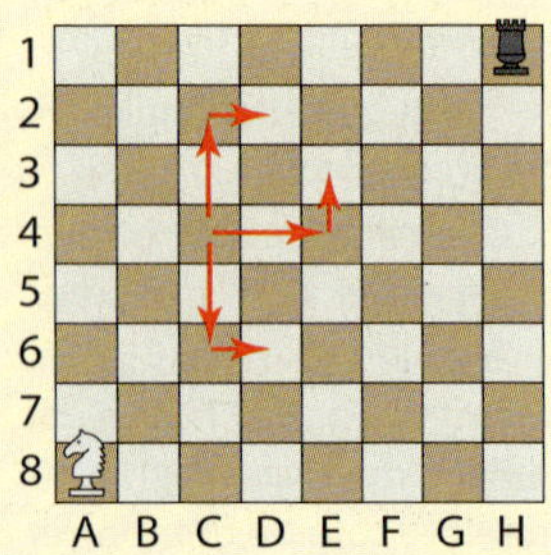

Problème : Le cavalier peut-il atteindre la tour et ce quelle que soit la position de celle-ci dans la colonne H ?

On crée un simulateur de jeu à l'aide du logiciel de programmation Scratch.

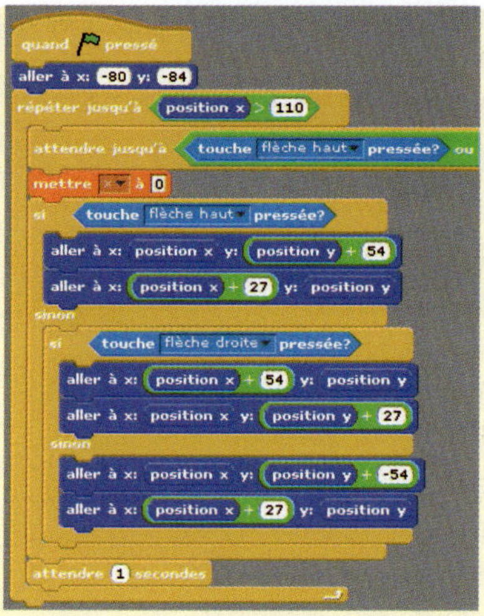

Précision :

- La ligne coupée teste si l'une des touches flèche haut, droite ou bas a été pressée.
- La position (– 80 ; – 84) correspond au centre de A8.
- La colonne H est à l'abscisse 110.

Questions :

a) Que fait ce script ?

b) Répondre au problème posé ci-dessus.

68 B2i L1-1 L3-4 Algorithme et triangles

Voici un algorithme :

<u>Entrées</u>
Saisir x_A, y_A
Saisir x_B, y_B
Saisir x_C, y_C
<u>Traitement</u>
D_1 prend la valeur $(x_B - x_A)^2 + (y_B - y_A)^2$
D_2 prend la valeur $(x_C - x_A)^2 + (y_C - y_A)^2$
<u>Sorties</u>
Si $D_1 = D_2$ alors
  Afficher "..."
  sinon
  Afficher "..."
FinSi
Afficher $\sqrt{D_1} - \sqrt{D_2}$

a) Quel est le rôle de cet algorithme ?

On a effacé les messages à afficher dans le test « Si ...alors... sinon...».

Retrouver ces messages à propos du triangle ABC.

b) Réaliser une feuille de calcul à l'aide d'un tableur qui traduise cet algorithme (utiliser en particulier la fonction SI (…;…;…)).

69 L'algorithme de Syracuse

<u>Entrée</u>
Saisir n : entier naturel non nul
<u>Traitement</u>
Tant que $n \neq 1$
  Si n pair alors
    n prend la valeur $n/2$
    sinon
    n prend la valeur $3n + 1$
  FinSi
  <u>Sortie</u>
  Afficher n
FinTantque

Les nombres calculés à partir de n avec cet algorithme, forment la suite de Syracuse de n.

1. a) Vérifier que pour $n = 6$, cet algorithme donne la suite : 6 ; 3 ; 10 ; 5 ; 16 ; 8 ; 4 ; 2 ; 1.

b) Quelle suite obtient-on à partir de $n = 34$? $n = 75$?

2. a) Dans une feuille de calcul implémenter cet algorithme de la façon suivante.

- Entrer en A1 la valeur initiale de n.
- Saisir en A2 une formule permettant de calculer le second nombre de la suite.
- Recopier en B2 le premier nombre de la suite.
- Recopier vers le bas les formules saisies jusqu'à la ligne 21.

b) Tracer le nuage de points correspondant à la plage A1:B21.

	A	B
1	6	
2	3	6
3	10	3
4	5	10
5	16	5
6	8	16
7	4	8
8	2	4

c) Tester le programme avec $n = 6$, puis vérifier qu'avec $n = 19$, il faut 21 étapes de calcul.

d) Que peut-on remarquer quant au nuage de points ?

Info

Le premier à s'être intéressé à cet algorithme de calcul semble avoir été l'Allemand Lothar Collatz dans les années 1930. Vers 1950, un ami de Collatz introduisit le problème à l'université de Syracuse (USA).
De là est née l'une des plus célèbres conjectures mathématiques, connue sous le nom de problème de Syracuse : *Il semble que pour tout entier naturel non nul choisi, la répétition de ce programme de calcul conduit à 1 après un nombre fini d'étapes.*

SE PRÉPARER AU CONTRÔLE

Travailler en autonomie

QCM

70 Pour chaque question, une seule réponse est exacte. Laquelle ?
On se place dans un repère orthonormé.

1 Pour les points A (3 ; 3), B (–1 ; 1), C (2 ; –1), on peut affirmer que :

a) AB > AC **b)** AB = AC **c)** AB < AC

2 Si A (3 ; 1), B (– 2 ; 2), C (0 ; – 1), D (4 ; – 2), alors :

a) [AC] et [BD] ont le même milieu **b)** ABCD est un parallélogramme **c)** le triangle ABC est isocèle

3 Si A (–1 ; 4), B (2 ; 3), C (4 ; –1), I (1 ; 0), alors :

a) le quadrilatère ABCI est un losange **b)** le quadrilatère ABIC est un parallélogramme **c)** le triangle BIC est rectangle

71 Pour chaque question, une seule réponse est exacte. Laquelle ? Justifier.

1 A, B, C sont trois points distincts et alignés tels que AC = AB – BC. Alors :

a) B ∈ [AC] **b)** A ∈ [BC] **c)** C ∈ [AB]

2 Dans un repère orthonormé, les points $A\left(0\,;\,-\frac{1}{2}\right)$ et $B\left(\frac{1}{5}\,;\,\frac{1}{2}\right)$ sont alignés avec :

a) le point $C\left(4\,;\,\frac{39}{2}\right)$ **b)** le point C (4 ; 19) **c)** le point C (–2 ; 10)

Exercices interactifs

Vrai-Faux

72 Dire pour chaque affirmation si elle est vraie ou fausse.
On se place dans un repère orthonormé.

a) Si A $(x_A ; y_A)$ et B $(x_B ; y_B)$, alors l'abscisse du milieu de [AB] est $\frac{x_B - x_A}{2}$.

b) Si A $(x_A ; y_A)$ et B $(x_B ; y_B)$, alors AB = $(x_B - x_A) + (y_B - y_A)$.

c) Si A (2 ; 3) et B (3 ; 2), alors AB = 1.

d) Si A et B ont des ordonnées opposées, alors A et B sont alignés avec l'origine O du repère.

e) Si les abscisses de deux points A et B sont opposées et si leurs ordonnées sont opposées, alors A et B sont alignés avec l'origine O du repère.

73 Dire pour chaque affirmation si elle est vraie ou fausse. Justifier.

a) Un rectangle a quatre axes de symétrie.

b) Un carré a quatre axes de symétrie.

c) Le triangle ABC ci-contre est rectangle en A.

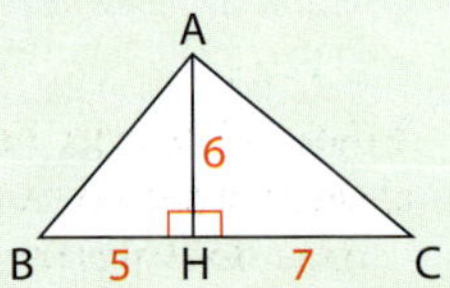

d) Sur la figure ci-contre, le milieu de [CD] appartient à la médiatrice de [AB].

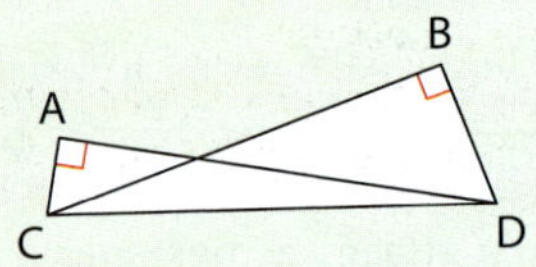

e) Dans un repère orthonormé, on donne les points A (2 ; 4), B (– 1 ; 3). Alors, on peut trouver un nombre réel x tel que le point C (x ; 2) soit aligné avec A et B.

Exercices interactifs

Pour réviser

74 Coordonnées du milieu

Dans un repère orthonormé, on donne les points :

M (2 ; 3), N (−5 ; 1), P (−2 ; −1).

a) Calculer les coordonnées du milieu I du segment [MP].

b) Calculer les coordonnées du milieu J du segment [NP].

c) Calculer les coordonnées du point R tel que MNRP soit un parallélogramme.

Conseils

a) b) Revoir le cours § 1, page 156.

c) Revoir l'exercice 12, page 160, corrigé en fin de manuel.

75 Distance entre deux points

Dans un repère orthonormé, on donne les points :

A (−2 ; 4), B (3 ; 3), C (−1 ; 0), D (4 ; −1).

a) Démontrer que le quadrilatère ABDC est un parallélogramme.

b) Le quadrilatère ABDC est-il aussi un losange ?

Conseils

a) • Revoir l'exercice 10, page 160, corrigé en fin de manuel.

• Les diagonales du parallélogramme ABCD sont [AD] et [BC].

b) •Revoir le cours § 2, page 156.

• Un losange est un parallélogramme ayant deux côtés consécutifs de même longueur.

76 Triangle rectangle

Dans un repère orthonormé d'origine O, on donne les points A (4 ; 3) et B (−1,5 ; 2).

C est le symétrique de A par rapport à O.

a) Faire une figure.

b) Démontrer que les droites (OB) et (AC) sont perpendiculaires.

c) Déterminer les coordonnées du point D tel que le quadrilatère ABCD soit un losange.

Conseils

b) Revoir l'exercice résolu 2, page 157.

c) Un losange est un quadrilatère dont les diagonales sont perpendiculaires en leur milieu.

77 Points alignés

Dans un repère orthonormé, on donne les points :

A (−2 ; −3), B (1 ; −1), C (30 ; 20).

Les points A, B, C sont-ils alignés ?

Conseils

Revoir l'exercice résolu 3, page 157.

78 Points alignés (bis)

Dans un repère orthonormé, on donne les points :

A (−1 ; −8), B (4 ; 17), C (0,5 ; −0,5).

a) Comparer $(AC + BC)^2$ et AB^2.

b) Que peut-on en déduire pour les points A, B, C ?

Conseils

a) Calculer d'abord les valeurs exactes de AC et CB.

79 Points remarquables d'un triangle

𝒞 est le cercle de centre O, circonscrit à un triangle ABC.

M, N, P sont les milieux respectifs de [AB], [AC], [BC].

a) Faire une figure.

b) Quel rôle joue le point O pour le triangle MNP ? Justifier.

Conseils

b) Démontrer que : (MP)//(AC) et donc que : (ON) ⊥ (MP).

80 Droites parallèles

a) Lire les coordonnées des points O, I, J, A, B, C, E dans le repère orthonormé (O ; I, J).

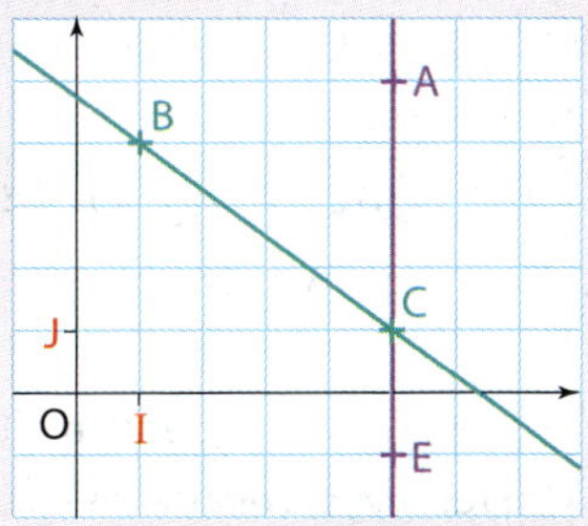

b) Démontrer que les points B et C sont alignés avec $F\left(7 ; -\frac{1}{2}\right)$.

c) Démontrer que les droites (EF) et (AB) sont parallèles.

Conseils

b) Revoir l'exercice résolu 3, page 157.

c) On peut penser à utiliser la réciproque du théorème de Thalès dans les triangles CAB et CEF.

➤ Vérifier les réponses p. 300

Exercices d'approfondissement

Pour aller plus loin

81 Avec un guide (1)

f est la fonction affine définie par :

$$f(x) = 2x - 3.$$

Dans un repère orthonormé, d est la droite qui représente la fonction f.

On donne les points :

$$A\,(6\,;4), B\,(-1\,;1), C\left(\frac{7}{2}\,;4\right), E\,(2\,;6), F\left(4\,;-\frac{3}{2}\right).$$

a) Construire la droite d et placer les points définis.

b) Le point C appartient-il à la droite d ?

c) Les points E et F sont-ils alors les symétriques respectifs des points A et B par rapport à d ?

> **Guide de résolution**
>
> **c)** Deux points A et B sont symétriques par rapport à une droite d, si celle-ci est la médiatrice du segment [AB].

82 Avec un guide (2)

ABCD est un parallélogramme.

E est un point de [AD] et G est un point de [BC] tels que les droites (EG) et (AB) sont parallèles.

F est un point de [CD] et H un point de [AB] tels que les droites (FH) et (AD) sont parallèles.

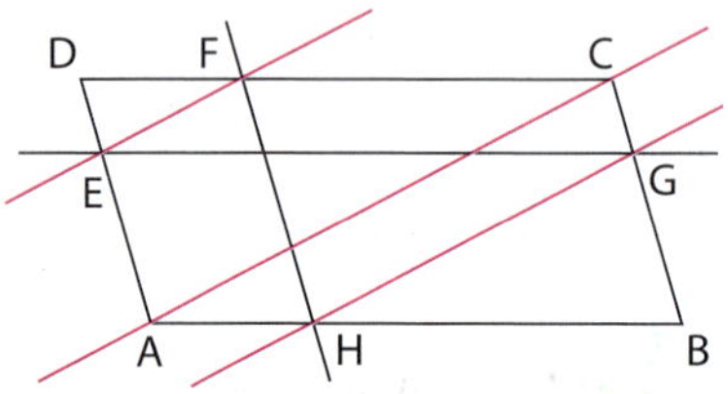

Démontrer que les droites (EF), (AC) et (HG) sont soit concourantes, soit parallèles.

> **Guide de résolution**
>
> - On peut commencer par faire cette figure avec un logiciel de géométrie et émettre des conjectures.
> - On peut ensuite se placer dans le repère (A ; B, D) et noter h l'abscisse de H et e l'ordonnée de E.
> - Déterminer alors les fonctions affines représentées par les droites (EF), (AC), (HG).
> - Démontrer que :
>   **(1)** si (EF) et (HG) sont sécantes, alors elles se coupent sur (AC) ;
>   **(2)** si (EF) et (HG) sont parallèles, alors elles sont parallèles à (AC).

83 B2i L1-1 L1-4 Étude expérimentale

Un groupe de passionnés de nautisme a fait l'acquisition de maquettes de bateaux. Ils souhaitent se retrouver sur les bords du Rhône pour organiser des régates avec ces bateaux miniatures. Le choix du lieu sera guidé par un seul critère : que ce soit le plus près possible de leur village, Saint Pierre d'Alvey (73). À cet endroit, le fleuve peut être assimilé à une portion de parabole.

Dans le repère orthonormé symbolisé ci-contre, la fonction dont la courbe approche le tracé du Rhône est définie par $f(x) = x^2$, alors que leur village est représenté par le point V (3 ; –4), l'unité étant le km.

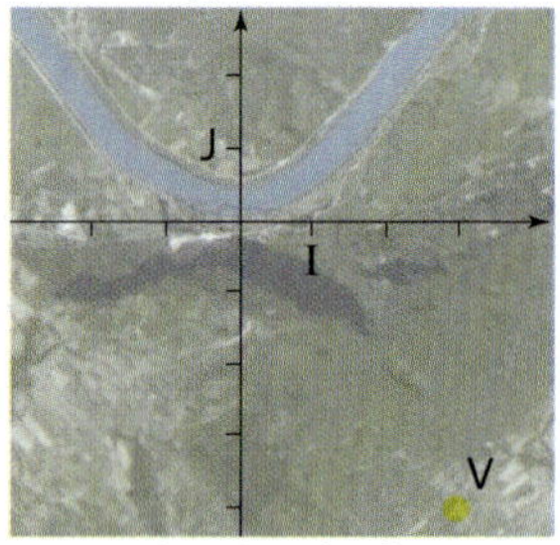

On se propose de savoir en quel point du fleuve ce groupe doit organiser la régate.

1. Avec un logiciel de géométrie

a) À l'aide d'un logiciel de géométrie dynamique, représenter la parabole et le point V.

b) Placer un point M libre sur la parabole, tracer le segment [MV] et faire afficher sa longueur.

c) Conjecturer les coordonnées du point de la parabole qui est le plus proche de V.

2. Modélisation

On note $(x\,;y)$ les coordonnées d'un point M de la parabole.

a) Traduire le fait que M est sur la parabole par une relation entre x et y.

b) Exprimer la longueur MV en fonction de x.

On note g la fonction qui au réel x associe la longueur MV.

3. Avec la calculatrice

a) Tracer à l'écran de la calculatrice la courbe représentative de la fonction g en choisissant une fenêtre adaptée.

b) Utiliser le menu G-Solv ou CALC de la calculatrice pour déterminer le minimum de $g(x)$ et la valeur de x pour laquelle il est atteint (donner la valeur approchée par excès au millième).

c) Conclure.

84 Un autre système de coordonnées

Lorsqu'un émetteur envoie une onde, elle est diffusée dans tous les sens à la fois. Ainsi, tous les lieux à égale distance de l'émetteur la reçoivent en même temps.

1. Repérer les villes notées A, B, C, D et E sur la carte ci-après en donnant leurs coordonnées dans le repère tel que les points I et J aient pour coordonnées respectives (80 ; 0) et (0 ; 80).

2. Les villes A, C et E recevront simultanément la même onde et pourtant leurs coordonnées sont différentes. On définit un nouveau système de coordonnées en donnant pour chaque point M :

- sa distance r, en km, au centre O ;
- l'angle α que fait la demi-droite [OM) avec la demi-droite [Ox) (en mesurant les angles dans le sens inverse des aiguilles d'une montre).

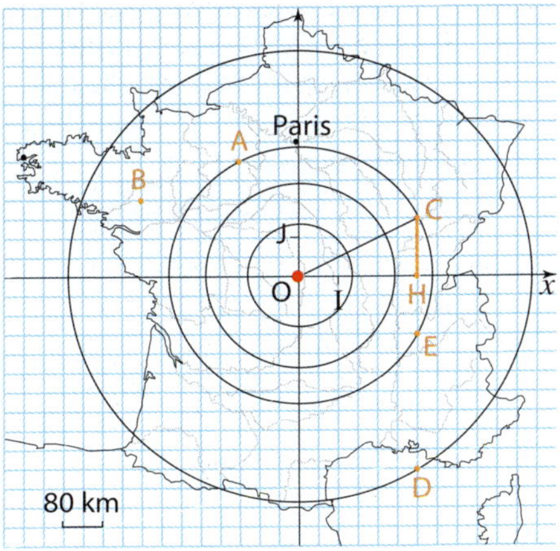

a) Vérifier que Paris est repéré par (280 ; 90°).

Info

De manière générale, un point M distinct de O est repéré de manière unique par la donnée d'un couple $(r ; \alpha)$ où $r > 0$ et $\alpha \in [0° ; 360°[$.
Ce sont les **coordonnées polaires** de M.

b) Donner les coordonnées polaires de la ville H.

c) À l'aide des formules de trigonométrie, dans le triangle OHC, déterminer l'angle α qui permet de caractériser le point C (valeur approchée par excès au dixième près).
Donner alors les coordonnées polaires de C.

d) Donner de la même façon les coordonnées polaires des villes A, B, D et E.

3. On considère un point M situé dans le quart Nord-Est de la France, de coordonnées polaires $(r ; \alpha)$.
Établir les formules qui permettent de calculer l'abscisse x et l'ordonnée y de M en fonction de r et α.

85 Centre de gravité

Dans le repère orthonormé (O ; U, V), on considère les points E (5 ; 2), F (3 ; 0) et G (1 ; 3).

a) Calculer les coordonnées du milieu I de [EF].

b) On note M le centre de gravité de EFG.
Démontrer que :

$$x_M = \frac{2x_I + x_G}{3} \text{ et } y_M = \frac{2y_I + y_G}{3}.$$

En déduire les coordonnées de M.

c) Établir les formules qui permettent de calculer les coordonnées de M à l'aide des coordonnées de E, F, G.

PROBLÈMES OUVERTS

86 Droites perpendiculaires

ABCD est un carré. Les points I, L K sont les milieux respectifs de [AB], [IB] et [BC].
H est le point du segment [IC] tel que les droites (IC) et (HB) sont perpendiculaires.

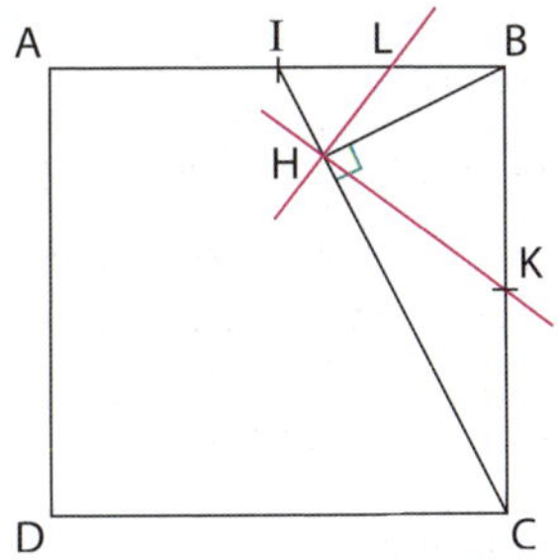

Démontrer que les droites (HL) et (HK) sont perpendiculaires.

87 Triangles particuliers

ABCD est un carré de côté 1 et de centre O.
I est le milieu de [OD] et J est le milieu de [AB].
Quelle est la nature du triangle CIJ ? Justifier.

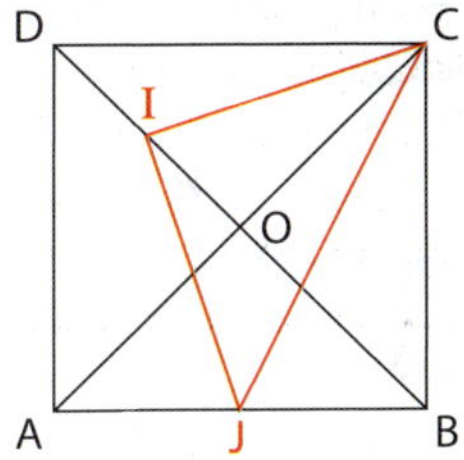

88 B2i L1-1 L2-4 Le trajet minimal

Pour rejoindre deux villes A et B séparées par une rivière aux bords parallèles, large de 40 mètres, on cherche à construire une route avec les contraintes suivantes :

- le pont doit être le plus court possible ;
- pour cette largeur de pont, la route doit être la plus courte possible.

a) Voici le raisonnement d'un élève :

Il suffit de tracer la route comme une ligne droite entre les deux villes.

Expliquer son erreur.

b) Voici une deuxième copie d'élève.

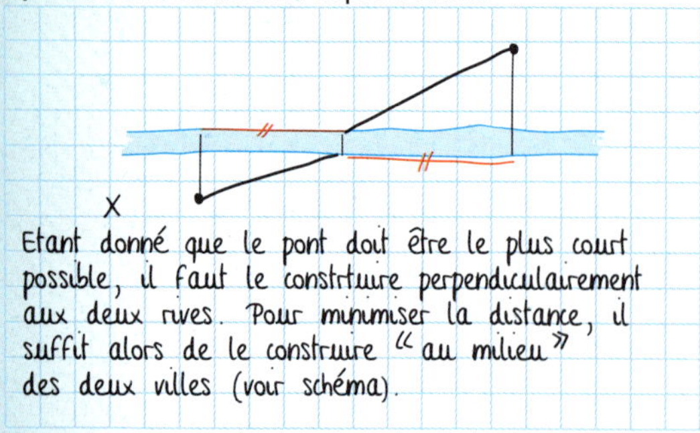

Utiliser un logiciel de géométrie pour vérifier que cette proposition est erronée.
Conjecturer la position du pont.

c) Démontrer cette conjecture.

89 **Perpendiculaires sur un carré**

Cette figure est constituée de neuf carrés de même dimension.

Démontrer que :

- les droites (AB) et (CD) sont perpendiculaires,
- les droites (AE) et (BC) sont perpendiculaires.

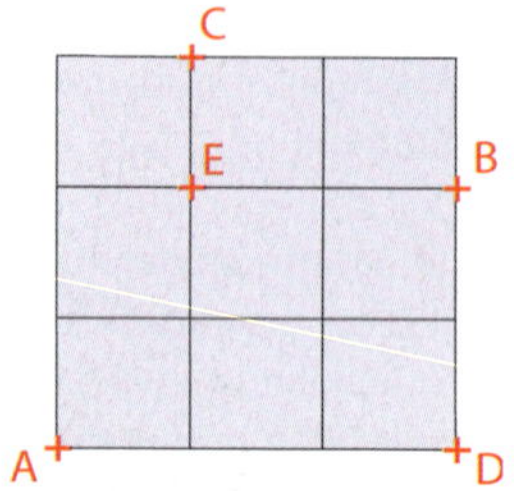

Des défis

90 **Triangles de périmètre donné**

Dans un repère orthonormé, existe-t-il des triangles de périmètre 12 et dont les sommets sont des points à coordonnées entières ? Si oui, en tracer un en utilisant le point de coordonnées (2 ; 1) pour l'un des sommets. Si non, justifier pourquoi cela n'est pas possible.

91 **Ensemble de milieux**

[AB] et [CD] sont les deux segments parallèles ci-dessous.

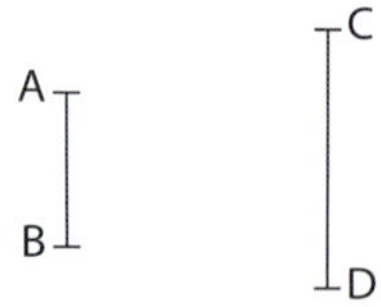

Déterminer l'ensemble de tous les points qui sont les milieux d'un segment d'extrémités un point du segment [AB] et un point du segment [CD].

SUJETS D'EXPOSÉS

Carte de l'océan Pacifique réalisée en 1507.

SUJET 1

Sur une droite graduée, il suffit de la donnée d'un nombre pour repérer un point.
Dans le plan muni d'un repère, il faut en donner deux (abscisse et ordonnée).
Dans l'espace de dimension 3, il en faudrait donc 3. Toutefois, pour repérer un bateau à la surface de la Terre, on n'utilise que deux nombres : la latitude et la longitude.

→ Après avoir recherché ce que sont ces termes, préparer un exposé afin d'expliquer à la classe le repérage sur une sphère.

→ Terminer en exposant les liens avec le GPS (en donnant en particulier les coordonnées GPS du lycée).

SUJET 2

MPS Méthodes et pratiques scientifiques

En observant certains objets naturels comme les flocons de neige ou les têtes de choux-fleurs, on peut se rendre compte que leurs contours sont extrêmement irréguliers. Plus encore, chaque détail de l'objet rappelle étrangement l'objet tout entier. Une telle propriété est caractéristique des **fractales**.

→ Rechercher des exemples de fractales (comme le flocon de von Koch) et en donner une description en utilisant par exemple un algorithme de construction.

→ Lors d'un exposé, présenter vos recherches à la classe.

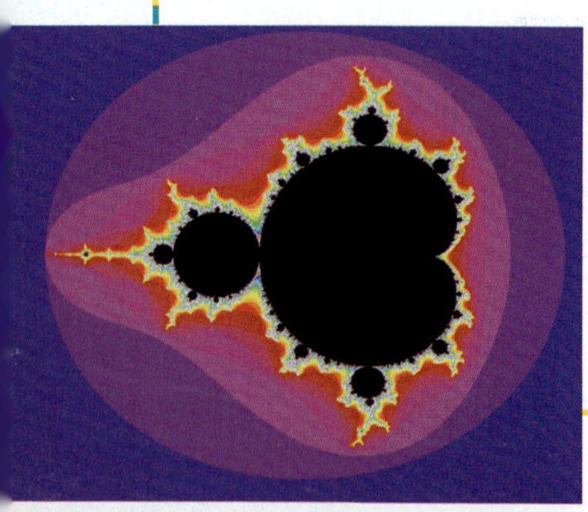

L'ensemble de Mandelbrot.

Chapitre

9 Équations de droites et problèmes

L'alignement du Ménec à Carnac (Morbihan). Ces menhirs ont été érigés au Néolithique, entre le ve et le IIe millénaire av. J.-C.

Énigme ★

En traçant seulement trois droites, partager le croissant de lune ci-contre en dix parties.

D'après Mathématique sans frontière Alsace

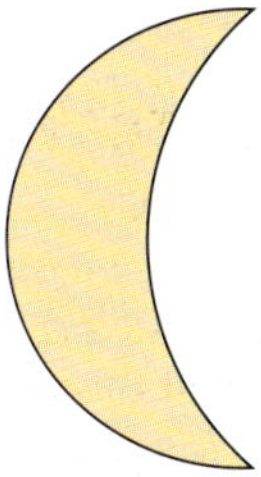

Énigme ★★

Comment planter neuf arbres en formant dix alignements de trois arbres ?

Vérifier les acquis

Compléments numériques

Travailler en autonomie

1 Représenter graphiquement une fonction affine Formulaire p. 285, thème 11

f est la fonction affine définie par $f(x) = 3x + 1$.

a) Compléter le tableau de valeurs suivant :

x	–2	–1	0	1	2	3
$f(x)$						

b) Représenter graphiquement la fonction *f* dans un repère.

2 Reconnaître graphiquement une fonction affine Formulaire p. 285, thème 11

Sur la figure ci-contre, déterminer la droite qui représente graphiquement la fonction affine *f* telle que $f(x) = -2x + 2$.

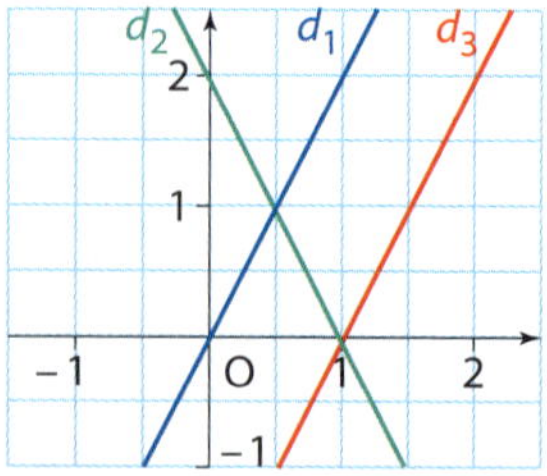

3 Utiliser la proportionnalité des accroissements

Compléter le tableau de valeurs ci-contre sachant que la fonction *f* est affine.

x	–1	1	4	5
$f(x)$	2	0	–3	

4 Déterminer une fonction affine

a) Déterminer la fonction affine *f* telle que $f(1) = -1$ et $f(4) = 5$.

b) Dans un repère, dire pour chaque point C(2 ; 1) et D(–100 ; –197) s'il appartient à la droite représentant *f*.

5 Déterminer un antécédent par le calcul Formulaire p. 285, thème 11

f est la fonction affine définie par $f(x) = -2x + 5$.

Déterminer, par le calcul, l'antécédent de 0, puis l'antécédent de 3 par la fonction *f*.

6 Résoudre une équation Formulaire p. 284, thème 8

Résoudre les équations suivantes :

a) $3x = 2$

b) $5x + 2 = 0$

c) $5x = 3x - 2$

d) $3x + 4 = 6x - 2$

7 Lire graphiquement Formulaire p. 285, thème 11

Sur cette figure, les droites d_2 et d_3 sont parallèles. Déterminer le coefficient directeur et l'ordonnée à l'origine de chacune de ces quatre droites.

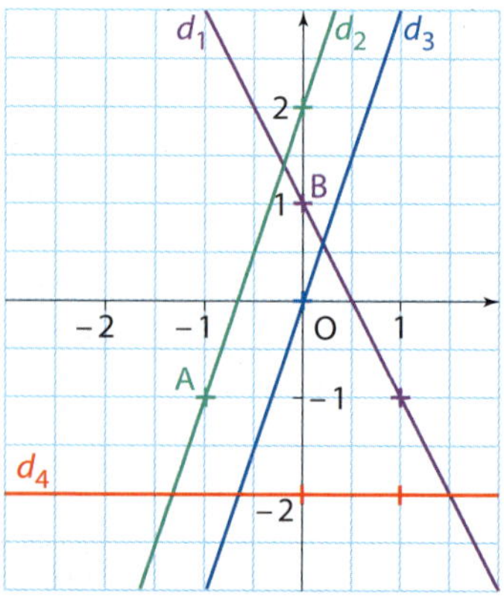

Vérifier les réponses p. 296

Objectif
Caractériser analytiquement une droite.

1 Équations de droites

a) Avec le logiciel GeoGebra, tracer dans un repère le rectangle ABCD où A (0; 5), B (1 ; 5), C (1 ; –5) et D (0 ; –5).
b) Tracer la droite (EF) sachant que E et F sont des points libres sur le contour du rectangle ABCD.
c) Utiliser les affichages donnés par le logiciel pour compléter le tableau suivant :

Point E	Point F	Droite (EF)
(0 ; 2)	(1 ; 4)	...
...	...	$y = -6x + 1$
(1 ; 3)	(1 ; – 4)	...
...	...	$y = 2x - 1$
(0 ; 3)	(1 ; 3)	...
...	...	...
...	...	...

d) L'équation de la droite (EF) a-t-elle toujours la même forme ?

Objectif
Étudier et interpréter l'intersection de deux droites.

B2i L4-1

2 Dilatation thermique

Une tige métallique chauffée subit une dilatation dans toutes les directions, en particulier dans sa longueur. Elle se contracte lorsqu'elle se refroidit.
La dilatation n'est pas la même pour tous les matériaux.
Dans un laboratoire de recherche, deux tiges A et B fabriquées dans deux types de matériaux ont été élevées à différentes températures et on a mesuré leur longueur.
Le tableau ci-dessous présente les résultats.

Température (en °C)	0	30	45	65
Longueur de la tige A (en dixième de millimètre)	1 000	1 003,6	1 005,4	1 007,8
Longueur de la tige B (en dixième de millimètre)	1 001	1 003,7	1 005,05	1 006,85

a) À quelle température faut-il porter les deux tiges pour qu'elles aient la même longueur ?
b) Rechercher sur Internet des applications concrètes de la dilatation des matériaux.

La dilatation du tablier du viaduc de Millau peut atteindre 40 cm. Les piles ont été dimensionnées pour résister aux effets de la dilatation thermique et aux effets du vent.

Équations de droites

1 Caractérisation analytique d'une droite

Par la suite, m, p, c désignent des réels.

PROPRIÉTÉ Dans un repère, l'ensemble d des points M $(x\,;y)$ tels que $\boldsymbol{y = mx + p}$ **1** ou $\boldsymbol{x = c}$ **2** est une droite.

DÉMONSTRATION

1 L'ensemble d des points M$(x\,;y)$ tels que $y = mx + p$ est la courbe représentative de la fonction affine $x \mapsto mx + p$, donc d est la droite d'équation $y = mx + p$.

d est la droite d'équation :
$y = mx + p$
coefficient directeur (m) ; ordonnée à l'origine (p)

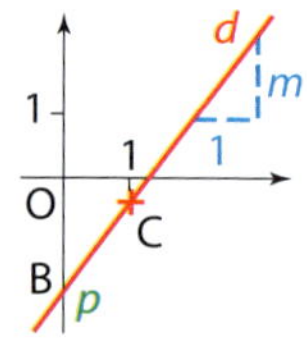

2 L'ensemble d des points M$(x\,;y)$ tels que $x = c$ est l'ensemble des points d'abscisse c et d'ordonnée quelconque, donc d est une droite parallèle à l'axe des ordonnées.

d est la droite d'équation :
$x = c$

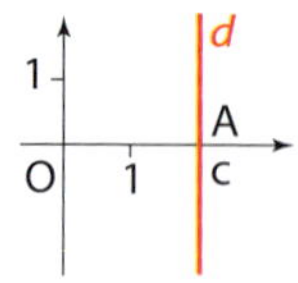

PROPRIÉTÉ RÉCIPROQUE Dans un repère, toute droite d a une équation soit de la forme $y = mx + p$, soit de la forme $x = c$.

Logique
On a fait une démonstration par disjonction des cas.
➤ page 292

DÉMONSTRATION

d est une droite du plan.

- Si d est parallèle à l'axe des ordonnées, elle coupe l'axe des abscisses au point A, dont l'abscisse est notée c. Un point M $(x\,;y)$ du plan appartient à d si, et seulement si, il a la même abscisse que le point A. Une équation de la droite d est donc $x = c$.
- Si d coupe l'axe des ordonnées, on note B et C les points de d d'abscisses respectives 0 et 1. On pose $y_B = p$, $y_C = q$ et f la fonction affine définie par $f(x) = (q - p)\,x + p$. La droite représentant la fonction f passe par B et C puisque $f(0) = p$ et $f(1) = q$. On en déduit que la droite d est la courbe représentative de la fonction f. Ainsi l'équation de d est $y = (q - p)\,x + p$ qui est bien de la forme $y = mx + p$.

2 Calcul du coefficient directeur

PROPRIÉTÉ Dans un repère, A $(x_A\,;y_A)$ et B $(x_B\,;y_B)$ sont deux points tels que $x_A \neq x_B$.
Le coefficient directeur m de la droite (AB) est $m = \dfrac{y_B - y_A}{x_B - x_A}$.

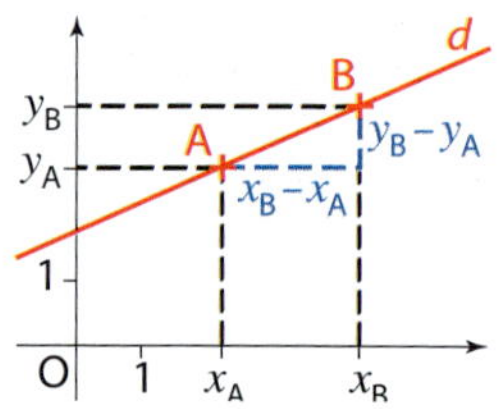

DÉMONSTRATION

L'équation de la droite (AB) est de la forme $y = mx + p$ puisque (AB) n'est pas parallèle à l'axe des ordonnées ($x_A \neq x_B$). On en déduit que $y_A = mx_A + p$ et $y_B = mx_B + p$. Par suite $y_A - mx_A = y_B - mx_B$ autrement dit $y_A - y_B = m\,(x_A - x_B)$. D'où $m = \dfrac{y_B - y_A}{x_B - x_A}$.

Les méthodes

Exercice résolu 1 Tracer une droite d'équation donnée

Voir aussi les exercices 6 à 8, page 180.

Animation numérique

Énoncé

Dans un repère, tracer les droites d_1, d_2, d_3 d'équations respectives :

a) $y = 2x - 1$ **b)** $y = 4$ **c)** $x = 7$

Solution

a) Pour $x = 0$, $y = 2 \times 0 - 1 = -1$

Pour $x = 3$, $y = 2 \times 3 - 1 = 5$

d_1 est la droite qui passe par les points A (0 ; –1) et B (3 ; 5).

b) La droite d_2 est la parallèle à l'axe des abscisses qui passe par le point C (0 ; 4).

c) La droite d_3 est la parallèle à l'axe des ordonnées qui passe par le point D (7 ; 0).

MÉTHODE

Pour tracer la droite d_1 :
- on choisit deux valeurs de x (0 et une autre pas trop proche) ;
- on calcule les valeurs de y correspondantes ;
- on place les deux points de coordonnées $(x ; y)$ obtenus ;
- on trace la droite passant par ces deux points.

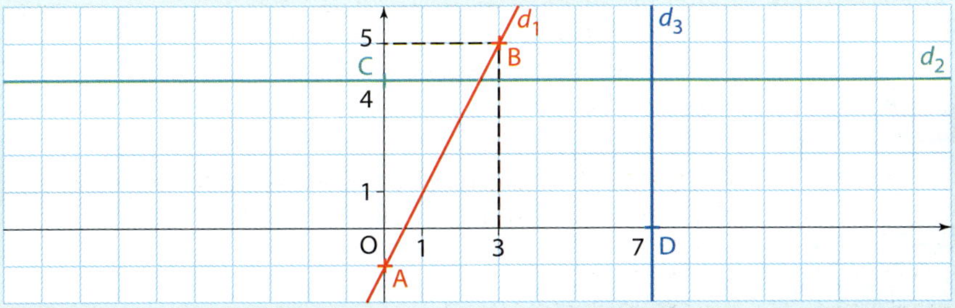

Exercice résolu 2 Déterminer l'équation d'une droite

Voir aussi les exercices 11 à 17, page 180.

Énoncé

Dans un repère, déterminer l'équation de la droite :

a) (EF) avec E (1 ; 3) et F (0 ; 1) **b)** (GH) avec G (3 ; 5) et H (3 ; 4)

Solution

a) Les points E et F n'ont pas la même abscisse, donc la droite (EF) admet une équation de droite de la forme $y = mx + p$.

(1) Coefficient directeur

$$m = \frac{y_F - y_E}{x_F - x_E} = \frac{1-3}{0-1} = 2$$

(2) Ordonnée à l'origine

Une équation de la droite (EF) est de la forme $y = 2x + p$. Or E (1 ; 3) est un point de cette droite, donc $3 = 2 \times 1 + p$, c'est-à-dire $p = 1$.

(3) Conclusion

L'équation de la droite (EF) est $y = 2x + 1$.

b) Les points G et H ont la même abscisse 3, donc l'équation de la droite (GH) est $x = 3$.

MÉTHODE

Pour déterminer l'équation de la droite (EF) :

(1) on calcule son coefficient directeur m ;

(2) on calcule son ordonnée à l'origine p en utilisant le point E ou le point F ;

(3) on conclut en remplaçant m et p par leurs valeurs.

Note

Une autre méthode consiste à résoudre un système de 2 équations à 2 inconnues (voir exercice 13 page 180).

Droites parallèles, sécantes

1 Droites parallèles

PROPRIÉTÉ Dans un repère, deux droites d et d' d'équations $y = mx + p$ et $y = m'x + p'$ sont **parallèles** si, et seulement si, elles ont **le même coefficient directeur** (c'est-à-dire $m = m'$).

DÉMONSTRATION
On a établi en Troisième que la droite représentant la fonction affine $x \mapsto mx + p$ est parallèle à la droite représentant la fonction linéaire $x \mapsto mx$.
Ici, d et d' sont parallèles si, et seulement si, les droites d'équations $y = mx$ et $y = m'x$ sont parallèles. Or ces deux droites ont l'origine O du repère en commun ; elles sont parallèles si, et seulement si, les points A (1 ; m) et A'(1 ; m') sont confondus, c'est-à-dire $m = m'$.

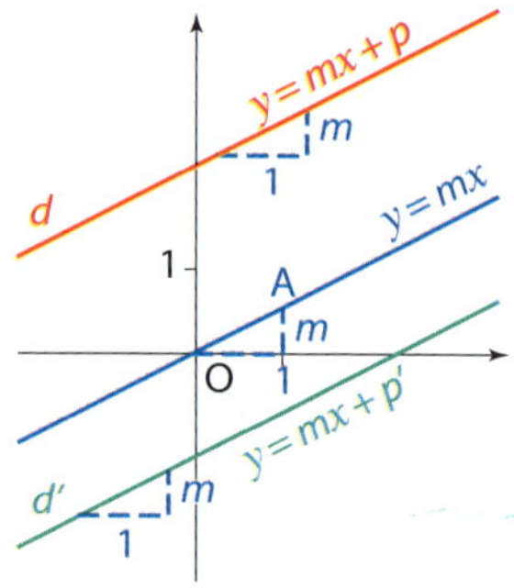

2 Droites sécantes

Logique
Deux propositions P et Q sont équivalentes, si, et seulement si, les propositions (non P) et (non Q) sont équivalentes.

PROPRIÉTÉ Dans un repère, deux droites d et d' d'équations $y = mx + p$ et $y = m'x + p'$ sont **sécantes** si, et seulement si, $m \neq m'$.

DÉMONSTRATION
Les droites d et d' sont sécantes si, et seulement si, elles ne sont pas parallèles, c'est-à-dire d'après le paragraphe 1, $m \neq m'$.

EXEMPLE
Les droites d'équations $y = \mathbf{5}x - 2$ et $y = -\frac{1}{4}x + 1$ sont sécantes car $\mathbf{5} \neq -\frac{1}{4}$.

3 Alignement de trois points

Il résulte directement du paragraphe 1 :

PROPRIÉTÉ A, B, C sont des points deux à deux distincts. Les points A, B, C sont **alignés** si, et seulement si, les droites (AB) et (AC) ont **le même coefficient directeur**.

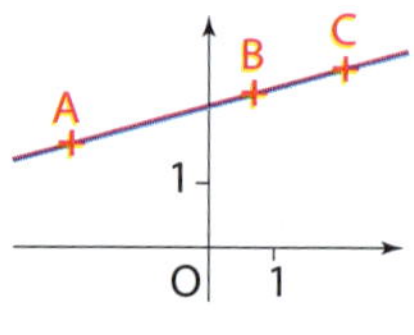

Note
Le logiciel Xcas permet de vérifier l'alignement de trois points : la fonction est _aligne (point 1, point 2, point 3) renvoie 1 si les points sont alignés, 0 s'ils ne le sont pas.

EXEMPLE
A (1 ; –1), B (3 ; 5), C (4 ; 8)

$\frac{y_B - y_A}{x_B - x_A} = \frac{5 - (-1)}{3 - 1} = 3$

$\frac{y_C - y_A}{x_C - x_A} = \frac{8 - (-1)}{4 - 1} = 3$

A, B, C sont alignés car les droites (AB) et (AC) ont le même coefficient directeur.

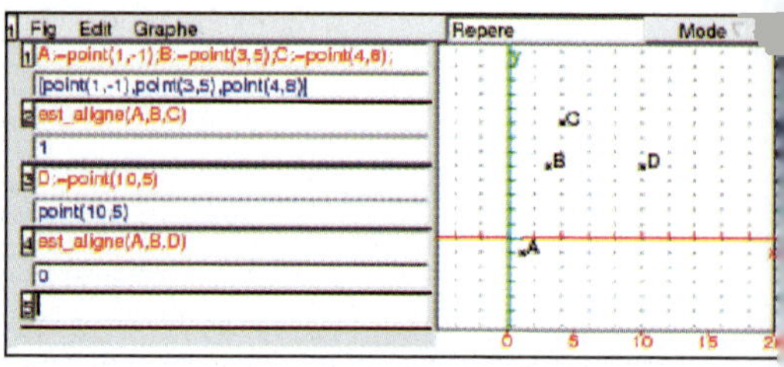

Exercice résolu 1 — Étudier la position relative de deux droites

Voir aussi les exercices 24 à 27, page 181.

Énoncé

Dans un repère, on donne les points :

A (1 ; –1), B (3 ; 5), C (2 ; 7), D (–1 ; –2), E (2 ; –1), F (–1 ; 5)

Étudier la position relative des droites : **a)** (AB) et (CD) **b)** (AB) et (EF)

Solution

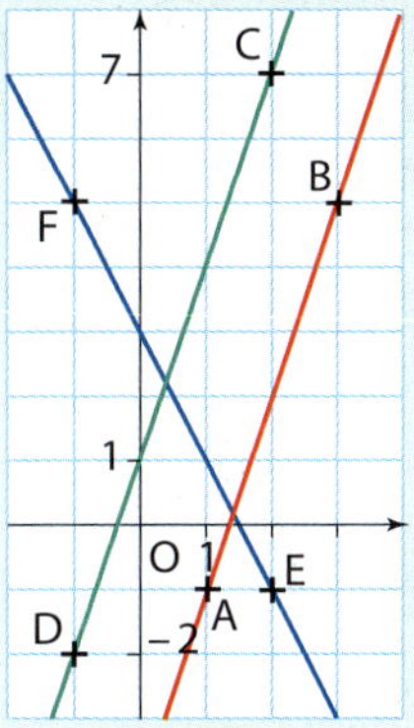

a) Le coefficient directeur de la droite (AB) est :

$$\frac{y_B - y_A}{x_B - x_A} = \frac{5-(-1)}{3-1} = \frac{6}{2} = 3.$$

Le coefficient directeur de la droite (CD) est :

$$\frac{y_D - y_C}{x_D - x_C} = \frac{-2-7}{-1-2} = \frac{-9}{-3} = 3.$$

Les droites (AB) et (CD) sont donc parallèles puisqu'elles ont le même coefficient directeur.

b) Le coefficient directeur de la droite (EF) est :

$$\frac{y_F - y_E}{x_F - x_E} = \frac{5-(-1)}{-1-2} = \frac{6}{-3} = -2.$$

Les droites (AB) et (EF) sont donc sécantes puisque leurs coefficients directeurs sont différents.

MÉTHODE

Étudier la position relative de deux droites c'est déterminer si elles sont sécantes ou parallèles.

Exercice résolu 2 — Déterminer le point d'intersection de deux droites

Voir aussi les exercices 29 à 32, page 182.

Animation numérique

Énoncé

Dans un repère, d et d' sont les droites d'équations $y = -3x + 4$ et $y = 2x + 1$.

a) Vérifier que d et d' sont sécantes.

b) Déterminer les coordonnées du point d'intersection A de d et d'.

Solution

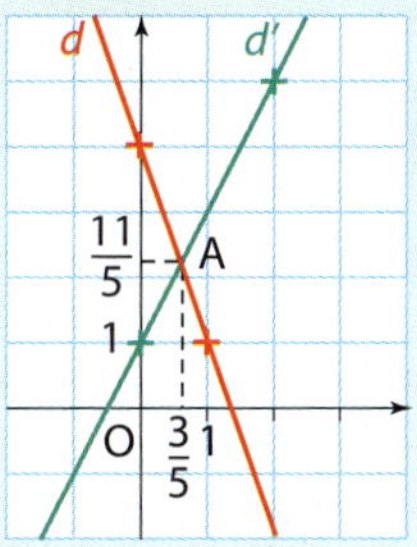

a) Les droites d et d' ont des coefficients directeurs différents ($-3 \neq 2$), donc d et d' sont sécantes.

b) (1) Abscisse de A

On résout l'équation $-3x + 4 = 2x + 1$ c'est-à-dire $3 = 5x$

L'abscisse de A est donc $\frac{3}{5}$.

(2) Ordonnée de A

$$y = 2 \times \frac{3}{5} + 1 = \frac{6}{5} + \frac{5}{5} = \frac{11}{5}$$

(3) Conclusion

Les coordonnées de A sont $\left(\frac{3}{5} ; \frac{11}{5}\right)$.

MÉTHODE

Pour déterminer les coordonnées du point d'intersection A de deux droites sécantes d'équations $y = mx + p$ et $y = m'x + p'$:

(1) on détermine **l'abscisse** de A en résolvant l'équation $mx + p = m'x + p'$;

(2) on détermine **l'ordonnée** de A en remplaçant x par la valeur trouvée dans l'équation de d ou de d' ;

(3) on conclut sur les coordonnées de A.

Exercices de base

Pour créer des automatismes

Équations de droites

1 Dans un repère, d est la droite d'équation :

$$y = -3x + 0,5.$$

Pour chacun des points : A(150,5 ; −451), B(−73,25 ; −219,5) et C(120,5 ; −361), dire s'il appartient à la droite d.

2 Dans un repère, d est la droite d'équation :

$$y = 3x + 7.$$

a) Vérifier que les points $A\left(-\frac{2}{3}\,;\,5\right)$ et B(0 ; 7) appartiennent à la droite d.
b) Les points A, B et C (−1 ; 4) sont-ils alignés ?

3 Dans un repère, d est la droite d'équation :

$$y = 3 - 5x.$$

Vérifier que les points A(2 ; −7), B(−1 ; 8) et C(3 ; −12) sont alignés sur la droite d.

4 Dans un repère, d est la droite d'équation :

$$y = \frac{5}{2}x - 1.$$

a) A est le point de d d'abscisse 6 ; quelle est son ordonnée ?
b) B est le point de d d'abscisse 12 ; quelle est son ordonnée ?
c) C est le point de d d'ordonnée 4 ; quelle est son abscisse ?
d) D est le point de d d'ordonnée $-\frac{1}{2}$; quelle est son abscisse ?

5 Dans un repère, la droite d d'équation $y = 5x - 4$ est la médiatrice d'un segment [BC].
a) On pose A (2 ; 6). Le triangle ABC est-il isocèle en A ?
b) On pose D (−2 ; −6).
Le triangle DBC est-il isocèle en D ?
c) On pose E (−1 ; −8,5).
Le triangle EBC est-il isocèle en E ?

6 Dans un repère, tracer les droites d'équations :

$$d_1 : y = -\frac{1}{2}x + 5 ; \quad d_2 : y = 3 ; \quad d_3 : x = 6.$$

Conseil : *se reporter à l'exercice résolu 1, page 177.*

7 Dans un repère, tracer les droites d'équations :

$$d_1 : y = 4x - 2 ; \quad d_2 : y = \frac{3}{4}x - 4 ; \quad d_3 : y = -\frac{1}{2}x.$$

8 Dans un repère, tracer chaque droite d'équation donnée.

$$d_1 : y = \frac{5}{4}x ; \quad d_2 : y = -\frac{2}{3}x + 1 ; \quad d_3 : y = -1 ; \quad d_4 : x = -3.$$

9 **a)** Dans un repère, construire la droite d de coefficient directeur −2 et qui passe par A (0 ; 2).
b) Donner l'équation de la droite d.

10 **a)** Dans un repère, construire la droite d de coefficient directeur 3 et qui passe par A (1 ; −1).
b) Donner l'équation de la droite d.

11 Dans un repère, on considère les points :
A(1 ; −1), B(2 ; 1), C(−5 ; 2), D(−5 ; 24).
Déterminer l'équation de la droite (AB), puis de la droite (CD).

Conseil : *se reporter à l'exercice résolu 2, page 177.*

12 Dans un repère d'origine O, on considère les points :
A (1 ; 5), B (−2 ; 4), C (1 ; 4), D (−3 ; 5).
Déterminer l'équation de la droite :
a) (AB) **b)** (BC) **c)** (AC) **d)** (OD)

13 Dans un repère, A (3 ; −1) et B (−1 ; 9) sont deux points.
a) Expliquer pourquoi l'équation de la droite (AB) est de la forme $y = mx + p$.
b) Expliquer pourquoi le couple $(m ; p)$ est solution du système :

$$\begin{cases} 3m + p = -1 \\ -m + p = 9 \end{cases}$$

c) Résoudre ce système.
d) Donner l'équation de la droite (AB).

Pour les exercice 14 à 17, déterminer l'équation de la droite (MN) par la méthode de son choix.

14 M (−5 ; 2), N (7 ; 20)

15 M (4,9 ; −2), N (0,7 ; −2)

16 $M\left(\frac{3}{4}\,;\,25\right)$, N (0,75 ; −100)

17 $M\left(-\frac{1}{4}\,;\,\frac{1}{2}\right)$, N (4 ; −3)

18 Avec un logiciel de géométrie, on a tracé la droite d passant par les points A et B. Vérifier l'affichage donné par le logiciel.

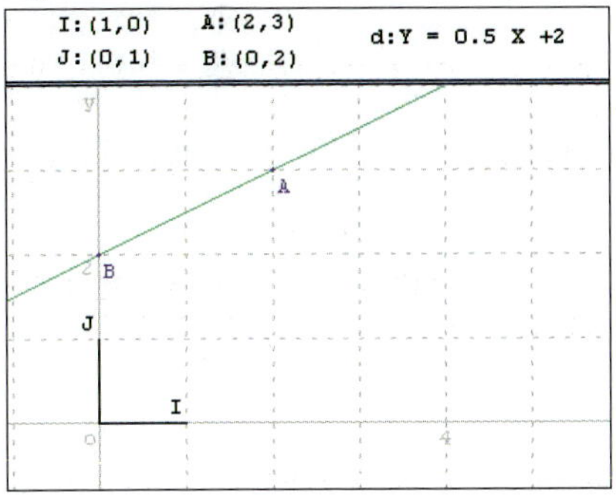

19 B2i L1-1 **a)** Placer, avec GeoGebra, les points A(–2 ; 7) et B(1 ; –2).
Tracer la droite (AB) qui sera renommée d.
b) Par des calculs faits à la main, déterminer l'équation de la droite (AB).
c) Vérifier avec GeoGebra : dans la fenêtre Algèbre, afficher, d'un clic droit, l'équation de la droite d sous la forme $y = ax + b$.

20 Associer chaque droite d_1 à d_6 du graphique à son équation :

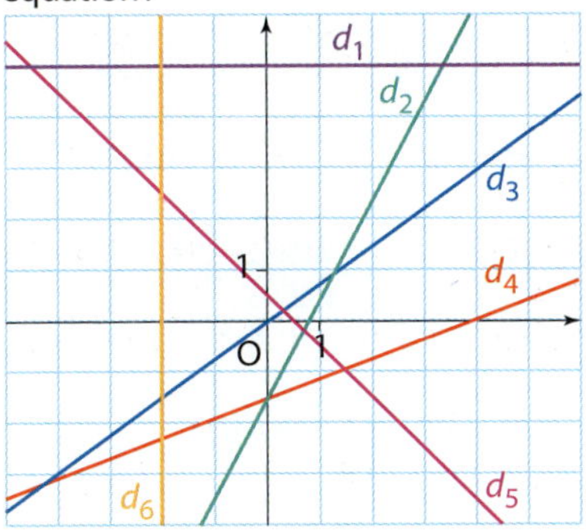

- $y = \frac{2}{5}x - \frac{8}{5}$
- $y = 5$
- $y = \frac{3}{4}x$
- $x = -2$
- $y = -x + \frac{1}{2}$
- $y = 2x - \frac{8}{5}$

Pour les exercices 21 et 22, déterminer le coefficient directeur, puis l'équation de chacune des droites d et d'.

21

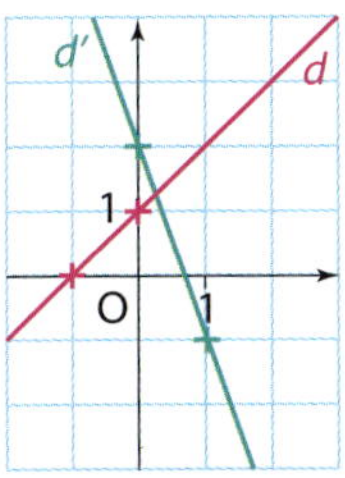

22

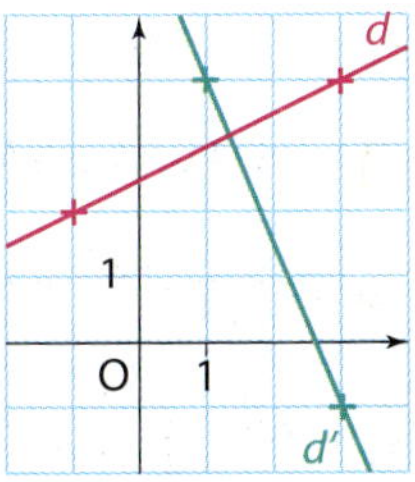

Droites parallèles, sécantes

23 Dans un repère, voici cinq droites d'équations :

$$d_1 : y = \frac{-1}{2}x + \frac{1}{4} ; \quad d_2 : x = -\frac{7}{2} ; \quad d_3 : y = 3x ;$$
$$d_4 : y = 3x - 2 ; \quad d_5 : y = 2.$$

Recopier et compléter les phrases en justifiant.
a) La droite … passe par l'origine du repère.
b) La droite … est parallèle à l'axe des abscisses.
c) La droite … est parallèle à l'axe des ordonnées.
d) Les droites … et … sont parallèles.
e) Les droites … passent par le point $A\left(-\frac{7}{2} ; 2\right)$.

24 Dans chaque cas, dire si les droites d'équations données sont parallèles ou sécantes.

a) $y = 2x - 1$
$y = x - 2$

b) $y = -\frac{3}{2}x + 6$
$y = 1 - \frac{6}{4}x$

c) $y = \frac{4}{5}x - 5$
$y = 2 + 0{,}8x$

d) $x = 7$
$x = -3$

e) $y = 2$
$y = 2x$

f) $y = -1$
$y = 10$

25 Dans un repère, on donne les points :

$$A\left(\frac{1}{3} ; \frac{1}{2}\right), \ B\left(\frac{1}{6} ; 0\right), \ C\left(0 ; -\frac{2}{3}\right), \ D\left(\frac{5}{9} ; 1\right).$$

Étudier la position relative des droites :
a) (AB) et (CD) **b)** (AC) et (BD)

Conseil : *se reporter à l'exercice résolu 1, page 179.*

26 Dans un repère, on donne les points :

$$A(1 ; 2), \ B(3 ; 7), \ C\left(\frac{1}{2} ; -1\right), \ D\left(\frac{5}{2} ; 4\right).$$

a) Étudier la position relative des droites (AB) et (CD), puis des droites (AC) et (BD).
b) Que peut-on déduire pour le quadrilatère ABDC ?

27 Dans un repère, A(–1 ; 6), B(3 ; –2) et C(–5 ; 3) sont trois points.
a) Calculer le coefficient directeur de la droite (AB).
b) Donner l'équation de la droite d passant par C et parallèle à la droite (AB).

28 Dans un repère, on donne trois points :
A(–1 ; 2), B(3 ; 7), C(5 ; –1).
a) Déterminer les coordonnées du milieu I du segment [AB].
b) Déterminer l'équation de la droite d parallèle à la droite (BC) et qui passe par I.
c) Vérifier que la droite d passe par le milieu J du segment [AC]. Quelle propriété de géométrie vient-on d'illustrer ?

29 Dans un repère, d et d' sont les droites d'équations :
$$y = 2x + 4 \text{ et } y = 4x - 10.$$
a) Vérifier que d et d' sont sécantes.
b) Déterminer les coordonnées du point d'intersection A de d et d'.

Conseil : se reporter à l'exercice résolu 2, page 179.

30 **a)** Dans un même repère, tracer les droites d et d' d'équations respectives $y = 2x - 3$ et $y = -2x + 9$.
b) Lire sur le graphique les coordonnées du point d'intersection A des droites d et d'.
c) Retrouver les coordonnées de A par le calcul.

31 **a)** Résoudre le système $\begin{cases} y = 3x + 5 \\ y = -2x \end{cases}$
b) Interpréter graphiquement.

32 Lire la solution de chaque système sur le graphique ci-dessous, puis vérifier par le calcul.

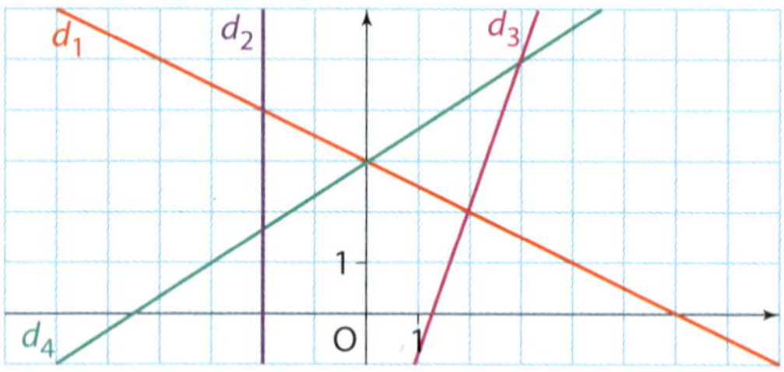

a) $\begin{cases} y = -\dfrac{1}{2}x + 3 \\ x = -2 \end{cases}$ **b)** $\begin{cases} y = 3x - 4 \\ y = -\dfrac{1}{2}x + 3 \end{cases}$

c) $\begin{cases} y = \dfrac{2}{3}x + 3 \\ y = 3x - 4 \end{cases}$ **d)** $\begin{cases} y = \dfrac{2}{3}x + 3 \\ y = -\dfrac{1}{2}x + 3 \end{cases}$

33 Dans un repère, on donne trois points :
$$A(3;4),\ B(-5;2),\ C(1;-4).$$
a) Déterminer les coordonnées du milieu I du côté [AB] et du milieu J du côté [AC].
b) Déterminer l'équation de la droite (CI), puis de la droite (BJ).
c) Déterminer les coordonnées du point d'intersection M des droites (BJ) et (CI). Quel rôle joue ce point pour le triangle ABC ?

34 Dans un repère, on donne les droites :
$$d_1 : y = \frac{2}{3}x ; \quad d_2 : y = \frac{3}{2}x - 10 ; \quad d_3 : y = 2.$$
a) Tracer ces trois droites.
b) Déterminer par le calcul le point d'intersection :
• A de d_1 et d_2 • B de d_1 et d_3 • C de d_2 et d_3
c) Vérifier les réponses sur le graphique.

35 Dans un repère, d et d' sont les droites d'équations :
$$y = 2x - 3 \text{ et } y = -2x + 8.$$
a) Tracer ces droites à l'écran de la calculatrice.
b) Lire à l'écran les coordonnées de leur point d'intersection A (**Casio :** menu G-Solv, **TI :** menu CALC).
c) Trouver les coordonnées de A par le calcul.

36 Dans un repère, dire si les trois points sont alignés ou non.
a) $A(-1;5)$, $B(6;4)$, $C\left(\dfrac{5}{2};\dfrac{9}{2}\right)$.
b) $A(2;1)$, $B(4;0)$, $C(1;3)$.

37 B2i L 2-4 Dans un repère, on considère les points :
$$A\left(5;\frac{10}{3}\right),\ B\left(2;\frac{23}{15}\right),\ C\left(1;\frac{14}{15}\right).$$
On a utilisé le logiciel Xcas pour obtenir une figure et vérifier l'alignement des points : que signifie le résultat retourné par le logiciel à la ligne 2 ? Vérifier par un calcul à la main.

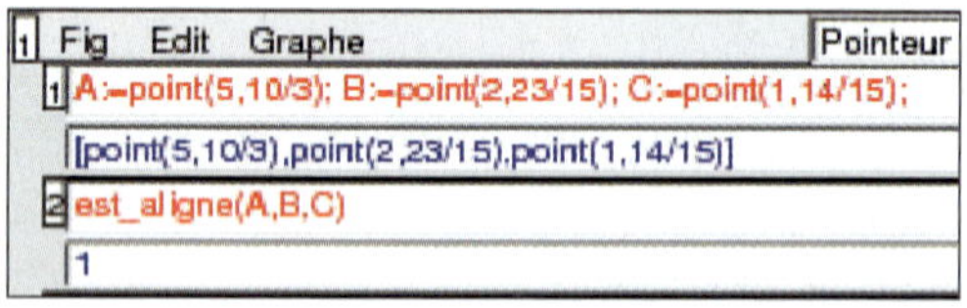

38 Dans un repère, on donne quatre points. Dire s'ils sont alignés. Justifier.
a) $A(-7;-8)$, $B(5;1)$, $C\left(-2;-\dfrac{17}{4}\right)$, $D(8;3)$.
b) $A(0;4)$, $B(2{,}75;-1{,}5)$, $C(2;0)$, $D(-4{,}25;12{,}5)$.

39 On considère les points $A(3;-1)$, $B(2;2)$, $C(4;5)$.
a) Vérifier que ces trois points ne sont pas alignés.
b) On a utilisé le logiciel Xcas pour tracer le triangle ABC et obtenir les coordonnées de son centre de gravité G, de son orthocentre H, et du centre L de son cercle circonscrit. Lire ci-dessous les coordonnées de G, H et L. Utiliser ces coordonnées pour vérifier l'alignement de G, H, L.

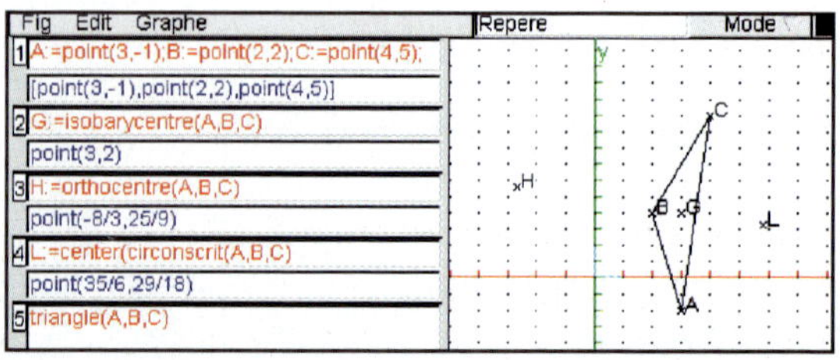

Exercices d'entraînement

Pour développer des compétences

Compléments numériques

Travaux pratiques

40 Travailler en groupe — Hyperbole, symétrie et sécante

OBJECTIF Modéliser et s'engager dans une activité de recherche.

Dans un repère, $\mathscr{H}$ est l'hyperbole d'équation $y = \frac{1}{x}$.

On note A le point de coordonnées (1 ; 1) et M un point libre sur $\mathscr{H}$.

La droite d_M est parallèle à l'axe des ordonnées et passe par M. Le point M_1 est le symétrique de A par rapport à la droite d_M.

1. Conjecture

Utiliser un logiciel de géométrie dynamique pour conjecturer que la droite (MM_1) passe par un point fixe lorsque M décrit $\mathscr{H}$.

2. Cas où $x_M = 3$

Donner les coordonnées des points M et M_1.

En déduire l'équation de la droite (MM_1).

Vérifier la conjecture émise à la question **1**.

3. Cas général

Une démonstration générale a été ébauchée avec le logiciel Xcas dont voici une copie d'écran.

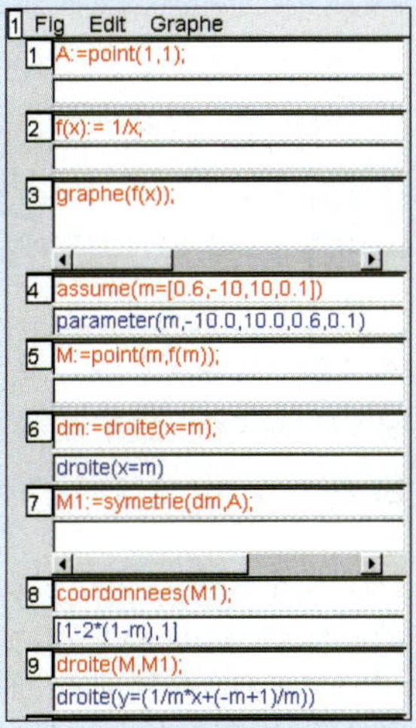

On note $x_M = m$.

a) Établir, par un calcul à la main, le résultat visible à la ligne 8.

b) En admettant le résultat de la ligne 9, démontrer la conjecture de la question **1**.

41 Équation d'une médiatrice

OBJECTIF Développer une démarche expérimentale.

Dans un repère orthonormé, on considère les points :

$$A\,(2;-1),\ B\,(-2;0),\ C\left(-\frac{1}{4};-\frac{3}{2}\right)$$

1. Avec le logiciel Xcas

a) Ouvrir une fenêtre de géométrie par Alt + g.

b) Saisir sur la ligne 1 :

A:= point (2,–1); B:= point (–2,0); C:= point $\left(-\frac{1}{4},-\frac{3}{2}\right)$

c) Saisir :

- sur la ligne 2 : est_isocele (A, B, C)
- sur la ligne 3 : est_rectangle (A, B, C)
- sur la ligne 4 : est_equilateral (A, B, C).

2. Une preuve

a) Établir par le calcul la nature du triangle ABC.

b) En déduire l'équation de la médiatrice du segment [AB].

3. Retour à Xcas

Saisir sur la ligne 5 : mediatrice(A, B). Vérifier la cohérence avec la réponse à la question **2. b)**.

42 B2i L 1-1 — Périmètres égaux

OBJECTIF Modéliser et s'engager dans une activité de recherche.

M est un point du segment [AB] de longueur 10,5 cm. AIM est un triangle équilatéral et BMJK est un carré.

On se propose de rechercher la position du point M pour que AIM et BMJK aient le même périmètre.

1. Conjecturer avec un logiciel de géométrie

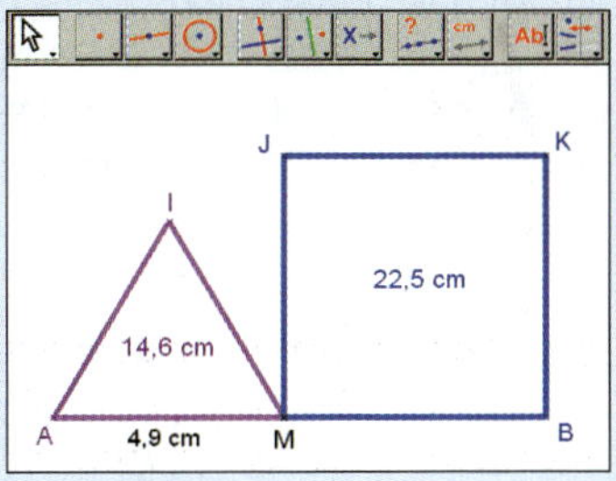

a) Réaliser une figure à l'aide d'un logiciel de géométrie.

b) Afficher les périmètres de AIM et BMJK.

c) Déplacer le point M et conjecturer la réponse au problème.

2. Preuve

On note x la longueur AM (en cm).

a) Exprimer en fonction de x le périmètre du triangle AIM et le périmètre du carré BMJK.

b) Conclure.

3. Graphiquement

a) Tracer, dans un repère, les droites d'équations :

$$y = -4x + 42 \quad \text{et} \quad y = 3x.$$

b) Retrouver graphiquement la solution au problème.

Restitution organisée de connaissances

43 **1.** Dans un repère, d est la droite de coefficient directeur m qui passe par le point A $(x_0 ; y_0)$.
Démontrer que l'équation de la droite d est :

$$y = m(x - x_0) + y_0.$$

2. Application
En déduire, sans faire aucun calcul, les équations des cinq droites tracées ci-dessous.

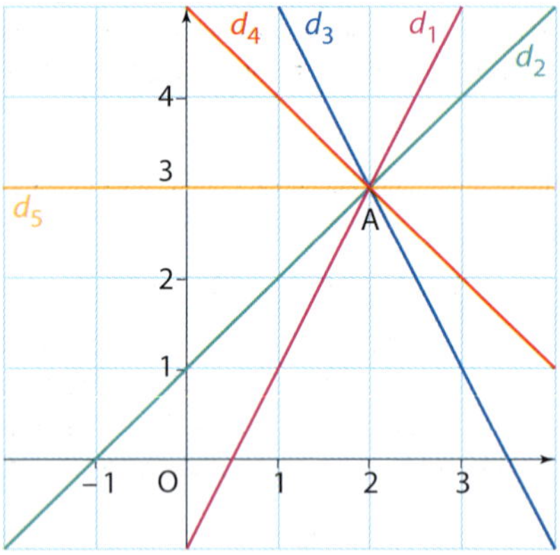

Raisonner, démontrer

44 Dans le laboratoire de Physique Chimie du collège, on conserve une ancienne balance à plateaux.
Hélas, elle est fausse : à vide le plateau de gauche est plus lourd que le plateau de droite. On réalise les deux pesées suivantes :

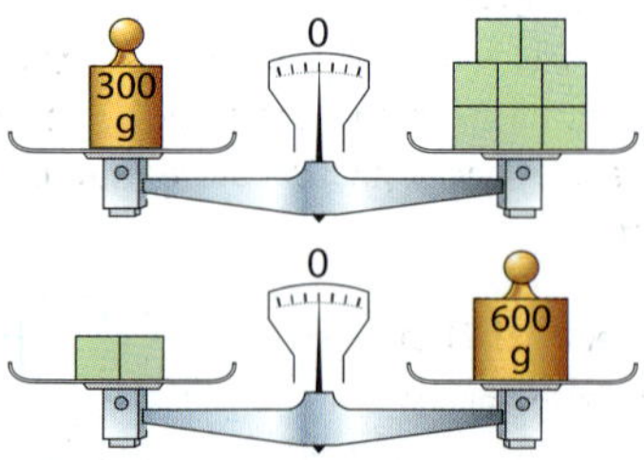

Quelle est la masse de l'un de ces cubes ?

D'après IREM de Lorraine

45 Au baccalauréat, l'épreuve écrite de Français a pour coefficient 3 et l'épreuve orale 2. Les notes sont des entiers compris entre 0 et 20.
1. Julie veut avoir une moyenne de 10 exactement.
a) Si elle a 6 à l'écrit, quelle doit être sa note d'oral ?
b) Si elle a 13 à l'oral, quelle doit être sa note d'écrit ?
c) On note x sa note d'écrit et y celle d'oral.
Quelle relation doivent vérifier x et y ?
d) Écrire la relation précédente sous la forme $y = ax + b$ et tracer dans un repère la droite d'équation $y = ax + b$ (*unité* : 1 cm pour 2 points, sur les deux axes).
e) Donner à l'aide du graphique l'ensemble des paires de notes possibles.
2. Écrire l'équation de la droite correspondant à une moyenne m. Que peut-on dire des positions relatives de ces droites lorsque m varie ? Ce résultat était-il prévisible étant donné l'énoncé ?
3. Tracer les droites correspondant à une moyenne de 15 et une moyenne de 17.
4. a) Déterminer graphiquement le nombre de paires de notes qui donnent une moyenne comprise entre 15 et 17.
b) Déterminer graphiquement les notes minimales à l'écrit et à l'oral pour espérer avoir une moyenne au moins égale à 15.

46 ABC est un triangle rectangle en C.
M est le milieu de [AB] et N est le point de [AC] tel que $AN = \frac{2}{3}AC$. La droite (MN) coupe (BC) en P.
On se propose de démontrer que C est le milieu de [BP].
1. Avec un repère
On se place dans le repère orthogonal (C ; A, B).
a) Donner les coordonnées des points C, A, B, M, N.
b) Donner l'équation de la droite (MN).
En déduire les coordonnées de P.
c) En déduire que C est le milieu de [BP].
2. Avec le théorème de Thalès
On note E le milieu de [AC].
a) Que peut-on dire des droites (EM) et (CP) ?
b) Appliquer le théorème de Thalès aux triangles NEM et CPN, puis conclure.

47 Travailler en groupe. On considère un rectangle dont les côtés mesurent 8 cm et 9 cm. On construit un second rectangle à l'intérieur du premier, selon les indications de la figure ci-dessous. A est le centre commun des deux rectangles.

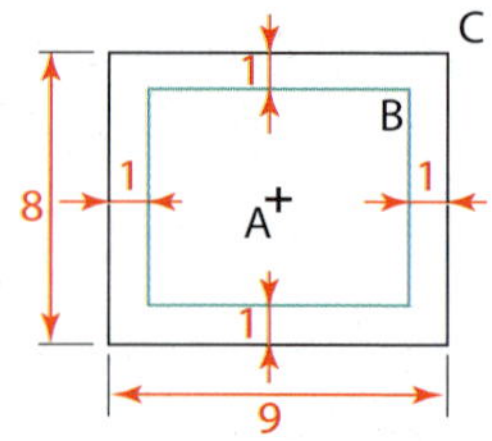

On se propose de savoir si les points A, B, C sont alignés.
a) Trouver plusieurs méthodes pour justifier votre réponse.
b) Rédiger une solution de l'exercice.

48 Dans un repère, on donne les points :

A (3 ; 2), B (–5 ; –4), C (–3 ; 5), G (–1,6 ; 0,8).

a) Les trois points A, B, C sont-ils alignés ? Justifier par un calcul.

b) La médiane du triangle ABC issue du point C passe-t-elle par le point G ?

c) La médiane du triangle ABC issue du point B passe-t-elle par le point G ?

d) La médiane du triangle ABC issue du point A passe-t-elle par le point G ?

49 Dans un repère, voici trois points :

A (2 ; 1), B (3 ; 5), R (4 ; 3).

a) Faire une figure.

b) Déterminer, par le calcul, les coordonnées des points C et D sachant que ABCD est un parallélogramme de centre R.

c) Vérifier, par le calcul, le parallélisme des droites (AB) et (CD), puis celui des droites (BC) et (AD).

50 Deux localités A et B sont distantes de 50 km.

À 8 h, une automobiliste part de A, elle arrive en B à 8 h 50 min, s'y arrête une heure et revient à la même vitesse qu'à l'aller.

À 8 h 30 min, un cycliste part de B pour A en roulant à 15 km/h.

Les mouvements sont supposés uniformes.

On se propose d'étudier les croisements de l'automobiliste et du cycliste.

1. Solution graphique

a) Tracer un repère (*unités :* 1 cm pour 30 min en abscisses et 1 cm pour 10 km en ordonnées).

b) Représenter graphiquement la distance qui sépare l'automobiliste de A en fonction de l'heure et la distance qui sépare le cycliste de A en fonction de l'heure.

c) Lire sur le graphique les instants où l'automobiliste et le cycliste se croisent, et à quelles distances de A se produisent ces croisements.

2. Solution algébrique

a) Déterminer les équations des droites tracées sur le graphique précédent.

b) En déduire les instants auxquels le cycliste et l'automobiliste se croisent, et les distances de A auxquelles se produisent ces croisements.

51 ABC est un triangle tel que :

AB = 6 cm, BC = 3 cm, AC = 4 cm.

M est un point du segment [AB]. On note x la longueur AM en centimètres.

Les parallèles à (AC) et (BC) passant par M coupent respectivement les segments [BC] et [AC] en P et Q.

a) Faire une figure. Entre quels nombres x est-il compris ?

b) Démontrer que le périmètre y du parallélogramme MPCQ s'exprime sous la forme $y = ax + b$ où a et b sont des nombres à préciser.

c) Dans un repère, tracer la courbe d'équation $y = ax + b$.

d) Déterminer graphiquement, puis par le calcul, l'emplacement du point M pour que MPCQ ait un périmètre de 7,6 cm.

52 **a)** Dans un repère orthonormé, tracer les droites d'équations :

$d_1 : y = x + 2$; $d_2 : y = -\frac{2}{3}x - 1$; $d_3 : y = -4x + 5$

b) Ces trois droites forment un triangle ABC. Déterminer les coordonnées des points A, B, C. Déterminer les coordonnées du milieu M de [AB], N de [BC] et P de [AC].

c) Déterminer les coordonnées du centre de gravité G du triangle ABC.

d) Calculer $\frac{BG}{BP}$, $\frac{AG}{AN}$ et $\frac{CG}{CM}$.

Quelle propriété connue retrouve-t-on ainsi ?

53 Un rectangle a pour dimensions 38 mm et 25 mm. On augmente sa longueur de x mm et sa largeur de y mm où x et y sont des nombres positifs.

a) Exprimer y en fonction de x sachant que l'on obtient un rectangle de périmètre 164 mm.

b) Exprimer y en fonction de x sachant que l'on obtient un carré.

c) Représenter graphiquement les relations obtenues aux questions **a)** et **b)**.

d) Déterminer x et y graphiquement, puis par le calcul, sachant que l'on obtient un carré de périmètre 164 mm.

e) Déterminer x et y lorsque l'on obtient un carré d'aire 2 352,25 mm^2.

54 Les droites (BC) et (DE) sont-elles sécantes en A ?

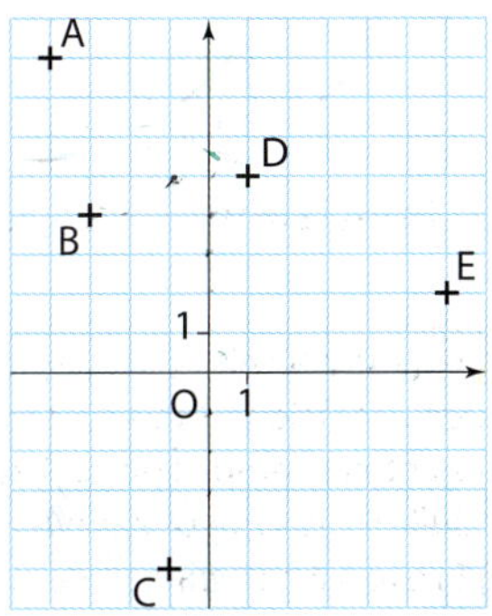

Analyse critique d'un document

55 Comment utiliser le graphique ci-dessous pour résoudre le problème suivant ?

> **Problème :** Dans un nombre de deux chiffres, le chiffre des dizaines est inférieur de 3 à celui des unités. Si on inverse les deux chiffres, on obtient un nombre qui dépasse de 27 le premier.
> Peut-on connaître ce nombre ?

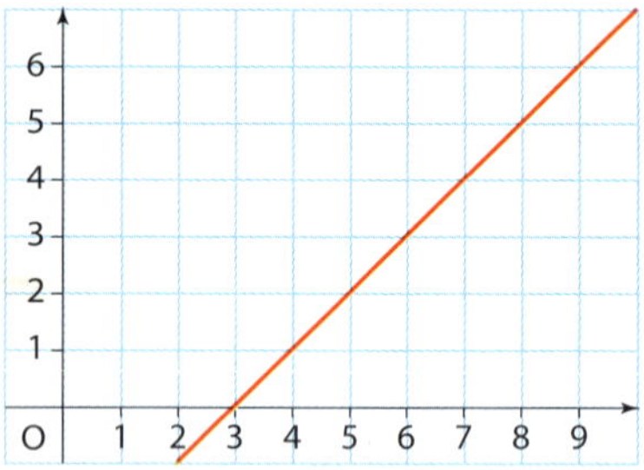

56 Yassine a résolu cette énigme en utilisant le graphique ci-dessous. Comment a-t-il procédé ?

> **Énigme :** *« Quelles sont les dimensions, en mètres, d'un rectangle de périmètre 90 m tel que si on augmente une de ses dimensions de 5 m et l'autre de 2 m son aire augmente de160 m² ? »*

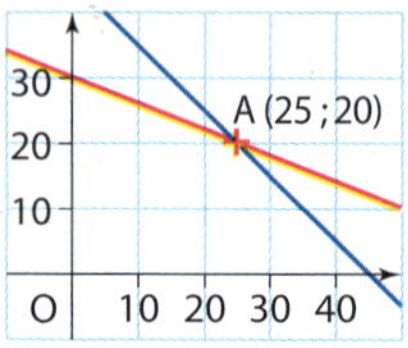

57 Ces graphiques résument un trajet en voiture.

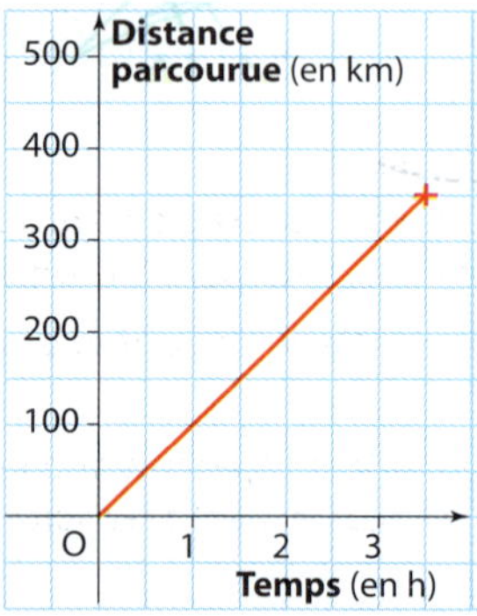

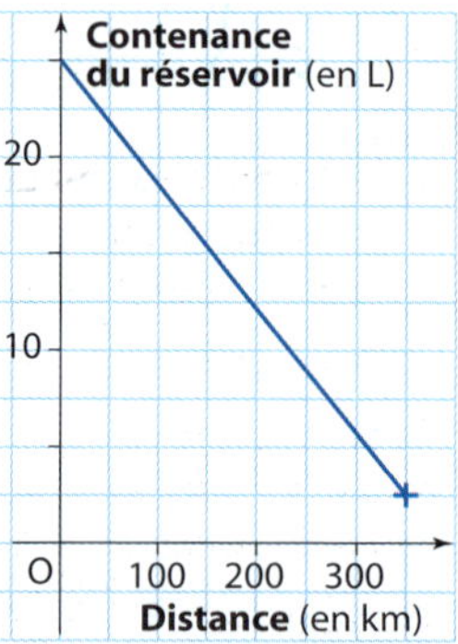

1. **a)** Quelle était la longueur du trajet ?
b) Quelle a été la durée du trajet ?
c) Quelle était au départ la contenance du réservoir ?

2. En utilisant les segments rouge et bleu ci-dessus, exprimer la distance d en fonction du temps t, et la contenance C en fonction de la distance d.

3. À l'aide de ces expressions :
a) déterminer la contenance du réservoir lorsqu'il s'est écoulé 1 h 45 min depuis le départ ;
b) déterminer la valeur de t lorsque la contenance du réservoir est de 7 litres.

4. Vérifier graphiquement les réponses à la question **3.**

58 Travailler en groupe **En SVT**

Au Groenland, des météorologues ont étudié la relation entre la température des nuages donnant de la neige et le pourcentage d'oxygène lourd dans la neige (figure 1). Au même endroit, ils ont foré une carotte et analysé l'oxygène de la glace (figure 2).

a) Donner l'équation de la droite tracée sur la figure 1.
b) Estimer la température des nuages donnant de la neige au Groenland, il y a 20 000 ans, 100 000 ans.

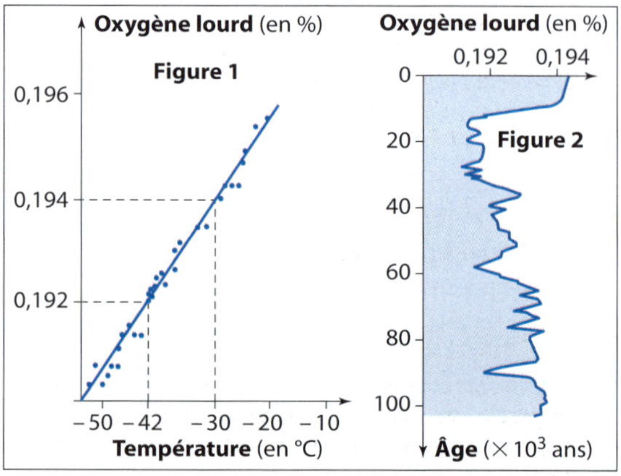

> ***Le saviez-vous ?***
> En analysant sa composition chimique, les scientifiques parviennent à dater la carotte de glace prélevée.

Communiquer à l'écrit ou à l'oral

59 Jessy a cherché les équations des trois médianes d'un triangle. Il a trouvé :

$d_1 : y = 3x - 5$; $d_2 : y = 2x - 9$; $d_3 : y = 3x + 6$.

Yasmine prétend, sans faire aucun calcul, que Jessy s'est trompé. Pourquoi ?

60 On a tracé deux droites à l'écran d'une calculatrice.

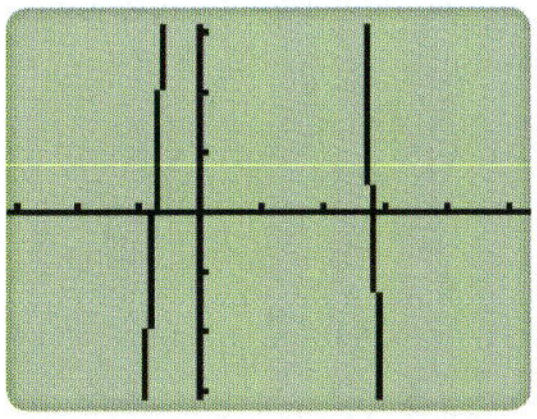

a) Éliane affirme :
« Ces droites ne sont pas sécantes. »
Qu'en pensez-vous ?

b) Sachant que ces droites ont pour équations $y = 20x + 15$ et $y = -18x + 50$, proposer une fenêtre afin de visualiser leur point commun.

Algorithmique

61 **Passer d'un langage à un autre**

Voici un programme de C ++.

```
Main ()
(
        float m, p, x, y, D;
        printf (“Entrer le coefficient directeur :”);
        scanf (“%f”, & m);
        printf (“Entrer l’ordonnée à l’origine :”);
        scanf (“%f”, & p);
        printf (“Entrer l’abscisse du point :”);
        scanf (“%f”, & x);
        printf (“Entrer l’ordonnée du point :”);
        scanf (“%f”, & y);
        D = y- (m*x + p);
        if (D ==0)
                printf (“oui\n”);
        else printf (“non\n”);
```

Le saviez-vous ?
Le C ++ est un langage de programmation. C'est le 3e langage le plus utilisé au monde (après Java et C). Il n'appartient à personne, aussi peut-on l'utiliser sans autorisation.

a) Quel est le rôle de ce programme ?

b) Traduire ce programme dans le langage d'une calculatrice.

Algorithmique

62 B2i L 1-1 **1. Comprendre un algorithme**

a) Dans un repère, placer les points :

A (1 ; 5), B (–1 ; –1), C (2 ; 8).

b) On applique l'algorithme ci-dessous aux points A, B, C. Calculer les produits P et Q.

> Entrées
> Saisir $x_A, y_A, x_B, y_B, x_C, y_C$: coordonnées de trois points A, B et C.
> Initialisations
> P prend la valeur $(y_B - y_A) \times (x_C - x_A)$.
> Q prend la valeur $(y_C - y_A) \times (x_B - x_A)$.

c) Reprendre les questions **a)** et **b)** avec les points :

A (1 ; 5), B (–1 ; –1) et C (3 ; 9).

d) Compléter le test ci-dessous.

> Sorties
> Si P = Q alors
> | …
> | sinon
> | …
> FinSi

e) Quel est le rôle de cet algorithme ? Justifier.

f) Écrire un programme mettant en œuvre l'algorithme.

2. Utilisation de l'algorithme

a) Dans un repère orthonormé d'origine O, placer les points :

C (5 ; 0), D (–3 ; 0), A (2 ; 6), $F\left(\frac{2}{5} ; \frac{6}{5}\right)$, $E\left(\frac{19}{5} ; \frac{12}{5}\right)$.

b) Utiliser le programme de la question **1. f)** pour vérifier que :
- A, F, O sont alignés
- D, F, E sont alignés
- A, E, C sont alignés

Le saviez-vous ?
La configuration des points O, C, A, D, E, F forme **un quadrilatère complet**.

S'initier à la logique

63 **Quantificateur universel**

Pour chaque affirmation, dire si elle est vraie ou fausse.

a) Dans un repère, tous les points appartenant à la courbe $\mathscr{C}$ d'équation $y = \dfrac{3x^2 - 2x}{x}$ appartiennent à la droite d d'équation $y = 3x - 2$.

b) Dans un repère, tous les points appartenant à la droite d d'équation $y = 3x - 2$ appartiennent à la courbe $\mathscr{C}$ d'équation $y = \dfrac{3x^2 - 2x}{x}$.

SE PRÉPARER AU CONTRÔLE

Travailler en autonomie

QCM

64 Pour chaque question, une seule réponse est exacte. Laquelle ?

1 Dans un repère, le point A (2 ; –3) appartient à la droite d'équation :

a) $y = -x + 1$ **b)** $y = \frac{1}{2}x - 2$ **c)** $y = 15x - 33$

2 Dans un repère, la droite (AB) avec A (6 ; 4) et B (–2 ; 1) a pour coefficient directeur :

a) –3,75 **b)** $\frac{8}{3}$ **c)** $\frac{3}{8}$

3 Dans un repère, d est la droite d'équation $y = 2x - 1$. La droite parallèle à d passant par A (2 ; 4) a pour équation :

a) $y = x + 2$ **b)** $y = 2x - 8$ **c)** $y = 2x$

65 Pour chaque question, une seule réponse est exacte. Laquelle ? Justifier.

1 Dans un repère, les points A (–2 ; – 9), B (2 ; –1), C (5 ; 5) :

a) forment un triangle rectangle **b)** forment un triangle isocèle **c)** sont alignés

2 Dans un repère, deux droites sécantes en A (–3 ; 5) ont par exemple pour équations :

a) $y = -\frac{5}{3}x$ et $y = 3x - 5$ **b)** $y = 2x + 11$ et $y = 5$ **c)** $y = 2x + 11$ et $y = -2x + 1$

3 m et p désignent des réels non nuls. Dans un repère orthogonal, deux droites symétriques par rapport à l'axe des ordonnées ont pour équations :

a) $y = mx + p$ et $y = -mx + p$ **b)** $y = mx + p$ et $y = -mx - p$ **c)** $y = mx + p$ et $y = mx - p$

Exercices interactifs

Vrai-Faux

66 Dire pour chaque affirmation si elle est vraie ou fausse.

a) Dans un repère, toute droite a une équation de la forme $y = mx + p$.

b) Dans un repère orthogonal, les droites d'équations $y = 3$ et $x = -3$ sont perpendiculaires.

c) Dans un repère, la droite d'équation $x = 1$ a pour coefficient directeur 1.

d) Dans le repère ci-contre, le coefficient directeur de la droite d est –4.

e) Dans le repère ci-contre, le point de coordonnées (–3 ; 14) appartient à la droite d.

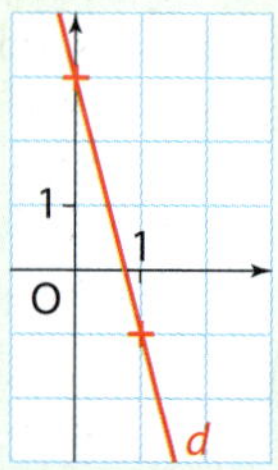

67 Dire pour chaque affirmation si elle est vraie ou fausse. Justifier.

Dans le repère ci-contre :

a) la droite d a pour coefficient directeur $-\frac{4}{5}$;

b) la droite d a pour ordonnée à l'origine 8 ;

c) le point de coordonnées (7 ; – 0,7) appartient à la droite d.

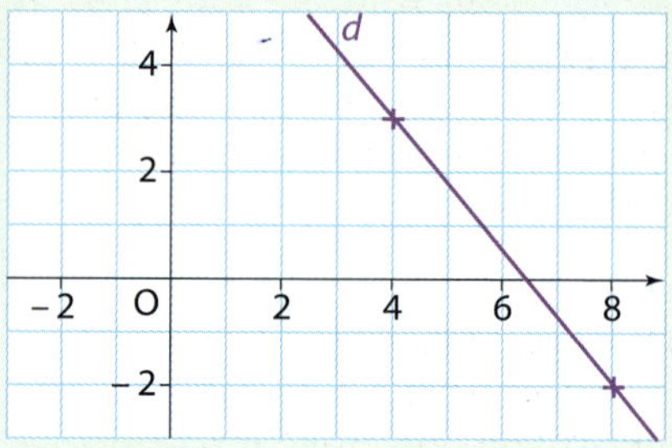

Exercices interactifs

Pour réviser

68 Tracer une droite d'équation donnée

a) Dans un repère, tracer les quatre droites d_1, d_2, d_3 et d_4 d'équations respectives :

$$y = 3x + 5,\ y = 2x,\ y = 2,\ x = 3.$$

b) Donner les coordonnées du point d'intersection A des droites d_1 et d_4.

c) Donner les coordonnées du point d'intersection B des droites d_1 et d_3.

Conseils

a) Revoir l'exercice résolu 1, page 177.

b) c) Résoudre $\begin{cases} y = 3x + 5 \\ x = 3 \end{cases}$ au **b)**, $\begin{cases} y = 3x + 5 \\ y = 2 \end{cases}$ au **c)**.

69 Déterminer l'équation d'une droite

Dans un repère, on donne les points :

A (1 ; 4), B (5 ; 1), C (–1 ; –3).

a) Démontrer que les points A, B, C forment un triangle.

b) Faire une figure. Calculer les coordonnées du milieu I du segment [BC]. Placer ce point I.

c) Calculer le coefficient directeur de la médiane (AI) du triangle ABC.

d) Tracer la droite *d* parallèle à (AI) et qui passe par B. Donner l'équation de *d*.

Conseils

a) On peut calculer le coefficient directeur, par exemple, des droites (AB) et (AC).

d) Deux droites parallèles ont le même coefficient directeur, donc la droite *d* a pour coefficient directeur celui trouvé à la question **c)** pour la droite (AI). Donc l'équation de *d* est $y = \ldots x + p$. Trouver p en écrivant que B appartient à *d*.

70 Étudier des positions relatives

Dans un repère, on donne les points :

A (–1 ; 3), B (–3 ; –2), C (4 ; 1), D (1 ; 5).

a) Étudier la position relative des droites (AB) et (CD).

b) Déterminer les équations des droites (AB) et (CD).

c) Déterminer les coordonnées du point d'intersection de ces deux droites.

Conseils

a) Revoir l'exercice résolu 1, page 179.

b) Revoir l'exercice résolu 2, page 177.

c) Revoir l'exercice résolu 2, page 179.

71 Étudier une situation concrète

Au cours d'une embauche, un ouvrier agricole a le choix entre deux formules de salaire :

- formule A : une somme mensuelle de 310 € plus 40 € par tonne de pommes cueillies ;
- formule B : 80 € par tonne de pommes cueillies.

On note *x* la quantité de pommes récoltées en tonnes.

1. a) Exprimer en fonction de x, le salaire y_A pour la formule A et le salaire y_B pour la formule B.

b) Représenter graphiquement dans un repère orthogonal les relations obtenues à la question **a)**.

(*Unités :* 1 cm pour 2 tonnes en abscisses et 1 cm pour 200 € en ordonnées).

2. À l'issue du mois de septembre, cet ouvrier agricole constate qu'il aurait gagné le même salaire avec les formules A et B.

a) Lire sur le graphique une valeur approchée de la quantité x_0 de pommes récoltées.

b) Déterminer la valeur exacte de x_0.

Conseils

1. a) Lire attentivement l'énoncé. Pour mieux le comprendre, on peut traiter un exemple, en remplaçant x par un nombre.

b) Attention, ici x désigne un nombre de tonnes, donc x est un nombre positif. Les représentations graphiques demandées ne sont pas des droites, mais des **demi-droites**.

2. b) Revoir l'exercice résolu 2, page 179.

72 Relier équations de droites et géométrie

Dans un repère, on considère les droites :

$d_1 : y = \frac{1}{2}x - 4$, $\quad d_2 : y = -3x - 1$

$d_3 : y = 15 - 3x$, $\quad d_4 : y = 3 + 0{,}5x$

a) Tracer ces quatre droites.

b) La figure construite fait apparaître un quadrilatère ABCD.

Quelle est sa nature ?

Conseils

a) Revoir l'exercice résolu 1, page 177.

b) Observer les coefficients directeurs de ces quatres droites.

Vérifier les réponses p. 300

Exercices d'approfondissement

Pour aller plus loin

73 Avec un guide (1)

Dans un repère orthonormé, on donne les points :

A (3 ; 1) et B (2 ; 2).

On note M $(x ; y)$ un point quelconque du plan.

a) Exprimer AM^2, BM^2 puis $AM^2 - BM^2$ en fonction de x et y.

b) En déduire l'équation de la médiatrice de [AB].

c) Vérifier graphiquement.

Guide de résolution

a) Utiliser la formule qui permet de calculer la distance entre deux points de coordonnées données.

b) Utiliser la propriété suivante : « M appartient à la médiatrice de [AB] si, et seulement si, AM = BM. »

On notera que AM = BM équivaut à $AM^2 = BM^2$ car une distance est un nombre positif.

74 B2i L 3-4 Avec un guide (2)

Dans un repère, déterminer et représenter l'ensemble des points M $(x ; y)$ tels que :

a) $(x + y)^2 = x^2 + y^2$

b) $(x + y)^3 = x^3 + y^3$

c) Question défi : $(x + y)^4 = x^4 + y^4$

Guide de résolution

a) Développer et réduire.

b) On peut utiliser les informations données ci-dessous par le logiciel Xcas.

```
Fich  Edit  Cfg  Aide  Exemples  Math  Phys
Unnamec /cygdrive/c/xcas/mes_productions_xcas/h
?  Save   = real RAD 12 xcas 12.25M   ST
1 (x+y)^3-x^3-y^3;
                  (x+y)^3 - x^3 - y^3
2 (developper((x+y)^3-x^3-y^3));
                  0+0+3·x^2·y+3·x·y^2
3 simplifier(developper((x+y)^3-x^3-y^3));
                  3·x^2·y+3·x·y^2
4 factoriser((x+y)^3-x^3-y^3,x)
                  3·y·(x+y)·x
5 factoriser((x+y)^3-x^3-y^3,y)
                  3·x·(y+x)·y
```

75 Points alignés ?

Dans un repère, E est l'ensemble des points M $(x ; y)$ tels que $y = x^3 - 1$.

Rémy affirme : « Les points A (2 ; 7), B (–2 ; –9), C (0 ; –1) appartiennent à E et ils sont alignés ; donc E est une droite. » Qu'en pensez-vous ? Justifier la réponse.

Algorithmique

76 Algorithme et équation d'une droite

Entrées

Saisir x_A et x_B : abscisses de deux points A et B

Sorties

Si $x_A = x_B$, alors

Afficher "La droite (AB) admet une équation de la forme $x = c$"

sinon

Afficher "La droite (AB) admet une équation de la forme $y = mx + p$"

FinSi

1. a) Faire fonctionner cet algorithme avec les points A (3 ; 2) et B (4 ; –1), puis avec A (3 ; 5) et B (3 ; –1).

b) Quel est le rôle de cet algorithme ?

2. Voici un programme qui calcule, lorsqu'il est défini, le coefficient directeur d'une droite (AB) :

Casio

```
======COEFFDIR======
"XA":?→R:"YA":?→S↵
"XB":?→T:"YB":?→U↵
If R=T↵
Then "..........."↵
Else ↵

...........→M↵
"Le CD est":M◢
Stop↵
```

TI

```
PROGRAM:COEFDIR
:Input "XA",R
:Input "YA",S
:Input "XB",T
:Input "YB",U
:If R=T
:Then
:Disp " ...  "
:Else
:    ...    →M
:Disp "LE CD",M
:End
:
```

a) Recopier et compléter les ...

b) Vérifier son fonctionnement.

77 B2i L 3-5 Point d'intersection

Dans un repère, on considère les droites :

$d_1 : y = (3 + \sqrt{2})x - \sqrt{2} - 1$

$d_2 : y = 1{,}248x + 0{,}750$ $\qquad d_3 : y = \frac{3}{7}x + \frac{11}{7}$

a) Tracer ces droites à l'écran d'une calculatrice. Que peut-on conjecturer ?

b) Confirmer ou infirmer cette conjecture par le calcul.

78 Centre de gravité

Dans un repère, on donne les points :

A (3 ; 1), B (–1 ; 1), G $\left(0 ; \frac{1}{4}\right)$, C (–1 ; –2).

a) Déterminer les coordonnées du point C′ milieu du segment [AB].

b) En déduire l'équation de la droite (CC′).

c) Le point G est-il centre de gravité du triangle ABC ? Justifier.

79 Les presse-papiers

L'unité de longueur est le centimètre.

Les schémas ci-dessous représentent deux presse-papiers.

Le modèle 1 est une pyramide régulière à base carrée.

Le modèle 2 est constitué de deux parallélépipèdes rectangles posés l'un sur l'autre.

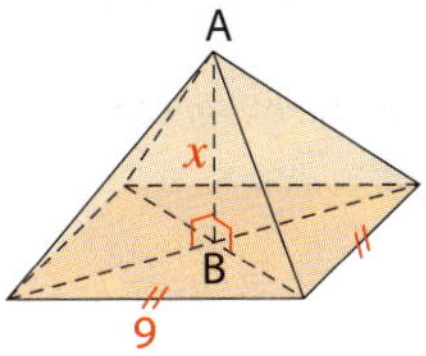

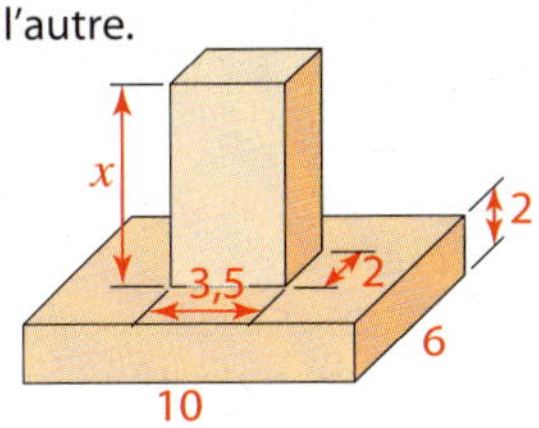

1. Dans cette question $x = 8$.

Calculer le volume de chaque presse-papiers (l'unité de volume est le cm³).

2. Exprimer, en fonction de x, le volume du modèle 1 et le volume du modèle 2 (l'unité de volume est le cm³).

3. Dans un repère, tracer les droites d_1 et d_2 d'équations $y = 27x$ et $y = 7x + 120$ (*unités graphiques:* 1 cm sur l'axe des abscisses et 1 cm pour 20 cm³ sur l'axe des ordonnées).

a) Résoudre le système $\begin{cases} y = 27x \\ y = 7x + 120 \end{cases}$

b) Que signifient les valeurs de x et y trouvées pour les deux presse-papiers ?

c) Quelles sont les coordonnées du point d'intersection de d_1 et d_2 ?

80 Le trapèze complet

1. a) Dans un repère, placer les points :

A(−2;3), B(0;1), C(−2;−9) et D(−8;−3).

b) Que peut-on dire du quadrilatère ABCD ? Justifier.

2. Ω est le point d'intersection des droites (AD) et (BC).

a) Écrire l'équation de la droite (AD), puis de la droite (BC).

b) Déterminer par le calcul, puis vérifier graphiquement les coordonnées de Ω.

3. Ω' est le point d'intersection des droites (AC) et (BD). Déterminer par le calcul, puis vérifier graphiquement les coordonnées de Ω'.

4. I est le milieu de [AB] et K est le milieu de [CD].

a) Calculer les coordonnées de I et K.

b) Donner l'équation de la droite (IK).

c) Ω et Ω' sont-ils alignés avec I et K ?

81 Aire d'un parallélogramme

a) Dans un repère orthonormé, tracer les droites Δ et Δ', d'équations respectives : $y = x + 1$ et $y = -2x + 7$.

b) Justifier le fait que Δ et Δ' sont sécantes ; lire les coordonnées de leur point d'intersection, noté A ; faire une vérification par le calcul.

c) Δ coupe l'axe des ordonnées en D et Δ' coupe l'axe des ordonnées en B.

Quelles sont les coordonnées de D et de B ?

d) Trouver les coordonnées du point C tel que ABCD soit un parallélogramme.

Calculer l'aire de ABCD.

82 Travailler en groupe — Parallèles ou sécantes ?

1. a) Dans un repère orthonormé d'origine O, placer les points A (3 ; 0), B (0 ; 5), I (1 ; 0), J (0 ; 1) et K (1 ; 1).

b) A' est le point d'intersection de la droite (JK) et de la parallèle à la droite (OJ) passant par A.

B' est le point d'intersection de la droite (IK) et de la parallèle à la droite (OI) passant par B.

Donner les coordonnées de A' et B'.

c) Trouver l'équation de la droite (AB'), puis de la droite (BA').

Justifier que ces droites sont sécantes et que le point $L\left(\frac{15}{7};\frac{15}{7}\right)$ est leur point d'intersection.

d) Démontrer que le point L appartient à la droite (OK).

2. On prend maintenant les points A (3 ; 0) et B (0 ; −2).

a) Reprendre la question **1. b)**.

b) Montrer que cette fois, les droites (AB'), (BA') et (OK) sont parallèles.

83 Travailler en groupe — Position relative de deux droites

Dans un repère, on considère les points :

A(1;5), B(8;5), C(8;1), D(1;1).

E est le symétrique de B par rapport à A et F est le symétrique de B par rapport à C.

1. Faire une figure.

2. Dans cette question, G est le point de coordonnées (1 ; 2) du segment [AD].

a) Placer G.

Tracer les droites (BG) et (CD) ; placer leur point d'intersection H.

b) Tracer les droites (EG) et (HF). Quelle semble être leur position relative ?

c) Donner l'équation de la droite (BG), puis les coordonnées de H et les équations des droites (EG) et (HF).

d) Votre conjecture de la question **b)** est-elle exacte ?

3. Dans cette question, G est le point de coordonnées (1 ; a) avec $1 < a < 5$.

Ainsi G est un point de [AD].

Quel que soit ce point G, et avec les notations de la question **2.**, les droites (EG) et (HF) sont-elles parallèles ?

PROBLÈMES OUVERTS

84 **Droites perpendiculaires**

a) Énoncer plusieurs théorèmes vus au collège permettant de démontrer que deux droites sont perpendiculaires.

b) Dans un repère orthonormé, on considère deux droites passant par l'origine du repère et de coefficients directeurs respectifs m et m'.

À quelle condition ces deux droites sont-elles perpendiculaires ?

85 B2i L 1-4 **Une autre équation : $ax + by + c = 0$**

Les logiciels de géométrie permettent l'écriture des équations de droites sous différentes formes :

« $x = c$ »

« $y = mx + p$ »

ou « $ax + by + c = 0$ ».

a) Expérimenter avec un logiciel.

Comparer les différentes équations retournées par le logiciel.

b) Énoncer un résultat et en proposer une démonstration.

Des défis

86 Travailler en groupe **Même aire ?**

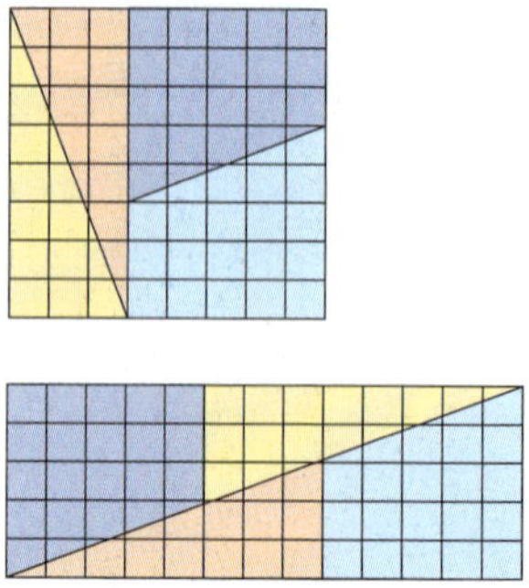

On demande de réagir à la proposition suivante : « Un simple découpage (visualisé par les quatre couleurs) montre que ce carré et ce rectangle ont même aire. »

87 **Coefficient directeur et angle**

Dans un repère orthonormé, d est la droite d'équation :

$$y = 3x + 5.$$

Avec la calculatrice, déterminer la valeur approchée par excès au degré près, de l'angle aigu que fait cette droite avec l'axe des abscisses.

SUJET D'EXPOSÉ

MPS Méthodes et pratiques scientifiques

Dans un milieu homogène et transparent, la lumière se propage en ligne droite.

Les rayons lumineux parallèles deviennent concourants après avoir traversé une lentille convergente.

→ Rechercher sur Internet des domaines d'application de la lentille convergente, et une animation montrant la construction de l'image d'un objet par une telle lentille.

→ Lors d'un exposé, présenter vos résultats à la classe.

Montrer comment construire cette image avec les outils traditionnels de la géométrie, et comment comparer la taille de l'objet et celle de son image.

Chapitre 10

Vecteurs et problèmes

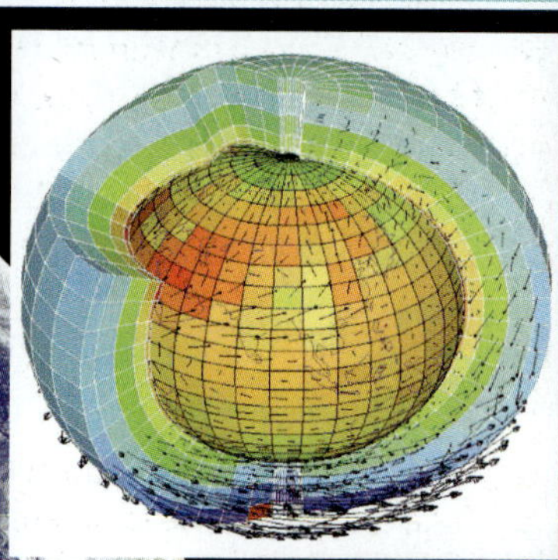

Pour prévoir la météo, les ordinateurs effectuent un découpage de l'atmosphère en boîtes d'environ 50 km de côté et quelques dizaines de mètres de hauteur. Du centre de chaque boîte part un vecteur prenant en compte vitesse du vent, température, humidité, pression, nuages…

Énigme ★

Une frise est constituée par une figure d'une forme curieuse qui se répète 40 fois.

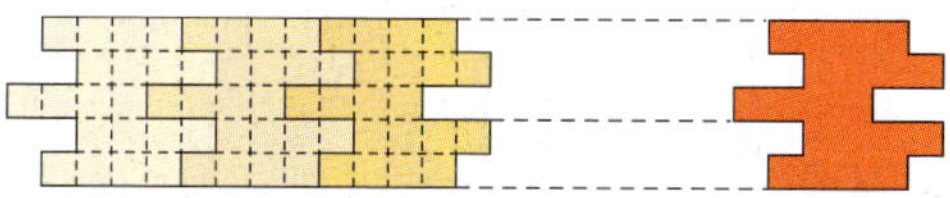

➤ *Sachant qu'un petit carreau représente 1 cm, quel est le périmètre de la frise ainsi construite ?*

D'après Tangente, *Hors-série n° 35*

Énigme ★★

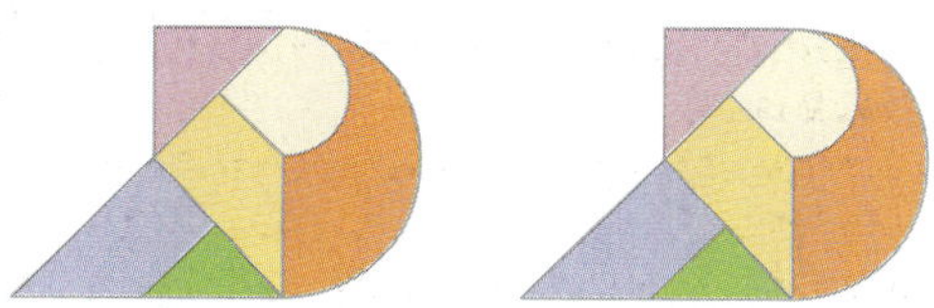

Figure 1 **Figure 2**

➤ *Peut-on, à l'aide de symétrie(s) axiale(s), passer de la figure 1 à la figure 2 ?*

1 Reconnaître la nature d'un quadrilatère

Formulaire p. 288, thème 16

$\mathscr{C}_1$ et $\mathscr{C}_2$ sont deux cercles de centre O et de diamètres respectifs [PQ] et [MN].
Quelle est la nature du quadrilatère MPNQ ?

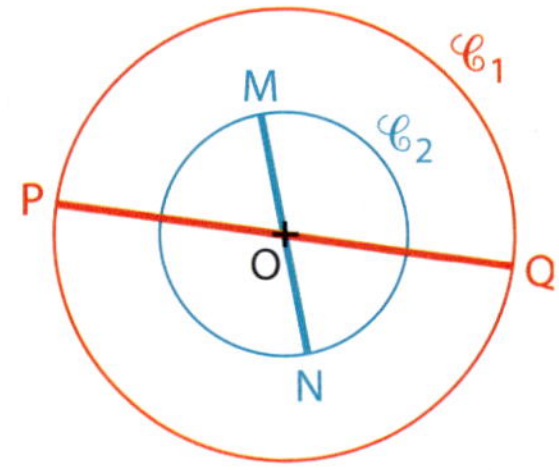

2 Reconnaître un quadrilatère

Formulaire p. 288, thème 16

E, F, G, H sont quatre points tels que : (EF) // (GH) et (EH) // (FG).
Quelle est la nature du quadrilatère EFGH ?

3 Compléter une figure

Formulaire p. 288, thème 16

ABCD est un parallélogramme qui a été partiellement tracé.
Construire le sommet C manquant :

a) avec un compas ; **b)** en utilisant un milieu.

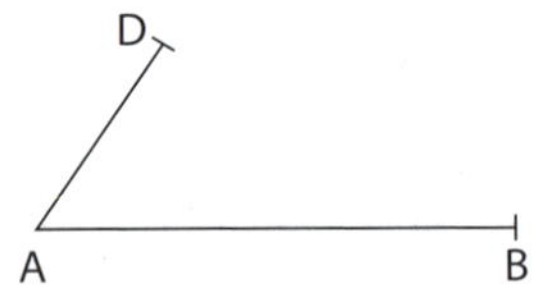

4 Construire l'image d'un triangle par une symétrie axiale

Formulaire p. 289, thème 19

Reproduire la figure ci-contre, puis construire l'image du triangle EFG par la symétrie d'axe ∅.

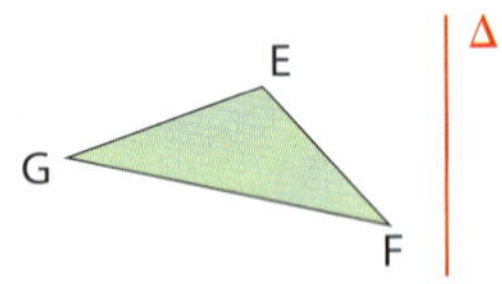

5 Lire des coordonnées

Formulaire p. 289, thème 18

Dans le repère ci-contre, quelles sont les coordonnées des points A, B et C ?

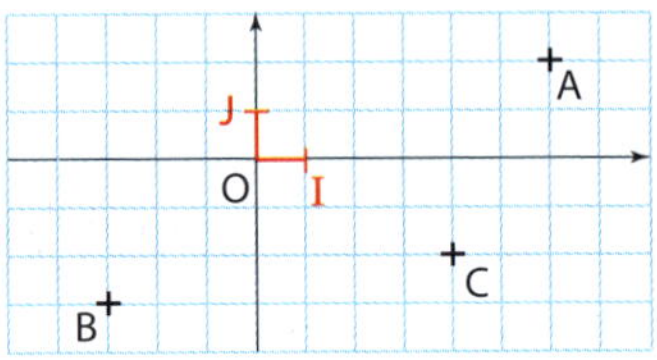

6 Reconnaître un tableau de proportionnalité

On a mesuré l'envergure et la taille, en cm, de certains rapaces.
Est-ce un tableau de proportionnalité ?

Envergure	100	70	50	40
Taille	40	17,5	16	12

7 Compléter un tableau de proportionnalité

Le tableau ci-contre est un tableau de proportionnalité.
Calculer x et y.

x	10	3
2	4	y

Vérifier les réponses p. 296

Objectif
Introduire la notion de translation et de vecteur associé.

B2i L2-4

1 Exploration d'un nouvel outil

a) Avec un logiciel de géométrie dynamique, placer des points libres A, B, C, D, M.

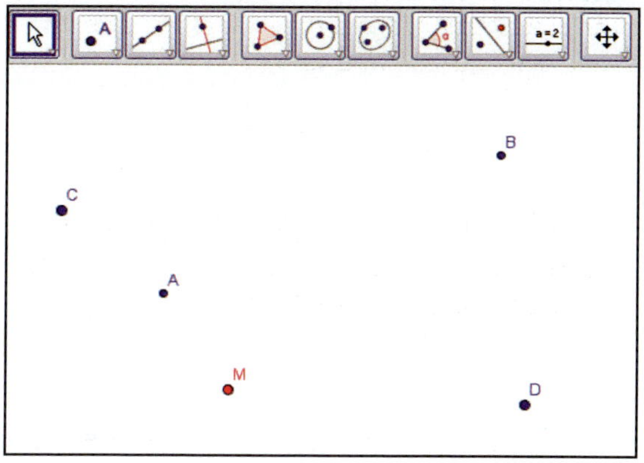

Note
Avec GeoGebra, on peut utiliser « Relation entre deux objets » $a \overset{?}{=} b$ pour tester l'égalité des vecteurs $\overrightarrow{AB}$ et $\overrightarrow{CD}$.

b) Par définition, **la translation qui transforme A en B** associe, à tout point M du plan, le point N tel que [BM] et [AN] aient le même milieu.
- Construire ce point N. Quelle est la nature du quadrilatère ABNM ?
- Déplacer le point M sur la droite (AB). Que constate-t-on ?

c) Le logiciel possède une instruction « Translation », mais pour l'utiliser il faut créer d'abord **un vecteur**.
Créer le vecteur $\overrightarrow{AB}$ puis créer le point M′ associé au point M par la translation de vecteur $\overrightarrow{AB}$. Que constate-t-on ?

d) Créer le vecteur $\overrightarrow{CD}$ et le point M_1 associé à M par la translation de vecteur $\overrightarrow{CD}$.

e) Déplacer les points C et D de façon que M_1 et M′ soient confondus. Lorsque cela se produit, conjecturer la nature du quadrilatère ABCD. Démontrer cette conjecture.

Objectif
À l'aide des translations, définir les coordonnées d'un vecteur.

B2i L2-4

2 Coordonnées d'un vecteur

a) Avec le logiciel de géométrie GeoGebra, faire la figure ci-contre où M est le point associé à l'origine O du repère par la translation de vecteur $\overrightarrow{AB}$.

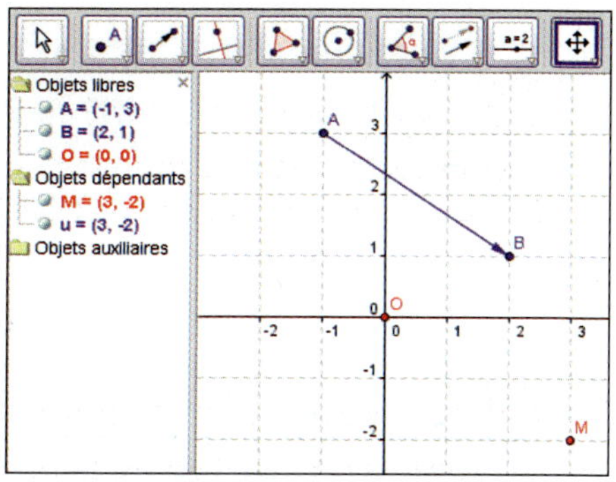

b) Noter dans la « Fenêtre Algèbre » que les coordonnées du vecteur $\vec{u} = \overrightarrow{AB}$ sont les mêmes que celles du point M.
Créer un autre vecteur $\overrightarrow{CD}$ de coordonnées (3 ; –2).

c) Créer un point E tel que le vecteur $\overrightarrow{AE}$ ait pour coordonnées (–5 ; 2).

d) Créer un point F tel que le vecteur $\overrightarrow{AF}$ ait pour coordonnées (–2 ; – 4).

e) Placer le point N de coordonnées (10 ; –3) et construire le point N′ tel que $\overrightarrow{NN'} = \overrightarrow{AB}$.

f) On donne les points R(–1 ; – 4) et S (– 4 ; 6).
Conjecturer les coordonnées du vecteur $\overrightarrow{RS}$. Vérifier la conjecture en plaçant R et S.

Notion de vecteur

1 Translation de vecteur $\overrightarrow{AB}$

DÉFINITION A et B désignent deux points du plan.
La **translation qui transforme A en B** associe à tout point C du plan l'unique point D tel que les segments [BC] et [AD] ont le même milieu.

1er cas : C $\notin$ (AB)

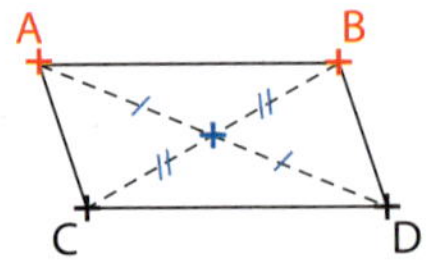

D est le point tel que ABDC est un parallélogramme.

2e cas : C $\in$ (AB)

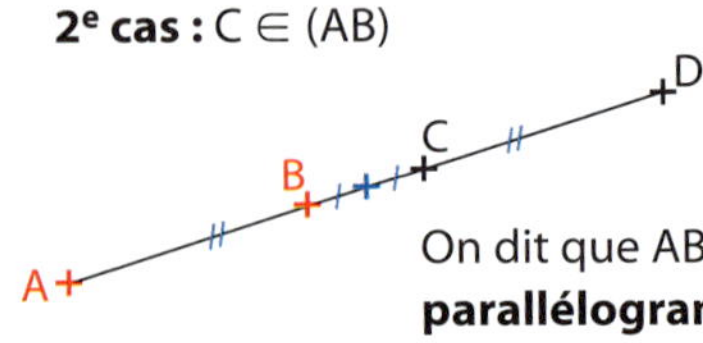

On dit que ABDC est **un parallélogramme aplati**.

DÉFINITION La translation qui transforme A en B est appelée la **translation de vecteur $\overrightarrow{AB}$**.

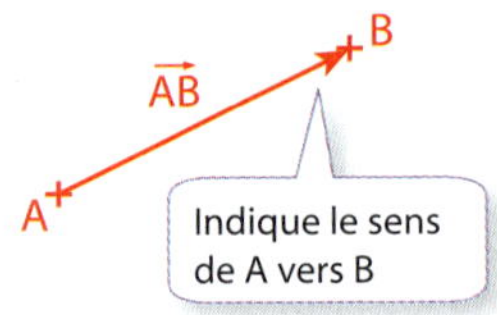

2 Vecteurs égaux

On note D le point associé à C par la translation de vecteur $\overrightarrow{AB}$. Alors, à tout point M, la translation de vecteur $\overrightarrow{AB}$ et la translation de vecteur $\overrightarrow{CD}$ associent le même point N.
En effet, si ABDC et ABNM sont des parallélogrammes, on montre alors que CDNM est aussi un parallélogramme.

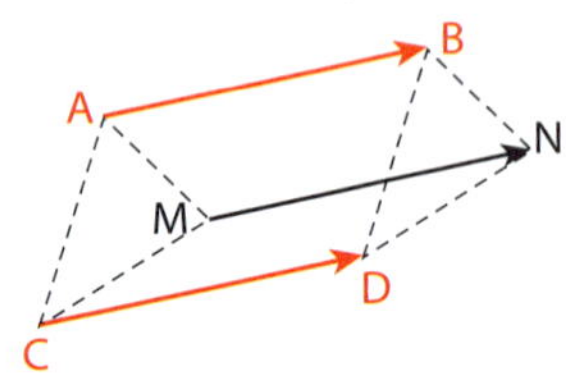

ABDC parallélogramme

DÉFINITION Dire que les deux vecteurs $\overrightarrow{AB}$ et $\overrightarrow{CD}$ sont égaux signifie que la translation qui transforme A en B, associe au point C le point D. On note $\overrightarrow{AB} = \overrightarrow{CD}$.

Note
Cette propriété résulte immédiatement de ce qui précède.

PROPRIÉTÉ Deux vecteurs $\overrightarrow{AB}$ et $\overrightarrow{CD}$ sont égaux si, et seulement si, le quadrilatère ABDC est un parallélogramme, éventuellement aplati.

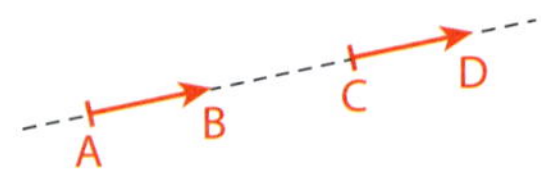

ABDC parallélogramme aplati

Représentants d'un vecteur

La translation de vecteur $\overrightarrow{AB}$ transforme aussi C en D et E en F :

$$\overrightarrow{AB} = \overrightarrow{CD} = \overrightarrow{EF}$$

On dit que $\overrightarrow{AB}, \overrightarrow{CD}, \overrightarrow{EF}, \ldots$ sont des représentants d'un même vecteur que l'on peut également noter $\vec{u}$, par exemple.

Note
On parle alors de translation de vecteur $\vec{u}$.

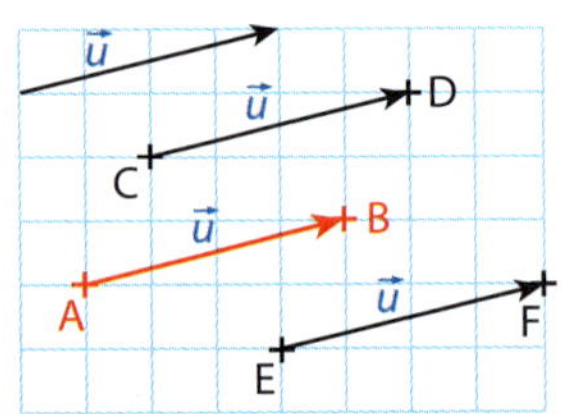

$\vec{u} = \overrightarrow{AB} = \overrightarrow{CD} = \overrightarrow{EF}$

Vecteurs particuliers

- Le **vecteur nul**, noté $\vec{0}$, est associé à la translation qui transforme A en A, B en B, C en C… Ainsi : $\vec{0} = \overrightarrow{AA} = \overrightarrow{BB} = \ldots$
- Le **vecteur opposé** au vecteur $\overrightarrow{AB}$ est le vecteur associé à la translation qui transforme B en A ; c'est le vecteur $\overrightarrow{BA}$.

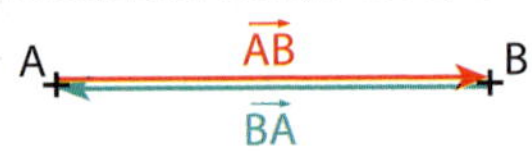

Exercice résolu 1 Construire un représentant d'un vecteur

Voir aussi les exercices 4 à 6, page 204

Animations numériques

Énoncé

Construire le représentant :

- d'origine C du vecteur $\overrightarrow{AB}$ en utilisant un milieu ;
- d'extrémité N du vecteur $\overrightarrow{AB}$ en utilisant le compas.

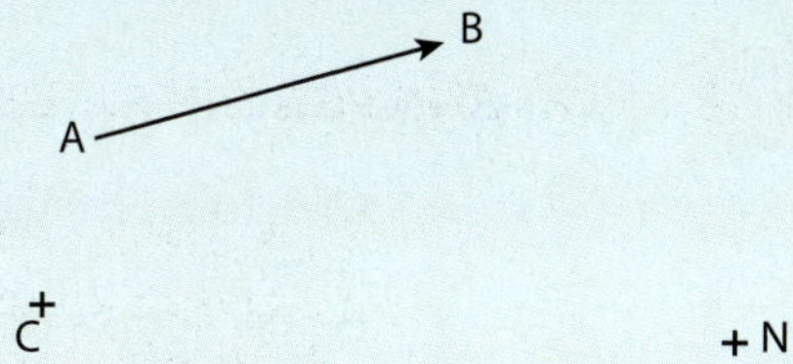

Solution

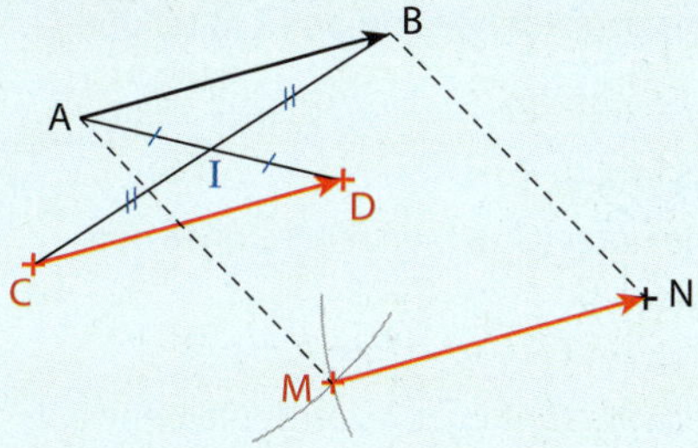

MÉTHODE

- **Vecteur $\overrightarrow{CD}$**

1. On construit le milieu I de [BC].
2. On construit le point D tel que I soit le milieu de [AD].

- **Vecteur $\overrightarrow{MN}$**

1. On trace le cercle de centre A et de rayon BN.
2. On trace le cercle de centre N et de rayon AB.
3. On note M celui des deux points d'intersection des arcs tels que ABNM soit un parallélogramme.

Exercice résolu 2 Utiliser des vecteurs pour démontrer

Voir aussi les exercices 8 à 11, page 204

Énoncé

A, B, O, O' sont quatre points distincts. C et D sont les symétriques respectifs de A et B par rapport à O. E et F sont les symétriques respectifs de A et B par rapport à O'.
Démontrer que DCEF est un parallélogramme.

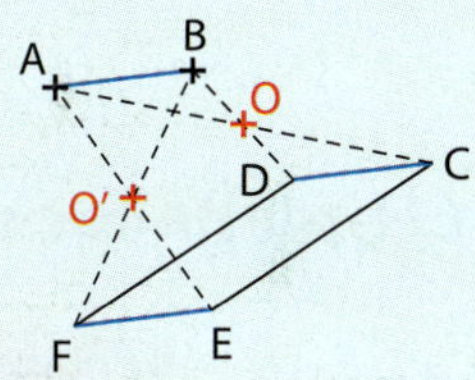

Solution

(1) [AC] et [BD] se coupent en leur milieu O, donc ABCD est un parallélogramme.
D'où $\overrightarrow{AB} = \overrightarrow{DC}$.
(2) On montre de la même façon que :
$$\overrightarrow{AB} = \overrightarrow{FE}.$$
(3) Donc $\overrightarrow{DC} = \overrightarrow{FE}$, ce qui permet d'affirmer que DCEF est un parallélogramme.

MÉTHODE

Pour démontrer que DCEF est un parallélogramme, on peut démontrer que $\overrightarrow{DC} = \overrightarrow{FE}$.
C'est une nouvelle méthode pour démontrer qu'un quadrilatère est un parallélogramme.

Logique

Dans cet exercice, on utilise « dans les deux sens » la propriété énoncée en « si, et seulement si » au paragraphe 2 du cours.
Aux étapes **(1)** et **(2)** : on a un parallélogramme, donc on en déduit des vecteurs égaux.
À l'étape **(3)** : on a des vecteurs égaux, donc on en déduit un parallélogramme.

Coordonnées d'un vecteur

1 Coordonnées d'un vecteur

(O ; I, J) est un repère et $\vec{u}$ est un vecteur donné. La translation de vecteur $\vec{u}$ associe au point O un unique point M. On sait que $\vec{u} = \overrightarrow{OM}$.

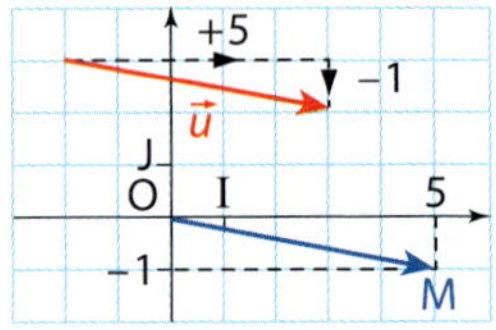

Le vecteur $\vec{u}$ a pour coordonnées (5 ; − 1).

Note
Les coordonnées du vecteur nul $\vec{0}$ sont (0 ; 0).

DÉFINITION Dans un repère (O ; I, J), les coordonnées d'un vecteur $\vec{u}$ sont les coordonnées du point M tel que $\vec{u} = \overrightarrow{OM}$.

Autre notation d'un repère
Bien souvent, au lieu de noter (O ; I, J) un repère, on le note $(O ; \vec{i}, \vec{j})$ avec $\vec{i} = \overrightarrow{OI}$ et $\vec{j} = \overrightarrow{OJ}$.

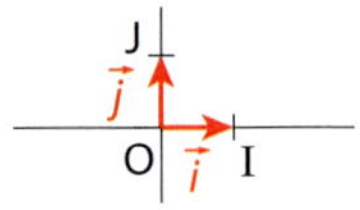

PROPRIÉTÉ Deux vecteurs sont égaux si, et seulement si, ils ont les mêmes coordonnées dans un repère.

Autrement dit, dans un repère, **les vecteurs $\vec{u}(x ; y)$ et $\vec{v}(x' ; y')$ sont égaux, si, et seulement si, $x = x'$ et $y = y'$.**

DÉMONSTRATION
La translation de vecteur $\vec{u}$ associe, au point O, le point M.
La translation de vecteur $\vec{v}$ associe, au point O, le point M'.
Ainsi, $\vec{u} = \vec{v}$ si, et seulement si, M = M', c'est-à-dire M et M' ont les mêmes coordonnées, autrement dit $\vec{u}$ et $\vec{v}$ ont les mêmes coordonnées.

2 Coordonnées du vecteur $\overrightarrow{AB}$

PROPRIÉTÉ Dans un repère, $A(x_A ; y_A)$ et $B(x_B ; y_B)$ sont deux points.
Les coordonnées du vecteur $\overrightarrow{AB}$ sont $(\boldsymbol{x_B - x_A ; y_B - y_A})$.

DÉMONSTRATION
Dans un repère $(O ; \vec{i}, \vec{j})$, on note M le point tel que $\overrightarrow{AB} = \overrightarrow{OM}$ c'est-à-dire tel que les segments [OB] et [AM] ont le même milieu I.

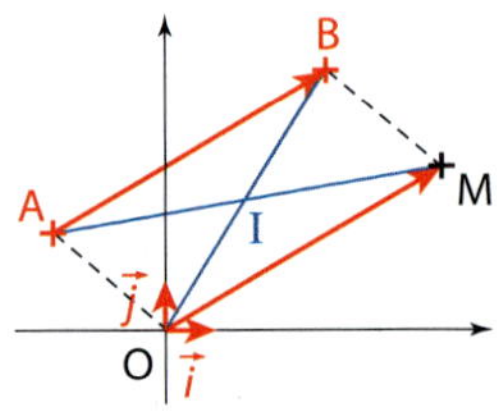

$x_I = \frac{x_B}{2}$ et $y_I = \frac{y_B}{2}$. Or, on a aussi $x_I = \frac{x_A + x_M}{2}$ et $y_I = \frac{y_A + y_M}{2}$.

On en déduit que $x_M = 2x_I - x_A = 2\frac{x_B}{2} - x_A = x_B - x_A$.

De même, $y_M = y_B - y_A$. Or le vecteur $\overrightarrow{AB}$ a pour coordonnées celles de M c'est-à-dire $(x_B - x_A ; y_B - y_A)$.

EXEMPLE
A(−15 ; 50), **B(28 ; 26)**. Les coordonnées du vecteur $\overrightarrow{AB}$ sont (43 ; −24).
En effet : $x_B - x_A = 28 - (-15) = 43$ et $y_B - y_A = 26 - 50 = -24$

abscisse de l'extrémité – abscisse de l'origine — *ordonnée de l'extrémité – ordonnée de l'origine*

Les méthodes

Exercice résolu 1 Représenter un vecteur de coordonnées connues

➤ *Voir aussi les exercices 12 et 13, page 205*

Énoncé

Dans le repère ci-contre :

a) lire les coordonnées du vecteur $\vec{u}$;

b) construire un représentant du vecteur $\vec{v}$ de coordonnées (– 4 ; –3).

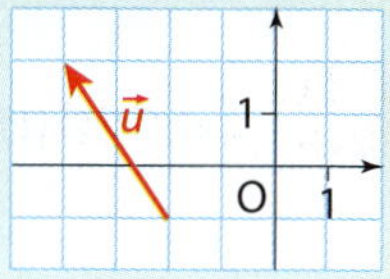

Solution

a) 1re méthode

On place le point M tel que $\vec{u} = \overrightarrow{OM}$ et on lit les coordonnées de M.

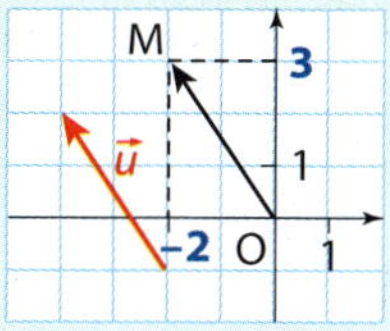

2e méthode

On lit les déplacements en abscisse et en ordonnée pour aller de l'origine à l'extrémité de $\vec{u}$.

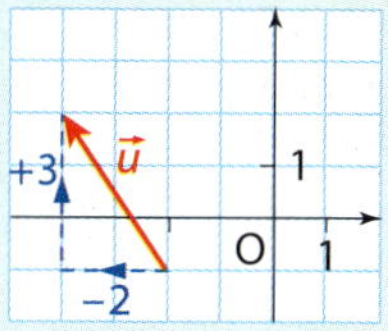

Le vecteur $\vec{u}$ a pour coordonnées (–2 ; 3).

b) On place le point N de coordonnées (– 4 ; –3).

On trace le vecteur $\overrightarrow{ON}$, c'est un représentant du vecteur $\vec{v}$.

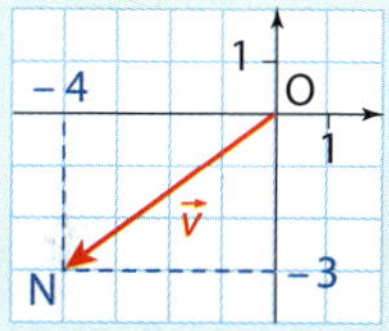

Exercice résolu 2 Démontrer avec les coordonnées

➤ *Voir aussi les exercices 16 à 18, page 205*

Énoncé

A, B, C, D sont les points marqués dans le repère ci-contre.

a) Lire les coordonnées de A, B, C, D.

b) Démontrer que le quadrilatère ABCD est un parallélogramme.

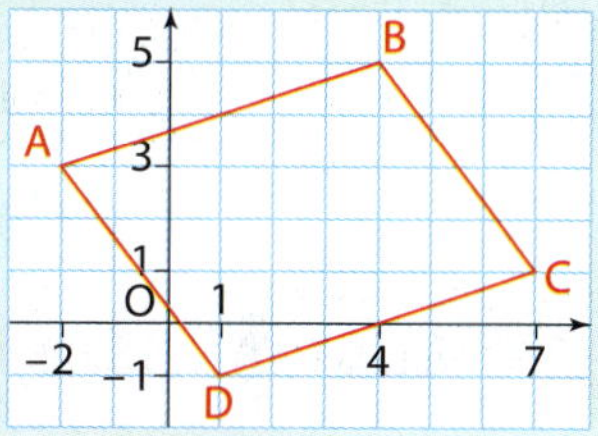

Solution

a) A(–2 ; 3), B(4 ; 5), C(7 ; 1), D(1 ; –1).

b) • Coordonnées de $\overrightarrow{AB}$:

$$4 - (-2) = 6 \quad \text{et} \quad 5 - 3 = 2.$$

Donc $\overrightarrow{AB}$ a pour coordonnées (6 ; 2).

• Coordonnées de $\overrightarrow{DC}$:

$$7 - 1 = 6 \quad \text{et} \quad 1 - (-1) = 2.$$

Donc $\overrightarrow{DC}$ a pour coordonnées (6 ; 2).

• $\overrightarrow{AB}$ et $\overrightarrow{DC}$ ont les mêmes coordonnées, donc $\overrightarrow{AB} = \overrightarrow{DC}$ et ABCD est un parallélogramme.

MÉTHODE

Voici deux autres méthodes pour démontrer que ABCD est un parallélogramme :

• on établit que $\overrightarrow{AD} = \overrightarrow{BC}$.
On peut vérifier que ces vecteurs ont pour coordonnées (3 ; – 4) ;

• on établit que le milieu I de [AC] et le milieu J de [BD] sont confondus.
On peut vérifier que ces points I et J ont pour coordonnées $\left(\frac{5}{2} ; 2\right)$.

Addition de vecteurs

1 Somme de vecteurs

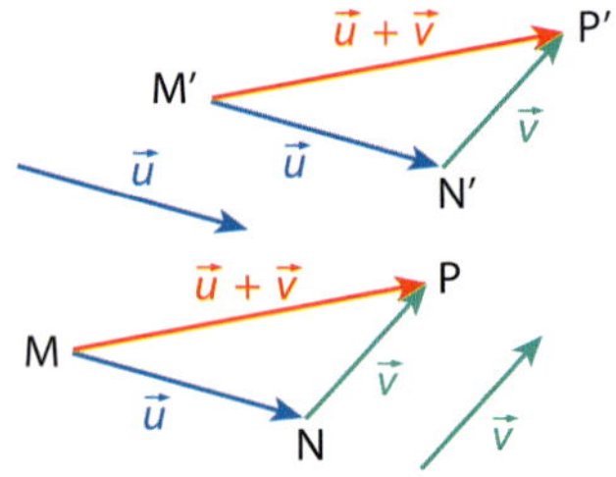

$\vec{u}$ et $\vec{v}$ désignent deux vecteurs et M un point.
La translation de vecteur $\vec{u}$ associe à M, le point N.
La translation de vecteur $\vec{v}$ associe à N, le point P.
La translation qui transforme M en P est dite translation de vecteur $\vec{u}+\vec{v}$.

DÉFINITION La somme de deux vecteurs $\vec{u}$ et $\vec{v}$ est le vecteur associé à la translation résultant de l'enchaînement des translations de vecteur $\vec{u}$ et de vecteur $\vec{v}$. On note ce vecteur $\vec{u}+\vec{v}$.

PROPRIÉTÉ Dans un repère, on donne les vecteurs $\vec{u}(a\,;b)$ et $\vec{v}(a';b')$.
Alors les coordonnées du vecteur $\vec{u}+\vec{v}$ sont $\boldsymbol{(a+a'\,;b+b')}$.

DÉMONSTRATION

Dans un repère d'origine O, la translation de vecteur $\vec{u}\ (a\,;b)$ associe au point O, le point M $(a\,;b)$.
La translation de vecteur $\vec{v}(a';b')$ associe au point M, le point N.
Alors $\vec{u}+\vec{v}=\overrightarrow{ON}$; on cherche donc les coordonnées de N.
Les coordonnées de $\overrightarrow{MN}$ sont $(x_N-a\,;y_N-b)$. Or $\overrightarrow{MN}=\vec{v}$ c'est-à-dire $x_N-a=a'$ et $y_N-b=b'$. Donc $x_N=a+a'$ et $y_N=b+b'$.
D'où $\vec{u}+\vec{v}(a+a';b+b')$.

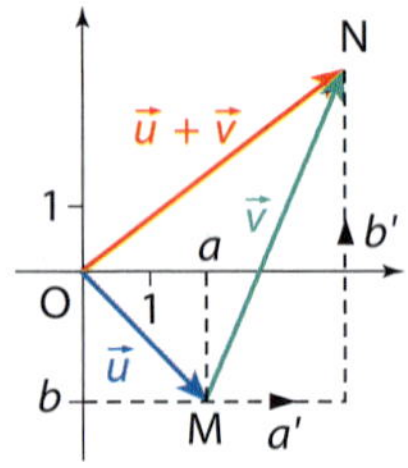

Note
Ces propriétés sont admises ici.
Pour une démonstration, voir l'exercice 61, page 209.

EXEMPLE

$\vec{u}(-3\,;5)$ et $\vec{v}(10\,;-8)$. Alors $\vec{u}+\vec{v}(7\,;-3)$.
En effet : $-3+10=7$ et $5+(-8)=-3$.

PROPRIÉTÉS Pour tous vecteurs $\vec{u}$, $\vec{v}$, $\vec{w}$:

(1) $\vec{u}+\vec{v}=\vec{v}+\vec{u}$ **(2)** $\vec{u}+\vec{0}=\vec{0}+\vec{u}=\vec{u}$ **(3)** $(\vec{u}+\vec{v})+\vec{w}=\vec{u}+(\vec{v}+\vec{w})$

2 Constructions géométriques

Pour construire géométriquement la somme de deux vecteurs $\vec{u}$ et $\vec{v}$, on peut procéder de l'une ou l'autre des façons suivantes.

Note
Michel Chasles (1793 ; 1880) était un mathématicien français. On a attribué son nom à cette relation pour honorer l'ensemble de ses travaux en géométrie. Mais cette relation était connue avant lui.

Relation de Chasles
$\overrightarrow{AB}+\overrightarrow{BC}=\overrightarrow{AC}$

On dispose « bout à bout » le représentant $\overrightarrow{AB}$ de $\vec{u}$ et le représentant $\overrightarrow{BC}$ de $\vec{v}$.

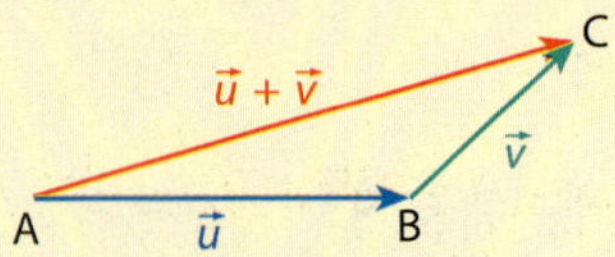

Règle du parallélogramme
On choisit des représentants $\overrightarrow{AB}$ de $\vec{u}$ et $\overrightarrow{AE}$ de $\vec{v}$ de même origine.
La somme $\vec{u}+\vec{v}$ est le vecteur $\overrightarrow{AS}$ tel que ABSE soit un parallélogramme.

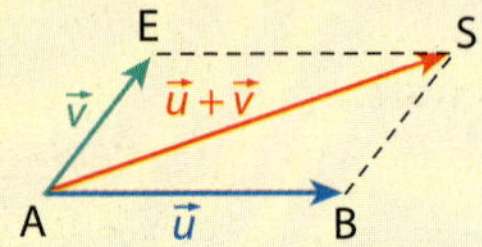

Exercice résolu 1 Utiliser les coordonnées de vecteurs

Voir aussi les exercices 19 à 21, page 205

Énoncé

Dans un repère, on donne les points A(1 ; 2), B(–1 ; –1), C(5 ; 4).
Déterminer les coordonnées du point M tel que $\overrightarrow{AM} = \overrightarrow{AB} + \overrightarrow{AC}$.

Solution

- $x_B - x_A = -1 - 1 = -2$ et $y_B - y_A = -1 - 2 = -3$.

Donc $\overrightarrow{AB}\,(-2 ; -3)$.

- $x_C - x_A = 5 - 1 = 4$ et $y_C - y_A = 4 - 2 = 2$.

Donc $\overrightarrow{AC}\,(4 ; 2)$.

- $-2 + 4 = 2$ et $-3 + 2 = -1$.

Donc $\overrightarrow{AB} + \overrightarrow{AC}\,(\mathbf{2} ; \mathbf{-1})$.

- Les coordonnées de $\overrightarrow{AM}$ sont $(x_M - 1 ; y_M - 2)$.

Donc : $x_M - 1 = \mathbf{2}$ et $y_M - 2 = \mathbf{-1}$

$x_M = 3$ et $y_M = 1$

Le point M a pour coordonnées (3 ; 1).

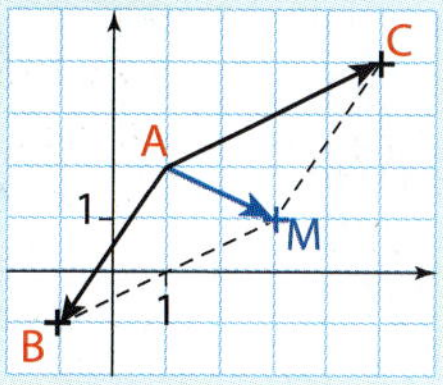

Exercice résolu 2 Construire géométriquement

Voir aussi les exercices 24 et 25, page 206

Énoncé

ABCD est un rectangle de centre I.
Construire le représentant d'origine C du vecteur $\vec{u} = \overrightarrow{AB} + \overrightarrow{CI} + \overrightarrow{BC}$.

Solution

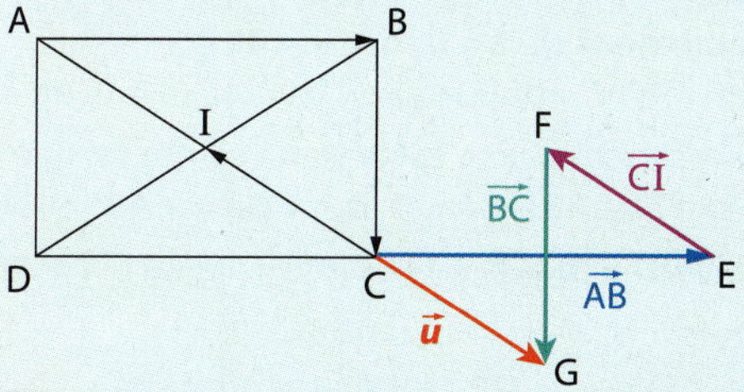

MÉTHODE

On construit :
- le représentant $\overrightarrow{CE}$ de $\overrightarrow{AB}$,
- le représentant $\overrightarrow{EF}$ de $\overrightarrow{CI}$,
- le représentant $\overrightarrow{FG}$ de $\overrightarrow{BC}$.

Alors, d'après la relation de Chasles :

$\vec{u} = \overrightarrow{CE} + \overrightarrow{EF} + \overrightarrow{FG} = \overrightarrow{CG}$

Exercice résolu 3 Réduire une somme de vecteurs

Voir aussi les exercices 28 à 30, page 206

Énoncé

Les notations sont celles de l'exercice résolu 2.
Démontrer que $\vec{u} = \overrightarrow{AI}$.

On dit que l'on réduit l'écriture de $\vec{u}$.

Solution

$\vec{u} = \overrightarrow{AB} + \overrightarrow{CI} + \overrightarrow{BC}$

$= \underbrace{\overrightarrow{AB} + \overrightarrow{BC}} + \overrightarrow{CI}$

$= \underbrace{\overrightarrow{AC} + \overrightarrow{CI}}$

$= \overrightarrow{AI}$

Remarque : On aurait pu aussi utiliser $\overrightarrow{BC} = \overrightarrow{AD}$ et $\overrightarrow{AB} + \overrightarrow{AD} = \overrightarrow{AC}$ (règle du parallélogramme). Alors $\vec{u} = \overrightarrow{AC} + \overrightarrow{CI} = \overrightarrow{AI}$.

Commentaires

- On peut intervertir l'ordre des vecteurs dans une somme.
- On utilise deux fois la relation de Chasles.

Note

À l'exercice résolu 2, on aurait pu commencer par réduire l'écriture de $\vec{u}$ et construire simplement le représentant de $\overrightarrow{AI}$ d'origine C.

Multiplication d'un vecteur par un réel

1 Produit d'un vecteur par un nombre réel

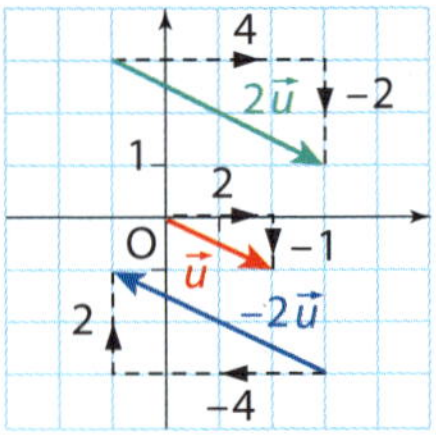

DÉFINITION λ désigne un réel et $\vec{u}(a\,;b)$ un vecteur dans un repère.
Le vecteur $\lambda\vec{u}$ est le vecteur de coordonnées $(\boldsymbol{\lambda a\,;\lambda b})$.

On admet que le vecteur $\lambda\vec{u}$ est indépendant du repère choisi.

PROPRIÉTÉ $\vec{u} = \overrightarrow{AB}$ est un vecteur non nul donné et λ est un réel.
Le point C tel que $\lambda\vec{u} = \overrightarrow{AC}$ est tel que :

- $C \in [AB]$ et $AC = \lambda AB$ **si $\boldsymbol{\lambda > 0}$**
- C est aligné avec A et B, mais $C \notin [AB]$ et $AC = -\lambda AB$ **si $\boldsymbol{\lambda < 0}$**

DÉMONSTRATION

On choisit un repère $(A\,;\overrightarrow{AB}, \vec{j})$. Alors $\vec{u}(1\,;0)$ et $\lambda\vec{u}(\lambda\,;0)$.

- **$\boldsymbol{\lambda > 0}$**

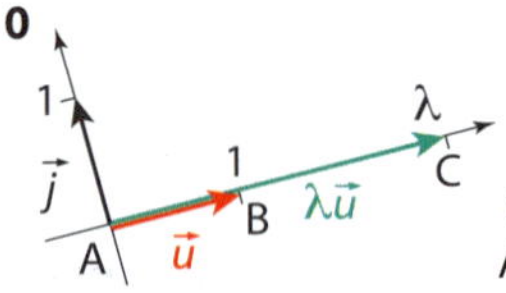

$C \in [AB]$
$AC = \lambda AB$

- **$\boldsymbol{\lambda < 0}$** $C \in (AB)$
$C \notin [AB]$
$AC = -\lambda AB$

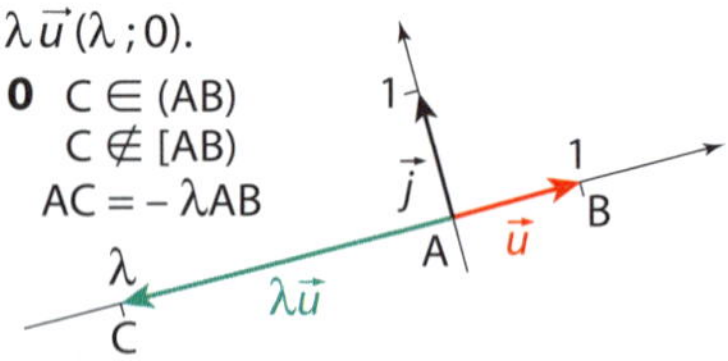

EXEMPLE

Dire que I est le milieu de [AB] revient à dire que $\overrightarrow{\mathbf{AB}} = \mathbf{2}\overrightarrow{\mathbf{AI}}$.

Les propriétés

- **$\boldsymbol{\lambda\vec{u} = \vec{0}}$ si, et seulement si, $\boldsymbol{\lambda = 0}$ ou $\boldsymbol{\vec{u} = \vec{0}}$.**

En effet $\lambda a = 0$ et $\lambda b = 0$ équivaut à $\lambda = 0$ ou $(a = 0$ et $b = 0)$ soit $\vec{u} = \vec{0}$.

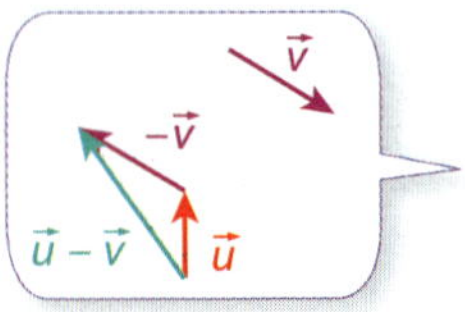

- Le vecteur $(-1)\vec{u}$ est noté $-\vec{u}$; c'est le seul vecteur tel que $\vec{u} + (-\vec{u}) = \vec{0}$.

En particulier, on sait que $\overrightarrow{AB} + \overrightarrow{BA} = \vec{0}$, donc $\overrightarrow{\mathbf{BA}} = -\overrightarrow{\mathbf{AB}}$.

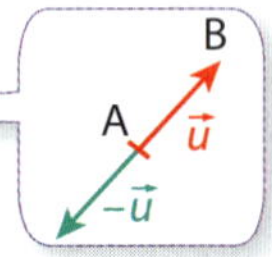

- On note $\boldsymbol{\vec{u} - \vec{v}}$ le vecteur $\boldsymbol{\vec{u} + (-\vec{v})}$.
- Pour tous vecteurs $\vec{u}$ et $\vec{v}$, pour tous réels λ et λ':

(1) $\lambda(\vec{u} + \vec{v}) = \lambda\vec{u} + \lambda\vec{v}$ **(2)** $(\lambda + \lambda')\vec{u} = \lambda\vec{u} + \lambda'\vec{u}$ **(3)** $(\lambda\lambda')\vec{u} = \lambda(\lambda'\vec{u})$

2 Vecteurs colinéaires

Note
Si $\lambda = 0$, alors $\vec{v} = \vec{0}$.
Or $\vec{v} \neq \vec{0}$ donc $\lambda \neq 0$.

DÉFINITION • Dire que deux vecteurs non nuls $\vec{u}$ et $\vec{v}$ sont **colinéaires** signifie qu'il existe un nombre réel λ tel que $\boldsymbol{\vec{v} = \lambda\vec{u}}$.
• Le vecteur nul est colinéaire à tout vecteur.

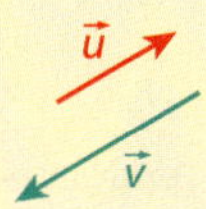

Note
Ces propriétés sont admises.

PROPRIÉTÉS • Trois points A, B, C sont alignés si, et seulement si, les vecteurs $\overrightarrow{AB}$ et $\overrightarrow{AC}$ sont colinéaires.

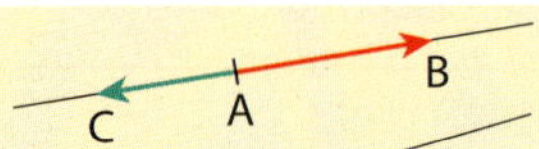

• Deux droites (AB) et (CD) sont parallèles si, et seulement si, les vecteurs $\overrightarrow{AB}$ et $\overrightarrow{CD}$ sont colinéaires.

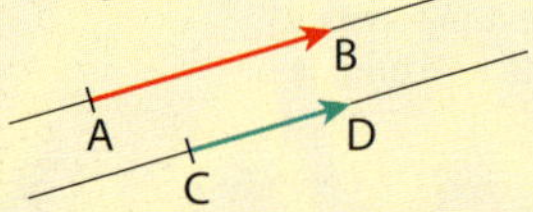

Exercice résolu 1 Placer un point défini par une égalité vectorielle

Voir aussi les exercices 33 à 35, page 206

Énoncé

ABC est un triangle équilatéral de côté 1,5 cm.

a) Placer le point D tel que $\overrightarrow{AD} = -2\overrightarrow{AB}$.

b) Placer le point E tel que $\overrightarrow{AE} = \frac{1}{2}\overrightarrow{BC}$.

Solution

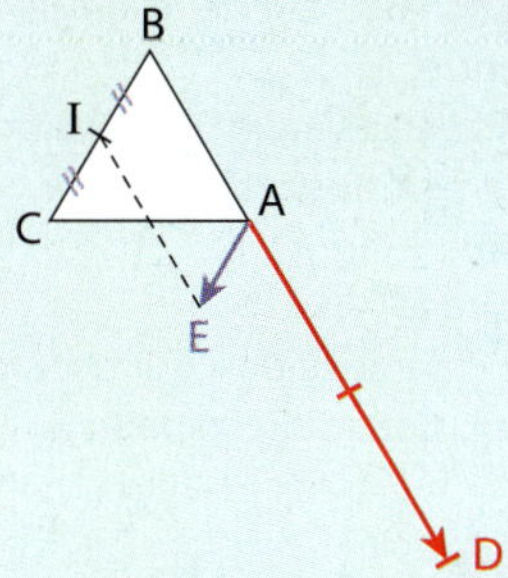

a) D est le point de la droite (AB) qui n'appartient pas à la demi-droite [AB) tel que AD = 2AB = 3 cm.

b) On note I le point tel que $\overrightarrow{BI} = \frac{1}{2}\overrightarrow{BC}$.

Alors I est le milieu du segment [BC].

On place le point E tel que $\overrightarrow{AE} = \overrightarrow{BI}$.

Remarque : Les vecteurs $\overrightarrow{AE}$ et $\overrightarrow{BC}$ sont colinéaires, donc les droites (AE) et (BC) sont parallèles.

Exercice résolu 2 Traduire par une égalité vectorielle

Voir aussi les exercices 37 à 40, page 206

Énoncé

ABC est un triangle. I, J, K sont les milieux respectifs des côtés [AB], [AC], [BC].

Établir une relation de la forme $\overrightarrow{BC} = \lambda\overrightarrow{IJ}$ avec λ réel.

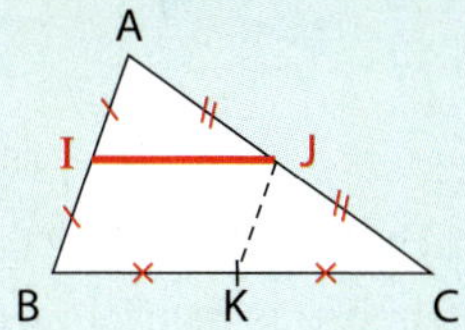

Solution

Le théorème des milieux permet d'affirmer que :

$$(BC) \,//\, (IJ) \quad \text{et} \quad BC = 2 \times IJ.$$

Donc les vecteurs $\overrightarrow{BC}$ et $\overrightarrow{IJ}$ sont colinéaires et il existe un réel λ tel que $\overrightarrow{BC} = \lambda\overrightarrow{IJ}$.

IJKB est un parallélogramme donc $\overrightarrow{IJ} = \overrightarrow{BK}$. Or K est le milieu de [BC] donc $\overrightarrow{BC} = 2\overrightarrow{BK}$.

Par conséquent, $\overrightarrow{BC} = 2\overrightarrow{IJ}$.

Exercice résolu 3 Démontrer l'alignement de trois points

Voir aussi les exercices 49 à 51, page 207

Énoncé

Dans un repère, on donne les points $A\left(-\frac{7}{2};-\frac{1}{2}\right)$; $B\left(\frac{1}{2};\frac{3}{2}\right)$; $C\left(\frac{5}{2};\frac{5}{2}\right)$.

Démonter que les points A, B, C sont alignés.

Solution

a) $\overrightarrow{AB}(4\,;2)$ et $\overrightarrow{AC}(6\,;3)$.

$6 = \frac{3}{2} \times 4$ et $3 = \frac{3}{2} \times 2$, donc $\overrightarrow{AB} = \frac{3}{2}\overrightarrow{AC}$.

Ainsi les vecteurs $\overrightarrow{AB}$ et $\overrightarrow{AC}$ sont colinéaires et les points A, B et C sont alignés.

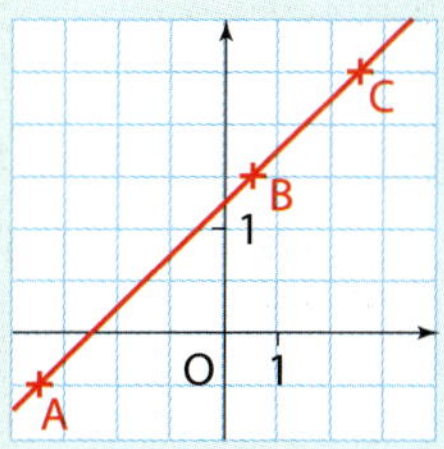

Exercices de base

Pour créer des automatismes

Notion de vecteur

1 ABC est le triangle ci-contre.

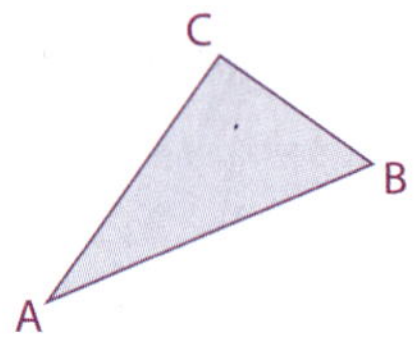

a) La translation qui transforme A en B, transforme C en D.
Faire la figure et construire le point D.
b) La translation qui transforme A en C, transforme B en E. Construire le point E.

2 La figure ci-dessous est constituée de parallélogrammes.

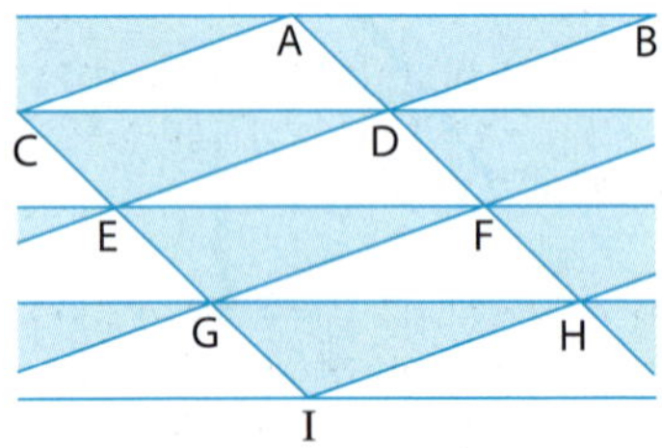

Déterminer le transformé de chacun des points A et E par la translation de vecteur :
a) $\overrightarrow{AB}$ **b)** $\overrightarrow{GI}$ **c)** $\overrightarrow{DH}$

3 ABCD est un rectangle de centre O.
Représenter les transformés des points A, B et O par la translation de vecteur :
a) $\overrightarrow{AB}$ **b)** $\overrightarrow{AD}$ **c)** $\overrightarrow{OC}$

4 ABCD est le quadrilatère ci-contre.

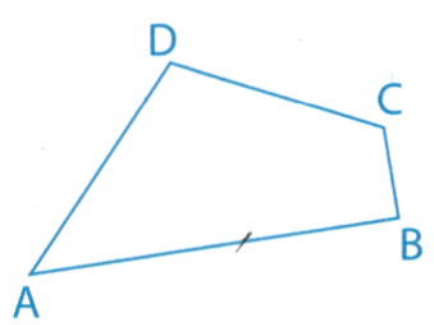

Faire la figure, puis construire :
a) le représentant d'origine D du vecteur $\overrightarrow{AC}$, en utilisant les milieux ;
b) le représentant d'extrémité A du vecteur $\overrightarrow{BC}$, en utilisant le compas.

Conseil : *se reporter à l'exercice résolu 1, page 197.*

5 Dire pour chaque affirmation, si elle est vraie ou fausse.
1. ABCD est un parallélogramme.
a) $\overrightarrow{AB} = \overrightarrow{CD}$ **b)** $\overrightarrow{BC} = \overrightarrow{AD}$ **c)** $\overrightarrow{AC} = \overrightarrow{BD}$

2. La translation qui transforme E en F, transforme aussi G en H.
a) EFGH est un parallélogramme.
b) [EG] et [FH] ont même milieu.
c) $\overrightarrow{EF} = \overrightarrow{GH}$.

6 La figure ci-contre est constituée de carrés.

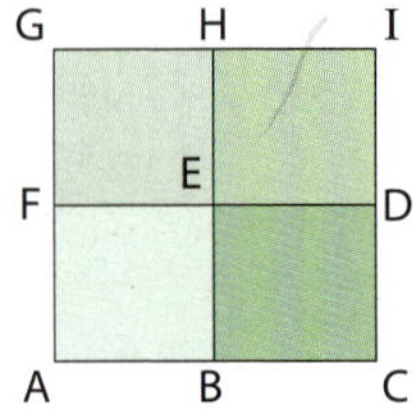

Déterminer le représentant d'origine :
a) F du vecteur $\overrightarrow{AB}$;
b) E du vecteur $\overrightarrow{BD}$;
c) D du vecteur $\overrightarrow{HF}$.

7 La figure ci-dessous est un assemblage d'hexagones réguliers.

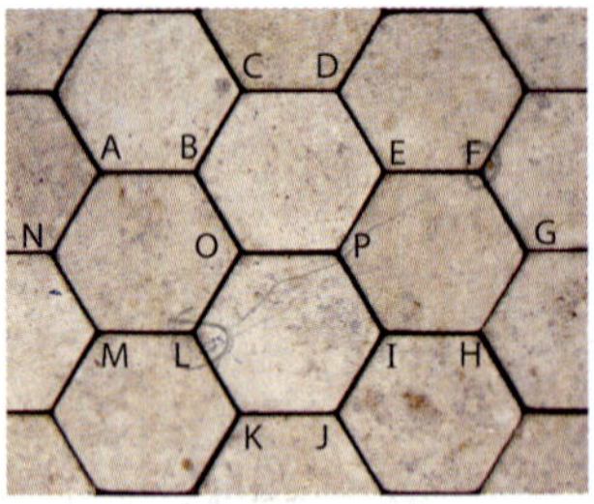

a) Citer deux vecteurs égaux à $\overrightarrow{LF}$.
b) Citer deux vecteurs égaux à $\overrightarrow{IJ}$.

8 ABCD et ABEF sont deux parallélogrammes.
Démontrer que CDFE est un parallélogramme.

Conseil : *se reporter à l'exercice résolu 2, page 197.*

9 ABCD est un parallélogramme.
I est le symétrique de B par rapport à A et J est le symétrique de D par rapport à C.
Démontrer que AICJ est un parallélogramme.

10 ABC est un triangle.
E et F sont les points tels que $\overrightarrow{CE} = \overrightarrow{BA}$ et $\overrightarrow{FB} = \overrightarrow{BC}$.
Quelle est la nature du quadrilatère AEBF ?

11 ABCD, ABDE, ACDF sont des parallélogrammes.
Démontrer que ADEF est un parallélogramme.

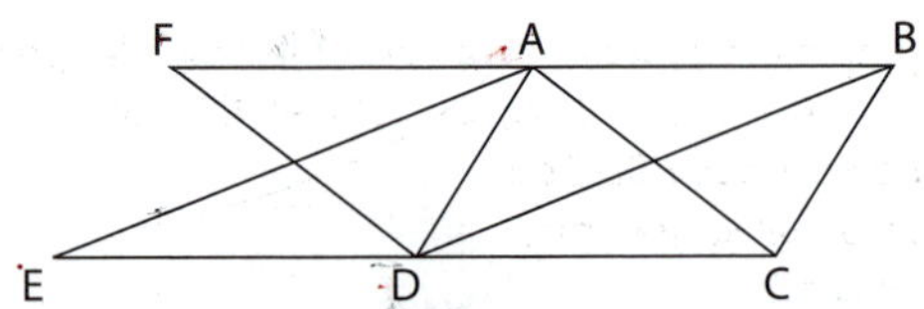

Coordonnées d'un vecteur

12 Lire les coordonnées des vecteurs $\overrightarrow{AB}, \overrightarrow{CD}, \overrightarrow{EF}, \overrightarrow{GH}$ dans le repère $(O ; \vec{i}, \vec{j})$ ci-dessous.

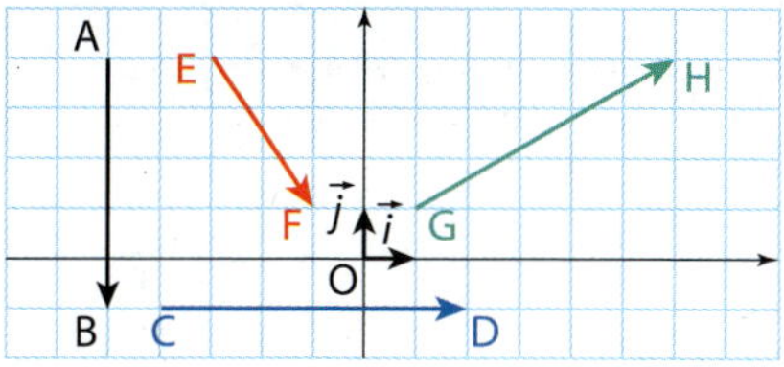

13 Dans un repère, représenter les vecteurs $\vec{u}(1 ; -2)$ et $\vec{v}(3 ; 4)$:

a) avec pour origine le point O ;

b) avec pour origine le point A(2 ; 2).

Conseil : se reporter à l'exercice résolu 1, page 199.

14 Dans un repère, on donne les points :

A(1 ; 2), B(−1 ; 3) et C(4 ; 6).

Calculer les coordonnées des vecteurs :

• $\overrightarrow{AB}$ • $\overrightarrow{BA}$ • $\overrightarrow{AC}$ • $\overrightarrow{BC}$

15 Dans un repère, on donne $\vec{u}(2 ; 3)$ et A(−1 ; 4).
Calculer les coordonnées du point B qui vérifie $\overrightarrow{AB} = \vec{u}$.

16 Dans un repère, on donne les points :

A(−2 ; 2), B(1 ; −3), C(9 ; −1) et D(6 ; 4).

a) Calculer les coordonnées des vecteurs :

• $\overrightarrow{AB}$ • $\overrightarrow{AD}$ • $\overrightarrow{AC}$ • $\overrightarrow{DC}$

b) Quelle est la nature du quadrilatère ABCD ?

c) Quelles sont les coordonnées du point d'intersection des diagonales [AC] et [BD] ?

Conseil : se reporter à l'exercice résolu 2, page 199.

17 Dans un repère, on considère les points :

A(−5 ; 1), B(−1 ; 3), C(5 ; 1) et D(1 ; −1).

a) Placer les points A, B, C, D.

b) Quelle est la nature du quadrilatère ABCD ? Justifier la réponse.

c) Quelles sont les coordonnées du point d'intersection des diagonales [AC] et [BD] ?

18 Dans un repère orthonormé, on donne les points :

A(−1 ; 1), B(3 ; 2), C(−2 ; 5) et D(2 ; 6).

Démontrer que ABDC est :

a) un parallélogramme,

b) un carré.

Addition de vecteurs

19 Dans un repère, on donne les points :

A(3 ; 3), B(2 ; −1) et C(5 ; 4).

Déterminer les coordonnées du point D tel que :

$$\overrightarrow{AD} = \overrightarrow{AB} + \overrightarrow{AC}.$$

Conseil : se reporter à l'exercice résolu 1, page 201.

20 Dans un repère, on donne les points :

A(−2 ; 4), B(−3 ; 5) et D(4 ; 6).

Déterminer les coordonnées du point C tel que ABCD soit un parallélogramme des deux façons suivantes :

a) utiliser l'égalité $\overrightarrow{AB} = \overrightarrow{DC}$;

b) utiliser l'égalité $\overrightarrow{AC} = \overrightarrow{AB} + \overrightarrow{AD}$.

21 Dans un repère, on considère les points :

E(−1 ; −2), F(3 ; −4) et G(4 ; 7).

a) Calculer les coordonnées du vecteur $\overrightarrow{EF} + \overrightarrow{EG}$.

b) En déduire les coordonnées du point H tel que EFHG soit un parallélogramme.

22 Dans un repère, on considère les points :

A(2 ; −1), B(3 ; 4) et C(−5 ; 2).

Calculer les coordonnées du point M tel que :

$$\overrightarrow{MA} + \overrightarrow{MB} + \overrightarrow{MC} = \vec{0}.$$

Aide : Noter (x ; y) les coordonnées de M et écrire les coordonnées de $\overrightarrow{MA}, \overrightarrow{MB}, \overrightarrow{MC}$.

Traduire l'égalité ci-dessus par une équation d'inconnue x et une équation d'inconnue y.

23 En Physique, une force est représentée par un vecteur. Un système est en équilibre lorsque la somme des forces qui s'exercent sur ce système est égale au vecteur nul $\vec{0}$.

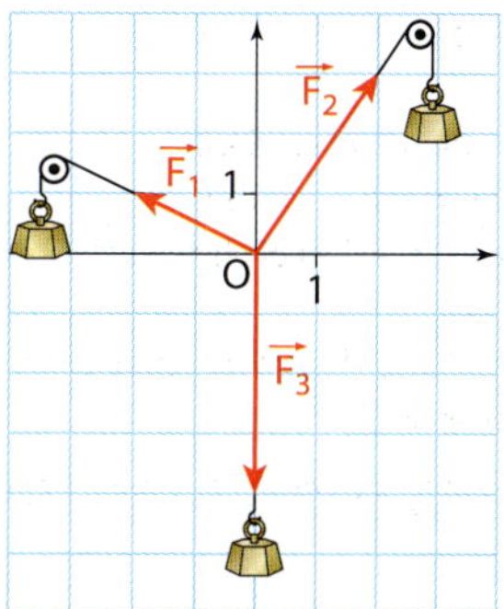

a) Lire les coordonnées des vecteurs $\vec{F_1}, \vec{F_2}, \vec{F_3}$.

b) Calculer les coordonnées du vecteur $\vec{F_1} + \vec{F_2}$.

c) Que peut-on en déduire pour ce système ?

24 Reproduire la figure ci-dessous et construire les points D, E, F, définis par les égalités :

a) $\overrightarrow{AD} = \overrightarrow{AB} + \overrightarrow{BC}$;
b) $\overrightarrow{AE} = \overrightarrow{AB} + \overrightarrow{AC}$;
c) $\overrightarrow{BF} = \overrightarrow{BA} + \overrightarrow{CA} + \overrightarrow{CB}$.

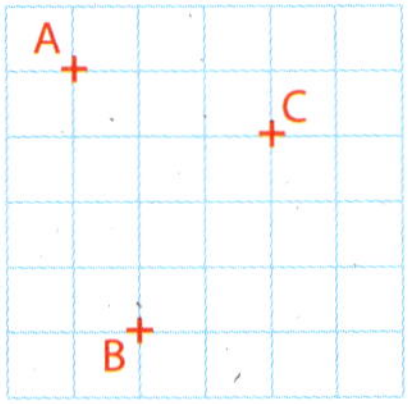

Conseil : *se reporter à l'exercice résolu 2, page 201.*

25 ABCD est un parallélogramme ; M et N sont les milieux respectifs des côtés [AD] et [BC].
Représenter chacun de ces vecteurs. Que constate-t-on ?

a) $\overrightarrow{AD} + \overrightarrow{MB} + \overrightarrow{NA}$ **b)** $\overrightarrow{AB} + \overrightarrow{MD} + \overrightarrow{CM}$
c) $\overrightarrow{CM} + \overrightarrow{MA} + \overrightarrow{MD} + \overrightarrow{AN}$ **d)** $\overrightarrow{CM} + \overrightarrow{DN} + \overrightarrow{AD}$

26 En utilisant la relation de Chasles, compléter les égalités suivantes :

a) $\overrightarrow{AB} = \overrightarrow{AC} + \overrightarrow{C\bullet}$ **b)** $\overrightarrow{AB} = \overrightarrow{\bullet E} + \overrightarrow{E\bullet}$
c) $\overrightarrow{AB} = \overrightarrow{\bullet M} + \overrightarrow{\bullet N} + \overrightarrow{\bullet\bullet}$ **d)** $\overrightarrow{AB} + \overrightarrow{CD} + \overrightarrow{BC} = \overrightarrow{\bullet\bullet}$

27 ABCD est un rectangle de centre O.
I, J et K sont les milieux de [AB], [AD] et [BC].
Reproduire et compléter les égalités suivantes :

1. en utilisant la relation de Chasles

a) $\overrightarrow{JI} = \overrightarrow{J\bullet} + \overrightarrow{O\bullet}$ **b)** $\overrightarrow{AC} = \overrightarrow{\bullet I} + \overrightarrow{I\bullet}$ **c)** $\overrightarrow{D\bullet} = \overrightarrow{\bullet K} + \overrightarrow{\bullet C}$

2. en utilisant la règle du parallélogramme

a) $\overrightarrow{AB} + \overrightarrow{A\bullet} = \overrightarrow{AC}$ **b)** $\overrightarrow{AJ} + \overrightarrow{AI} = \overrightarrow{\bullet\bullet}$ **c)** $\overrightarrow{BK} + \overrightarrow{\bullet\bullet} = \overrightarrow{BD}$

28 ABC est un triangle.
Réduire l'écriture du vecteur $\vec{u} = \overrightarrow{AC} + \overrightarrow{BA} + \overrightarrow{CB}$.

Conseil : *se reporter à l'exercice résolu 3, page 201.*

29 ABCD est un parallélogramme.
Démontrer que :

a) $\overrightarrow{BA} + \overrightarrow{DA} = \overrightarrow{CA}$ **b)** $\overrightarrow{AD} + \overrightarrow{CB} = \vec{0}$
c) $\overrightarrow{DC} + \overrightarrow{BC} = \overrightarrow{AC}$

Aide : ***a)*** *Utiliser par exemple $\overrightarrow{DA} = \overrightarrow{CB}$, puis la relation de Chasles.*
b) *Utiliser par exemple $\overrightarrow{DC} = \overrightarrow{AB}$.*

30 Démontrer que quels que soient les points A, B, C, D et E :

$$\overrightarrow{AC} + \overrightarrow{BD} + \overrightarrow{CE} + \overrightarrow{DA} + \overrightarrow{EB} = \vec{0}.$$

Multiplication d'un vecteur par un réel

31 Déterminer les coordonnées des vecteurs :

a) $\vec{u}$ **b)** $2\vec{u}$
c) $-3\vec{u}$ **d)** $\frac{1}{4}\vec{u}$
e) $\vec{v}$ **f)** $5\vec{v}$
g) $\frac{2}{3}\vec{v}$ **h)** $-\frac{1}{4}\vec{v}$
i) $4\vec{u} - 3\vec{v}$

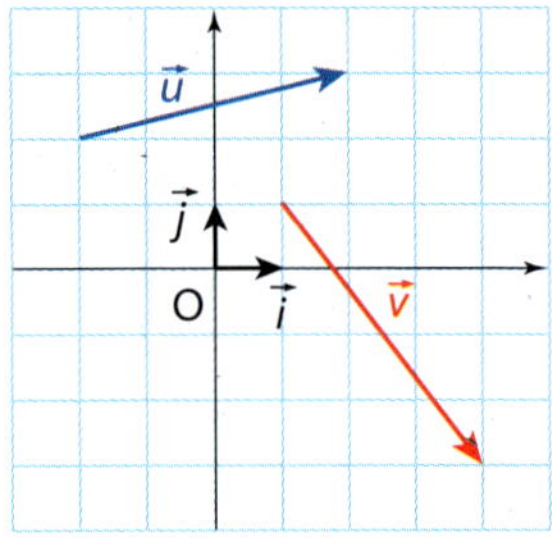

32 Dans un repère, on donne les points :
A(–2 ; 5), B(1 ; –3) et C(2 ; 2).
Calculer les coordonnées des points D, E, F tels que :

a) $\overrightarrow{AD} = \overrightarrow{BC}$ **b)** $\overrightarrow{BE} = \frac{2}{3}\overrightarrow{AC}$ **c)** $2\overrightarrow{FA} = 3\overrightarrow{FB}$

33 ABCD est un rectangle de centre O.

a) Placer le point M tel que $\overrightarrow{BM} = -\frac{3}{2}\overrightarrow{BC}$.
b) Placer le point N tel que $\overrightarrow{ON} = \frac{3}{4}\overrightarrow{CD}$.

Conseil : *se reporter à l'exercice résolu 1, page 203.*

34 [AB] est un segment de longueur 5 cm.
Placer les points C, D, E et F tels que :

a) $\overrightarrow{AC} = \frac{1}{2}\overrightarrow{AB}$ **b)** $\overrightarrow{AD} = 2\overrightarrow{AB}$
c) $\overrightarrow{AE} = -\frac{3}{2}\overrightarrow{AB}$ **d)** $\overrightarrow{BF} = \frac{2}{5}\overrightarrow{AB}$

35 A et B sont deux points distincts donnés.
Placer les points M, N, P, Q tels que :

a) $\overrightarrow{AM} = \frac{5}{2}\overrightarrow{AB}$ **b)** $\overrightarrow{NA} = 3\overrightarrow{AB}$ **c)** $\overrightarrow{BP} = -\frac{1}{4}\overrightarrow{AB}$

36 [AB] est un segment de longueur 8 cm.
On se propose de construire un point M tel que :

$$\overrightarrow{MA} + 3\overrightarrow{MB} = \vec{0}.$$

a) Démontrer, en utilisant la relation de Chasles, que l'égalité ci-dessus s'écrit aussi :

$$4\overrightarrow{MA} + 3\overrightarrow{AB} = \vec{0}.$$

b) En déduire l'expression de $\overrightarrow{AM}$ en fonction de $\overrightarrow{AB}$ et construire le point M.

37 M est le point de la demi-droite [BA) et N est le point de la demi-droite [CA) indiqués sur la figure ci-contre.

a) Déterminer les réels λ et λ′ tels que :
$\overrightarrow{AM} = \lambda\overrightarrow{AB}$ et $\overrightarrow{AN} = \lambda'\overrightarrow{AC}$.

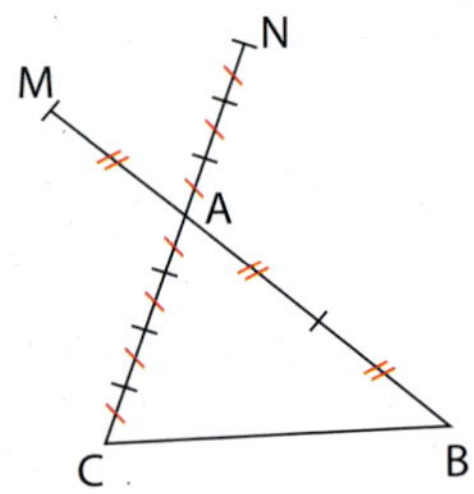

b) Recopier et compléter par le nombre qui convient :

- $\overrightarrow{MA} = \ldots \overrightarrow{MB}$
- $\overrightarrow{BM} = \ldots \overrightarrow{MA}$
- $\overrightarrow{NC} = \ldots \overrightarrow{NA}$
- $\overrightarrow{AC} = \ldots \overrightarrow{NA}$

Conseil : se reporter à l'exercice résolu 2, page 203.

38 I est le milieu du segment [AB].
Dans chaque cas, déterminer le réel λ tel que :

a) $\overrightarrow{AI} = \lambda\overrightarrow{AB}$ **b)** $\overrightarrow{AI} = \lambda\overrightarrow{IB}$ **c)** $\overrightarrow{BI} = \lambda\overrightarrow{AB}$

39 E, F, G sont trois points de la droite graduée ci-dessous.

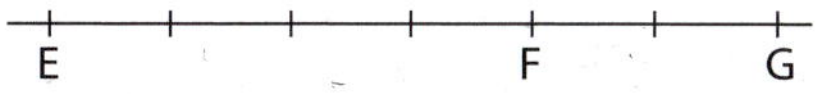

Dans chaque cas, déterminer le réel λ tel que :

a) $\overrightarrow{EF} = \lambda\overrightarrow{EG}$ **b)** $\overrightarrow{FG} = \lambda\overrightarrow{FE}$ **c)** $\overrightarrow{GE} = \lambda\overrightarrow{GF}$

40 ABC est un triangle.
I est le milieu du côté [BC] et G est le centre de gravité de ABC.
Recopier et compléter par le nombre qui convient :

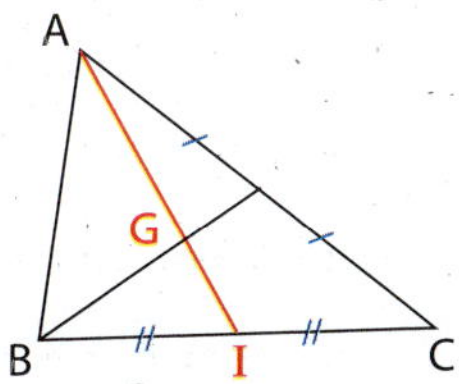

a) $\overrightarrow{AG} = \ldots \overrightarrow{AI}$ **b)** $\overrightarrow{GI} = \ldots \overrightarrow{AI}$
c) $\overrightarrow{GA} = \ldots \overrightarrow{GI}$

41 Faire chacune des figures ci-dessous et placer sur chacune d'elles le point M défini par $\overrightarrow{AM} = \vec{u} - \vec{v}$.

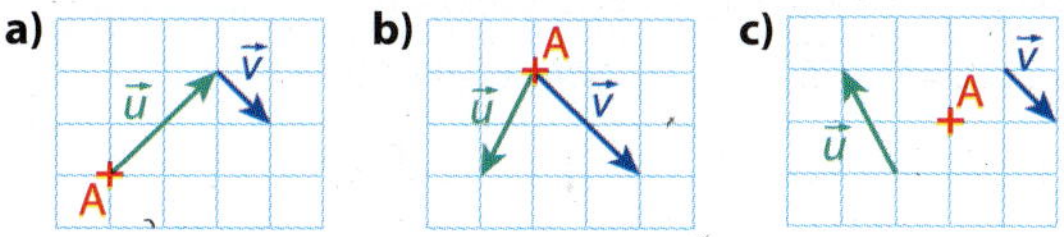

42 ABC est un triangle.
a) Construire le point D tel que $\overrightarrow{AD} = \overrightarrow{AB} - \overrightarrow{AC}$.
Que peut-on dire du quadrilatère ADBC ?
b) Construire le point M tel que $\overrightarrow{BM} = \overrightarrow{BC} - \overrightarrow{CA}$.

43 ABC est un triangle.
Placer les points E, F, G, H tels que :

a) $\overrightarrow{AE} = \overrightarrow{AB} + 2\overrightarrow{AC}$ **b)** $\overrightarrow{AF} = -2\overrightarrow{AB} + \overrightarrow{AC}$
c) $\overrightarrow{AG} = 2\overrightarrow{AB} + 3\overrightarrow{AC}$ **d)** $\overrightarrow{AH} = -3\overrightarrow{AB} + \overrightarrow{BC}$

44 ABC est un triangle.
Réduire l'écriture du vecteur $\vec{u} = \overrightarrow{AC} + \overrightarrow{BA} - \overrightarrow{BC}$.

45 Démontrer que pour tous points A, B, C, D :

$$\overrightarrow{AD} + \overrightarrow{BC} = \overrightarrow{AC} + \overrightarrow{BD}$$

Aide : On peut procéder de plusieurs façons ; en particulier, on peut tout regrouper dans le membre de gauche et démontrer que :

$$\overrightarrow{AD} - \overrightarrow{AC} + \overrightarrow{BC} - \overrightarrow{BD} = \vec{0}.$$

46 Dans chaque cas, dire si les vecteurs sont colinéaires.

a) $\vec{u}(2\,;-3)$ et $\vec{v}\left(-1\,;\,\frac{3}{2}\right)$.

b) $\vec{u}\left(\frac{1}{2}\,;\,\frac{1}{3}\right)$ et $\vec{v}\left(\frac{4}{5}\,;\,\frac{3}{3}\right)$.

c) $\vec{u}\left(\sqrt{2}\,;\,\sqrt{3}\right)$ et $\vec{v}\left(-2\,;-\sqrt{6}\right)$.

47 Dans chaque cas, déterminer le réel m pour que les deux vecteurs $\vec{u}$ et $\vec{v}$ soient colinéaires.

a) $\vec{u}(2\,;6)$ et $\vec{v}(m\,;3)$.
b) $\vec{u}(-m\,;0)$ et $\vec{v}(1\,;-3)$.
c) $\vec{u}(27\,;2m)$ et $\vec{v}(2m\,;3)$.

48 Dans un repère, on donne les points :

$$A(0\,;1),\ B(5\,;0),\ C(0\,;-4)\ \text{et}\ D(x\,;0).$$

a) Déterminer le réel x pour que les vecteurs $\overrightarrow{AB}$ et $\overrightarrow{CD}$ soient colinéaires.
b) Trouver alors le réel λ tel que $\overrightarrow{CD} = \lambda\overrightarrow{AB}$.

49 Dans un repère, on donne les points :

$$A(-2\,;1),\ B(3\,;3),\ C\left(1\,;\,\frac{11}{5}\right)\ \text{et}\ D\left(\frac{45}{2}\,;\,\frac{54}{5}\right).$$

a) Démontrer que les points A, B et C sont alignés.
b) Les points A, B et D sont-ils alignés ?

Conseil : se reporter à l'exercice résolu 3, page 203.

50 Dans un repère, on donne les points :

$$M(0\,;-3),\ N(2\,;3),\ P(-9\,;0)\ \text{et}\ Q(-1\,;-1).$$

1. Calculer les coordonnées des points A et B tels que :
a) $\overrightarrow{NA} = \frac{1}{2}\overrightarrow{MN}$;
b) $\overrightarrow{MB} = 3\overrightarrow{MQ}$.
2. Calculer les coordonnées des vecteurs $\overrightarrow{PA}$ et $\overrightarrow{PB}$.
3. Démontrer que les points P, A et B sont alignés.

51 Les droites (AB) et (CD) sont-elles parallèles ? Justifier.

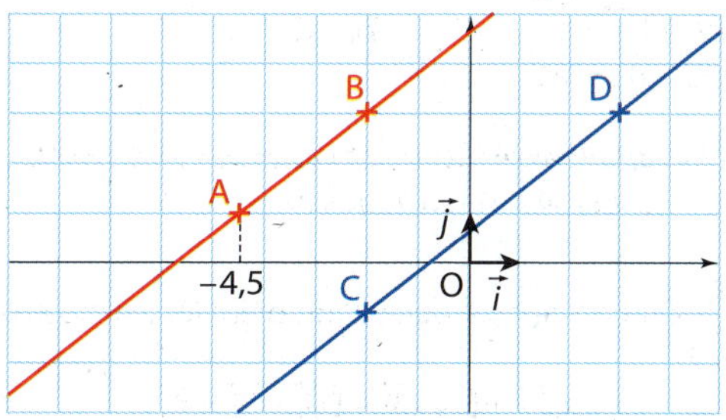

Exercices d'entraînement

Pour développer des compétences

Travaux pratiques

Compléments numériques

52 B2i L 1-1 L 2-4 Alignement de points

OBJECTIF Utiliser des outils logiciels, puis conduire une démonstration.

ABCD est un parallélogramme. E et F sont les points tels que :

$$\overrightarrow{CE} = \frac{1}{3}\overrightarrow{CD} \text{ et } \overrightarrow{BF} = \frac{3}{2}\overrightarrow{BC}.$$

On se propose d'étudier l'alignement des points A, E, F.

1. Conjecture

a) À l'aide d'un logiciel de géométrie dynamique :
- placer trois points A, B, D non alignés ;
- construire les vecteurs $\vec{u} = \overrightarrow{AB}$, $\vec{v} = \overrightarrow{AD}$, $\vec{w} = \vec{u} + \vec{v}$;
- placer le point C tel que $\vec{w} = \overrightarrow{AC}$.

(Avec GeoGebra par exemple, on utilisera l'icône « Représentant » .) ;
- tracer le quadrilatère ABCD.

b) Construire les points E et F.
(Avec GeoGebra, on construira d'abord les vecteurs $\vec{s} = \frac{1}{3}\overrightarrow{CD}$ et $\vec{t} = \frac{3}{2}\overrightarrow{BC}$.)

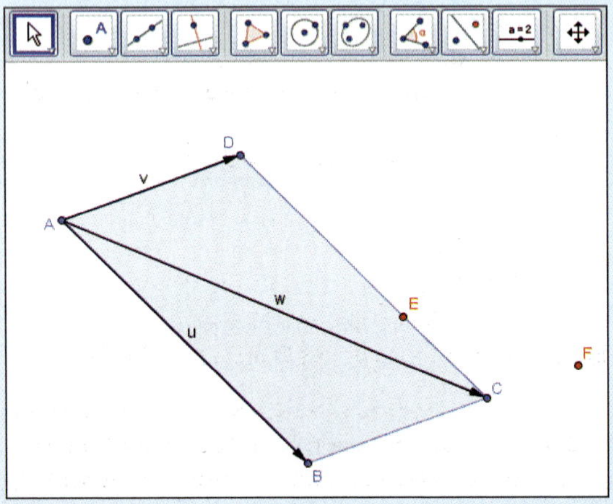

c) Déplacer les points A, B, D et conjecturer la position des points A, E, F.

2. Preuve

a) En écrivant $\overrightarrow{AE} = \overrightarrow{AD} + \overrightarrow{DE}$, exprimer $\overrightarrow{DE}$ en fonction des vecteurs $\overrightarrow{AB}$ et $\overrightarrow{AD}$.

b) Exprimer $\overrightarrow{AF}$ en fonction des vecteurs $\overrightarrow{AB}$ et $\overrightarrow{AD}$.

c) Conclure sur la position des points A, E, F.

53 B2i L 1-1 L 2-4 Génération de parallélogrammes

OBJECTIF Pratiquer une activité expérimentale, puis conduire une démonstration.

ABCD est un parallélogramme et k désigne un réel.
P, Q, R, S sont les points tels que :

$$\overrightarrow{AP} = k\,\overrightarrow{AB},\ \overrightarrow{BQ} = k\,\overrightarrow{BC},\ \overrightarrow{CR} = k\,\overrightarrow{CD},\ \overrightarrow{DS} = k\,\overrightarrow{DA}.$$

On se propose d'étudier la nature du quadrilatère PQRS selon les valeurs de k.

1. Conjecture

a) Avec un logiciel de géométrie dynamique, tracer un parallélogramme ABCD.

b) Créer un paramètre k libre dans l'intervalle $[-5 ; 5]$.
(Avec GeoGebra par exemple, utiliser l'icône .)

c) Créer les points P, Q, R, S et tracer le quadrilatère PQRS.

d) Piloter le réel k et conjecturer la nature de PQRS.

2. Preuve

a) En écrivant $\overrightarrow{PQ} = \overrightarrow{PA} + \overrightarrow{AB} + \overrightarrow{BQ}$, exprimer $\overrightarrow{PQ}$ en fonction de $\overrightarrow{AB}$ et $\overrightarrow{BC}$.

b) Exprimer de même $\overrightarrow{SR}$ en fonction de $\overrightarrow{DC}$ et $\overrightarrow{AD}$.

C) Conclure sur la nature de PQRS.

54 Carré et triangles équilatéraux

OBJECTIF Utiliser les coordonnées pour démontrer l'alignement de points.

Sur la figure ci-contre, ABCD est un carré, BCL et DIC sont des triangles équilatéraux.
On se propose d'étudier l'alignement des points A, I, L.

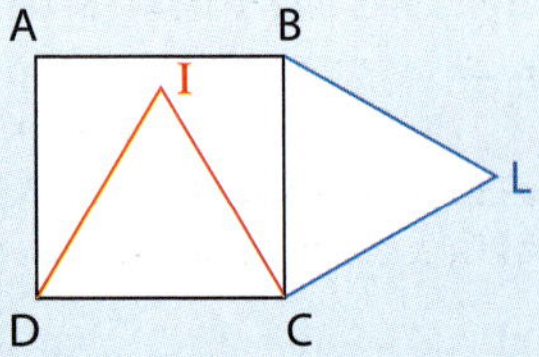

Pour cela, on considère le repère orthonormé $(D ; \overrightarrow{DC}, \overrightarrow{DA})$.
Dans ce repère, les coordonnées de D, C et A sont :

$$D(0 ; 0),\ C(1 ; 0),\ A(0 ; 1).$$

a) Quelles sont les coordonnées de B ?

b) Utiliser les propriétés des triangles équilatéraux pour déterminer les coordonnées de I et de L.

c) Calculer les coordonnées des vecteurs $\overrightarrow{AI}$ et $\overrightarrow{AL}$;

d) Conclure sur l'alignement des points A, I, L.

Restitution organisée de connaissances

55 a) ***Prérequis :*** *dans un repère, $A(x_A\,;y_A)$ et $B(x_B\,;y_B)$ sont deux points. Le milieu I du segment [AB] a pour coordonnées : $x_I = \dfrac{x_A + x_B}{2}$ et $y_I = \dfrac{y_A + y_B}{2}$.*

Dans un repère, $A(x_A\,;y_A)$ et $B(x_B\,;y_B)$ sont deux points.
Démontrer que $\overrightarrow{AB}\,(x_B - x_A\,;y_B - y_A)$.

b) Application

Dans un repère, on donne les points :

$$A(10\,;-5),\ B(-24\,;17)\ \text{et}\ C(-7\,;6).$$

Calculer les coordonnées des vecteur $\overrightarrow{AC}$ et $\overrightarrow{CB}$.
Que peut-on en déduire pour C ?

56 **1.** ***Prérequis :*** *si dans un repère, un vecteur $\vec{u}$ a pour coordonnées $(a\,;b)$, alors le vecteur $\lambda\vec{u}$ (avec λ réel) est le vecteur de coordonnées $(\lambda a\,;\lambda b)$.*

A et B sont deux points et λ est un réel.
Établir, en choisissant convenablement un repère, comment construire le point C tel que $\overrightarrow{AC} = \lambda\overrightarrow{AB}$.

2. Application

A, B, C sont les points de la droite graduée ci-dessous.

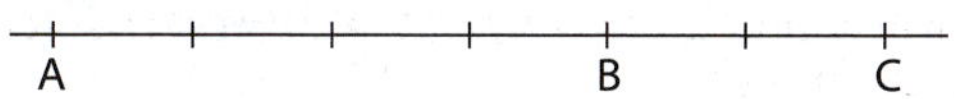

Déterminer les réels x, y, z tels que :

a) $\overrightarrow{AB} = x\,\overrightarrow{AC}$ **b)** $\overrightarrow{BC} = y\,\overrightarrow{BA}$ **c)** $\overrightarrow{CA} = z\,\overrightarrow{CB}$

Raisonner, démontrer

57 ABC est un triangle.
D et E sont les points tels que :

$$\overrightarrow{EB} = \overrightarrow{BA}\ \text{et}\ \overrightarrow{ED} = 2\overrightarrow{BC}.$$

a) Faire une figure.
b) Démontrer que C est le milieu du segment [AD].

58 ABCD est un quadrilatère tel que $\overrightarrow{AB} = 2\overrightarrow{CD}$.
a) Quelle est la nature du quadrilatère ABDC ?
b) E est le symétrique de A par rapport à C.
Démontrer que E est le symétrique de B par rapport à D.

59 ABCD est un parallélogramme de centre O.
a) Démontrer que $\overrightarrow{OA} + \overrightarrow{OB} + \overrightarrow{OC} + \overrightarrow{OD} = \vec{0}$.
b) Démontrer que pour tout point M,

$$\overrightarrow{MA} + \overrightarrow{MB} + \overrightarrow{MC} + \overrightarrow{MD} = 4\,\overrightarrow{MO}.$$

60 **1.** [AB] est un segment et I est son milieu.
a) Que peut-on dire du vecteur $\overrightarrow{IA} + \overrightarrow{IB}$?
b) Démontrer que pour tout point M,

$$\overrightarrow{MI} = \frac{1}{2}(\overrightarrow{MA} + \overrightarrow{MB})$$

2. Application

ABC est un triangle.
A′, B′, C′ sont les milieux respectifs des côtés [BC], [AC], [AB].

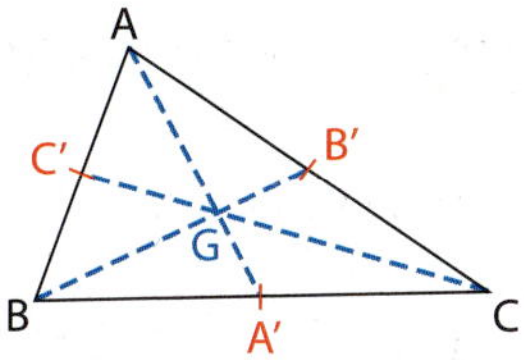

a) Appliquer la formule établie à la question **1.** aux vecteurs $\overrightarrow{AA'}, \overrightarrow{BB'}, \overrightarrow{CC'}$.
b) En déduire que $\overrightarrow{AA'} + \overrightarrow{BB'} + \overrightarrow{CC'} = \vec{0}$.
c) On note G le centre de gravité de ABC.
Déduire de **b)** que $\overrightarrow{GA} + \overrightarrow{GB} + \overrightarrow{GC} = \vec{0}$.

61 **1.** λ et λ' désignent deux réels.
Dans un repère, $\vec{u}\,(a\,;b)$, $\vec{v}\,(a'\,;b')$ et $\vec{w}\,(a''\,;b'')$ sont trois vecteurs.
Démontrer en utilisant les coordonnées que :

a) $\vec{u} + \vec{v} = \vec{v} + \vec{u}$ **b)** $\vec{u} + \vec{0} = \vec{0} + \vec{u} = \vec{u}$
c) $(\vec{u} + \vec{v}) + \vec{w} = \vec{u} + (\vec{v} + \vec{w})$ **d)** $\lambda(\vec{u} + \vec{v}) = \lambda\vec{u} + \lambda\vec{v}$
e) $(\lambda + \lambda')\vec{u} = \lambda\vec{u} + \lambda'\vec{u}$ **f)** $(\lambda\lambda')\vec{u} = \lambda(\lambda'\vec{u})$

2. Application

ABCD est un rectangle de centre O.
En utilisant les propriétés établies à la question **1.**, démontrer que :

$$2\overrightarrow{AB} + 2\overrightarrow{AD} - \overrightarrow{AC} = 2\overrightarrow{AO}.$$

62 OAB est un triangle.
a) Construire les points C et D définis par :

$$\overrightarrow{OC} = 4\,\overrightarrow{OA}\ \text{et}\ \overrightarrow{CD} = 4\overrightarrow{AB}.$$

b) Démontrer que les points O, B, D sont alignés.

Aide : ***b)*** *Pour démontrer que O, B, D sont alignés, on peut penser à démontrer que les vecteurs $\overrightarrow{OD}$ et $\overrightarrow{OB}$ sont colinéaires. Pour cela, écrire $\overrightarrow{OD} = \overrightarrow{OC} + \overrightarrow{CD}$ et utiliser les données de l'énoncé.*

63 ABCD est un parallélogramme.
E et F sont les points tels que :

$$\overrightarrow{BE} = \frac{1}{2}\,\overrightarrow{AB}\ \text{et}\ \overrightarrow{AF} = 3\overrightarrow{AD}.$$

a) Faire une figure.
b) Démontrer que :

$$\overrightarrow{CE} = \frac{1}{2}\,\overrightarrow{AB} + \overrightarrow{DA}\ \text{et que}\ \overrightarrow{EF} = \frac{3}{2}\overrightarrow{BA} + 3\,\overrightarrow{AD}.$$

c) En déduire que les points C, E, F sont alignés.

64 ABC est un triangle.
D et E sont les points tels que :
$$\overrightarrow{AD} = 2\overrightarrow{AB} + \overrightarrow{AC} \text{ et } \overrightarrow{BE} = \frac{1}{3}\overrightarrow{BC}.$$
a) Faire une figure.
b) Démontrer que les points A, D, E sont alignés.

65 **a)** Faire la figure ci-contre et construire les points D, E et F tels que :
$\overrightarrow{ID} = \frac{1}{2}\overrightarrow{IA}$;
$\overrightarrow{IE} = \frac{1}{2}\overrightarrow{IB}$;
$\overrightarrow{IF} = \frac{1}{2}\overrightarrow{IC}$.

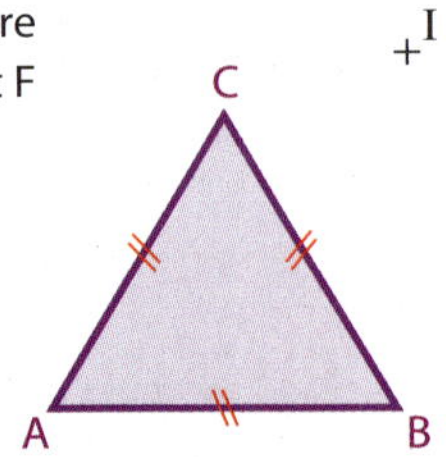

b) Démontrer que les droites (DE) et (AB) sont parallèles.
c) Démontrer que le triangle DEF est équilatéral.

66 ABC est un triangle.
I et J sont les points tels que :
$$\overrightarrow{AI} = \frac{1}{3}\overrightarrow{AB} \text{ et } \overrightarrow{AJ} = 3\overrightarrow{AC}.$$
Démontrer que les droites (BJ) et (IC) sont parallèles de chacune des façons suivantes :
a) avec la réciproque du théorème de Thalès ;
b) en établissant que $\overrightarrow{BJ} = 3\overrightarrow{IC}$.

67 ABCD est un parallélogramme.
I et J sont les milieux des côtés [AB] et [CD].

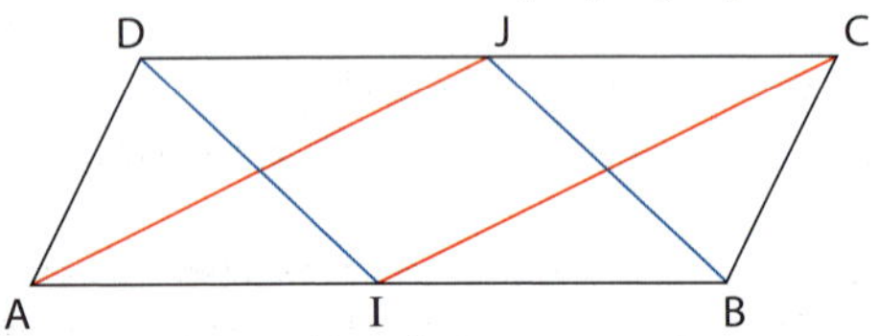

a) Démontrer que $\overrightarrow{AJ} = \overrightarrow{IC}$.
Que peut-on en déduire pour les droites (AJ) et (IC) ?
b) Démontrer de façon analogue que les droites (DI) et (JB) sont parallèles.

68 Dans un repère, on donne les points :
A(1 ; –1), B(–1 ; –2) et C(–2 ; 2).
a) Déterminer les coordonnées du point G vérifiant :
$$\overrightarrow{GA} + 2\overrightarrow{GB} + \overrightarrow{GC} = \vec{0}.$$
b) Déterminer les coordonnées du point D vérifiant :
$$\overrightarrow{BD} = \overrightarrow{BA} + \overrightarrow{BC}.$$
c) Faire une figure. Que peut-on conjecturer pour les points B, G et D? Démontrer cette conjecture.

69 Dans un repère orthonormé, on donne les points :
A(–1 ; 2), B(7 ; –8) et E(7 ; 2).
a) Démontrer que le point E appartient au cercle $\mathscr{C}$ de diamètre [AB].
b) Déterminer les coordonnées du point F, symétrique de E par rapport au centre I du cercle $\mathscr{C}$.
c) Quelle est la nature du quadrilatère AEBF ?

70 ABCD est un rectangle.
a) Faire une figure et placer les points I, J, K et L tels que :
$$\overrightarrow{AI} = \frac{1}{5}\overrightarrow{AB},\ \overrightarrow{BJ} = \frac{1}{3}\overrightarrow{BC},\ \overrightarrow{CK} = \frac{1}{5}\overrightarrow{CD},\ \overrightarrow{DL} = \frac{1}{3}\overrightarrow{DA}.$$
b) Dans le repère $(A ; \overrightarrow{AD}, \overrightarrow{AB})$, exprimer les coordonnées des vecteurs $\overrightarrow{IJ}$ et $\overrightarrow{LK}$.
c) En déduire la nature du quadrilatère IJKL.
d) Démontrer que le centre du rectangle est le milieu du segment [IK].

71 Dans un repère, on donne les points :
I(4 ; 1), K(–1 ; 3) et A(6 ; 3).
a) A′ est l'image de A par la symétrie de centre I, et A″ est l'image de A′ par la symétrie de centre K.
Calculer les coordonnées de A′, puis celles de A″.
Placer les points A′ et A″.
b) Démontrer que les vecteurs $\overrightarrow{IK}$ et $\overrightarrow{AA''}$ sont colinéaires.
c) Plus généralement, reprendre les questions **a)** et **b)** avec $A(x ; y)$, $I(a ; b)$, $K(a' ; b')$.
Quelle propriété de géométrie vient-on de retrouver ?

72 Dans un repère, on donne les points :
A(–3 ; 3), B(10 ; –3), C(7; 7) et E(6 ; 2).
1. A′, B′ et C′ sont les points définis par :
$$\overrightarrow{EA'} = \frac{5}{4}\overrightarrow{EA},\ \overrightarrow{EB'} = \frac{5}{4}\overrightarrow{EB},\ \overrightarrow{EC'} = \frac{5}{4}\overrightarrow{EC}.$$
Calculer les coordonnées des points A′, B′ et C′.
2. a) Calculer les coordonnées de $\overrightarrow{AB}$ et $\overrightarrow{A'B'}$.
b) Que peut-on dire de ces vecteurs ? Que peut-on en déduire pour les droites (AB) et (A′B′) ?
3. Démontrer que les droites (AC) et (A′C′) sont parallèles, ainsi que les droites (BC) et (B′C′).

Analyse critique d'un document

73 **Bien rédiger**

Problème : ABC est un triangle. D, E, F sont les points tels que :
$$\overrightarrow{CD} = -\overrightarrow{CB},\ \overrightarrow{AE} = \frac{3}{2}\overrightarrow{AC},\ \overrightarrow{BF} = -2\overrightarrow{BA}.$$
Démontrer que les points D, E, F sont alignés.

a) Faire une figure.
b) Voici la démonstration proposée par un élève ; celle-ci manque d'explications.
Rédiger cette démonstration en mettant la démarche clairement en évidence et en justifiant chaque étape.

$\overrightarrow{DE} = \overrightarrow{DA} + \frac{3}{2}\overrightarrow{AC}$

$\overrightarrow{DE} = \overrightarrow{DC} + \overrightarrow{CA} + \frac{3}{2}\overrightarrow{AC} = \overrightarrow{CB} + \frac{1}{2}\overrightarrow{AC}$

$\overrightarrow{DE} = \overrightarrow{CA} + \overrightarrow{AB} + \frac{1}{2}\overrightarrow{AC} = \overrightarrow{AB} - \frac{1}{2}\overrightarrow{AC}$

$\overrightarrow{EF} = \overrightarrow{EA} + \overrightarrow{AB} + \overrightarrow{BF} = -\frac{3}{2}\overrightarrow{AC} + 3\overrightarrow{AB}$

Donc $\overrightarrow{EF} = 3\overrightarrow{DE}$.

Les points D, E, F sont alignés.

74 Un secouriste descend au fond d'une crevasse pour chercher un blessé.
La situation est schématisée ci-dessous. Les forces qui s'exercent sur la corde sont représentées par des vecteurs.
Pour que la personne située au bout de la corde soit en équilibre, il faut que :

$$\vec{p} + \vec{r} + \vec{t} = \vec{0}.$$

a) Le secouriste (S) est-il en équilibre ?

b) La civière et le blessé pèsent deux fois plus lourd que le secouriste précédent.
Pensez-vous qu'il faille exercer une force de traction $\vec{t}$ deux fois plus forte pour les remonter ?

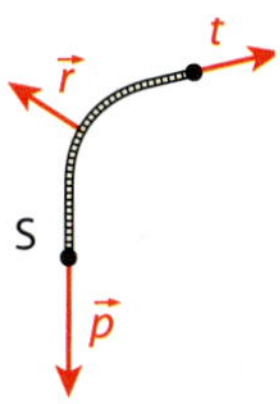

Communiquer à l'écrit ou à l'oral

75

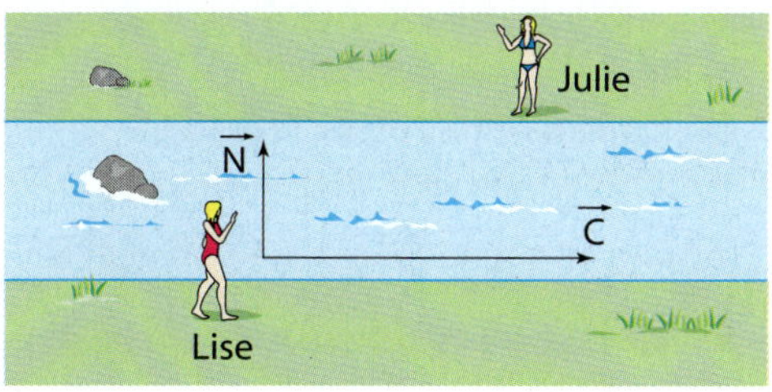

Lise veut traverser la rivière à la nage pour rejoindre Julie sur l'autre rive. À chaque instant, la force du courant est représentée par le vecteur $\vec{C}$ et celle développée par Lise est représentée par le vecteur $\vec{N}$.

Indiquer à Lise de quel endroit de la rive elle doit partir pour parvenir exactement à Julie.

S'initier à la logique

76 **Implication - Équivalence**

H et H' sont deux propositions.

- On dit que H **implique** H' lorsque si H est vraie, alors H' est vraie.
- On dit que les propositions H et H' sont **équivalentes** lorsque H implique H' **et** H' implique H.

Dans chaque cas, dire si « H implique H'» ou si « H' implique H » ou si « H et H' sont équivalentes ».

a) H : « C est l'image du point A par la translation de vecteur $\overrightarrow{BD}$. »
H' : « ABCD est un parallélogramme. »

b) H : « ABCD est un parallélogramme de centre O. »
H' : « O est le milieu du segment [AC]. »

c) H : « $\overrightarrow{EF}(3\,;4)$. »
H' : « E(0 ; 2) et F(3 ; 6). »

d) H : « Les points I, J et K sont alignés. »
H' : « $\overrightarrow{IJ} = 2\overrightarrow{IK}$. »

77 **Condition nécessaire, suffisante**

Sur un forum mathématique, P31415 a posté la question suivante :
« Pour demain, je dois faire un exercice où on me demande de démontrer que ABCD est un parallélogramme. Je ne sais pas comment m'y prendre. »
Prof répond : « Connais-tu une condition suffisante pour que ABCD soit un parallélogramme ? »

P31415 : « Non ! »
M271 : « $\overrightarrow{AB} = \overrightarrow{DC}$. »
X007 : « AB = DC. »
Z97910 : « $\overrightarrow{AB}$ et $\overrightarrow{DC}$ colinéaires. »
GNI : « (AD) et (BC) parallèles. »
$E = MC^2$: « $\overrightarrow{AD} = \overrightarrow{BC}$. »
A000 : « AC = AB + AD ».

1. a) Parmi ces conditions, certaines sont effectivement **suffisantes**. Lesquelles ?
b) En proposer une autre.

2. a) Parmi les conditions ci-dessus, certaines ne sont que **nécessaires**. Lesquelles ?
b) En proposer une autre.

SE PRÉPARER AU CONTRÔLE

Travailler en autonomie

QCM

78 Pour chaque question, une seule réponse est exacte. Laquelle ?

1 ABCD est un parallélogramme. La translation qui transforme A en B transforme :

a) C en D **b)** D en C **c)** A en C et B en D

2 On sait que $\overrightarrow{HG} = \overrightarrow{FE}$. On peut alors dire que :

a) EFGH est un parallélogramme **b)** [FG] et [EH] ont même milieu **c)** [EG] et [FH] ont même milieu

3 Dans un repère, on donne A(2 ; 1) et B(−1 ; −3). Les coordonnées du vecteur $\overrightarrow{AB}$ sont :

a) (−6 ; −12) **b)** (6 ; 12) **c)** (−3 ; −4)

4 $\lambda\vec{u} = \vec{0}$ si, et seulement si :

a) $\lambda = 0$ **b)** $\vec{u} = \vec{0}$ **c)** $\lambda = 0$ ou $\vec{u} = \vec{0}$

79 Pour chaque question, une seule réponse est exacte. Laquelle ? Justifier.

1 ABCD est un parallélogramme de centre O.
I, J, K, L sont les milieux de ses côtés.
La somme $\overrightarrow{AO} + \overrightarrow{DO}$ est égale à :

a) $\overrightarrow{AC}$ **b)** $\overrightarrow{JO}$ **c)** $\overrightarrow{LJ}$

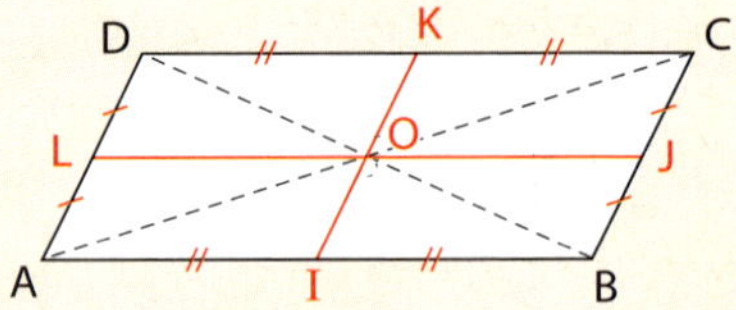

2 Si A, B, C sont trois points tels que $\overrightarrow{AC} = 3\,\overrightarrow{AB}$, alors :

a) $\overrightarrow{BC} = -2\overrightarrow{BA}$ **b)** $\overrightarrow{CB} = \dfrac{3}{2}\overrightarrow{CA}$ **c)** $\overrightarrow{CA} = -3\overrightarrow{BA}$

3 Dans un repère orthonormé, on donne les points M(−1 ; 1), N(2 ; 3) et P(5 ; 5).
Le triangle MNP est :

a) aplati **b)** rectangle en N **c)** équilatéral

Exercices interactifs

Vrai-Faux

80 Dire pour chaque affirmation si elle est vraie ou fausse.

a) La translation de vecteur $\overrightarrow{AB}$ associe, à tout point C du plan, l'unique point D tel que [AD] et [BC] ont le même milieu.

b) Dans un repère, $\overrightarrow{AB}\,(x_A - x_B\,;y_A - y_B)$.

c) Si $\overrightarrow{MN} + \overrightarrow{MP} = \overrightarrow{MQ}$, alors MNQP est un parallélogramme.

d) Pour tout réel k et tous vecteurs $\vec{u}$ et $\vec{v}$,
$$k(\vec{u} + \vec{v}) = (k + \vec{u})\vec{v}.$$

e) Dans un repère, les deux vecteurs $\vec{u}\left(\dfrac{9}{4}\,;-\dfrac{5}{2}\right)$ et $\vec{v}\left(-\dfrac{3}{2}\,;\,\dfrac{5}{3}\right)$ sont colinéaires.

81 Dire pour chaque affirmation si elle est vraie ou fausse. Justifier.

a) Dans un repère, on donne les points :
A(1 ; 0), B(2 ; 1), C(3 ; 4), D(2 ; 3).
Alors ABCD est un parallélogramme.

b) Quels que soient les points M, N, P et Q,
$$\overrightarrow{MN} + \overrightarrow{QP} + \overrightarrow{NQ} = \overrightarrow{PM}$$

c) Lorsque $\overrightarrow{AB} = \lambda\overrightarrow{AC}$ (avec λ réel), on peut affirmer que $AB = \lambda \times AC$.

d) Dans un repère, on donne les points :
E(1 ; 1), F(2 ; −1), G(−1 , 3).
Les coordonnées du vecteur $\overrightarrow{EF} + \overrightarrow{EG}$ sont (−1 ; 0).

Exercices interactifs

Pour réviser

82 Représenter les vecteurs

ABCD est un quadrilatère.

a) Construire le représentant d'origine D du vecteur $\overrightarrow{AC}$ en utilisant un milieu.

b) Construire le représentant d'origine D du vecteur $\overrightarrow{AB}$ en utilisant le compas.

Conseils
- Revoir le cours § 1, page 196.
- Revoir l'exercice résolu 1, page 197.

83 Utiliser les coordonnées pour démontrer

a) Lire les coordonnées du vecteur $\vec{u}$ dans le repère ci-contre.

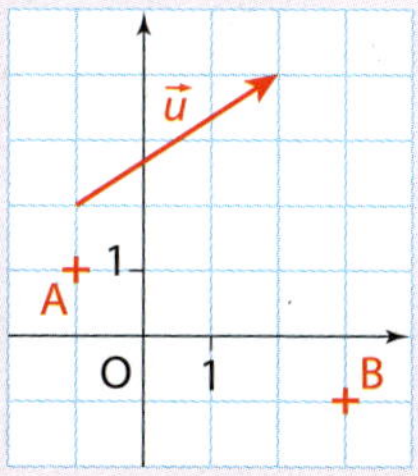

b) Calculer les coordonnées du vecteur $\overrightarrow{AB}$.

c) Déterminer les coordonnées du point E tel que $\vec{u} = \overrightarrow{AE}$.

d) On donne C(103 ; –97) et D(107 ; –99).
Démontrer que le quadrilatère ABDC est un parallélogramme.

Conseils

a) À partir de l'origine de $\vec{u}$, compter le déplacement horizontal (c'est l'abscisse de $\vec{u}$), puis le déplacement vertical (c'est son ordonnée).

b) et **c)** Utiliser la formule du cours, § 2 page 198.

d) Revoir l'exercice résolu 2, page 199.

84 Représenter une somme de vecteurs

Cette figure est un assemblage de triangles équilatéraux.

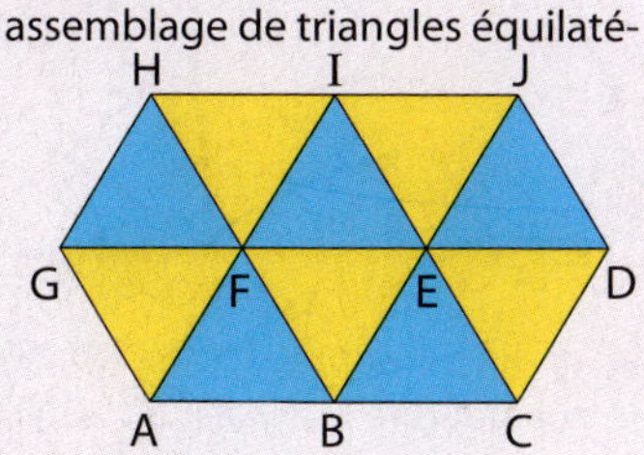

a) Utiliser la relation de Chasles pour construire le représentant d'origine A du vecteur $\overrightarrow{GI} + \overrightarrow{FE}$.

b) Utiliser la règle du parallélogramme pour construire le représentant d'origine D du vecteur $\overrightarrow{CE} + \overrightarrow{JH}$.

Conseils

a) Compléter : $\overrightarrow{GI} = \overrightarrow{A.}$ et $\overrightarrow{FE} = \overrightarrow{E.}$

b) Compléter : $\overrightarrow{CE} = \overrightarrow{D.}$ et $\overrightarrow{JH} = \overrightarrow{D.}$

85 Réduire une écriture

ABCD est un quadrilatère.
Réduire l'écriture de chaque vecteur avec la relation de Chasles, puis dessiner un représentant de ce vecteur.

a) $\vec{u} = \overrightarrow{AC} + \overrightarrow{BA} + \overrightarrow{CB}$

b) $\vec{v} = \overrightarrow{AB} - \overrightarrow{AC} + \overrightarrow{BC} - \overrightarrow{BA}$

c) $\vec{w} = \overrightarrow{AB} - \overrightarrow{AC} + \overrightarrow{DC} - \overrightarrow{DB}$

Conseils

a) On peut changer l'ordre des vecteurs.

b) Remarquer que $-\overrightarrow{AC} = \overrightarrow{CA}$ et que $-\overrightarrow{BA} = \overrightarrow{AB}$.

c) Procéder comme au **b)**.

86 Démontrer avec la relation de Chasles

ABCD est un parallélogramme de centre O.
Démontrer que pour tout point M,

$$\overrightarrow{MA} + \overrightarrow{MC} = \overrightarrow{MB} + \overrightarrow{MD}.$$

Conseils

Utiliser le fait que $\overrightarrow{MA} = \overrightarrow{MO} + \overrightarrow{OA}$ et procéder de même pour les autres vecteurs.

87 Démontrer un alignement

ABCD est un parallélogramme.
E et F sont les points tels que $\overrightarrow{AE} = \frac{1}{3}\overrightarrow{AB}$ et $\overrightarrow{CF} = \frac{1}{3}\overrightarrow{CD}$.
O est le milieu du segment [AC].

a) Faire une figure.

b) Démontrer que $\overrightarrow{AE} = \overrightarrow{FC}$.

c) En déduire que les points O, E, F sont alignés.

Conseils

a) Revoir l'exercice résolu 1, page 203.

b) Utiliser le fait que $\overrightarrow{AB} = \overrightarrow{DC}$.

c) Écrire $\overrightarrow{OE} = \overrightarrow{OA} + \overrightarrow{AE}$, puis remplacer les vecteurs $\overrightarrow{OA}$ et $\overrightarrow{AE}$ par des vecteurs égaux.

88 Démontrer un parallélisme

Dans un repère, on donne les points :

A(–1 ; 3), B(2 ; 5), C(4 ; –3) et D(–11 ; –13).

Démontrer que les droites (AB) et (CD) sont parallèles.

Conseils
- Déterminer les coordonnées des vecteurs $\overrightarrow{AB}$ et $\overrightarrow{CD}$.
- Déterminer un réel k tel que $\overrightarrow{CD} = k\,\overrightarrow{AB}$.

Vérifier les réponses p. 300

Exercices d'approfondissement

Pour aller plus loin

89 Avec un système

Dans un repère, on donne les points :

$A(3;2)$, $B(-1;-2)$, $C(-1;2)$ et $D(3;0)$.

a) Démontrer qu'il existe un point M unique tel que les vecteurs $\overrightarrow{MA}$ et $\overrightarrow{MB}$ d'une part, $\overrightarrow{MC}$ et $\overrightarrow{MD}$ d'autre part, soient colinéaires.

b) Que représente le point M pour le quadrilatère ADBC ?

Guide de résolution

a) On nomme $(x ; y)$ les coordonnées du point M. Déterminer, en fonction de x et de y, les coordonnées des vecteurs indiqués.
Résoudre le système obtenu ; il n'admet qu'une seule solution.
b) Faire une figure et utiliser les équations de droites pour la démonstration.

90 Démontrer la colinéarité de vecteurs

Dans un triangle ABC, I est le milieu de [BC], J celui de [AI]. La droite (BJ) coupe (AC) en K.
Démontrer que :

$$\overrightarrow{AK} = \frac{1}{3}\overrightarrow{AC}.$$

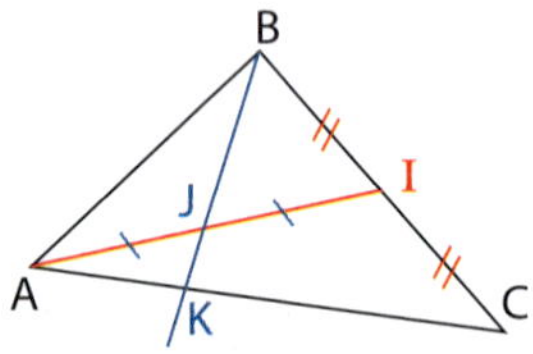

Guide de résolution

Déterminer les coordonnées des points A, C, I, J dans le repère $(B ; \overrightarrow{BA}, \overrightarrow{BC})$.
On note $(x ; y)$ les coordonnées du point K.
Utiliser la colinéarité des vecteurs $\overrightarrow{BJ}$ et $\overrightarrow{BK}$ d'une part, et $\overrightarrow{AK}$ et $\overrightarrow{AC}$ d'autre part, pour trouver x et y.
Calculer les coordonnées des vecteurs $\overrightarrow{AK}$ et $\frac{1}{3}\overrightarrow{AC}$, puis conclure.

Algorithmique

91 Tracé d'un vecteur dans une fenêtre adaptée

Dans un repère, $\overrightarrow{AB}$ est un vecteur où $A(x_A; y_A)$ et $B(x_B; y_B)$.
On considère l'algorithme suivant :

<u>Entrées</u>
Saisir x_A, y_A, x_B, y_B
<u>Traitement</u>
Si $x_A < x_B$ alors
    $x$min prend la valeur x_A
    $x$max prend la valeur x_B
    sinon
    $x$min prend la valeur x_B
    $x$max prend la valeur x_A
FinSi
Si $y_A < y_B$ alors
    $y$min prend la valeur y_A
    $y$max prend la valeur y_B
    sinon
    $y$min prend la valeur y_B
    $y$max prend la valeur y_A
FinSi
dx prend la valeur ($x$max – $x$min)/5
dy prend la valeur ($y$max – $y$min)/5
$x$min prend la valeur $x$min – dx
$x$max prend la valeur $x$max + dx
$y$min prend la valeur $y$min – dy
$y$max prend la valeur $y$max + dy
<u>Sorties</u>
Tracer la fenêtre définie par ($x$min ; $y$min) et ($x$max ; $y$max)
Tracer le vecteur de $(x_A; y_A)$ à $(x_B; y_B)$

a) Faire fonctionner cet algorithme dans les deux cas suivants :
- $A(1;6)$ et $B(2;4)$
- $A(4;-1)$ et $B(-2;4)$.

b) Expliquer le rôle de chacun des tests de l'algorithme.

c) Pourquoi calcule-t-on dx et dy ?
Peut-on modifier dans l'algorithme les valeurs de ces variables ?

92 Une propriété des parallélogrammes

ABCD est un parallélogramme.
Les points I et K sont les milieux respectifs des segments [CD] et [AB]. Les droites (AI) et (CK) coupent la droite (BD) respectivement en M et N.

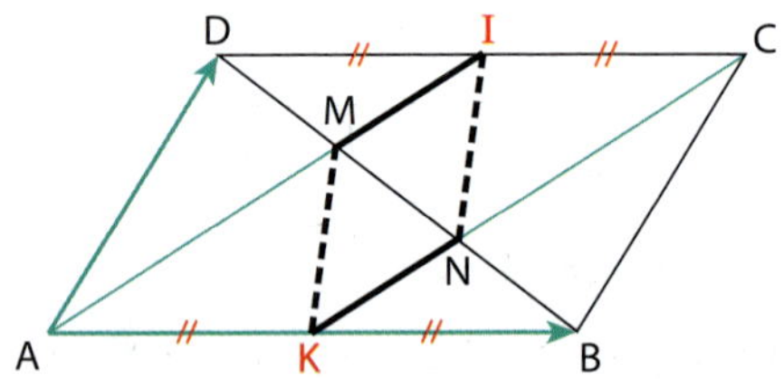

1. a) En utilisant le repère $(A ; \overrightarrow{AB}, \overrightarrow{AD})$, démontrer que le quadrilatère MINK est un parallélogramme.

b) Démontrer que $\overrightarrow{DM} = \overrightarrow{MN} = \overrightarrow{NB}$.

2. Reprendre la question précédente en utilisant des méthodes géométriques.

93 Conjecturer, puis démontrer

Dans le plan muni d'un repère orthonormé, on donne les points :

$$A(-6;-5),\ B\left(9;\frac{5}{2}\right),\ C(3;4) \text{ et } D\left(\frac{19}{4};\frac{3}{4}\right).$$

1. Placer les points A, B, C et D.
2. **a)** I est le point vérifiant : $\overrightarrow{IA} + 4\overrightarrow{IB} = \vec{0}$.
Déterminer, par le calcul, les coordonnées de I.
b) Placer le point I.
3. **a)** J est le point vérifiant : $\overrightarrow{JA} - 10\overrightarrow{JC} = \vec{0}$.
Déterminer, par le calcul, les coordonnées de J.
b) Placer J.
4. **a)** Déterminer les coordonnées du milieu K de [IJ], puis placer K.
b) Calculer la distance IK.
5. **a)** Représenter le cercle $\mathscr{C}$ de centre K et de rayon IK.
b) Les points C et D semblent-ils appartenir au cercle $\mathscr{C}$?
c) Démontrer les conjectures émises au **b)**.

94 Droites concourantes

Info
Pour démontrer que trois droites distinctes sont concourantes (c'est-à-dire qu'elles passent par un même point), on détermine, en général, le point d'intersection de deux de ces droites, puis on montre que la troisième passe aussi par ce point.

OABC est un carré de côté 4 cm.
M est le point défini par $\overrightarrow{OB} = -2\overrightarrow{OM}$.
(DE) et (FG) sont les parallèles passant par M aux côtés (OA) et (OC) du carré.
On se propose de démontrer que les droites (OB), (GD) et (FE) sont concourantes.

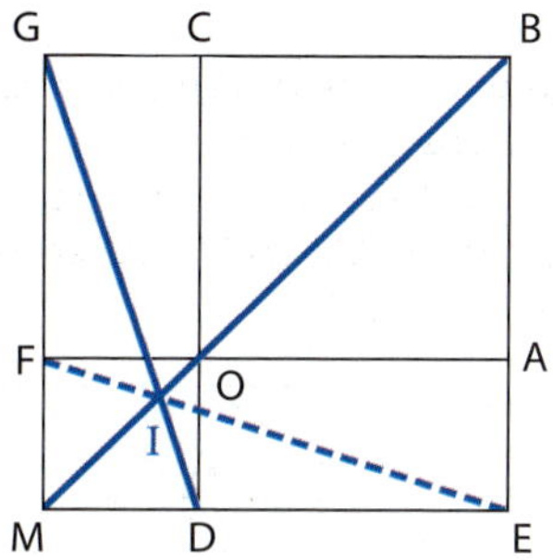

1. **Choix d'un repère**
a) Dire pourquoi $\left(O ; \frac{1}{4}\overrightarrow{OA}, \frac{1}{4}\overrightarrow{OC}\right)$ est un repère orthonormé.
b) Quelles sont, dans ce repère, les coordonnées des points B, G, F, D, E et les coordonnées des vecteurs $\overrightarrow{OB}$ et $\overrightarrow{GD}$?
2. **Détermination du point d'intersection I des droites (OB) et (GD)**
a) Pourquoi les vecteurs $\overrightarrow{OI}$ et $\overrightarrow{OB}$ sont-ils colinéaires ?
b) On note $(x ; y)$ les coordonnées du point I dans le repère de la question **1.**
Démontrer que $y = x$.
c) En déduire, en fonction de x, les coordonnées de $\overrightarrow{ID}$.
d) Pourquoi les vecteurs $\overrightarrow{ID}$ et $\overrightarrow{GD}$ sont-ils colinéaires ?
En utilisant ce résultat, montrer que $x = -\frac{1}{2}$.
e) Donner les coordonnées du point I.
3. **La droite (FE) passe par I**
En utilisant les méthodes précédentes, démontrer que les points F, I, E sont alignés.

PROBLÈMES OUVERTS

95 La roue de loterie

Voici ci-dessous, la flèche qui permet de repérer le secteur gagnant sur cette roue de loterie.

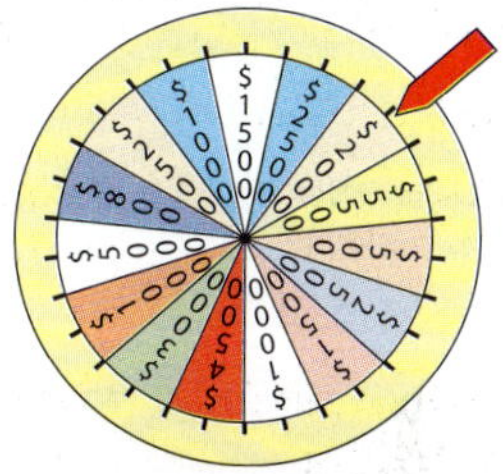

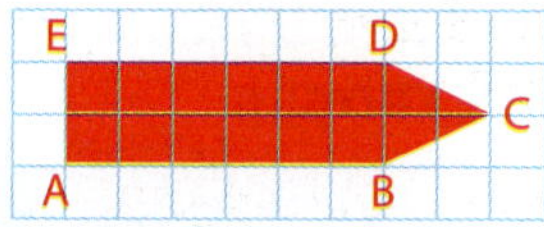

Indiquer où placer le point G par lequel fixer cette flèche, sachant que $\overrightarrow{GA} + \overrightarrow{GB} + \overrightarrow{GC} + \overrightarrow{GD} + \overrightarrow{GE} = \vec{0}$.

96 Centre de gravité

Dans un repère, on donne les points :
A(–3 ; 2), B(6 ; 5) et C(3 ; –1).
Calculer les coordonnées du centre de gravité G de ABC.

97 Travailler en groupe — Alignement dans un trapèze

ABCD est un trapèze tel que $\overrightarrow{DC} = \frac{1}{3}\overrightarrow{AB}$.
I et K sont les milieux respectifs des segments [AB] et [CD]. Les droites (AC) et (BD) se coupent en M ; les droites (AD) et (BC) se coupent en N.

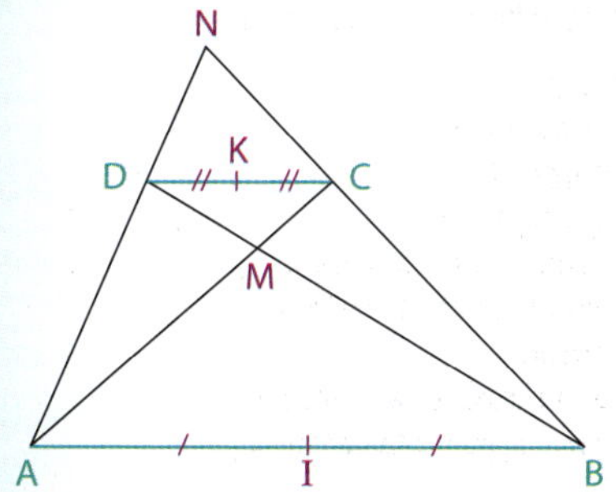

Démontrer que les points I, M, K, N sont alignés.

98 **Parallélisme**

ABC est un triangle.
I et J sont les milieux des côtés [AB] et [AC].
ABJM et CIAN sont des parallélogrammes.
P est le milieu du segment [MN].

Démontrer que les droites (AP) et (BC) sont parallèles.

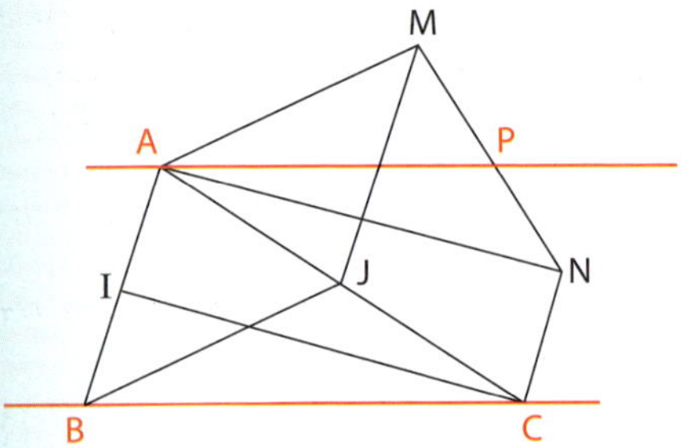

Des défis

99 **Un pavage**

Découper ce dessin en cinq éléments superposables. Est-il possible de réaliser un pavage du plan à partir de l'un de ces éléments, en utilisant une translation et une symétrie ? Si oui, commencer ce pavage.

D'après Jeux mathématiques

100 **Les éléments effacés**

I, J, K, L sont les milieux respectifs des côtés [AB], [BC], [CD], [DA] d'un quadrilatère ABCD.

Voici la figure, mais le quadrilatère ABCD a été effacé.

Peut-on le retrouver ?

SUJETS D'EXPOSÉS

SUJET 1

MPS Méthodes et pratiques scientifiques

Que cela soit lors d'une enquête criminelle ou pour des performances sportives, il est intéressant de connaître la vitesse d'un projectile lors de son impact avec une cible. Il existe différents procédés pour mesurer cette vitesse.

→ Rechercher sur Internet ce qu'est la notion de pendule balistique inventée par Benjamin Robins et son lien avec les vecteurs.

→ Lors d'un exposé, présenter à la classe, par le biais d'un exemple, une étude de la vitesse d'un projectile à l'aide d'un pendule balistique.

SUJET 2

Lorsqu'une personne se déplace à la surface d'une planète, elle est soumise à la gravité.

→ Rechercher sur Internet la notion de force d'attraction gravitationnelle et son lien avec les vecteurs.

→ Lors d'un exposé, comparer la force d'attraction gravitationnelle pour une personne de 40 kg située sur la Terre à celle sur une autre planète.

Thème 1 Les instructions d'entrée-sortie, l'affectation, les variables

Une approche Milieu d'un segment

Chapitre 8

Dans un repère, on pose A(2 ; 3) et B(–1 ; 7).

a) Quelles sont les coordonnées du milieu I du segment [AB] ?

Pour conserver (stocker) une donnée en mémoire, on utilise une **variable**.

Par exemple :

- avec une calculatrice Casio ou TI, l'instruction 3 → X donne à la **variable** X la valeur 3 ; → (lire sto) est le symbole **d'affectation** ;
- avec le logiciel Xcas, on utilisera l'instruction X :=3, l'instruction **d'affectation** est « := ».

Pour fonctionner, l'algorithme ci-dessous réclame l'entrée de certaines valeurs. Ces données sont stockées dans des variables puis utilisées dans un calcul.

```
VARIABLES
  xA EST_DU_TYPE NOMBRE
  xB EST_DU_TYPE NOMBRE
  xI EST_DU_TYPE NOMBRE
DEBUT_ALGORITHME
  LIRE xA
  LIRE xB
  xI PREND_LA_VALEUR (xA+xB)/2
  AFFICHER "L'abscisse du point I milieu du segment [AB] est : "
  AFFICHER xI
FIN_ALGORITHME
```

Remarque : de nombreux logiciels exigent la déclaration préalable de toutes les **variables** utilisées (c'est le cas d'AlgoBox ; voir l'onglet « Variables »).

b) Quelles sont les variables de l'algorithme ci-dessus ?

c) Quel calcul l'algorithme effectue-t-il ? Quelle variable stocke le résultat du calcul ?

d) Voici une traduction de l'algorithme ci-dessus dans le langage d'une calculatrice. Repérer les variables.

Casio

```
======MILIEU  ======
"Saisir XA?":?→P↵
"Saisir XB?":?→Q↵
(P+Q)÷2→T↵
"L'abscisse du milieu
 est ":T◢
```

TI

```
PROGRAM:MILIEU
:Input "XA?",P
:Input "XB?",Q
:(P+Q)/2→T
:Disp "L'ABSCISS
E DU MILIEU EST:
",T
```

e) Compléter l'algorithme pour obtenir en sortie les deux coordonnées du point I.

1 Calcul d'une distance

Chapitre 8

Le plan est muni d'un repère orthonormal.

a) On pose A(2 ; 3) et B(–1 ; 7). Calculer la distance AB.

b) Proposer un algorithme qui conduit à l'affichage de la distance AB, les coordonnées des points A et B étant entrées par l'utilisateur.

c) Traduire cet algorithme dans le langage d'une calculatrice.

d) Tester le bon fonctionnement du programme avec les données de la question **a)**.

2 Ordonnée à l'origine

Chapitre 9

Dans un repère, on pose A(2 ; 3).

a) Quelle est l'ordonnée à l'origine de la droite d passant par A et de coefficient directeur $m = 2$?

b) Recommencer en posant A(3 ; 5) et $m = -1$.

c) Les coordonnées d'un point de d et son coefficient directeur étant entrés par l'utilisateur, proposer un algorithme qui permet d'obtenir en sortie l'ordonnée à l'origine d'une droite d.

d) Traduire cet algorithme dans le langage d'une calculatrice.

e) Tester le bon fonctionnement du programme avec les données des questions **a)** ou **b)**.

3 Somme de deux vecteurs

Chapitre 10

Proposer un algorithme qui permet d'obtenir en sortie les deux coordonnées du vecteur $\vec{u} + \vec{v}$, les coordonnées des vecteurs $\vec{u}$ et $\vec{v}$ étant entrées par l'utilisateur.

4 Multiplication d'un vecteur par un réel

Chapitre 10

Proposer un algorithme qui permet d'obtenir en sortie les deux coordonnées du vecteur $k\vec{u}$, le nombre réel k et les coordonnées du vecteur $\vec{u}$ étant entrés par l'utilisateur.

5 Construire un parallélogramme

Chapitre 10

a) Dans un repère, on donne les trois points A(1 ; 2), B(–1 ; –1) et E(4 ; 1). Construire le point S tel que BAES soit un parallélogramme.

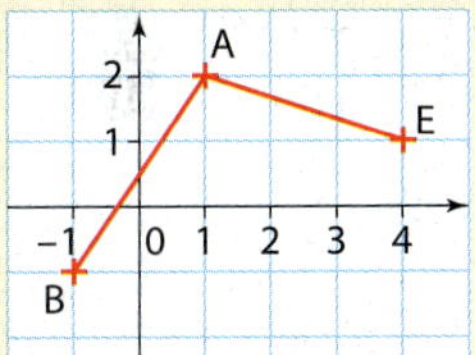

Calculer ses coordonnées.

Vérifier la cohérence avec la figure.

b) On pose A(x_A ; y_A), B(x_B ; y_B), E(x_E ; y_E), S(x_S ; y_S) tels que BAES soit un parallélogramme.

Démontrer que $x_S = x_E + x_B - x_A$ et $y_S = y_E + y_B - y_A$.

c) Proposer un algorithme qui permet d'obtenir en sortie les coordonnées du quatrième sommet S du parallélogramme BAES, les coordonnées des points B, A, E étant entrées par l'utilisateur.

d) Traduire cet algorithme dans le langage d'une calculatrice.

e) Tester le bon fonctionnement du programme avec les données de la question **a)**.

Thème 2 La structure alternative ou test

Une approche Appartenance à une médiatrice

Chapitre 8

1. Le plan est muni d'un repère orthonormal.
On donne les points A(3,2 ; 0,6) et B(−1 ; 2).

a) Le point M(2 ; 4) appartient-il à la médiatrice du segment [AB] ? Le point N(3,3 ; 8) appartient-il à cette médiatrice ?

b) Même question avec M(0 ; −2) et $N\left(\sqrt{2}\,;2{,}242\right)$.

2. Dans l'algorithme ci-dessous, l'onglet « Variables » a été masqué. Quelles variables ont été utilisées dans la suite de l'algorithme ? De quel type sont-elles ?

```
▶ VARIABLES
▼ DEBUT_ALGORITHME
    LIRE x
    LIRE y
    d1 PREND_LA_VALEUR pow(x-3.2,2)+pow(y-0.6,2)
    d2 PREND_LA_VALEUR pow(x+1,2)+pow(y-2,2)
```

3. On pose M(x ; y) et A(3,2 ; 0,6). Que représente d1 ? Expliquer la syntaxe « pow(nombre,2) ».

4. Que représente d2 ?

Dans un programme, selon qu'une condition est vraie ou fausse, on peut effectuer un traitement ou un autre. On parle d'une **structure alternative**. Par exemple, dans l'algorithme ci-dessous, l'instruction « d1==d2 » permet de **tester** l'égalité des nombres d1 et d2. **Si** cette condition est remplie, **alors** on affiche un texte, **sinon**, un autre affichage est obtenu.

```
▶ VARIABLES
▼ DEBUT_ALGORITHME
    LIRE x
    LIRE y
    d1 PREND_LA_VALEUR pow(x-3.2,2)+pow(y-0.6,2)
    d2 PREND_LA_VALEUR pow(x+1,2)+pow(y-2,2)
  ▼ SI (d1==d2) ALORS
      DEBUT_SI
      AFFICHER "Texte 1 ..."          (1)
      FIN_SI
    ▼ SINON
        DEBUT_SINON
        AFFICHER "Texte 2 ..."        (2)
        FIN_SINON
FIN_ALGORITHME
```

5. À quelle **condition** portant sur d1 et d2, le point M appartient-il à la médiatrice du segment [AB] ?

6. Aux lignes **(1)** et **(2)**, remplacer « Texte 1 … » et « Texte 2 … » par des phrases adaptées.

7. Voici une traduction de l'algorithme ci-dessus dans le langage d'une calculatrice.
Repérer les variables et la condition du test.

Casio

```
======MEDIATRI======
"Saisir XM":?→X↵
"Saisir YM":?→Y↵
(X-3.2)²+(Y-0.6)²→D↵
(X+1)²+(Y-2)²→E↵
If D=E↵
Then "Texte1...".
Else "Texte2...".
IfEnd↵
Stop↵
```

TI

```
PROGRAM:MEDIATRI
:Input "XM? ",X
:Input "YM? ",Y
:(X-3.2)²+(Y-0.6
)²→D
:(X+1)²+(Y-2)²→E

:If D=E
:Then
:Disp "TEXTE1."
:Else
:Disp "TEXTE2."
:End
```

8. Saisir le programme sur la calculatrice en remplaçant « Texte1… » et « Texte2… » par des conclusions adaptées. Tester le bon fonctionnement du programme avec les données de la question **1.**

6 Équation d'une droite

Chapitre 9

Dans un repère, on donne la droite d d'équation
$$y = -3{,}25x + 4{,}005.$$

a) On considère un point M(x ; y).
Dans le tableau ci-dessous, plusieurs coordonnées ont été saisies. Indiquer, dans chacun des cas, si le point M appartient à la droite d.

Abscisse du point M	−2,25	−1,25	1,55	−0,05	$\sqrt{2}$
Ordonnée du point M	11,3	8,067 5	1,032 5	4,15	$\frac{801}{200} - \frac{325\sqrt{2}}{100}$
Le point M appartient-il à la droite *d* ?	Non	…	…	…	…

b) L'équation $y = -3{,}25x + 4{,}005$ étant donnée, proposer un algorithme qui affiche « Oui » ou « Non » selon l'appartenance ou non du point M à la droite d. Les coordonnées du point M seront entrées par l'utilisateur.

c) Vérifier le bon fonctionnement du programme à l'aide des réponses à la question **a)**.

d) Modifier l'algorithme pour que l'utilisateur puisse entrer le coefficient directeur et l'ordonnée à l'origine d'une droite au lieu d'une équation.

7 Le quadrilatère est-il un parallélogramme ?

Chapitre 10

1. a) Dans un repère, on donne les points :
A(2 ; 1), B(−1 ; 2), C(1,5 ; −0,5) et D(1 ; 0,5).
Calculer les coordonnées des vecteurs $\overrightarrow{AB}$ et $\overrightarrow{DC}$.
Le quadrilatère ABCD est-il un parallélogramme ?

b) Mêmes questions avec A(2 ; 1), B(−1 ; 2), C(1,5 ; −0,5) et D(−1,5 ; 0,5).

2. On donne les coordonnées de trois points A, B et C. À quelles conditions, portant sur les coordonnées des vecteurs $\overrightarrow{AB}$ et $\overrightarrow{DC}$, le quadrilatère ABCD est-il un parallélogramme ?

3. Dans un programme, il est possible de combiner les résultats de deux tests en utilisant l'**opérateur logique** « et ».
Utiliser cet opérateur pour écrire un algorithme qui, en sortie, indique si ABCD est un parallélogramme ou non. Les coordonnées des sommets seront entrées par l'utilisateur.

Thème 3 La structure itérative ou boucle

Une approche Milieu d'un segment ➤ *Chapitre 8*

a) Dans un repère d'origine O, placer le point A(16 ; 0).

b) Placer ensuite le point I_1, milieu du segment [OA]. Quelles sont ses coordonnées ?
Placer le point I_2, milieu du segment $[OI_1]$. Quelles sont ses coordonnées ?

c) Répondre de nouveau à la question **b)** avec les milieux I_3 et I_4 des segments $[OI_2]$ et $[OI_3]$. On place ainsi quatre points sur le segment [OA].

d) L'algorithme ci-contre permet de tracer ce graphique.

```
VARIABLES
  xA EST_DU_TYPE NOMBRE
  x1 EST_DU_TYPE NOMBRE
  x2 EST_DU_TYPE NOMBRE
  x3 EST_DU_TYPE NOMBRE
  x4 EST_DU_TYPE NOMBRE
DEBUT_ALGORITHME
  xA PREND_LA_VALEUR 16
  TRACER_POINT (xA,0)
  x1 PREND_LA_VALEUR xA/2
  TRACER_POINT (x1,0)
  x2 PREND_LA_VALEUR x1/2
  TRACER_POINT (x2,0)
  x3 PREND_LA_VALEUR x2/2
  TRACER_POINT (x3,0)
  x4 PREND_LA_VALEUR x3/2
  TRACER_POINT (x4,0)
FIN_ALGORITHME
```

On remarque la répétition, à quatre reprises, du même traitement :

- calcul de la nouvelle abscisse *x* ;
- dessin du point de coordonnées (*x* ; 0) (TRACER_POINT(*x*,0)).

Combien de lignes de code seraient nécessaires si on construisait ainsi 10 points ? 100 points ? Combien de variables seraient utilisées ?

Une **boucle « pour »** permet de répéter un traitement à plusieurs reprises, le nombre de répétitions étant connu à l'avance.

```
VARIABLES
  compteur EST_DU_TYPE NOMBRE
  x EST_DU_TYPE NOMBRE
DEBUT_ALGORITHME
  x PREND_LA_VALEUR 16
  TRACER_POINT (x,0)
  POUR compteur ALLANT_DE 1 A 4
    DEBUT_POUR
    x PREND_LA_VALEUR x/2
    TRACER_POINT (x,0)
    FIN_POUR
FIN_ALGORITHME
```

Une boucle « POUR compteur ALLANT_DE 1 à 4 » a été utilisée dans l'algorithme ci-dessus. Pour visualiser le traitement, on peut exécuter pas à pas cet algorithme (mode « pas à pas » avec le logiciel AlgoBox). On obtient alors les résultats suivants :

Initialisation	$x = 16$		
Boucle	Compteur	x	$\frac{x}{2}$
	1	16	8
	2	8	4
	3	4	2
	4	2	1
Sortie	Graphique		

e) Combien de lignes de code seraient nécessaires si on construisait ainsi 10 points ? 100 points ? Combien de variables seraient utilisées ?

f) Améliorer l'algorithme pour que l'utilisateur puisse choisir le nombre de constructions ainsi que l'abscisse du point A.

g) Voici une traduction de l'algorithme de la question **f)** dans le langage d'une calculatrice. L'utilisateur peut-il choisir le nombre de constructions ou l'abscisse du point A ? Quel nom porte le compteur de la boucle ?

Casio

```
======MI MI MI======
'Entrer le nbre de po
ints":?→N:16→X↵
For 1→C To N Step 1↵
X÷2→X◢
Next↵
"FINI"◢
```

TI

```
PROGRAM:MIMIMI
:Input "NB DE PT
S? ",N
:16→X
:For(C,1,N)
:X/2→X
:Disp X
:End
```

h) On pose A(16 ; 0). Faire fonctionner le programme avec un compteur allant de 1 à 8. Vérifier que l'abscisse x du dernier point construit est supérieure à 10^{-2}.
Au bout de combien de tours dans la boucle la condition « $x \leqslant 10^{-2}$ » est-elle vérifiée ?

8 Alignement de trois points ➤ *Chapitre 9*

a) Dans un repère, on considère les points A(6 ; 5), B(2 ; 1) et H(5 ; 3). Les points A, B et H sont-ils alignés ?

b) L'abscisse du point H est égale au numéro sorti lors du lancer d'un dé rouge. L'ordonnée de H est donnée par le lancer d'un second dé vert.
Lancer deux dés pour en déduire les coordonnées de H. Les points A, B et H sont-ils alignés ?

c) On pose H(x ; y). À quelle condition, portant sur x et y, les points A, B et H sont-ils alignés ?

d) Lancer deux dés pour obtenir les coordonnées de H, puis vérifier si les points A, B et H sont alignés.
Jouer tant que A, B et H ne sont pas alignés.
Combien d'essais ont été nécessaires ?

e) L'algorithme suivant, incomplet, doit permettre de simuler le jeu présenté à la question **d)** Compléter les lignes **(1)**, **(2)**, **(3)**, **(4)** avec des instructions adaptées.

```
VARIABLES
DEBUT_ALGORITHME
  d PREND_LA_VALEUR 1
  TRACER_POINT (6,5)
  TRACER_POINT (....,....)                                  (1)
  nbre_de_pt PREND_LA_VALEUR 0
  PAUSE
  TANT_QUE (d........................) FAIRE                (2)
    DEBUT_TANT_QUE
    //floor(6*random())+1 simule le lancer d'un dé.
    Rouge PREND_LA_VALEUR floor(6*random())+1
    Vert PREND_LA_VALEUR ..................                 (3)
    TRACER_POINT (.............,...........)                (4)
    nbre_de_pt PREND_LA_VALEUR nbre_de_pt+1
    d PREND_LA_VALEUR Vert-Rouge
    PAUSE
    FIN_TANT_QUE
  AFFICHER nbre_de_pt
  AFFICHER Rouge
  AFFICHER Vert
FIN_ALGORITHME
```

Thème 4 Autres exemples

9 Utiliser des listes
Chapitre 8

Dans un repère, on pose A(-2 ; 3) et B(1 ; 4).

a) Quelles sont les coordonnées du milieu I du segment [AB] ?

b) Voici comment retrouver le résultat de la question **a)** en utilisant des variables de type liste, avec le logiciel Xcas ou une calculatrice.

Pour résoudre un problème, on a parfois besoin d'utiliser de nombreuses variables. On peut alors créer une **variable de type liste.**

On se propose d'affecter trois variables de type liste avec les coordonnées des points A, B et I, en utilisant le logiciel Xcas puis une calculatrice.

- **Avec le logiciel Xcas**

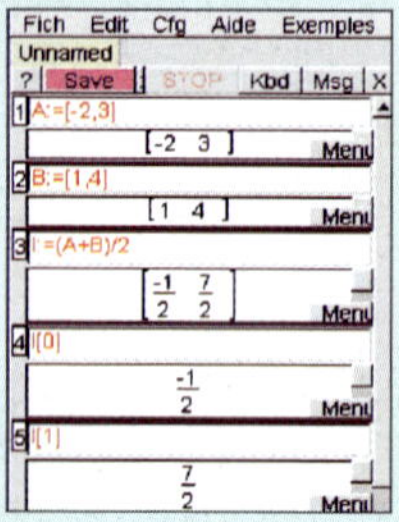

Pour créer la variable A de type liste, on saisit A :=[-2,3]. On saisit ensuite B :=[1,4], puis I :=(A+B)/2.

L'abscisse du point I est donnée par I[0], et son ordonnée par I[1].

- **Avec la calculatrice Casio**

Dans le menu Run, on saisit les instructions suivantes :

{-2,3}→List 1

{1,4}→List 2

(List 1+List 2)/2→List 3

On visualise alors les résultats dans le menu Run ou dans le menu Stat de la calculatrice.

Menu Run

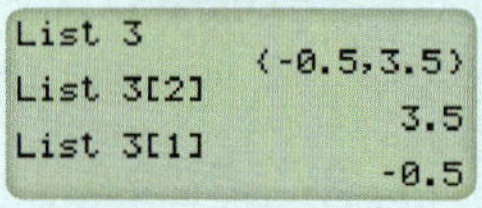

Menu Stat

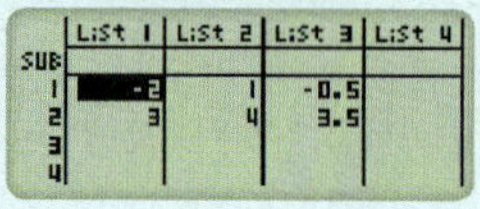

- **Avec la calculatrice TI**

Dans le menu Run, on saisit les instructions suivantes :

{-2,3}→L1

{1,4}→L2

(L1+L2)/2→L3

On visualise alors les résultats dans le menu Run ou dans le menu Stat de la calculatrice.

Menu Run

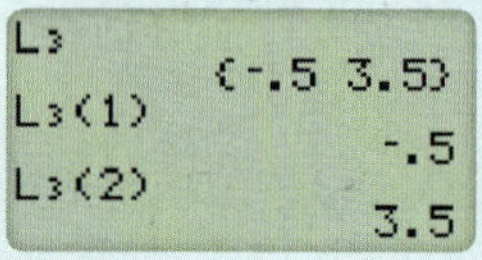

Menu Stat

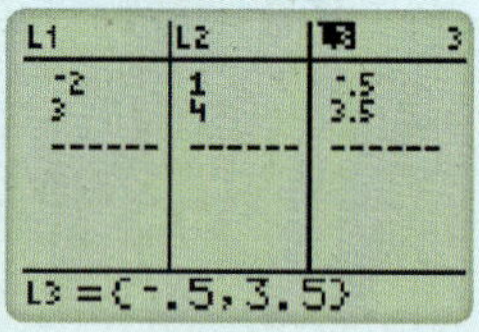

10 Alignement de points
Chapitre 9

Le plan est muni d'un repère.

1. Les points A(−1 ; -3), B(2 ; 3) et C(5 ; 11) sont-ils alignés ?

2. On souhaite compléter le tableau ci-dessous à l'aide d'un algorithme.

A	B	C	Les points A, B et C sont-ils alignés ?
(−1 ; −3)	(2 ; 3)	(5 ; 11)	…
(0 ; 2)	(3 ; −7)	(−4 ; 14)	…
(2 ; 5)	(−2 ; 3)	(4 ; 6)	…
(1 ; 4,5)	(0,5 ; 2)	(0,2 ; 0,7)	…

Avec une calculatrice, Marion a créé six listes pour stocker les coordonnées des points A, B et C.

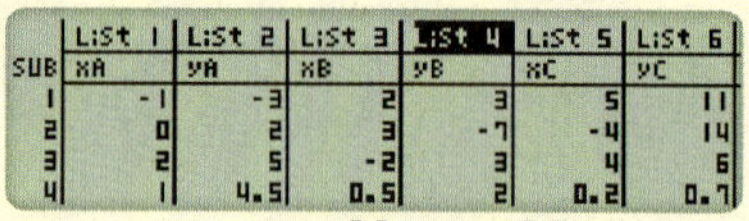

a) Que représente $\frac{\text{List } 4[1] - \text{List } 2[1]}{\text{List } 3[1] - \text{List } 1[1]}$ pour les points A et B ?

Saisir un extrait du programme saisi par Marion.

b) Compléter la ligne « …→N », sachant que le coefficient directeur de la droite (AC) est affecté à la variable N.

c) À quelle condition les points A, B et C sont-ils alignés ?

d) Voici un autre extrait du programme de saisi par Marion.

Compléter la ligne « If … ».

3. Tester le bon fonctionnement du programme de la question **2.** avec les données de la question **1.**

4. Compléter le tableau de la question **2.**

11 Coordonnées d'un vecteur
Chapitre 10

a) Dans un repère, on donne les points A(1 ; 2) et B(−1 ; 3). Calculer les coordonnées du vecteur $\overrightarrow{AB}$.

b) Compléter l'algorithme ci-contre pour obtenir en sortie les deux coordonnées du vecteur $\overrightarrow{AB}$, les coordonnées des points A et B étant entrées par l'utilisateur.

```
▼ VARIABLES
  ├ xA EST_DU_TYPE NOMBRE
  ├ xB EST_DU_TYPE NOMBRE
  └ xV EST_DU_TYPE NOMBRE
▼ DEBUT_ALGORITHME
  ├ LIRE xA
  ├ LIRE xB
  ├ xV PREND_LA_VALEUR (xB-xA)
  └ AFFICHER xV
FIN_ALGORITHME
```

c) Les coordonnées des points A et B étant entrées par l'utilisateur sous la forme de listes, écrire un programme sur la calculatrice donnant les deux coordonnées du vecteur $\overrightarrow{AB}$.

Chapitre 11

Statistique descriptive. Analyse de données

En s'imposant au Grand Prix de Assen aux Pays-Bas (en 2007), le champion Valentino Rossi vient de défier les statistiques.
Partant au-delà de la 10e place, il remporte la victoire. Depuis 1975, c'est arrivé 12 fois seulement sur 454 courses.

Énigme ★

Dans deux supermarchés, on croise les promotions suivantes, qui portent sur le même produit.

➤ ***Quelle est la promotion la plus avantageuse ?***

Énigme ★★

Dans un groupe constitué de dessinateurs et de journalistes, la moyenne d'âge est de 35 ans.

➤ ***Sachant que les dessinateurs ont 30 ans en moyenne et les journalistes, 48 ans en moyenne, quel est le rapport entre le nombre de dessinateurs et celui de journalistes ?***

D'après Tangente, *Hors-série 34, 20 sept. 08.*

Vérifier les acquis

Compléments numériques

Travailler en autonomie

1 Calculer une fréquence, un pourcentage

Formulaire p. 286, thème 12

Sur 250 lancers, une punaise est tombée 162 fois sur la position 1.

a) Quelle est la fréquence d'obtention de la position 1 ?

b) Quel est le pourcentage d'obtention de la position 2 ?

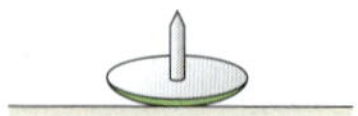

Position 1

Position 2

2 Lire un graphique

Formulaire p. 286, thème 12

Le graphique ci-contre illustre le nombre de spams (messages non sollicités) reçus aujourd'hui dans les boîtes aux lettres électroniques des élèves d'une classe.

a) Combien d'élèves ont reçu exactement quatre spams aujourd'hui ?

b) Combien d'élèves y a-t-il dans cette classe ?

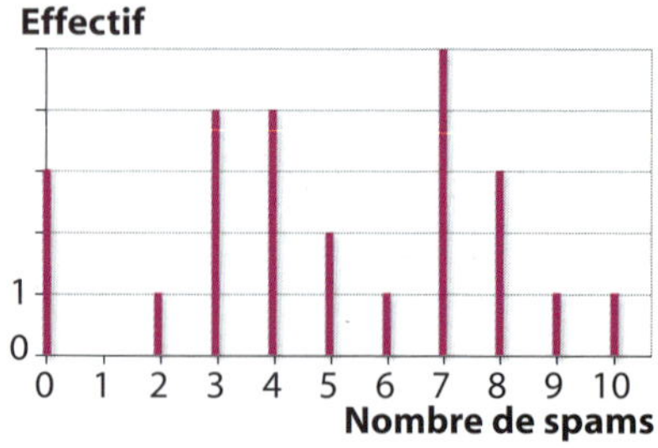

3 Calculer une moyenne

Formulaire p. 286, thème 12

À l'aide du graphique de l'exercice 2, reproduire et compléter le tableau ci-dessous.

Nombre de spams	0	1	2	3	4	5	6	7	8	9	10
Effectif											

Calculer la moyenne de cette série. Que signifie ce résultat pour la situation ?

4 Déterminer et interpréter une médiane

Formulaire p. 286, thème 12

Lors d'une séance en groupe, des élèves ont effectué un test comportant 100 questions. Voici le nombre de réponses exactes pour chacun des élèves :

18 ; 36 ; 44 ; 46 ; 54 ; 54 ; 55 ; 56 ; 62 ; 70 ; 73 ; 74 ; 74 ; 83

a) Quelle est l'étendue de cette série statistique ?

b) Déterminer la médiane de cette série statistique. Interpréter le résultat obtenu.

5 Déterminer et interpréter un quartile

Formulaire p. 286, thème 12

Les anacondas sont des serpents aquatiques d'Amérique du Sud.

Dans le tableau ci-dessous, on a relevé la taille de 100 femelles adultes.

Taille (en m)	4	5	6	7	8	9
Effectif	7	22	14	20	19	18

Déterminer le premier quartile de cette série statistique et interpréter ce résultat.

Vérifier les réponses p. 296

Objectif
Utiliser des indicateurs statistiques pour prendre une décision.

B2i L2-4 L3-4

1 Respect des quotas de pêche

Les autorités de régulation de pêche ont intercepté deux navires thoniers de Méditerranée. Ils ont pesé, au hasard, vingt thons de chaque thonier (en kg).

a) Reproduire la feuille de calcul suivante.

	A	B	C	D	E	F	G	H	I	J	K
1			Thonier 1						Thonier 2		
2	35	22	53	54	90		36	42	45	35	46
3	23	27	21	36	34		40	39	41	39	38
4	46	39	28	25	61		37	35	39	33	42
5	30	44	29	39	57		38	36	50	43	39
6											
7	**Moyenne**						**Moyenne**				
8	**1er quartile**						**1er quartile**				

b) Compléter les cellules B7 et H7 en utilisant la fonction MOYENNE du tableur.

c) L'Ifremer, organisme d'étude du milieu marin, signale que les thons de Méditerranée ne doivent pas être pêchés lorsque leur masse est inférieure à 35 kg (masse de maturité sexuelle).
Les autorités chargées de surveiller la pêche reçoivent les deux moyennes précédentes (mais pas les données du tableur).
Ces données suffisent-elles à sanctionner un thonier ?

d) Compléter les cellules B8 et H8 en utilisant la fonction QUARTILE du tableur. Ces nouvelles données vont-elles conduire les autorités à sanctionner l'un des navires ? Si oui, lequel et pourquoi ?

Objectif
Traiter et représenter une série statistique définie en classes.

B2i L3-4 L3-5

2 Régions de France

Voici la répartition des régions de France métropolitaine et DOM selon leur population, en millions, au 1er janvier 2008.
Les données sont regroupées en classes d'amplitude 1 million.

	A	B	C	D	E	F	G	H	I	J	K	L	M
1	Population	[0 ; 1[	[1 ; 2[	[2 ; 3[	[3 ; 4[	[4 ; 5[	[5 ; 6[	[6 ; 7[	[7 ; 8[	[8 ; 9[	[9 ; 10[	[10 ; 11[	[11; 12[
2	Centre de classe												
3	Nombre de régions	6	9	4	3	2	0	1	0	0	0	0	1
4	Moyenne												

a) Reproduire cette feuille de calcul. Calculer une valeur approchée de la population moyenne des régions en utilisant le centre (ou milieu) de chaque classe (utiliser les fonctions SOMMEPROD et SOMME du tableur).

b) Représenter ces données sous forme d'histogramme. Pour cela :
- sélectionner la ligne 1 et la ligne 3 ; choisir « Histogramme » dans l'assistant graphique ;
- le graphique étant obtenu, faire un clic droit sur l'un des rectangles, sélectionner « Format de la série de données » et ramener la longueur de l'intervalle à 0.

c) Sur Internet, se connecter au site de l'Insee :
http://www.insee.fr/fr/ppp/bases-de-donnees/donnees-detaillees/estim-pop/contrib_SNetSM.xls
Calculer la population moyenne exacte des régions et comparer avec les résultats obtenus à la question **a)**.

Présentation d'une série statistique

1 Effectifs cumulés, fréquences cumulées

DÉFINITIONS On note x_i une valeur prise par un caractère quantitatif.
- L'effectif cumulé croissant (resp. décroissant) de x_i est la somme des effectifs des valeurs inférieures (resp. supérieures) ou égales à x_i.
- La fréquence cumulée croissante (resp. décroissante) de x_i est la somme des fréquences des valeurs inférieures (resp. supérieures) ou égales à x_i.

Animation numérique

EXEMPLE 1

Ce tableau donne le nombre d'enfants âgés de 0 à 16 ans dans un échantillon de **100** familles.

On a fabriqué la série des effectifs cumulés croissants (ECC).

On peut lire par exemple que **73** familles ont **au plus** 1 enfant (soit 0, soit 1 enfant).

Nombre d'enfants	0	1	2	3	4	5
Effectif	50	23	10	14	2	1
Effectifs cumulés croissants	50	73	83	97	99	100

EXEMPLE 2

Ce tableau donne la répartition des masses des nouveau-nés dans un hôpital.

On a fabriqué la série des fréquences cumulées décroissantes (FCD).

On peut lire par exemple que **85 %** de ces nouveau-nés pèsent **au moins** 3 kg.

Masse (en kg)	Fréquence	Fréquences cumulées décroissantes
[2,5 ; 3[	0,15	1
[3 ; 3,5[	0,32	0,85
[3,5 ; 4[	0,40	0,53
[4 ; 4,5[	0,13	0,13

2 Représentations graphiques

Nuage de points
(effectifs de l'exemple 1)

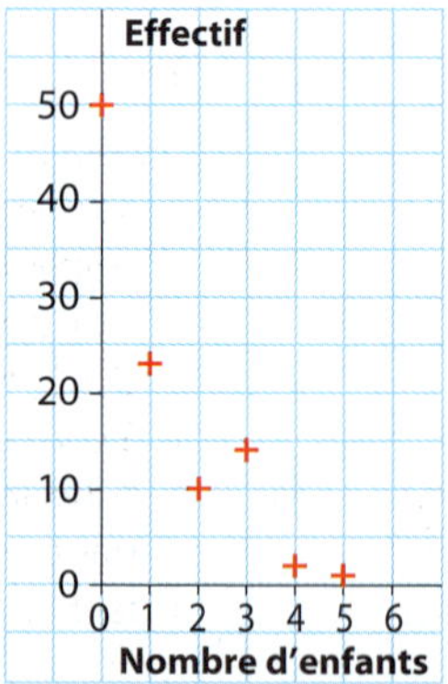

Histogramme
(fréquences de l'exemple 2)
Adapté aux caractères quantitatifs dont les valeurs sont regroupées en classes.

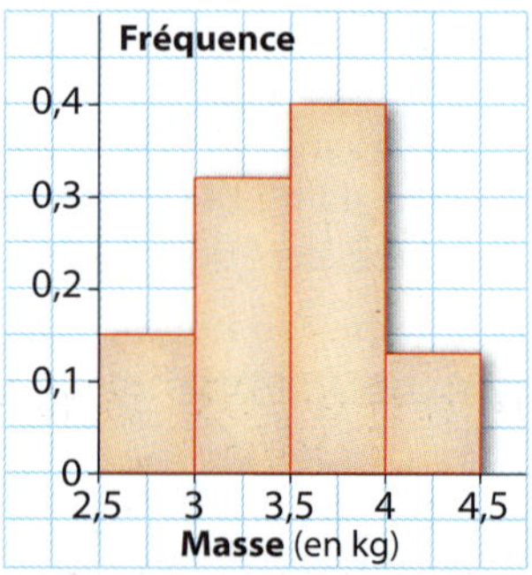

Courbe de fréquences cumulées
(exemple 2)
Sur chaque intervalle, la courbe est un segment de droite. On suppose que la répartition est uniforme dans chaque classe.

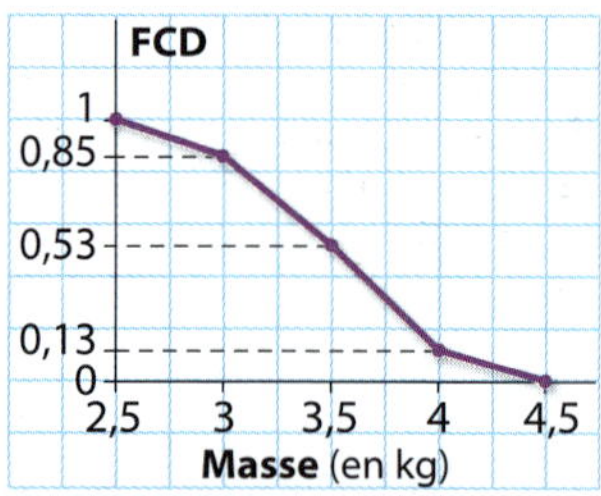

Note
Pour les histogrammes à pas non constant, voir l'exercice 44, page 236.

Exercice résolu 1 Calculer des fréquences cumulées

Voir aussi les exercices 2 à 5, page 228

Énoncé

Ce tableau donne la répartition des matchs du F.C. Barcelone selon le nombre de buts par match au cours de la saison 2008-2009 du championnat d'Espagne de football.

Nombre de buts	0	1	2	3	4	5	6	Total
Effectif	2	8	10	7	4	2	5	38

a) Donner la série des fréquences en pourcentages (valeurs approchées à l'unité), puis la série des fréquences cumulées croissantes (FCC).

b) Quel est le pourcentage de matchs au cours desquels l'équipe a marqué quatre buts ou moins ?

Solution

a)

Nombre de buts	0	1	2	3	4	5	6
Fréquence (en %)	5	21	26	19	11	5	13
FCC (en %)	5	26	52	71	**82**	87	100

b) Le F.C. Barcelone a marqué quatre buts ou moins au cours de **82** % de ses matchs de championnat en 2008-2009.

Commentaires

- La fréquence de matchs avec 6 buts est : $\frac{5}{38} \approx 0,131$. C'est-à-dire environ 13 %.
- Fréquences cumulées croissantes :
  - 5 ;
  - 5 + 21 = 26 ;
  - 26 + 26 = 52 ;
  - etc.

Exercice résolu 2 Réaliser un histogramme

Voir aussi les exercices 6 et 7, page 229

Énoncé

Une machine remplit automatiquement des sachets de médicaments en poudre. On a pesé un échantillon constitué de 100 sachets. Les résultats sont indiqués dans le tableau.

Masse (en g)	[98 ; 98,5[	[98,5 ; 99[	[99 ; 99,5[	[99,5 ; 100[	[100 ; 100,5[	[100,5 ; 101[
Effectif	9	17	31	26	13	4

Représenter cette série statistique par un histogramme.

Solution

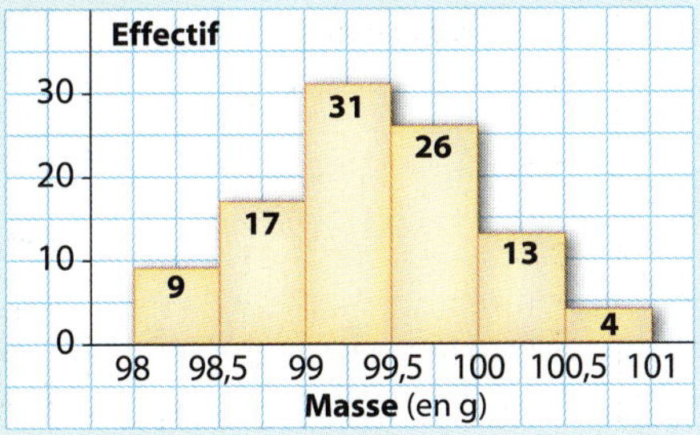

MÉTHODE

Pour tracer un histogramme dont les classes ont la même amplitude :
- on porte la masse en abscisses, on choisit une unité : 2 carreaux pour 0,5 g ;
- pour chaque classe, on trace un rectangle de hauteur l'effectif correspondant.

Note

Lorsque les classes ont des amplitudes inégales, se reporter à l'exercice 44, page 236.

Paramètres de position et de dispersion

1 Mesures de tendance centrale (ou de position)

La moyenne

Note
Pour une série regroupée en classes, on obtient une valeur approchée de la moyenne de la série en prenant pour x_i les centres (ou milieux) des classes.

DÉFINITION La **moyenne** de cette série statistique est le réel, noté $\overline{x}$, tel que :

$$\overline{x} = \frac{n_1x_1 + n_2x_2 + \ldots + n_px_p}{N}$$

Valeur	x_1	x_2	…	x_p
Effectif	n_1	n_2	…	n_p

Effectif total : $N = n_1 + n_2 + \ldots + n_p$

PROPRIÉTÉ On peut calculer la **moyenne** $\overline{x}$ à partir de la distribution des fréquences :

$$\overline{x} = f_1x_1 + f_2x_2 + \ldots + f_px_p$$

Valeur	x_1	x_2	…	x_p
Fréquence	f_1	f_2	…	f_p

La médiane

Note
Pour une série regroupée en classes, la classe à laquelle appartient la médiane est appelée **classe médiane**.

DÉFINITION La liste des N données est **rangée par ordre croissant.**
- Si la série est de taille **impaire ($N = 2n + 1$)**, la **médiane** est la donnée de rang $n + 1$.
- Si la série est de taille **paire ($N = 2n$)**, la **médiane** est la demi-somme des données de rang n et de rang $n + 1$.

Les quartiles

DÉFINITIONS La liste des N données est **rangée par ordre croissant.**
- **Le premier quartile** est la plus petite donnée Q_1 de la liste telle qu'**au moins un quart** des données de la liste sont **inférieures ou égales à Q_1**.
- **Le troisième quartile** est la plus petite donnée Q_3 de la liste telle qu'**au moins les trois quarts** des données de la liste sont **inférieures ou égales à Q_3**.

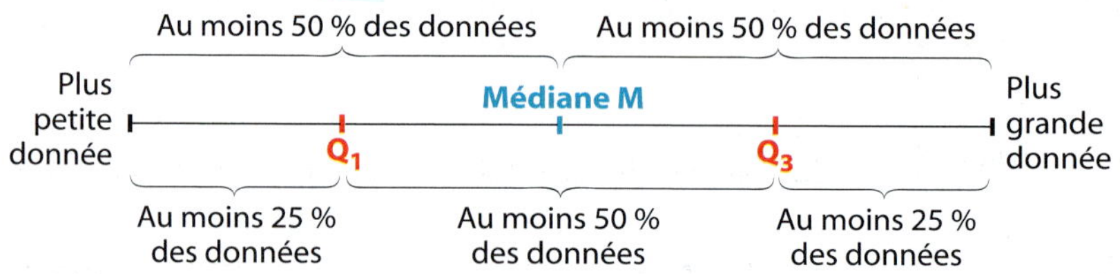

2 Mesures de dispersion

DÉFINITION La différence entre :
- la plus grande et la plus petite données d'une série est l'**étendue** ;
- le troisième quartile et le premier quartile, $Q_3 - Q_1$, est l'**écart interquartile**.

Remarque : L'écart interquartile est moins sensible que l'étendue aux données extrêmes.

Exercice résolu 1 Calculer une moyenne à la calculatrice

Voir aussi l'exercice 9, page 229

Énoncé

Dans une maternité, on a référencé les périmètres crâniens à la naissance de 290 nouveau-nés.

Périmètre (en cm)	32	32,5	33	33,5	34	34,5	35	35,5	36	36,5	37	37,5
Effectif	4	19	17	20	59	62	43	20	18	18	4	6

À l'aide de la calculatrice, déterminer la moyenne des périmètres crâniens de ces nouveaux-nés.

Commentaires	Solution Casio	Solution TI
• On entre les données.	MENU STAT 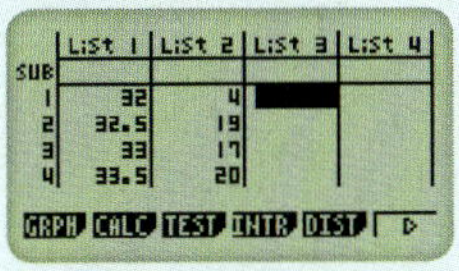	STAT EDIT 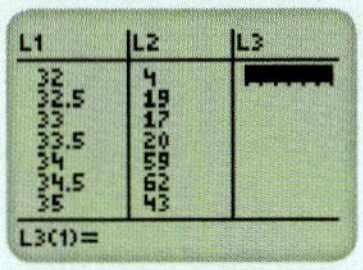
• On effectue les réglages nécessaires.	CALC SET 	
• On affiche les paramètres.	EXIT 1VAR 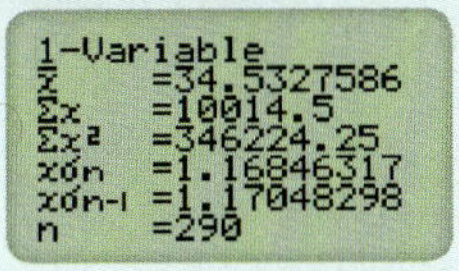	STAT CALC 1-Var Stats et saisir L1 , L2 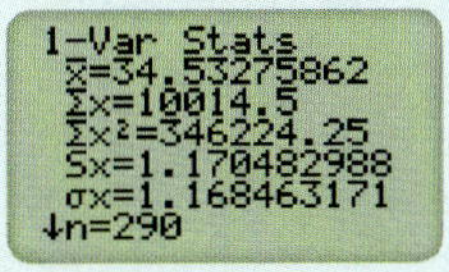

Conclusion : on lit à l'écran que le périmètre crânien moyen de ces nouveau-nés est environ 34,5 cm.

Exercice résolu 2 Déterminer une médiane et des quartiles

Voir aussi les exercices 11 et 12, page 229

Note

Cumuler les effectifs évite d'écrire la liste des périmètres crâniens rangés par ordre croissant :

32 ; 32 ; 32 ; 32 ; 32,5 ; 32,5 ; 32,5 ; ...

Énoncé

Pour la série de l'exercice 1, déterminer la médiane Me et les quartiles Q_1 et Q_3.

Solution

• L'effectif total est 290. Or 290 = 2   145, donc la médiane est la demi-somme des 145ᵉ et 146ᵉ périmètres crâniens.

On cumule les effectifs : 4 + 19 + 17 + 20 + 59 = 119 et 119 + 62 = 181.

Donc les 145ᵉ et 146ᵉ périmètres crâniens sont égaux à 34,5 donc Me = 34,5 cm.

• $\frac{290}{4} = 72,5$ donc Q_1 est le 73ᵉ périmètre crânien.

On cumule les effectifs : 4 + 19 + 17 + 20 = 60 et 60 + 59 = 119. Donc Q_1 = 34 cm.

• $\frac{3 \times 290}{4} = 217,5$ donc Q_3 est le 218ᵉ périmètre crânien.

On cumule les effectifs : 181 + 43 = 224. Donc Q_3 = 35 cm.

Exercices de base

Pour créer des automatismes

Présentation d'une série statistique

1 Ce tableau donne la répartition des élèves de Première à la rentrée 2007 selon leur sexe et la série du baccalauréat préparé.

	Filles	Garçons
Séries générales	177 614	132 908
Littéraire	44 056	11 015
Sciences économiques et sociales	61 097	36 032
Scientifique	72 461	85 861
Séries technologiques	82 619	78 095
Sciences et technologies industrielles	3 802	35 595
Sciences et technologies de laboratoire	4 388	3 487
Sciences et technologies de la gestion	49 229	35 841
Sciences médico-sociales	23 855	1 579
Autres bacs techno (hôtellerie, musique...)	1 345	1 593

Source : INSEE

a) Combien d'élèves sont concernés par cette étude ?

b) Déterminer le pourcentage total de filles, puis de garçons.

c) Comparer la fréquence des filles de séries technologiques à celle des garçons.

d) Dresser les tableaux des fréquences filles, puis garçons selon le baccalauréat préparé dans les séries générales.

2 Un entomologiste a relevé durant les mois de mai et juin le nombre quotidien de papillons dans un pré.

Nombre de papillons	8	10	12	14	16	18	20	22	24
Nombre de jours	5	8	10	16	4	0	0	6	12

a) Représenter cette série statistique par un nuage de points.

b) Dresser le tableau des effectifs cumulés croissants.

c) Combien de jours y a-t-il douze papillons ou moins dans le pré ?

Conseil : se reporter à l'exercice résolu 1, page 225.

3 L'histogramme ci-après représente la répartition par taille, en cm, de basketteurs de la NBA (le championnat professionnel des États-Unis).

a) Dresser le tableau des effectifs cumulés décroissants (ECD).

b) Représenter la courbe des ECD.

c) Par lecture graphique, recopier et compléter : « Les 50 plus grands basketteurs de la NBA mesurent plus de… »

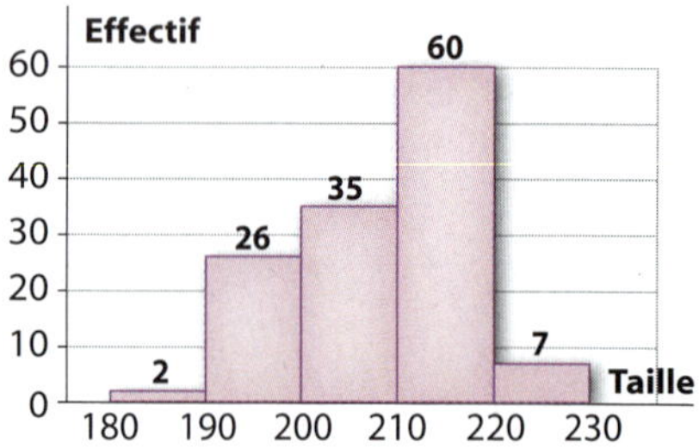

4 B2i L3-4 L3-5 **a)** Sur Internet, saisir l'adresse :
http://www.insee.fr/fr/ffc/figure/NATnon02150.xls
pour obtenir la répartition de la population française par sexe et âge au 1er janvier 2009.

b) En colonne E, effectuer le calcul des fréquences cumulées croissantes (FCC) pour l'ensemble de la population.

c) Représenter la courbe des FCC.
Par lecture graphique, recopier et compléter : « 50 % de la population a un âge inférieur à … »

5 Un distributeur automatique de café propose des expressos.
Une pesée portant sur 30 expressos a donné les masses suivantes (en grammes) de café utilisé :

81	82	85	83	83	82	87	84	85	84
84	81	83	86	84	80	80	79	87	85
81	82	85	87	79	80	86	89	83	89

a) Reproduire et compléter le tableau ci-dessous par les valeurs approchées au centième des fréquences et par les fréquences cumulées décroissantes (FCD).

Masse (en g)	[79 ; 82[	[82 ; 85[	[85 ; 88[	[88 ; 91[
Fréquence				
FCD				

b) Représenter la courbe des FCD.

c) Par lecture graphique, recopier et compléter : « 75 % des expressos contiennent plus de … g de café. »

6 Un supermarché a relevé les dépenses (en €) de ses clients entre 9h et 11h un jour donné.

Dépenses	[0 ; 30[	[30 ; 60[	[60 ; 90[	[90 ; 120[
Effectif	12	24	42	71

Représenter cette série par un histogramme.

Conseil : se reporter à l'exercice résolu 2, page 225.

7 Ce tableau donne la répartition des véhicules à la sortie d'une agglomération entre 16h et 22h.
Représenter cette série par :
a) un histogramme ;
b) un diagramme circulaire.

Tranche horaire	Fréquence (en %)
16h/17h	17,2
17h/18h	31,3
18h/19h	25
19h/20h	14
20h/21h	7
21h/22h	5,5

Paramètres de position et de dispersion

8 Dans une ville des États-Unis, le nombre de véhicules par foyer est réparti de la façon suivante :

Nombre de véhicules	0	1	2	3	4
Nombre de foyers	267	3 402	19 203	20 471	1 657

a) Calculer le nombre moyen de véhicules par foyer.
b) Combien de foyers possèdent trois véhicules au moins ?

9 Au large de l'Afrique du Sud, on a répertorié les tailles de 96 requins blancs.

Taille (en m)	1,5	2	2,5	3	3,5	4	4,5
Effectif	7	10	24	32	18	4	1

À l'aide de la calculatrice, déterminer la taille moyenne de ces requins.

Conseil : se reporter à l'exercice résolu 1, page 227.

10 Les distances, en millions de kilomètres, entre le Soleil et ses huit planètes sont données ci-contre.
a) Déterminer la distance médiane entre le Soleil et ses planètes.
b) Cette distance médiane est-elle supérieure à la distance moyenne ?

Planète	Distance
Jupiter	778,3
Mars	227,9
Mercure	57,9
Neptune	4 505
Saturne	1 427
Terre	149,6
Uranus	2 868
Vénus	108,2

11 Le tableau ci-dessous indique les capacités des disques durs, en Go, des ordinateurs d'un magasin.

Go	80	160	250	320	500	800	1 000	1 150
Effectif	2	9	11	7	5	2	4	3

a) Déterminer la médiane Me de cette série. Calculer le pourcentage d'ordinateurs dont la capacité est inférieure à Me.
b) Déterminer le premier quartile Q_1 et le troisième quartile Q_3. Calculer le pourcentage d'ordinateurs dont la capacité est comprise entre Q_1 et Q_3.

Conseil : se reporter à l'exercice résolu 2, page 227.

12 On a demandé à des familles le nombre d'heures de connexion quotidienne à Internet.
Voici la courbe des fréquences cumulées croissantes de cette série.

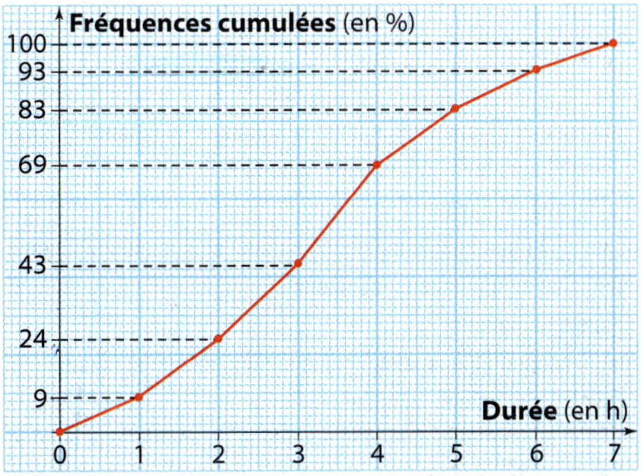

a) Quel pourcentage de ces familles se connectent entre 4h et 5h par jour ?
b) Lire graphiquement la médiane et les quartiles Q_1 et Q_3 de cette série.

13 On souhaite effectuer une comparaison des capacités physiques de deux joueurs de football. On a relevé les distances parcourues par ces joueurs durant le dernier championnat.

Joueur 1

Distance (en km)	8	8,5	9	9,5	10	10,5
Nombre de matchs	8	7	3	10	2	8

Joueur 2

Distance (en km)	8	8,5	9	9,5	10	10,5
Nombre de matchs	0	9	14	7	7	1

a) Représenter sur un même graphique les nuages de points associés à ces deux tableaux.
b) Déterminer la moyenne et l'écart interquartile de chacun des deux joueurs.
c) En quoi ces joueurs se distinguent-ils ?

Exercices d'entraînement

Pour développer des compétences

Travaux pratiques

Compléments numériques

14 B2i L 2-4 L 3-4 Marathon de Paris

OBJECTIF Utiliser les outils logiciels pour effectuer des prévisions grâce aux statistiques.

Voici les temps mis par le vainqueur lors des derniers marathons de Paris.

2009	2008	2007	2006
2h 05min 47s	2h 06min 37s	2h 07min 19s	2h 08min 02s
2005	**2004**	**2003**	**2002**
2h 08min 56s	2h 06min 31s	2h 08min 17s	2h 09min 40s
2001	**2000**	**1999**	**1998**
2h 08min 49s	2h 08min 10s	2h 09min 37s	2h 10min 14s
1997	**1996**	**1995**	**1994**
2h 12min 16s	2h 10min 06s	2h 10min 56s	2h 10min 46s

1. a) Réaliser cette feuille de calcul. Dans la plage B2:Q2, inscrire les temps en secondes.

	A	B	C	D	E	F	G	H	I	J	K
1	Année	2009	2008	2007	2006	2005	2004	2003	2002	2001	2000
2	Temps t	7547	7597	7639	7682	7736	7591				
3	t appartient à I										
4											
5	Moyenne										
6	Étendue										
7	1er quartile										
8	3e quartile										
9	Écart interquartile										

b) Compléter les cellules de la plage B5:B9 par les formules qui conviennent.

c) Commenter les résultats du **b)**. Souligner ce qu'il y a de remarquable.

2. I désigne l'intervalle $[\overline{x} - 240 ; \overline{x}]$.

On s'intéresse aux dix dernières années de course. On souhaite afficher VRAI lorsque le temps de course appartient à I et FAUX sinon.

a) Saisir dans la cellule B3 cette formule en la complétant :

=SI(ET($B5-240<=B2;B2<=…);VRAI;…)

puis étirer vers la droite jusqu'en K3.

b) Dans la cellule B4, faire afficher le pourcentage de courses dont les temps appartiennent à I, durant les dix dernières années. (Utiliser la fonction NB.SI.)

c) Prévoir le temps de course du prochain marathon de Paris. Cette prévision comporte-t-elle un risque ?

15 Salaires dans une entreprise

OBJECTIF Utiliser les outils logiciels pour étudier l'influence des valeurs extrêmes.

On peut utiliser un tableur pour faire ce travail.

1. Présentation de l'entreprise

Le tableau suivant donne la répartition des salaires en euros dans une entreprise.

Salaire	900	1 100	1 300	1 500	1 700	1 900	2 100
Effectif	12	10	20	18	12	13	5

Salaire	2 300	2 500	2 700	2 900	3 100	3 300	3 500
Effectif	3	12	5	7	10	0	6

Salaire	3 700	3 900	4 100	4 300	4 500	Total
Effectif	5	0	0	0	1	139

a) Calculer le salaire moyen $\overline{S}$, arrondi à l'euro, dans cette entreprise.

b) Déterminer les effectifs cumulés croissants, le salaire médian et les premier et troisième quartiles.

c) Calculer l'étendue des salaires dans cette entreprise.

d) Lequel des résumés « moyenne - étendue » ou « médiane - écart interquartile » utiliseriez-vous pour présenter l'entreprise sous son meilleur jour si vous étiez le directeur ? un observateur impartial ?

2. Des modifications

a) On considère la série obtenue en supprimant le salaire de 4 500 €.

Calculer le nouveau salaire moyen à partir de $\overline{S}$. Quel est le salaire médian ? l'étendue ? l'écart interquartile ?

b) Dans la série initiale, une erreur a été commise : il y a en fait 12 salaires à 1 300 € et 20 salaires à 1 700 €. Quelle est l'influence de cette erreur sur le salaire moyen ? le salaire médian et l'étendue ? l'écart interquartile ?

c) On considère une entreprise de même effectif total et qui octroie des salaires compris entre 900 € et 4 500 €. On suppose que, dans cette entreprise, 20 personnes gagnent 4 500 €. Proposer une répartition des effectifs de façon que le salaire médian soit encore de 1 700 €. Calculer alors le salaire moyen.

Restitution organisée de connaissances

16 **1. a)** Rappeler la formule permettant de calculer la moyenne de la série statistique suivante :

Valeur	x_1	x_2	…	x_p
Effectif	n_1	n_2	…	n_p

b) On note f_i la fréquence de la valeur x_i pour $1 \leqslant i \leqslant p$.
Démontrer que :

$$\overline{x} = f_1x_1 + f_2x_2 + \ldots + f_px_p$$

2. Utiliser la formule la plus appropriée pour calculer la moyenne de la série statistique correspondant au diagramme ci-dessous.
Vérifier la cohérence du résultat.

Volume de lait dans un emballage prévu pour 1 litre

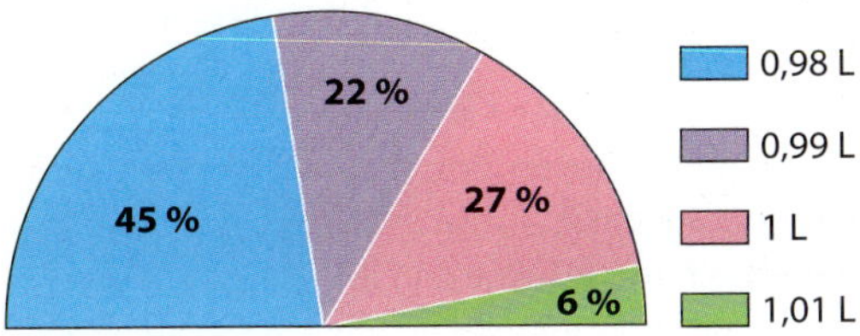

Raisonner, démontrer

17 Paul a obtenu l'écran de calculatrice ci-contre.
Son professeur lui signale qu'il a oublié une valeur et que la moyenne est en réalité égale à 7,5.

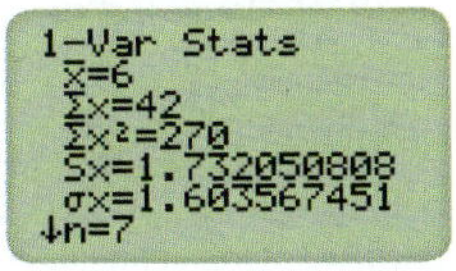

a) Sans effectuer de calcul, préciser si la valeur oubliée est inférieure ou supérieure à 6.
b) Calculer la valeur manquante.

18 **1. a)** Écrire la formule permettant de calculer la moyenne de la série statistique définie ci-dessous.

Valeur	x_1	x_2	x_3
Effectif	n_1	n_2	n_3

b) a désigne un réel.
On considère une nouvelle série statistique dont les valeurs sont : $y_1 = ax_1$, $y_2 = ax_2$, $y_3 = ax_3$ et d'effectifs respectifs n_1, n_2, n_3.
Démontrer que $\overline{y} = a\overline{x}$.

2. Un restaurateur propose 15 entrées différentes, réparties selon trois prix.

Prix	4 €	5,5 €	7,5 €
Effectif	4	8	3

a) Calculer la moyenne des prix de ces entrées.
b) Ce restaurateur décide d'augmenter ses prix de 10 %. En déduire, le plus simplement possible, le prix moyen des entrées.

19 Travailler en groupe Les valeurs ci-dessous sont les prix de gros, en euros, pour 100 kg d'oranges et de café vert, pratiqués au Havre.

ORANGES				CAFÉ VERT			
Période	Valeur	Période	Valeur	Période	Valeur	Période	Valeur
12/08	88,7	6/08	102,4	12/08	151,6	6/08	165,37
11/08	87,6	5/08	85,8	11/08	164,58	5/08	163,53
10/08	78,6	4/08	89,6	10/08	150,76	4/08	162,21
9/08	92,6	3/08	95,8	9/08	167,75	3/08	183,35
8/08	102,3	2/08	90,4	8/08	171,17	2/08	179,75
7/08	100	1/08	87,9	7/08	169,43	1/08	155,51

Source : INSEE

a) À l'aide de la calculatrice, déterminer la moyenne de chaque série.
b) Déterminer les premier et troisième quartiles de chaque série.
c) Quelle est celle de ces deux denrées dont les prix sont les plus stables ?

Analyse critique d'un document

20 Le tableau ci-dessous donne le nombre de naissances relevées dans une clinique entre le 1er et le 7 août 2009.

Jour	1	2	3	4	5	6	7
Nombre de naissances	18	27	14	12	31	25	18

Virginie a effectué un calcul pour répondre à une question.

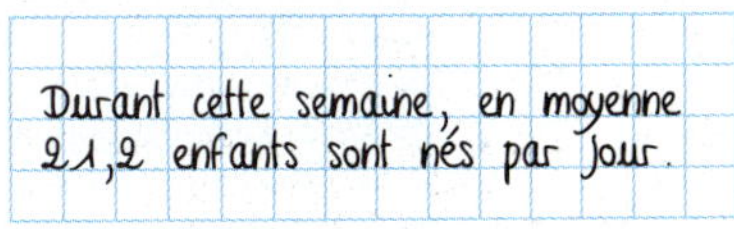

Quelle était la question posée ?
Expliquer l'erreur de Virginie, puis la corriger.

21 Expliquer pourquoi ce graphique ne peut pas correspondre à l'écran de la calculatrice.

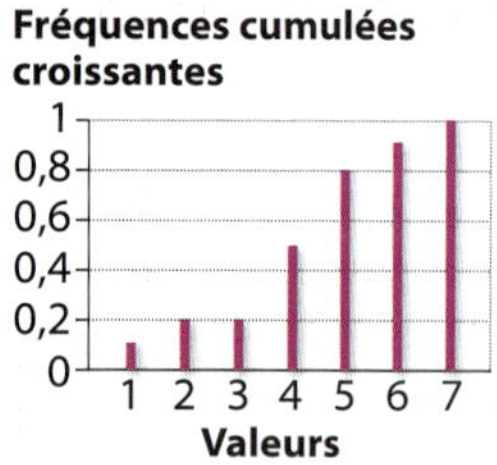

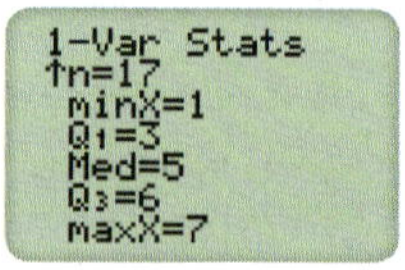

22 Deux groupes de patients, lassés d'attendre de longues minutes dans la salle d'attente de leur médecin, ont fait une enquête et ont obtenu les résultats suivants.

Médecin 1 : temps d'attente moyen 46 minutes ; écart interquartile : 30 minutes.

Médecin 2 : temps d'attente moyen 44 minutes ; écart interquartile : 5 minutes.

Deux patients se rencontrent, l'un dit :
« Avec mon médecin, un jour on est pris tout de suite et le lendemain, il faut attendre une heure et demie. »
L'autre ajoute : « Le mien a toujours trois quarts d'heure de retard. »
De quels médecins parlent-ils ?

23 Travailler en groupe Dans le tableau ci-dessous sont répertoriés toutes les tempêtes tropicales et tous les cyclones passés à proximité de l'île de la Réunion entre 1999 et 2009.

	A	B
1	Tempête Tropicale Modérée (T.T.M.)	17
2	Forte Tempête Tropicale (F.T.T.)	26
3	Cyclone Tropical (C.T.)	16
4	Cyclone Tropical Intense (C.T.I.)	24
5	Cyclone Tropical Très Intense (C.T.T.I.)	3

Les données précises de la saison 2008-2009 indiquent 3 T.T.M., 4 F.T.T., 1 C.T. et 1 C.T. I.
Doit-on considérer cette saison comme normale ?
Argumenter en utilisant les indicateurs (moyenne, médiane, écart interquartile) et les informations ci-dessous.

Info
T.T.M. : vents de 63 à 88 km/h.
F.T.T. : vents de 89 à 117 km/h.
C.T. : vents de 118 à 165 km/h.
C.T.I. : vents de 166 à 212 km/h.
C.T.T.I. : vents de 213 à 258 km/h.

24 Une marque de machine à laver souhaite augmenter ses ventes à l'aide de la publicité suivante :

Un bureau d'étude a effectué des tests sur la durée de vie (en années) des appareils et a obtenu les quartiles :
$Q_1 = 4{,}5$ et $Q_3 = 6$.
Cette publicité semble-t-elle judicieuse ?

25 B2i L 3-4 L 3-5 **a)** Sur internet, saisir l'adresse :
http://www.insee.fr/fr/ffc/figure/NATTEF06207.xls
et ouvrir le fichier « Insécurité routière ».
Dans cet exercice, on ne s'intéresse qu'aux « Victimes blessées ».

b) Quelle formule faut-il saisir en cellule Y18 pour obtenir le nombre moyen des victimes blessées sur ces vingt-trois années ?
Étirer cette formule jusqu'en Y25.

c) Déterminer les fréquences correspondant à chaque type de blessés pour les années 1985 et 2007.

d) À l'aide de l'assistant graphique, représenter les résultats du **c)** à l'aide d'un diagramme en barres.
Commenter la comparaison de ces deux années.

26 **a)** Pour les données du graphique ci-contre, la moyenne est 10,35 et la médiane 9,1.

Comment expliquer la différence entre moyenne et médiane sur le graphique ?

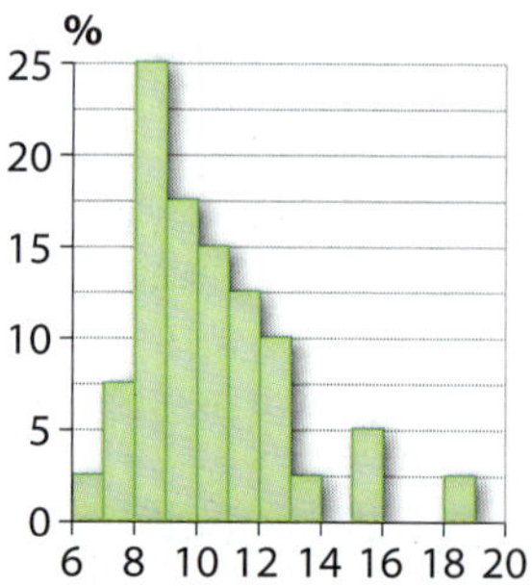

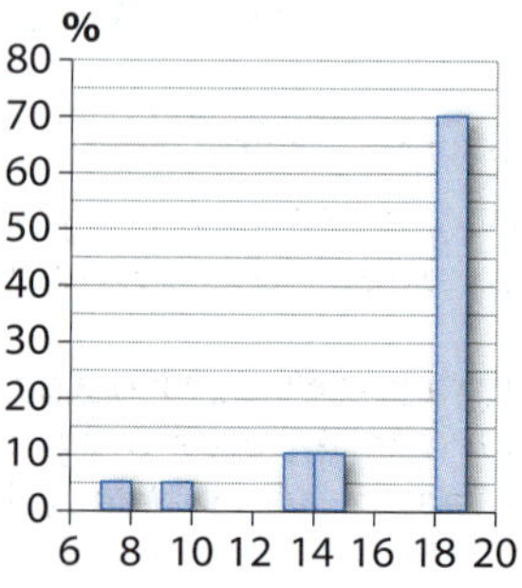

b) Pour les données du graphique ci-contre, prévoir l'ordre de la moyenne et de la médiane.

c) Pour les données du graphique ci-contre, calculer la valeur approchée de la moyenne et déterminer la classe médiane. Est-il judicieux de résumer cette série :
- par le couple « médiane-étendue » ?
- par le couple « moyenne-étendue » ?

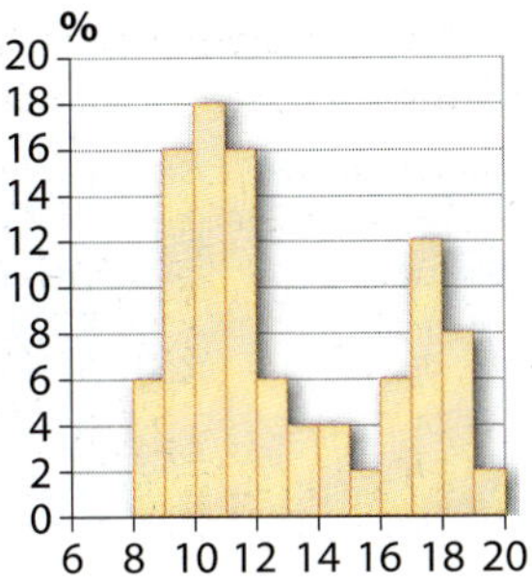

Algorithmique

27 **Algorithme et paramètre statistique**

Une série statistique est résumée dans le tableau suivant.

Valeur	x_1	x_2	…	x_p
Effectif	n_1	n_2	…	n_p

Entrées
Saisir p : entier naturel non nul
Saisir $x_1, x_2, \ldots, x_p$
Saisir $n_1, n_2, \ldots, n_p$
Initialisations
N prend la valeur 0
S prend la valeur 0
Traitement
Pour i de 1 jusqu'à p
  N prend la valeur N + n_i
  S prend la valeur S + $n_i x_i$
FinPour
Sortie
Afficher S/N

a) À la sortie de l'algorithme, quelles sont les valeurs des variables N et S ?

b) Quel est le rôle de cet algorithme ?

Communiquer à l'écrit ou à l'oral

28 Commenter chaque phrase soulignée.

a) Chaque année, il y a plus de personnes qui meurent à 80 ans qu'à 90. Conclusion : plus on vieillit, moins on a de risque de mourir.

b) Un géologue affirmait que le cours d'une rivière avait changé il y a 2 000 004 ans. Interrogé, il avait dit avoir trouvé 2 000 000 d'années dans une publication qui datait de 4 ans.

c) 90 % des accidents de voiture surviennent à moins de 5 km du domicile. Conclusion : en sortant de cette zone à risque très rapidement, on a moins de risques d'accidents.

29 B2i L 3-4 L 3-5 L'efficacité d'un médicament a été testée dans deux pays. Les résultats sont donnés ci-dessous.

	A	B	C	D	E	F	G
1	Pays 1	Médicament	Placebo		Pays 2	Médicament	Placebo
2	Personnes non guéries	100	200		Personnes non guéries	500	300
3	Personnes guéries	300	500		Personnes guéries	200	100
4	Total				Total		
5	Fréquence des personnes guéries				Fréquence des personnes guéries		

a) Reproduire et compléter la feuille de calcul ci-dessus.

b) On a obtenu les diagrammes en barres suivants.

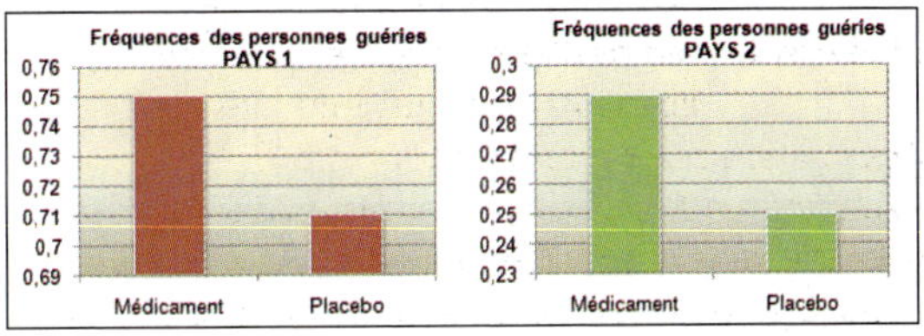

Ce médicament est-il plus efficace qu'un placebo ?

c) Reproduire et compléter la feuille de calcul ci-contre.
- Représenter, pour ce tableau, un graphique analogue à ceux de la question **b)**.
- Commenter les résultats.

I	J	K
Pays 1 et 2	Médicament	Placebo
Personnes non guéries		
Personnes guéries		
Total		
Fréquence des personnes guéries		

S'initier à la logique

30 **Condition nécessaire, condition suffisante**

Les propositions suivantes sont-elles vraies ou fausses ? Justifier.

a) Pour que deux séries statistiques aient la même moyenne, il suffit qu'elles aient la même médiane.

b) Pour que deux séries statistiques aient la même moyenne, il faut qu'elles aient la même médiane.

31 **Quantificateurs universel, existentiel**

Les propositions suivantes sont-elles vraies ou fausses ? Justifier.

a) Quelle que soit la série statistique, la moyenne et la médiane sont égales.

b) Il existe une série statistique de moyenne et médiane égales.

c) Quelle que soit la série statistique, la moyenne appartient à l'intervalle $[Q_1 ; Q_3]$.

SE PRÉPARER AU CONTRÔLE

Travailler en autonomie

QCM

32 Pour chaque question, une seule réponse est exacte. Laquelle ?
Avec un tableur, on a réalisé la feuille de calcul ci-contre.

	A	B	C	D	E	F	G
1	Valeur	3	5	7	9	12	15
2	Effectif	10	30	20	50	10	40
3	Fréquence						

1 La formule à saisir en cellule B3 et à étirer jusqu'en G3 est :

a) =A1/SOMME(A1:A5) **b)** =B2/SOMME(B2;G2) **c)** =B2/SOMME($B2:$G2)

2 La série statistique est représentée par :

a)

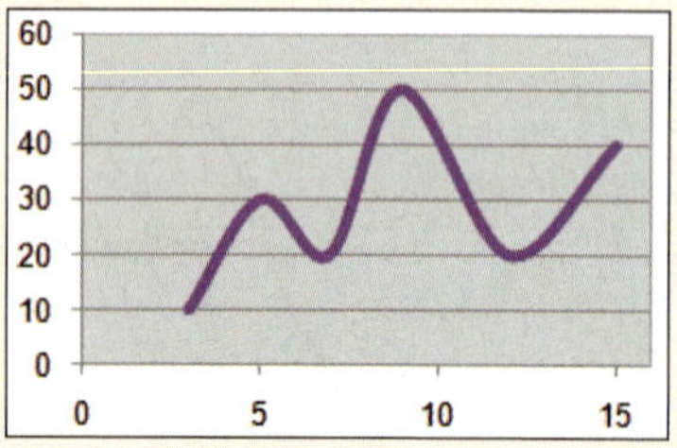

b)

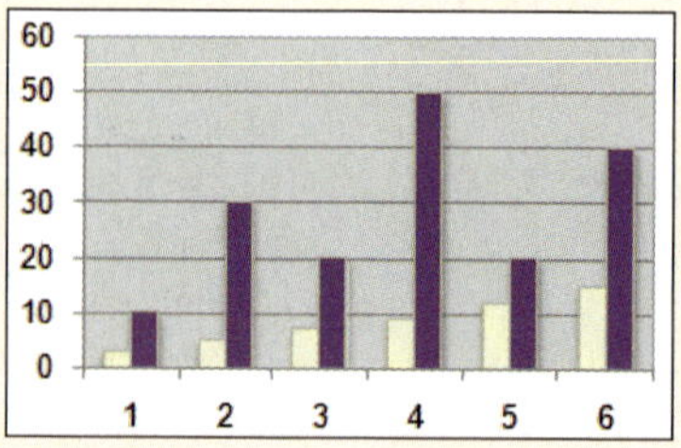

c)

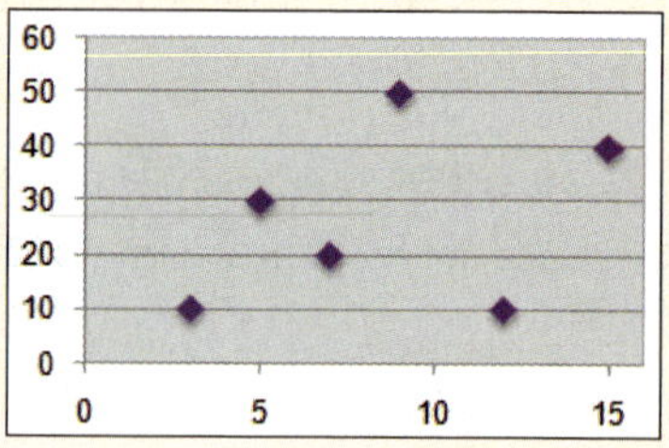

33 Pour chaque question, une seule réponse est exacte. Laquelle ? Justifier.
Le tableau ci-contre donne le nombre d'essais marqués par match durant un tournoi régional de rugby.

Nombre d'essais	2	3	4	5	8	10	12
Nombre de matchs	4	2	1	6	3	1	1

1 La moyenne de cette série statistique est environ : **a)** 6,28 **b)** 2,57 **c)** 5,22

2 La médiane de cette série statistique est : **a)** 5 **b)** 6 **c)** 6,5

3 L'écart interquartile est : **a)** 8 **b)** 5 **c)** 6

Exercices interactifs

Vrai-Faux

34 Dire pour chaque affirmation si elle est vraie ou fausse.

a) La moyenne est un indicateur de dispersion.

b) Une fréquence peut s'exprimer en pourcentage.

c) La médiane est toujours située dans l'intervalle $[Q_1 ; Q_3]$.

d) Entre les quartiles Q_1 et Q_3, il y a exactement 50 % des données de la série.

e) Une série statistique admet toujours une moyenne.

f) La médiane est toujours l'une des valeurs de la série.

35 Dire pour chaque affirmation si elle est vraie ou fausse. Justifier.

Dans une classe de Seconde, on a répertorié le nombre de SMS reçus par jour par lycéen.

Nombre de SMS	0 ou 1	2 à 4	5 à 9	10 à 14	15 à 19
Effectif	7	4	8	6	3

a) Le nombre moyen de SMS reçus par jour est 5,6.

b) L'étendue de cette série est égale à 5.

c) La classe médiane de cette série est « 5 à 9 ».

d) Environ 89 % des élèves ont reçu moins de 15 SMS.

Exercices interactifs

Pour réviser

36 Calculer des fréquences cumulées

On a observé la longueur en cm des pantalons vendus dans un magasin durant une semaine.

Longueur	74	76	78	80	82	84	86
Effectif	10	15	21	20	17	13	4

a) Donner la distribution des fréquences. Représenter cette distribution par un nuage de points.

b) Donner la série des fréquences cumulées décroissantes. Quel pourcentage de pantalons vendus mesurent 82 cm ou plus de long ?

Conseils

a) Graduer l'axe des abscisses à partir de 70.

b) Revoir l'exercice résolu 1, page 225.

37 Dessiner un histogramme

Au cours d'une étude biométrique, on a mesuré la longueur, en mm, des noix d'un lot.

Longueur	[30 ; 32[	[32 ; 34[	[34 ; 36[	[36 ; 38[	[38 ; 40[
Effectif	3	2	23	30	102

Longueur	[40 ; 42[	[42 ; 44[	[44 ; 46[	[46 ; 48[	[48 ; 50[
Effectif	116	123	77	21	3

a) Représenter cette série par un histogramme.

b) Donner la série des effectifs cumulés croissants. Combien de noix mesurent moins de 44 mm ?

Conseils

a) • Graduer l'axe des abscisses à partir de 28.
• Revoir l'exercice résolu 2, page 225.

b) Revoir le cours § 1, page 224.

38 Utiliser la calculatrice

À l'aide de la calculatrice, déterminer la moyenne et la médiane de la série représentée ci-dessous.

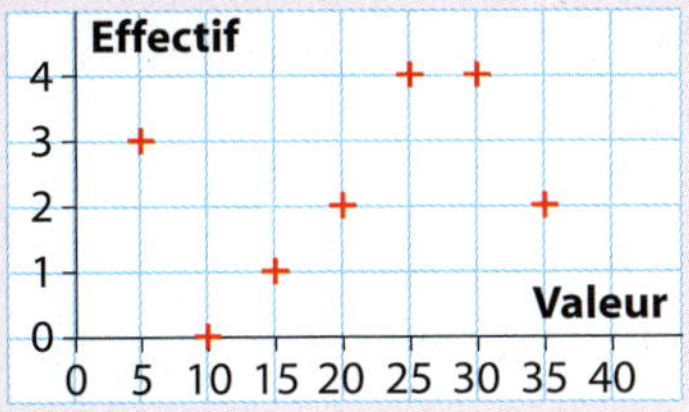

Conseil

• Traduire les points du graphique en données dans un tableau.
• Revoir l'exercice résolu 1, page 227.

39 Déterminer médiane et quartile

On effeuille des marguerites et on note le nombre de pétales obtenus.

a) 50 – 48 – 42 – 48 – 45 – 49 – 43 – 56 – 40.
Déterminer la médiane ; en donner une interprétation.

b) 43 – 38 – 44 – 39 – 46 – 43 – 43 – 42 – 39 – 37.
Déterminer les quartiles Q_1 et Q_3 ; en donner une interprétation.

Conseils

a) b) • Commencer par ranger les valeurs par ordre croissant.
• Déterminer l'effectif total.
• Déterminer la place de la médiane et des quartiles, puis rechercher leurs valeurs.
• Revoir l'exercice résolu 2, page 227.

40 Comparer deux séries

Voici les températures moyennes mensuelles de deux villes, en degrés Celsius.

Mexico			
J	F	M	A
12,4	14,1	16,2	17,4
M	J	J	A
18,4	17,7	16,7	16,8
S	O	N	D
16,3	15,1	13,9	12

Barcelone			
J	F	M	A
9,5	10,3	12,4	14,6
M	J	J	A
17,7	21,5	24,3	24,3
S	O	N	D
21,8	17,6	13,5	10,3

1. Pour chacune de ces deux villes :

a) calculer l'étendue de la série des températures ;

b) estimer la température moyenne annuelle ;

c) déterminer la médiane de la série ;

d) déterminer les quartiles Q_1 et Q_3 de la série.

2. Quels calculs permettent d'affirmer :

a) « Il fait plus chaud à Barcelone qu'à Mexico » ?

b) « Les écarts de températures sont moindres à Mexico » ?

c) « Dans ces deux villes, la température est supérieure à 16 °C pendant au moins la moitié de l'année » ?

d) « À Mexico, la moitié de l'année, il fait approximativement entre 14 °C et 17 °C » ?

Conseils

1. c) d) • Ranger les températures de chaque ville par ordre croissant.
• Revoir le cours § 1, page 226.

Vérifier les réponses p. 300

Exercices d'approfondissement

Pour aller plus loin

41 **Avec un guide (1)**

On a demandé à des élèves d'une classe de Seconde la durée de leur trajet lycée-domicile, en minutes.
Voici la courbe des effectifs cumulés décroissants de cette série.

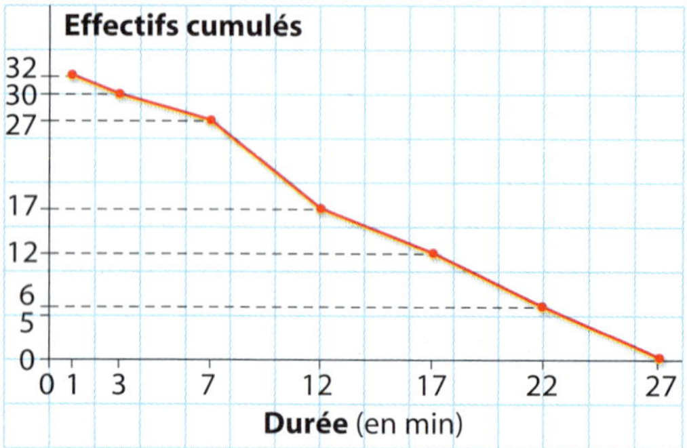

a) • Combien y a-t-il d'élèves dans cette classe ?
• Combien d'élèves mettent plus de 12 minutes ? entre 7 et 12 minutes ?

b) Lire graphiquement la médiane et les quartiles Q_1 et Q_3 de cette série.

c) Calculer une valeur approchée de la durée moyenne des trajets.

Guide de résolution
a) L'effectif total se lit au point le plus haut de la courbe.
b) Lire les abscisses des points de la courbe dont l'ordonnée est respectivement 16 ; 24 ; 8.
c) Faire préalablement le tableau des effectifs en regroupant les durées en classes.

42 **Avec un guide (2)**

On a demandé à un échantillon de 900 personnes de 15 à 25 ans, si elles étaient intéressées par un certain nombre de sujets.

	Beaucoup	Assez	Peu ou pas du tout
Les sorties	40 %	45 %	15 %
Les sujets de société	23 %	53 %	24%
L'international	18 %	46 %	36 %
Le sport	36 %	35 %	29 %
L'environnement	19 %	42 %	39 %
L'économie	9 %	30 %	61 %
La politique	5 %	26 %	69 %

Représenter les résultats de ce sondage par un diagramme en barres.

Guide de résolution
On peut faire un diagramme en barres cumulatives comme commencé ci-dessous.

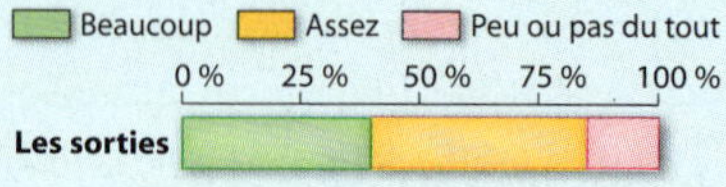

43 **Recettes de l'État en 2009**

Le diagramme circulaire des recettes de l'État (en milliards d'euros) pour l'année 2008 est donné ci-dessous.

Recettes	299,7
TVA	135
Impôt sur le revenu	60,5
Impôt sur les sociétés	53,8
TIPP	16,5
Autres recettes fiscales	5,8
Autres recettes	28,1

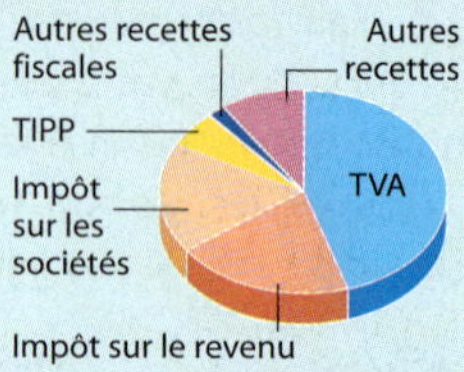

Il est prévu pour 2009 :
• une baisse de 6 % des recettes de TVA ;
• une baisse de 17 % des recettes de l'impôt sur le revenu ;
• une baisse de 31 % des recettes de l'impôt sur les sociétés ;
• une baisse de 9 % des recettes de TIPP ;
• une hausse de 166 % des autres recettes fiscales ;
• une baisse de 23 % des autres recettes.
Construire un diagramme similaire pour l'année 2009.

44 **Histogramme à pas non constant**

Le tableau donne la répartition des voiliers selon leur longueur (en m) à la fin août 2008 en France métropolitaine.

Longueur L	Effectif
L < 6 m	89 345
6 m ⩽ L < 8 m	44 811
8 m ⩽ L < 10 m	26 975
10 m ⩽ L < 12 m	17 292
12 m ⩽ L < 15 m	7 887
15 m ⩽ L < 18 m	1 015
18 m ⩽ L < 24 m	241
L ⩾ 24 m	33

1. Donner le tableau des fréquences (valeurs approchées au millième près).

2. On se propose de représenter l'histogramme des fréquences. Mais on constate que les classes n'ont pas la même amplitude.

Dans ce cas, c'est l'**aire** de chaque rectangle qui représente la fréquence correspondante.

Si h_i désigne la hauteur du rectangle bâti sur la classe $[x_i\,;x_{i+1}[$, la fréquence f_i correspondante doit vérifier :

$$h_i(x_{i+1}-x_i)=f_i$$

et donc : $$h_i=\frac{f_i}{x_{i+1}-x_i}.$$

a) Sur le tableau de la question **1.**, ajouter une colonne « Hauteur » (valeur approchée au dixième près).

On assimile la classe « L < 6 m » à « 1 m ⩽ L < 6 m » et la classe « L ⩾ 24 m » à « 24 ⩽ L ⩽ 30 m ».

b) Construire l'histogramme des fréquences.

c) Calculer une valeur approchée de la longueur moyenne de ces voiliers.

45 Constructeurs automobiles

Le tableau ci-dessous référence le nombre d'immatriculations, en milliers, de nouveaux véhicules chaque année en France pour quatre grands constructeurs.

Année	Peugeot-Citroën	Renault	Ford	Mercedes
1998	548	564	133	36
1999	625	603	149	41
2000	659	602	117	43
2001	762	600	108	52
2002	720	580	100	57
2003	651	546	92	51
2004	620	549	102	49
2005	633	524	104	55
2006	615	472	96	59
2007	627	444	103	62

1. a) Déterminer, à l'aide de la calculatrice, la moyenne des nouvelles immatriculations annuelles pour chacun des constructeurs.

b) Déterminer la valeur médiane pour les deux marques françaises.

c) Quelles années correspondent à des valeurs inférieures à la médiane chez Renault ? Interpréter.

2. a) Déterminer par le calcul l'écart interquartile de chaque constructeur.

b) Les immatriculations pour l'année 2008 étaient : 633 000 pour Peugeot-Citroën, 449 000 pour Renault ; 112 000 pour Ford ; 51 000 pour Mercedes.

- Peut-on parler de crise dans les ventes de voitures chez ces constructeurs ? Argumenter.
- Quel constructeur a réalisé la meilleure année 2008 parmi les quatre ?

Algorithmique

46 Un algorithme de tri

Voici un algorithme.

```
Entrées
Saisir n : entier naturel supérieur à 2
Saisir une liste de réels : x1, x2, ..., xn.
Traitement
Pour i de 1 jusqu'à n – 1
   | j prend la valeur n
   |     Tant que i < j
   |        | Si xj < xj-1 alors
   |        |    | échanger xj et xj-1 dans la liste
   |        | FinSi
   |        | j prend la valeur j – 1
   |     FinTantque
FinPour
Sortie
Afficher la liste x1, x2, ..., xn.
```

a) Faire fonctionner cet algorithme : reproduire et compléter le tableau suivant afin de suivre l'évolution des variables. On prend $n = 4$ et la liste : 7361.

i	1	1	...
j	4	3	...
Liste	7316	7136	...

b) Appliquer l'algorithme à d'autres listes et indiquer le rôle de cet algorithme.

Info

Pour déterminer la médiane et les quartiles d'une série statistique, les valeurs de cette série doivent être rangées dans l'ordre croissant. Des algorithmes de tri effectuent ce rangement, leur rapidité est une qualité essentielle.

PROBLÈMES OUVERTS

47 Série statistique incomplète

Valeur	– 1	0	1	3	5	Total
Effectif						25

Reproduire et compléter le tableau ci-dessus afin que :
- la moyenne soit égale à 2 ;
- la médiane soit égale à 1 ;
- les quartiles soient $Q_1 = 0$ et $Q_3 = 3$.

48 **Syndrome Immuno-Déficitaire Acquis**

Le tableau ci-dessous traite de la répartition des cas de SIDA en fonction des âges et des sexes, dans un département d'outre-mer et en France.

	Guadeloupe	France
Nombre de cas	1 150	59 495
Répartition	%	%
en fonction du sexe		
Hommes	66,0	80,4
Femmes	34,0	19,6
en fonction de l'âge		
Moins de 20 ans	3,1	1,8
20-29 ans	13,0	17,8
30-39 ans	35,2	43,6
40-49 ans	27,2	22,4
50 ans et plus	21,5	14,6
Ensemble	100,0	100,0

Utiliser les indicateurs statistiques ou représentations graphiques jugés les plus pertinents pour traiter et interpréter ces données.

49 **Abus de prospectus**

Les boîtes aux lettres regorgent de publicités. Choisir l'un de ces catalogues au hasard et effectuer le relevé d'une cinquantaine de prix.

Utiliser les indicateurs statistiques les plus pertinents pour résumer et interpréter ces données.

Des défis

50 **Avec des moyennes**

La moyenne de trois nombres a, b et c est 29 ; celle des nombres a et b est 22 et celle des nombres b et c est 39,5.

Quels sont ces trois nombres ?

51 **Avec des pourcentages**

Cette année, la répartition des dépenses de loisirs de Pierre est la suivante : sports, 40 % ; cinéma, 20 % ; musique, 30 % ; lecture, 10 %.

Il prévoit pour l'an prochain une augmentation de ses dépenses de sports de 50 %, de cinéma de 5 %, de musique de 10 %, de lecture de 5 %.

Déterminer la répartition des dépenses de loisirs de Pierre pour l'an prochain.

52 **Le baccalauréat**

Dans un lycée, les résultats au baccalauréat général sont les suivants.

Série	Nombre de candidats	Taux de réussite
L	64	75 %
ES	95	80 %
S	160	85 %

Quel est le taux de réussite global de ce lycée ?

SUJETS D'EXPOSÉS

SUJET 1

Adolphe Quételet, mathématicien et astronome du XIXe siècle, utilisait les statistiques pour définir un « homme moyen ».

→ Rechercher sur Internet des informations concernant l'homme moyen de Quételet et discuter de la possibilité qu'il existe.

Lors d'un exposé, présenter vos recherches à la classe.

SUJET 2

MPS Méthodes et pratiques scientifiques

Rechercher sur Internet des données sur l'évolution, durant les trente dernières années, de la production de déchets par habitant en France.

→ Après avoir analysé ces données (type de déchets, durée de vie dans le sol, pourcentage de recyclage…), utiliser les statistiques descriptives pour présenter vos résultats à la classe.

Chapitre

12 Probabilités et problèmes

Pour la fusée Ariane, la probabilité de défaillance est 10^{-1} ; pour les vols habités, les exigences sont beaucoup plus fortes.

Énigme ★

Dans un tiroir, il y a 24 chaussettes rouges et 24 chaussettes bleues.

➤ ***Combien doit-on en sortir (sans les voir) pour être certain d'avoir au moins deux chaussettes de la même couleur ?***

Énigme ★★

Trois villes sont choisies au hasard sur un globe terrestre.

➤ ***Quelle est la probabilité pour qu'elles se trouvent toutes les trois dans le même hémisphère ?***

1 Comprendre la notion de probabilité

Formulaire p. 287, thème 13

Un sac contient 6 boules numérotées 1 ; 1 ; 2 ; 3 ; 4 ; 4. On tire une boule au hasard et on note son numéro.

a) Quelles sont les issues possibles ?

b) Déterminer la probabilité d'obtenir le numéro 1.

c) Recopier et compléter le tableau ci-contre.

Issue	1				**Total**
Probabilité					

2 Utiliser un tableau pour calculer des probabilités

Formulaire p. 287, thème 13

Un sac rouge contient trois boules numérotées 1 ; 2 ; 3.
Un sac bleu contient quatre boules numérotées 0 ; 1 ; 2 ; 3.
On tire une boule dans chaque sac et on calcule la somme des deux numéros.

a) Recopier et compléter le tableau ci-contre.
Donner les issues possibles.

b) Quel est l'événement le plus probable : « Obtenir une somme égale à 4 » ou « Obtenir une somme égale à 2 » ?

Somme		**Sac rouge**		
		1	**2**	**3**
Sac bleu	**0**			
	1			
	2			
	3			6

3 Utiliser un arbre pour calculer des probabilités

Formulaire p. 287, thème 13

Un sac vert contient trois boules étiquetées L, C, P.
Un sac rouge contient deux boules étiquetées P, I.
Un sac bleu contient deux boules étiquetées O, U.
On tire dans l'ordre une boule du sac vert, puis du sac rouge, et enfin du sac bleu.
On obtient alors un mot de trois lettres.

a) Recopier et compléter l'arbre suivant pour déterminer toutes les issues possibles.

b) Quelle est la probabilité d'obtenir le mot CIO ?

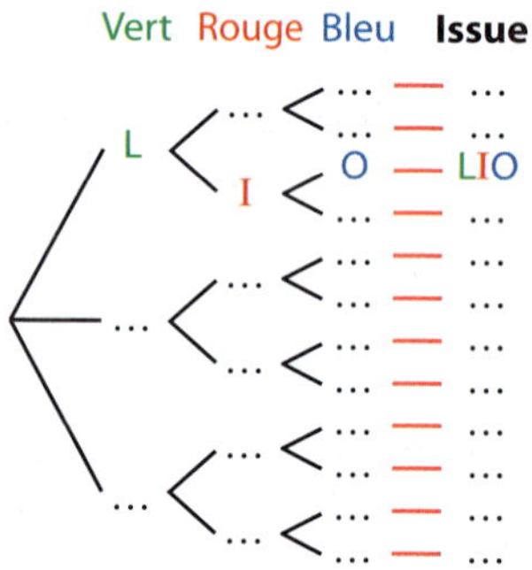

4 Calculer la probabilité d'un événement

Formulaire p. 287, thème 13

On lance un dé équilibré à six faces numérotées 1, 2, 3, 4, 5 et 6 ; on lit la face supérieure du dé.
On s'intéresse aux événements :
A : « Obtenir un nombre inférieur ou égal à 2 » et B : « Obtenir un nombre strictement supérieur à 4 ».

a) Donner la probabilité de l'événement A, puis de l'événement B.

b) Les deux événements A et B peuvent-ils se réaliser en même temps ?

5 Utiliser un événement contraire

Formulaire p. 287, thème 13

Dans une urne sont placés 100 jetons numérotés : 00, 01, 02,..., 98, 99.
On tire un jeton au hasard et on lit le numéro obtenu.

a) Quelle est la probabilité de l'événement A : « Le chiffre 9 figure dans le numéro » ?

b) Définir l'événement contraire de l'événement A et donner sa probabilité.

Vérifier les réponses p. 296

Objectif
Proposer un modèle probabiliste à partir de l'observation de fréquences.

1 La loi des grands nombres

On se propose d'étudier l'algorithme suivant :

- Tirer un nombre au hasard entre 1 et 6 et l'affecter à la variable R.
- Tirer un nombre au hasard entre 1 et 6 et l'affecter à la variable V.
- Calculer R + V, affecter cette somme à la variable S.
- Afficher S.

On a exécuté cet algorithme à différentes reprises et obtenu les distributions des fréquences présentées ci-dessous.

S	2	3	4	5	6	7	8	9	10	11	12	Total
Fréquence d'apparition sur 50 expériences	0,04	0,06	0,12	0,08	0,16	0,06	0,14	0,16	0,1	0,08	0	1
Fréquence d'apparition sur 100 expériences	0,06	0,04	0,12	0,1	0,13	0,11	0,11	0,15	0,1	0,06	0,02	1
Fréquence d'apparition sur 1 000 expériences	0,028	0,056	0,077	0,121	0,138	0,158	0,135	0,121	0,087	0,056	0,023	1
Fréquence d'apparition sur 5 000 expériences	0,0288	0,0554	0,0762	0,1124	0,1362	0,1652	0,14	0,1142	0,0866	0,0576	0,0274	1
Fréquence d'apparition sur 10 000 expériences	0,0299	0,0593	0,077	0,1135	0,1383	0,1624	0,136	0,1166	0,0831	0,0576	0,0263	1

a) Que peut-on conjecturer quant à la fréquence d'apparition du 6 lorsqu'on augmente le nombre d'expériences ?
b) Qu'en est-il pour la fréquence d'apparition de chaque autre issue ?

Objectifs
- Représenter des événements de façon ensembliste.
- Constater une relation entre $p(A)$, $p(B)$, $p(A \cap B)$ et $p(A \cup B)$.

2 L'équipement des ménages

Un sondage réalisé auprès des ménages d'une certaine population montre que 48 % d'entre eux possèdent une connexion Internet, 65 % possèdent un lecteur DVD et 35 % ont les deux équipements.

1 On choisit de représenter par l'ensemble E la population des ménages, par l'ensemble A les ménages qui possèdent une connexion Internet et par l'ensemble B ceux qui possèdent un lecteur DVD. Reproduire les ensembles, hachurer en rouge la partie qui représente les ménages qui possèdent **les deux** équipements et en vert la partie qui représente ceux qui possèdent **l'un au moins de ces deux** équipements.

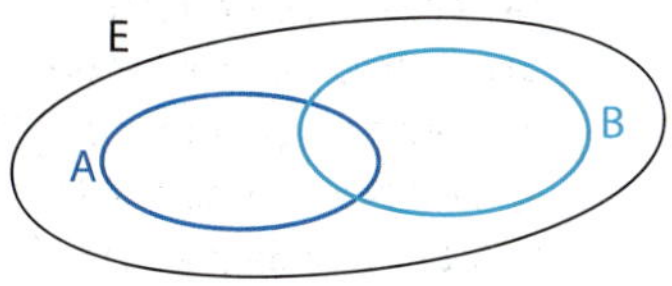

2 On interroge au hasard un ménage de la population sur les équipements qu'il possède. On note aussi A l'événement : « Le ménage possède une connexion Internet » et B l'événement : « Le ménage possède un DVD ».

a) Quelle est la probabilité de l'événement A ? de l'événement B ?
b) Quelle est la probabilité de chacun des événements :
- $A \cap B$: « le ménage possède les deux équipements » ;
- $A \cup B$: « le ménage possède l'un au moins des équipements ».

c) Établir une formule reliant $p(A)$, $p(B)$, $p(A \cap B)$ et $p(A \cup B)$.

Lire « A inter B »

Lire « A union B »

Probabilité sur un ensemble fini

1 Loi de probabilité sur un ensemble fini

DÉFINITION Une expérience est dite **aléatoire** lorsqu'elle a plusieurs issues (ou résultats) possibles et que l'on ne peut ni prévoir, ni calculer laquelle de ces issues sera réalisée.

On note $E = \{x_1 ; x_2 ; \ldots ; x_n\}$ l'ensemble des issues d'une expérience aléatoire.

EXEMPLE

On lance un dé cubique dont les faces sont numérotées 1, 2, 3, 4, 5, 6 et on lit le numéro porté par la face supérieure.
L'ensemble des issues est $E = \{1 ; 2 ; 3 ; 4 ; 5 ; 6\}$.

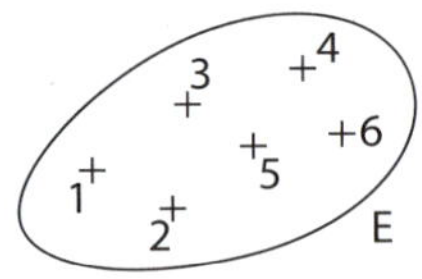

DÉFINITION Définir une **loi de probabilité** sur E, c'est associer à chaque issue x_i un nombre p_i, **positif ou nul** de telle façon que $\boldsymbol{p_1 + p_2 + \ldots + p_n = 1}$.
Ce nombre p_i est appelé **probabilité** de l'issue x_i.

EXEMPLE

Si le dé de l'exemple précédent est équilibré, on considère alors que chaque face a autant de chances qu'une autre d'apparaître. Donc :

$$p_1 = p_2 = p_3 = p_4 = p_5 = p_6 = \frac{1}{6}.$$

x_i	1	2	3	4	5	6
p_i	$\frac{1}{6}$	$\frac{1}{6}$	$\frac{1}{6}$	$\frac{1}{6}$	$\frac{1}{6}$	$\frac{1}{6}$

DÉFINITION - PROPRIÉTÉ Dans le cas où l'on associe à chacune des n issues d'une expérience aléatoire la même probabilité p, on parle de **loi équirépartie**.
On a alors $\boldsymbol{p = \frac{1}{n}}$.

DÉMONSTRATION

En effet, $\underbrace{p + p + \ldots + p}_{n \text{ fois}} = 1$, soit $np = 1$ et $p = \frac{1}{n}$.

2 Modélisation d'une expérience aléatoire

Modéliser une expérience aléatoire dont les issues constituent l'ensemble E, c'est choisir une loi de probabilité sur E qui représente au mieux les chances de réalisation de chaque issue.

PROPRIÉTÉ Pour une expérience donnée, dans le modèle défini par une loi de probabilité, les distributions des fréquences obtenues dans des séries de taille n se rapprochent de la loi de probabilité quand n devient grand.

Note
Cette propriété est appelée la **loi des grands nombres**.

Un exemple est fourni par l'exercice résolu 1.

Exercice résolu 1 Valider un modèle d'une expérience aléatoire

Voir aussi les exercices 1 et 2, page 248

Animation numérique

Énoncé

Un sac rouge contient trois boules numérotées 0, 2, 4.
Un sac bleu contient trois boules numérotées 0, 1, 3.
On tire au hasard une boule de chaque sac et on effectue la somme de leurs numéros.

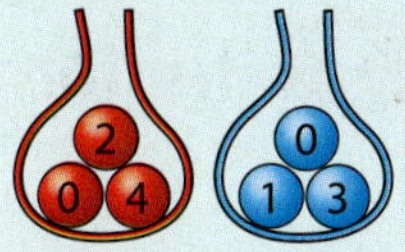

- **Modèle 1 :** loi équirépartie sur $E = \{0 ; 1 ; 2 ; 3 ; 4\}$.
- **Modèle 2 :** loi équirépartie sur $E = \{0 ; 1 ; 2 ; 3 ; 4 ; 5 ; 7\}$.
- **Modèle 3 :**

x_i	0	1	2	3	4	5	7	**Total**
p_i	$\frac{1}{9}$	$\frac{1}{9}$	$\frac{1}{9}$	$\frac{2}{9}$	$\frac{1}{9}$	$\frac{2}{9}$	$\frac{1}{9}$	1

Les deux questions sont indépendantes.

a) On répète 10 000 fois cette expérience ; voici la distribution des fréquences obtenues.

x_i	0	1	2	3	4	5	7	**Total**
p_i	0,110 5	0,111 5	0,111 0	0,222 1	0,111 3	0,222 7	0,110 9	1

Lequel des trois modèles semble convenir ?

b) Compléter le tableau ci-contre et en déduire le modèle qui convient.

+	**0**	**2**	**4**
0			
1			
3			

Solution

a) • **Modèle 1 :** il est inadapté, car il manque l'issue « 7 » obtenue avec les boules numérotées 4 et 3.

• **Modèle 2 :** il est inadapté, car les fréquences des issues « 3 » et « 5 » sont sensiblement le double des autres fréquences.

• **Modèle 3 :** il semble convenir ; on vérifie de plus que $\frac{1}{9} \approx 0{,}111\ 1$.

b)

+	**0**	**2**	**4**
0	0	2	4
1	1	3	5
3	3	5	7

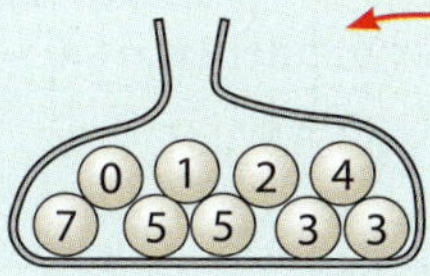

Tout se passe comme si l'expérience consistait à tirer une boule au hasard dans le sac ci-dessus. Donc c'est le modèle 3 qui convient.

Commentaires

• Le modèle 2 est la loi équirépartie :

x_i	0	1	2	3	4	5	7
p_i	$\frac{1}{7}$	$\frac{1}{7}$	$\frac{1}{7}$	$\frac{1}{7}$	$\frac{1}{7}$	$\frac{1}{7}$	$\frac{1}{7}$

• Le sac contient 9 boules. Il y a 1 chance sur 9 de tirer 0, 1, 2, 4, 7. Il y a 2 chances sur 9 de tirer 3 ou de tirer 5.

Exercice résolu 2 Modéliser avec les fréquences

Voir aussi les exercices 8 et 9, page 248

Énoncé

En France, 51 % des nouveau-nés sont des garçons. Un jour donné, on choisit au hasard un nouveau-né et on note son sexe.
Quelle est la loi de probabilité de cette expérience aléatoire ?

Solution

On modélise cette expérience aléatoire avec la loi de probabilité ci-contre.

Sexe	Garçon	Fille
Probabilité	0,51	0,49

Probabilité d'un événement

1 Notion d'événement

DÉFINITION Un événement est **une partie** (ou un sous-ensemble) de l'ensemble E des issues d'une expérience aléatoire.

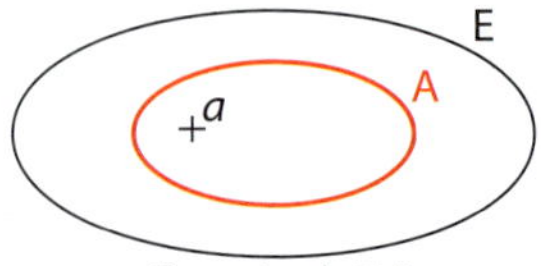

On note : A ⊂ E.

Lire « A est une partie de E ».

VOCABULAIRE

- Dire qu'une issue a de l'expérience aléatoire **réalise** l'événement A signifie que $\boldsymbol{a}$ est un élément de l'ensemble A ; on note $\boldsymbol{a} \in \mathbf{A}$. (Lire « a appartient à A ».)
- Ø est appelé **événement impossible**, aucune issue ne le réalise.
- E est appelé **événement certain**, toutes les issues le réalisent.

EXEMPLE

On lance un dé à six faces numérotées de 1 à 6.
L'événement « Obtenir 7 » est l'événement impossible.
L'événement « Obtenir un résultat inférieur ou égal à 6 » est l'événement certain.

2 Probabilité d'un événement

DÉFINITION Une loi de probabilité est définie sur un ensemble E. La probabilité d'un événement A est **la somme** des probabilités des issues qui le réalisent. On la note p (A).

CONSÉQUENCES

- Aucun événement ne réalise l'événement impossible donc $\boldsymbol{p}\,(\mathbf{Ø}) = \mathbf{0}$.
- L'événement certain est réalisé par chacune des issues de E donc $\boldsymbol{p}\,(\mathbf{E}) = \mathbf{1}$.
- Pour tout événement A, $\mathbf{0} \leqslant \boldsymbol{p}\,(\mathbf{A}) \leqslant \mathbf{1}$.

EXEMPLE

Un dé est pipé, on attribue les probabilités ci-contre aux différentes faces.

Face	1	2	3	4	5	6
Probabilité	$\frac{1}{12}$	$\frac{1}{4}$	$\frac{1}{6}$	$\frac{1}{6}$	$\frac{1}{4}$	$\frac{1}{12}$

A est l'événement « Obtenir un résultat pair » : il est réalisé par la sortie des faces 2, 4 et 6.
Donc :

$$p\,(A) = \frac{1}{4} + \frac{1}{6} + \frac{1}{12} = \frac{1}{2}.$$

PROPRIÉTÉ Dans **le cas d'une loi équirépartie**, la probabilité d'un événement A est donnée par :

$$p\,(A) = \frac{\text{nombre d'issues dans A}}{\text{nombres d'issues dans E}}.$$

Note
On dit souvent dans ce cas :
$\frac{\text{nombre de cas favorables}}{\text{nombre de cas possibles}}$

DÉMONSTRATION

En effet, la probabilité de chaque issue est $\frac{1}{n}$ où n est le nombre d'issues de l'expérience.

Si A est constitué de m issues, alors $p\,(A) = \underbrace{\frac{1}{n} + \ldots + \frac{1}{n}}_{m \text{ fois}} = \frac{m}{n}$.

Exercice résolu 1 Calculer la probabilité d'un événement

Voir aussi les exercices 10 et 11, page 249

Énoncé

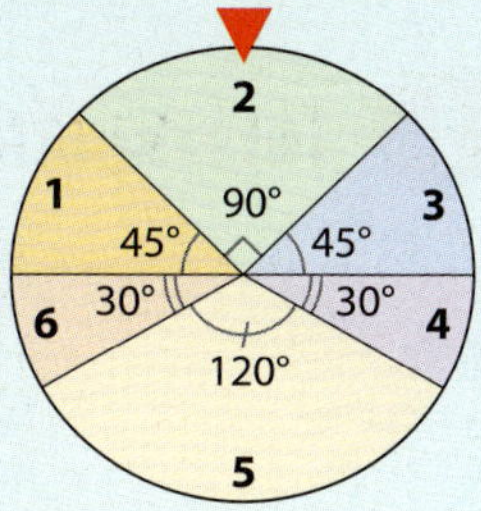

La roue représentée ci-contre est partagée en six secteurs. Une expérience aléatoire consiste à faire tourner la roue et à noter le numéro du secteur sur lequel elle s'immobilise. La roue étant bien équilibrée, on associe à chaque issue une probabilité proportionnelle à l'angle du secteur angulaire correspondant.

a) On note E l'ensemble des issues de cette expérience aléatoire. Définir une loi de probabilité sur E pour modéliser l'expérience.

b) Calculer la probabilité de chacun des événements :

A : « Le numéro est pair », B : « Le numéro est inférieur ou égal à 3 ».

Solution

a) $E = \{1;2;3;4;5;6\}$.

La loi de probabilité sur E est :

Issue	1	2	3	4	5	6
Probabilité	$\frac{1}{8}$	$\frac{1}{4}$	$\frac{1}{8}$	$\frac{1}{12}$	$\frac{1}{3}$	$\frac{1}{12}$

b) • A est réalisé lorsque la roue s'immobilise sur les numéros 2, 4 ou 6. Donc :

$$p(A) = \frac{1}{4} + \frac{1}{12} + \frac{1}{12} = \frac{5}{12}.$$

• B est réalisé par la sortie des numéros 1, 2 ou 3.

$$p(B) = \frac{1}{8} + \frac{1}{4} + \frac{1}{8} = \frac{1}{2}.$$

Commentaires

• La probabilité de chaque issue est proportionnelle à l'angle du secteur :

$p(1) = p(3) = \frac{45}{360} = \frac{1}{8}$;

$p(4) = p(6) = \frac{30}{360} = \frac{1}{12}$;

$p(2) = \frac{90}{360} = \frac{1}{4}$;

$p(5) = \frac{120}{360} = \frac{1}{3}$.

Exercice résolu 2 Calculer des probabilités en situation d'équiprobabilité

Voir aussi les exercices 12 à 14, page 249

Énoncé

On tire au hasard une carte dans un jeu classique de 32 cartes. On s'intéresse à la couleur et à la valeur de la carte. Calculer la probabilité des événements :

a) A : « La carte tirée est un roi » ; **b)** B : « La carte tirée est un trèfle » ;

c) C : « La carte tirée est une figure ».

Solution

L'ensemble E des issues de l'expérience est l'ensemble formé des 32 cartes. La carte est tirée au hasard, donc on choisit la loi équirépartie sur E.

a) L'événement A est réalisé par les 4 rois du jeu, donc $p(A) = \frac{4}{32} = \frac{1}{8}$.

b) L'événement B est réalisé par les 8 trèfles du jeu, donc $p(B) = \frac{8}{32} = \frac{1}{4}$.

c) L'événement C est réalisé par 12 issues (4 valets, 4 dames, 4 rois), donc $p(C) = \frac{12}{32} = \frac{3}{8}$.

Commentaires

Dans un jeu de 32 cartes, il y a :

• 4 couleurs : cœur, carreau, trèfle, pique ;

• 8 cartes de chaque couleur : as, roi, dame, valet, 10, 9, 8, 7.

Calculs de probabilités

1 Intersection et réunion d'événements

Note

$A \cap B$ se lit « A inter B ».

$A \cup B$ se lit « A union B ».

DÉFINITION A et B sont deux événements.

- L'**intersection** de A et B est l'événement, noté $\mathbf{A \cap B}$, formé des issues qui réalisent à la fois l'événement A **et** l'événement B.
- La **réunion** de A et B est l'événement, noté $\mathbf{A \cup B}$, formé des issues qui réalisent l'événement A **ou** l'événement B, c'est-à-dire **au moins** l'un des deux.

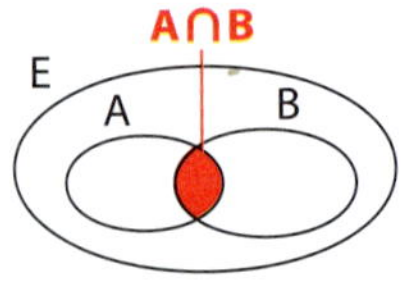

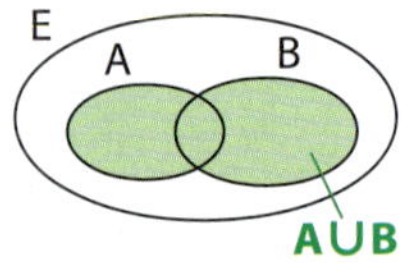

EXEMPLE

On tire au hasard l'un des nombres entiers de 1 à 10. On considère les événements :

A : « Le nombre tiré est divisible par 5 » ;

B : « Le nombre tiré est strictement inférieur à 6 ».

Alors : $A = \{5 ; 10\}$ et $B = \{1 ; 2 ; 3 ; 4 ; 5\}$.

Donc : $A \cap B = \{5\}$ et $A \cup B = \{1 ; 2 ; 3 ; 4 ; 5 ; 10\}$.

2 Une formule

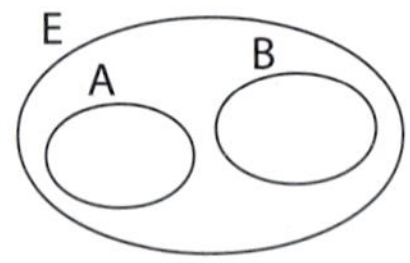

Lorsque deux événements A et B sont **incompatibles**, c'est-à-dire lorsque $A \cap B = \emptyset$, on a $p(A \cup B) = p(A) + p(B)$.

PROPRIÉTÉ Pour tous les événements A et B :
$$\boldsymbol{p(A \cap B) + p(A \cup B) = p(A) + p(B)}.$$

DÉMONSTRATION

On note A_1 l'événement formé des issues de A qui n'appartiennent pas à B.

A_1 et B sont incompatibles et de réunion $A \cup B$ donc :
$$p(A \cup B) = p(A_1) + p(B).$$
A_1 et $A \cap B$ sont aussi incompatibles et de réunion A donc :
$$p(A) = p(A_1) + p(A \cap B).$$
Avec les deux égalités précédentes :
$$p(A \cup B) + p(A \cap B) = p(A_1) + p(A \cap B) + p(B) = p(A) + p(B).$$

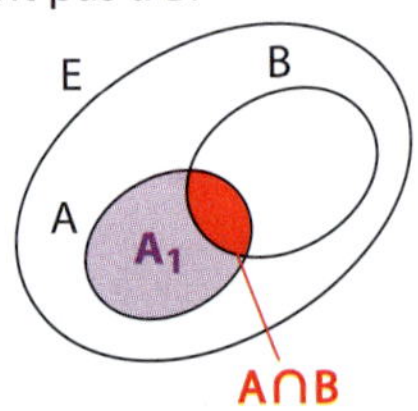

3 Événement contraire

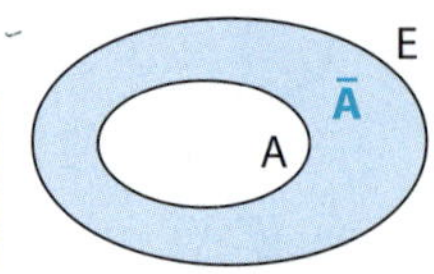

DÉFINITION L'**événement contraire** d'un événement A est formé des issues qui ne réalisent pas A. On le note $\bar{\mathbf{A}}$.

PROPRIÉTÉ Pour tout événement A, $\boldsymbol{p(A) + p(\bar{A}) = 1}$.

DÉMONSTRATION

$A \cup \bar{A} = E$ et $A \cap \bar{A} = \emptyset$ donc $p(A) + p(\bar{A}) = p(E)$. Or $p(E) = 1$, donc $p(A) + p(\bar{A}) = 1$.

Exercice résolu 1 Étudier l'intersection et la réunion de deux événements

Voir aussi les exercices 19 et 20, page 250

Énoncé

On dispose d'un dé cubique bien équilibré. On lance ce dé sur une table et on lit le numéro obtenu : 1, 2, 3, 4, 5 ou 6.

1. Quel est l'ensemble E des issues de cette expérience ?

2. On note A l'événement : « Obtenir un nombre pair » et B l'événement : « Obtenir un nombre supérieur ou égal à 3 ».

a) Quelles sont les issues qui réalisent chacun des événements A, B, $A \cap B$, $A \cup B$?

b) Quelle est la probabilité de chacun de ces événements ?

Solution

1. L'ensemble des issues est $E = \{1, 2, 3, 4, 5, 6\}$.

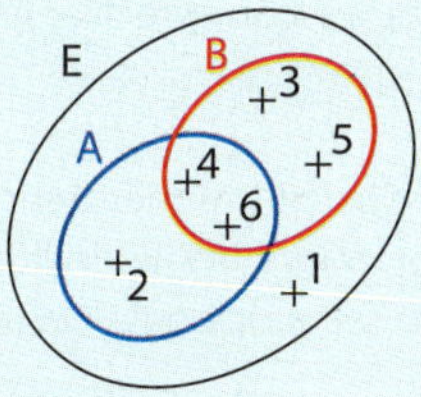

2. a) $A = \{2 ; 4 ; 6\}$ $\quad B = \{3 ; 4 ; 5 ; 6\}$

$A \cap B = \{4 ; 6\}$ $\quad A \cup B = \{2 ; 3 ; 4 ; 5 ; 6\}$

b) $p(A) = \frac{3}{6} = \frac{1}{2}$ $\quad p(B) = \frac{4}{6} = \frac{2}{3}$

$p(A \cap B) = \frac{2}{6} = \frac{1}{3}$ $\quad p(A \cup B) = \frac{5}{6}$

Commentaires

- Pour écrire la liste des éléments d'un ensemble fini, on utilise des accolades.
- Ici, on obtient directement $p(A \cap B)$ et $p(A \cup B)$ sans appliquer la formule du cours.

Exercice résolu 2 Appliquer les formules de calcul des probabilités

Voir aussi les exercices 23 et 24, page 250

Énoncé

La classe de Seconde 3 compte 28 élèves. 12 d'entre eux pratiquent la natation, 7 le volley-ball et 13 ne pratiquent ni la natation, ni le volley-ball.

On désigne au hasard un élève de la classe.

Calculer la probabilité qu'il pratique :

a) l'un au moins des deux sports ;

b) les deux sports.

Solution

On note A l'événement « L'élève pratique la natation » et B l'événement « L'élève pratique le volley-ball ».

a) « L'élève pratique l'un au moins des deux sports » est l'événement $A \cup B$. C'est l'événement contraire de l'événement « L'élève ne pratique ni la natation, ni le volley-ball » qui a pour probabilité $\frac{13}{28}$.

Donc $p(A \cup B) = 1 - \frac{13}{28} = \frac{15}{28}$.

b) « L'élève pratique les deux sports » est l'événement $A \cap B$.

$p(A \cap B) = p(A) + p(B) - p(A \cap B)$

$p(A \cap B) = \frac{12}{28} + \frac{7}{28} - \frac{15}{28} = \frac{4}{28} = \frac{1}{7}$.

Commentaires

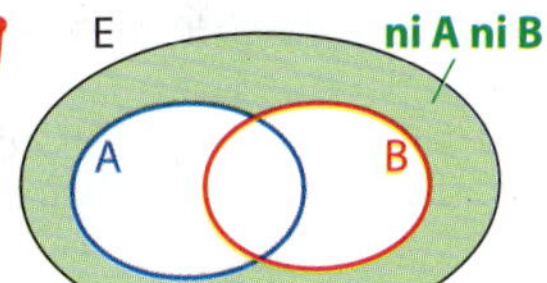

- On calcule $p(A \cup B)$ en considérant l'événement contraire de $A \cup B$ et en appliquant la formule du paragraphe 3.
- $p(A)$, $p(B)$ et $p(A \cup B)$ sont des probabilités connues ; on calcule $p(A \cap B)$ avec la formule du paragraphe 2.

Exercices de base

Pour créer des automatismes

Probabilité sur un ensemble fini

1 On considère l'algorithme :

- Tirer un nombre entier au hasard entre 1 et 6 et l'affecter à la variable R.
- Calculer R + R, affecter cette somme à la variable S.
- Afficher S.

On souhaite modéliser cette expérience par l'un des modèles suivants.
Modèle 1 : loi équirépartie sur $E = \{1 ; 2 ; 3 ; 4 ; 5 ; 6\}$.
Modèle 2 : loi équirépartie sur $E = \{2 ; 4 ; 6 ; 8 ; 10 ; 12\}$.
Modèle 3 :

x_i	2	4	6	8	10	12
p_i	$\frac{1}{3}$	$\frac{1}{12}$	$\frac{1}{12}$	$\frac{1}{12}$	$\frac{1}{12}$	$\frac{1}{3}$

a) On a exécuté l'algorithme à différentes reprises ; voici les distributions de fréquences obtenues.

S	2	4	6	8	10	12	Total
Fréquence d'apparition sur 1 000 expériences	0,17	0,177	0,178	0,14	0,178	0,157	1
Fréquence d'apparition sur 5 000 expériences	0,1684	0,168	0,1684	0,168	0,1632	0,164	1
Fréquence d'apparition sur 10 000 expériences	0,1657	0,1687	0,1609	0,1668	0,1703	0,1676	1

Proposer celui des trois modèles qui semble convenir.

b) Compléter le tableau ci-contre. En déduire le modèle qui convient.

R	1	2	3	4	5	6
S						

Conseil : se reporter à l'exercice résolu 1, page 243.

2 Une urne contient 60 boules blanches (B), 10 boules rouges (R) et 30 boules noires (N). On tire au hasard une boule de l'urne, on note sa couleur.
a) Définir une loi de probabilité sur l'ensemble $E = \{B ; R ; N\}$ des issues de l'expérience.
b) Expliquer comment simuler un tirage à l'aide de la calculatrice.
c) Réaliser la simulation 500 fois. Comparer la distribution de fréquences obtenue à la loi de probabilité.

3 Une urne contient des boules numérotées 1, 2, 3. Un quart des boules portent le numéro 1, un tiers le numéro 2. On tire au hasard une boule de l'urne.
Définir, pour modéliser l'expérience, une loi de probabilité sur l'ensemble $E = \{1 ; 2 ; 3\}$ des issues.

4 La roulette ci-contre donne pour résultat A ou B.
Définir une loi de probabilité sur $E = \{A ; B\}$ pour modéliser cette expérience.

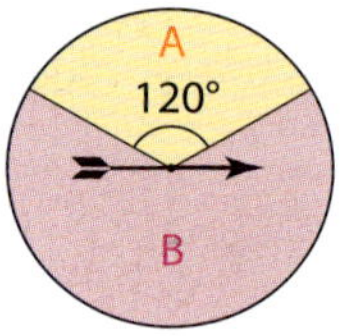

5 On lance deux dés cubiques équilibrés numérotés de 1 à 6 ; l'issue de l'expérience aléatoire est le plus grand des deux numéros sortis.
Utiliser un tableau à double entrée pour préciser la loi de probabilité de l'expérience aléatoire.

6 Une urne contient quatre boules numérotées de 1 à 4. On tire au hasard une première boule de l'urne puis, sans la remettre, on tire une seconde boule. On note leurs numéros.
Utiliser un arbre pour préciser la loi de probabilité de l'expérience aléatoire.

7 On dispose d'un dé pipé dont les faces sont numérotées de 1 à 6. Une étude statistique conduit à l'estimation suivante :
- les faces de 1 à 5 ont la même probabilité de sortie ;
- la probabilité d'obtenir la face 6 est 0,3.

Déterminer la probabilité de sortie de chaque face.

8 On tire au hasard une boule dans une urne contenant des boules noires et des boules rouges.
Sachant qu'il y a 20 % de boules rouges, définir une loi de probabilité sur l'ensemble des tirages possibles.

Conseil : se reporter à l'exercice résolu 2, page 243.

9 Voici le nombre de buts marqués dans le championnat de France de Ligue 1 durant la saison 2008-2009.

Répartition des buts par « quart d'heure »

1re période	
0-15′	109
16′-30′	111
31′-45′	142
Arrêt de jeu	13
Total	**375**

2e période	
46′-60′	141
61′-75′	144
76′-90′	149
Arrêt de jeu	49
Total	**483**

Source : LFP

Les arrêts de jeu sont considérés chaque fois comme un « quart d'heure » supplémentaire.

a) On choisit au hasard l'un des buts marqués et on note la période au cours de laquelle il a été marqué.
Donner la loi de probabilité de cette expérience.
b) On choisit au hasard l'un des buts marqués et on note le « quart d'heure » au cours duquel il a été marqué.
Donner la loi de probabilité de cette expérience.

Probabilité d'un événement

10 Voici la composition d'une urne : quatre jetons portent le numéro 4, trois le numéro 3, deux le numéro 2 et un le numéro 1. On tire au hasard un jeton de l'urne et on note son numéro *n*.
a) $E = \{1 ; 2 ; 3 ; 4\}$ représente l'ensemble des issues. Définir une loi de probabilité sur E pour modéliser l'expérience.
b) Calculer la probabilité de chacun des événements :
- A : « *n* est impair »,
- B : « $n \geqslant 3$ ».

Conseil : *se reporter à l'exercice résolu 1, page 245.*

11 La répartition des groupes sanguins dans la population française est présentée dans le tableau suivant.

		Groupe sanguin			
		O	A	B	AB
Rhésus	Rh +	37 %	39 %	7 %	2 %
	Rh –	6 %	6 %	2 %	1 %

L'expérience aléatoire consiste à choisir au hasard une personne dans cette population. On assimile les probabilités aux fréquences observées.
Quelle est la probabilité de chacun des événements :
- A : « La personne est du groupe A » ?
- Rh + : « La personne est de rhésus positif » ?
- AB – : « La personne est du groupe AB rhésus négatif » ?

12 On tire au hasard une carte dans un jeu de 32 cartes. On note sa couleur et sa valeur.
Calculer la probabilité de chacun des événements :
a) A : « La carte tirée est un cœur » ;
b) B : « La carte tirée est une dame ».

Conseil : *se reporter à l'exercice résolu 2, page 245.*

13 Utilisée dans un tableur, la formule :

```
=ALEA.ENTRE.BORNES(1;10)
```

retourne un entier naturel choisi au hasard entre 1 et 10.
a) Quelle est la probabilité d'obtenir chaque nombre ?
b) Quelle est la probabilité de l'événement : « Le nombre est multiple de 3 » ?

14 On considère l'expérience aléatoire qui consiste à lancer trois fois de suite une pièce équilibrée : PFP est un exemple d'issue (avec P pour Pile et F pour face).
a) Utiliser un arbre pour obtenir l'ensemble E de toutes les issues.
b) Préciser la loi de probabilité sur E.
c) Calculer la probabilité de chacun des événements :
- A : « Obtenir une seule fois Pile » ;
- B : « Obtenir exactement deux fois Pile » ;
- C : « Obtenir exactement trois fois Pile ».

15 Pour jouer à la version française du Scrabble, on dispose d'un sac contenant 102 jetons : 2 jokers (qui rapportent 0 point) et 26 lettres selon la répartition suivante :

A_1	B_3	C_3	D_2	E_1	F_4	G_2	H_4	I_1	J_8	K_{10}	L_1	M_2
9	2	2	3	15	2	2	2	8	1	1	5	3
N_1	O_1	P_3	Q_8	R_1	S_1	T_1	U_1	V_4	W_{10}	X_{10}	Y_{10}	Z_{10}
6	6	2	1	6	6	6	6	2	1	1	1	1

Par exemple, on trouve 9 jetons comportant la lettre A qui rapporte 1 point (nombre noté en indice).
On tire un jeton au hasard dans le sac.
Donner la probabilité de chacun des événements :
- A : « Le jeton est un E » ;
- B : « Le jeton est une voyelle » ;
- C : « Le jeton rapporte 10 points » ;
- D : « Le jeton rapporte 1 point » ;
- E : « Le jeton rapporte 2 points » ;
- F : « Le jeton est une voyelle qui rapporte au minimum 2 points ».

16 On place côte à côte et aléatoirement une salière, un poivrier et un moutardier.
Utiliser un arbre pour calculer la probabilité de l'événement « La moutarde est placée entre le poivre et le sel ».

17 Le plan est muni d'un repère. On choisit au hasard un point à coordonnées entières comprises entre 0 et 4.
Quelle est la probabilité pour que le point appartienne à la droite d'équation $y = x$?

18 On tire au hasard deux nombres entiers x et y compris entre 1 et 6.
Utiliser un tableau pour déterminer la probabilité de chacun des événements :
- A : « $x < y$ » ;
- B : « $x > y$ » ;
- C : « $x \leqslant y$ ».

Calculs de probabilités

19 On lance un dé équilibré dont les faces sont numérotées 1, 2, 3, 4, 5 et 6. On lit le numéro obtenu.
On s'intéresse aux événements suivants :
A : « Obtenir le numéro 1 » ;
B : « Obtenir un nombre strictement supérieur à 2 » ;
C : « Obtenir un nombre pair ».

a) Écrire les événements A, B et C sous forme ensembliste.
Représenter l'ensemble E de toutes les issues, ainsi que A, B et C à l'aide d'un schéma.
b) Déterminer les événements A ∪ B et B ∩ C.
Indiquer la probabilité de chacun des événements :
• A • B • C • A ∪ B • B ∩ C.

➤ ***Conseil :*** *se reporter à l'exercice résolu 1, page 247.*

20 On tire au hasard une carte dans un jeu de 32 cartes. On s'intéresse aux événements :
A : « Obtenir une couleur noire : trèfle ou pique » ;
B : « Obtenir une carte à trèfle » ;
C : « Obtenir un roi ».
1. a) Quelles sont les issues qui réalisent l'événement A ∩ C ? l'événement B ∩ C ?
b) Que peut-on dire des événements A et B ?
c) Représenter à l'aide d'un schéma l'ensemble E de toutes les issues, les événements A, B, C et les issues : roi de trèfle (RT), roi de pique (RP).

2. Déterminer la probabilité de chacun des événements :
• A • B • C • A ∩ C • B ∩ C • A ∪ B.

21 Une urne contient quatre boules numérotées de 1 à 4. On tire au hasard une première boule de l'urne puis, sans la remettre, on tire une seconde boule.
On note les numéros obtenus.
a) Reproduire et compléter l'arbre ci-dessous.

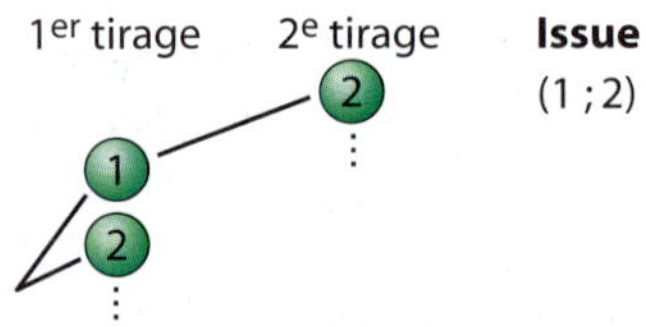

b) Écrire à l'aide d'ensembles les événements :
A : « Le numéro tiré en premier est 2 » ;
B : « La somme des deux numéros tirés est 5 ».
c) Déterminer l'événement A ∩ B.
d) Indiquer la probabilité de chacun des événements :
• A • B • A ∩ B.
e) Déterminer de deux façons différentes la probabilité de l'événement A ∪ B.

22 On lance deux dés cubiques bien équilibrés dont les faces sont numérotées de 1 à 6. L'un de ces dés est rouge, l'autre est vert.
a) Utiliser un tableau pour écrire toutes les issues de cette expérience.
b) On considère les événements :
A : « Les deux numéros sont identiques » ;
B : « La somme des deux numéros est strictement supérieure à 7 ».
Déterminer p (A), p (B) et p (A ∩ B).
c) Déterminer de deux façons différentes p (A ∪ B).

23 Dans un groupe de 20 personnes, 10 personnes s'intéressent à la pêche, 8 à la lecture et 5 personnes ne s'intéressent ni à la pêche, ni à la lecture.
On désigne au hasard une personne du groupe.
Calculer la probabilité pour qu'elle s'intéresse :
a) à l'une au moins des deux activités ;
b) aux deux activités.

➤ ***Conseil :*** *se reporter à l'exercice résolu 2, page 247.*

24 Une urne contient 100 boules numérotées 00, 01, 02,..., 99. On tire une boule au hasard et on lit le numéro obtenu. On considère les événements :
A : « Le chiffre 0 figure dans le numéro » ;
B : « Le chiffre 9 figure dans le numéro ».
a) Déterminer les probabilités des événements A et B.
b) Quelles sont les issues qui réalisent l'événement A ∩ B ? Donner sa probabilité.
c) En déduire la probabilité de l'événement A ∪ B.

25 L'échiquier ci-dessous est formé de rangées (lignes ou colonnes) repérées par un entier 1, 2, 3, 4, 5, 6, 7, 8 ou une lettre a, b, c, d, e, f, g, h.
Sur cet échiquier sont placés des pions blancs et des pions noirs.
On choisit au hasard une rangée de cet échiquier et on s'intéresse aux événements :

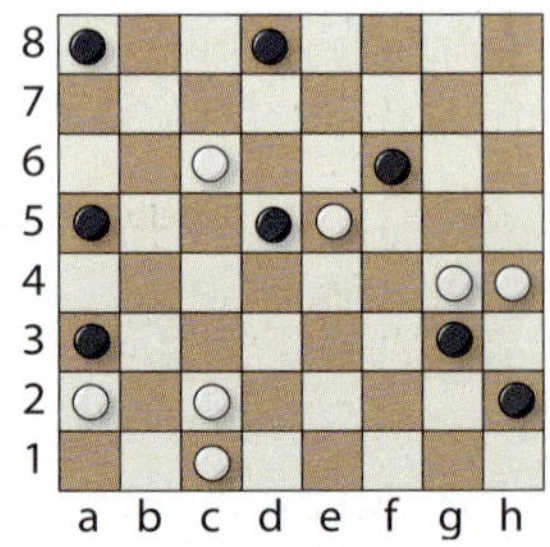

A : « La rangée compte au moins deux pions » ;
B : « Il y a au moins un pion noir sur la rangée ».
a) Déterminer la probabilité de chacun des événements A et B, puis de l'événement A∩B.
b) Obtenir de deux façons différentes la probabilité de l'événement A∪B.
c) Définir les événements contraires $\overline{A}$ et $\overline{B}$ des événements A et B.
Calculer p ($\overline{A}$) et p ($\overline{B}$).

Exercices d'entraînement

Pour développer des compétences

Travaux pratiques

Compléments numériques

26 Modèles probabilistes

OBJECTIF Conduire un raisonnement à partir d'une activité algorithmique.

On considère l'algorithme suivant :

- Choisir un entier au hasard entre 1 et 10 ; l'affecter à la variable A.
- Affecter 3 à la variable B.
- Affecter le reste de la division de A par B à la variable R et afficher R.

On souhaite modéliser cette expérience par l'un des modèles suivants.

Modèle 1 : loi équirépartie sur $E = \{1;2;...;9;10\}$.

Modèle 2 : loi équirépartie sur $E = \{1;2;3\}$.

Modèle 3 : loi équirépartie sur $E = \{0;1;2\}$.

Modèle 4 :

R	0	1	2
Probabilité	$\frac{3}{10}$	$\frac{3}{10}$	$\frac{4}{10}$

Modèle 5 :

R	0	1	2
Probabilité	$\frac{3}{10}$	$\frac{4}{10}$	$\frac{3}{10}$

Choisir l'un de ces modèles en argumentant la réponse. (On peut s'aider d'un tableur et de la fonction MOD(*a* ; *b*) qui donne le reste de la division de *a* par *b*.)

27 B2i L1-1 L2-4 L3-4 Simulation d'une expérience aléatoire

OBJECTIF Développer une démarche expérimentale.

On lance deux dés équilibrés dont les faces sont numérotées 1, 2, 3, 4, 5 et 6. On additionne les nombres lus sur les faces supérieures.

On se propose de savoir si la probabilité d'obtenir la somme 9 est la même que celle d'obtenir la somme 10.

1. Simulation avec un tableur

Réaliser la feuille de calcul ci-après :

- utiliser la fonction ALEA.ENTRE.BORNES(1 ; 6) pour écrire la formule convenable dans la cellule A2 ;
- étirer dans la plage A2 : E21 ;
- dans la cellule H4, saisir la formule = NB.SI(A$2:E$21;G4).

H4 =NB.SI(A$2:E$21;G4)

	A	B	C	D	E	F	G	H	I
1	Échantillon de 100 lancers								
2	8	8	8	8	3				
3	10	7	6	8	11		Somme	Effectif	Fréquence
4	4	2	5	7	8		9	4	0,04
5	11	6	4	10	7		10	9	0,09
6	10	8	7	3	5				

Réaliser plusieurs fois la simulation avec la touche F9.
Peut-on répondre de façon sûre à la question posée ?
Si non, que faudrait-il faire ?

2. Une preuve

a) Déterminer la probabilité que la somme obtenue :
- soit égale à 9,
- soit égale à 10.

b) Comparer ces probabilités aux fréquences obtenues par simulation.

28 Déplacement d'un pion

OBJECTIF Modéliser et s'engager dans une activité de recherche.

On dispose d'une rangée de cinq cases nommées A, B, C, D, E. Un pion est placé sur la case A.

A B C D E

Un jeton équilibré porte le chiffre 1 sur l'une de ses faces et le chiffre 0 sur l'autre. On lance ce jeton quatre fois de suite ; lorsqu'on obtient le chiffre 1, le pion avance d'une case vers la droite ; sinon, il reste en place.

On note S la somme des quatre chiffres obtenus.

a) L'expérience aléatoire est décrite par l'algorithme ci-contre.
- Recopier et compléter cet algorithme.
- Préciser le rôle de chacune des variables S, *i* et *r*.
- Quel est le rôle de cet algorithme ?

```
Initialisation
S prend la valeur 0
Traitement
Pour i de 1 jusqu'à 4
  | r prend la valeur …
  | S prend la valeur …
FinPour
Sortie
Si S = 0 alors
  | Afficher "A"
FinSi
```

b) Déterminer la probabilité de chacun des événements :
- X : « Le pion reste sur la case A » ;
- Y : « Le pion va au-delà de la case B » ;
- Z : « Le pion atteint la case E ».

Restitution organisée de connaissances

29 ***Prérequis :*** *Lorsque deux événements M et N sont incompatibles ($M \cap N = \emptyset$) alors :*
$p(M \cup N) = p(M) + p(N)$.

1. A et B désignent deux événements quelconques. On note A_1 l'événement formé des issues qui réalisent A et qui ne réalisent pas B.

a) Justifier que A_1 et B sont incompatibles. En déduire une expression de $p(A \cup B)$ en fonction de $p(A_1)$ et $p(B)$.
b) Justifier que A_1 et $A \cap B$ sont aussi incompatibles. En déduire également une expression de $p(A \cap B)$ en fonction de $p(A)$ et $p(A_1)$.
c) Déduire des deux questions précédentes la formule :

$$p(A \cup B) + p(A \cap B) = p(A) + p(B).$$

2. Dans une population, une étude a prouvé qu'un individu possède un caractère génétique g_1 avec la probabilité 0,8 et un caractère génétique g_2 avec la probabilité 0,6. La probabilité qu'il possède les deux caractères est 0,45.
Calculer la probabilité qu'un individu choisi au hasard possède l'un au moins des deux caractères.

Raisonner, démontrer

30 **1.** Sur un CD, il y a 12 titres. Katia en préfère deux. Elle lance la lecture du CD en mode aléatoire. Dans ce mode, un titre déjà entendu ne sera pas rejoué tant que les 12 titres n'auront pas été lus.

a) Quelle est la probabilité que le premier titre entendu soit l'un des titres préférés de Katia ?

b) Malheureusement, le premier titre n'était pas l'un de ses titres préférés. Quelle est la probabilité que le second titre entendu soit l'un de ses préférés ?

c) Katia n'a vraiment pas de chance, les six premiers titres n'étaient pas ceux attendus. Quelle est la probabilité que le suivant soit l'un de ses préférés ?

2. Encore perdu ! Excédée, Katia éteint son lecteur et raconte sa mésaventure à Pierre qui lui conseille d'augmenter ses chances en utilisant un lecteur MP3.
Sur son lecteur, Katia dispose de 10 albums de 12 titres chacun. Sur chaque album, Katia a deux titres préférés. Elle lance la lecture en mode aléatoire sur l'ensemble des albums. Dans ce mode, un titre déjà entendu ne sera pas rejoué tant que tous les titres n'auront pas été lus.
Quelle est la probabilité que le premier titre entendu par Katia soit l'un de ses préférés ?
Que penser du conseil de Pierre ?

31 Dans un jeu de cartes, on n'a conservé que les figures (4 valets, 4 dames, 4 rois). On mélange les 12 cartes, puis, sans remise, on tire une carte tant qu'on n'obtient pas de roi. On note n le numéro du tirage associé à l'apparition du roi.
On a réalisé 10 000 fois l'expérience. Les résultats sont présentés dans le tableau suivant.

n	1	2	3	4	5	6	7	8	9
Effectif	3 350	2 473	1 663	1 124	683	414	203	70	20

Par exemple :
- à 3 350 reprises, un roi est apparu dès le premier tirage ;
- à 20 reprises, il a fallu attendre le neuvième tirage pour obtenir un roi.

1. Expliquer pourquoi $n \leqslant 9$.
2. Donner la distribution des fréquences.
3. De cette expérimentation, on prélève un résultat au hasard. On assimile les probabilités aux fréquences calculées ci-dessus.
a) Déterminer la probabilité de l'événement A : « $n \leqslant 3$ », puis de l'événement B : « $n > 8$ ».
b) Des deux événements C : « $n < 5$ » et D : « $n > 5$ », quel est le plus probable ?

32 **1.** On lance deux dés cubiques équilibrés dont les faces sont numérotées de 1 à 6. L'issue de l'expérience aléatoire est la distance entre les deux numéros obtenus : par exemple, lorsque les numéros 3 et 5 sortent, l'issue est 2.
a) Utiliser un tableau pour obtenir l'ensemble E de toutes les issues.
b) Préciser la loi de probabilité sur E.
c) Quelle est la probabilité de chacun des événements suivants :
- A : « La distance est strictement supérieure à 2 » ?
- B : « La distance est comprise entre 2 et 5 » ?

2. Le joueur peut au choix :
- lancer un dé cubique équilibré ;
- lancer deux dés cubiques équilibrés et calculer la distance entre les deux numéros sortis.

Quel est le protocole le plus avantageux sachant que, pour gagner, le joueur doit obtenir 3 ?

33 Trois jetons A, B et C sont placés initialement comme indiqué ci-contre sur une rangée de trois cases.

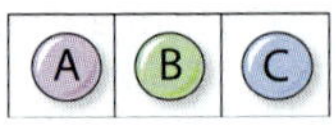

On prend les trois jetons et on les place au hasard sur la rangée en mettant un jeton par case.

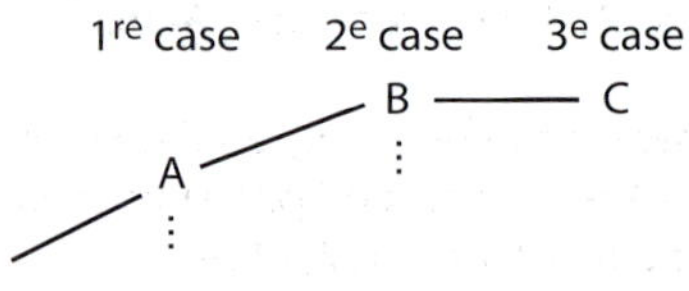

a) Reproduire et compléter l'arbre précédent.
b) Donner la probabilité de l'événement U : « Aucun jeton n'est resté à sa place initiale ».
c) Définir l'événement contraire de U et calculer sa probabilité de deux façons différentes.

34 Un hôpital comporte deux salles d'opération (S1 et S2) qui ont la même probabilité d'être occupées. La probabilité que l'une des salles au moins soit occupée est 0,9 ; celle que les deux salles soient occupées vaut 0,5.
Quelle est la probabilité :
a) que la salle S1 soit libre ?
b) que les deux salles soient libres ?
c) que l'une des salles au moins soit libre ?
d) qu'une seule salle soit libre ?

35 On dispose du quadrillage présenté ci-dessous. Un chemin de A vers B est une suite de six déplacements d'une case : trois déplacements vers le haut (H) et trois déplacements vers la droite (D) dans n'importe quel ordre.

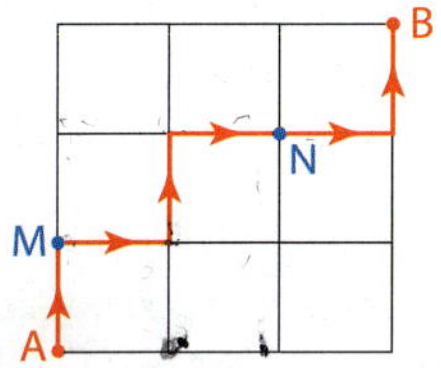

Un exemple de chemin
(H ; D ; H ; D ; D ; H)

1. Déterminer, à l'aide d'un arbre, le nombre de chemins de A vers B.
2. On choisit au hasard l'un des chemins de A vers B.
a) Quelle est la probabilité pour qu'il passe par le point M ? le point N ?
b) Quelle est la probabilité pour qu'il passe par les deux points M et N ?
c) En déduire la probabilité pour que ce chemin passe par l'un au moins des deux points.

36 En informatique, un octet est une suite de huit chiffres tous égaux à 0 ou 1.
Par exemple, 10100101 et 00111001 sont des octets.
1. Combien peut-on former d'octets différents ?
2. On écrit au hasard un octet.
a) Calculer la probabilité de chacun des événements :
A : « Les deux premiers chiffres sont égaux à 1 » ;
B : « Le dernier chiffre est égal à 0 ».
b) Calculer la probabilité de l'événement $A \cap B$.
c) En déduire la probabilité de l'événement $A \cup B$.

37 Un premier panier contient cinq boules vertes numérotées 0 ; 1 ; 2 ; –1 ; –2. Un second panier contient cinq boules rouges numérotées 0 ; 1 ; 2 ; –1 ; –2.
On tire au hasard une boule verte, on note V son numéro ; puis une boule rouge, on note R son numéro.
Le plan est muni d'un repère d'origine G, on place le point M de coordonnées (V ; R).
Donner la probabilité de chacun des événements :
a) A : « le point M appartient au cercle $\mathscr{C}$ de centre G et de rayon 2 » ;
b) B : « le point M appartient au disque $\mathscr{D}$ de centre G et de rayon 2 » ;
c) C : « le point M appartient au disque $\mathscr{D}'$ de centre G et de rayon $\sqrt{2}$ ».

Analyse critique d'un document

38 Le tableau suivant présente la répartition, en pourcentages, de la population en France par sexe et âge au 01/01/2009.

En %	Femmes	Hommes	Ensemble
Moins de 15 ans	17,5	19,5	18,5
15-24 ans	12,1	13,3	12,7
25-34 ans	12,2	12,8	12,5
35-44 ans	13,8	14,3	14,0
45-54 ans	13,4	13,7	13,5
55-64 ans	12,2	12,3	12,2
65-74 ans	8,2	7,5	7,9
75 ans ou plus	10,6	6,6	8,7
Ensemble	**100,0**	**100,0**	**100,0**

Source : Insee, estimations de population (résultats provisoires arrêtés fin 2008).

On assimile les probabilités aux fréquences observées.
a) On désigne un individu au hasard dans la population concernée.
Déterminer la probabilité de chacun des événements :
- A : « La personne est âgée de 24 ans au plus » ;
- B : « La personne est âgée de 64 ans au plus » ;
- C : « La personne est âgée de 65 ans ou plus ».

b) On désigne une personne au hasard parmi les femmes.
Déterminer la probabilité de l'événement F : « La femme est âgée de 65 ans ou plus ».
c) On désigne une personne au hasard parmi les hommes.
Déterminer la probabilité de l'événement G : « L'homme est âgé de 65 ans ou plus ».

39 En Zedland, des sondages d'opinion ont été menés pour déterminer la cote de popularité du président en vue de la prochaine élection.
Quatre éditeurs de journaux ont réalisé un sondage.
Journal 1 : 36,5 % – Le 6 janvier sur un échantillon de 500 citoyens ayant le droit de vote, tirés au hasard.
Journal 2 : 41 % – Le 20 janvier sur un échantillon de 500 citoyens ayant le droit de vote, tirés au hasard.
Journal 3 : 39 % – Le 20 janvier sur un échantillon de 1 000 citoyens ayant le droit de vote, tirés au hasard.
Journal 4 : 44,5 % – Le 20 janvier sur un échantillon de 1 000 lecteurs qui ont appelé la rédaction pour voter.
Quel journal fournit probablement le résultat le plus fiable pour prédire le taux d'opinions favorables au président si les élections se déroulent le 25 janvier ?
Donner deux arguments à l'appui de la réponse.

D'après PISA 2003

40 **Insécurité routière**
Le tableau présente l'insécurité routière en France métropolitaine de 2004 à 2007.

	2004	2005	2006	2007
Accidents corporels	85 390	84 525	80 309	81 272
dont en agglomération	*57 825*	*58 650*	*54 986*	*56 054*
Véhicules impliqués	**147 308**	**145 478**	**137 657**	**139 616**
Cycles sans moteur	4 928	5 027	4 979	5 099
Cycles avec moteur	32 066	32 633	32 046	34 120
Voitures particulières	98 692	96 338	86 270	86 123
Autres véhicules	11 622	11 480	14 362	14 274
Victimes tuées	**5 232**	**5 318**	**4 709**	**4 620**
dont en agglomération	*1 451*	*1 664*	*1 346*	*1 359*
Piétons	550	635	535	561
Conducteurs et passagers de cycles sans moteur	167	180	181	142
Conducteurs et passagers de cycles avec moteur	1 135	1 237	1 086	1 155
Conducteurs et passagers de voitures particulières	3 186	3 065	2 626	2 464
Conducteurs et passagers d'autres véhicules	194	201	281	298
Victimes blessées	**108 727**	**108 076**	**102 125**	**103 201**
dont grièvement	17 435	39 811	40 662	38 615
dont en agglomération	*69 644*	*71 852*	*66 646*	*67 780*
Piétons	13 841	13 609	13 358	13 406
Conducteurs et passagers de cycles sans moteur	4 427	4 587	4 515	4 638
Conducteurs et passagers de cycles avec moteur	31 500	32 130	31 458	33 441
Conducteurs et passagers de voitures particulières	55 337	53 776	47 219	46 332
Conducteurs et passagers d'autres véhicules	3 622	3 974	5 575	5 384

Source : Observatoire interministériel de Sécurité routière.

On assimile les probabilités aux fréquences observées.
a) On choisit un véhicule au hasard dans la population des véhicules impliqués sur la période allant de 2004 à 2007.
Déterminer la probabilité de l'événement :
A : « Le véhicule est un cycle sans moteur ».
b) On choisit un individu au hasard dans la population des victimes tuées sur la période allant de 2004 à 2007.
Déterminer la probabilité de l'événement :
B : « La victime est un piéton ».
c) On choisit un individu au hasard dans la population des victimes blessées sur la période allant de 2004 à 2007.
Déterminer la probabilité de l'événement :
C : « La victime est un piéton ».
d) On choisit un individu au hasard dans la population des victimes sur la période allant de 2004 à 2007.
Déterminer la probabilité de l'événement :
D : « La victime est un piéton ».
e) On choisit un individu au hasard dans la population des piétons victimes d'un accident sur la période allant de 2004 à 2007.
Déterminer la probabilité de chacun des événements :
- E : « Le piéton est tué » ;
- F : « Le piéton est blessé ».

f) On choisit un individu au hasard dans la population des conducteurs et passagers de voitures particulières victimes d'un accident sur la période allant de 2004 à 2007.
Déterminer la probabilité de chacun des événements :
- E' : « L'individu est tué » ;
- F' : « L'individu est blessé ».

Communiquer à l'écrit ou à l'oral

41 Une urne contient trois boules vertes, deux boules rouges et une boule bleue. On tire au hasard, successivement et avec remise, deux boules de l'urne et on note la couleur de chaque boule tirée.

Partie A

1. On choisit de noter V_1, V_2, V_3 les trois boules vertes, R_1, R_2 les deux boules rouges et B la boule bleue.
a) Reproduire et compléter le tableau ci-dessous.

2ᵉ boule \ 1ʳᵉ boule	V_1	V_2	V_3	R_1	R_2	B
V_1						
V_2						
V_3						
R_1			$(V_3 ; R_1)$			
R_2						
B						

b) Quelle est la probabilité de chacune des issues qui apparaît dans le tableau ?
c) Quelle est la probabilité d'avoir deux boules vertes ?

2. a) Reproduire et compléter l'arbre ci-dessous.

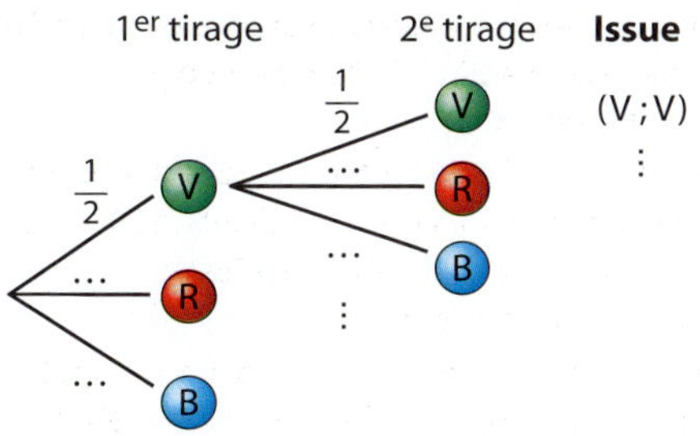

b) Utiliser le tableau de la question **1.** pour donner la probabilité de chacune des issues de l'expérience.

c) Conjecturer un procédé rapide pour retrouver la probabilité d'une issue à l'aide des probabilités inscrites sur les branches.

Partie B

1. On s'intéresse aux événements :

C : « La première boule tirée est verte » ;

D : « La première boule tirée est bleue ».

a) Déterminer la probabilité de chacun des événements C et D.

b) Que dire des événements C et D ?

c) Calculer la probabilité de l'événement $C \cup D$.

2. On note E l'événement : « Le tirage contient au plus une boule rouge ».

Définir l'événement contraire $\bar{E}$ et calculer sa probabilité.

En déduire la probabilité de l'événement E.

S'initier à la logique

42 « Ou » : langage courant, mathématique

1. En fin de match, l'entraîneur décide de procéder à un dernier changement. Il interpelle Florent : « Ce sera Franck **ou** toi, allez vous échauffer. »

Les deux remplaçants pourront-ils rentrer en jeu ?

2. Dans un établissement, tous les élèves de Seconde 10 qui suivent l'option arts plastiques (A) ou histoire des arts (H) bénéficient d'une réduction à l'entrée du musée.

a) Fabrice, élève de Seconde 10, suit ces deux options. Bénéficie-t-il d'une réduction à l'entrée du musée ?

b) Ce diagramme représente les élèves de Seconde 10 qui suivent les options A et H. On désigne un élève de Seconde 10 au hasard.

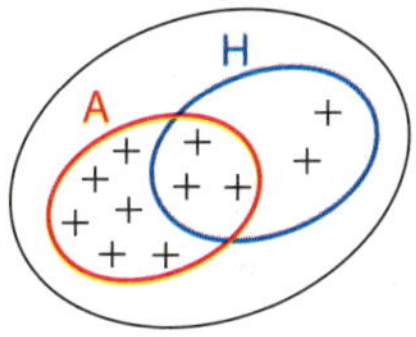

Déterminer la probabilité de chacun des événements :

A : « L'élève suit l'option A » ;

B : « L'élève suit l'option H » ;

C : « L'élève suit les options A **et** H » ;

D : « L'élève suit l'option A **ou** l'option H ».

c) Le professeur principal de Seconde 10 annonce : « Participent à la visite de mercredi, tous les élèves qui suivent l'option histoire de l'art **et** tous les élèves qui suivent l'option arts plastiques. »

Quel sera l'effectif de ce groupe d'élèves ?

43 Inclusion et probabilité

1. On note $E = \{x_1 ; x_2 ; \ldots ; x_n\}$ l'ensemble des issues d'une expérience aléatoire. A et B sont deux événements.

a) Démontrer que la proposition suivante est vraie :

si $A \subset B$, alors $p(A) \leqslant p(B)$.

b) La proposition réciproque est-elle vraie ?

2. Un panier $\mathscr{A}$ contient 10 boules vertes numérotées 0 ; 0,1 ; 0,2 ; … ; 0,9.

Un panier $\mathscr{B}$ contient 10 boules rouges numérotées 0 ; 0,1 ; 0,2 ; … ; 0,9.

On tire au hasard une boule verte, on note V son numéro, puis une boule rouge, on note R son numéro.

On calcule la distance d entre les deux numéros. (Par exemple, la distance entre 0,3 et 0,5 est 0,2.)

On considère les événements suivants :

- A : « $d = 0$ » ;
- B : « $d = 0{,}5$ » ;
- C : « $d < 0{,}5$ » ;
- D : « $d < 1$ » ;
- E : « $0{,}5 \leqslant d < 1$ » ;
- F : « $0{,}5 \leqslant d < 0{,}7$ ».

a) Sans aucun calcul, classer dans l'ordre croissant les probabilités $p(D)$, $p(E)$, $p(F)$.

b) Vérifier en calculant les probabilités $p(D)$, $p(E)$, $p(F)$.

c) Comparer $p(A)$, $p(B)$, $p(C)$.

44 Négation, événement contraire

1. Ameline prélève une main de deux cartes au hasard dans un jeu de 32 cartes.

a) Dorian : « As-tu un cœur ? » ; Ameline : « Non ».

Ameline peut-elle avoir la main :

- {Roi Cœur ; As Pique} ?
- {Roi Carreau ; 7 Carreau} ?
- {7 Cœur ; 8 Cœur} ?

Donner une autre main possible d'Ameline.

b) Dorian : « As-tu un seul roi ? » ; Ameline : « Non ».

Ameline peut-elle avoir la main :

- {Roi Cœur ; As Pique} ?
- {Roi Carreau ; Roi Trèfle} ?
- {7 Cœur ; 8 Carreau} ?

Donner une autre main possible d'Ameline.

2. On lance un dé rouge et un dé vert, bien équilibrés, dont les faces sont numérotées de 1 à 6.

Quelle est la probabilité de chacun des événements :

- A : « On obtient l'issue (2 ; 5) » ?
- B : « On obtient deux numéros pairs » ?
- C : « On n'obtient aucun numéro pair » ?
- D : « On obtient au moins un numéro pair » ?
- E : « On obtient un seul numéro pair » ?

QCM

45 Pour chaque question, une seule réponse est exacte. Laquelle ?
On fait tourner la roue équilibrée ci-contre ; on lit le numéro en face du repère.
On considère les événements :
A : « Le numéro est strictement supérieur à 4 » et B : « Le numéro est impair ».

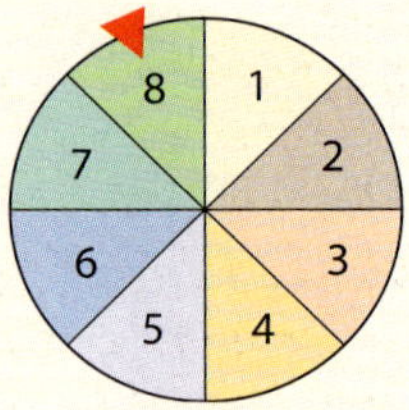

1 La probabilité de l'événement $A \cap B$ est : **a)** $\frac{1}{8}$ **b)** $\frac{1}{4}$ **c)** $\frac{1}{2}$

2 La probabilité de l'événement $A \cup B$ est : **a)** $\frac{3}{4}$ **b)** $\frac{1}{2}$ **c)** 1

3 La probabilité de l'événement contraire $\overline{A}$ est : **a)** 0 **b)** $\frac{1}{2}$ **c)** $\frac{1}{4}$

46 Pour chaque question, une seule réponse est exacte. Laquelle ? Justifier.

1 A et B sont deux événements incompatibles tels que $p(A) = 0{,}43$ et $p(B) = 0{,}15$. Alors :
a) $p(A \cup B) = 0{,}0645$ **b)** $p(A \cup B) = 0{,}58$ **c)** $p(A \cup B) = 0{,}28$

2 On lance deux pièces équilibrées. La possibilité d'obtenir au moins une fois Pile est :
a) $\frac{1}{3}$ **b)** $\frac{1}{2}$ **c)** $\frac{3}{4}$

3 A et B sont deux événements tels que $p(A) = 0{,}6$, $p(\overline{B}) = 0{,}7$ et $p(A \cup B) = 0{,}8$. Alors :
a) $p(A \cap B) = 0{,}1$ **b)** $p(A \cap B) = 0{,}5$ **c)** cela est impossible

Exercices interactifs

Vrai-Faux

47 Dire pour chaque affirmation si elle est vraie ou fausse.
On lance deux dés tétraédriques (en forme de pyramide régulière à base triangulaire) équilibrés dont les faces sont numérotées 1 ; 1 ; 2 ; 2 pour l'un et 5 ; 10 ; 15 ; 20 pour l'autre.

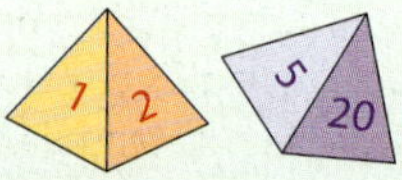

On calcule la somme des numéros sur les six faces visibles et on note E l'ensemble des issues.
a) $E = \{34 ; 35 ; 39 ; 40 ; 44 ; 45 ; 49 ; 50\}$.
b) La loi de probabilité sur E est équirépartie.
c) Les événements D : « La somme est paire » et R : « La somme est un multiple de 3 » sont incompatibles.
d) L'événement D et l'événement Z : « La somme est divisible par 11 » sont contraires.

48 Dire pour chaque affirmation soulignée si elle est vraie ou fausse. Justifier.
a) Dans une loterie, un billet sur deux est gagnant. Marine achète deux billets. Ainsi est-elle sûre de gagner.
b) Dans une classe de Seconde de 32 élèves, 18 aiment le cinéma et 14 la lecture.
Alors tout élève aime le cinéma ou la lecture.
c) On lance deux pièces de monnaie. La probabilité de n'obtenir aucun Pile est $\frac{1}{3}$.
d) A et B sont deux événements. Alors :
$$p(\overline{A} \cap \overline{B}) = 1 - p(A \cap B).$$
e) Quand une expérience aléatoire n'a que deux issues possibles, la probabilité de chacune est $\frac{1}{2}$.

Exercices interactifs

Pour réviser

49 Utiliser l'intersection, la réunion

On place dans un sac quatre jetons marqués A, B, C et D. On tire au hasard, l'un après l'autre sans les remettre, trois jetons du sac.

1. À l'aide d'un arbre, écrire toutes les issues possibles.

2. On s'intéresse aux événements :
E : « Le premier jeton tiré porte la lettre B » ;
F : « Le jeton marqué C n'a pas été tiré ».
Déterminer la probabilité de chacun des événements E et F.

3. a) Quelles sont les issues qui réalisent l'événement $E \cap F$?

b) Déterminer la probabilité de l'événement $E \cap F$.

4. Calculer la probabilité de l'événement $E \cup F$.

Conseils

1. L'expérience se déroule en trois étapes. Bien noter que lorsqu'un jeton est tiré, il n'est pas remis dans le sac et qu'on ne peut donc plus l'obtenir lors des tirages suivants.
2. Compter le nombre total d'issues à partir de l'arbre. Compter également le nombre d'issues qui réalisent chacun des événements E et F.
3. et **4.** • Revoir les définitions de l'intersection et de la réunion de deux événements (§ 1, page 246).
• Revoir la formule reliant $p(A \cup B)$ et $p(A \cap B)$ (§ 2, page 246).
• Revoir l'exercice 21, page 250, corrigé en fin de manuel.

50 Utiliser un événement contraire

Fatia colorie au hasard chacune des faces du cube ci-dessous soit en rouge, soit en vert.

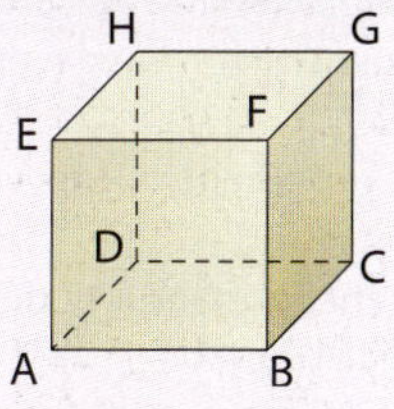

a) Quel est le nombre total de coloriages possibles ?

b) On note U l'événement : « Le cube est colorié des deux couleurs ».
Définir l'événement $\overline{U}$ et indiquer sa probabilité.

c) En déduire la probabilité de l'événement U.

Conseils

a) Le cube compte six faces, il s'agit d'une expérience qui se déroule en six étapes. Fatia colorie les unes après les autres chacune des faces du cube. Compter le nombre total d'issues. La réponse n'est pas 12 !

b) et **c)** Revoir la définition d'un événement contraire et la formule qui permet de calculer sa probabilité (§ 3, page 246).

51 Définir une loi de probabilité

Le tong est un jeu indien : deux joueurs montrent simultanément, au hasard, un, deux ou trois doigts de leur main gauche.

a) Quel est l'ensemble E de toutes les issues ?

b) Définir une loi de probabilité sur E pour modéliser l'expérience.

c) Calculer la probabilité pour que le nombre total de doigts montrés par les deux joueurs soit pair.

Conseils

a) • Utiliser par exemple un tableau.
• « Simultanément » signifie « en même temps ».

b) et **c)** Revoir l'exercice résolu 1, page 245.

52 Comprendre les mots « ou », « et »

À la cafétéria, dans la vitrine des pâtisseries, on convoite 35 gâteaux.
20 des gâteaux sont à base de crème, 7 contiennent des fruits et 12 ne contiennent ni crème, ni fruits.
Devant la difficulté du choix, on décide de prendre au hasard un gâteau dans la vitrine.
Calculer la probabilité que ce gâteau contienne :

a) au moins l'un des deux ingrédients (crème ou fruits) ;

b) de la crème et des fruits.

Conseils

- Introduire les événements C : « Le gâteau est à base de crème » et F : « Le gâteau contient des fruits ». Traduire les données de l'énoncé avec des probabilités.
- Se reporter à l'exercice résolu 2, page 247.

➤ Vérifier les réponses p. 300

Exercices d'approfondissement

Pour aller plus loin

53 Avec un guide (1)

Un joueur lance deux fois un dé bien équilibré à six faces numérotées de 1 à 6.

a) Construire un arbre qui permette d'obtenir toutes les issues de l'expérience.

b) On calcule le produit des numéros obtenus. Si le résultat est un nombre pair, le joueur perd la partie et si le résultat est un nombre impair, le joueur gagne.

Calculer la probabilité pour que le joueur :

- perde la partie,
- gagne la partie.

Guide de résolution

a) Par exemple (1 ; 3), (3 ; 1), (4 ; 5), (6 ; 6) sont des issues de l'expérience aléatoire.

b) Pour chacune des issues, on calcule le produit des numéros obtenus.

On compte le nombre d'issues telles que le produit soit un nombre impair, on en déduit la probabilité que le joueur perde la partie.

La probabilité que le joueur gagne la partie peut être déterminée de deux façons différentes.

54 Avec un guide (2)

Dans un certain pays, on recommande aux couples souhaitant fonder une famille d'avoir des enfants jusqu'à ce que les deux sexes soient représentés.

1. Donner une façon de simuler la composition d'une famille obéissant à cette politique.

2. a) Réaliser 100 simulations et noter, à chaque fois, le nombre d'enfants de la famille.

b) Calculer, pour l'échantillon obtenu, le nombre moyen d'enfants par famille.

Guide de résolution

1. On suppose que chaque sexe est équiréparti à la naissance. On peut assimiler une naissance au tirage au hasard de 0 ou de 1. Utiliser un tableur (fonction ALEA.ENTRE.BORNES(0 ; 1)) ou une calculatrice (touche Random).

55 Tétraèdres et octaèdre

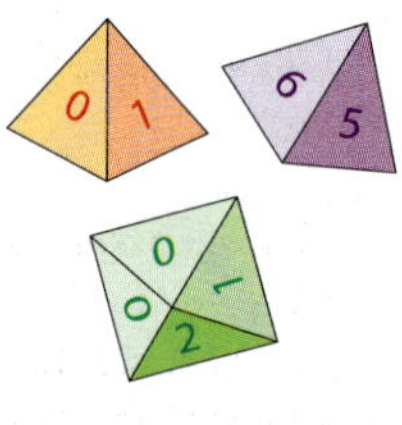

Un joueur a à sa disposition :

- un dé tétraédrique portant les numéros : 0 ; 1 ; 2 ; 3 ;
- un dé tétraédrique portant les numéros 6 ; 5 ; 4 ; 3 ;
- un dé octaédrique portant les numéros 0 ; 0 ; 0 ; 1 ; 1 ; 2 ; 2 ; 2.

Le joueur peut au choix :

- lancer les deux dés tétraédriques et effectuer la somme des deux numéros cachés ;
- lancer le dé octaédrique et effectuer la somme des sept numéros visibles.

Pour gagner, le joueur doit obtenir une somme de 6. Quel choix lui conseiller ?

Algorithmique

56 Un algorithme pour lancer des dés

Une expérience aléatoire consiste à lancer trois fois de suite un dé équilibré dont les faces sont numérotées de 1 à 6.

Dans le but d'établir un programme de simulation de cette expérience, on écrit l'algorithme suivant :

```
Initialisation
S prend la valeur 0
Traitement
Pour i de 1 jusqu'à 3
    f prend la valeur d'un entier aléatoire de 1 à 6
    S prend la valeur S + f
FinPour
Sortie
Afficher S
```

a) Que représentent les variables f et S dans cet algorithme ?

b) Déterminer la probabilité pour que $S = 5$.

57 Descendre au hasard

Trois personnes prennent l'ascenseur au rez-de-chaussée. Cet ascenseur dessert cinq étages et on suppose que chaque personne sort au hasard à l'un des cinq étages.

1. Envisager un arbre qui permette d'obtenir toutes les issues possibles de cette expérience.

2. On note A l'événement : « Les trois personnes sortent au même étage ».

a) Déterminer la probabilité de cet événement.

b) Définir l'événement contraire $\overline{A}$ et calculer sa probabilité.

3. On note B l'événement : « Une personne au moins sort au 5e étage ».

Définir l'événement contraire $\overline{B}$ et déterminer sa probabilité. En déduire la probabilité de B.

58 B2i L 1-1 L 3-4 Étude d'une suite de nombres

On définit une suite de nombres par le lancer d'une pièce équilibrée.

On note S_0, S_1, S_2, S_3, …, les nombres de cette suite ; ils sont définis de la façon suivante.

• On pose $S_0 = 0$.

• Chaque terme est calculé en fonction du précédent par le lancer de la pièce : si l'on obtient Pile, on ajoute 1 et si l'on obtient Face, on retranche 1.

Par exemple, les lancers successifs : Pile, Pile, Face, Pile, donnent comme premiers termes de la suite :

$$S_0 = 0\,;\; S_1 = 1\,;\; S_2 = 2\,;\; S_3 = 1\,;\; S_4 = 2.$$

On s'intéresse à l'événement A_n : « Le terme S_n de la suite est égal à 0 ».

a) Construire la feuille de calcul ci-dessous qui réalise une simulation donnant les onze premiers termes de la suite pour un échantillon de taille 100.

	A	B	C	D	E	F	G	H	I	J	K
1	100 simulations des onze premiers termes										
2	S_0	S_1	S_2	S_3	S_4	S_5	S_6	S_7	S_8	S_9	S_{10}
3	0	1	2	1	2	3	4	5	4	3	4
4	0	-1	0	-1	-2	-1	0	1	0	1	2
5	0	1	0	1	2	1	2	3	4	5	6
6	0	1	2	3	2	3	2	1	0	-1	-2
7	0	-1	0	1	2	3	2	3	4	3	2
8	0	-1	0	1	0	1	0	-1	0	1	0
9	0	1	2	1	0	-1	0	-1	0	1	0
10	0	1	2	3	2	1	0	-1	0	-1	-2
11	0	1	0	-1	-2	-1	0	1	2	3	4
12	0	1	2	1	2	1	2	1	0	-1	-2
13	0	-1	0	1	2	3	4	5	6	5	6

	M	N	O	P	Q	R	S	T	U	V	W	X
1	Fréquence d'apparition de A_n suivant n											
2	n	0	1	2	3	4	5	6	7	8	9	10
3	Effectif	100	0	54	0	34	0	34	0	32	0	23
4	Fréquence	1	0	0,54	0	0,34	0	0,34	0	0,32	0	0,23

Par exemple, dans B3, on peut entrer la formule :

=A3 + 2*ALEA.ENTRE.BORNES(0 ; 1) – 1

Existe-t-il des valeurs de *n* pour lesquelles l'événement A_n est impossible ?

b) Déterminer les probabilités des événements A_2, A_4 et A_6. Comparer aux fréquences obtenues dans la feuille de calcul.

c) Écrire l'algorithme de calcul des onze premiers termes de la suite.

59 B2i L1-1 L2-4 L3-4 **Art et hasard**

Des enfants réalisent des tableaux aléatoires avec des gommettes bleues, jaunes et vertes. Pour cela, ils lancent plusieurs fois deux dés à six faces.

À chaque lancer :

• si les deux faces obtenues sont impaires, ils collent une gommette bleue ;

• si les deux faces obtenues sont paires, ils collent une gommette jaune ;

• si les deux faces obtenues sont de parités différentes, ils collent une gommette verte.

On se demande que penser des proportions de gommettes de chaque couleur.

1. Une simulation

Construire alors la feuille de calcul ci-dessous, qui réalise une simulation de taille 100 de l'expérience.

	A	B	C	D	E	F	G	H
1	Dé 1	Dé 2	Parité du dé 1	Parité du dé 2	Couleur de la gommette			
2	4	4	P	P	Jaune		Fréquence des couleurs	
3	5	5	I	I	Bleue		Bleue	0,4
4	3	3	I	I	Bleue		Jaune	0,13
5	5	4	I	P	Verte		Verte	0,47
6	3	1	I	I	Bleue			
7	1	5	I	I	Bleue			
8	4	4	P	P	Jaune			
9	6	3	P	I	Verte			
10	1	1	I	I	Bleue			

Indications

• La cellule C2 contient la formule :
=SI(EST.PAIR(A2) ;"P";"I")

• La cellule E2 contient la formule :
=SI(C2 = D2 ; SI(C2 ="I ";"Bleue";"Jaune") ;"Verte")

• La cellule H3 contient la formule :
=NB.SI($E2 : $E101 ;"Bleue")/100

Observer les fréquences obtenues en réalisant plusieurs fois cette simulation. (Utiliser la touche F9.)

2. Une preuve

a) Pour décrire le lancer de deux dés, on construit l'arbre suivant :

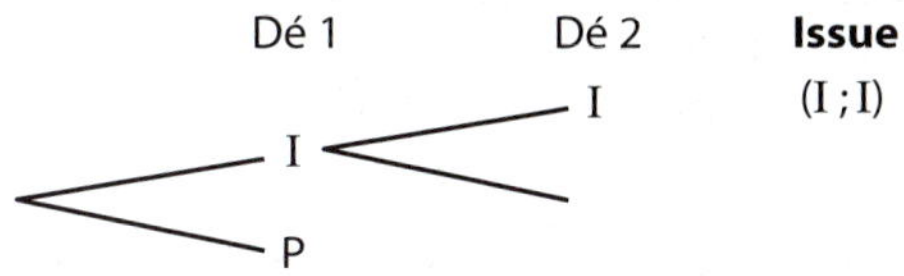

Reproduire et compléter cet arbre. Calculer la probabilité de chaque issue.

b) Quelle est alors la probabilité pour que les enfants collent une gommette bleue ? une gommette jaune ? une gommette verte ?

c) Comparer ces probabilités aux fréquences obtenues par simulation.

PROBLÈMES OUVERTS

60 **Le lièvre et la tortue**

On lance un dé équilibré à six faces. Si le 6 sort, le lièvre gagne ; sinon, la tortue avance d'une case. On continue jusqu'à ce qu'il y ait un gagnant.

a) Quelle est la situation la plus enviable, celle du lièvre ou celle de la tortue ?

b) Écrire un algorithme pour simuler cette expérience.

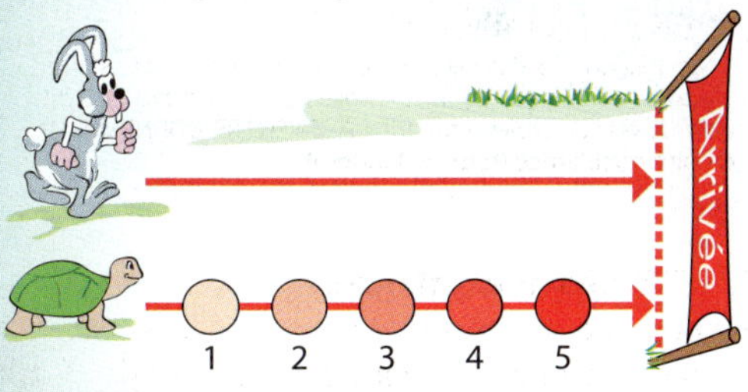

61 **Ballotage ou pas ?**

Dix personnes élisent un délégué parmi deux candidats. Il n'y a ni abstention, ni vote nul.

La majorité absolue (6 voix) est nécessaire pour être élu. Quelle est la probabilité pour qu'il y ait un ballotage, c'est-à-dire pour qu'aucun des candidats n'ait la majorité absolue ?

62 Travailler en groupe **Les trois cassettes**

Le fou du roi pose trois cassettes devant Sire Geoffroy et annonce : « L'une de ces cassettes contient des pièces d'or ».

Le jeu se déroule ainsi :

- Sire Geoffroy choisit l'une des cassettes ;
- le fou ouvre l'une des deux cassettes non choisies par Sire Geoffroy ;
- le fou propose alors : « Souhaitez-vous conserver la cassette que vous avez choisie ou bien ouvrir la dernière cassette ? »

Que conseiller au roi ?

63 Entre deux droites

On note A l'événement : « $\frac{1}{2}x < y < 2x$ ».

Calculer la probabilité de A dans chaque cas.

a) On dispose d'un dé cubique équilibré dont les faces sont numérotées 0, 1, 2, 3, 4, 5. On le lance à deux reprises. On note x le premier résultat et y le second.

b) On tire deux nombres au hasard compris entre 0 et 1 (ALEA() permet de simuler le tirage d'un tel nombre). On note x le premier nombre obtenu et y le second.

Des défis

64 Un événement presque sûr

Une tireuse à l'arc touche une cible une fois sur deux.

Combien de fois doit-elle tirer pour que sa probabilité d'atteindre la cible au moins une fois soit supérieure à 0,99 ?

65 Probabilités et droites

Dans le plan muni d'un repère, on a marqué les neuf points de coordonnées entières comprises entre 0 et 2.

L'entier m est choisi au hasard parmi 0 ; 1 ; –1.

L'entier p est choisi au hasard parmi 0 ; 1 ; 2.

On trace la droite d'équation $y = mx + p$.

Quelle est la probabilité pour que la droite passe par trois points du nuage de points ?

SUJETS D'EXPOSÉS

Le Chevalier de Méré.

SUJET 1

Les paris et les jeux sont à l'origine du calcul des probabilités.

Ainsi le Chevalier de Méré posait le problème suivant au mathématicien et philosophe Blaise Pascal : « Qu'est-ce qui est le plus probable : obtenir au moins un six en quatre lancers d'un dé, ou obtenir au moins un double six en lançant vingt-quatre fois deux dés ? »

→ Rechercher sur Internet quelques problèmes célèbres dans l'histoire des probabilités. Lors d'un exposé, présenter ces problèmes à la classe et, en particulier, répondre à la question du Chevalier de Méré.

SUJET 2

Passionné(e) de Poker, de Loto Sportif, de Monopoly, de tout autre jeu ?

→ Écrire l'énoncé d'un problème de probabilités autour de ce loisir. Penser à rappeler les règles utiles.

Trouver les bonnes questions sans être trop technique. Les meilleurs sujets seront peut-être proposés à l'ensemble de la classe, en devoir commun par exemple.

Un corrigé est évidemment indispensable.

Attention, en cas d'ex-aequo, le professeur devra tirer au hasard le meilleur sujet !

Chapitre

13 Échantillonnage et simulation

Un cheveu d'un individu permet de prélever un échantillon d'ADN et d'obtenir une séquence de cet ADN. Cela permet d'identifier l'individu avec une probabilité supérieure à 0,99.

Énigme ★

En 2000, dans les eaux d'un pays tropical, on trouvait en moyenne 34 individus d'une espèce de poissons de coraux par km^2.
En 2009, les autorités ont effectué des prélèvements à différentes zones et obtenu les résultats suivants.

Prélèvement 1 : 27 individus sur 1 km^2.

Prélèvement 2 : 37 individus sur 2 km^2.

Prélèvement 3 : 30 individus sur 1 km^2.

➤ ***Une espèce est déclarée « en voie de disparition » lorsque sa population a baissé de plus de 30 %. Qu'en est-il de celle-ci ?***

Énigme ★★

Les données ci-dessous sont celles d'un message codé que Pierre a envoyé à Karim.
À chaque lettre de l'alphabet est associé son rang.
Dans le message ci-dessous, on a ajouté le même nombre à chaque rang.

8.9.17.5.13.18 - 14.9 - 26.5.13.23 - 5 -
16.5 - 20.13.23.7.13.18.9 -
9.24 - 24.19.13 ?

➤ ***Qu'est-il écrit sur le message de Pierre?***

Compléments numériques

Travailler en autonomie

1 Calculer une fréquence et un pourcentage

Formulaire p. 286, thème 12

Voici la répartition des pointures des joueuses d'une équipe professionnelle de volley-ball, remplaçantes comprises.

Pointure	37	38	39	40	41	42	43
Effectif	1	0	3	7	9	2	3

a) Reproduire et compléter le tableau ci-dessus avec la ligne des fréquences. Donner les résultats sous forme de fractions simplifiées.
b) Quel est le pourcentage de joueuses chaussant au moins du 41 ?

2 Calculer une moyenne

Formulaire p. 286, thème 12

Masse (en g)	Effectif
75	3
80	7
85	18
90	23
95	14
100	5

Ce tableau donne la répartition de 70 téléphones portables selon leur masse. Les résultats seront donnés sous forme de valeurs approchées par excès au dixième près.
a) Calculer la masse moyenne de ces téléphones.
b) On ajoute au tableau l'un des premiers modèles de téléphones portables qui pesait 245 g. Quelle est alors la nouvelle moyenne ?

3 Interpréter la médiane et les quartiles

Formulaire p. 286, thème 12

Voici les longueurs en km des vingt-et-une étapes du Tour de France 2009 :

15,5	187	196,5	39	196,5	181,5	224
176,5	160,5	194,5	192	211,5	200	199
207,5	159	169,5	40,5	178	167	164

a) Déterminer la médiane, puis le premier quartile et le troisième quartile de cette série.
b) Expliquer dans une phrase (utilisant des pourcentages) la signification de chacun de ces trois nombres.

4 Savoir lire un graphique

Formulaire p. 286, thème 12

Aux clients d'un cybercafé, on a demandé : « Combien de temps avez-vous surfé sur Internet durant l'heure qui vient de s'écouler ? » Les résultats sont présentés sur le diagramme en bâtons ci-contre.
a) Calculer l'étendue de la série représentée.
b) Quel est l'effectif total ?
c) Déterminer la médiane de cette série.

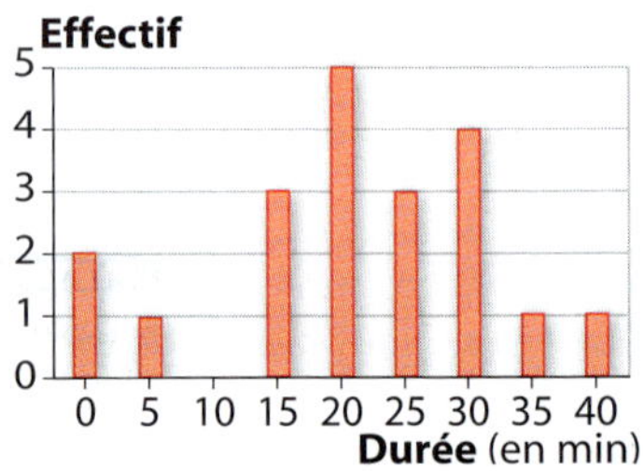

5 Utiliser un tableur

Le tableau ci-contre donne une liste de scores obtenus par un groupe d'élèves à un jeu vidéo.
a) Quelle formule faut-il saisir en cellule B4 ?
b) Que doit-on saisir en cellule B5 ?

	A	B	C	D	E	F	G	H
1	Score	500	750	1000	1250	1500	1750	2000
2	Effectif	3	5	7	9	5	10	2
3								
4	Étendue							
5	Moyenne							

Vérifier les réponses p. 296

Ce chapitre n'a pas la structure habituelle : des synthèses sont dégagées à partir d'activités.

Activités d'approche

Objectifs
Définir un échantillon.
Introduire la notion d'intervalle de fluctuation.

B2i L3-4 L3-6

1 Simulation de lancers de pièces

On se propose de simuler le lancer d'une pièce équilibrée à l'aide d'un tableur. Pour cela, au résultat Pile, on associe la valeur 1 et au résultat Face, on associe la valeur 0.

1 Un échantillon de taille 200

La liste des 200 résultats 0 ou 1 obtenus successivement en simulant 200 fois le lancer de la pièce est **un échantillon de taille $n = 200$**.

	A
1	Échantillon 1
2	0
3	0
4	1

199	1
200	0
201	1
202	Fréquence Pile
203	

a) Réaliser la feuille de calcul ci-contre. Pour compléter la cellule A2, utiliser la fonction ALEA.ENTRE.BORNES.
Étirer cette formule jusqu'à la cellule A201.

b) Quelle formule faut-il saisir dans la cellule A203 pour obtenir la fréquence d'apparition de Pile ?

Note
On dit que cet échantillon relève du **modèle de Bernoulli** avec $p = 0{,}5$. Cela signifie qu'il n'y a que deux résultats possibles, soit 1 avec la probabilité p, soit 0 avec la probabilité $(1 - p)$.

2 50 échantillons de taille 200

a) Pour obtenir 50 échantillons, étirer la colonne A jusqu'à la colonne AX.

b) Sélectionner la plage A203:AX203, cliquer sur l'icône de l'assistant graphique et demander un « nuage de points ». Graduer l'axe des ordonnées de 0,4 à 0,6.

3 Intervalle de fluctuation au seuil de 95 %

Les statisticiens savent démontrer que, lorsqu'on fabrique des échantillons de taille n relevant du modèle de Bernoulli de probabilité p, alors, pour environ 95 % d'entre eux, la fréquence d'apparition du 1 appartient à l'intervalle $\left[p - \frac{1}{\sqrt{n}}\,;\, p + \frac{1}{\sqrt{n}}\right]$ (lorsque $n \geqslant 25$ et $0{,}2 \leqslant p \leqslant 0{,}8$).

Note
Ces conditions sont observées dans l'exercice 18 page 269, qui présente un algorithme de simulation.

a) Déterminer cet intervalle lorsque $n = 200$ et $p = 0{,}5$ (donner des valeurs approchées au centième près).

b) Sur le graphique de la question **2. b)**, calculer le pourcentage de points à l'extérieur de cet intervalle. Est-ce en accord avec le résultat théorique donné par les statisticiens ?

c) Utiliser la touche F9 pour recommencer la simulation de 50 échantillons de taille 200 et reprendre la question **b)**.

Note
En pointant sur chaque point, la fréquence apparaît.

SYNTHÈSE

- Dans le sens commun des sondages, un **échantillon** est un sous-ensemble obtenu par prélèvement aléatoire dans une population.
En statistique, un **échantillon de taille** n est obtenu par n répétitions indépendantes d'une même expérience aléatoire à deux issues (0 ou 1). On dit qu'un tel échantillon relève du modèle de Bernoulli.
- Les distributions de fréquences varient d'un échantillon à l'autre. Ce phénomène est appelé **fluctuation d'échantillonnage**.
- On peut établir que pour environ 95 % des échantillons de taille n relevant du modèle de Bernoulli de probabilité p, la fréquence f d'apparition du 1 appartient à l'intervalle $\left[p - \frac{1}{\sqrt{n}}\,;\, p + \frac{1}{\sqrt{n}}\right]$ (à condition que $n \geqslant 25$ et $0{,}2 \leqslant p \leqslant 0{,}8$). Cet intervalle s'appelle l'**intervalle de fluctuation au seuil de 95 %**.

Objectif
À partir d'une proportion p **connue** sur un caractère d'une population, prendre une décision sur un échantillon en utilisant l'intervalle de fluctuation.

Compléments numériques

2 Réussite à un concours

Cette année, 55 % des candidats qui ont passé un certain concours l'ont réussi.
Voici les résultats obtenus par deux centres qui préparaient à ce concours.
Centre A : sur 100 personnes qui ont présenté ce concours, 46 ont réussi.
Centre B : sur 2 500 personnes qui ont présenté ce concours, 1 275 ont réussi.

a) Quel est le pourcentage p_1 de réussite du centre A ?
Quel est le pourcentage p_2 de réussite du centre B ?
Lequel de ces deux centres a le mieux réussi à ce concours ?

b) On assimile le centre A à un échantillon de taille $n = 100$ relevant du modèle de Bernoulli de probabilité $p = 0,55$.
Donner l'intervalle de fluctuation au seuil de 95 %. Est-ce que p_1 appartient à cet intervalle ?

c) On assimile le centre B à un échantillon de taille $n = 2\,500$ relevant du modèle de Bernoulli de probabilité $p = 0,55$.
Donner l'intervalle de fluctuation au seuil de 95 %. Est-ce que p_2 appartient à cet intervalle ?

d) Conclure sur le centre qui est le plus représentatif du résultat national à ce concours.

Notes
- Ce type de raisonnement est appelé une « preuve statistique ».
- Quelle que soit la décision prise, il y a toujours le risque que ce ne soit pas la bonne décision dans 5 % des cas.

SYNTHÈSE Prendre une décision à partir d'un échantillon
Pour apprécier si une **fréquence observée *f*** sur un échantillon de taille n est compatible ou non avec un modèle de Bernoulli de **probabilité *p***, on **teste l'appartenance de *f* à l'intervalle de fluctuation** au seuil de 95 % (c'est-à-dire l'intervalle $\left[p-\frac{1}{\sqrt{n}}\,;p+\frac{1}{\sqrt{n}}\right]$).
- Si f **n'est pas dans l'intervalle de fluctuation**, alors **on peut rejeter** l'hypothèse que l'échantillon soit compatible avec le modèle.
- Si f **est dans l'intervalle de fluctuation**, alors **on ne peut pas rejeter** l'hypothèse que l'échantillon soit compatible avec le modèle.

Objectif
Estimer une proportion p **inconnue** du caractère d'une population à partir de l'augmentation de la taille de l'échantillon.

B2i L3-4 L3-5 L3-6

3 Efficacité d'une hot-line

Un service hot-line est chargé de résoudre par téléphone les problèmes informatiques de ses clients. On souhaite connaître la probabilité pour qu'un technicien, choisi au hasard, passe moins de 20 minutes à résoudre un problème.
On suppose que la communication ne dépasse jamais 50 minutes et que le début et la fin de la prise en charge sont aléatoires.

Schématisation du problème

La feuille de calcul présentée ci-dessous permet de simuler un certain nombre de dépannages.

	A	B	C	D	E	F
1	Dépannage	t_D ou t_F	t_D ou t_F	Temps de résolution DF	0 < DF < 20	Fréquence
2	1	20	8	12	1	**1**
3	2	11	1	10	1	**1**
4	3	9	12	3	1	**1**
5	4	49	0	49	0	**0,75**
6	5	7	25	18	1	**0,8**
7	6	5	41	36	0	**0,666666667**
8	7	32	24	8	1	**0,714285714**
9	8	38	18	20	0	**0,625**
10	9	13	6	7	1	**0,666666667**
11	10	5	10	5	1	**0,7**

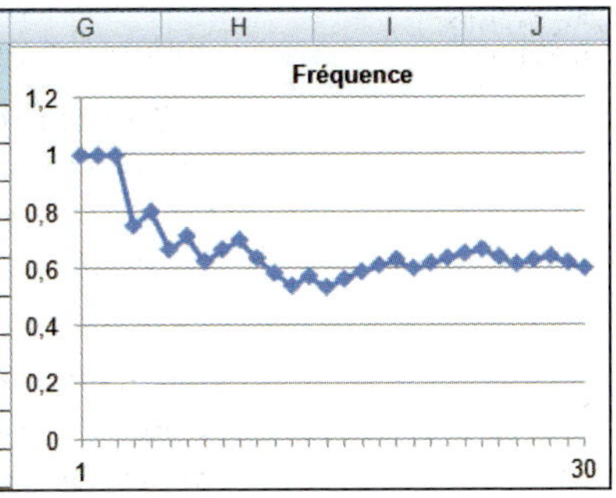

a) Réaliser cette feuille de calcul à l'aide des indications suivantes :

• le début et la fin de la prise en charge sont des nombres entiers aléatoires situés entre 0 et 50 ;

➤ **Utiliser la fonction ALEA.ENTRE.BORNES**

• le temps de résolution DF est égal au plus grand des deux nombres $t_D - t_F$ et $t_F - t_D$;

➤ **Utiliser la fonction MAX du tableur**

• la colonne E teste si le temps de résolution dure moins de 20 minutes. On attribue la valeur 1 à la cellule si cette condition est réalisée ;

➤ **Utiliser la fonction SI du tableur**

• le contenu de la cellule F2 est = SOMME($E$2:E2)/A2. Saisir cette formule et expliquer, par exemple, le résultat obtenu dans la cellule F7.

b) Simuler 30 dépannages. Sélectionner alors la plage F1:F31 et utiliser l'assistant graphique pour tracer la courbe de la fréquence de « 0 < DF < 20 » en fonction du nombre de dépannages.

c) Vers quelle valeur semble tendre cette fréquence lorsque le nombre de dépannages augmente ?

d) Réaliser d'autres simulations avec la touche F9. La réponse à la question **c)** se confirme-t-elle ?

SYNTHÈSE **Estimer une proportion inconnue à partir d'échantillons**

Lorsque la taille de l'échantillon augmente, la fluctuation est plus faible et la distribution de fréquences tend à se rapprocher d'une distribution de fréquences théoriques.

Ainsi, pour **estimer la proportion *p*** d'un caractère d'une population, on peut simuler des échantillons aléatoires **de grande taille** ; la **fréquence *f*** du caractère dans ces échantillons tend vers *p*.

Objectif

Estimer une proportion p **inconnue** du caractère d'une population à partir de la connaissance de l'intervalle de fluctuation.

4 D'un échantillon à la population

1 Une propriété

Démontrer que, pour tout entier naturel non nul n,

$$f \in \left[p - \frac{1}{\sqrt{n}} ; p + \frac{1}{\sqrt{n}}\right] \text{ si, et seulement si, } p \in \left[f - \frac{1}{\sqrt{n}} ; f + \frac{1}{\sqrt{n}}\right].$$

2 Un sondage électoral

Un candidat à une élection effectue un sondage dans sa circonscription comportant 85 842 électeurs : sur 1 068 personnes interrogées, 550 déclarent vouloir voter pour ce candidat.

Pour gagner l'élection au premier tour, un candidat doit obtenir 50 % des voix.

Ce candidat affirme : « Si les élections avaient eu lieu le jour du sondage et si les réponses au sondage étaient sincères, alors j'aurais été élu au premier tour. »

Qu'en pensez-vous ?

3 Une évaluation

À l'aide d'une évaluation nationale, on a testé sur un échantillon de 46 032 élèves de Troisième la compétence « Tester une égalité » en mathématiques.

Voici les résultats.

	Pourcentage de copies « Démarche correcte »	Pourcentage de copies « Démarche incorrecte »	Pourcentage de copies « Non abordé »	Effectif évalué
Tester une égalité	43,96 %	35,44 %	20,6 %	46 032

À combien peut-on estimer la proportion d'élèves réussissant cette compétence dans la population des élèves de Troisième de France ?

SYNTHÈSE Estimer une proportion inconnue p à partir d'un échantillon

Parmi tous les échantillons de taille n possibles, environ 95 % des intervalles associés $\left[f - \frac{1}{\sqrt{n}} ; f + \frac{1}{\sqrt{n}}\right]$ contiennent le nombre p. Pour exprimer cette idée, on dit encore que **la fourchette de sondage** $\left[f - \frac{1}{\sqrt{n}} ; f + \frac{1}{\sqrt{n}}\right]$ est l'**intervalle de confiance au niveau 0,95** de p.

Ainsi, connaissant un échantillon aléatoire de taille n dont la fréquence f d'un caractère est connue, on peut estimer p, la proportion du caractère dans la population à l'aide de l'intervalle de confiance au niveau 0,95.

Note

L'intervalle de confiance au niveau 0,95 de p ne dépend que de la taille n de l'échantillon et non pas de la taille de la population.

Exercices de base

Pour créer des automatismes

Échantillons

Pour les exercices 1 à 3, donner un exemple d'échantillon de taille 12 que l'on pourrait obtenir.

1 Lancers d'une pièce de monnaie.

2 Lancers d'un dé à six faces.

3 Tirages avec remise dans une urne contenant des boules rouges, vertes et blanches.

4 À l'aide de la calculatrice, on souhaite obtenir un échantillon aléatoire d'entiers entre 0 et 9.
En utilisant la touche **RAND** ou **RAN#**, Paul a obtenu l'écran suivant.

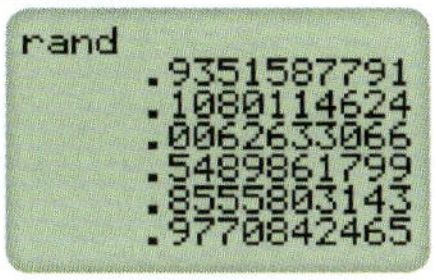

a) Quelle est la taille de cet échantillon ?
b) Quelle est la proportion de « 7 » ?

5 Avec la calculatrice, on souhaite obtenir un échantillon aléatoire du résultat de 50 lancers d'une pièce équilibrée.
On convient d'associer Pile aux chiffres pairs et Face aux chiffres impairs.
a) Simuler un tel échantillon sur la calculatrice.
b) Reproduire et compléter le tableau ci-contre avec vos résultats.

	Pile	Face
Fréquence		

6 Dans chaque cas, indiquer le « type de nombre » qu'affiche un tableur lorsqu'on saisit la formule indiquée.
a) =ALEA()
b) =10*ALEA() + 1
c) =ALEA.ENTRE.BORNES(1;100)

7 B2i L3-4 L3-6

a) Quelle formule du tableur permet d'obtenir un nombre aléatoire entier compris entre 1 et 6 ?
b) À l'aide d'un tableur, simuler les résultats de 100 lancers d'un dé équilibré à six faces.
Afficher la fréquence de sortie de chaque face.
c) Recommencer cette simulation de 100 lancers avec la touche F9.
Pourquoi ne retrouve-t-on pas la même distribution de fréquences des faces ?

8 B2i L3-4 L3-6 Une urne contient 3 boules jaunes, 2 boules rouges et 5 boules vertes.
a) Expliquer pourquoi la formule saisie dans la feuille de calcul ci-dessous permet de simuler le tirage au hasard d'une boule dans l'urne.

	A	B
1	**Tirage**	
2	= ALEA.ENTRE.BORNES(1;10)	

b) À l'aide d'un tableur, simuler le tirage avec remise de 50 boules de cette urne.
Afficher la fréquence de chacune des couleurs jaune, rouge, vert.
c) Recommencer cette simulation d'un tirage de 50 boules avec la touche F9.
Retrouve-t-on la même distribution de fréquences des couleurs ? Quel phénomène explique cela ?

9 On effectue 80 tirages aléatoires, avec remise, d'une boule de l'urne ci-contre.

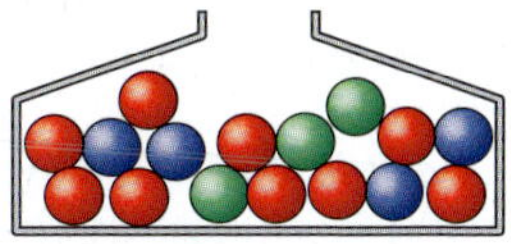

Simuler ces 80 tirages à l'aide d'un tableur.

10 Proposer une façon de simuler l'obtention d'un échantillon aléatoire de taille 20 parmi les 189 élèves de Seconde d'un lycée par tirage avec remise.

11 Une fourmi parcourt cinq arêtes du tétraèdre ci-contre en partant du sommet A. Arrivée à un sommet, elle choisit l'une des trois arêtes au hasard.

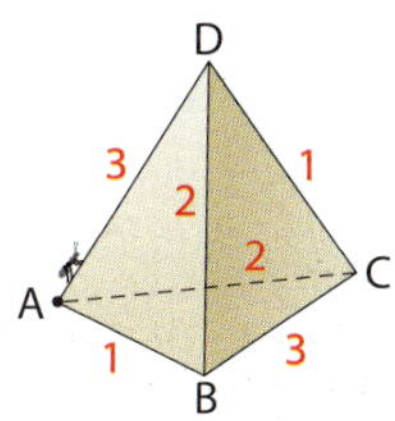

a) Simuler 30 promenades aléatoires de cette fourmi avec un tableur.
Aide : *On associe à chaque arête un chiffre 1, 2 ou 3 comme indiqué ci-dessus. Une promenade est définie par cinq chiffres aléatoires choisis dans {1 ; 2 ; 3}.*
b) Pour chaque promenade, déterminer le sommet atteint par la fourmi et compléter le tableur.
c) Afficher la fréquence à laquelle chaque sommet du tétraèdre est atteint.

Prise de décision à partir d'un échantillon

12 La fréquence des yeux bleus en France est d'environ 0,31. On a prélevé un échantillon de 50 individus dont 15 ont les yeux bleus.

a) Quel est l'intervalle de fluctuation au seuil de 95 % ?

b) Cet échantillon est-il représentatif de la population pour ce caractère ?

c) Votre classe est-elle un échantillon représentatif de la population pour ce caractère ?

13 Depuis 1996, l'accès au musée du Louvre est gratuit le premier dimanche de chaque mois. La proportion de visiteurs français ces jours-là est de 0,59.
Une toute nouvelle exposition est proposée. On souhaite connaître son impact sur la fréquentation des visiteurs français les jours de gratuité. Sur un échantillon de visiteurs un jour de gratuité, 67 % sont français.
Décider si la nouvelle exposition a eu un impact si l'échantillon comporte :

a) 50 visiteurs ; **b)** 500 visiteurs.

14 B2i L2-4 L3-4 L3-6 Les données statistiques suivantes ont été relevées :

Compléments numériques

- en 2000, dans le village de Xicun, en Chine, il est né 20 enfants, parmi lesquels 16 garçons ;
- dans la réserve indienne d'Aamjiwnaag, située au Canada, à proximité d'industries chimiques, il est né entre 1999 et 2003, 132 enfants dont 46 garçons.

1. Quel est le pourcentage de garçons à Xicun ? à Aamjiwnaag ?

2. Pour savoir si ces observations sont le seul fruit du hasard, on simule la naissance d'une fille par 0 et d'un garçon par 1 avec un tableur.

a) Dans la cellule A1, entrer `=ALEA.ENTRE.BORNES(0;1)`.

b) Étendre vers le bas jusqu'à la cellule A20 pour simuler 20 naissances.
Dans la cellule A21, saisir `=SOMME(A1:A20)/20`. Que calcule cette formule ?

c) Étendre la colonne A vers la droite de façon à obtenir 100 échantillons de 20 naissances.
Quel est l'intervalle de fluctuation au seuil de 95 % ?
Parmi les 100 fréquences obtenues, combien appartiennent à cet intervalle ? Que peut-on en déduire pour les naissances à Xicun en 2000 ?

d) Simuler maintenant 100 échantillons de 132 naissances et décider si les statistiques de naissance à Aamjiwnaag entre 1999 et 2003 sont étonnantes ou non.

D'après le document d'accompagnement « Probabilités et statistiques », voie professionnelle.

Estimation à partir d'échantillons

15 Sur un échantillon de 350 personnes, un candidat aux élections municipales a obtenu 54 % des intentions de vote.

a) Déterminer la fourchette de sondage au niveau 0,95.

b) Si les élections avaient eu lieu le jour de ce sondage et si les réponses au sondage étaient sincères, ce candidat aurait-il été élu au premier tour ?

16 Un service après-vente (S.A.V.) peine à tenir ses délais lorsque, durant au moins trois jours sur six consécutifs, plus de 120 appareils sont retournés pour dysfonctionnement. Cette année, cela s'est produit 15 jours sur les 300 jours d'ouverture.
On a effectué une simulation, sur 160 années. Ce graphique représente l'évolution de la fréquence des années durant lesquelles l'atelier peine à tenir ses délais, en fonction du nombre de simulations.

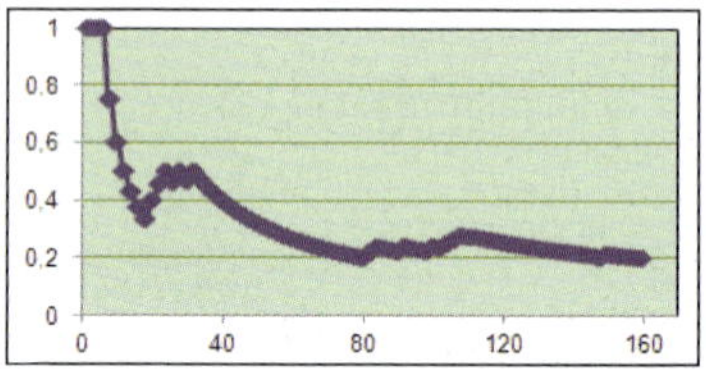

a) Autour de quel nombre f se stabilisent les fréquences ?

b) Donner la fourchette de sondage au niveau 0,95.

c) La direction embauchera une personne supplémentaire si le S.A.V. se retrouve débordé plus d'une année sur trois. Faut-il embaucher ?

17 En août 2005, on a dénombré cinq accidents aériens graves en l'espace de 22 jours.
Sachant qu'en moyenne, il y a 0,1 accident aérien par jour dans le monde, on a simulé 200 années afin d'obtenir, pour chaque année, la fréquence qu'il y ait eu au moins 5 accidents en 22 jours. Ce graphique représente l'évolution de la fréquence des années durant lesquelles 5 accidents au moins se sont produits sur 22 jours, en fonction du nombre de simulations.

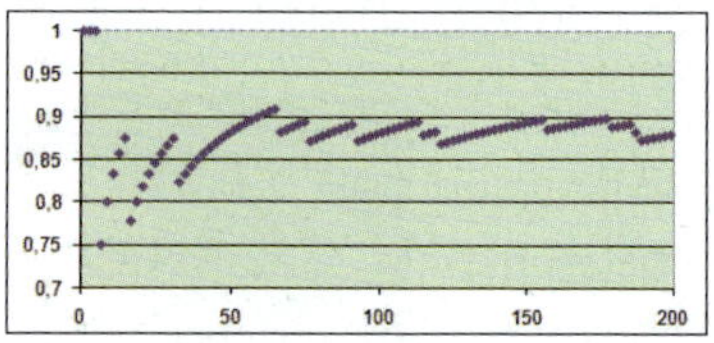

a) Estimer la proportion p des années à au moins 5 accidents sur 22 jours, à l'aide de la fourchette de sondage au niveau 0,95.

b) Selon ce modèle, cette série d'accidents en 2005 est-elle le fait du hasard ou faut-il s'en inquiéter ?

Exercices d'entraînement

Pour développer des compétences

Travaux pratiques

Compléments numériques

18 B2i L3-6 Intervalle de fluctuation et conditions

OBJECTIF Développer une démarche expérimentale.

On note p la fréquence d'un caractère dans une population.

Propriété P : environ 95 % des échantillons de taille n ont des fréquences f qui appartiennent à l'intervalle $\left[p-\frac{1}{\sqrt{n}} ; p+\frac{1}{\sqrt{n}}\right]$ sous les conditions : $n \geqslant 25$ et $0,2 \leqslant p \leqslant 0,8$.

1. Pile ou face

On lance une pièce équilibrée ; on sait que la fréquence théorique de sortie de Pile est $p = 0,5$.

On simule avec la calculatrice l'obtention d'un échantillon de taille 200. Pour cela, on tire au hasard un nombre de l'intervalle $[0 ; 1[$ et on assimile la sortie de Pile à l'affichage d'un nombre dans l'intervalle $[0 ; 0,5[$.

Voici un programme pour calculatrice qui permet d'obtenir 50 échantillons de taille 200.

TI

```
PROGRAM:PILFACE
:For(J,1,50)
:0→X
:For(I,1,200)
:If rand<0.5
:Then
:X+1→X
:End
:End
:J→L1(J)
:(X/200)→L2(J)
:End
```

Casio

```
======PILFACE ======
50→Dim List 1↵
50→Dim List 2↵
For 1→J To 50↵
0→X↵
For 1→I To 200↵
If Ran# <0.5↵
Then X+1→X↵
IfEnd↵
Next↵
J→List 1[J]↵
(X÷200)→List 2[J]↵
Next↵
```

a) Lancer ce programme. Ouvrir le menu STAT et expliquer le contenu du tableau.

b) Afficher à l'écran la représentation graphique de ce tableau et faire apparaître l'intervalle de fluctuation au seuil de 95 % (donner les équations des droites tracées).

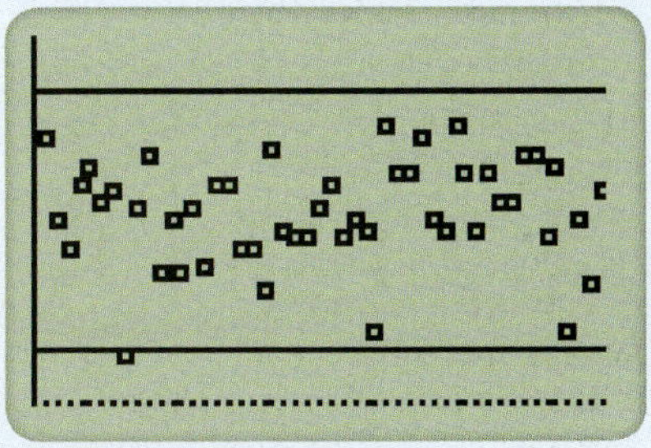

c) Vérifier la propriété P énoncée au début.

2. Cas où $n < 25$

a) Modifier le programme pour réaliser la simulation de 50 échantillons de taille 20.

b) Que constate-t-on pour la propriété P ?

3. Cas où $p < 0,2$ ou $p > 0,8$

a) Modifier le programme pour réaliser la simulation de 50 échantillons de taille 200, lorsque la fréquence théorique est $p = 0,1$, puis $p = 0,9$.

b) Que constate-t-on pour la propriété P ?

19 B2i L3-4 L3-5 À scooter

OBJECTIF Développer une démarche expérimentale.

Sur la route entre la maison et son lycée, un élève en scooter croise cinq feux de signalisation. Pour chacun des feux, le feu reste vert 20 secondes par minute.

1. Expliquer pourquoi, pour un feu donné, on a deux chances sur trois d'avoir le feu rouge ou orange.

2. L'élève affirme qu'aujourd'hui, il n'a pas eu de chance car il a eu quatre feux rouges ou orange sur le trajet. Pour estimer cette probabilité p, on simule cette situation sur un tableur en attribuant 0 au feu vert et 1 aux autres feux.

a) Réaliser cette feuille de calcul :

- dans la cellule B2, saisir =SI(ALEA()<2/3;1;0)
- dans la cellule G2, saisir =SI(SOMME(B2:F2)=4;1;0)
- dans la cellule H2, saisir =NB.SI($G$2:G2;1)/A2

	A	B	C	D	E	F	G	H
1	Trajet	Feu 1	Feu 2	Feu 3	Feu 4	Feu 5	4 feux rouges ou orange	Évolution fréquence
2	1	1	0	1	0	1	0	0
3	2	1	1	1	1	0	1	0.5

b) Représenter les données de la colonne H à l'aide d'un nuage de points.

Donner le nombre vers lequel semble se stabiliser la fréquence de quatre feux rouges ou orange.

c) Estimer la probabilité p avec la fourchette de sondage au niveau 0,95.

Analyse critique d'un document

20 La fréquence d'utilisation du diesel dans les moteurs de voiture est aujourd'hui de 0,52 en France.

a) On a étudié des échantillons dans différents départements.

Échantillon 1 : Taille : 30 – Fréquence : 0,6.

Échantillon 2 : Taille : 35 – Fréquence : 0,3.

Pour chaque échantillon, indiquer si la fréquence appartient ou non à l'intervalle de fluctuation au seuil de 95 %.

b) Reproduire les écrans de calculatrice suivants :

c) À l'aide du tableau de valeurs, reproduire et compléter le tableau ci-dessous.

Taille de l'échantillon	Intervalle I de fluctuation au seuil de 95 %	Fréquence f dans l'échantillon	$f \in I$ Oui ou non
30		0,6	
35		0,3	
40		0,5	
45		0,6	
50		0,3	

21 Dans leur grande majorité, les élèves de Seconde utilisent, pour venir à l'école, trois types de transport : à pied ou à vélo, en transports publics, en voiture avec un proche.

a) Sur ce graphique sont données les fréquences d'utilisation de ces moyens de transport, en vert pour l'ensemble des élèves de Seconde d'un département, et en bleu pour un échantillon de taille 80.

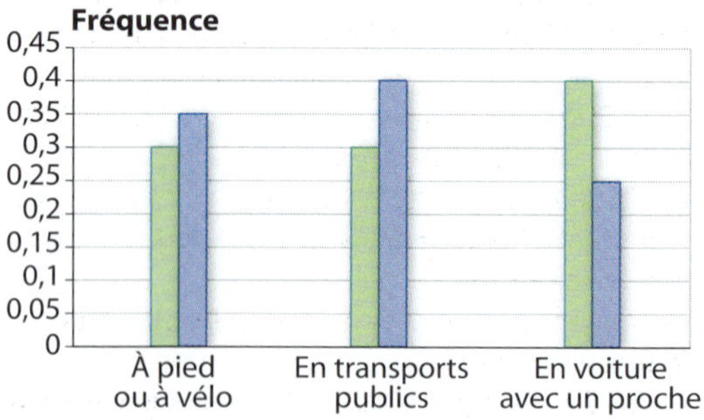

• Déterminer l'intervalle de fluctuation au seuil de 95 % pour chaque type de transport.

• Commenter alors les résultats de l'échantillon.

b) Reprendre la question avec un échantillon de taille 40.

Communiquer à l'écrit ou à l'oral

22 Un institut de sondage communique à un candidat aux élections régionales l'intervalle de confiance au niveau 0,95 de son futur score. Cet intervalle a une amplitude de 0,04.

Combien de personnes a interrogé l'institut de sondage ?

23 Travailler en groupe Un fabricant de montres suisses affirme que, sur dix ans, seulement 20 % de ses montres ont un décalage d'une seconde ou plus.

On suppose que cette affirmation est vraie et on effectue, à l'aide d'un tableur, deux simulations d'un grand nombre d'échantillons.

On obtient les graphiques suivants : ils représentent l'évolution de la fréquence de montres qui ont un décalage d'une seconde ou plus au bout de dix ans, en fonction de la taille de l'échantillon.

Discuter de la validité de l'affirmation du fabricant de montres suivant le graphique choisi.

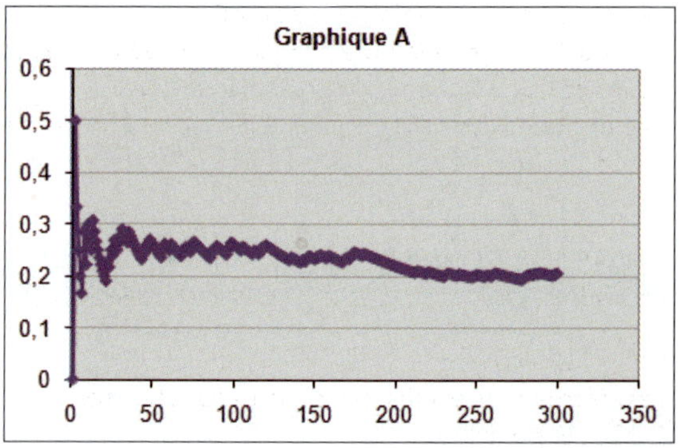

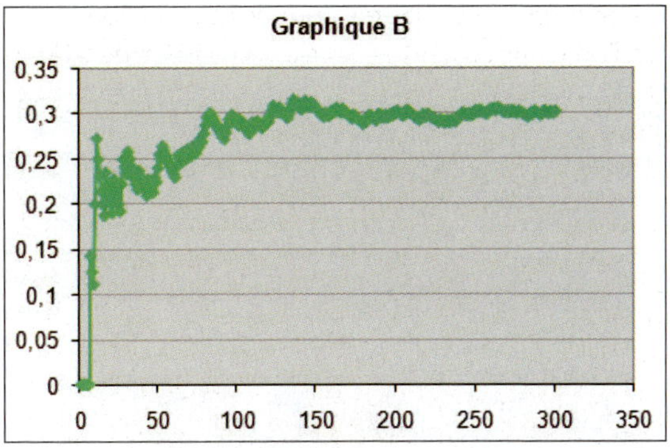

24 Lors d'une épidémie, on prend au hasard deux groupes A et B formés de 100 malades chacun.
Un médicament est administré au groupe A et un médicament différent est administré au groupe B.
À la fin du traitement, 75 personnes du groupe A sont guéries et 65 personnes du groupe B sont guéries.
Peut-on affirmer, au risque de 5 %, que le médicament administré au groupe A est plus efficace que le médicament administré au groupe B ?

25 Travailler en groupe Une entreprise vend des logiciels. Elle s'approvisionne en CD-Rom auprès d'un fournisseur. Sur un lot prélevé au hasard de 1 000 CD-Rom (assimilé à un tirage avec remise), 260 sont défectueux.
L'entreprise vous charge d'estimer la proportion de CD-Rom défectueux sur l'ensemble de ses achats.
Rédiger un rapport.

26 Dans une entreprise de prêt-à-porter, les pièces sont découpées dans l'atelier de découpe et elles alimentent l'atelier de couture où elles sont assemblées. Les articles ainsi obtenus subissent un contrôle à la sortie de cet atelier. Pour apprécier la qualité de la production, le contrôleur cherche à évaluer le pourcentage p d'articles non commercialisables. Pour cela, il prélève au hasard des échantillons de taille n. Cette taille étant petite devant celle de la production totale, on assimile ce prélèvement à un tirage avec remise.
Le contrôleur prélève un échantillon de 250 articles et constate que 46 ne sont pas commercialisables.
Donner une estimation de p à l'aide de l'intervalle de confiance de niveau 0,95.

S'initier à la logique

27 **Implication**
Les affirmations soulignées ci-après sont fausses. Expliquer pourquoi.

a) La fréquence d'un caractère dans un échantillon est 0,35 et celle dans la population est 0,36. <u>Donc l'échantillon est représentatif de la population.</u>
b) La fréquence d'un caractère dans un échantillon est 0,35 et celle dans la population est 0,55. <u>Donc l'échantillon n'est pas représentatif de la population.</u>
c) <u>Plus la taille de l'échantillon est grande, plus l'intervalle de fluctuation au seuil de 95 % est grand.</u>

Algorithmique

28 **Le « et » en algorithmique**
Une expérience consiste à lancer deux dés équilibrés, l'un bleu, l'autre vert. On note $(a\,;b)$ l'issue de l'expérience où a est le numéro obtenu avec le dé bleu et b celui obtenu avec le dé vert. On répète cette expérience et on s'intéresse à la fréquence de sortie de l'issue (2 ; 6).
Dans l'algorithme suivant, la variable p désigne le nombre de fois où l'issue (2 ; 6) a été obtenue lors de n simulations de l'expérience.

```
Entrée
Saisir n
Initialisation
p prend la valeur 0
Traitement
Pour i de 1 jusqu'à n
   | a prend la valeur d'un entier aléatoire de 1 à 6
   | b prend la valeur d'un entier aléatoire de 1 à 6
   | Si ...      alors
   |  | ...
   | FinSi
FinPour
Sortie
Afficher p
```

1. Compléter l'algorithme en écrivant la condition du test et l'instruction conditionnelle associée.
2. Écrire le programme correspondant avec le tableur ou la calculatrice. (On utilisera l'opérateur logique ET ou AND pour écrire la condition du test.)
3. a) Quelle est la probabilité d'obtenir l'issue (2 ; 6) lorsqu'on lance les deux dés ?
b) En déduire l'intervalle de fluctuation au seuil de 95 % de la fréquence de l'issue (2 ; 6) pour un échantillon de taille 100.
c) Réaliser plusieurs simulations et observer les fréquences obtenues.
d) Un élève affirme avoir réalisé l'expérience « à la main » et avoir obtenu une fréquence égale à 0,2. Que penser de cette affirmation ?

QCM

29 Pour chaque question, une seule réponse est exacte. Laquelle ?

1 Pour un caractère de fréquence f dans un échantillon de taille n et de fréquence p dans la population, l'intervalle de fluctuation au seuil de 95 % est :

a) $[p-2f\,;p+2f]$ **b)** $\left[f-\frac{1}{\sqrt{n}}\,;f+\frac{1}{\sqrt{n}}\right]$ **c)** $\left[p-\frac{1}{\sqrt{n}}\,;p+\frac{1}{\sqrt{n}}\right]$

2 Pour obtenir un nombre entier aléatoire compris entre 1 et 6, on peut utiliser la formule :

a) =ALEA.ENTRE.BORNES(0;6) **b)** =ALEA.ENTRE.BORNES(1;6) **c)** 6*ALEA()

3 Une urne contient deux boules rouges et trois boules vertes.
Pour simuler le tirage au hasard d'une boule de cette urne, on peut :

a) associer 0 à rouge, 1 à vert et tirer un nombre au hasard dans $\{0\,;1\}$

b) lancer un dé à six faces et associer un nombre pair à vert et un nombre impair à rouge

c) utiliser la touche Random d'une calculatrice et associer un nombre de $[0\,;0{,}4[$ à rouge et un nombre de $[0{,}4\,;1[$ à vert

30 Pour chaque question, une seule réponse est exacte. Laquelle ? Justifier.

1 Si l'on souhaite que l'intervalle de confiance au niveau 0,95 de p ait une amplitude de 0,1, alors il faut que n soit égal à :

a) 10 **b)** 50 **c)** 400

2 Dans une usine automobile, on s'intéresse au fonctionnement d'un robot qui pulvérise de la peinture. Lorsque le robot fonctionne normalement, on observe 20 % de défauts du type « grains ponctuels sur le capot ». Lors d'un contrôle aléatoire sur un échantillon de 50 véhicules, on observe 26 % de défauts.
L'intervalle de fluctuation au seuil de 95 % est approximativement :

a) $[0{,}118\,;0{,}402]$ **b)** $[0{,}058\,;0{,}341]$ **c)** $[19{,}86\,;20{,}14]$

3 Dans la situation de la question **2**, on ne peut pas rejeter, avec un risque d'erreur de 5 %, que :

a) le robot fonctionne bien **b)** le robot fonctionne mal **c)** on ne peut pas conclure

Exercices interactifs

Vrai-Faux

31 Dire pour chaque affirmation si elle est vraie ou fausse.

a) La taille d'un échantillon est égale au nombre d'individus dans l'échantillon.

b) L'intervalle de fluctuation au seuil de 95 % permet de savoir quand la fréquence d'un caractère dans un échantillon est « anormalement » éloignée de la fréquence du caractère dans la population.

c) L'intervalle de confiance au niveau 0,95 permet de connaître exactement la fréquence théorique d'un caractère dans une population, à partir de la fréquence dans un échantillon.

d) Plus la taille des échantillons est grande, plus l'intervalle de fluctuation au seuil de 95 % est petit.

32 Dire pour chaque affirmation si elle est vraie ou fausse. Justifier.

a) Pour un intervalle de fluctuation au seuil de 95 % égal à $[0{,}3\,;0{,}5]$, rares sont les échantillons indiquant une fréquence égale à 0,54.

b) Pour un échantillon de taille 60 et indiquant une fréquence étudiée égale à 0,37, on peut estimer que cette fréquence, pour l'ensemble de la population, est comprise entre 0,24 et 0,5 avec un niveau de confiance de 95 %.

Exercices interactifs

Pour réviser

33 Simuler

Une urne contient sept boules numérotées de 1 à 7.

a) Montrer qu'avec une calculatrice, la suite de touches : Int (7 * Ran# + 1)

fournit un nombre aléatoire compris entre 1 et 7.

(Sur certaines calculatrices, la touche Random est Rand.)

b) Simuler ainsi le tirage de 50 boules de cette urne, avec remise.

Conseils

a) La fonction Random de la calculatrice fournit un nombre décimal aléatoire x tel que $0 \leqslant x < 1$. En déduire un encadrement de $7x + 1$, puis de sa partie entière.

34 Déterminer un intervalle

a) La fréquence p d'un caractère dans une population est égale à 0,48. Déterminer l'intervalle de fluctuation au seuil de 95 % d'un échantillon de taille 70.

b) La fréquence f d'un caractère étudié, dans un échantillon de taille 230, donne 0,7. Déterminer l'intervalle de confiance au seuil de 95 % de la fréquence de ce caractère pour l'ensemble de la population.

Conseils

a) L'intervalle de fluctuation au seuil de 95 % est $[p - \frac{1}{\sqrt{n}}\,; p + \frac{1}{\sqrt{n}}]$.
Remplacer p et n par leurs valeurs.

b) L'intervalle de confiance au niveau 0,95 est $[f - \frac{1}{\sqrt{n}}\,; f + \frac{1}{\sqrt{n}}]$.
Remplacer f et n par leurs valeurs.

35 Prendre une décision

Dans une forêt tropicale, 24 % des serpents sont venimeux. On a prélevé un échantillon de 200 serpents dans cette forêt, qui contient 58 serpents venimeux. L'échantillon prélevé est-il anormalement dangereux ?

Conseils

Revoir l'exercice 12, page 268, corrigé en fin de manuel.

36 Utiliser un intervalle de confiance

Avant une campagne publicitaire, une société disposait de 40 % de part de marché sur l'un de ses produits. Après la campagne, elle effectue un test sur un échantillon de taille 200 et obtient 48 % de part de marché. Cette augmentation est-elle due à la publicité ?

Conseils

Revoir l'exercice 16, page 268, corrigé en fin de manuel.

37 Estimer une proportion

Un institut de sondage a interrogé 1 203 personnes sur leurs intentions de vote entre trois candidats A, B, C.

On suppose qu'elles conserveront leur intention jusqu'au jour du vote.

On note f_A la proportion de sondés qui ont choisi le candidat A et ainsi de suite :

$f_A = 0{,}33$; $f_B = 0{,}38$; $f_C = 0{,}29$

a) Pour chaque candidat, donner la fourchette de sondage au niveau 0,95 et sa fourchette de score à l'élection.

b) Les résultats du vote peuvent-ils être, par ordre croissant de voix :

- CAB ?
- ACB ?
- CBA ?
- BAC?

c) Quelle aurait dû être la taille de l'échantillon pour être certain que le résultat soit CAB ?

Conseils

a) Revoir la définition de la fourchette de sondage au niveau 0,95, page 266.

b) On peut représenter les fourchettes de sondage sur un axe.

c) Noter n la taille cherchée de l'échantillon.
Les fourchettes de sondage pour A et C doivent avoir une intersection vide, de même pour A et B.

Vérifier les réponses p. 300

Exercices d'approfondissement

Pour aller plus loin

38 Avec un guide (1)

Suite à une étude, des scientifiques ont estimé que, pour la viabilité de la population de loups : le taux de mortalité ne doit pas être supérieur à 0,32 par an. Des chercheurs ont effectué des tests sur un échantillon de 60 loups et ont obtenu, sur une année, un taux de mortalité égal à 0,35.
Faut-il considérer cette population comme en danger ?

> **Guide de résolution**
> Le caractère étudié sur la population des loups est leur mortalité annuelle. Bien repérer la fréquence théorique p de ce caractère et la fréquence f dans l'échantillon.
> Donner l'intervalle de confiance au niveau 0,95 de p.
> Conclure.

39 Avec un guide (2)

Une entreprise A compte 100 employés dont 42 femmes ; une entreprise B compte 3 000 employés dont 1 410 femmes.
Qui respecte le mieux la parité hommes-femmes ?

> **Guide de résolution**
> La parité hommes-femmes suppose une fréquence théorique des femmes par rapport aux employés égale à 0,5.
> Assimiler l'entreprise A (resp. l'entreprise B) à un échantillon de 100 employés (resp. de 3 000 employés) relevant du modèle de Bernoulli de probabilité $p = 0,5$.
> Déterminer l'intervalle de fluctuation au seuil de 95 % pour chacune de ces entreprises.
> Conclure.

40 Famille de deux enfants

On s'intéresse à la composition d'une famille de deux enfants. Trois situations sont possibles :

- **situation A :** les deux enfants sont des filles ;
- **situation B :** les deux enfants sont des garçons ;
- **situation C :** l'un des enfants est une fille et l'autre un garçon.

1. On se propose d'estimer la fréquence de chacune de ces situations parmi les familles de deux enfants.
Pour cela, on simule cette situation avec la fonction Random de la calculatrice : on associe une fille à chacun des chiffres 0, 1, 2, 3, 4 et un garçon à chacun des chiffres 5, 6, 7, 8, 9 puis on regroupe les chiffres par deux.

Exemple : $\underbrace{72}_{C}\ \underbrace{43}_{A}\ \underbrace{27}_{C}\ \underbrace{55}_{B}\ \underbrace{49}_{C}$

a) Produire une suite de 60 chiffres aléatoires avec la calculatrice et les recopier.
b) En déduire la situation des 30 familles correspondant à cette liste de 60 chiffres.
c) Calculer la fréquence des situations A, B et C pour cet échantillon de taille 30.
d) Donner l'intervalle de confiance au niveau 0,95 de la fréquence théorique de chaque situation A, B, C.

2. On note F la présence d'une fille et G celle d'un garçon.
a) À l'aide de l'arbre ci-contre, déterminer la probabilité de chacune des situations A, B, C.
b) Ces résultats sont-ils cohérents avec ceux trouvés à la question **1.** ?

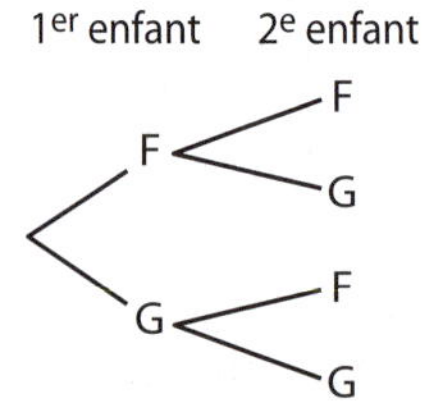

Algorithmique

41 Algorithme de Pile ou Face

On souhaite simuler n fois le lancer d'une pièce équilibrée et déterminer la fréquence d'apparition de Pile. Pour cela, on considère l'algorithme suivant :

```
Entrée
Saisir n
Initialisation
p prend la valeur 0
Traitement
Pour i de 1 jusqu'à n
  | x prend la valeur aléatoire 0 ou1
  | Si x = 0 alors
  |   | p prend la valeur p + 1
  | FinSi
FinPour
Sortie
Affiche p/n
```

1. a) Faire fonctionner cet algorithme pas à pas pour la valeur lue $n = 5$.
b) Que représentent les variables p et x ?
c) Expliquer le fonctionnement du test :

```
Si x = 0 alors
  | p prend la valeur p + 1
FinSi
```

2. Traduire cet algorithme par une feuille de calcul ou un programme réalisé avec la calculatrice.
3. a) Pour un échantillon de taille 100, quel est l'intervalle de fluctuation au seuil de 95 % de la fréquence observée de Pile ?
b) À l'aide de la feuille de calcul ou du programme réalisé, effectuer plusieurs simulations de 100 lancers et observer les fréquences de Pile obtenues.

Algorithmique

42 Algorithme et intervalle de fluctuation

a) Écrire un algorithme qui lit :
- la proportion p d'un caractère dans une population,
- la taille n d'un échantillon,
- la fréquence observée f du caractère dans l'échantillon, et qui affiche si f appartient ou non à l'intervalle de fluctuation au seuil de 95 %.

b) Réaliser le programme associé avec la calculatrice ou le tableur.

43 B2i L2-4 L3-5 L3-6 Défauts de fabrication

1. Manipulation du tableur

a) Quelle formule doit-on saisir dans un tableur pour obtenir au hasard un entier naturel :
- entre 1 et 100 ?
- entre 1 et 40 ?

b) Observer la formule et le résultat de la cellule C1.

C1 | fx =OU(A1<5;B1=7)

	A	B	C
1	3	6	VRAI
2	6	4	
3	2	7	
4	8	7	

- Que signifie cette formule ?
- Si l'on étire cette formule jusqu'en C4, comment se rempliront les cellules C2, C3 et C4 ?

2. Application

Dans une usine de fabrication, un produit ne peut présenter que deux défauts :

– le défaut A, avec une probabilité de $\dfrac{1}{100}$;

– le défaut B, avec une probabilité de $\dfrac{1}{40}$.

Le fabricant prétend que moins de 4 % de ses produits présentent un défaut de fabrication.

a) Reproduire et compléter la feuille de calcul ci-dessous. (On se servira du **1. a)** pour remplir B2 et D2 et du **1. b)** pour remplir F2.)

C2 | fx =SI(B2=1;"OUI";"NON")

	A	B	C	D	E	F
1	Expérience	De 1 à 100	Défaut A	De 1 à 40	Défaut B	Défaut A ou défaut B
2	1	53	NON	32	NON	FAUX
3						
4						

b) Reproduire cette expérience 500 fois en étirant les cellules vers le bas.

c) En cellule G2, le professeur a saisi la formule :

= NB.SI(F$2:F2 ; VRAI)/A2

- Que signifie cette formule ?
- Si l'on recopie cette formule vers le bas, qu'obtient-on alors dans la cellule G10 ?

d) Après avoir étiré jusqu'en G501, sélectionner la colonne G et, à l'aide de l'assistant graphique, représenter ces données par un nuage de points.

Observer ce nuage afin de valider ou d'invalider l'affirmation du fabricant.

Indications
- La formule =OU(A;B) renvoie VRAI si la condition A **ou** la condition B est vérifiée.
- La formule =ET(A;B) renvoie VRAI si la condition A **et** la condition B sont vérifiées.

Problèmes ouverts

44 Jugement contestable ?

En novembre 1976, dans un comté du Sud du Texas, R. Partida a été condamné à huit ans de prison. Il conteste ce jugement au motif que la désignation des jurés de ce comté était discriminante à l'égard des Américains d'origine mexicaine.

79,1 % de la population de ce comté était d'origine mexicaine et sur 870 personnes convoquées pour être jurés lors d'une certaine période, il n'y eut que 339 jurés d'origine mexicaine.

La requête de R. Partida était-elle recevable ?

D'après le document d'accompagnement « Probabilités et statistiques », voie professionnelle.

45 Les élections présidentielles de 2002

Voici un extrait d'article, publié dans le journal *Le Monde* par le statisticien Michel Lejeune, après le premier tour de l'élection présidentielle de 2002 (26 avril 2002).

« Pour les rares scientifiques qui savent comment sont produites les estimations, il était clair que l'écart des intentions de vote entre les candidats Le Pen et Jospin rendait tout à fait plausible le scénario qui s'est réalisé. En effet, certains des derniers sondages indiquaient 18 % pour Jospin et 14 % pour Le Pen. Si l'on se réfère à un sondage qui serait effectué dans des conditions idéales […], on obtient sur de tels pourcentages une incertitude de plus ou moins 3 % étant donné la taille de l'échantillon […]. »

a) À l'aide des données du texte, déterminer la taille de l'échantillon dont parle le statisticien.

b) Souligner, par un raisonnement, la pertinence de ses propos.

46 **Épidémie de grippe**

Avant une épidémie de grippe, on décide de vacciner les personnes âgées de plus de 60 ans.

a) Pour évaluer l'efficacité de la vaccination, on convoque ces personnes trois mois plus tard.
900 se présentent à la visite de contrôle ; 187 d'entre elles déclarent avoir présenté la grippe.
La population des personnes âgées de 60 ans est suffisamment grande pour assimiler l'échantillon de 900 personnes à un tirage avec remise.
Estimer la proportion de sujets vaccinés ayant eu la grippe.

b) Proposer une méthode qui permettrait d'obtenir une estimation plus satisfaisante.

c) On applique cette méthode et on obtient une estimation égale à 8 %.
Discuter de l'efficacité du vaccin.

Des défis

47 **Tirage dans une urne**

Écrire un algorithme qui permet de simuler n tirages avec remise d'une boule de cette urne. Les fréquences des différentes issues seront affichées.

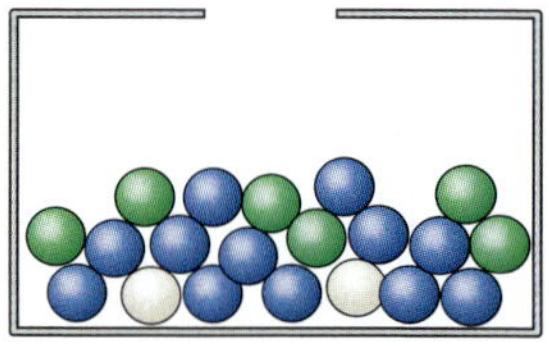

Traduire cet algorithme par un programme réalisé avec le tableur ou la calculatrice.

48 **Taille inconnue**

$[0{,}246 ; 0{,}557]$ est un intervalle de fluctuation au seuil de 95 %.
Quelle est la taille de l'échantillon considéré ?

SUJETS D'EXPOSÉS

SUJET 1

Lors du jeu télévisé « Qui veut gagner des millions », le présentateur souligne que Barack Obama est gaucher et que, depuis 1974, quatre autres présidents américains étaient gauchers (Ford, Reagan, Bush père et Clinton). Le candidat répond alors : « Donc je ne serai jamais président des États-Unis ».

→ Commenter cette anecdote.

→ Rechercher sur Internet des informations sur la fréquence des gauchers en France. Effectuer un test sur un échantillon et présenter un exposé afin d'expliquer vos conclusions à la classe.

Barack Obama est le 44e président des USA.

SUJET 2

Lors de matchs de football, les joueurs sont parfois confrontés aux délicates séances des tirs au but.

→ Rechercher sur Internet des informations sur la fréquence des tirs manqués ou arrêtés par les gardiens.

→ Effectuer un échantillon de tirs au but avec un groupe d'amis afin de présenter, lors d'un exposé, les résultats en classe.

Thème 1 Les instructions d'entrée-sortie, l'affectation, les variables

Une approche Médiane, quartiles

Chapitre 11

Le tableau ci-dessous donne le nombre de naissances relevées dans une clinique entre le 1er et le 7 août 2009.

Jour	1	2	3	4	5	6	7
Nombre de naissances	18	27	14	12	31	25	18

a) Déterminer la médiane Me et les quartiles Q_1 et Q_3 de cette série.

b) La médiane et les quartiles sont souvent représentés graphiquement par un diagramme en boîte.
On souhaite réaliser une telle représentation avec l'ordinateur.

Pour conserver (stocker) une donnée en mémoire, on utilise une variable.
Par exemple :
• avec une calculatrice Casio ou TI, l'instruction 3 → X donne à la **variable** X la valeur 3 ; → (lire sto) est le symbole d'**affectation** ;
• avec le logiciel Xcas, on utilisera l'instruction X :=3 ; l'instruction d'**affectation** est « := ».

Pour fonctionner, l'algorithme ci-contre réclame l'entrée de certaines valeurs. Ces données sont stockées dans des variables puis utilisées pour obtenir un graphique.

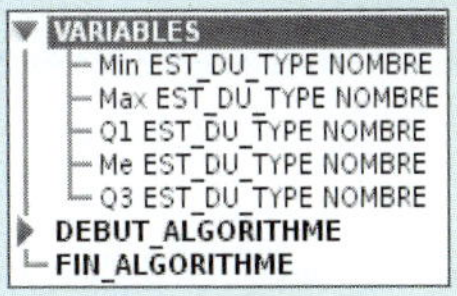

Remarque : de nombreux logiciels exigent la déclaration préalable de toutes les **variables** utilisées (c'est le cas d'AlgoBox ; voir l'onglet « Variables »).

c) Quelles sont les variables de l'algorithme ci-contre ?

d) Exécuter pas à pas cet algorithme avec les données de la question **a)**.

e) Utiliser le logiciel AlgoBox et saisir les instructions ci-contre.

f) Tester le bon fonctionnement de l'algorithme avec les données de la question **a)**.

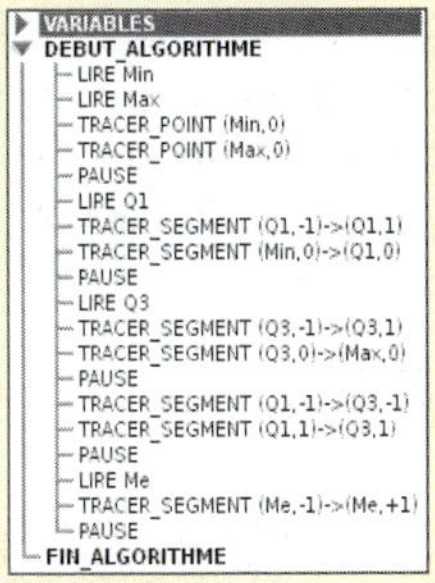

Remarque : on pourra utiliser le repère défini ci-dessous.

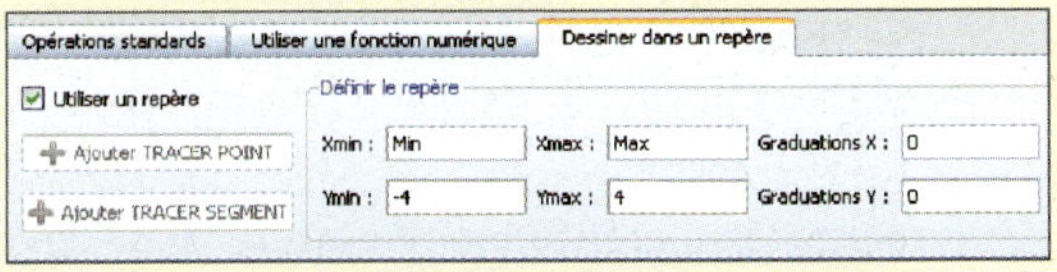

1 Simulation de tirages dans une urne

Chapitre 12

Une urne contient quatre boules : trois blanches et une rouge. On tire une boule au hasard.

a) Quelle est la probabilité d'obtenir une boule blanche ?

b) Saisir l'un des programmes ci-dessous sur une calculatrice.

Casio (menu Run)

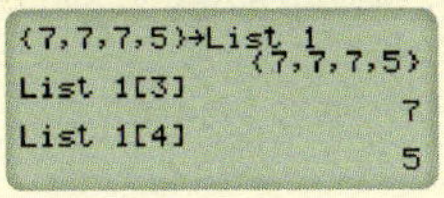

TI (menu Run)

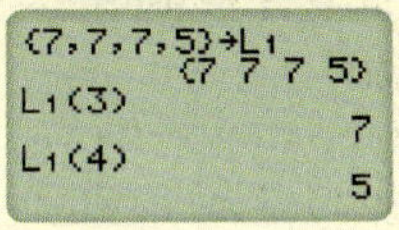

On a ainsi créé une **variable de type liste**, en représentant chaque boule blanche par le numéro 7, et la boule rouge par le numéro 5.
On peut également visualiser cette variable dans le menu Stat d'une calculatrice.

Casio

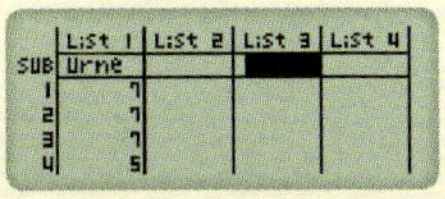

TI

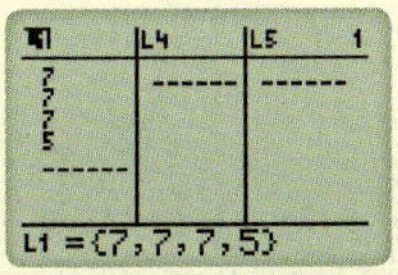

c) Les fonctions RanInt#(1,4) sur Casio et randInt(1,4) sur TI génèrent aléatoirement un nombre entier compris entre 1 et 4.

Casio

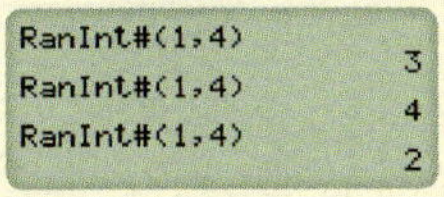

TI

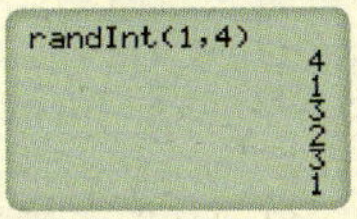

Utiliser les variables de type liste de la question **b)** pour simuler plusieurs tirages dans l'urne.
On pourra s'inspirer des exemples d'application ci-dessous.

Casio

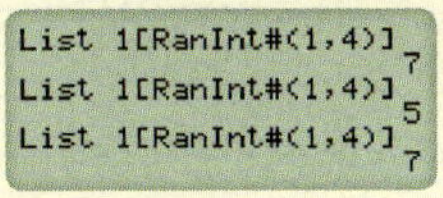

TI

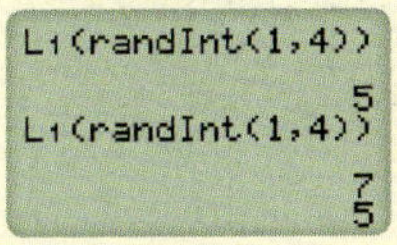

d) Proposer une démarche permettant de simuler le tirage d'une boule dans une urne comportant trois boules blanches, deux boules rouges et cinq boules noires.
Lancer cette simulation à 20 reprises, puis compléter le tableau ci-dessous.

Couleur	Blanche	Rouge	Noire	Total
Effectif	…	…	…	20

Thème 2 La structure alternative ou test

Une approche Analyse de données

Chapitre 11

Le calcul des indemnités maximales pour l'exercice de la fonction de maire d'une commune est lié :

• à la population de la commune ;

• à la valeur de l'indice brut majoré 821 de l'échelle indiciaire de la fonction publique.

On note p le nombre d'habitants d'une commune.

Indice majoré 821 : 45 029,80 €		
Condition	**Taux en %**	**Montant maximum, en euros, des indemnités annuelles**
$p < 500$	17 %	7 655,07
$500 \leqslant p < 1\,000$	31 %	?
…	…	…
$100\,000 \leqslant p$	145 %	?

a) Vérifier que l'indemnité annuelle maximale est supérieure à 10 000 € dès que $p \geqslant 500$. Compléter alors la dernière colonne du tableau.

b) Dans la feuille de calcul ci-dessous, on a utilisé, dans la cellule D4, l'instruction conditionnelle « si… alors… sinon ». Expliquer cette syntaxe.

D4 =SI(C4<500;0,17*B$1;"L'Indemnité maxi. est >10000")

	A	B	C	D	E
1	Indice	45029,8			
2					
3	Code département	Nom de la commune	Population totale	Indemnités maximales du maire.	
4	62	Guînes	5 375	L'indemnité maxi. est >10000	
5	62	Agnières	220	7655,066	

Utiliser l'adresse Internet http://www.insee.fr/fr/ppp/bases-de-donnees/recensement/populations-legales/departement.asp?dep=62&annee=2007 pour rechercher le nombre d'habitants des communes du Pas-de-Calais. En déduire le nombre de maires percevant une indemnité annuelle inférieure à 10 000 €.

> Dans un programme, selon qu'une **condition** est vraie ou fausse, on peut effectuer un traitement ou un autre. On parle d'une **structure alternative**.

2 Probabilité d'un événement

Chapitre 12

On considère une expérience aléatoire qui mobilise :

• un dé cubique dont les faces sont 0, 1, 2, 0, 1, 2 ;

• une urne contenant trois jetons : deux rouges et un noir ;

• un sac contenant trois jetons : deux noirs et un rouge ;

• la fonction définie par $f(x) = x^3 - x$.

L'expérience est la suivante :

On lance le dé, puis on note le numéro n obtenu.
On calcule $f(n)$.
Si $f(n) = 0$, alors
on extrait un jeton de l'urne,
sinon
on extrait un jeton du sac.

a) Factoriser $f(x)$. Résoudre l'équation $f(x) = 0$.

b) Calculer la probabilité de l'événement : « Le jeton est noir ». On pourra utiliser un arbre de choix.

c) Écrire un algorithme qui affiche « Bravo » si le jeton est noir et « Perdu » s'il est rouge.

On peut utiliser la liste {0, 1, 2, 0, 1, 2} pour le dé, la liste {5, 5, 4} pour l'urne et la liste {4, 4, 5} pour le sac.

d) Faire fonctionner cet algorithme une dizaine de fois.

3 Intervalle de fluctuation au seuil de 95 %

Chapitre 13

On rappelle que la proportion p de véhicules diesels dans le parc automobile français est de 0,52.

Dans un département A, on a étudié un échantillon de 35 véhicules et constaté que dix d'entre eux sont équipés d'un moteur Diesel. On a répété cette étude dans plusieurs départements.

Département	Taille de l'échantillon	Nombre de véhicules diesels	Fréquence f dans l'échantillon
A	35	10	…
B	40	20	…
C	45	25	…

a) Compléter ce tableau. Pour chaque département, dire si la fréquence f appartient à l'intervalle de fluctuation au seuil de 95 %.

b) Compléter l'algorithme suivant pour qu'il affiche en sortie : « Oui, on peut rejeter l'hypothèse que l'échantillon soit compatible avec le modèle » ou « Non, on ne peut pas rejeter l'hypothèse que l'échantillon soit compatible avec le modèle ». Les valeurs de p, N et f sont entrées par l'utilisateur.

```
VARIABLES
  p EST_DU_TYPE NOMBRE
  N EST_DU_TYPE NOMBRE
  Inf EST_DU_TYPE NOMBRE
  Sup EST_DU_TYPE NOMBRE
  f EST_DU_TYPE NOMBRE
DEBUT_ALGORITHME
  AFFICHER "Saisir la proportion p"
  LIRE p
  AFFICHER "Taille de l'échantillon ?"
  LIRE N
  AFFICHER "Saisir la fréquence observée sur cet échantillon"
  LIRE f
  //Calcul de la borne supérieure de l'intervalle
  Sup PREND_LA_VALEUR p+1/sqrt(N)
  //Calcul de la borne inférieure de l'intervalle
  [redacted]
  SI (f>=Inf ET ......................) ALORS
    DEBUT_SI
    AFFICHER "..........................................."
    FIN_SI
    SINON
      DEBUT_SINON
      AFFICHER "..........................................."
      FIN_SINON
FIN_ALGORITHME
```

Dans ce programme, on a combiné le résultat de deux tests en utilisant l'**opérateur logique** « et ».

Thème 3 La structure itérative ou boucle

Une approche Jeu de dés

Chapitre 11

Pour aider une association caritative, Youri, élève en CE1, propose à son instituteur l'organisation d'un jeu pour la fête de l'école : « On lance deux dés cubiques numérotés de 1 à 6. Le joueur gagne 0,50 € si les deux numéros sont identiques. Sinon, il verse 1 € à l'association. » Mais Youri est inquiet : « Monsieur, pensez-vous que l'association gagnera assez d'argent ? »

1. Lancer deux dés à 20 reprises et noter les résultats obtenus. Avec ces tirages, quel est le bilan financier du jeu ?

2. a) Traduire l'algorithme ci-contre dans le langage d'une calculatrice.

b) Faire fonctionner 20 fois cet algorithme.

c) Avec ces tirages, quel est le bilan financier du jeu ?

```
VARIABLES
  de_rouge EST_DU_TYPE NOMBRE
  de_vert EST_DU_TYPE NOMBRE
  G EST_DU_TYPE NOMBRE
DEBUT_ALGORITHME
  de_rouge PREND_LA_VALEUR floor(6*random()+1)
  de_vert PREND_LA_VALEUR floor(6*random()+1)
  SI (de_vert==de_rouge) ALORS
    DEBUT_SI
    //La variable G désigne le gain du joueur
    G PREND_LA_VALEUR 0.5
    FIN_SI
    SINON
      DEBUT_SINON
      G PREND_LA_VALEUR -1
      FIN_SINON
  AFFICHER G
FIN_ALGORITHME
```

Une **boucle « pour »** permet de répéter un traitement à plusieurs reprises, le nombre de répétitions étant connu à l'avance.

Une boucle « POUR Compteur ALLANT_DE 1 à 20 » a été utilisée dans l'algorithme ci-dessous.

```
VARIABLES
  de_rouge EST_DU_TYPE NOMBRE
  de_vert EST_DU_TYPE NOMBRE
  Compteur EST_DU_TYPE NOMBRE
  B_f EST_DU_TYPE NOMBRE
DEBUT_ALGORITHME
  B_f PREND_LA_VALEUR 0
  POUR Compteur ALLANT_DE 1 A 20
    DEBUT_POUR
    de_rouge PREND_LA_VALEUR floor(6*random()+1)
    de_vert PREND_LA_VALEUR floor(6*random()+1)
    SI (de_vert==de_rouge) ALORS
      DEBUT_SI
      B_f PREND_LA_VALEUR B_f-0.5
      FIN_SI
      SINON
        DEBUT_SINON
        B_f PREND_LA_VALEUR B_f+1
        FIN_SINON
    FIN_POUR
  AFFICHER B_f
FIN_ALGORITHME
```

3. Pour visualiser le traitement, on peut exécuter pas à pas cet algorithme (mode « pas à pas » avec le logiciel AlgoBox). On obtient alors les résultats suivants :

Initialisation	B_f=0			
	Compteur	de_rouge	de_vert	B_f
Boucle	1	4	2	1
	?	3	?	0,5
	3	5	?	0
	4	2	3	?
	…	…	…	…
Sortie	B_f=10			

Remplacer les points d'interrogation du tableau par des valeurs.

4. Améliorer l'algorithme pour que l'utilisateur puisse entrer le nombre de parties jouées. Le faire fonctionner à cinq reprises avec le même effectif total : 1 200 joueurs (affluence prévisible au stand de Youri).

4 Somme de deux numéros

Chapitre 12

On lance deux dés cubiques numérotés de 1 à 6, puis on calcule la somme des deux numéros obtenus.

1. Lancer deux dés à 20 reprises et noter les résultats obtenus.

2. Utiliser un tableau pour obtenir l'ensemble E de toutes les issues. Préciser la loi de probabilité sur E.

3. On décide de simuler l'expérience aléatoire avec la calculatrice. Simuler 20 lancers de deux dés.

Indication : on peut s'inspirer des écrans de calculatrice ci-dessous.

Casio

```
RanInt#(1,6)
                  2
RanInt#(.........)
                  5
2+5
                  7
```

TI

```
randInt(1,6)
              6
              4
randInt(....)+..
....
```

4. On a utilisé la calculatrice et obtenu les résultats suivants (en rouge pour le premier dé, en noir pour le second) :

1 ; 4 ; **3** ; 1 ; **6** ; 5 ; **1** ; 6 ; **6** ; 5 ; **6** ; 1 ; **6** ; 1 ; **2** ; 4 ; **1** ; 5 ; **3** ; 6 ; **2** ; 5 ; **3** ; 4 ; **4** ; 1 ; **1** ; 5 ; **4** ; 1 ; **4** ; 5 ; **1** ; 5 ; **5** ; 1 ; **1** ; 5 ; **2** ; 2.

a) Calculer les sommes associées à ces tirages.

On se propose de compléter la liste List1 (ou L1) de la calculatrice avec les effectifs associés. Par exemple, la somme S=7 est apparue à 5 reprises, donc List1[7]=5.

b) Donner List1[4]. Remplir la liste List1.

c) Répéter l'opération avec les données de la question **3.**

5. On est donc amené à répéter 20 fois le traitement écrit ci-dessous.

Casio

```
======SOMMETTT======
RanInt#(1,6)→R↵
RanInt#(1,6)→V↵
R+V→S↵
List 1[S]+1→List 1[S]
```

TI

```
PROGRAM:SOMMTTT
:randInt(1,6)→R
:randInt(1,6)→V
:R+V→S
:L1(S)+1→L1(S)
```

Proposer un algorithme utilisant une structure itérative, et qui affiche la liste List1 associée.

6. Traduire l'algorithme dans un langage adapté à la calculatrice ou au logiciel AlgoBox ou Xcas, puis vérifier son bon fonctionnement.

7. Améliorer l'algorithme pour que l'utilisateur puisse choisir la taille de la simulation. Faire fonctionner le programme avec des tailles égales à 100, 1 000, 10 000, 100 000. Ces résultats sont-ils cohérents avec la loi de probabilité établie à la question **2.** ?

Thème 4 D'autres exemples

5 Marche aléatoire

Chapitre 11

a) Donner l'expression de la fonction affine f telle que :

$$f(0) = -1 \text{ et } f(1) = 2.$$

b) Un pion est posé au numéro 0 d'une bande dont les cases sont numérotées de –10 à 20.

–10	–9	–8	…	19	20

On lance une pièce de monnaie. Si le résultat est Pile, le pion recule d'une case, sinon, il avance de deux cases.
Deux joueurs s'affrontent. Une partie se joue en dix lancers. Le vainqueur est celui qui est le plus avancé.
Affronter un camarade de classe. Jouer une revanche et une belle si nécessaire.

c) Lilian décide de jouer contre son ordinateur. Le pion avance de deux cases ou recule d'une case selon le résultat obtenu par l'instruction 3*RandInt#(0,1)–1, qui retourne aléatoirement –1 ou 2.
Voici le programme élaboré par Lilian.

Casio

```
======PIONPOUR======
0→P↵
For 1→C To 10 Step 1↵
3×RanInt#(0,1)-1→T↵
P+T→P↵
Next↵
P◢
```

TI

```
PROGRAM:PIONPOUR
:0→P
:For(C,1,10)
:3*randInt(0,1)-
1→T
:P+T→P
:End
:Disp P
```

Écrire l'algorithme associé après avoir identifié le traitement à répéter.

d) Lilian lance la pièce de monnaie et obtient un score égal à 8 (le pion s'arrête sur la case n° 8).
Combien de fois le côté Pile est-il apparu ?

e) Saisir le programme de Lilian, le faire fonctionner tant que la machine n'obtient pas un score supérieur à 8. Combien de fois la machine a-t-elle joué ?

f) Jouer 25 fois, noter les scores. Calculer le score moyen.

g) On change légèrement les règles du jeu. On joue en solitaire, et le joueur est gagnant dès que le pion atteint ou dépasse la case n° 7.
Une **boucle « While »** permet de répéter un traitement tant qu'une certaine condition est vérifiée. Cette boucle a été utilisée dans les programmes ci-dessous.

Casio

```
======PIONTTQ ======
0→P:0→E↵
While P<7↵
3×RanInt#(0,1)-1→T↵
P+T→P↵
E+1→E↵
WhileEnd↵
"Score":P◢
"Nbre de pas":E◢
"Fini"↵
Stop↵
```

TI

```
PROGRAM:PIONTTQ
:0→P:0→E
:While P<7
:3*randInt(0,1)-
1→T
:P+T→P
:E+1→E
:End
:Disp "SCORE",P
:Disp "NBR DE PA
S",E
```

Faire fonctionner le programme sur une calculatrice et vérifier son bon fonctionnement. Est-il possible de gagner en 5 pas ? en 7 pas ? en plus de 20 pas ?

h) Améliorer le programme pour que l'utilisateur puisse entrer la position à atteindre.

6 Intervalle de fluctuation

Chapitre 13

Un jeu consiste à tirer une boule dans une urne contenant six boules rouges numérotées de 1 à 6, et quatre boules vertes numérotées de 7 à 10.
Le joueur gagne si la boule obtenue est rouge.
On note G l'événement « Le joueur est gagnant ».

1. Calculer la probabilité p de l'événement G.

2. L'algorithme suivant vise à simuler cette expérience aléatoire. Le compléter et justifier la condition du test.

Casio

```
======UNEBOULE======
RanInt#(...,...)→B↵
If B≤....↵
Then "BRAVO"↵
Else "PERDU"↵
IfEnd↵
```

TI

```
PROGRAM:UNEBOULE
:entAléat(...,..
.)→B
:If B≤...
:Then
:Disp "BRAVO"
:Else
:Disp "PERDU"
:End
```

3. a) Saisir ce programme et le faire fonctionner 25 fois.

b) Dénombrer les victoires.

c) Calculer la fréquence f de l'événement G.

d) Dire si f appartient à l'intervalle $\left[p-\frac{1}{\sqrt{n}}\,;p+\frac{1}{\sqrt{n}}\right]$.

4. Pour obtenir une simulation de taille 100, il faut répéter le traitement de la question **2.** C'est l'objectif de l'algorithme ci-dessous.

```
VARIABLES
  Boule EST_DU_TYPE NOMBRE
  Nbre_victoires EST_DU_TYPE NOMBRE
  Compteur EST_DU_TYPE NOMBRE
DEBUT_ALGORITHME
  Nbre_victoires PREND_LA_VALEUR 0
  POUR Compteur ALLANT DE 1 A 100
    DEBUT_POUR
    Boule PREND_LA_VALEUR floor(10*random())+1
    SI (Boule<=6) ALORS
      DEBUT_SI
      //La variable Nbre_victoire comptabilise les victoires
      Nbre_victoires PREND_LA_VALEUR Nbre_victoires+1
      FIN_SI
    FIN_POUR
  AFFICHER Nbre_victoires
FIN_ALGORITHME
```

a) Comment compléter cet algorithme pour afficher la fréquence f de l'événement G ?

b) Compléter l'algorithme pour obtenir, en sortie, l'affichage « Oui » ou « Non » selon que f appartient ou non à l'intervalle $\left[p-\frac{1}{\sqrt{n}}\,;p+\frac{1}{\sqrt{n}}\right]$.

c) Saisir le programme et l'exécuter une dizaine de fois. Comptabiliser les « Oui ».

d) Une dizaine de réponses ne suffisent pas. On souhaite obtenir un millier de réponses : il faut donc répéter les traitements de la question **4.**
Proposer un algorithme, saisir le programme associé et l'exécuter.

e) Vérifier si plus de 95% des simulations fournissent une fréquence appartenant à l'intervalle $\left[p-\frac{1}{\sqrt{n}}\,;p+\frac{1}{\sqrt{n}}\right]$.

Formulaire

Thème 1 Nombres et opérations

Opérations

- 4,5 + 3 est la **somme** des **termes** 4,5 et 3.
- 4,5 – 3 est la **différence** des **termes** 4,5 et 3.
- 4,5 × 3 est le **produit** des **facteurs** 4,5 et 3.
- $\frac{4,5}{3}$ est le **quotient** de 4,5 et 3.

Opposé, inverse

x désigne un nombre.

- **L'opposé** de x est $-x$.
- Si $x \neq 0$, l'**inverse** de x est $\frac{1}{x}$:
$$x \times \frac{1}{x} = 1.$$

Valeurs approchées décimales

	Valeur approchée de *a* **par défaut**	Encadrement de *a*	Valeur approchée de *a* **par excès**
à l'unité près	14	14 < *a* < 15	15
au dixième près	14,7	14,7 < *a* < 14,8	14,8
au centième près	14,78	14,78 < *a* < 14,79	14,79

Comparaison de décimaux

De deux décimaux, le plus grand est celui qui a la plus grande partie entière.
Si les parties entières sont égales, le plus grand est celui qui a le plus grand chiffre des dixièmes.
Si les chiffres des dixièmes sont égaux, on compare les chiffres des centièmes...

EXEMPLES

- 3,08 < 30,8 car 3 < 30
- 12,9 > 12,155 car 9 > 1

Priorités de calcul

On effectue dans l'ordre :

- les calculs à l'intérieur des parenthèses (en commençant par les plus intérieures) ;
- les puissances ou racines carrées ;
- les multiplications ou divisions ;
- les additions ou soustractions dans l'ordre d'écriture.

Thème 2 Nombres relatifs

Règle des signes

- Le produit (ou le quotient) de deux nombres relatifs de **même signe** est **positif**.
- Le produit (ou le quotient) de deux nombres relatifs de **signes contraires** est **négatif**.

Multiplication

Pour multiplier deux nombres relatifs, on applique la règle des signes et on multiplie les distances à zéro.

EXEMPLES

(–5) × (–6) = +30 (–5) × (+6) = –30

Division

Pour diviser deux nombres relatifs, on applique la règle des signes et on divise les distances à zéro.

EXEMPLES

$\frac{-25}{-2} = +12,5$ $\frac{-3,4}{+2} = -1,7$

Thème 3 Puissances

Puissances de 10

• n désigne un entier naturel non nul.

$10^0 = 1$ $\qquad 10^n = \underbrace{10 \times 10 \times ... \times 10}_{n \text{ fois}} = 1\underbrace{00...0}_{n \text{ zéros}}$ $\qquad 10^{-n} = \dfrac{1}{10^n} = \underbrace{0{,}0...01}_{n \text{ zéros}}$

• **Règles de calcul**

$10^m \times 10^n = 10^{m+n}$

$\dfrac{10^m}{10^n} = 10^{m-n}$

$(10^m)^n = 10^{m \times n}$

EXEMPLES

$10^{-2} \times 10^3 = 10^{-2+3} = 10$

$\dfrac{10^2}{10^5} = 10^{2-5} = 10^{-3}$

$(10^2)^4 = 10^{2 \times 4} = 10^8$

Écriture scientifique

L'écriture scientifique d'un nombre décimal non nul est la seule écriture de la forme $a \times 10^n$ où :

• a est un nombre décimal écrit avec un seul chiffre, autre que 0, avant la virgule,

• n est un nombre entier relatif.

EXEMPLE

$852 \times 10^6 = 8{,}52 \times 10^2 \times 10^6$
$= 8{,}52 \times 10^8$

L'écriture scientifique de 852×10^6 est $8{,}52 \times 10^8$.

Puissances entières d'un nombre

a et b désignent des nombres différents de 0 ; n et p désignent des entiers relatifs.

• $a^0 = 1$ $\qquad 1^n = 1$ $\qquad 0^n = 0$ (avec $n \geqslant 1$)

$a^n = \underbrace{a \times ... \times a}_{n \text{ facteurs}}$ (avec $n \geqslant 1$) $\qquad a^{-n} = \dfrac{1}{a^n}$

• $a^n \times a^p = a^{n+p}$ $\qquad \dfrac{a^n}{a^p} = a^{n-p}$ $\qquad (ab)^n = a^n b^n$ $\qquad \left(\dfrac{a}{b}\right)^n = \dfrac{a^n}{b^n}$

Thème 4 Racine carrée d'un nombre positif

Définition

a désigne un nombre **positif**.
La racine carrée de a, notée $\sqrt{a}$, est le nombre positif dont le carré est a.

$a \geqslant 0$ $\qquad \sqrt{a} \geqslant 0$ $\qquad (\sqrt{a})^2 = a$

Règles de calcul

a et b désignent des nombres **positifs**.

$\sqrt{a^2} = a$ $\qquad \sqrt{ab} = \sqrt{a}\sqrt{b}$

$\sqrt{\dfrac{a}{b}} = \dfrac{\sqrt{a}}{\sqrt{b}}$ (avec $b \neq 0$)

Thème 5 Nombres en écriture fractionnaire

Quotients égaux

- $\frac{a}{b} = \frac{a \times c}{b \times c}$ $\quad b \neq 0$
- $\frac{a}{b} = \frac{a : c}{b : c}$ $\quad c \neq 0$
- **Simplifier** une fraction, c'est écrire une fraction égale dont les numérateurs et dénominateurs sont plus petits.

Addition, soustraction

- $\frac{a}{k} + \frac{b}{k} = \frac{a+b}{k}$ $\quad \frac{a}{k} - \frac{b}{k} = \frac{a-b}{k}$ $\quad (k \neq 0)$
- Pour additionner (ou soustraire) deux quotients de dénominateurs différents, on commence par les réduire au même dénominateur.

EXEMPLE : $\frac{1}{2} + \frac{3}{5} = \frac{5}{10} + \frac{6}{10} = \frac{11}{10}$.

Multiplication

- $\frac{a}{b} \times \frac{c}{d} = \frac{a \times c}{b \times d}$ $\quad b \neq 0$
- $a \times \frac{c}{d} = \frac{a}{1} \times \frac{c}{d} = \frac{a \times c}{d}$ $\quad d \neq 0$

Division

- $\dfrac{\frac{a}{b}}{\frac{c}{d}} = \frac{a}{b} \times \frac{d}{c}$
- $\dfrac{1}{\frac{c}{d}} = \frac{d}{c}$

$b \neq 0$
$c \neq 0$
$d \neq 0$

Thème 6 Calcul littéral

Suppression des parenthèses

- Parenthèses précédées du signe +

$a + (b + c) = a + b + c$ $\quad a + (-b + c) = a - b + c$ $\quad (a + b) - c = a + b - c$

- Parenthèses précédées du signe −

$a - (b + c) = a - b - c$ $\quad a - (-b + c) = a + b - c$ $\quad -(a - b) + c = -a + b + c$

Identités

a, b, c, d, k désignent des nombres.

$\mathbf{k(a + b) = ka + kb}$

$\mathbf{k(a - b) = ka - kb}$

$\mathbf{(a + b)(c + d) = ac + ad + bc + bd}$

Identités remarquables

a, b désignent des nombres.

$\mathbf{(a + b)^2 = a^2 + 2ab + b^2}$

$\mathbf{(a - b)^2 = a^2 - 2ab + b^2}$

$\mathbf{(a - b)(a + b) = a^2 - b^2}$

Thème 7 Égalités, inégalités et opérations

	Addition	Soustraction	Multiplication	Division
Si $a = b$, alors…	$a + c = b + c$	$a - c = b - c$	$a \times c = b \times c$	$\frac{a}{c} = \frac{b}{c}$ (avec $c \neq 0$)
Si $a < b$, alors…	$a + c < b + c$	$a - c < b - c$	$a \times c < b \times c$ si $c > 0$ $a \times c > b \times c$ si $c < 0$	$\frac{a}{c} < \frac{b}{c}$ (avec $c > 0$) $\frac{a}{c} > \frac{b}{c}$ (avec $c < 0$)

Thème 8 Équations

Solutions d'une équation

Résoudre une équation, c'est trouver toutes les valeurs possibles du nombre inconnu telles que l'égalité soit vraie : chacune de ces valeurs est appelée une **solution** de l'équation.

Équations du type $ax + b = cx + d$

Pour résoudre une équation du type $ax + b = cx + d$ (avec $a \neq c$), on regroupe les termes en x dans un même membre et les autres termes dans l'autre membre.
On résout l'équation obtenue.

EXEMPLE : résolution de l'équation $x - 1 = 3x + 5$.

$$x - 3x = 5 + 1$$
$$-2x = 6$$
$$x = -3$$

Donc -3 est la solution de cette équation.

Thème 9 Inéquations

Solutions d'une inéquation

Résoudre une inéquation, c'est trouver toutes les valeurs possibles du nombre inconnu telles que l'inégalité soit vraie : chacune de ces valeurs est appelée une **solution** de l'inéquation.

EXEMPLE : -5 est une solution de l'inéquation $2x + 1 < 0$.
En effet, pour $x = -5$, il vient $2(-5) + 1 = -9$ et $-9 < 0$.

Inéquations du type $ax + b \leqslant cx + d$

Pour résoudre une inéquation du type $ax + b \leqslant cx + d$ (avec $a \neq c$), on regroupe les termes en x dans un même membre et les autres termes dans l'autre membre.

On résout l'inéquation obtenue.

EXEMPLE : résolution de l'inéquation $2x - 1 \leqslant 5x + 8$.

$$2x - 5x \leqslant 8 + 1$$
$$-3x \leqslant 9$$
$$x \geqslant -3$$

Les solutions sont les nombres supérieurs ou égaux à -3.

Thème 10 Systèmes d'équations

Solutions d'un système

Résoudre un système de deux équations à deux inconnues, c'est trouver toutes les valeurs possibles du couple des inconnues telles que **les deux égalités soient vraies** : chacun de ces couples est un **couple solution** du système.

EXEMPLE : (**–1** ; **2**) est un couple solution du système $\begin{cases} 2x + y = 0 \\ x - 3y = -7 \end{cases}$

En effet, pour $x = -1$ et $y = 2$, il vient : $2(-1) + 2 = -2 + 2 = 0$ et $-1 - 3 \times 2 = -1 - 6 = -7$

Résolution d'un système

Pour résoudre un système de deux équations à deux inconnues, on se ramène à la résolution d'équations à une inconnue.

EXEMPLE : résolution du système $\begin{cases} 2x + y = 0 \\ x + 3y = 5 \end{cases}$

D'après la première équation $y = -2x$. La deuxième équation s'écrit alors : $x + 3(-2x) = 5$, c'est-à-dire $-5x = 5$, soit $x = -1$. On remplace x par -1 dans $y = -2x$ et on trouve $y = 2$. Le couple $(-1 ; 2)$ est la seule solution de ce système.

Thème 11 Fonctions

Vocabulaire

- Une fonction f associe à tout nombre x, un nombre et un seul, noté $\boldsymbol{f(x)}$, appelé l'**image** de x par f.
- Une fonction peut être définie par un graphique, un tableau ou une formule.

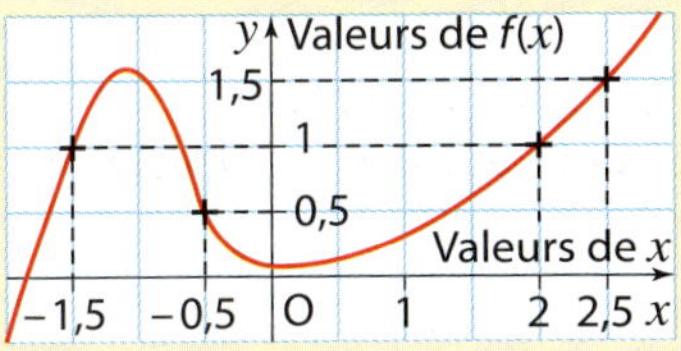

x	–1,5	–0,5	2	2,5
$f(x)$	1	0,5	1	1,5

EXEMPLE : f est la fonction $x \mapsto 3x^2$.
L'image de 4 est 48 car $f(\mathbf{4}) = 3 \times \mathbf{4}^2 = \mathbf{48}$. On dit aussi que **4** est **un antécédent** de **48** par f.

Fonction linéaire $x \mapsto ax$

- a est **le coefficient** de cette fonction linéaire.
Dans un repère, la droite qui représente cette fonction linéaire passe par les points O (0 ; 0) et A (1 ; a).

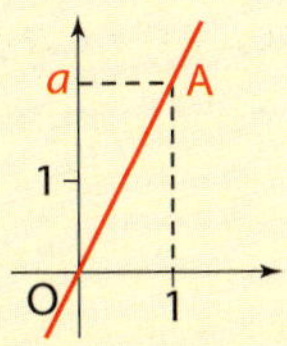

- Une fonction linéaire est une fonction affine particulière.

Fonction affine $x \mapsto ax + b$

- Dans un repère, la droite d qui représente cette fonction affine admet $\boldsymbol{a}$ pour **coefficient directeur** et $\boldsymbol{b}$ pour **ordonnée à l'origine**.

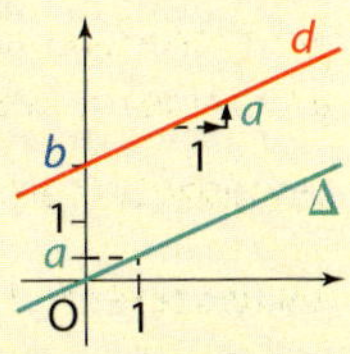

- La droite d est **parallèle** à la droite Δ qui représente la fonction linéaire $x \mapsto ax$.

Thème 12 Statistiques

Diagrammes

• Diagramme en bâtons

Répartition par classe des élèves d'un collège

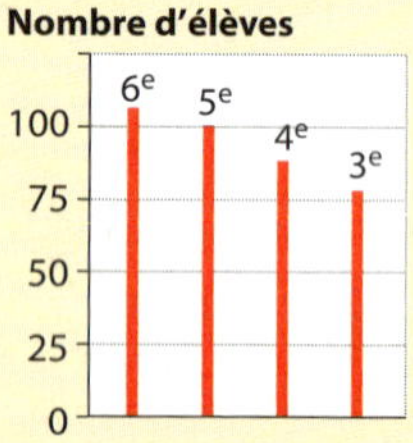

• Diagramme en barres

Répartition par type de communication dans un groupe

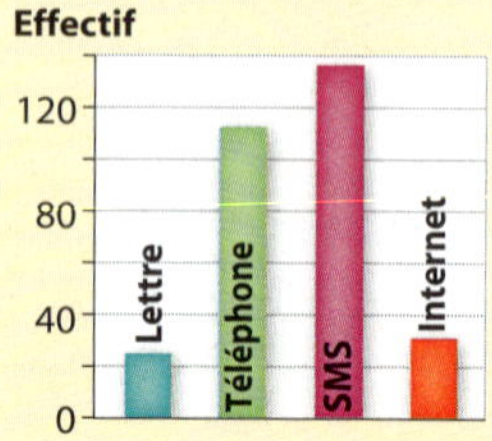

Les hauteurs des bâtons ou des barres sont proportionnelles aux effectifs des catégories qu'ils représentent.

• Diagramme circulaire

Répartition des films projetés dans une salle selon l'origine

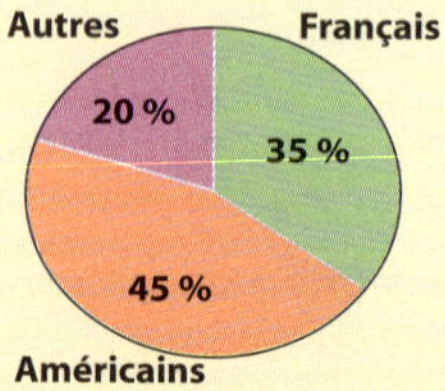

• Diagramme semi-circulaire

Répartition hommes/femmes à l'Assemblée Nationale (2007)

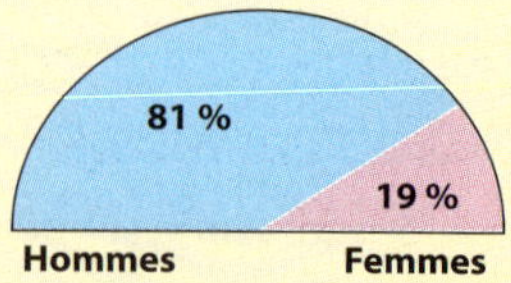

Les mesures des angles des secteurs sont proportionnelles aux fréquences des catégories qu'ils représentent.

Moyenne

• Moyenne des valeurs d'une liste

Pour calculer la moyenne des nombres d'une liste :
- on additionne tous les nombres de la liste,
- on divise cette somme par l'effectif total.

EXEMPLE : moyenne de 10 ; 5 ; 12 ; 4,5 ; 8,5 ; 14.
La moyenne des nombres de cette liste est 9.
En effet :

$$\frac{10+5+12+4{,}5+8{,}5+14}{6} = \frac{54}{6} = 9.$$

• Moyenne pondérée

Pour calculer la moyenne des valeurs d'une série pondérées par leurs effectifs :
- on additionne les produits de chaque valeur par son effectif,
- on divise cette somme par l'effectif total.

EXEMPLE : la moyenne de ces notes est 11. En effet :

$$\frac{8\times \mathbf{2}+12\times \mathbf{3}+14\times \mathbf{1}}{\mathbf{2}+\mathbf{3}+\mathbf{1}} = 11.$$

Note	8	12	14
Effectif	**2**	**3**	**1**

Médiane - Quartiles

Les valeurs d'une série statistique sont **rangées par ordre croissant.**

• La médiane est un nombre M tel que :
- **au moins la moitié** des données sont inférieures ou égales à M ;
- **au moins la moitié** des données sont supérieures ou égales à M.

• Le premier quartile Q_1 (resp. le troisième quartile Q_3) est la plus petite donnée de la série telle qu'**au moins un quart** (resp. trois quarts) des données de la série sont inférieures ou égales à Q_1 (resp. Q_3).

Fréquence - Pourcentage

La fréquence d'une donnée est le quotient de son effectif par l'effectif total.
EXEMPLE : la fréquence de la lette A dans le mot AXACCBAM est 3/8, c'est-à-dire 37,5 %.

Thème 13 Probabilités

Notion de probabilité

- La probabilité d'une issue est un nombre compris entre 0 et 1.
- La somme des probabilités des issues d'une expérience aléatoire est égale à 1.
- Avec un arbre, la probabilité d'un événement est la somme des probabilités écrites sur les branches conduisant aux issues qui réalisent l'événement.

Evénement incompatibles, événements contraires

- Deux événements sont incompatibles lorsqu'ils ne peuvent pas se réaliser en même temps et dans ce cas, la probabilité que l'un ou l'autre se réalise est égale à la somme de leurs probabilités.
- L'événement contraire d'un événement A est celui qui est réalisé lorsque A ne se réalise pas. Sa probabilité est : $1 - p(A)$.

Expériences aléatoires à plusieurs épreuves

- Avec un arbre, la probabilité de l'issue à laquelle conduit un chemin est égale au produit des probabilités rencontrées le long de ce chemin.

Thème 14 Triangles

Triangles particuliers

- ABC est un triangle **isocèle en A** : $AB = AC$ et $\widehat{B} = \widehat{C}$.
- ABC est un triangle **équilatéral** : $AB = AC = BC$ et $\widehat{A} = \widehat{B} = \widehat{C} = 60°$.
- ABC est un triangle **rectangle en A** : $\widehat{A} = 90°$ et $[BC]$ est l'hypoténuse.

Droites remarquables

- Les **médiatrices** concourent au centre O du cercle **circonscrit** au triangle.

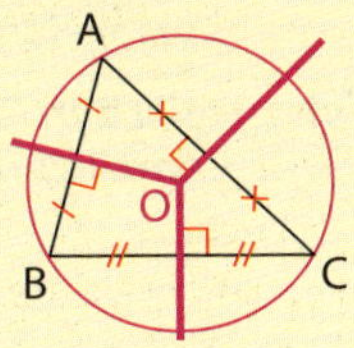

- Les **hauteurs** concourent en l'**orthocentre** H du triangle.

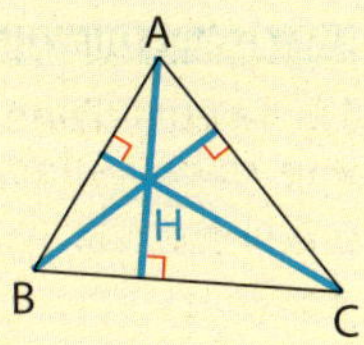

- Les **médianes** concourent au **centre de gravité** G du triangle.
$AG = \frac{2}{3} AA'$; $BG = \frac{2}{3} BB'$; $CG = \frac{2}{3} CC'$.

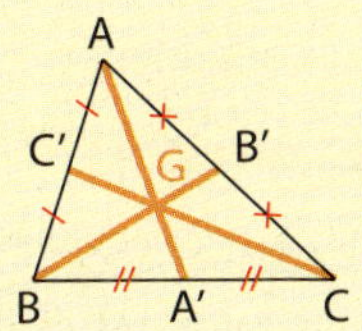

- Les **bissectrices** concourent au centre **I** du cercle **inscrit** dans le triangle.

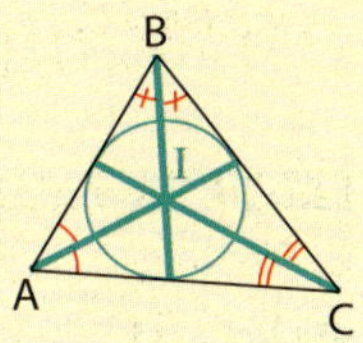

Thème 15 Des théorèmes importants

Triangles rectangles

• Dans un triangle rectangle, l'hypoténuse est un diamètre du cercle circonscrit.

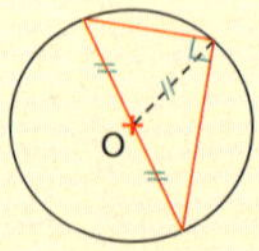

• Un triangle dont un côté est diamètre du cercle circonscrit, est un triangle rectangle.

Théorème de Pythagore

Si ABC est un triangle rectangle en A, alors $BC^2 = AB^2 + AC^2$.

Réciproque

Si $BC^2 = AB^2 + AC^2$, alors le triangle ABC est rectangle en A.

Théorème de Thalès

d et *d'* sont deux droites sécantes en A ; B et M sont deux points de *d*, distincts de A ; C et N sont deux points de *d'*, distincts de A.

• Si (BC) // (MN), alors $\frac{AM}{AB} = \frac{AN}{AC} = \frac{MN}{BC}$

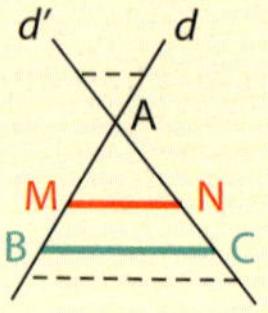

Réciproque

• Si $\frac{AM}{AB} = \frac{AN}{AC}$ et si A, B, M et A, C, N sont dans le même ordre, alors (MN) // (BC).

Thème 16 Quadrilatères

Parallélogramme

• Un parallélogramme est un quadrilatère qui a ses côtés opposés deux à deux parallèles.

• Pour un parallélogramme ABCD : AB = CD et AD = BC ; les diagonales se coupent en leur milieu ; $\widehat{A} = \widehat{C}$ et $\widehat{B} = \widehat{D}$.

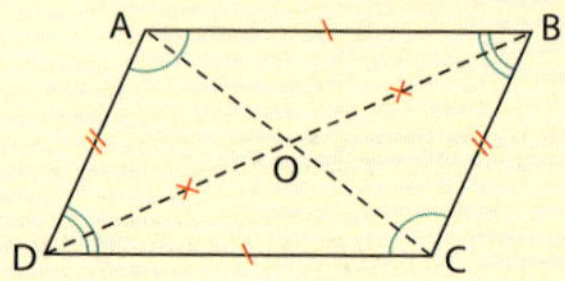

Reconnaître un parallélogramme

ABCD est un **quadrilatère**.

• Si (AB) // (DC) et (AD) // (BC), alors ABCD est un parallélogramme.

• Si les diagonales [AC] et [BD] se coupent en leur milieu, alors ABCD est un parallélogramme.

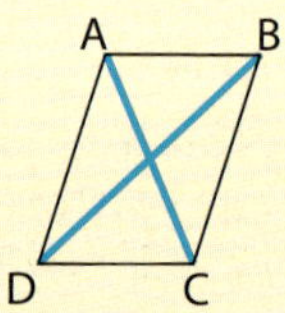

ABCD est un quadrilatère non croisé.

• Si AB = DC et AD = BC, alors ABCD est un parallélogramme.

• Si (AB) // (DC) et AB = DC, alors ABCD est un parallélogramme.

Quadrilatères particuliers

• Un **rectangle** est un quadrilatère qui a trois angles droits.
Un rectangle est un parallélogramme dont les diagonales ont même longueur.

• Un **losange** est un quadrilatère qui a quatre côtés de même longueur.
Un losange est un parallélogramme dont les diagonales sont perpendiculaires.

• Un **carré** est à la fois un rectangle et un losange.

Thème 17 Trigonométrie

Cosinus, sinus, tangente

ABC est un triangle rectangle en A.

$\cos \widehat{B} = \dfrac{\text{côté adjacent à } \widehat{B}}{\text{hypoténuse}} = \dfrac{BA}{BC}$;

$\sin \widehat{B} = \dfrac{\text{côté opposé à } \widehat{B}}{\text{hypoténuse}} = \dfrac{CA}{CB}$;

$\tan \widehat{B} = \dfrac{\text{côté opposé à } \widehat{B}}{\text{côté adjacent à } \widehat{B}} = \dfrac{AC}{AB}$.

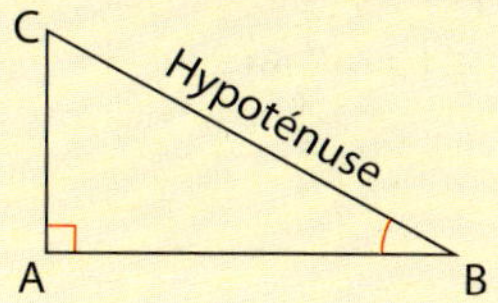

Thème 18 Repérage

Sur une droite graduée

- Sur une droite graduée, tout point est repéré par son abscisse.

EXEMPLE : sur la figure ci-contre, A a pour abscisse −2.

- A et B sont deux points d'abscisses données sur une droite graduée.

Pour calculer la distance AB, on calcule la différence des abscisses de A et de B, en effectuant « la plus grande moins la plus petite ».

Dans le plan

- Dans le plan, tout point M est repéré par son abscisse x et son ordonnée y dans un repère.

On dit que le point M a pour coordonnées $(x ; y)$ dans ce repère et on note M $(x ; y)$.

- Tout point de l'axe des abscisses a pour ordonnée 0.
- Tout point de l'axe des ordonnées a pour abscisse 0.

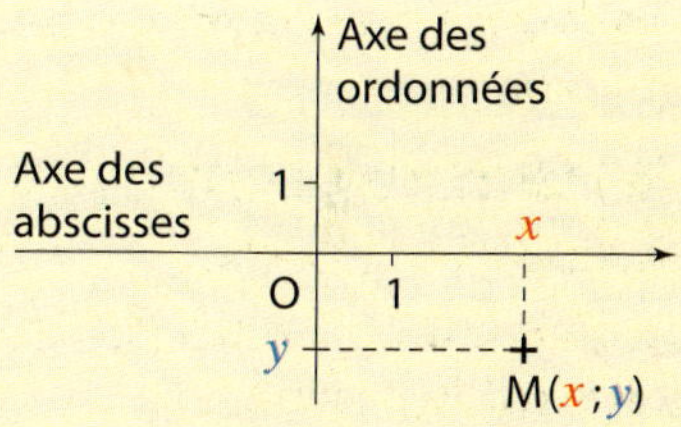

Thème 19 Symétries

Symétrie axiale

M, non situé sur *d*, a pour image M′ par la symétrie d'axe *d* signifie que *d* est la médiatrice du segment [MM′].

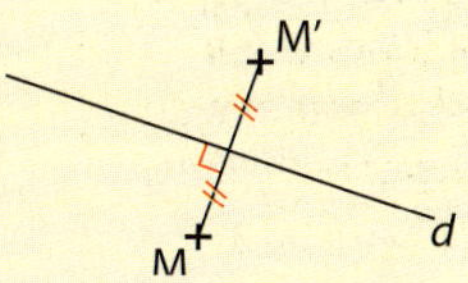

Symétrie centrale

M a pour image M′ par la symétrie de centre O signifie que O est le milieu du segment [MM′].

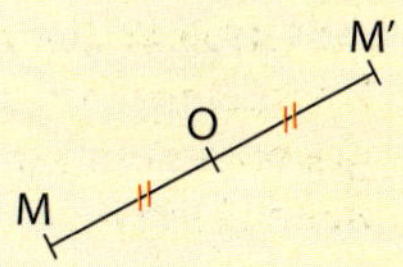

Thème 20 Géométrie dans l'espace

Parallélépipède rectangle

- Un parallélépipède rectangle a 6 faces rectangulaires, 8 sommets, 12 arêtes.

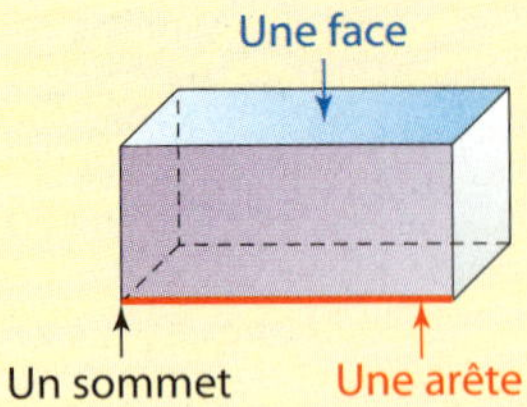

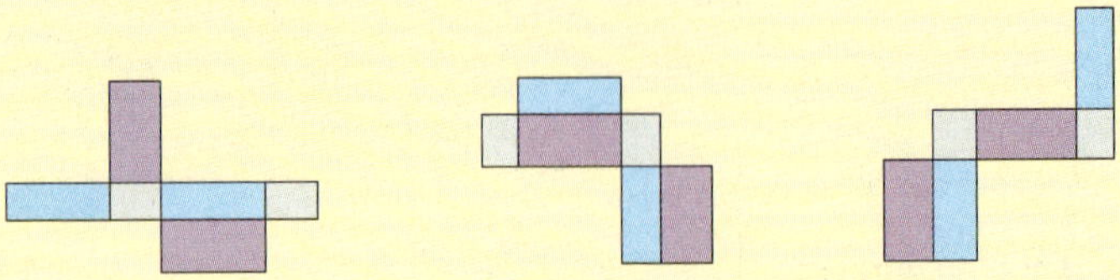

Des patrons d'un même parallélépipède rectangle

- Un cube est un parallélépipède rectangle dont toutes les faces sont des carrés.

Prisme droit

Les deux bases d'un prisme droit sont des polygones superposables, situés dans des plans parallèles. Les autres faces sont des rectangles.

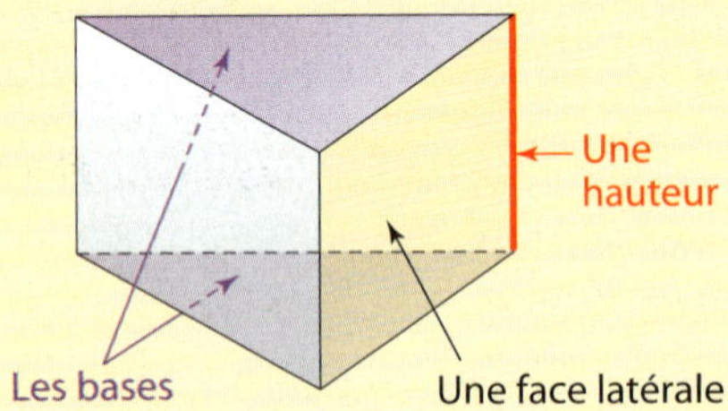

Sphère

- La sphère de centre O et de rayon R est l'ensemble des points M de l'espace tels que OM = R.
- La section de cette sphère par un plan $\mathscr{P}$ est un cercle dont le centre appartient à la perpendiculaire au plan $\mathscr{P}$ passant par O.

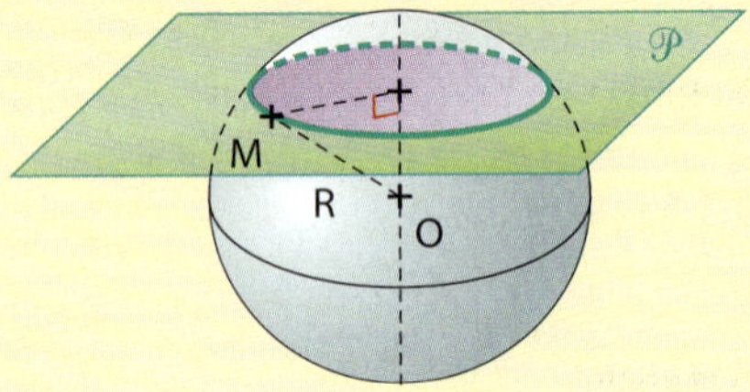

Cylindre de révolution

- Le segment [OO′] où O et O′ sont les centres des disques de base, est une hauteur.
- La section d'un cylindre de révolution de rayon R par un plan parallèle aux bases est un cercle de rayon R dont le centre appartient à [OO′].

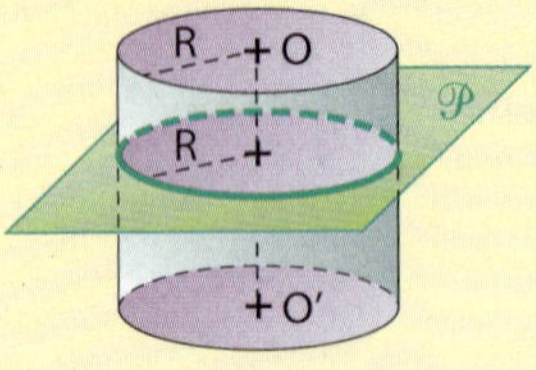

Cône de révolution

- Le segment [SO] d'extrémités le sommet S et le centre O du disque de base est la hauteur.
- La section d'un cône de révolution par un plan parallèle à la base est un cercle dont le centre appartient à la hauteur.

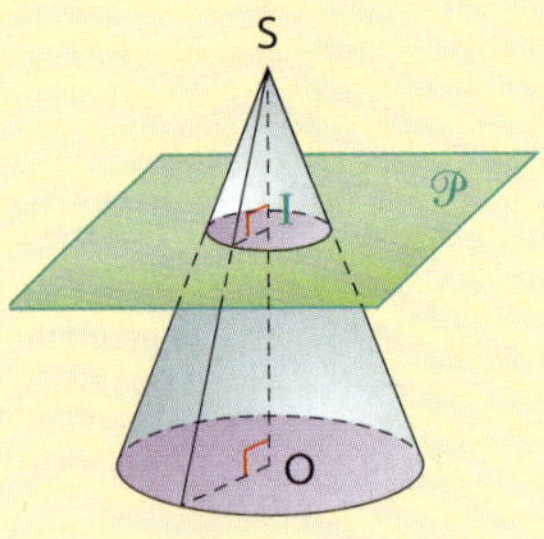

Pyramide

- La base est la face qui ne contient pas le sommet S.
- La section d'une pyramide par un plan parallèle à la base est une réduction de la base. Ses côtés sont parallèles à ceux de la base.

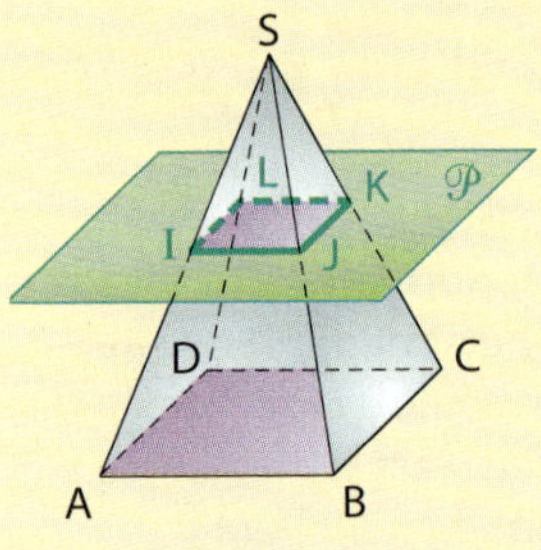

Thème 21 Longueurs, aires, volumes

Périmètres - Aires

• Rectangle, carré

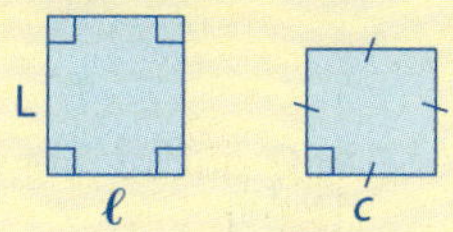

Aire : $\mathbf{L \times \ell}$ Aire : $\boldsymbol{c^2}$

• Triangle

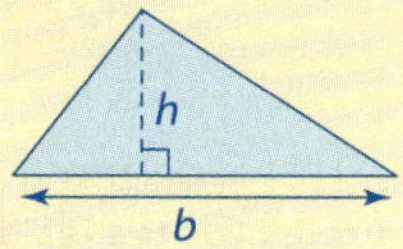

Aire : $\dfrac{\boldsymbol{b \times h}}{\mathbf{2}}$

• Parallélogramme

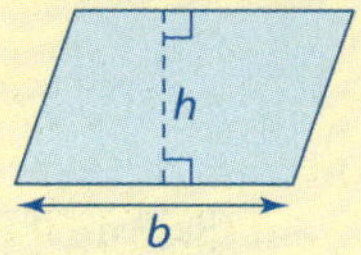

Aire : $\boldsymbol{b \times h}$

• Cercle, disque

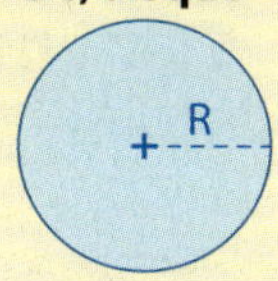

Longueur : $\mathbf{2\pi R}$
Aire : $\mathbf{\pi R^2}$

Volumes - Aires latérales

• Parallélépipède rectangle

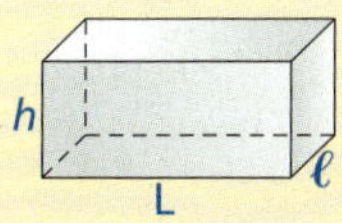

Volume : $\mathbf{L \times \boldsymbol{\ell} \times \boldsymbol{h}}$

• Cube de côté *c*

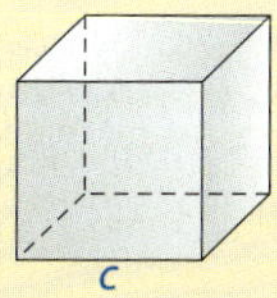

Volume : $\boldsymbol{c^3}$.

• Prisme droit

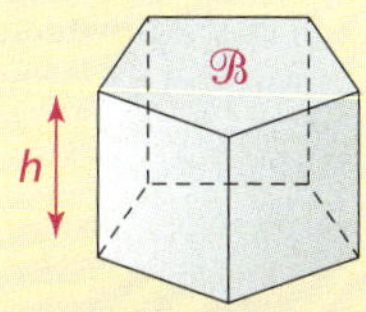

Base d'aire $\mathcal{B}$
et de périmètre p.
Aire latérale : $\boldsymbol{p \times h}$
Volume : $\boldsymbol{\mathcal{B} \times h}$

• Cylindre

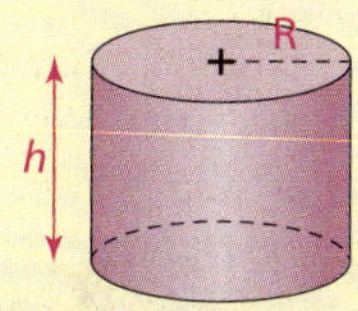

Aire latérale : $\mathbf{2\pi R}\boldsymbol{h}$
Volume : $\mathbf{\pi R^2}\boldsymbol{h}$

• Pyramide

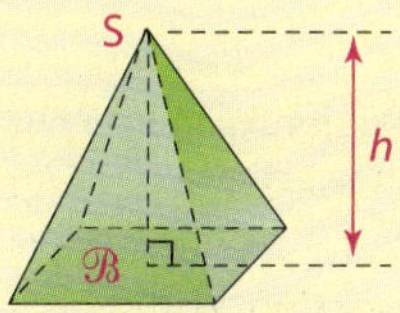

Base d'aire $\mathcal{B}$.
Volume : $\dfrac{\mathbf{1}}{\mathbf{3}} \boldsymbol{\mathcal{B} \times h}$

Une pyramide est dite régulière de sommet S lorsque :
- sa base est un polygone régulier, de centre O ;
- sa hauteur est le segment [SO].

• Cône

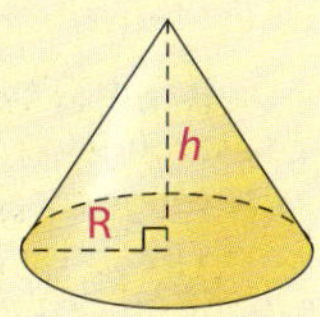

Base d'aire : $\mathcal{B} = \pi R^2$.
Volume : $\dfrac{\mathbf{1}}{\mathbf{3}} \boldsymbol{\mathcal{B} \times h}$

• Sphère, boule

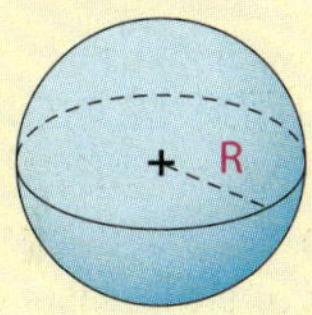

Aire : $\mathbf{4\pi R^2}$
Volume : $\dfrac{\mathbf{4}}{\mathbf{3}} \mathbf{\pi R^3}$

Vocabulaire de la logique

Thème 1 Les connecteurs logiques « et », « ou »

1 Conjonction

Note
Une **proposition** est une phrase qui est soit vraie, soit fausse.

La conjonction des propositions P, Q est la proposition, notée **P et Q**, qui est **vraie uniquement lorsque P et Q sont vraies toutes les deux**.

EXEMPLES

- « $(2 < 4)$ et $(3^2 = 9)$ » est une proposition vraie car « $2 < 4$ » est vraie et « $3^2 = 9$ » aussi.
- « (Lyon est la capitale de la France) et (aujourd'hui il fait beau) » est une proposition fausse car « Lyon est la capitale de la France » est fausse. Cela ne change rien que la proposition « aujourd'hui il fait beau » soit vraie ou fausse.

Remarque : En français, la conjonction de coordination « et » a parfois le même sens qu'en mathématiques (« Il faut agir vite et bien »), mais parfois aussi des sens différents (« Et moi qui ne me doutais de rien ! », « Le nombre vingt-et-un »,...)

2 Disjonction

Note
La proposition P ou Q est vraie si **l'une au moins** des propositions P, Q est vraie.

La disjonction des propositions P, Q est la proposition, notée **P ou Q**, qui est **fausse uniquement lorsque P et Q sont fausses toutes les deux**.

EXEMPLES

- « (5 est divisible par 3) ou (5 est pair) » est une proposition fausse car « 5 est divisible par 3 » est fausse et « 5 est pair » est fausse.
- « (4 est pair) ou $(1 = 1 + 1)$ » est une proposition vraie car « 4 est pair » est vraie et « $1 = 1 + 1$ » est fausse.

Remarques : Dans le sens ci-dessus, on dit que « ou » est **inclusif** pour signifier que la phrase « La carte cachée est rouge ou est un as » est vraie lorsque la carte cachée est :
- soit une carte rouge, mais pas un as ;
- soit un as, mais pas une carte rouge ;
- soit un as rouge (as de cœur, de carreau).

Mais le « ou » peut aussi avoir le sens **exclusif** du « ou bien ». La proposition « La porte est ouverte ou fermée » est vraie lorsque la porte est ouverte **ou bien** fermée, mais elle ne peut pas être les deux en même temps. On peut dire aussi « La porte est **soit** ouverte, **soit** fermée ».

Thème 2 La négation

La négation d'une proposition P, notée **non P,** est la proposition qui est fausse lorsque P est vraie et qui est vraie lorsque P est fausse.

EXEMPLES

- La proposition « $6 > 5$ » est vraie ; sa négation « $6 \leqslant 5$ » est fausse.
- La proposition « $2 \times 3 = 5$ » est fausse ; sa négation « $2 \times 3 \neq 5$ » est vraie.

Thème 3 L'implication

• La proposition « si P, alors Q » est appelée **implication**. On dit que **P est l'hypothèse** et que **Q est la conclusion**.
• Pour établir que la proposition « si P, alors Q » est vraie, **on suppose** que P est vraie et on démontre **qu'alors** Q est vraie.

EXEMPLES
• « Si $x = 3$, alors $x^2 = 9$ » est une implication vraie.
• « Si $x = 5$, alors $3x = 20$ » est une implication fausse : sous l'hypothèse $x = 5$, on a alors $3x = 15$, donc « $3x = 20$ » est fausse.

La **réciproque** de « si **P**, alors **Q** » est « si **Q**, alors **P** ».

Lorsque l'implication « si P, alors Q » est vraie, sa réciproque peut être vraie ou fausse.

EXEMPLES
• Théorème de Pythagore :
« Si **ABC est un triangle rectangle en A**, alors $\mathbf{BC^2 = AB^2 + AC^2}$ ».
Réciproque : « Si dans un triangle ABC, $\mathbf{BC^2 = AB^2 + AC^2}$, alors **ABC est rectangle en A** ».
• « Si $\mathbf{x = 3}$, alors $\mathbf{x^2 = 9}$ » est une implication vraie, mais sa réciproque « Si $\mathbf{x^2 = 9}$, alors $\mathbf{x = 3}$ » est fausse : sous l'hypothèse $x^2 = 9$, on peut avoir $x = -3$, donc « $x = 3$ » est fausse.

• La **contraposée** de « si P, alors Q » est « si (**non** Q), alors (**non** P) ».
• Une implication et sa contraposée sont toutes les deux vraies ou bien toutes les deux fausses. On dit qu'elles sont **équivalentes**.

EXEMPLE
La contraposée du théorème de Pythagore est :
« Si dans un triangle ABC, $BC^2 \neq AB^2 + AC^2$, alors ABC n'est pas rectangle en A ».
La contraposée du théorème de Pythagore est utilisée pour démontrer qu'un triangle n'est pas rectangle.

Thème 4 L'équivalence

• La proposition « P **si, et seulement si** Q » (ou « P **équivalent** à Q ») est la proposition « (si P, alors Q) et (si Q, alors P) ».
• Deux propositions équivalentes sont toutes les deux vraies ou bien toutes les deux fausses.

EXEMPLE
La proposition « Si ($x = 1$ ou $x = -1$) », alors ($x^2 = 1$) » et sa réciproque « Si ($x^2 = 1$), alors ($x = 1$ ou $x = -1$) » sont toutes deux vraies.
On peut dire que « ($x^2 = 1$) si, et seulement si ($x = 1$ ou $x = -1$) ».

Thème 5 Condition nécessaire, condition suffisante

Lorsque l'implication « si P, alors Q » est vraie, on dit que :
- P est **une condition suffisante** pour Q : il suffit que P soit vraie pour que Q soit vraie ;
- Q est **une condition nécessaire** pour P : si P est vraie, alors nécessairement (obligatoirement) Q est vraie.

EXEMPLE

« Si ABCD est un losange, alors ABCD est un parallélogramme » est vraie.
« ABCD est un losange » est une condition suffisante pour que ABCD soit un parallélogramme.
« ABCD est un parallélogramme » est une condition nécessaire pour que ABCD soit un losange.
Mais « ABCD est un losange » n'est pas une condition nécessaire pour que ABCD soit un parallélogramme. ABCD peut être un parallélogramme sans que ABCD soit un losange.

Remarque : Dans l'implication, il n'y a strictement aucune relation causale.

P est une condition nécessaire et suffisante pour Q lorsque P et Q sont équivalentes.

EXEMPLE

« Les diagonales d'un quadrilatère ABCD se coupent en leur milieu et sont perpendiculaires » est une condition nécessaire et suffisante pour « ABCD est un losange ».

Thème 6 Les quantificateurs

Les expressions « **quel que soit...** » et « **il existe au moins un...** » sont appelées **quantificateurs**. Les quantificateurs servent à préciser quels sont les éléments qui vérifient une propriété : « tous » ou « certains ».

1 Quantificateur universel : « quel que soit... », « pour tout... »

EXEMPLES

- « Quel que soit le réel x, $x^2 \geqslant 0$ » : cette proposition est vraie.
- « Tout parallélogramme a des diagonales de même longueur » : cette proposition est fausse.

2 Quantificateur existentiel : « il existe au moins un... »

EXEMPLES

- « Il existe au moins un entier naturel divisible par 2 et par 3 » : cette proposition est vraie.
- « Il existe un triangle ABC tel que $\widehat{A} = 30°$, $\widehat{B} = 60°$, $\widehat{C} = 100°$ » : cette proposition est fausse (car $\widehat{A} + \widehat{B} + \widehat{C} \neq 180°$).

Thème 7 Types de raisonnements spécifiques

1 Démonstration par disjonction de cas

Note
On sait que tout entier naturel est soit pair, soit impair.
On effectue la démonstration dans chacun des cas.

Énoncé : Démontrer que pour tout entier naturel n, $n(n+1)$ est pair.
Solution
1er cas : n est pair, c'est-à-dire $n = 2k$ avec k entier naturel. Alors $n(n+1) = 2k(2k+1)$. Ainsi $n(n+1)$ est divisible par 2 et donc pair.
2e cas : n est impair, c'est-à-dire $n = 2k+1$ avec k entier naturel. Alors :
$n(n+1) = (2k+1)(2k+2) = 2(2k+1)(k+1)$. Ainsi $n(n+1)$ est pair.

2 Démonstration par la contraposée

Énoncé : Démontrer que si le carré d'un entier naturel n est pair, alors n est pair.
Solution
La contraposée de la proposition à démontrer est : « si un entier naturel n est impair, alors n^2 est impair ».
On suppose que n est impair, c'est-à-dire $n = 2k+1$ avec k entier naturel.
Alors $n^2 = (2k+1)^2 = 4k^2 + 4k + 1 = 2(2k^2 + 2k) + 1$ et donc n^2 est impair.
La contraposée est donc vraie ; par conséquent, la proposition « si le carré d'un entier naturel n est pair, alors n est pair » est vraie.

3 Démonstration par l'absurde

Le raisonnement par l'absurde consiste à prendre comme hypothèse la négation de la proposition à démontrer et à en déduire une contradiction.

Énoncé : A et B sont deux points distincts du plan et C est un point n'appartenant pas à la médiatrice de [AB]. Démontrer que le triangle ABC n'est pas isocèle en C.
Solution
On suppose que le triangle ABC est isocèle en C. Alors C est un point équidistant de A et de B, donc C appartient à la médiatrice de [AB], ce qui est en contradiction avec l'énoncé. Donc la proposition « ABC est isocèle en C » est fausse.

4 Démonstration par contre-exemple

P (x) désigne une phrase où intervient une variable x.

Pour démontrer qu'une proposition « **Pour tout x de E**, P(x) » est fausse, il suffit de trouver **un contre-exemple**, c'est-à-dire une valeur de x pour laquelle P(x) est fausse.

Note
Ici E est l'ensemble de tous les entiers naturels divisibles par 4 et par 6.
La proposition s'écrit : « Pour tout n de E, n est divisible par 24 ».

Énoncé : La proposition « Tout entier naturel divisible par 4 et 6 est divisible par 24 » est-elle vraie ou fausse ?
Solution
12 est divisible par 4 (car $12 = 4 \times 3$) et par 6 (car $12 = 6 \times 2$), mais 12 n'est pas divisible par 24. Donc la proposition est fausse.

Corrigés

Vérifier les acquis

Chapitre 1

1 **a)**

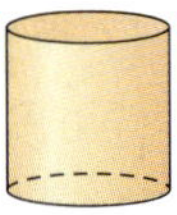

b)

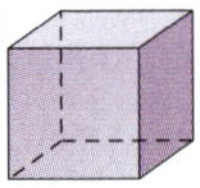

c)

2 Voici les onze patrons non superposables d'un cube :

3 La section de la pyramide SABCD par le plan passant par M et parallèle à sa base est un rectangle dont les côtés sont parallèles à ceux de la base ABCD.

4 **a)** La section du cylindre $\mathscr{C}$ par le plan passant par N et N' et parallèle à son axe est un rectangle.
b) La section du cylindre $\mathscr{C}$ par le plan passant par P et perpendiculaire à son axe est un disque de rayon 1 cm.

5 OHA est un triangle rectangle en H. De plus, HO = 2,2 cm et HA = 4,5 cm.
Cela suffit pour dessiner en vraie grandeur le triangle AOH.

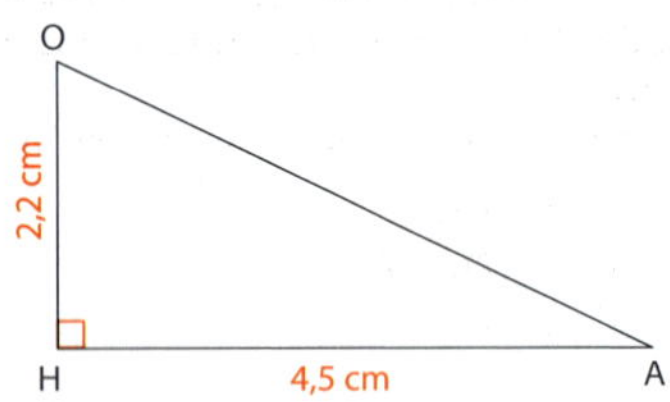

6 **a)** La base de $\mathscr{C}$ est un disque de diamètre 3 cm. Son volume $V_{\mathscr{C}}$ est donc

$$\pi \times \left(\frac{3}{2}\right)^2 \times 3, \text{ soit } \frac{27}{4}\pi \text{ cm}^3.$$

Le diamètre de $\mathscr{S}$ et 3 cm, son volume $V_{\mathscr{S}}$ est donc $\frac{4}{3} \times \pi \times \left(\frac{3}{2}\right)^3$, soit $\frac{9}{2}\pi$ cm^3.

La base de $\mathscr{P}$ est un carré d'aire 9 cm^2, son volume $V_{\mathscr{P}}$ est donc $\frac{1}{3} \times 9 \times 3$, soit 9 cm^3.

b) $\frac{9}{2}\pi = \frac{18}{4}\pi$ donc $V_{\mathscr{S}} < V_{\mathscr{C}}$

$9 = \frac{36}{4} = \frac{18}{4} \times 2$ donc $V_{\mathscr{P}} < V_{\mathscr{S}}$.

Par conséquent : $V_{\mathscr{P}} < V_{\mathscr{S}} < V_{\mathscr{C}}$.

Chapitre 2

1 **a)** On lit les heures sur l'axe des abscisses, (axe horizontal) et les hauteurs d'eau sur l'axe des ordonnées (axe vertical).

b) La marée haute est à 19 h.

c) La hauteur d'eau à 18 h est 10 mètres.

2 **a)** Le nombre 3 a pour image **5** par f.

b) Le nombre 5 a pour antécédents **– 5** et **3** par f.

c) $f(0) = 1$ et $f(-2) = 4$.

3 **a)** Vrai : $g(2) = 15$ et $g(7) = -15$.

b) Fausse : c'est 1 qui a pour image 27.

c) Fausse : l'image de 2,5 n'est pas définie par le tableau.

4 **a)** $(a-5)^2 = a^2 - 2 \times a \times 5 + 5^2$
$= a^2 - 10a + 25$

b) $(2x+3)^2 = (2x)^2 + 2 \times 2x \times 3 + 3^2$
$= 4x^2 + 12x + 9$

c) $(3x-4)(3x+4) = (3x)^2 - 4^2$
$= 9x^2 - 16$

5 **a)** $5t^2 + 3t = t \times 5t + t \times 3$
$= t(5t+3)$

b) $(2x+1)^2 - 4(2x+1) = (2x+1)[(2x+1) - 4]$
$= (2x+1)(2x-3)$

c) $a^2 - 9 = a^2 - 3^2$
$= (a+3)(a-3)$

6 On note q la quantité de tomates produites exprimée en kilogrammes.

$\frac{3}{4}q + 900 + 350 = q$

soit $1\,250 = \frac{1}{4}q$ et $4 \times 1\,250 = q$ donc $q = 5\,000$.

Le producteur a produit 5 000 kg de tomates.

Chapitre 3

1 **a)** $f(2) = 3 \times 2 + 5 = 11$
$g(-3) = (-3)^2 - 3 \times (-3) + 5 = 23$

b) On cherche x tel que $f(x) = 1$, donc tel que $3x + 5 = 1$.

Donc $3x = -4$ et $x = -\frac{4}{3}$.

2 **a)** Fausse **b)** Vraie **c)** Fausse

3 Une fonction affine est définie sur $\mathbb{R}$ par $f(x) = ax + b$, a et b étant deux nombres réels.
La fonction f est affine, g est linéaire, h est affine et l est affine, car :

$l(x) = x^2 + 10x + 25 - x^2 - 4x - 4 = 6x + 21$.

4 **a)** $f(5) - f(1) = 2 \times 5 - 3 - (2 \times 1 - 3)$
$= 10 - 3 - 2 + 3$
$= 8$

$f(5) - f(1)$ étant positif, $f(5)$ est supérieur à $f(1)$.

b) $f(a+1) - f(a) = 2(a+1) - 3 - (2a-3)$
$= 2a + 2 - 3 - 2a + 3$
$= 2$

Donc $f(a+1)$ est supérieur à $f(a)$.

5

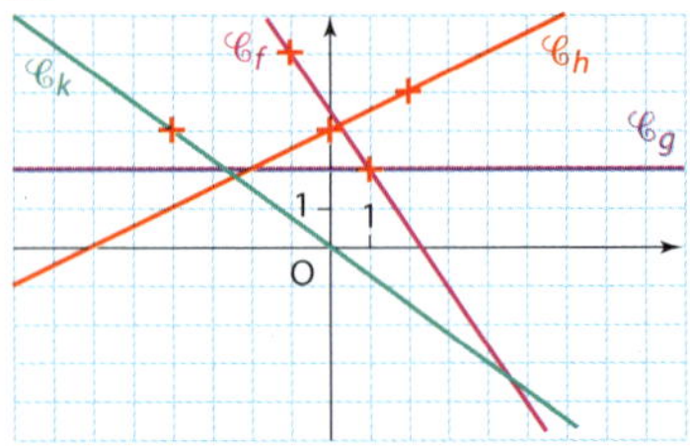

6 **a)** Coefficient directeur de la droite bleue : 0
Coefficient directeur de la droite verte : 2
Coefficient directeur de la droite rouge : $-\frac{1}{3}$.

b) Droite bleue : $f(x) = 3$

Droite verte : $f(x) = 2x + 2$ (on peut lire l'ordonnée à l'origine)

Droite rouge : $f(x) = -\frac{1}{3}x + b$.

De plus $f(-1) = 5$ donc $5 = \frac{1}{3} + b$

alors $b = \frac{14}{3}$.

Finalement $f(x) = -\frac{1}{3}x + \frac{14}{3}$.

7 **a)** f ne peut pas être une fonction affine car il n'y a pas proportionnalité des accroissements.

b) Il y a proportionnalité des accroissements, donc g peut être une fonction affine.

c) Il y a proportionnalité des accroissements, donc h peut être une fonction affine.

Chapitre 4

1 **a)** $4(-5)^2 = 4 \times 25 = 100$

b) $4 \times \left(\frac{3}{4}\right)^2 = 4 \times \frac{9}{16} = \frac{9}{4}$

c) $4\left(\sqrt{2}\right)^2 = 4 \times 2 = 8$

2 **a)** Fausse, – 5 est l'opposé de 5.
b) Vraie.
c) Vraie.

3 **a)** $5x^2$ **b)** $5+\frac{1}{x}$

4 **a)** $(x+5)^2 = x^2+2\times x\times 5+5^2$
$= x^2+10x+25$
b) $(3-x)^2 = 3^2-2\times 3\times x+x^2 = 9-6x+x^2$
c) $\left(2x+\frac{1}{2}\right)^2 = (2x)^2+2\times 2x\times \frac{1}{2}+\left(\frac{1}{2}\right)^2$
$= 4x^2+2x+\frac{1}{4}$
d) $\left(\frac{1}{2}x-1\right)^2 = \left(\frac{1}{2}x\right)^2-2\times\frac{1}{2}x\times 1+1^2$
$= \frac{1}{4}x^2-x+1$
e) $(x+6)(x-6) = x^2-6^2 = x^2-36$
f) $(1-4x)(1+4x) = 1^2-(4x)^2 = 1-16x^2$

5 **a)** $x>0$ **b)** $x\leqslant 0$ **c)** $x\leqslant 5$

6 **a)** $a+2<b+2$.
b) $-2a>-2b$ (car on multiplie par un nombre négatif).
c) $\frac{a}{3}<\frac{b}{3}$

7 **a)** $f(4)=3-5\times 4=-17$.
L'image de 4 par f est -17.
b) $f(x)=4$ donne $3-5x=4$ donc $-5x=1$ et $x=-\frac{1}{5}$.
$-\frac{1}{5}$ est l'antécédent de 4 par f.

8 **a)** Vraie (car la courbe coupe l'axe des abscisses au point d'abscisse 2).
b) Vraie (car la droite $\Delta : y=1$ coupe la courbe en deux points).
c) Faux (l'image de 1,5 par g est environ 0,75).
d) Faux (– 1 n'a pas d'antécédent par g).

Chapitre 5

1 $D_A = D_R + D_F = \frac{V}{3{,}6}+\frac{V^2}{254\times 0{,}7}$
$D_A = \frac{V}{3{,}6}+\frac{V^2}{177{,}8}$

2 L'inégalité $\frac{5}{x}<3$ est vraie lorsque x prend comme valeur :
a) – 4 **d)** 2,4

3 **a)** L'inégalité $(x+2)^2-4\geqslant -4$ s'écrit encore $(x+2)^2\geqslant 0$. Elle est vraie pour tout réel x car un carré est toujours positif ou nul.
b) $-4(x-3{,}5)^2\leqslant 0$ est vraie pour tout réel x car – 4 est négatif et $(x-3{,}5)^2$ est positif ou nul.
c) $0{,}81-x^2\leqslant 0$ est fausse pour $x=0$.

4 $x \to x-1 \to \frac{1}{x-1} \to \frac{1}{x-1}-4$
enlever 1 – prendre l'inverse – enlever 4
$f(x)=\frac{1}{x-1}-4$

5 **a)** $(2x-3)^2 = (2x)^2-2\times 2x\times 3+3^2$
$= 4x^2-12x+9$
b) $(3x+1)^2 = 9x^2+6x+1$
c) $(2-5x)(2+5x) = 2^2-(5x)^2$
$= 4-25x^2$
d) $8-2(x-3)^2 = 8-2(x^2-6x+9)$
$= 8-2x^2+12x-18$
$= -2x^2+12x-10$

6 **a)** $x^2+10x+25 = x^2+2\times x\times 5+5^2$
$= (x+5)^2$
b) $9-x^2 = 3^2-x^2$
$= (3-x)(3+x)$
c) $4x^2-4x+1 = (2x-1)^2$
d) $8-2(x-3)^2 = 2[4-(x-3)^2]$
$= 2[2-(x-3)][2+(x-3)]$
$= 2(5-x)(-1+x)$

7 Pour tout nombre réel x, $x\neq 1$.
a) $\frac{x-1}{2}+3 = \frac{x-1}{2}+\frac{6}{2} = \frac{x+5}{2}$
b) $\frac{2}{x-1}+3 = \frac{2}{x-1}+\frac{3(x-1)}{x-1} = \frac{3x-1}{x-1}$
c) $\frac{2}{x-1}-3 = \frac{2}{x-1}-\frac{3(x-1)}{x-1}$
$= \frac{2-3x+3}{x-1}$
$= \frac{-3x+5}{x-1}$

Chapitre 6

1 **a)** –3 est solution de $x+3\geqslant 0$ car $-3+3\geqslant 0$.
b) –3 n'est pas solution de $3y\geqslant 0$ car $3\times(-3)<0$.
c) –3 est solution de $7x\leqslant -4$ car $7\times(-3)\leqslant -4$.
d) –3 n'est pas solution de $5-2x\leqslant 10$ car $5-2\times(-3)>10$.
e) –3 n'est pas solution de $2x+6<0$ car $2\times(-3)+6=0$.
f) –3 est solution de $2x-3\geqslant \frac{x}{3}-8$ car $2\times(-3)-3=\frac{-3}{3}-8=-9$.

2 On sait que $a\leqslant b$.
a) $a-7{,}5\leqslant b-7{,}5$.
b) $3a\leqslant 3b$.
c) $\frac{a}{3}\leqslant\frac{b}{3}$.
d) $-a\geqslant -b$.
e) $-2a+5\geqslant -2b+5$
f) $-\frac{1}{2}a-7\geqslant -\frac{1}{2}b-7$

3 **a)** $3x-4\leqslant 0$ équivaut à $3x\leqslant 4$, soit encore $x\leqslant\frac{4}{3}$.

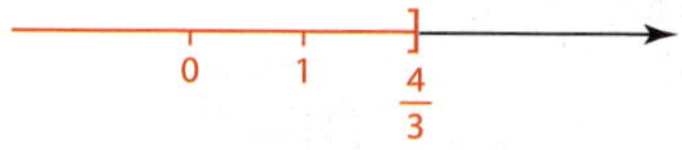

$\mathcal{S} = \left]-\infty\,;\frac{4}{3}\right]$.

b) $-5x+7\geqslant 0$ équivaut à $-5x\geqslant -7$, soit encore $x\leqslant\frac{-7}{-5}$, c'est-à-dire $x\leqslant\frac{7}{5}$.

$\mathcal{S} = \left]-\infty\,;\frac{7}{5}\right]$.

c) $-\frac{2}{3}x+1<0$ équivaut à $-\frac{2}{3}x<-1$, soit encore $x>\frac{3}{2}$.

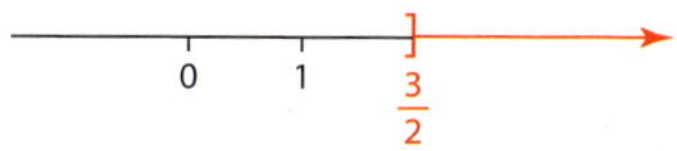

$\mathcal{S} = \left]\frac{3}{2}\,;+\infty\right[$.

4 **a)** $2x+5\leqslant 3x-4$ équivaut à :
$2x-3x\leqslant -5-4$, soit encore $x\geqslant 9$:
$\mathcal{S} = [9\,;+\infty[$.
b) $\frac{3}{2}x+1>3x-5$ équivaut à $\frac{3}{2}x-3x>-1-5$, soit $-\frac{3}{2}x>-6$ c'est-à-dire $x<4$:
$\mathcal{S} =]-\infty\,;4[$.
c) $2x+4<\frac{x}{3}$ équivaut à $2x-\frac{x}{3}<-4$, soit $\frac{5x}{3}<-4$ c'est-à-dire $x<-\frac{12}{5}$.
$\mathcal{S} = \left]-\infty\,;-\frac{12}{5}\right[$.

5 A, C et E sont écrites sous forme d'une somme.
B, D et F sont écrites sous forme d'un produit.

6 Un carré est toujours positif ou nul donc A, B et F sont positifs, C et H sont négatifs pour tout réel x.
Le signe de D, E, G et I dépend de la valeur de x.

7 $A = x(x+3)$
$B = (x-2)(x+2)$
$C = (x+3)^2$

Chapitre 7

1 **a)** La mesure de chaque angle est 60°.
b) $\widehat{M}=90°$ et $\widehat{N}=\widehat{P}=45°$.

2 **a)** Le périmètre de $\mathscr{C}$ est 2π.

b) La longueur de l'arc rouge $\widehat{IJ}$ est $\frac{1}{4}(2\pi) = \frac{\pi}{2}$.
La longueur de l'arc $\widehat{II'}$ est π.

3

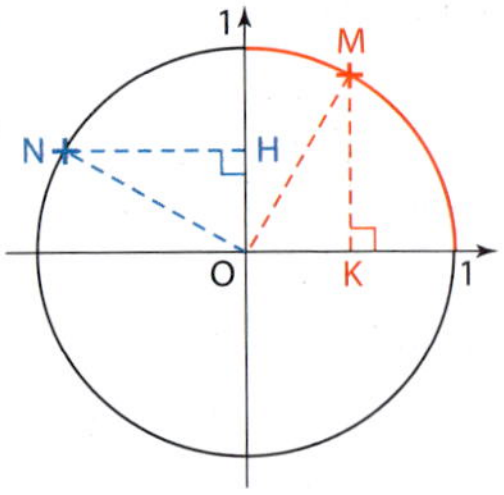

a) Avec le théorème de Pythagore :
$KM^2 = OM^2 - OK^2 = 1 - \frac{1}{4} = \frac{3}{4}$ donc $KM = \frac{\sqrt{3}}{2}$.

M a pour ordonnée $\frac{\sqrt{3}}{2}$.

b) $HN^2 = ON^2 - OH^2 = 1 - \frac{1}{4} = \frac{3}{4}$ donc $HN = \frac{\sqrt{3}}{2}$.

N a pour abscisse $-\frac{\sqrt{3}}{2}$.

4 **a)** $\cos\widehat{F} = \frac{EF}{FG} = \frac{3,2}{4} = 0,8$.

b) Avec la calculatrice : $\widehat{F} \approx 37°$.

5 **a)** $\sin\widehat{A} = \frac{BC}{AC} = \frac{3,6}{4,5} = 0,8$.

b) Avec la calculatrice : $\widehat{A} \approx 53°$.

6 • $\sin\widehat{N} = \frac{MP}{PN}$ donc

$PN = \frac{MP}{\sin\widehat{N}} = \frac{8}{\sin 52°}$ soit $PN \approx 10,2$ cm.

• $\cos\widehat{N} = \frac{MN}{PN}$ donc :

$MN = PN \times \cos\widehat{N} = \frac{8}{\sin 52°} \times \cos 52°$
soit $MN \approx 6,3$ cm.

Chapitre 8

1 Le triangle ABC étant rectangle en A, on peut appliquer le théorème de Pythagore, ce qui donne : $AB^2 + AC^2 = BC^2$.
Avec les données de l'énoncé, on a :
$4^2 + AC^2 = 5^2$ soit $16 + AC^2 = 25$.
Donc $AC^2 = 25 - 16 = 9$.
Or $AC > 0$ car c'est une longueur, donc :
$AC = 3$.

2 **a)** Échelle : 1/2.

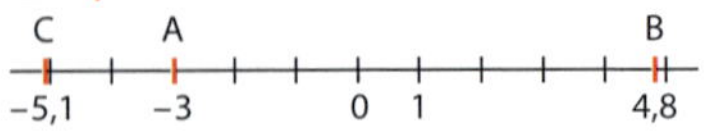

b) • Comme $x_B > x_A$, on a :
$AB = x_B - x_A = 4,8 - (-3) = 4,8 + 3 = 7,8$.

• $x_A > x_C$ donc
$AC = x_A - x_C = -3 - (-5,1) = 2,1$.

• $x_B > x_C$, donc :
$BC = x_B - x_C = 4,8 - (-5,1) = 4,8 + 5,1 = 9,9$.

3 **a)** E(1 ; 2), D(2,5 ; 0), B(– 3 ; 2) et F(0 ; – 3).

b) B et C ont pour abscisse commune – 3. Ils sont sur une même droite verticale.
O, F et G ont pour abscisse 0.

c) A et G ont pour ordonnée commune 3. Ils sont sur une même droite horizontale.
B et E ont pour ordonnée 2.
O et D ont pour ordonnée 0.
C et F ont pour ordonnée – 3.

d) Deux couples vérifient l'énoncé : C(– 3 ; – 3), A(3 ; 3) et F(0 ; – 3), G(0 ; 3).

4 **a)** – 265 – (– 325) = – 265 + 325 = 60. Il est mort à 60 ans.

b) Somme : 35 + (– 42) = – 7 ;
Différence : 35 – (– 42) = 35 + 42 = 77 ;
Moyenne : $\frac{35 + (-42)}{2} = \frac{-7}{2} = -3,5$.

5 **a)** $3x + 1 = 0$, soit $3x = -1$, et $x = \frac{-1}{3}$.

b) $3x + 1 = 5x - 7$
$3x + 1 + 7 = 5x$
$3x + 8 = 5x$
$8 = 5x - 3x$
$8 = 2x$
$x = \frac{8}{2} = 4$.

La solution de l'équation est 4.

6 **a)** $\mathscr{C}_g$ est une droite horizontale. Son coefficient directeur est donc nul. La seule expression qui correspond est $g(x) = 3$.
$\mathscr{C}_f$ est une droite de coefficient directeur négatif (2 expressions conviendraient). L'ordonnée à l'origine vaut 1. La seule expression qui correspond est donc $f(x) = -2x + 1$.
b) $f(x) = -2x + 5$ ou $f(x) = -2x - 1$ ou ...

7 **a)** La droite (IJ) passe par les milieux des côtés [BA] et [BD] du triangle BAD. Elle est donc parallèle au troisième côté de ABD.
Donc (IJ)//(AD).
Comme (AD)//(BC), les droites (IJ) et (BC) sont toutes deux parallèles à une même troisième. Donc (IJ)//(BC).

b) La droite (IJ) passe par le milieu d'un des côtés du triangle BCD et est parallèle à un autre de ses côtés. Elle coupe donc le troisième côté de BCD en son milieu.

Chapitre 9

1 $f(-2) = -5$ $f(1) = 4$
$f(-1) = -2$ $f(2) = 7$
$f(0) = 1$ $f(3) = 10$

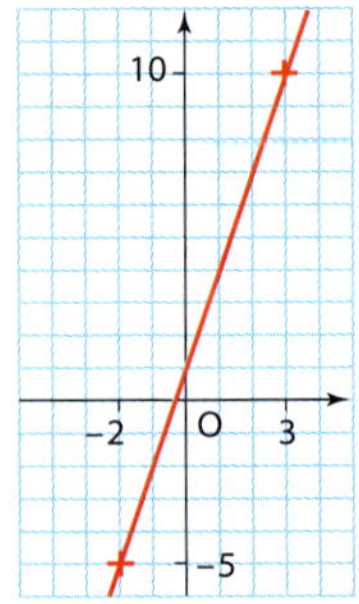

2 $f(0) = 2$ donc seule d_2 peut convenir puisqu'elle passe par le point A(0 ; 2).

3 $f(5) = -4$

4 **a)** $f(x) = 2x - 3$
b) $f(2) = 1$ donc C appartient à la droite représentant f.
$f(-100) \neq -197$ donc D n'appartient pas à la droite représentant f.

5 • $\frac{5}{2}$ est l'antécédent de 0 ;
• 1 est l'antécédent de 3.

6 **a)** $\mathscr{S} = \left\{\frac{2}{3}\right\}$

b) $\mathscr{S} = \left\{-\frac{2}{5}\right\}$

c) $\mathscr{S} = \{-1\}$

d) $\mathscr{S} = \{2\}$

7

Droite	d_1	d_2	d_3	d_4
Coefficient directeur	– 2	3	3	0
Ordonnée à l'origine	1	2	0	– 2

Chapitre 10

1 Les segments [PQ] et [MN] ont même milieu O, donc MPNQ est un parallélogramme.

2 Un quadrilatère dont les côtés sont deux à deux parallèles est un parallélogramme.

3 **a)**

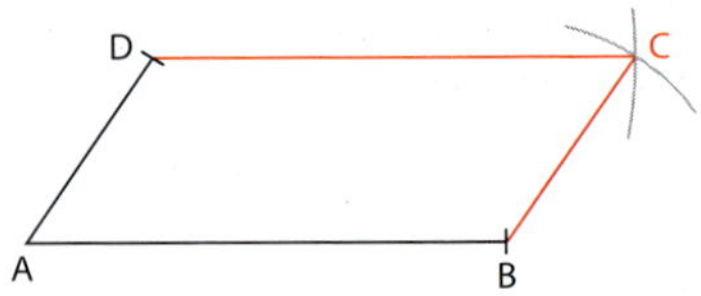

b)

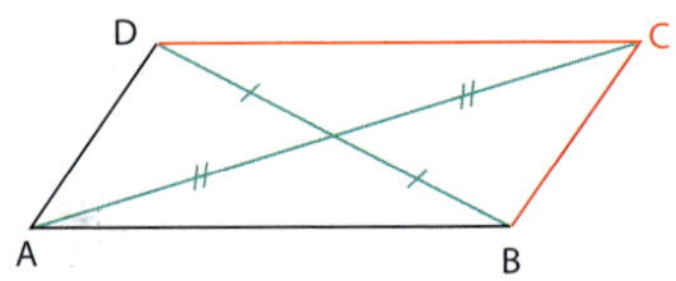

4

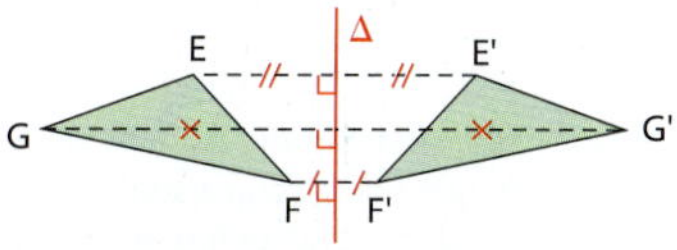

5 A(6 ; 2), B(– 3 ; – 3), C(4 ; – 2).

6 Non car $\frac{40}{100} \neq \frac{12}{40}$.

7 $\frac{4}{10} = \frac{2}{x} = \frac{y}{3}$ donc :
$4x = 20$ d'où $x = 5$ et $10y = 12$ d'où $y = 1{,}2$.

Chapitre 11

1 **a)** $f_1 = \frac{162}{250} = 0{,}648$

b) $p_2 = f_2 \times 100 = \frac{88}{250} \times 100 = 35{,}2$.

2 **a)** Quatre élèves ont reçu exactement quatre spams aujourd'hui.

b) 3 + 0 + 1 + 4 + 4 + 2 + 1 + 5 + 3 + 1 + 1 = 25
La classe compte 25 élèves.

3

Nombre de spams	0	1	2	3	4	5	6	7	8	9	10
Effectif	3	0	1	4	4	2	1	5	3	1	1

$\bar{x} = \frac{3\times0+0\times1+1\times2+\ldots+1\times10}{25} = 4{,}96$
Ainsi, en moyenne, un élève de cette classe a reçu environ cinq spams aujourd'hui.

4 **a)** $e = 83 - 18 = 65$.

b) • Les valeurs sont rangées par ordre croissant.

• L'effectif total est 14 donc la médiane est la demi-somme des valeurs de rang 7 et de rang 8.
$\text{Me} = \frac{55+56}{2} = 55{,}5$.
Ainsi, au moins 50 % des résultats des élèves sont inférieurs ou égaux à 55,5 et au moins 50 % sont supérieurs ou égaux à 55,5.

5 • Les valeurs sont rangées par ordre croissant.

• L'effectif total est 100 et $\frac{1}{4} \times 100 = 25$.
Le premier quartile Q_1 correspond à la 25e valeur. $Q_1 = 5$.
Ainsi, au moins un quart de ces anacondas mesure 5 m ou moins.

Chapitre 12

1 **a)** Les issues sont 1, 2, 3 et 4.

b) La probabilité d'obtenir le numéro 1 est $\frac{2}{6} = \frac{1}{3}$.

c)

Issue	1	2	3	4	Total
Probabilité	$\frac{1}{3}$	$\frac{1}{6}$	$\frac{1}{6}$	$\frac{1}{3}$	1

2 **a)**

Somme		Sac rouge 1	2	3
Sac bleu	0	1	2	3
	1	2	3	4
	2	3	4	5
	3	4	5	6

Les issues sont : 1, 2, 3, 4, 5 et 6.

b) La probabilité d'obtenir une somme égale à 2 est $\frac{2}{12} = \frac{1}{6}$; celle d'obtenir une somme égale à 4 est $\frac{3}{12} = \frac{1}{4}$. Ce dernier événement est donc le plus probable.

3 **a)**

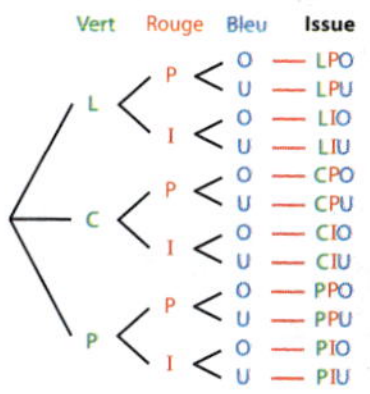

b) La probabilité d'obtenir le mot CIO est $\frac{1}{12}$.

4 **a)** $p(A) = \frac{2}{6} = \frac{1}{3}$ et $p(B) = \frac{2}{6} = \frac{1}{3}$.

b) Non, A et B ne peuvent pas se réaliser en même temps.

5 **a)** La probabilité est : $\frac{19}{100} = 0{,}19$.

b) L'événement contraire est : « Le chiffre 9 ne figure pas dans le numéro ». Sa probabilité est :

$$1 - \frac{19}{100} = \frac{81}{100} = 0{,}81.$$

Chapitre 13

1 **a)**

Pointure	37	38	39	40	41	42	43
Fréquence	$\frac{1}{25}$	0	$\frac{3}{25}$	$\frac{7}{25}$	$\frac{9}{25}$	$\frac{2}{25}$	$\frac{3}{25}$

b) 9 + 2 + 3 = 14.
14 joueuses sur 25 chaussent au moins du 41.
$\frac{14}{25} \times 100 = 56$ donc 56 % des joueuses chaussent au moins du 41.

2 **a)** $\bar{x} = \frac{3\times75+7\times80+\ldots+5\times100}{3+7+\ldots+5} = \frac{6215}{70}$
Ces téléphones pèsent en moyenne 88,8 g environ.

b) $\bar{x}' = \frac{6215+245}{70+1} = \frac{6460}{71}$
En ajoutant cet ancien modèle, la moyenne est alors de 91 g environ.

3 **a)** • On range ces valeurs par ordre croissant : 15,5 – 39 – 40,5 – 159 – 160,5 – 164 – 167 – 169,5 – 176,5 – 178 – 181,5 – 187 – 192 – 194,5 – 196,5 – 196,5 – 199 – 200 – 207,5 – 211,5 – 224.

• Il y a 21 valeurs. Donc la médiane est la 11e valeur Me = 181,5.

• $\frac{1}{4} \times 21 = 5{,}25$, donc le premier quartile est la 6e valeur ; $Q_1 = 164$.

• $\frac{3}{4} \times 21 = 15{,}75$, donc le troisième quartile est la 16e valeur ; Q_3 : 196,5.

b) • Durant le Tour de France, les longueurs d'au moins 50 % des étapes sont inférieures ou égales à 181,5 km et les longueurs d'au moins 50 % des étapes sont supérieures ou égales à 181,5 km.

• Durant le Tour de France, au moins 25 % des étapes ont une longueur inférieure ou égale à 164 km ; les longueurs d'au moins 75 % des étapes sont inférieures ou égales à 196,5 km.

4 **a)** 40 min.

b) 2 + 1 + 0 + 3 + 5 + 3 + 4 + 1 + 1 = 20.
L'effectif total est 20.

c) • Les valeurs sont rangées par ordre croissant.
• La médiane est la demi-somme de la 10e et de la 1e valeurs donc $M_e = 20$ min.

5 **a)** =H1– B1

b) =(B1*B2+...+H1*H2)/(B2+...+H2)
ou bien
=SOMMEPROD(B1:H1;B2:H2)/SOMME(B2:H2)

Corrigés

Se préparer au contrôle

Chapitre 1

QCM

44 **1. a) Faux.** Deux droites de l'espace qui ne se coupent pas peuvent être non coplanaires. Or, deux droites strictement parallèles de l'espace sont coplanaires.
b) Faux. Il existe un plan et un seul qui contient deux droites strictement parallèles.
c) Vrai. C'est la définition de deux droites strictement parallèles dans l'espace.
2. a) Faux. Erreur possible : on visualise un plan $\mathcal{Q}$ contenant d et sécant à $\mathcal{P}$. Il coupe $\mathcal{P}$ en une seule droite Δ parallèle à d. Mais ce plan sécant $\mathcal{Q}$ n'est pas unique.
b) Vrai. En effet, avec les notations ci-dessus, toute droite de $\mathcal{P}$ parallèle à Δ est parallèle à la droite d.
c) Faux. Avec les notations ci-dessus, une droite Δ' de $\mathcal{P}$ sécante à Δ, n'est pas coplanaire à la droite d et ne lui est donc pas parallèle.
3. a) Faux. En effet, la droite d'' n'est pas nécessairement dans le plan contenant d et d'.
b) Faux. En effet, d'' peut être dans un plan contenant d' et ne contenant pas d.
c) Vrai. Voir la propriété P7 énoncée page 28.

45 **1. a) Faux.** Si l'on note a la longueur du côté du tétraèdre régulier ABCD, alors les hauteurs [IC] et [ID] des triangles équilatéraux ABC et ABD ont pour longueur $a\frac{\sqrt{3}}{2}$.
Donc $IC^2 + CD^2 = \frac{7}{4}a^2$. Or $ID^2 = \frac{3}{4}a^2$. Donc $IC^2 + CD^2 \neq ID^2$.
b) Vrai. En effet, les segments [IC] et [ID] sont des hauteurs de triangles équilatéraux qui ont le même côté.
c) Faux. En effet, $IC \neq CD$.
2. a) Vrai. Le triangle contenu dans la face du cube a pour aire $\frac{1}{2}$ cm². La hauteur relative à cette base a pour longueur 1 cm. Le volume de la pyramide est donc $\frac{1}{3} \times \frac{1}{2} \times 1$, soit $\frac{1}{6}$ cm³.
b) c) Faux. Erreurs possibles : erreur dans la formule ou dans le calcul de l'aire d'une base ou …

Vrai – Faux

46 **a) Faux.** En effet, DBFH est un rectangle avec $BD = \sqrt{2} \times BF$.
b) Vrai. En effet, $AH = HF = AF = \sqrt{2} \times AB$.
c) Faux. En effet, A, D et H appartiennent au plan (ADH), alors que G ne lui appartient pas. Les droites (AH) et (DG) sont non coplanaires.
d) Vrai. Ils sont sécants selon la droite (CG).
e) Faux. En effet, E, H et G appartiennent au plan (EFG), alors que C ne lui appartient pas. Les droites (EH) et (CG) sont non coplanaires.
f) Vrai. En effet, (CD) et (HG) sont parallèles et comme (HG) est contenue dans le plan (ABG), la droite (CD) est parallèle à ce plan.
g) Vrai. En effet, le quadrilatère ACGE est un rectangle.

47 **a) Vrai.** En effet, si l'on note H le pied de la hauteur issue de D du triangle BCD, alors $DH = AH = \frac{\sqrt{3}}{2}$ cm. Or O est le centre de gravité du triangle BCD, donc $OH = \frac{1}{3} \times \frac{\sqrt{3}}{2}$ cm, c'est-à-dire $OH = \frac{\sqrt{3}}{6}$ cm.
Le théorème de Pythagore dans le triangle AOH rectangle en O, donne $AH^2 = OH^2 + OA^2$, c'est-à-dire successivement :
$\left(\frac{\sqrt{3}}{2}\right)^2 = \left(\frac{\sqrt{3}}{6}\right)^2 + OA^2$, $OA^2 = \frac{2}{3}$,
$$OA = \frac{\sqrt{2}}{\sqrt{3}} = \frac{\sqrt{3}}{6}.$$
b) Faux. Si le rayon est multiplié par $\frac{8}{3}$, le volume de la boule est multiplié par $\left(\frac{8}{3}\right)^3 = \frac{512}{27}$. Pour que le volume soit multiplié par 8, le rayon doit être multiplié par 2.
c) Vrai. En effet, la pyramide a pour hauteur le côté a du cube et pour aire de base, a^2. Donc son volume est $\frac{1}{3}a \times a^2 = \frac{1}{3}a^3$.
d) Vrai. Ces deux nombres s'écrivent $4\pi h$, où h est la hauteur du cylindre.

Chapitre 2

QCM

54 **1. a) Faux.** Erreur possible : mauvaise lecture de la graduation sur l'axe des ordonnées (deux carreaux pour une unité).
b) Vrai. En effet, $f(3) = 0,5$.
c) Faux. Erreur possible : on place 3 sur l'axe des ordonnées, alors qu'en fait 3 doit être lu sur l'axe des abscisses.
2. a) Vrai. En effet, $f(0) = 2$.
b) Faux. Erreur possible : on a lu $f(2)$ qui vaut −1. Attention, résoudre l'équation, c'est chercher les antécédents de 2.
c) Faux. Étourderie, l'équation proposée ne s'écrit pas $x = 2$.
3. a) Faux. Erreur possible : on lit $f(0)$ au lieu de chercher un antécédent de 0.
b) Vrai. En effet, la courbe coupe trois fois l'axe des abscisses.
c) Faux. Le point O n'est pas sur la courbe certes, mais les solutions de $f(x) = 0$ sont les abscisses des points d'intersection de la courbe avec l'axe des abscisses.
4. a) Faux. Erreur possible : on lit l'image de 1 au lieu de chercher un antécédent de 1.
b) Vrai. En effet, la droite d'équation $y = 1$ coupe la courbe quatre fois.
c) Faux. Erreur possible : deux points seulement d'ordonnée 1 de la courbe sont repérés par une croix, donc on peut lire les valeurs exactes de ces antécédents. Mais en fait 1 possède deux autres antécédents dont on ne pourra lire qu'une valeur approchée.

55 **1. a) Faux.** En effet, $-\frac{1}{3}(-3) = 1$.
b) Faux. Erreur possible : on a lu $-\frac{1}{3} + x = 0$.
c) Vrai. En effet, l'équation est une équation produit nul dans laquelle le premier facteur, $-\frac{1}{3}$, ne s'annule pas, donc il n'y a qu'une solution : $x = 0$.
2. a) Faux. Erreur possible : on a peut-être confondu avec l'équation $(x - 2)(7 + x) = 0$.
b) Faux. En effet, pour $x = -7$, le nombre $x - 2(7 + x)$ vaut $-7 - 2 \times 0$, soit −7 et non 0.
c) Vrai. En effet, après développement et réduction du membre de gauche, l'équation s'écrit $-x - 14 = 0$.
3. a) Vrai. En effet, l'équation est une équation produit nul dans laquelle le premier facteur 2 et le dernier facteur $(x^2 + 1)$ ne s'annulent pas, donc l'équation équivaut à $x - 3 = 0$.
b) Faux. Erreur possible : on peut confondre avec l'équation $2(x - 3)(x + 1) = 0$. Il faut lire attentivement l'énoncé.
c) Faux. $2(2 - 3)(2^2 + 1) = -10 \neq 0$. Donc 2 n'est pas solution de cette équation.
4. a) Faux. En effet, $\frac{3}{2}$ est une solution évidente car il annule les deux membres. Mais il faut regarder de plus près : il y a une autre solution.
b) Vrai. En effet, l'équation s'écrit :
$(2x - 3)[(x + 1) - (2x - 3)] = 0$
$(2x - 3)[x + 1 - 2x + 3] = 0$
$(2x - 3)(-x + 4) = 0$ (équation « produit nul »)
$2x - 3 = 0$ ou $-x + 4 = 0$
$x = \frac{3}{2}$ ou $x = 4$.
c) Faux. Erreur possible : oubli des parenthèses lors de la factorisation (voir **b)**).

Vrai – Faux

56 **1. a) Faux.** En effet, le nombre a du graphique ci-dessous aurait deux images par la fonction.

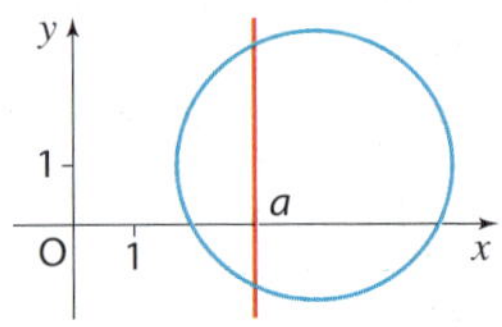

b) Faux. Revoir la définition d'une fonction.
c) Vrai. En effet, si f est la fonction définie par $f(x) = x^2 - 4$, alors $f(2) = f(-2) = 0$.
d) Faux. En effet, résoudre l'équation $f(x) = 4$,

c'est chercher les antécédents de 4 par f, alors que calculer $f(x)$ pour $x = 4$, c'est calculer $f(4)$.

57 **a) Faux.** En effet, l'équation $x^2 + 9 = 0$ équivaut à $x^2 = -9$. Or un carré est toujours positif, donc cette équation n'a pas de solution.
b) Vrai. En effet, on résout l'équation $f(x) = 0$:
$\frac{x^2 - 5}{2x} = 0$ (pour $x \neq 0$)
$x^2 - 5 = 0$
$(x - \sqrt{5})(x + \sqrt{5}) = 0$ (équation « produit nul »)
$x = \sqrt{5}$ ou $x = -\sqrt{5}$.
c) Faux. En effet, l'image de 1 par f n'est pas définie car 1 annule le dénominateur de $f(x)$.
d) Faux. En effet, deux réels qui ont le même carré sont soit égaux soit opposés. Ainsi $(x + 1)^2 = x^2$ si, et seulement si, $x + 1 = x$ ou $x + 1 = -x$. La première équation n'a pas de solution (on obtient $1 = 0$, égalité impossible), mais la deuxième s'écrit $2x = -1$ et admet une solution : $-\frac{1}{2}$.
e) Faux. En effet, les courbes des deux fonctions présentent quatre points d'intersection, donc l'équation $f(x) = g(x)$ a quatre solutions.

Pour réviser

58

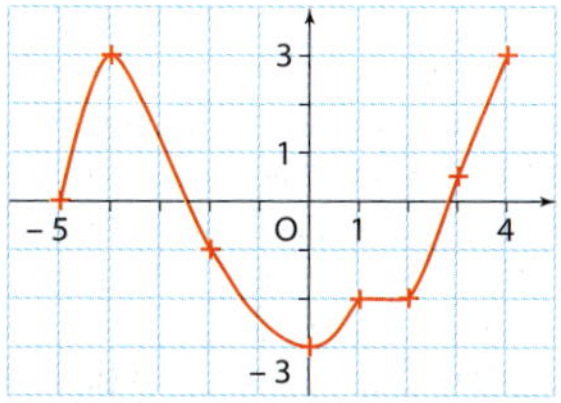

59 **a)**

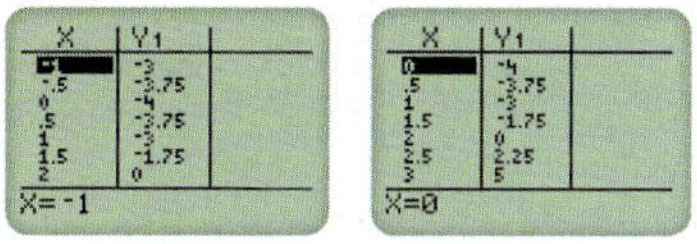

b) $f(x) = 0$ semble avoir une solution : 2.
c) Résolution graphique : deux solutions, – 2 et 2.

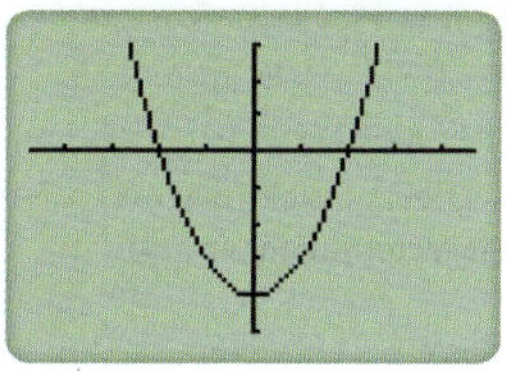

d) On développe : $x^2 - 2x + 1 - 5 + 2x = 0$
$x^2 - 4 = 0$
$(x - 2)(x + 2) = 0$
Équation produit nul : $x - 2 = 0$ ou $x + 2 = 0$; deux solutions, – 2 et 2.

60 **a)** Résolution graphique : deux solutions, – 1 et 1,5.
b) $f(x) = g(x)$ équivaut à :
$(2x - 3)(x + 2) - (2x - 3) = 0$
$(2x - 3)(x + 2 - 1) = 0$
$(2x - 3)(x + 1) = 0$
Équation produit nul : $2x - 3 = 0$ ou $x + 1 = 0$,
$x = \frac{3}{2}$ ou $x = -1$. Deux solutions, – 1 et $\frac{3}{2}$.

61 **1. a)** $f(x) = (3x - 5)^2 - 4x^2$
$= (3x - 5)^2 - (2x)^2$
$= (3x - 5 - 2x)(3x - 5 + 2x)$
$= (x - 5)(5x - 5)$ (forme 2)
b) $f(x) = (3x)^2 - 2 \times 3x \times 5 + 5^2 - 4x^2$
$= 9x^2 - 30x + 25 - 4x^2$
$= 5x^2 - 30x + 25$ (forme 3)
2. a) On utilise la forme 3 pour calculer $f\left(\sqrt{2}\right)$:
$f\left(\sqrt{2}\right) = 5 \times \left(\sqrt{2}\right)^2 - 30 \times \sqrt{2} + 25$
$= 10 - 30\sqrt{2} + 25$
$= 35 - 30\sqrt{2}$.
L'ordonnée du point C est $35 - 30\sqrt{2}$.
b) On utilise la forme 2 pour résoudre $f(x) = 0$.
Équation produit nul : $x - 5 = 0$ ou $5x - 5 = 0$, soit $x = 5$ ou $x = 1$. Les points d'intersection de la courbe avec l'axe des abscisses ont pour coordonnées (1 ; 0) et (5 ; 0).
On utilise la forme 3 pour calculer $f(0)$:
$f(0) = 5 \times 0^2 - 30 \times 0 + 25 = 25$.
Le point d'intersection de la courbe avec l'axe des ordonnées a pour coordonnées (0 ; 25).
c) $f(x) = 0$ a deux solutions 1 et 5 (voir **b)**).
Avec la forme 3, $f(x) = 25$ s'écrit $5x^2 - 30x = 0$
$5x(x - 6) = 0$ (équation produit nul)
$5x = 0$ ou $x - 6 = 0$
$x = 0$ ou $x = 6$.
Deux solutions : 0 et 6.

62 **a)** $f(-2) = \frac{1-(-2)}{1+(-2)^2} = \frac{3}{5} = 0{,}6$, donc $A \in \mathscr{C}$ car $y_A = 0{,}6$.
b) $f(3) = \frac{1-3}{1+3^2} = \frac{-2}{10} = -0{,}2$, donc $B \notin \mathscr{C}$ car $y_B \neq -0{,}2$.

Chapitre 3

QCM

38 **1. a) Faux.** En effet, $f(4) = 0$, et f est décroissante sur $\mathbb{R}$, donc $f(0)$ et $f(4)$ sont rangés dans l'ordre inverse de 0 et 4.
b) Faux. Erreur possible : on compare 3 et 5 au lieu de comparer $f(3)$ et $f(5)$.
c) Vrai. En effet, $f(5)$ et $f(4)$ sont rangés dans l'ordre inverse de 5 et 4 puisque la fonction est décroissante sur $\mathbb{R}$.
2. a) Vrai. En effet, la courbe « descend » pour x compris entre –1 et $\frac{1}{2}$.
b) Faux. Erreur possible : on compare les valeurs de $f(0)$ et $f\left(\frac{3}{2}\right)$.
c) Faux. La fonction est croissante sur $\left[1 ; \frac{3}{2}\right]$ et décroissante sur $\left[\frac{3}{2} ; 2\right]$.
3. a) Faux. Erreurs possibles : mauvaise lecture de la graduation sur l'axe des ordonnées ; on cherche le maximum de la fonction sur son intervalle de définition alors que l'énoncé le demande sur [0 ; 2].
b) Vrai. En effet, sur l'intervalle [0 ; 2], le point le plus haut de la courbe est celui d'ordonnée $\frac{1}{2}$.
c) Faux. Erreur possible : confusion entre minimum et maximum.

39 **1. a) Vrai.** Le tableau de variation de la fonction f est :

x	–1		1		4
$f(x)$	0	↘	–3	↗	5

D'après ce tableau de variation, le minimum de la fonction est atteint pour $x = 1$ et vaut –3.
b) Faux. Erreur possible : confusion entre inégalité stricte et inégalité large.
c) Faux. Contre-exemple : $f(4) = 5$.
2. a) Faux. Erreur possible : on a confondu le premier nombre (ici 10) avec le coefficient a de la fonction $x \mapsto ax + b$.
b) Faux. Erreur possible : on a trouvé –2 comme solution de l'équation $10 - 5x = 0$.
c) Vrai. $10 - 5x = 0$ pour $x = 2$ et le coefficient de x est –5, il est donc négatif.
3. a) Vrai. En effet, $f(5) = 0$ et le coefficient de x est –2 : il est donc négatif. La fonction affine est bien décroissante sur $\mathbb{R}$.
b) Faux. Le coefficient de x est ici 2, donc la fonction affine est croissante sur $\mathbb{R}$.
c) Faux. Erreur possible : confusion entre abscisse et ordonnée ; on calcule l'image de 0 et non de 5.

Vrai – Faux

40 **a) Faux.** Voici un contre-exemple.

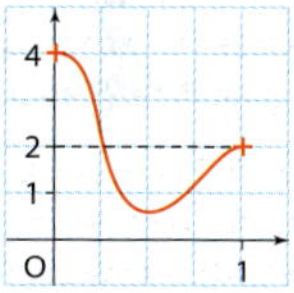

b) Faux. Le contraire de « croissant » n'est pas « décroissant ». Par exemple, la fonction représentée ci-dessus n'est ni croissante, ni décroissante sur [0 ; 1].
c) Faux. Erreur possible : confusion entre « croissant » et « positif ».
d) Faux. En effet, puisque f est décroissante sur l'intervalle [0 ; 1], $f(0)$ ne peut pas être inférieur à $f(1)$. De même, puisque f est croissante sur [1 ; 2], $f(1)$ ne peut être supérieur à $f(2)$.

41 **a) Faux.** Erreur possible : on ne tient compte que de $f(-2)$ et de $f(3)$, alors que la fonction n'est ni croissante, ni décroissante sur l'intervalle [–2 ; 3].
b) Vrai. En effet, d'après le tableau de variation, le maximum de la fonction est 2.
c) Vrai. En effet, $f(x + 3) = \frac{1}{3}(x + 3) - 5$;
$f(x + 3) = \frac{1}{3}x + 1 - 5 = \frac{1}{3}x - 5 + 1 = f(x) + 1$.
d) Faux. Erreur possible : on calcule $f(1\,000) = 2$, et on oublie que la fonction est décroissante car le coefficient de x est –0,05 ; il est donc négatif.
e) Faux. Erreur possible : on confond avec la fonction affine $x \mapsto 3x + 1$. Un contre-exemple montre que l'affirmation est fausse : $f(-1) = 4$ et $f(0) = 1$. Or –1 est plus petit que 0, mais l'image de –1 est plus grande que l'image de 0.

Pour réviser

42 **a)** Le minimum de f sur $[-3;6]$ est -1.
b) Le maximum de f sur $[-6;6]$ est 4.
c) $f(x)=0$ équivaut à $x=-3, x=3$ ou $x=5$.
d) $f(x)=2$ équivaut à $x=-2, x=2$ ou $x=6$.
e) $f(x)\geqslant -1$ équivaut à $x\in[-4;6]$.
f) $f(x)\leqslant 2$ équivaut à $x\in[-6;-2]\cup[2;6]$.

43 **a) Faux** **b) Faux** **c) Vrai** **d) Faux** **e) Vrai**
f) On ne peut pas décider, $f(-7)$ pourrait prendre toute valeur comprise entre 0 et 4.
g) Vrai **h) Faux** **i) Vrai** **j) Faux** **k) Vrai**
l) On ne peut pas décider, f n'est pas monotone sur $[-5;0]$.
m) On ne peut pas décider, car $f(-3)\in]0;4[$ et $f(-1)\in]-3;4[$.

44 **1. a)** La fonction f est décroissante sur $[-3;0]$.
b) Pour tout x tel que $-3\leqslant x\leqslant 0$, on a donc $f(-3)\geqslant f(x)\geqslant f(0)$, c'est-à-dire $0\leqslant f(x)\leqslant 2$.
2. a) La fonction f est croissante sur $[0;2]$.
b) Pour tout x de $[0;2]$, $0\leqslant x\leqslant 2$, donc $f(0)\leqslant f(x)\leqslant f(2)$, c'est-à-dire $0\leqslant f(x)\leqslant 1{,}5$.
3. a) La fonction f est décroissante sur $[2;4]$.
b) $1=f(2{,}5)$ et $-2=f(4)$, donc $-2\leqslant f(x)\leqslant 1$ équivaut à $f(4)\leqslant f(x)\leqslant f(2{,}5)$. Comme f est décroissante sur $[2;4]$ cela donne donc $2{,}5\leqslant x\leqslant 4$.
4. Sur $[-3;2]$ le maximum de f est 2 et son minimum est 0.
Donc $0\leqslant f(x)\leqslant 2$ pour tout $x\in[-3;2]$.

45 **a)** Les x chaises à 38 euros donnent un revenu de $38x$ euros. Les $(150-x)$ chaises à 60 euros rapportent $60(150-x)$ euros.
Au total, $f(x)=38x+60(150-x)=9\,000-22x$.
b) $f(x)>7\,320$ équivaut à $9\,000-22x>7\,320$, soit $x<\frac{840}{11}$. Or $\frac{840}{11}\approx 76{,}4$.
x pourrait prendre toute valeur entière inférieure ou égale à 76.
c) L'entreprise produit plus de chaises à 38 euros qu'à 60 euros, donc $x>\frac{150}{2}$.
La seule valeur possible est donc $x=76$.

Chapitre 4

QCM

85 **1. a) Faux.** Erreur possible : confusion avec la fonction inverse.
b) Faux. Erreur possible : confusion entre l'axe des abscisses et celui des ordonnées.
c) Vrai. Voir le cours, paragraphe 2 page 80.
2. a) Faux. En effet, la fonction inverse n'est pas croissante sur $]-\infty;0[$: $-4<2$ et $-\frac{1}{4}>-\frac{1}{2}$.
b) Vrai. Voir le cours, paragraphe 1 pages 80 et 82.
c) Faux. Erreur possible : confusion entre $]-\infty;0[$ et $]0;+\infty[$.
3. a) Vrai. En effet, pour $0<x<1$, $0<x^2<1$ et $\frac{1}{x}>1$. On peut également lire la solution en représentant sur un même graphique les courbes représentatives des fonctions $x\mapsto x^2$ et $x\mapsto\frac{1}{x}$.
b) Faux. En effet, pour $x=2$, $x^2=4$, $\frac{1}{x}=\frac{1}{2}$ et $4>\frac{1}{2}$.
c) Faux. En effet, pour $x=-2$, $x^2=4$ et $\frac{1}{x}=-\frac{1}{4}$, donc $x^2>\frac{1}{x}$.

86 **1. a) Faux.** En effet, pour $a=-3$, $a^2=9$ et $9>4$.
b) Vrai. En effet, la fonction carré est décroissante sur $]-\infty;0]$, donc de $a\leqslant -2$, on déduit que $a^2\geqslant(-2)^2$, c'est-à-dire $a^2\geqslant 4$.
c) Faux. En effet, pour tout nombre réel a, $a^2\geqslant 0$. Il est donc impossible que $a^2\leqslant -4$.
2. a) Faux. En effet, pour $a=-6$, $\frac{1}{a}=-\frac{1}{6}$ et $-\frac{1}{6}<5$.
b) Vrai. En effet, la fonction inverse est décroissante sur $]-\infty;0[$, donc de $a\leqslant -5$, on déduit que $\frac{1}{a}\geqslant\frac{1}{-5}$, c'est-à-dire $\frac{1}{a}\geqslant-\frac{1}{5}$.
c) Faux. En effet, si $a\leqslant -5$, alors $\frac{1}{a}$ est négatif.
Il est donc impossible que $\frac{1}{a}\geqslant\frac{1}{5}$.
3. a) Faux. Erreurs possibles : ne pas avoir remarqué que $1-\pi$ et $3-\pi$ sont des nombres négatifs, ou avoir confondu les variations de la fonction carré sur $]-\infty;0]$ et sur $[0;+\infty[$. En fait, $1-\pi\leqslant 3-\pi\leqslant 0$ et la fonction carré est décroissante sur $]-\infty;0]$, donc $(1-\pi)^2\geqslant(3-\pi)^2$.
b) Faux. Erreurs possibles : avoir confondu les variations de la fonction carré sur $]-\infty;0]$ et sur $[0;+\infty[$. En fait, $3+\sqrt{5}\geqslant 2+\sqrt{2}\geqslant 0$ et la fonction carré est croissante sur $[0;+\infty[$, donc $(3+\sqrt{5})^2\geqslant(2+\sqrt{2})^2$.
c) Vrai. En effet, $1-\sqrt{5}\leqslant 2-\sqrt{5}\leqslant 0$ et la fonction carré est décroissante sur $]-\infty;0]$, donc $(1-\sqrt{5})^2\geqslant(2-\sqrt{5})^2$.
4. a) Faux. Erreur possible : la fonction inverse n'est pas croissante sur $]0;+\infty[$. En fait, $\pi+4\geqslant\pi+3>0$ et la fonction inverse est décroissante sur $]0;+\infty[$, donc $\frac{1}{\pi+4}\leqslant\frac{1}{\pi+3}$.
b) Vrai. En effet, $3+\pi>6$, donc $(3+\pi)^2>36$ et $\pi+4>7$, donc $\frac{1}{\pi+4}<\frac{1}{7}$,
ainsi $(3+\pi)^2\geqslant\frac{1}{\pi+4}$.
c) Faux. Erreur possible : mauvaise lecture, il s'agit en réalité de la même inégalité qu'au **a)**.

Vrai – Faux

87 **a) Faux.** Erreur possible : avoir confondu la représentation graphique de la fonction inverse avec celle de la fonction carré.
b) Vrai. En effet, un carré est toujours positif ou nul.
c) Faux. Erreur possible : avoir confondu les variations de la fonction carré avec celles de la fonction inverse.
d) Vrai. Revoir le cours, paragraphe 2 page 82.
e) Faux. En effet, 0 n'a qu'un seul antécédent, lui-même, et les nombres négatifs n'ont pas d'antécédent.
f) Faux. En effet, pour tout réel x, $0\times x\neq 1$.

88 **a) Vrai.** En effet, si $x^2\geqslant 4$, alors $x\leqslant -2$ ou $x\geqslant 2$, mais la condition $x>0$ rend l'affirmation de l'énoncé vraie.
b) Faux. En effet, si $x^2\geqslant 49$, alors $x\geqslant 7$ ou $x\leqslant -7$.
c) Faux. Erreur possible : la fonction inverse n'est pas décroissante sur $\mathbb{R}$, elle l'est sur $]-\infty;0[$ et sur $]0;+\infty[$. Par exemple, $-2<2$ et $\frac{1}{-2}<\frac{1}{2}$.
d) Faux. En effet, $\pi+\sqrt{3}\geqslant\pi+\sqrt{2}$ et la fonction inverse est décroissante sur $]0;+\infty[$, donc $\frac{1}{\pi+\sqrt{3}}\leqslant\frac{1}{\pi+\sqrt{2}}$.
e) Vrai. En effet, $f(x)=1+\frac{4}{5}$ est équivalent à $\frac{1}{x}=\frac{9}{5}$, c'est-à-dire à $x=\frac{5}{9}$.
f) Faux. Erreur possible : considérer que $x\leqslant 2$ signifie $0\leqslant x\leqslant 2$. Il ne faut pas oublier les valeurs de x strictement négatives. En fait, si $x\leqslant 2$, alors $\frac{1}{x}<0$ ou $\frac{1}{x}\geqslant\frac{1}{2}$.

Pour réviser

89 **a)** $1-\sqrt{2}$ et $1-\sqrt{3}$ sont tous deux négatifs. Or la fonction carré est décroissante sur $]-\infty;0]$, donc de $1-\sqrt{2}>1-\sqrt{3}$, on déduit que $(1-\sqrt{2})^2<(1-\sqrt{3})^2$.
b) $\sqrt{3}-1$ et $\sqrt{2}-1$ sont tous deux positifs. Or la fonction inverse est décroissante sur $]0;+\infty[$, donc de $\sqrt{3}-1>\sqrt{2}-1$, on déduit que $\frac{1}{\sqrt{3}-1}<\frac{1}{\sqrt{2}-1}$.

90 **a)**

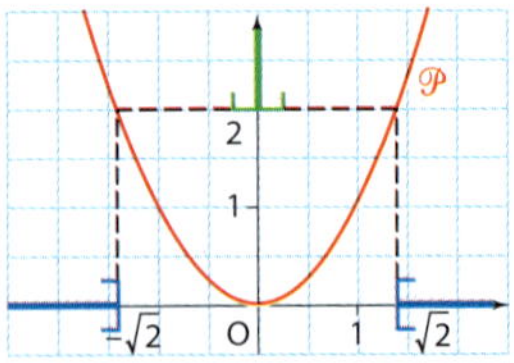

Donc $x^2\geqslant 2$ lorsque $x\in]-\infty;-\sqrt{2}]\cup[\sqrt{2};+\infty[$.

b)

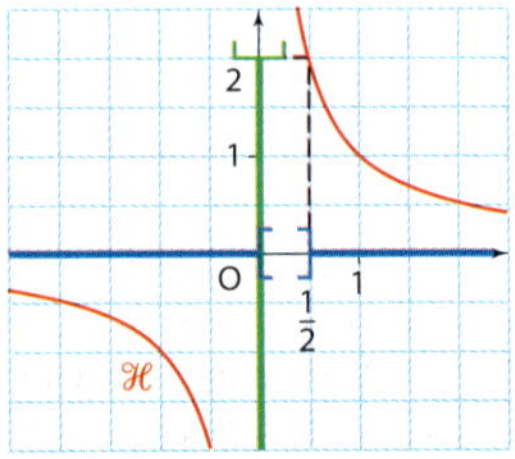

Donc $\frac{1}{x}<2$ lorsque $x\in]-\infty;0[\cup\left]\frac{1}{2};+\infty\right[$.

91 **a)**

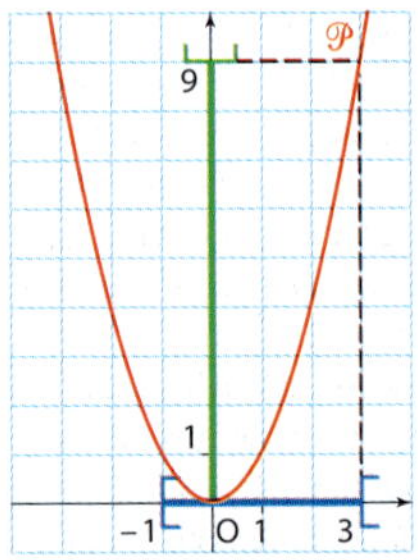

Donc, lorsque $x\in[-1;3[$, $x^2\in[0;9[$.

b)

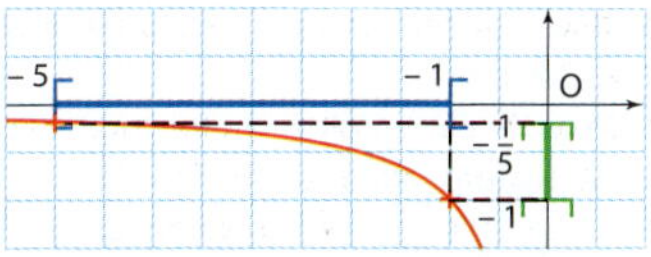

Donc, lorsque $x \in [-5\,;-1[$, $\frac{1}{x} \in \left]-1\,;-\frac{1}{5}\right]$.

92 **a)**

x	$-\infty$	$-\sqrt{7}$		$\sqrt{7}$	$+\infty$
x^2	↘	7	↘ 0 ↗	7	↗

Donc $x^2 \leqslant 7$ lorsque $-\sqrt{7} \leqslant x \leqslant \sqrt{7}$.

b)

x	$-\infty$	0	$\frac{1}{5}$	2	$+\infty$
$\frac{1}{x}$	↘	‖	5 ↘	$\frac{1}{2}$	↘

Donc $\frac{1}{2} \leqslant \frac{1}{x} \leqslant 5$ lorsque $\frac{1}{5} \leqslant x \leqslant 2$.

93 **a)**

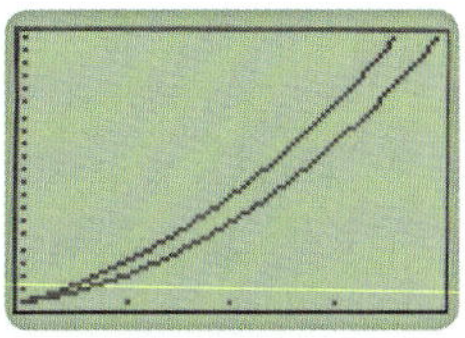

À la lecture de l'écran ci-dessus, on conjecture que pour $x \geqslant 1$, $x^2 \geqslant x^2 - x + 1$.

b) Pour $x \geqslant 1$, $x^2 - (x^2 - x + 1) = x - 1$ et $x - 1 \geqslant 0$.

Ainsi, $x^2 \geqslant x^2 - x + 1$, donc la courbe représentative de f est située au-dessus de celle de g sur $[1\,;+\infty[$.

94 **a)** $A^2 = (\sqrt{3} + \sqrt{5})^2$

$A^2 = 3 + 2 \times \sqrt{3} \times \sqrt{5} + 5 = 8 + 2\sqrt{15}$

$B^2 = \left(\sqrt{7 + 2\sqrt{15}}\right)^2 = 7 + 2\sqrt{15}$

b) $A \geqslant 0$ et $B \geqslant 0$, la fonction carré est croissante sur $[0\,;+\infty[$, donc de $A^2 > B^2$, on déduit que $A > B$.

Chapitre 5

QCM

45 **1. a) Faux.** Erreurs possibles : mauvaise utilisation de la propriété page 100 ; non reconnaissance de la forme canonique d'une fonction polynôme de degré 2 ; non reconnaissance de a, α, β.

b) Vrai. Méthode 1 : on utilise la définition du sens de variation d'une fonction, on calcule $f(0) = 17$, $f(1) = 7$, $g(0) = 46$, $g(1) = 21$. Ainsi on a : $0 < 1$, $f(0) > f(1)$ et $g(0) > g(1)$. On élimine donc les propositions **a)** et **c)**. La bonne réponse est **b)**. On peut aussi utiliser la calculatrice (courbes ou tableaux de valeurs) pour trouver un contre-exemple permettant d'éliminer les réponses **a)** et **c)**.

Méthode 2 : on utilise la propriété page 100, f et g sont des fonctions polynômes de degré 2, avec pour f : $a = 2, \alpha = 3, \beta = -1$ et pour g : $a = 5, \alpha = 3, \beta = 1$. Comme $a > 0$ dans les deux cas, f et g sont décroissantes sur $]-\infty\,;3[$.

c) Faux. Erreur possible : non reconnaissance d'une fonction polynôme de degré 2.

2. a) Vrai. En effet, f est une fonction polynôme de degré 2, donnée sous sa forme canonique, avec $a = -2$, $\alpha = 1$, $\beta = 3$. Dans un repère orthonormé, sa courbe représentative est une parabole ayant pour axe de symétrie la droite passant par son sommet S(1 ; 3) et parallèle à l'axe des ordonnées.

b) Faux. Erreur possible : confusion entre sommet et centre de symétrie.

c) Faux. Erreur possible : confusion entre axe des ordonnées et axe des abscisses.

3. a) Faux. Erreur possible : confusion entre la fonction f et la fonction inverse.

b) Faux. Erreur possible : non reconnaissance d'une fonction homographique.

c) Vrai. On cherche les valeurs qui n'annulent pas le dénominateur : $2x - 10 \neq 0$ lorsque $x \neq 5$.

4. a) Faux. Erreur possible : réduction au même dénominateur effectuée, erreur de signe au cours du développement.

b) Vrai. En effet, pour tout $x \neq 3$, $\frac{1}{x-3} - 2 = \frac{1 - 2(x-3)}{x-3} = \frac{1 - 2x + 6}{x-3} = \frac{-2x+7}{x-3}$.

On peut aussi calculer $f(0)$ avec l'expression initiale, puis avec les trois propositions ; de ce fait, on élimine immédiatement les réponses **a)** et **c)**.

c) Faux. Erreur possible : pas de réduction au même dénominateur.

46 **1. a) Faux.** Erreur possible : effet sur ordre de la fonction carré non maîtrisé.

b) Vrai. Il suffit de choisir $a = 0$, dans ce cas $2(a-5)^2 + 1 = 51$, et les réponses **a)** et **c)** s'éliminent immédiatement.

On peut aussi dire que la fonction $f : x \mapsto 2(x-5)^2 + 1$ est décroissante sur $[-\infty\,;5[$, donc pour $a \leqslant 3$, $f(a) \geqslant f(3)$. Or, $f(a) = 2(a-5)^2 + 1$ et $f(3) = 2(3-5)^2 + 1 = 9$, donc $2(a-5)^2 + 1 \geqslant 9$.

c) Faux. Erreurs possibles : erreurs de calcul et effet sur l'ordre de la fonction carré non maîtrisé.

2. a) Faux. Erreurs possibles : non prise en compte de l'intervalle sur lequel varie la fonction ; méconnaissance des variations d'une fonction polynôme de degré 2.

b) Faux. Erreurs possibles : non prise en compte de l'intervalle sur lequel varie la fonction ; méconnaissance des variations d'une fonction polynôme de degré 2.

c) Vrai. On peut utiliser la calculatrice pour trouver un contre-exemple (une valeur de a) permettant d'éliminer les propositions **a)** et **b)**.

On calcule $f(-2) = a(-2-1)^2 + 2{,}5 = 9a + 2{,}5$, puis $f(4) = a(4-1)^2 + 2{,}5 = 9a + 2{,}5$, ce qui valide la proposition **c)**.

3. a) Faux. Erreur possible : méconnaissance des variations d'une fonction polynôme de degré 2, suivant le signe de a.

b) Faux. Erreur possible : confusion entre le minimum de f et la valeur en laquelle ce minimum est atteint.

c) Vrai. On peut calculer $f(0) = -2{,}5$, qui invalide immédiatement les propositions **a)** et **b)**.

On peut dire que, pour tout x réel, $(x+1)^2 \geqslant 0$, d'où $\frac{1}{2}(x+1)^2 \geqslant 0$, et par suite, $\frac{1}{2}(x+1)^2 - 3 \geqslant -3$, ce qui valide la réponse **c)**.

Vrai – Faux

47 **a) Faux.** Par exemple, la courbe représentant la fonction $x \mapsto (x-2)^2$ a pour axe de symétrie la droite d'équation $x = 2$, parallèle à l'axe des ordonnées.

b) Faux. L'image par une fonction homographique du nombre qui annule le dénominateur n'est pas définie.

c) Faux. Par exemple, avec la fonction carré, 0 a pour seul antécédent 0, et –4 n'a pas d'antécédent.

d) Faux. Si la proposition **d)** était vraie, alors 0 aurait un ou deux antécédents par une fonction polynôme de degré 2. Un contre-exemple est la fonction f définie sur $\mathbb{R}$ par $f(x) = x^2 + 1$, qui a pour minimum 1 (un carré est toujours positif ou nul). Donc $f(x) = 0$ n'a pas de solution et, par suite, 0 n'a pas d'antécédent par f.

48 **a) Faux.** L'observation de la courbe ou du tableau de valeurs sur une calculatrice peut fournir un contre-exemple : $f(0{,}5) = 5$ et $f(-1{,}5) = 21$. On a donc $-1{,}5 < 0{,}5$ et $f(-1{,}5) > f(0{,}5)$, ce qui contredit l'affirmation **a)**.

b) Vrai. En effet, $f(x) = a(x-\alpha)^2 + \beta$ avec $a = -1$, $\alpha = 1$, $\beta = 4$. Comme $a < 0$, la proposition est vraie.

c) Faux. En effet, la fonction $f : x \mapsto (x-4)^2 + 5$ est décroissante sur $]-\infty\,;4]$. Or $\sqrt{2} \leqslant \pi \leqslant 4$, donc $f(\sqrt{2}) > f(\pi)$.

d) Faux. Un contre-exemple suffit : si l'on choisit $x = 5$, le premier membre vaut 7 et le second membre vaut –43, donc l'égalité est fausse.

e) Faux. En effet, pour tout réel x, $g(x) = x^2 - (64 - 16x + x^2) = -64 + 16x$. La fonction g n'est pas une fonction polynôme de degré 2.

f) Faux. En effet, pour tout réel x non nul, $g(x) = x - \frac{1}{x} = \frac{x^2 - 1}{x}$. g n'est donc pas une fonction homographique.

Pour réviser

49 **a)** $f(x) = a(x-\alpha)^2 + \beta$ avec $a = 1$, $\alpha = 4$, $\beta = -2$.

$a > 0$, donc f est décroissante sur $]-\infty\,;4]$, et croissante sur $[4\,;+\infty]$.

b) f présente un minimum égal à -2 pour $x = 4$.

50 **1. a)** Il s'agit de la forme factorisée.

b) Il s'agit de la forme canonique.

2. x_1 et x_2 sont les abscisses des points d'intersection de la courbe avec l'axe des abscisses. $x_1 = -0{,}5$ et $x_2 = 2{,}5$.

$(\alpha\,;\beta)$ est le couple de coordonnées du sommet S de la parabole. $\alpha = 1$ et $\beta = 6{,}5$, soit $(1\,;6{,}5)$.

b) $a < 0$ car la parabole est tournée « vers le bas ».

$f(x) = a(x-1)^2 + 6{,}5$, or $f(2{,}5) = 0$, donc $a \times 1{,}5^2 + 5{,}5 = 0$ et $a = \frac{-26}{9}$.

51 Pour tout réel x,

$f(x) = 2(x+2)^2 - 18$
$= 2(x^2 + 4x + 4) - 18$
$= 2x^2 + 8x - 10$

et $g(x) = 2(x-1)(x+5)$
$= 2(x^2 + 5x - x - 5)$
$= 2x^2 + 8x - 10$

donc $f(x) = g(x)$.

52 a) Pour tout réel t,

$h(t) = -4\left(t - \frac{1}{2}\right)^2 + 4$

$h(t) = -4\left(t^2 - t + \frac{1}{4}\right) + 4$

$h(t) = -4t^2 + 4t - 1 + 4$

$h(t) = -4t^2 + 4t + 3.$

b) $h(0) = -4 \times 0^2 + 4 \times 0 + 3 = 3.$

Le plongeoir se trouve à 3 m au-dessus du niveau de l'eau.

c) La fonction h présente un maximum égal à 4 pour $t = \frac{1}{2}$.

L'altitude maximale du plongeur est de 4 m.

d) $h(t) = 0$ revient à

$-4\left(t - \frac{1}{2}\right)^2 + 4 = 0$

$\left(t - \frac{1}{2}\right)^2 = 1$

$\left(t - \frac{1}{2}\right)^2 - 1^2 = 0$

$\left(t - \frac{1}{2} + 1\right)\left(t - \frac{1}{2} - 1\right) = 0$

$\left(t + \frac{1}{2}\right)\left(t - \frac{3}{2}\right) = 0$

Soit $t = -\frac{1}{2}$ impossible car $t > 0$, soit $t = \frac{3}{2}$.

Le plongeur arrive dans l'eau au bout d'une seconde et demie.

53 a) La fenêtre choisie n'illustre pas les variations de la fonction f qui est croissante sur $]-\infty ; 8]$ et décroissante sur $]8 ; +\infty]$.

a)

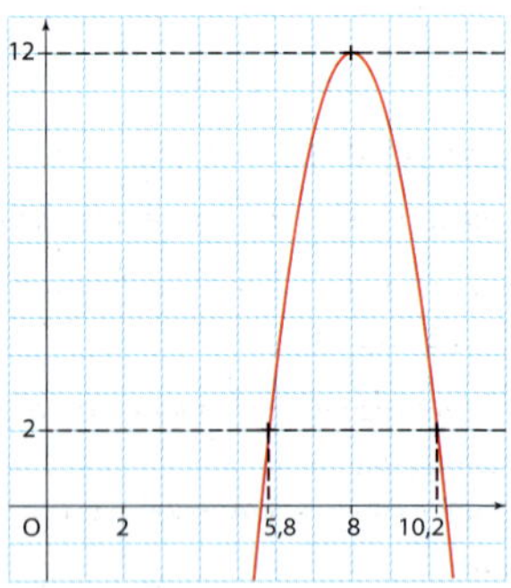

c) • Graphiquement, les solutions de l'équation $f(x) = 2$ sont les abscisses des points d'intersection de la courbe $\mathscr{C}$ avec la droite d'équation $y = 2$.

• À la calculatrice, on lit $x \approx 5{,}8$ ou $x \approx 10{,}2$.

• L'équation $f(x) = 2$ revient à :

$-2(x-8)^2 = -10$ ou $(x-8)^2 = 5$, donc $(x-8)^2 - \left(\sqrt{5}\right)^2 = 0$

$(x - 8 - \sqrt{5})(x - 8 + \sqrt{5}) = 0$

$f(x) = 2$, si et seulement si $x = 8 + \sqrt{5}$ ou $x = 8 - \sqrt{5}$.

54 a) $\mathscr{D} = \mathbb{R} - \left\{-\frac{2}{3}\right\}$.

b) Pour tout réel $x, x \neq -\frac{2}{3}$,

$f(x) = \frac{5(2+3x)+1}{2+3x} = \frac{15x+11}{2+3x}$, donc f est une fonction homographique.

Chapitre 6

QCM

52 1. a) c) **Faux.** Erreurs possibles : confusion entre les deux courbes ; confusion entre l'axe des abscisses et celui des ordonnées ; mauvaise lecture de l'image d'un réel.

b) **Vrai.** En effet, le point d'abscisse 0,5 de la courbe $\mathscr{C}_f$ est au-dessous de l'axe des abscisses.

2. a) **Vrai.** En effet, on peut lire graphiquement que $f(-1) > 0$ et $g(-1) < 0$.

b) c) **Faux.** Erreurs possibles : mauvaise lecture de l'image d'un réel ; mauvaise lecture de la position relative des deux courbes.

3. a) **Vrai.** En effet, on obtient ce résultat en dressant le tableau de signes du produit $(3x+6)(2x-1)$.

x	$-\infty$		-2		$\frac{1}{2}$		$+\infty$
$3x+6$		$-$	0	$+$	|	$+$	
$2x-1$		$-$	|	$-$	0	$+$	
$h(x)$		$+$	0	$-$	0	$+$	

On peut aussi contrôler à l'écran de la calculatrice la cohérence de ce résultat.

b) **Faux.** En effet, −2 est une « valeur interdite » pour ce quotient, donc il devrait y avoir une double barre au-dessous de −2 dans le tableau de signes de ce quotient.

c) **Faux.** Erreur possible : non connaissance de la règle du signe de $ax + b$, non reconnaissance des coefficients a et b.

On peut aussi contrôler à l'écran de la calculatrice la non cohérence de ce résultat.

4. a) **Faux.** En effet, $0 \in]-2 ; +\infty[$, et pourtant $0^2 < 4$.

b) **Faux.** En effet, $0 \in]-2 ; +\infty[$, or, pour $x = 0$, $-3x - 2 = -2$, $-x + 2 = 2$ et $-2 < 2$.

c) **Vrai.** En effet, pour tout réel x, $x^2 + 3$ est strictement positif. Le produit $(x+2)(x^2+3)$ a donc le même signe que $x + 2$.

53 1. a) **Faux.** En effet, $0 \in]+\infty ; 1[$, mais $(0-1)(5-0) = -5$ et donc 0 n'est pas solution de l'inéquation $(x-1)(5-x) > 0$.

b) **Faux.** En effet, $1 \in [1 ; 5]$ mais pour $x = 1$, $(x-1)(5-x) = 0$, donc 1 n'est pas solution de l'inéquation $(x-1)(5-x) > 0$.

c) **Vrai.** On peut dresser le tableau de signes du produit $(x-1)(5-x)$.

2. a) **Faux.** En effet, −5 est une « valeur interdite », donc −5 ne peut être solution de l'inéquation.

b) **Vrai.** On peut dresser le tableau de signes du quotient $\frac{x-2}{5+x}$.

c) **Faux.** En effet, $0 \notin]-\infty ; -5[\cup [2 ; +\infty[$, or 0 est une solution de l'inéquation.

3. a) **Faux.** Erreurs possibles : confusion entre inverse et opposé ; effet sur l'ordre de la fonction inverse non maîtrisé.

b) **Faux.** Erreur possible : multiplier les deux membres de l'inéquation par $x - 1$, dont le signe dépend de la valeur de x.

c) **Vrai.** En effet, $\frac{x}{x-1} < -1$ équivaut à $\frac{1}{x-1} + \frac{x-1}{x-1} < 0$, soit encore $\frac{x}{x-1} < 0$.

4. a) **Faux.** Erreur possible : diviser les deux membres de l'inéquation par $x - 3$ qui peut être nul ou négatif selon les valeurs de x.

b) **Faux.** En effet, 2 est solution de l'inéquation $x(x-3) \geqslant 2(x-3)$, alors que 2 n'est pas solution de $x - 3 \geqslant 0$.

c) **Vrai.** En effet, $x(x-3) \geqslant (x-3)$ équivaut à $x(x-3) - 2(x-3) \geqslant 0$, soit encore $(x-3)(x-2) \geqslant 0$.

Vrai – Faux

54 a) **Faux.** 5 est solution de l'inéquation, donc le crochet doit être fermé en 5.

b) **Vrai.** En effet, pour tout réel x, $x^2 + 1$ est strictement positif, donc les réels $\frac{x^2+1}{x}$ et $\frac{1}{x}$ ont le même signe.

55 a) **Faux.** On peut utiliser un contre-exemple : 0 n'est pas solution de l'inéquation $\frac{2x+3}{x-1} \geqslant 1$, mais 0 est solution de l'inéquation $2x + 3 \geqslant x - 1$.

Erreur possible : multiplier les deux membres de la première inéquation par $x - 1$, dont le signe dépend de la valeur de x.

b) **Vrai.** En effet, la courbe coupe l'axe des abscisses en deux points d'abscisses −1 et 3, et la courbe est en dessous de l'axe des abscisses sur l'intervalle $]-\infty ; 3]$ et au-dessus sur l'intervalle $[3 ; +\infty[$.

Pour réviser

56 a)

x	$-\infty$		-4		$\frac{1}{3}$		$+\infty$
$3x-1$		$-$	|	$-$	0	$+$	
$x+4$		$-$	0	$+$	|	$+$	
$(3x-1)(x+4)$		$+$	0	$-$	0	$+$	

$\mathscr{S} = \left[-4 ; \frac{1}{3}\right]$.

b)

x	$-\infty$		0		$\frac{1}{2}$		$+\infty$
$-5x$		$+$	0	$-$	|	$-$	
$-2x+1$		$+$	|	$+$	0	$-$	
$-5x(-2x+1)$		$+$	0	$-$	0	$+$	

$\mathscr{S} = \left]0 ; \frac{1}{2}\right[$.

57 **a)**

x	$-\infty$		3		$\frac{7}{2}$		$+\infty$
$-2x+7$		$+$	|	$+$	0	$-$	
$3-x$		$+$	0	$-$	0	$-$	
$\frac{-2x+7}{3-x}$		$+$	‖	$-$	0	$+$	

$\mathcal{S} =]-\infty\,;3[\cup \left]\frac{7}{2}\,;+\infty\right[$.

b)

x	$-\infty$		-5		2		$+\infty$
$x+5$		$-$	0	$+$	|	$+$	
$-2x+4$		$+$	|	$+$	0	$-$	
$\frac{x+5}{-2x+4}$		$-$	0	$+$	‖	$-$	

$\mathcal{S} = [-5\,;2[$.

58 **a)** L'inéquation $x^2 \leqslant 15$ équivaut à $x^2 - 15 \leqslant 0$, soit $(x-\sqrt{15})(x+\sqrt{15}) \leqslant 0$.

x	$-\infty$		$-\sqrt{15}$		$\sqrt{15}$		$+\infty$
$x-\sqrt{15}$		$-$	|	$-$	0	$+$	
$x+\sqrt{15}$		$-$	0	$+$	|	$+$	
x^2-15		$+$	0	$-$	0	$+$	

Donc $\mathcal{S} = \left[-\sqrt{15}\,;\sqrt{15}\right]$.

59 L'inéquation $\frac{2x-1}{x-3} \geqslant 1$ équivaut à $\frac{2x-1}{x-3} - \frac{x-3}{x-3} \geqslant 0$, soit $\frac{x+2}{x-3} \geqslant 0$.

x	$-\infty$		-2		3		$+\infty$
$x+2$		$-$	0	$+$	|	$+$	
$x-3$		$-$	|	$-$	0	$+$	
$\frac{x+2}{x-3}$		$+$	0	$-$	‖	$+$	

Donc $\mathcal{S} =]-\infty\,;-2] \cup]3\,;+\infty[$.

60 **1. a)**

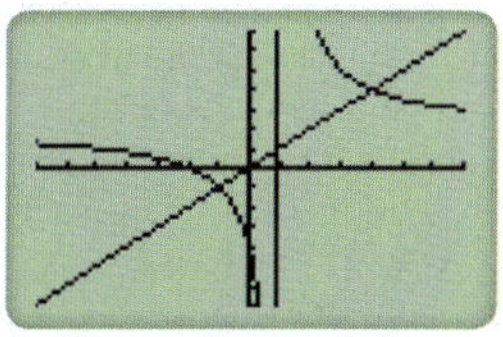

b) La courbe $\mathscr{C}$ est au-dessous de l'axe Δ pour $x \in [-1\,;1[\cup [4\,;+\infty[$.

2. a) Pour tout réel x, $x \neq 1$,

$$\frac{2x+4}{x-1} - x = \frac{2x+4-x(x-1)}{x-1} = \frac{-x^2+3x+4}{x-1}.$$

Or $(x+1)(-x+4) = -x^2+4x-x+4 = -x^2+3x+4$.

Donc $\frac{2x+4}{x-1} - x = \frac{(x+1)(-x+4)}{x-1}$.

b)

x	$-\infty$		-1		1		4		$+\infty$
$x+1$		$-$	0	$+$	|	$+$	|	$+$	
$-x+4$		$+$	|	$+$	|	$+$	0	$-$	
$x-1$		$-$	|	$-$	0	$+$	|	$+$	
$\frac{(x+1)(-x+4)}{x-1}$		$+$	0	$-$	‖	$+$	0	$-$	

c) Trouver algébriquement pour quelles valeurs de x la courbe $\mathscr{C}$ est au-dessous de Δ revient à résoudre l'inéquation $\frac{2x+4}{x-1} - x \leqslant 0$, soit $\frac{(x+1)(-x+4)}{x-1} \leqslant 0$.

$\mathcal{S} = [-1\,;1[\cup [4\,;+\infty[$.

61 **1. a)** $C_m(x) = \frac{x^3 - 300x^2 + 25\,000x}{x} = x^2 - 300x + 25\,000$

Or $(x-150)^2 + 2\,500 = x^2 - 300x + 22\,500 + 2\,500 = x^2 - 300x + 25\,000$,

d'où $C_m(x) = (x-150)^2 + 2\,500$.

a) $C_m(x)$ est un polynôme de degré 2.

$C_m(x) = a(x-\alpha)^2 + \beta$ avec $a = 1$, $\alpha = 150$, $\beta = 2\,500$.

$a > 0$ donc C_m présente un minimum égal à 2 500 pour $x = 150$, c'est-à-dire pour une production de 150 articles.

2. a) Sa recette est $R(x) = 8\,900x$ et le bénéfice est $B(x) = R(x) - C(x)$

$= 8\,900x - x^3 + 300x^2 - 25\,000x$

$= -x^3 + 300x^2 - 16\,100x$

b) $B_m(x) = \frac{B(x)}{x}$

$B_m(x) = -x^2 + 300x - 16\,100$

or $6\,400 - (x-150)^2 = 6\,400 - x^2 + 300x - 22\,500 = -x^2 + 300x - 16\,100$,

donc $B_m(x) = 6\,400 - (x-150)^2$.

$B_m(x) = [80 - (x-150)]\,[80 + (x-150)] = (230 - x)(x - 70)$

x	0		70		230		300
$230-x$		$+$	|	$+$	0	$-$	
$x-70$		$-$	0	$+$	|	$+$	
$B_m(x)$		$-$	0	$+$	0	$-$	

$B_m(x) > 0$ pour une production comprise entre 70 et 230 articles.

Chapitre 7

QCM

51 **1. a) Faux.** En effet, $\frac{2\pi}{3} - \left(-\frac{\pi}{3}\right) = \pi$ et 1 n'est pas un entier pair.

b) Vrai. En effet, $\frac{5\pi}{3} - \left(-\frac{\pi}{3}\right) = 2\pi$.

c) Faux. En effet, $\frac{-4\pi}{3} - \left(-\frac{\pi}{3}\right) = -\pi$ et -1 n'est pas un entier pair.

2. a) b) Faux. Il suffit de placer le point associé au réel $-\frac{\pi}{4}$ sur un cercle trigonométrique pour constater que $\cos\left(-\frac{\pi}{4}\right)$ est positif.

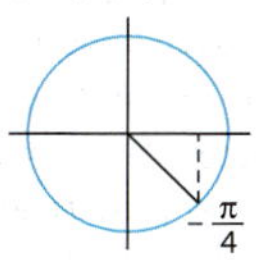

c) Vrai. En effet, $\cos\left(-\frac{\pi}{4}\right) = \cos\left(\frac{\pi}{4}\right) = \frac{\sqrt{2}}{2}$.

3. a) Vrai. En effet, avec la calculatrice, $\sin^{-1}(0{,}6)$ donne 0,6435.

b) Faux. En effet, 36,87 n'est pas compris entre $-\frac{\pi}{2}$ ($\approx -1{,}57$) et $\frac{\pi}{2}$ ($\approx 1{,}57$).

c) Faux. Il ne faut pas confondre sinus et cosinus.

52 **1. a) Faux.** Il ne faut pas confondre avec $\cos\left(-\frac{4\pi}{3}\right)$.

b) Vrai. En effet, $-\frac{4\pi}{3} = \frac{2\pi}{3} - 2\pi$, donc $\sin\left(-\frac{4\pi}{3}\right) = \sin\left(\frac{2\pi}{3}\right)$.

Les points associés aux réels $\frac{2\pi}{3}$ et $\frac{\pi}{3}$ sont symétriques par rapport à l'axe des ordonnées, donc $\sin\left(\frac{2\pi}{3}\right) = \sin\left(\frac{\pi}{3}\right) = \frac{\sqrt{3}}{2}$.

c) Faux. Il suffit de placer le point associé à $-\frac{4\pi}{3}$ sur un cercle trigonométrique pour constater que $\sin\left(-\frac{4\pi}{3}\right)$ est négatif.

2. a) Vrai. En effet,

$$\sin^2(x) = 1 - \cos^2(x) = 1 - \frac{9}{25} = \frac{16}{25}.$$

D'autre part, $x \in \left[\pi\,;\frac{3\pi}{2}\right]$,

donc $\sin(x) \leqslant 0$ et $\sin(x) = -\frac{4}{5}$.

b) c) Faux. Il suffit de visualiser l'arc correspondant aux réels de $\left[\pi\,;\frac{3\pi}{2}\right]$ pour constater que le sinus d'un tel réel est négatif.

3. a) Vrai. En effet, $\frac{15\pi}{4} \in [3\pi\,;4\pi]$ et

$\frac{15\pi}{4} = -\frac{\pi}{4} + 4\pi$,

donc $\cos\left(\frac{15\pi}{4}\right) = \cos\left(-\frac{\pi}{4}\right) = \cos\left(\frac{\pi}{4}\right) = \frac{\sqrt{2}}{2}$.

b) Faux. En effet, $\cos = \left(\frac{13\pi}{4}\right) = -\frac{\sqrt{2}}{2}$.

c) Faux. En effet, $-\frac{\pi}{4} \notin [3\pi\,;4\pi]$.

Vrai – Faux

53 **a) Vrai.** Le réel $\frac{\pi}{3}$ est compris entre 0 et $\frac{\pi}{2}$ et $\cos\frac{\pi}{3} = \frac{1}{2}$.

b) Vrai. B est le symétrique de A par rapport à l'axe des ordonnées et $\frac{2\pi}{3} = \pi - \frac{\pi}{3}$.

c) Faux. C est le point associé au réel $\pi + \frac{\pi}{3} = \frac{4\pi}{3}$.

d) Vrai. A et B ont la même ordonnée et l'ordonnée de A est égale à $\sin\left(\frac{\pi}{2}\right) = \frac{\sqrt{3}}{2}$.

e) Faux. C est le symétrique de A par rapport à O, ses coordonnées sont $\left(-\frac{1}{2}\,;-\frac{\sqrt{3}}{2}\right)$, elles ne sont pas égales.

54 **a) Faux.** $\frac{7\pi}{8} - \left(-\frac{\pi}{8}\right) = \pi$ et 1 est un nombre impair.

b) Vrai. $\sin(x + 4\pi) = \sin(x + 2\pi) = \sin x$.

c) Faux.

$$\sin\left(-\frac{\pi}{4}\right) + \cos\left(-\frac{\pi}{4}\right) = -\frac{\sqrt{2}}{2} + \frac{\sqrt{2}}{2} = 0.$$

d) Vrai. Pour tout réel x, $-1 \leqslant \cos(x) \leqslant 1$ donc $0 \leqslant \cos^2(x) \leqslant 1$.

e) Faux. Il existe deux points du cercle trigonométrique qui ont pour ordonnée 0,25.

Corrigés

L'équation a donc deux solutions dans l'intervalle $[0; 2\pi]$.

f) Vrai. Un seul point du cercle trigonométrique a pour ordonnée -1.
L'unique solution de l'équation dans l'intervalle $[-\pi ; \pi]$ est $-\frac{\pi}{2}$.

Pour réviser

55 $A = \frac{1}{2} + \frac{\sqrt{3}}{2} + 1 + \frac{\sqrt{3}}{2} + \frac{1}{2} = 2 + \sqrt{3}$.

56 $\widehat{IOA} = 2\,\widehat{II'A} = 60°$ donc A est associé au réel $\frac{\pi}{3}$, ses coordonnées sont $\left(\cos\frac{\pi}{3} ; \sin\frac{\pi}{3}\right)$, c'est-à-dire $\left(\frac{1}{2} ; \frac{\sqrt{3}}{2}\right)$.

57 a)

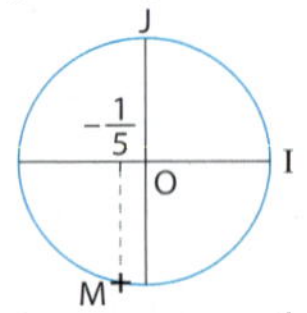

b) $\sin^2(x) = 1 - \cos^2(x) = 1 - \frac{1}{25} = \frac{24}{25}$.

Or $\sin(x) < 0$ donc $\sin(x) = -\frac{2\sqrt{6}}{5}$.

58 1. a) b)

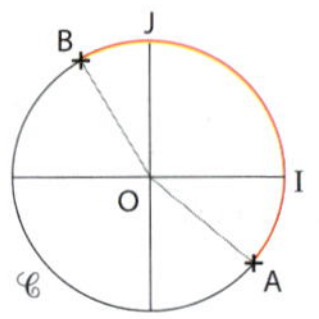

2. Pour tout réel x de I, $-\frac{1}{2} \leqslant \cos(x) \leqslant 1$.

59 1. a) H a pour coordonnées $\left(\frac{\sqrt{2}}{2} ; 0\right)$, donc $OH = \frac{\sqrt{2}}{2}$ et $I'H = 1 + \frac{\sqrt{2}}{2} = \frac{2+\sqrt{2}}{2}$.

b) $I'M^2 = I'H^2 + HM^2 = \frac{\left(2+\sqrt{2}\right)^2}{4} + \left(\frac{\sqrt{2}}{2}\right)^2$

$I'M^2 = \frac{6+4\sqrt{2}}{4} + \frac{2}{4} = 2 + \sqrt{2}$

donc $I'M = \sqrt{2+\sqrt{2}}$.

2. a) $\widehat{MI'I} = \frac{1}{2}\widehat{MOI} = \frac{\pi}{8}$

$\cos\left(\frac{\pi}{8}\right) = \frac{I'H}{I'M} = \frac{2+\sqrt{2}}{2\sqrt{2+\sqrt{2}}} = \frac{\sqrt{2+\sqrt{2}}}{2}$

$\sin\left(\frac{\pi}{8}\right) = \frac{MH}{I'M} = \frac{\sqrt{2}}{2\sqrt{2+\sqrt{2}}} = \frac{\sqrt{2-\sqrt{2}}}{2}$

b) $\frac{7\pi}{8} = \pi - \frac{\pi}{8}$ donc

$\cos\left(\frac{7\pi}{8}\right) = -\cos\left(\frac{\pi}{8}\right) = -\frac{\sqrt{2+\sqrt{2}}}{2}$

$\sin\left(\frac{7\pi}{8}\right) = -\sin\left(\frac{\pi}{8}\right) = -\frac{\sqrt{2-\sqrt{2}}}{2}$

Chapitre 8

QCM

70 1. a) Vrai. En effet, $AB = \sqrt{(3+1)^2 + (3-1)^2} = \sqrt{20}$ et $AC = \sqrt{(3-2)^2 + (3+1)^2} = \sqrt{17}$.

b) Faux. Erreur possible : ne considérer que les valeurs approchées par défaut à l'unité près ($AB \approx 4$ et $AC \approx 4$).

c) Faux. Erreur possible dans l'application de la formule de la longueur d'un segment.

2. a) Faux. Le milieu de [AC] a pour coordonnées $\left(\frac{3}{2} ; 0\right)$ et celui de [BD] a pour coordonnées $(1 ; 0)$.

b) Faux. Erreur possible dans les coordonnées des vecteurs $\overrightarrow{AB}$ et $\overrightarrow{DC}$.

c) Vrai. En effet, $AC = BC = \sqrt{13}$.

3. a) Faux. Les côtés consécutifs [AB] et [BC] n'ont pas la même longueur : $AB = \sqrt{10}$ et $BC = \sqrt{20}$.

b) Faux. Les milieux de [AI] et [BC] sont distincts. Leurs coordonnées respectives sont $(0 ; 2)$ et $(3 ; 1)$. Erreur possible : répondre vrai alors que c'est le quadrilatère ABCI qui est un parallélogramme.

c) Vrai. En effet, $BI^2 = 10$, $IC^2 = 10$, et $BC^2 = 20$, donc $BC^2 = IB^2 + IC^2$.

71 1. a) Faux. Pour des points A, B, C alignés, le fait que $B \in [AC]$ se traduit par $AB + BC = AC$.

b) Faux. Pour des points A, B, C alignés, le fait que $A \in [BC]$ se traduit par $BA + AC = BC$.

c) Vrai. En effet, $AC = AB - BC$ s'écrit aussi $AB = AC + BC$. Donc, comme A, B, C sont alignés, C est un point du segment [AB].

2. La fonction affine f représentée par (AB) est définie par $f(x) = ax + b$. $A \in (AB)$, donc $f(0) = -\frac{1}{2}$, c'est-à-dire $b = -\frac{1}{2}$. $B \in (AB)$, donc $f\left(\frac{1}{5}\right) = \frac{1}{2}$, c'est-à-dire $\frac{1}{5}a - \frac{1}{2} = \frac{1}{2}$.

Donc $a = 5$. Donc $f(x) = 5x - \frac{1}{2}$.

a) Vrai. En effet, $f(4) = \frac{39}{2}$, donc $f(x_C) = y_C$.

b) Faux. En effet, $f(4) \neq 19$.

c) Faux. En effet, $f(-2) = -\frac{21}{2} \neq 10$.

Vrai – Faux

72 a) Faux. La formule est $\frac{x_B + x_A}{2}$.

b) Faux. La formule est :

$AB = \sqrt{(x_B - x_A)^2 + (y_B - y_A)^2}$.

c) Faux. En effet, $AB = \sqrt{2}$. Entre A et B, il y a une unité d'écart en abscisse et une en ordonnée, donc la longueur AB est celle de l'hypoténuse d'un triangle isocèle rectangle dont le côté principal mesure une unité.

d) Faux. Il suffit de prendre $A(2 ; 3)$ et $B(2 ; -3)$ qui ont bien des ordonnées opposées (et des abscisses ici égales). Les points A, O, B ne sont pas alignés.

e) Vrai. Si l'on note $(a ; b)$ les coordonnées du point A, alors le milieu du segment [AB] a pour coordonnées $\left(\frac{(a+(-a))}{2} ; \frac{(b+(-b))}{2}\right)$ c'est-à-dire $(0 ; 0)$; c'est donc le point O.

73 a) Faux. Il n'en a que deux (les médiatrices de ses côtés). Les diagonales ne sont pas des axes de symétrie, sauf dans le cas où le rectangle est en fait un carré.

b) Vrai. Les diagonales et les médiatrices des côtés sont ses quatre axes de symétrie.

c) Faux. En effet, d'après le théorème de Pythagore : $AB^2 = 6^2 + 5^2 = 61$ et $AC^2 = 6^2 + 7^2 = 85$. Or $BC^2 = 12^2 = 144$.
Ainsi $AB^2 + AC^2 \neq BC^2$, donc le triangle ABC n'est pas rectangle en A.

d) Vrai. BCD est un triangle rectangle en B. Donc le point B appartient au cercle de diamètre [CD]. Pour la même raison, le point A appartient aussi au cercle de diamètre [CD]. On note O son centre. C'est le milieu du diamètre [CD].
Or la médiatrice de toute corde [AB] d'un cercle de centre O passe par O, puisque $OA = OB$. Donc la médiatrice de [AB] passe par le milieu O de [CD].

e) Vrai. On cherche l'expression de la fonction affine représentée par (AB), sous la forme $f(x) = mx + p$.
$A \in (AB)$ donc $f(2) = 4$, c'est-à-dire
$2m + p = 4$ **(1)** $B \in (AB)$ donc $f(-1) = 3$, c'est-à-dire $-m + p = 3$ **(2)**.
Par soustraction membre à membre de **(1)** et **(2)**, on obtient $2m + p - (-m + p) = 4 - 3$, soit $3m = 1$, donc $m = \frac{1}{3}$.
En reportant dans **(1)**, on obtient $2 \times \frac{1}{3} + p = 4$, soit $p = \frac{10}{3}$. Pour que le point C appartienne à la droite (AB), il faut et il suffit que $f(x_C) = y_C$, soit $\frac{1}{3}x_C + \frac{10}{3} = 2$. D'où $x_C = -4$. Donc $C(-4 ; 2)$ convient.

Pour réviser

74 a) $I\left(\frac{x_M + x_P}{2} ; \frac{y_M + y_P}{2}\right)$

soit $\left(\frac{2+(-2)}{2} ; \frac{1+(-1)}{2}\right)$, donc $I(0 ; 1)$.

b) $J\left(\frac{x_N + x_P}{2} ; \frac{y_N + y_P}{2}\right)$

soit $\left(\frac{-5+(-2)}{2} ; \frac{1+(-1)}{2}\right)$, donc $J\left(\frac{-7}{2} ; 0\right)$.

c) Si J est le milieu de [MR], J est aussi le milieu commun des diagonales de MNRP, qui est donc bien un parallélogramme.
$x_J = \frac{x_M + x_R}{2}$, donc $\frac{-7}{2} = \frac{2 + x_B}{2}$, soit $-7 = 2 + x_R$ donc $x_R = -9$. Et $y_J = \frac{y_M + y_R}{2}$, donc $0 = \frac{3 + y_R}{2}$, soit $y_R = -3$.

75 a) On démontre que les diagonales de ABDC ont même milieu.
Le milieu de [AD] a pour coordonnées $\left(\frac{x_A + x_D}{2} ; \frac{y_A + y_D}{2}\right)$, soit $\left(\frac{-2+4}{2} ; \frac{4+(-1)}{2}\right)$, donc $\left(1 ; \frac{3}{2}\right)$.

Celui de [BC] a pour coordonnées

$\left(\frac{x_B+x_C}{2};\frac{y_B+y_C}{2}\right)$ soit $\left(\frac{3+(-1)}{2};\frac{3+0}{2}\right)$

donc $\left(1;\frac{3}{2}\right)$.

Les milieux sont confondus, ABDC est bien un parallélogramme.

b) On calcule les longueurs de deux côtés consécutifs :

$AB = \sqrt{(x_B-x_A)^2+(y_B-y_A)^2}$
$= \sqrt{(3-(-2))^2+(3-4)^2}$
$= \sqrt{5^2+(-1)^2}$
$= \sqrt{26}$

et $BD = \sqrt{(x_D-x_B)^2+(y_D-y_B)^2}$
$= \sqrt{(4-3)^2+((-1)-3)^2}$
$= \sqrt{1^2+(-4)^2}$
$= \sqrt{17}$

Les longueurs sont différentes, donc ABDC n'est pas un losange.

76 **a)**

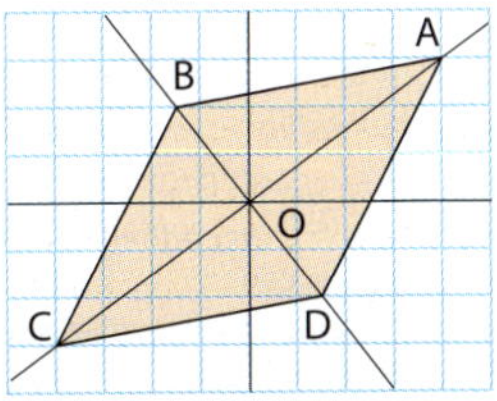

b) On calcule

$OA^2 = (x_A - x_O)^2 + (y_A - y_O)^2 = 42 + 32 = 25$

puis

$OB^2 = (x_B - x_O)^2 + (y_B - y_O)2 = 1{,}52 + 22 = 6{,}25$

et $AB = \sqrt{(x_B-x_A)^2+(y_B-y_A)^2}$

$AB = \sqrt{5{,}5^2+1^2} = \sqrt{31{,}25}$

Alors $AB^2 = OB^2 + OA^2$; la réciproque du théorème de Pythagore assure que le triangle est rectangle en O. Les droites (AC) et (AO) sont confondues, donc (AC) est perpendiculaire à (OB).

c) Il suffit de déterminer D pour que ABCD soit un parallélogramme, car comme ses diagonales seront perpendiculaires, ABCD sera automatiquement un losange.

O étant le milieu de [AC], il faut que D soit le milieu de [BD], donc D(1,5 ; – 2).

77 On cherche la fonction affine dont la représentation graphique est la droite (AB) sous la forme $f(x) = mx + p$, avec $f(x_A) = y_A$ et $f(x_B) = y_B$, soit $f(-2) = -3$ et $f(1) = -1$.

Donc $-2 \times m + p = 3$ ❶ et $m + p = -1$ ❷.

En faisant ❷ – ❶, on trouve $3m = 2$, $m = \frac{2}{3}$.

Ensuite, $m + p = -1$, donc $p = -1 - m = -\frac{5}{3}$.

Ainsi $f(x) = \frac{2}{3}x - \frac{5}{3}$.

Pour que C soit sur cette même droite, il faut comparer $f(x_C)$ et y_C ; $f(x_C) = f(30) = 20 - \frac{5}{3}$ est différent de $y_C = 20$. Donc les points A, B et C ne sont pas alignés.

78 **a)** $AB = \sqrt{(x_B-x_A)^2+(y_B-y_A)^2}$
$= \sqrt{(4-(-1))^2+(17-(-8))^2}$
$= \sqrt{5^2+25^2}$
$= \sqrt{650}$

et $AC = \sqrt{(x_C-x_A)^2+(y_C-y_A)^2}$
$= \sqrt{(0{,}5-(-1))^2+(-0{,}5-(-8))^2}$
$= \sqrt{2{,}25+56{,}25}$
$= \sqrt{58{,}5}$

$BC = \sqrt{(x_C-x_B)^2+(y_C-y_B)^2}$
$= \sqrt{(0{,}5-4)^2+(-0{,}5-17)^2}$
$= \sqrt{12{,}25+306{,}25}$
$= \sqrt{318{,}5}$

$(AC + BC)^2 = 58{,}5 + 318{,}5 + 2\sqrt{58{,}5}\sqrt{318{,}5}$
$= 377 + 2 \times 136{,}5$
$= 650.$

Donc $(AC + BC)^2 = AB^2$.

b) Comme AC + BC et AB sont des nombres positifs, on a AC + BC = AB, ce qui prouve que les points A, C et B sont alignés dans cet ordre.

79 **a)**

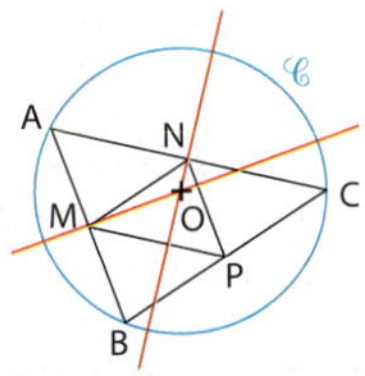

b) O pourrait être l'orthocentre du triangle MNP. N et O sont équidistants de A et de C, donc (NO) est médiatrice de [AC] ; (NO) est perpendiculaire à (AC). Par ailleurs la droite (MN) passe par les milieux des côtés [AB] et [BC] du triangle ABC, donc elle est parallèle au troisième côté [AC]. Ainsi (NO) est perpendiculaire à (MP). Comme (NO) passe par le sommet opposé à [MP] dans MNP, c'est une hauteur de ce triangle. On fait exactement de même pour prouver que (MO) est aussi une hauteur de MNP. O, point d'intersection des hauteurs, est donc bien l'orthocentre de MNP.

80 **a)** O(0 ; 0), I(1 ; 0), J(0 ; 1), A(5 ; 5), B(1 ; 4), C(5 ; 1), E(5 ; – 1).

b) On cherche la fonction affine dont la représentation graphique est la droite (AB) sous la forme $f(x) = mx + p$, avec $f(x_C) = y_C$ et $f(x_B) = y_B$, soit $f(5) = 1$ et $f(1) = 4$.

Donc $5 \times m + p = 1$ ❶ et $m + p = 4$ ❷. En faisant ❶ – ❷, on trouve $4m = -3$, soit $m = -\frac{3}{4}$,

et ensuite $m + p = 4$, donc $p = 4 - m = \frac{19}{4}$.

Ainsi $f(x) = -\frac{3}{4}x + \frac{19}{4}$.

On compare alors $f(x_F)$ et y_F ;

$f(x_F) = f(7) = -\frac{2}{4} = -\frac{1}{2} = y_F$.

Donc B, C et F sont alignés.

c) Les points A, C, E et B, C, F sont alignés dans cet ordre.

On calcule $\frac{CE}{CA} = \frac{2{,}5}{5} = \frac{1}{2}$, car

$\sqrt{(7-5)^2+(-0{,}5-1)^2} = \sqrt{6{,}25} = 2{,}5$

et $CB = \sqrt{(1-5)^2+(4-1)^2} = \sqrt{25} = 5$.

De même, $\frac{CE}{CA} = \frac{2}{4} = \frac{1}{2}$.

Les rapports étant égaux, la réciproque du théorème de Thalès assure que les droites (AB) et (EF) sont parallèles.

Chapitre 9

QCM

64 **1. a) Faux.** En effet, si $f : x \mapsto -x + 1$, alors $f(2) = -2 + 1 = -1$ et $f(2) \neq -3$.

b) Faux. En effet, si $g : x \mapsto \frac{1}{2}x - 2$, alors $g(2) = \frac{1}{2} \times 2 - 2 = -1$ et $g(2) \neq -3$.

c) Vrai. En effet, si $h : x \mapsto 15x - 33$, alors $h(2) = 15 \times 2 - 33 = -3$.

2. a) Faux. Erreur possible : on a calculé le quotient de $y_B - y_A$ par $x_A - x_B$.

b) Faux. Erreur possible : on a calculé le quotient de $x_B - x_A$ par $y_B - y_A$.

c) Vrai. En effet, le coefficient directeur est $a = \frac{y_B - y_A}{x_B - x_A} = \frac{1-4}{-2-6} = \frac{-3}{-8} = \frac{3}{8}$.

3. a) Faux. En effet, la droite d'équation $y = x + 2$ passe bien par A mais n'a pas le même coefficient directeur que d.

b) Faux. En effet, la droite d'équation $y = 2x - 8$ ne passe pas par A.

c) Vrai. En effet, la droite d'équation $y = 2x$ passe par A et a le même coefficient directeur, 2, que d.

65 **1. a) b) Faux.** Il suffit de placer les trois points dans un repère pour conjecturer que le triangle ABC est « aplati » et donc n'est ni rectangle, ni isocèle.

c) Vrai. En effet, les droites (AB) et (AC) ont le même coefficient directeur :

• droite (AB) : $m = \frac{-1-(-9)}{2-(-2)} = \frac{8}{4} = 2$;

• droite (AC) : $m' = \frac{5-(-9)}{5-(-2)} = \frac{14}{7} = 2$.

Les droites (AB) et (AC) sont parallèles et ont le point A en commun, donc elles sont confondues et les points A, B, C sont alignés.

2. a) Faux. En effet, le point A(–3 ; 5) n'appartient pas à la droite d'équation $y = 3x - 5$.

b) Vrai. En effet, soit on vérifie que le point A appartient à chacune des deux droites, soit on résout le système $\begin{cases} y = 2x + 11 \\ y = 5 \end{cases}$, c'est-à-dire $\begin{cases} 2x + 11 = 5 \\ y = 5 \end{cases}$, soit $\begin{cases} x = -3 \\ y = 5 \end{cases}$.

c) Faux. En effet, le point A(–3 ; 5) n'appartient pas à la droite d'équation $y = -2x + 1$.

3. a) Vrai. En effet, le symétrique par rapport à l'axe des ordonnées d'un point $M(\alpha ; m\alpha + p)$ est le point $M'(-\alpha ; m\alpha + p)$. On vérifie que ce point M′ appartient à la droite d'équation $y = -mx + p$.

b) c) Faux. En effet, si une droite coupe l'axe des ordonnées en B(0 ; p), alors sa symétrique par rapport à l'axe des ordonnées coupe aussi cet axe en B (et non pas au point C(0 ; –p)).

Vrai – Faux

66 a) **Faux.** En effet, une droite parallèle à l'axe des ordonnées n'a pas une équation de la forme $y = mx + p$, mais une équation de la forme $x = a$.

b) **Vrai.** En effet, la droite d'équation $y = 3$ est parallèle à l'axe des abscisses et la droite d'équation $x = -3$ est parallèle à l'axe des ordonnées.

c) **Faux.** En effet, une droite parallèle à l'axe des ordonnées n'a pas de coefficient directeur.

d) **Vrai.** En effet, cette droite passe par A(0 ; 3) et B(1 ; –1), donc son coefficient directeur est $m = \frac{-1-3}{1-0} = -4$.

e) **Faux.** En effet, l'ordonnée à l'origine de la droite d est 3, donc son équation est $y = -4x + 3$. Or $-4(-3) + 3 = 15$ et $15 \neq 14$.

67 a) **Faux.** En effet, d passe par les points A(4 ; 3) et B(8 ; –2), donc son coefficient directeur est $m = \frac{3-(-2)}{4-8} = -\frac{5}{4}$.

b) **Vrai.** En effet, la droite d a une équation de la forme $y = -\frac{5}{4}x + p$. Or A(4 ; 3) ∈ d, donc $3 = -\frac{5}{4} \times 4 + p$ et $p = 8$. Donc l'ordonnée à l'origine de d est 8.

c) **Faux.** En effet, l'équation de d est $y = -\frac{5}{4}x + 8$. Or, pour $x = 7$,
$y = -\frac{5}{4} \times 7 + 8 = -\frac{3}{4}$ et $-\frac{3}{4} \neq -0{,}7$.

Pour réviser

68 a)

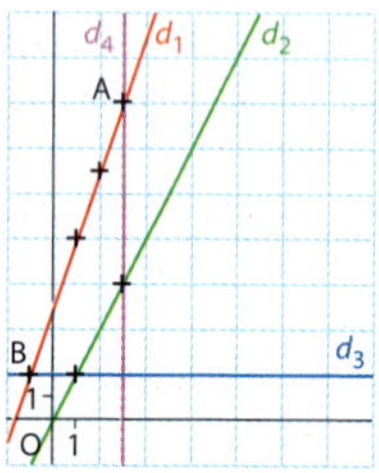

b) Les droites d_1 et d_4 se coupent en A(3 ; 14).

c) Les droites d_1 et d_3 se coupent en B(– 1 ; 2).

69 a) Le coefficient directeur de la droite (AB) se calcule par $\frac{1-4}{5-1} = \frac{-3}{4}$, et celui de la droite (AC) se calcule par $\frac{-3-4}{-1-1} = \frac{7}{2}$.

Les coefficients directeurs des droites (AB) et (AC) sont différents, donc les points A, B et C ne sont pas alignés et forment un triangle.

b)

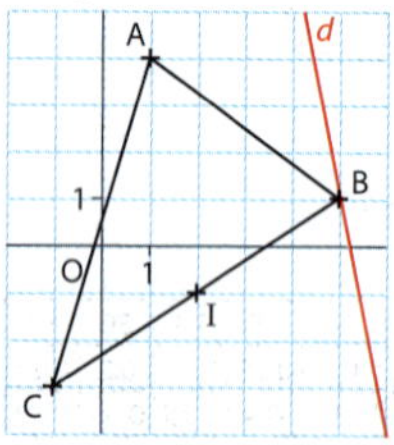

$I\left(\frac{-1+5}{2} ; \frac{-3+1}{2}\right)$, soit I(2 ; – 1).

c) Le coefficient directeur de la droite (AI) est $\frac{-1-4}{2-1} = -5$.

d) La droite d a une équation de la forme $y = -5x + p$, or $y_B = -5x_B + p$, soit $1 = -5 \times 5 + p = -25 + p$.
Donc $p = 26$ et $d : y = -5x + 26$.

70 a) $m_{(AB)} = \frac{-2-3}{-3+1} = \frac{5}{2}$.

$m_{(CD)} = \frac{5-1}{1-4} = -\frac{4}{3}$.

Les coefficients directeurs des droites (AB) et (CD) sont différents, donc (AB) et (CD) sont sécantes.

b) La droite (AB) a une équation de la forme $y = \frac{5}{2}x + p$, or $y_B = \frac{5}{2}x_B + p$

soit $-2 = \frac{5}{2}(-3) + p$

$\frac{11}{2} = p$.

Donc (AB) : $y = \frac{5}{2}x + \frac{11}{2}$.

La droite (CD) a une équation de la forme $y = -\frac{4}{3}x + p$, or $y_D = -\frac{4}{3}x_D + p$ soit $5 = -\frac{4}{3} + p$.

Donc $p = \frac{19}{3}$ et (CD) : $y = -\frac{4}{3}x + \frac{19}{3}$.

c) L'abscisse du point d'intersection des droites (AB) et (CD) est solution de l'équation :

$\frac{5}{2}x + \frac{11}{2} = -\frac{4}{3}x + \frac{19}{3}$

$\frac{5}{2}x + \frac{4}{3}x = \frac{19}{3} - \frac{11}{2}$

$23x = 5$

$x = \frac{5}{23}$.

On calcule maintenant $y = \frac{5}{2}\left(\frac{5}{23}\right) + \frac{11}{2}$

$= \frac{278}{46}$

$= \frac{139}{23}$

Le point d'intersection des deux droites est $E\left(\frac{5}{23} ; \frac{139}{23}\right)$.

71 1. a) $y_A = 310 + 40x$

$y_B = 80x$.

b)

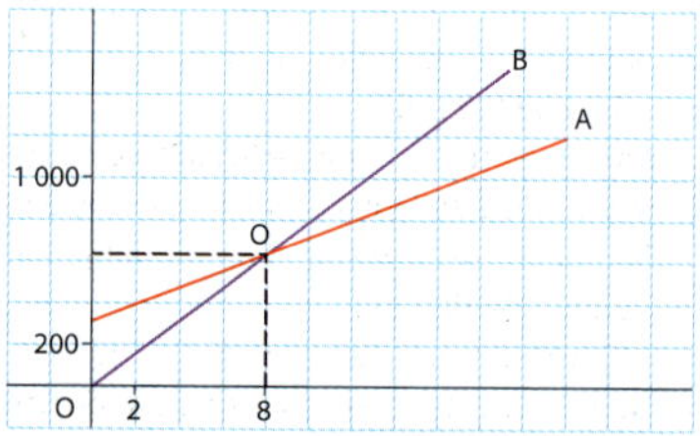

2. a) On lit sur le graphique que $x \approx 8$, c'est-à-dire que l'ouvrier agricole a ramassé à peu près 8 tonnes de pommes à l'issue du mois de septembre.

b) Pour déterminer la valeur exacte de x_0, on résout :

$310 + 40x = 80x$

$310 = 40x$

$x = \frac{310}{40} = 7{,}75$.

On en déduit que $x_0 = 7{,}75$ (tonnes).

72 a)

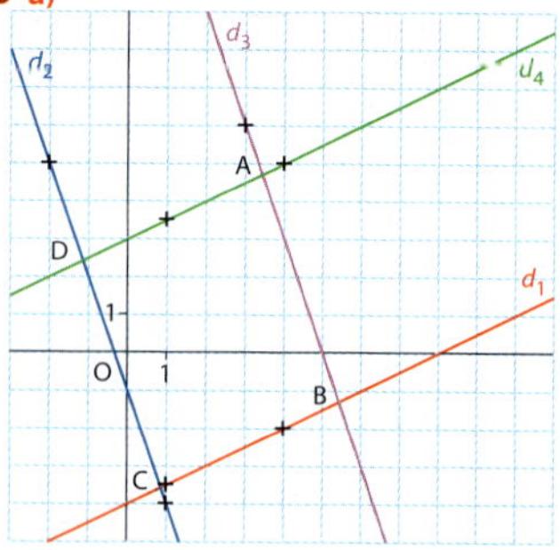

b) Les droites d_1 et d_4 ont le même coefficient directeur 0,5, donc elles sont parallèles.

De même, d_2 et d_3 ont pour coefficient directeur 3, donc elles sont parallèles.

Ainsi, ABCD est un parallélogramme.

Chapitre 10

QCM

78 1. a) **Faux.** Erreur possible : ne pas tenir compte du sens des vecteurs $\overrightarrow{AB}$ et $\overrightarrow{CD}$.

b) **Vrai.** Revoir le cours page 196.

c) **Faux.** Erreur possible : confusion entre translation et symétrie centrale.

2. a) **Faux.** Erreur possible : mauvaise lecture du nom d'un quadrilatère.

b) **Vrai.** Revoir le cours page 196.

c) **Faux.** En effet, les côtés [EG] et [FG] sont parallèles.

3. a) **Faux.** Erreur possible : mauvaise utilisation de la formule du cours, paragraphe 2 page 198.

b) **Faux.** Erreur possible : mauvaise utilisation de la formule du cours, paragraphe 2 page 198.

c) **Vrai.** En effet, $\overrightarrow{AB}(x_B - x_A ; y_B - y_A)$, donc $\overrightarrow{AB}(-1-2 ; -3-1)$, soit $\overrightarrow{AB}(-3 ; -4)$.

4. a) **Faux.** Erreur possible : confusion avec « si $\lambda = 0$, alors $\lambda\vec{u} = \vec{0}$ ».

La réciproque est fausse : $\lambda\vec{u}$ peut être nul sans que $\lambda = 0$, il suffit que $\vec{u} = \vec{0}$.

b) **Faux.** Explication analogue à celle du a).

c) **Vrai.** Revoir la propriété du cours, paragraphe 1 page 202.

79 1. a) **Faux.** Erreur possible : confusion entre $\overrightarrow{DO}$ et $\overrightarrow{OC}$.

b) **Faux.** Erreur possible : remplacer dans l'énoncé $\overrightarrow{AO}$ par $\overrightarrow{OA}$ et $\overrightarrow{DO}$ par $\overrightarrow{OD}$ et ne considérer que la moitié de la diagonale en appliquant la règle du parallélogramme.

c) **Vrai.** En effet, $\overrightarrow{AO} = \overrightarrow{OC}$ et $\overrightarrow{DO} = \overrightarrow{OB}$, donc $\overrightarrow{AO} + \overrightarrow{DO} = \overrightarrow{OC} + \overrightarrow{OB} = 2\,\overrightarrow{OJ} = \overrightarrow{IJ}$.

2. a) **Vrai.** En effet, $\overrightarrow{AC} = 3\overrightarrow{AB}$ est successivement équivalent à $\overrightarrow{AB} + \overrightarrow{BC} = 3\overrightarrow{AB}$; $\overrightarrow{BC} = 2\overrightarrow{AB}$; $\overrightarrow{BC} = -2\overrightarrow{BA}$.

b) **Faux.** En effet, $\overrightarrow{AC} = 3(\overrightarrow{AC} + \overrightarrow{CB})$, c'est-à-dire $\overrightarrow{AC} = 3\overrightarrow{AC} + 3\overrightarrow{CB}$, soit $-2\overrightarrow{AC} = 3\overrightarrow{CB}$ et $\overrightarrow{CB} = \frac{2}{3}\overrightarrow{CA}$.

3. a) **Vrai.** En effet, $\overrightarrow{MN}(3 ; 2)$ et $\overrightarrow{MP}(6 ; 4)$, donc $\overrightarrow{MP} = 2\,\overrightarrow{MN}$. Ces vecteurs sont colinéaires, donc les points M, N, P sont alignés et le triangle MNP est aplati.

b) Faux. Une figure suffit à conjecturer la bonne réponse.

c) Faux. Erreur possible dans le calcul des longueurs MN, MP et NP. En effet, on trouve que MN = NP mais MP ≠ MN.

Vrai – Faux

80 **a) Vrai.** Revoir la définition paragraphe 1, page 196.

b) Faux. Un moyen mnémotechnique pour se souvenir des coordonnées de $\overrightarrow{AB}$ est « extrémité moins origine ».

c) Vrai. Revoir la règle du parallélogramme, paragraphe 2 page 200.

d) Faux. Il n'est pas possible d'ajouter un réel et un vecteur ; en fait c'est $k(\vec{u}+\vec{v}) = k\vec{u} + k\vec{v}$.

e) Vrai. En effet, $\frac{9}{4} = -\frac{3}{2} \times \left(-\frac{3}{2}\right)$ et $-\frac{5}{2} = -\frac{3}{2} \times \frac{5}{3}$, donc $\vec{u} = -\frac{3}{2}\vec{v}$.

Les vecteurs $\vec{u}$ et $\vec{v}$ sont donc colinéaires.

81 **a) Vrai.** En effet : $\overrightarrow{AB}(1 ; 1)$ et $\overrightarrow{DC}(1 ; 1)$, donc $\overrightarrow{AB} = \overrightarrow{DC}$ et ABCD est un parallélogramme.

b) Faux. Erreur possible : confondre $\overrightarrow{MP}$ avec $\overrightarrow{PM}$. En effet : en utilisant la relation de Chasles, on obtient $\overrightarrow{MN} + \overrightarrow{QP} + \overrightarrow{NQ} = \overrightarrow{MN} + \overrightarrow{NQ} + \overrightarrow{QP}$; $\overrightarrow{MN} + \overrightarrow{QP} + \overrightarrow{NQ} = \overrightarrow{MQ} + \overrightarrow{QP} = \overrightarrow{MP}$.

c) Faux. Erreur possible : oublier que λ peut prendre des valeurs négatives. Or, une distance ne peut pas être négative.

d) Vrai. En effet : $\overrightarrow{EF}(1 ; -2)$ et $\overrightarrow{EG}(-2 ; 2)$, donc $\overrightarrow{EF} + \overrightarrow{EG}(-1 ; 0)$.

Pour réviser

82 **a)** $\overrightarrow{AC} = \overrightarrow{DE}$ donc la translation qui transforme A en C transforme aussi D en E.

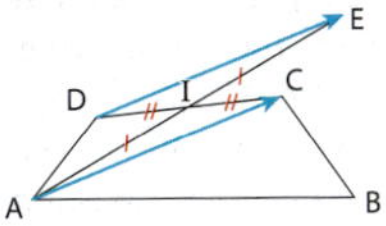

b) $\overrightarrow{AB} = \overrightarrow{DE'}$ donc ABE'D est un parallélogramme.

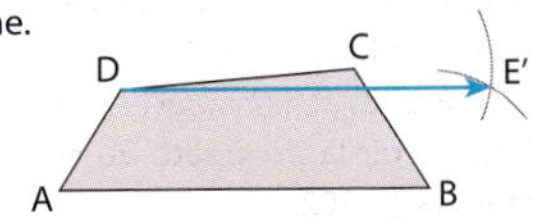

83 **a)** $\vec{u}(3 ; 2)$.

b) $\overrightarrow{AB}(4 ; -2)$.

c) $\overrightarrow{AE}(x_E + 1 ; y_E - 1)$ et $\vec{u}(3 ; 2)$, donc $\vec{u} = \overrightarrow{AE}$ entraîne $\begin{cases} x_E + 1 = 3 \\ y_E - 1 = 2 \end{cases}$ d'où $\begin{cases} x_E = 2 \\ y_E = 3 \end{cases}$

Les coordonnées de E sont (2 ; 3).

d) $\overrightarrow{AB}(4 ; -2)$ et $\overrightarrow{CD}(4 ; -2)$, donc $\overrightarrow{AB} = \overrightarrow{CD}$, ce qui prouve que ABDC est un parallélogramme.

84 **a)** $\overrightarrow{GI} + \overrightarrow{FE} = \overrightarrow{AE} + \overrightarrow{ED} = \overrightarrow{AD}$.

b) $\overrightarrow{CE} + \overrightarrow{JH} = \overrightarrow{DJ} + \overrightarrow{JH} = \overrightarrow{DH}$.

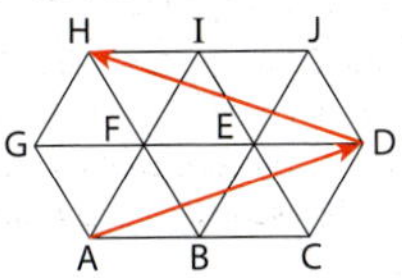

85 **a)** $\vec{u} = \overrightarrow{AC} + \overrightarrow{BA} + \overrightarrow{CB}$

$\vec{u} = \overrightarrow{CB} + \overrightarrow{BA} + \overrightarrow{AC}$

$\vec{u} = \vec{0}$.

b) $\vec{v} = \overrightarrow{AB} - \overrightarrow{AC} + \overrightarrow{BC} - \overrightarrow{BA}$

$\vec{v} = \overrightarrow{AB} + \overrightarrow{CA} + \overrightarrow{BC} + \overrightarrow{AB}$

$\vec{v} = \overrightarrow{AB} + \overrightarrow{BC} + \overrightarrow{CA} + \overrightarrow{AB}$

$\vec{v} = \overrightarrow{AB}$.

c) $\vec{w} = \overrightarrow{AB} - \overrightarrow{AC} + \overrightarrow{DC} - \overrightarrow{DB}$

$\vec{w} = \overrightarrow{AB} + \overrightarrow{CA} + \overrightarrow{DC} + \overrightarrow{BD}$

$\vec{w} = \overrightarrow{DC} + \overrightarrow{CA} + \overrightarrow{AB} + \overrightarrow{BD}$

$\vec{w} = \vec{0}$.

86 $\overrightarrow{MA} + \overrightarrow{MC} = \overrightarrow{MO} + \overrightarrow{OA} + \overrightarrow{MO} + \overrightarrow{OC}$

$= 2\overrightarrow{MO} + \overrightarrow{OA} + \overrightarrow{OC}$

$= 2\overrightarrow{MO}$ car O est le milieu de [AC].

$\overrightarrow{MB} + \overrightarrow{MD} = \overrightarrow{MO} + \overrightarrow{OB} + \overrightarrow{MO} + \overrightarrow{OD}$

$= 2\overrightarrow{MO} + \overrightarrow{OB} + \overrightarrow{OD}$

$= 2\overrightarrow{MO}$ car O est le milieu de [BD].

D'où $\overrightarrow{MA} + \overrightarrow{MC} = \overrightarrow{MB} + \overrightarrow{MD}$.

87 **a)**

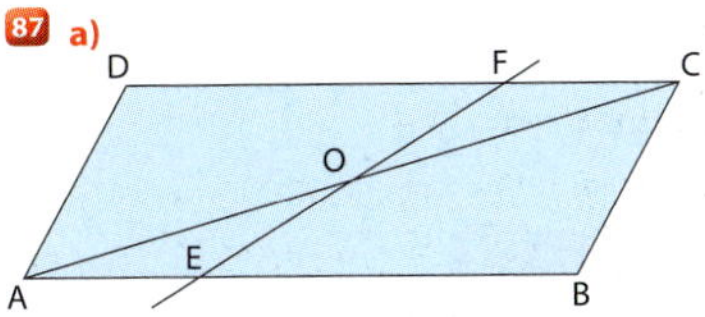

b) ABCD est un parallélogramme donc $\overrightarrow{AB} = \overrightarrow{DC}$.

Or $\overrightarrow{AE} = \frac{1}{3}\overrightarrow{AB}$

donc $\overrightarrow{AE} = \frac{1}{3}\overrightarrow{DC} = -\frac{1}{3}\overrightarrow{CD} = -\overrightarrow{CF}$.

D'où $\overrightarrow{AE} = \overrightarrow{FC}$.

c) $\overrightarrow{AE} = \overrightarrow{FC}$ donc AECF est un parallélogramme et le milieu O de [AC] est aussi le milieu de [EF], ce qui prouve que E, O, F sont alignés.

88 $\overrightarrow{AB}(3 ; 2)$; $\overrightarrow{CD}(-15 ; -10)$, donc $\overrightarrow{CD} = -5\,\overrightarrow{AB}$.

Ces vecteurs sont colinéaires donc les droites (AB) et (CD) sont parallèles.

Chapitre 11

QCM

32 **1. a) Faux.** Erreur possible : confusion entre les valeurs et les effectifs.

b) Faux. Avec cette formule, on calcule bien la fréquence de la cellule B3, mais en l'étirant vers la droite, on ne calcule pas la fréquence de la cellule C3 ; en effet, la formule devient =C2/SOMME(C2:H2).

c) Vrai. En effet, « SOMME($B2:$G2) » est l'effectif total de la série, et les dollars permettent de faire glisser cette formule vers la droite sans modifier l'effectif total.

2. a) Faux. Erreur possible : oublier que sur la courbe, il y a des points intermédiaires. Par exemple, le point de coordonnées (10 ; 40) qui est sur la courbe ne correspond à aucun point du tableau.

b) Faux. Erreur possible : mauvaise lecture du graphique qui comporte trois informations et non deux comme dans le tableau.

c) Vrai. En effet, il suffit de vérifier que chaque point du tableau, de coordonnées (Valeur ; Effectif), se trouve sur la courbe.

33 **1. a) Faux.** Erreur possible : calculer la moyenne de la liste 2, 3, 4, 5, 8, 10, 12.

b) Faux. Erreur possible : calculer la moyenne de la liste 4, 2, 1, 6, 3, 1, 1.

c) Vrai. En effet : $\bar{x} = \frac{4 \times 2 + \ldots + 1 \times 12}{4 + \ldots + 1} = \frac{47}{9}$

soit $\bar{x} \approx 5{,}22$.

2. a) Vrai. En effet : l'effectif total est 18, donc la médiane est la demi-somme de la neuvième et de la dixième valeur qui sont toutes deux égales à 5.

b) Faux. Erreur possible : avoir considéré la valeur centrale de la ligne des effectifs (nombre de matchs).

c) Faux. Erreur possible : erreur de calcul.

3. a) Faux. Erreur possible : n'avoir calculé que le troisième quartile.

b) Vrai. En effet : Q_1 est la cinquième valeur donc $Q_1 = 3$, Q_3 est la quatorzième valeur, donc $Q_3 = 8$, ainsi l'écart interquartile est 8 – 3 = 5.

c) Faux. Erreur possible : avoir pris la quatrième et non la cinquième valeur pour Q_1.

Vrai – Faux

34 **a) Faux.** En effet, c'est un indicateur de position : revoir le cours paragraphe 1 page 226.

b) Vrai. En effet, il suffit de multiplier par 100.

c) Vrai. Revoir le graphique du cours, paragraphe 1 page 226.

d) Faux. Erreur possible : confusion entre « 50 % des données » et « Au moins 50 % des données ». Voir le graphique du cours, paragraphe 1 page 226.

e) Faux. Erreur possible : ne songer qu'à des séries quantitatives et oublier qu'il peut y en avoir des qualitatives.

f) Faux. Dans le cas d'un nombre pair de valeurs, la médiane peut être située entre deux données.

35 **a) Faux.** Erreur possible : avoir calculé la moyenne des effectifs.

b) Faux. Erreur possible : confondre effectif et valeurs. Ici, l'étendue est : 19 – 0 = 19.

c) Vrai. En effet, il y a 28 valeurs, donc la médiane est située entre la quatorzième et la quinzième valeurs qui sont toutes deux situées dans la classe « 5 à 9 ».

d) Vrai. En effet, 7 + 4 + 8 + 6 = 25, donc 25 élèves ont reçu moins de 15 SMS, ce qui représente environ 89 % des élèves $\left(\frac{25}{28} \times 100 \approx 89\right)$.

Pour réviser

36 **a)**

Longueur	74	76	78	80	82	84	86
Fréquence	0,1	0,15	0,21	0,2	0,17	0,13	0,04
F.C.D.	1	0,9	0,75	0,54	0,34	0,17	0,04

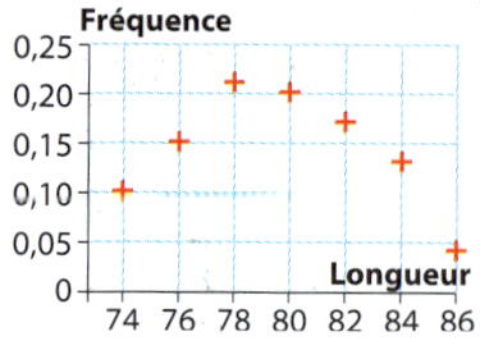

b) 34 % des pantalons vendus mesurent 82 cm ou plus de long.

37 **a)**

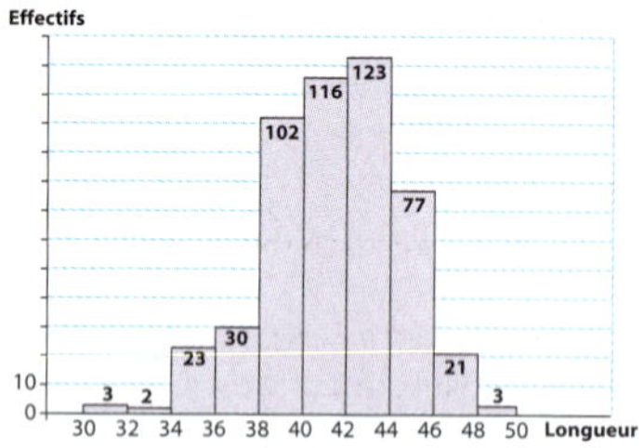

b)

Longueur	[30 ; 32[	[32 ; 34[	[34 ; 36[	[36 ; 38[	[38 ; 40[
E.C.C	3	5	28	58	160

Longueur	[40 ; 42[	[42 ; 44[	[44 ; 46[	[46 ; 48[	[48 ; 50[
E.C.C	276	399	476	497	500

399 noix mesurent moins de 44 mm.

38

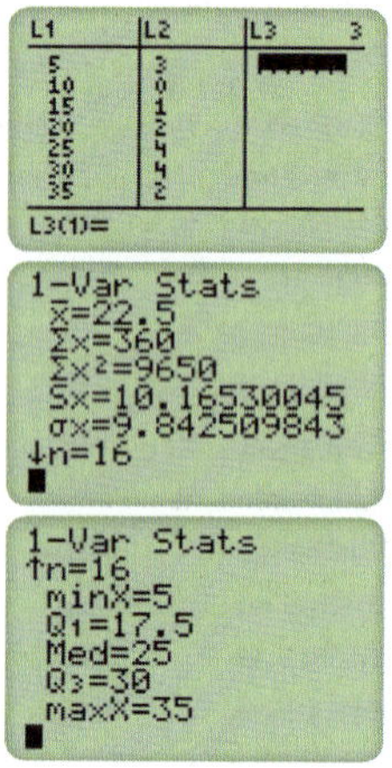

La moyenne est $\bar{x} = 22{,}5$.

La médiane est Me = 25.

39 **a)** Il faut commencer par ranger les valeurs par ordre croissant :

40 – 42 – 43 – 45 – 48 – 48 – 49 – 50 – 56

Il y a 9 valeurs, 9 = 4 + 1 + 4, la médiane est donc située à la 5e valeur.

Me = 48.

Ce qui signifie qu'au moins 50 % des marguerites effeuillées comptaient 48 pétales au moins et au moins 50 % comptaient 48 pétales ou plus.

b) Il faut commencer par ranger les valeurs par ordre croissant :

37 – 38 – 39 – 39 – 42 – 43 – 43 – 43 – 44 – 46

Il y a 10 valeurs.

$\frac{1}{4} \times 10 = 2{,}5$ donc Q_1 est situé à la 3e valeur.

$Q_1 = 39$.

$\frac{3}{4} \times 10 = 7{,}5$ donc Q_3 est situé à la 8e valeur.

$Q_3 = 43$.

Ce qui signifie qu'au moins un quart des marguerites effeuillées (25 %) comptaient 39 pétales ou moins ; et au moins trois quarts des marguerites effeuillées (75 %) comptaient 43 pétales ou moins.

40 **1. a)** Mexico : $e = 18{,}4 - 12 = 6{,}4$;

Barcelone : $e' = 24{,}3 - 9{,}5 = 14{,}8$.

b) Mexico : $\bar{x} \approx 15{,}6$; Barcelone : $\bar{x}' \approx 16{,}5$.

c) Mexico : $\text{Me} = \frac{16{,}2 + 16{,}3}{3} = 16{,}25$;

Barcelone : $\text{Me}' = \frac{14{,}6 + 17{,}6}{2} = 16{,}1$.

d) Mexico : $Q_1 = 13{,}9$; $Q_3 = 16{,}8$;

Barcelone : $Q_1' = 10{,}3$; $Q_3' = 21{,}5$.

2. a) Le calcul de la moyenne.

b) Les calculs de l'étendue (ou de l'écart interquartile).

c) Le calcul de la médiane.

d) Le calcul de l'intervalle interquartile de Mexico.

Chapitre 12

QCM

45 **1. a) Faux.** Erreur possible : quatre issues réalisent A et quatre issues réalisent B ; penser que la probabilité demandée est de « une chance sur huit ».

b) Vrai. En effet, l'événement A ∩ B est réalisé par les issues 5 et 7, sa probabilité est donc égale à $\frac{2}{8} = \frac{1}{4}$.

c) Faux. Erreur possible : penser que le nombre de cas possibles sont les quatre issues qui réalisent A, et dire que parmi celles-ci, deux (5 et 7) sont des cas favorables.

2. a) Vrai. A ∪ B est réalisé par les issues 1, 3, 5, 6, 7, 8 ; sa probabilité est donc égale à $\frac{6}{8} = \frac{3}{4}$.

b) Faux. En effet, l'événement : penser que A ∪ B est réalisé uniquement par les issues 5, 6, 7, 8.

c) Faux. Erreur possible : mauvaise idée de l'événement A ∪ B.

3. a) Faux. Revoir la définition de l'événement contraire.

b) Vrai. En effet, l'événement $\bar{A}$ est réalisé par les issues 1, 2, 3, 4 ; sa probabilité est donc égale à $\frac{4}{8} = \frac{1}{2}$.

c) Faux. Erreur possible : quatre issues réalisent $\bar{A}$; penser que sa probabilité est de « une chance sur quatre ».

46 **1. a) Faux.** Erreur possible : penser que $p(A \cup B)$ est égal au produit de $p(A)$ et $p(B)$.

b) Vrai. En effet, A et B étant incompatibles, la probabilité de l'événement A ∪ B est égale à la somme des probabilités de A et B, on trouve : 0,43 + 0,15 = 0,58.

c) Faux. Erreur possible : penser que $p(A \cup B)$ est égal à la différence de $p(A)$ et $p(B)$.

2. a) Faux. Erreur possible : trois issues réalisent cet événement ; penser que la probabilité demandée est de « une chance sur trois ».

b) Faux. Erreur possible : confondre avec l'événement « obtenir une fois Pile exactement ».

c) Vrai. En effet, il y a quatre issues à l'expérience et l'événement « Obtenir au moins une fois Pile » est réalisé par les issues PP, PF, FP. Sa probabilité est donc égale à $\frac{3}{4}$.

3. a) Vrai. En effet,

$p(A \cup B) + p(A \cap B) = p(A) + p(B)$, or $p(A) = 0{,}6$, $p(B) = 0{,}3$ et $p(A \cup B) = 0{,}8$ donc $p(A \cap B) = 0{,}1$.

b) Faux. Erreur possible : confondre $p(B)$ et $p(\bar{B})$, puis effectuer 0,6 + 0,7 – 0,8.

c) Faux. Erreur possible : penser que $p(A \cap B)$ est égal à $p(A \cup B) - p(A) - p(B)$ et trouver un résultat négatif.

Vrai – Faux

47 **a) Vrai.** En effet, la somme des numéros pour le premier tétraèdre est 4 ou 5, et celle pour le deuxième tétraèdre est 30, 35, 40 ou 45. Les sommes possibles des six faces visibles sont donc 34, 35, 39, 44, 49, 35, 40, 45 et 50.

b) Vrai. Chaque issue a la même probabilité $\frac{1}{8}$.

c) Vrai, car aucune issue ne réalise les événements D et R.

d) Faux, car l'issue 35 ne réalise ni D, ni Z.

48 **a) Faux,** car les deux billets achetés par Marine peuvent être tous les deux perdants.

b) Faux, car certains élèves peuvent aimer la lecture et le cinéma et d'autres ni l'un, ni l'autre.

c) Faux, car l'expérience a pour issues équiprobables FF, FP, PF et PP. La probabilité de n'obtenir aucun Pile est donc $\frac{1}{4}$.

d) Faux, car $p(\bar{A} \cap \bar{B}) = p(\overline{A \cup B}) = 1 - p(A \cup B)$.

e) Faux. Les deux issues n'ont pas nécessairement la même probabilité.

Pour réviser

49 **1.**

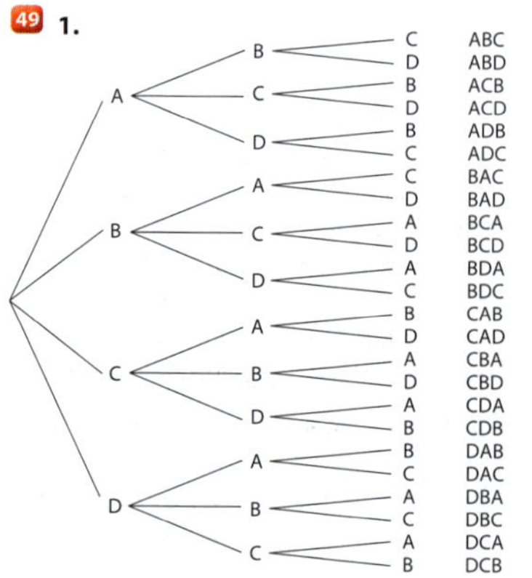

2. $P(E) = \frac{6}{24} = \frac{1}{4}$;

$P(F) = \frac{6}{24} = \frac{1}{4}$.

3. a) E ∩ F est réalisé par les issues : BAD, BDA.

b) Donc $P(E \cap F) = \frac{2}{24} = \frac{1}{12}$.

4. $P(E \cup F) = P(E) + P(F) - P(E \cap F) = \dfrac{5}{12}$.

50 **a)** Chacune des faces peut être coloriée de deux façons différentes. Le nombre de coloriages possibles est donc $2^6 = 64$.

b) $\bar{U}$: « Le cube est colorié d'une seule couleur ».

$P(\bar{U}) = \dfrac{2}{24} = \dfrac{1}{32}$.

c) $P(U) = 1 - P(\bar{U})$

$= \dfrac{31}{32}$.

51 **a)** On note (2 ; 3) l'issue telle que le joueur A montre deux doigts et le joueur B, trois doigts.

E est formé des issues : (1 ; 1), (1 ; 2), (1 ; 3), (2 ; 1), (2 ; 2), (2 ; 3), (3 ; 1), (3 ; 2), (3 ; 3).

b) On choisit la loi équirépartie sur l'ensemble E, donc chaque issue a une probabilité de $\dfrac{1}{9}$.

c) La probabilité est $\dfrac{5}{9}$.

52 $P(C) = \dfrac{20}{35} = \dfrac{4}{7}$, $P(F) = \dfrac{7}{35} = \dfrac{1}{5}$

et $P(\overline{C \cup F}) = \dfrac{12}{35}$.

a) $P(C \cup F) = 1 - P(\overline{C \cup F})$

$= \dfrac{23}{35}$.

b) $P(C \cap F) = P(C) + P(F) - P(C \cup F)$

$= \dfrac{4}{35}$.

Chapitre 13

QCM

29 **1. a) Faux.** Revoir la synthèse de l'activité 2, page 264.

b) Faux. Erreur possible : confusion entre f et p, entre intervalle de fluctuation et intervalle de confiance.

c) Vrai. Revoir la synthèse de l'activité 2, page 264.

2. a) Faux. En effet, cette formule affiche un nombre entier aléatoire entre 0 et 6.

b) Vrai. En effet, la formule « =ALEA.ENTRE.BORNES(*a*;*b*) » affiche un nombre entier aléatoire entre *a* et *b*.

c) Faux. Erreur possible : penser que « ALEA() » donne un nombre entier, alors qu'il affiche un nombre aléatoire réel de l'intervalle $[0 ; 1[$.

3. a) b) Faux. Erreur possible : ne pas tenir compte du fait qu'il n'y a pas le même nombre de boules rouges et de boules vertes.

c) Vrai. En effet, les proportions de boules rouges $\left(\dfrac{2}{5} = 0{,}4\right)$ et de boules vertes $\left(\dfrac{3}{5} = 0{,}6\right)$ sont les mêmes que les amplitudes de l'intervalle $[0 ; 0{,}4[$ $(0{,}4 - 0 = 0{,}4)$ et de l'intervalle $[0{,}4 ; 1[$ $(1 - 0{,}4 = 0{,}6)$.

30 **1. a) Faux.** Erreur possible : penser que l'amplitude de cet intervalle est $\dfrac{1}{n}$ et utiliser le fait que $\dfrac{1}{10} = 0{,}1$, alors que l'amplitude de cet intervalle est $2 \times \dfrac{1}{\sqrt{n}}$.

b) Faux. Erreur possible : confondre l'amplitude $2 \times \dfrac{1}{\sqrt{50}}$ avec $\dfrac{1}{\sqrt{2 \times 50}}$.

c) Vrai. En effet, $2 \times \dfrac{1}{\sqrt{400}} = 2 \times \dfrac{1}{20} = 0{,}1$.

2. a) Faux. Erreur possible : déterminer l'intervalle de confiance au niveau 0,95 de p, à savoir $\left[0{,}26 - \dfrac{1}{\sqrt{50}} ; 0{,}26 + \dfrac{1}{\sqrt{50}}\right]$, au lieu de l'intervalle de fluctuation au seuil de 95 %.

b) Vrai. En effet, l'intervalle de fluctuation au seuil de 95 % est $\left[p - \dfrac{1}{\sqrt{50}} ; p + \dfrac{1}{\sqrt{50}}\right]$, soit approximativement $[0{,}058 ; 0{,}342]$.

c) Faux. Erreur possible : erreur dans le calcul de $\dfrac{1}{\sqrt{50}}$.

3. a) Vrai. En effet, $f = 0{,}26$ et $0{,}26 \in [0{,}058 ; 0{,}342]$.

b) Faux. Erreur possible : mauvaise lecture de l'intitulé de la question.

c) Faux. Erreur possible : mauvaise compréhension de la synthèse de l'activité 2, page 264.

Vrai – Faux

31 **a) Vrai.** Revoir la synthèse de l'activité 1, page 263.

b) Vrai. En effet, si $f \notin I$, alors on peut rejeter l'hypothèse que l'échantillon soit compatible avec le modèle, c'est-à-dire avec la fréquence p du caractère dans la population.

c) Faux. Erreur possible : on ne peut en déduire que des fréquences théoriques possibles dans un intervalle, pas de fréquence théorique exacte.

d) Vrai. En effet, l'amplitude de l'intervalle est $2 \times \dfrac{1}{\sqrt{n}}$, donc plus n est grand, plus cette amplitude est petite.

32 **a) Vrai.** En effet, $0{,}54 \notin [0{,}3 ; 0{,}5]$, or il n'y a que 5 % des échantillons dont les fréquences ne sont pas dans cet intervalle.

b) Vrai. En effet,

$\left[f - \dfrac{1}{\sqrt{n}} ; f + \dfrac{1}{\sqrt{n}}\right] = \left[0{,}37 - \dfrac{1}{\sqrt{60}} ; 0{,}37 + \dfrac{1}{\sqrt{60}}\right]$

soit environ $[0{,}24 ; 0{,}5]$.

Pour réviser

33 **a)**

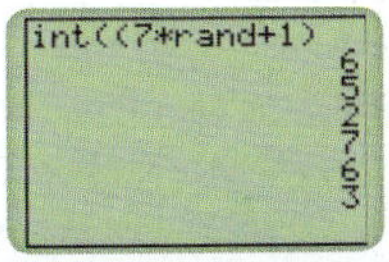

b) Une simulation pourrait être : 7 – 3 – 1 – 2– 4 – 1 – 3 – 7 – 2 – 2 – 1 – 4 – 2 – 1 – 6 – 7 – 7 – 3 – 2 – 7 – 5 – 1 – 4 – 7 – 1 – 4 –6 – 6 – 3 – 3 – 7 – 4 – 5 – 6 – 6 – 2 – 3 – 1 – 4 – 6 – 6 – 3 – 3 – 7 – 4 – 6 – 7 – 2 – 5.

34 **a)** $[0{,}36 ; 0{,}6]$.

b) $[0{,}634 ; 0{,}766]$.

35 $p = 0{,}24$; $n = 200$; $f = \dfrac{58}{200} = 0{,}29$.

L'intervalle de fluctuation au seuil de 95 % est $I = [0{,}17 ; 0{,}31]$.

$f \notin I$ donc l'échantillon prélevé n'est pas « anormalement » dangereux.

36 $p = 0{,}4$; $n = 200$; $f = 0{,}48$.

L'intervalle de fluctuation au seuil de 95 % est $I = [0{,}33 ; 0{,}47]$.

$f \notin I$, f est supérieure à la valeur maximale de I, on peut considérer que la publicité a porté ses fruits.

37 **a)** Fourchette de sondage au niveau 0,95 :

- Candidat A : $[0{,}3 ; 0{,}36]$.
- Candidat B : $[0{,}35 ; 0{,}41]$.
- Candidat C : $[0{,}26 ; 0{,}32]$.

Les électeurs maintenant leurs intentions de vote, on peut conserver ces fourchettes pour évaluer leur score à l'élection.

b) • CAB : Oui.

- ACB : Oui.
- CBA : Oui.
- BAC : Non.

c) Soit n la taille de l'échantillon, il faut que $0{,}29 + \dfrac{1}{\sqrt{n}} < 0{,}33 - \dfrac{1}{\sqrt{n}}$

et que $0{,}33 + \dfrac{1}{\sqrt{n}} < 0{,}38 - \dfrac{1}{\sqrt{n}}$.

• $0{,}29 + \dfrac{1}{\sqrt{n}} < 0{,}33 - \dfrac{1}{\sqrt{n}}$ donne successivement $\dfrac{2}{\sqrt{n}} < 0{,}04$; $\dfrac{2}{0{,}04} < \sqrt{n}$;

$\left(\dfrac{2}{0{,}04}\right)^2 < n$; $2\,500 < n$;

• $0{,}33 + \dfrac{1}{\sqrt{n}} < 0{,}38 - \dfrac{1}{\sqrt{n}}$ donne successivement $\dfrac{2}{\sqrt{n}} < 0{,}05$; $\dfrac{2}{0{,}05} < \sqrt{n}$;

$\left(\dfrac{2}{0{,}05}\right)^2 < n$; $1\,600 < n$.

Il faut donc $n > 2\,500$ et $n > 1\,600$. Ainsi, pour être certain que le résultat soit CAB, il aurait fallu obtenir les mêmes f_A, f_B et f_C avec un échantillon de taille $n = 2\,501$ (ou plus).

Autres exercices

Chapitre 1

2 **b)** • ABCD est un carré de côté 5 cm.

• Les triangles BAE_1 et DAE_2 sont des triangles rectangles isocèles en A avec :

$$BA = DA = AE_1 = AE_2 = 5 \text{ cm}.$$

• Le triangle CBE_3 est un triangle rectangle en B, avec BC = 5 cm et $BE_3 = BE_1$.

• Il reste à dessiner le triangle CDE_4 en construisant au compas le point E_4 tel que $DE_4 = DE_2$ et $CE_4 = CE_3$, ou en utilisant le fait que CDE_4 est rectangle en D, avec $DE_4 = DE_2$.

Échelle : 3/10

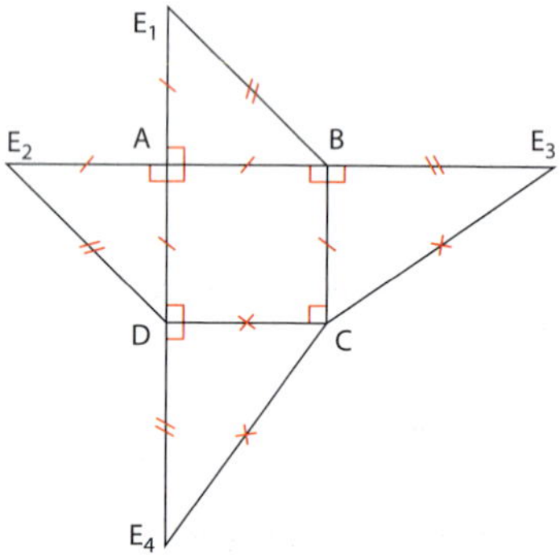

8 **a)** Le segment [BH] est à l'intérieur du parallélépipède rectangle ABCDEFGH, il doit donc être dessiné en pointillés (il est caché par les faces BCGF et CGHD).

b) Le solide est un prisme à base triangulaire. On peut y déceler quatre erreurs :

• [BC] est visible, le dessiner en trait plein ;

• [FC] est caché, le dessiner en pointillés ;

• [FI] et [FD] sont cachés, les dessiner en pointillés, ce qui donne le dessin exact ci-dessous.

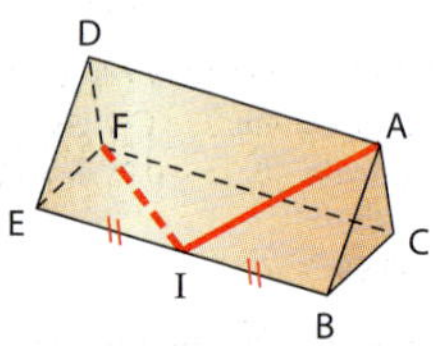

Remarque : on peut aussi corriger le dessin ainsi (il y a alors 5 erreurs).

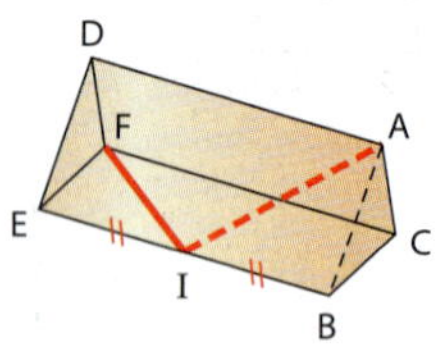

11 **a)** I, A et B sont alignés, donc il y a plusieurs plans qui contiennent I, A et B (par exemple : (ABC), (ABG), (ABF),...).

Donc I et (AB) ne définissent pas un plan unique.

b) I, H et G ne sont pas alignés car I $\notin$ (GH). Donc I, H et G définissent un plan unique, ainsi que I et (GH).

c) A $\notin$ (GH) donc les points A, G et H ne sont pas alignés. Ils définissent donc un unique plan $\mathcal{P}$. $\mathcal{P}$ contient G et H donc il contient la droite (GH).

De plus, ABGH est un rectangle, donc B $\in$ (AGH). $\mathcal{P}$ contient A et B, donc il contient la droite (AB). (AB) et (GH) définissent donc un plan et un seul.

13 **a)** (BH) et (BC) ont le point B en commun. De plus H $\notin$ (BC) donc (BH) et (BC) ne sont pas confondues. Donc (BH) et (BC) sont sécantes en B.

b) (BC) est une droite contenue dans le plan (BCG). Le point E n'appartient pas au plan (BCG). La droite (EG) coupe le plan (BCG) en G, et G $\notin$ (BC).

La droite (EG) coupe le plan (BCG) en un point qui n'appartient pas à la droite (BC), donc les droites (EG) et (BC) ne sont pas coplanaires.

c) EGCA est un rectangle, donc (EG) // (AC).

15 **a)** F appartient au plan (BCG), donc B et F sont communs aux plans (ABF) et (BCG).

Ces deux plans ne sont pas confondus car A $\notin$ (BCG).

Donc (ABF) et (BCG) sont sécants selon la droite (BF).

b) (CDH) et (EFG) sont sécants selon la droite (GH).

c) (AEG) et (ADH) sont sécants selon la droite (AE).

d) (BDH) et (CGH) sont sécants selon la droite (DH).

20 Dans le plan (SAB), le théorème des milieux appliqué au triangle SAB permet de conclure que (IL) est parallèle à (AB).

ABCD est un carré, donc (AB) // (CD).

(IL) // (AB) et (AB) // (CD) donc (IL) // (CD).

25 **a)** BEHC est un rectangle, donc ses côtés opposés sont deux à deux parallèles. Donc (EB) // (CH).

b) ABGH est un rectangle, donc (AH) // (BG).

c) Deux droites sécantes de (ACH), à savoir (AH) et (HC), sont parallèles à deux droites sécantes (BG) et (EB) de (EBG), donc les plans (ACH) et (EBG) sont parallèles (propriété P4).

Or A $\notin$ (BEG) donc (ACH) et (EBG) sont strictement parallèles.

27 **a)** Le quadrilatère ACGE est un rectangle, donc (AC) // (EG).

Or la droite (EG) est contenue dans le plan (EFH), donc la droite (AC) est parallèle au plan (EFH) (propriété P7).

Chapitre 2

4 **a)** À chaque entier, on associe un unique résultat $f(n)$ donc on définit bien une fonction.

b)

n	0	1	2	3	4	5	6	7	8	9	10
$f(n)$	4	9	16	25	36	49	64	81	100	121	144

c) Conjecture : $f(n) = (n + 2)^2$.

d) Avec l'algorithme : $f(n) = (n + 4) \times n + 4$ donc $f(n) = n^2 + 4n + 4$, soit $f(n) = (n + 2)^2$.

6 **a)** Vraie : on ne trouve pas 2 dans la ligne des valeurs de x.

b) Fausse : $f(-5) = 2$ mais 5 n'a pas d'image par f.

c) Fausse : $f(0) = -3$.

12 **a)**

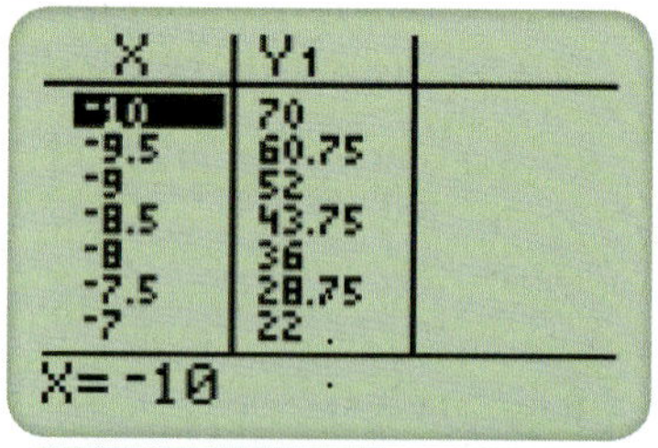

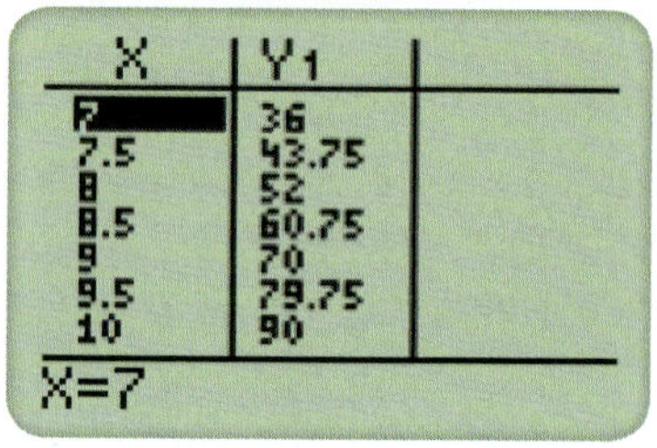

b) La fenêtre graphique est : $-10 < x < 10$ et $-22 < y < 8$.

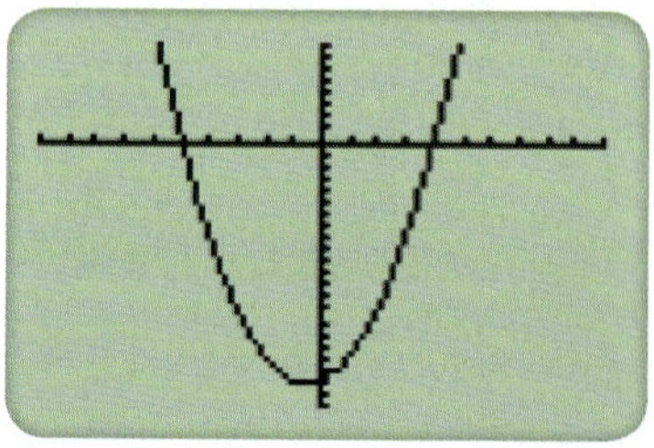

14 **1.**

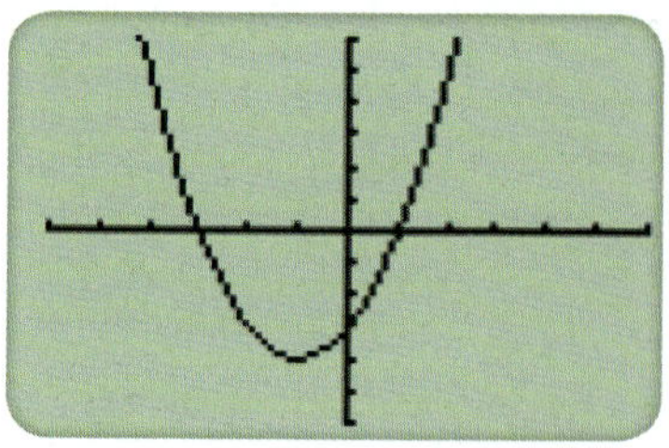

2. a) La courbe semble couper l'axe des abscisses pour $x = -3$ et $x = 1$. On propose deux solutions -3 et 1.

b) $f(-3) = (-3)^2 + 2 \times (-3) - 3 = 9 - 6 - 3 = 0$ et $f(1) = 1^2 + 2 \times 1 - 3 = 1 + 2 - 3 = 0$.

Les valeurs lues sur le graphique sont bien solutions de l'équation $f(x) = 0$.

28 **1.** Forme 1 : $f(x) = 4(x^2 - 10x + 25) - 9$
$= 4x^2 - 40x + 100 - 9$
$= 4x^2 - 40x + 91$.

Forme 2 : $f(x) = 4x^2 - 14x - 26x + 91$
$= 4x^2 - 40x + 91$.

2. Forme factorisée : forme 2.

3. a) $f(x) = 0$: forme 2.

$2x - 13 = 0$ ou $2x - 7 = 0$ soit $x = \frac{13}{2}$ ou $x = \frac{7}{2}$.

L'équation a deux solutions $\frac{13}{2}$ et $\frac{7}{2}$.

b) $f(0)$: forme 3.
$f(0) = 4 \times 0 - 40 \times 0 + 91$ donc $f(0) = 91$.

c) Il faut résoudre l'équation $f(x) = -9$ qui, avec la forme 1, s'écrit :
$4(x-5)^2 = 0$ c'est-à-dire $x - 5 = 0$.
-9 a un antécédent : 5.

d) $f(\sqrt{2})$: forme 3.

$f(\sqrt{2}) = 4 \times (\sqrt{2})^2 - 40\sqrt{2} + 91$
$= 8 - 40\sqrt{2} + 91$
$= 99 - 40\sqrt{2}$.

e) $f(x) = 91$ s'écrit, avec la forme 3 :
$4x^2 - 40x = 0$ donc $4x(x - 10) = 0$.
$4x = 0$ ou $x - 10 = 0$ soit $x = 0$ ou $x = 10$.
L'équation a deux solutions 0 et 10.

29 **a)** Fenêtre graphique : $-6 \leqslant X \leqslant 6$ et $-6 \leqslant Y \leqslant 6$.

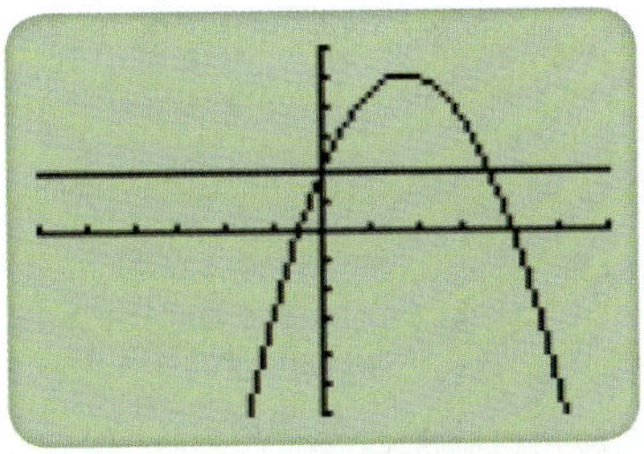

Conjectures :
- $g(x) = 0$ a deux solutions : $-0,5$ et 4.
- $g(x) = 2$ a deux solutions : 0 et 3,5

b) $g(x) = 4x^2 + 4x + 1 - (5x^2 + \frac{5}{2}x - 2x - 1)$

$g(x) = 4x^2 + 4x + 1 - 5x^2 - \frac{5}{2}x + 2x + 1$

$g(x) = -x^2 + \frac{7}{2}x + 2$

c) $g(x) = (2x+1)\left[(2x+1) - \left(\frac{5}{2}x - 1\right)\right]$

$g(x) = (2x+1)(2x + 1 - \frac{5}{2}x + 1)$

$g(x) = (2x+1)\left(-\frac{1}{2}x + 2\right)$

d) • $g(x) = 0$ s'écrit $(2x+1)\left(-\frac{1}{2}x + 2\right) = 0$

$2x + 1 = 0$ ou $-\frac{1}{2}x + 2 = 0$

$2x = -1$ ou $-\frac{1}{2}x = -2$

$x = -\frac{1}{2}$ ou $x = 4$

$g(x) = 0$ a deux solutions : $\frac{-1}{2}$ et 4.

• $g(x) = 2$ s'écrit :

$-x^2 + \frac{7}{2}x + 2 = 2$

$-x^2 + \frac{7}{2}x = 0$

$x(-x + \frac{7}{2}) = 0$

$x = 0$ ou $x = \frac{7}{2}$

$g(x) = 2$ a deux solutions : 0 et $\frac{7}{2}$.

Chapitre 3

3 **1. a)** L'ensemble de définition de f est $[-2\,;+\infty[$.

b) $f(0) = -2$; $f(-2) = -1$; $f(0,5) = 0$.

2. a) f n'est pas croissante sur $[-2\,;2]$; elle est croissante sur $[0\,;1]$.

b) f est décroissante sur $[3\,;10]$ mais ne l'est pas sur $[-2\,;1]$.

3.

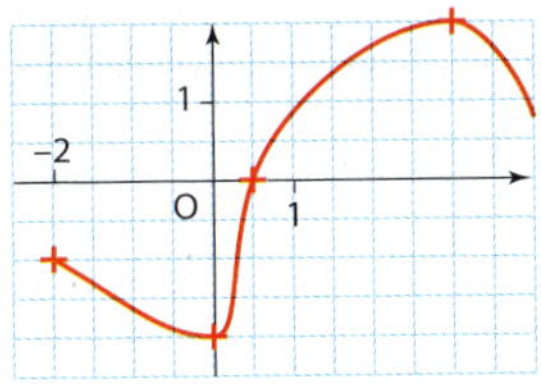

9 C'est faux : $f(0) = 0$ et $f(1) = -\frac{5}{12}$, donc $f(0) > f(1)$ ce qui signifie que f n'est pas croissante sur $[-2\,;3]$.
La fenêtre $-3 \leqslant X \leqslant 3$ et $-2 \leqslant Y \leqslant 4$, par exemple, permet de le voir à l'écran de la calculatrice.

11 **a)** $f(x) \geqslant 1$ pour $x \in \left[-1; \frac{1}{2}\right]$

b) $f(x) > 0$ pour $x \in\,]-2\,;1[$

c) $f(x) \leqslant -1$ pour $x \in [-4\,;-3] \cup [2\,;4]$

d) $f(x) > -3$ pour $x \in\,]-4\,;4]$

12 On étudie la position relative des courbes $\mathscr{C}_f$ et $\mathscr{C}_g$.

a) $f(x) \geqslant g(x)$ pour $x \in [-2\,;1]$

b) $f(x) > g(x)$ pour $x \in\,]-2\,;1[$

c) $f(x) \leqslant g(x)$ pour $x \in [-3\,;-2] \cup [1\,;3]$

18 **a)** $f(x) = 0,10x$

b) $g(x) = 10 + 0,07x$

c) $h(x) = f(x) - g(x) = 0,03x - 10$
h représente l'économie éventuelle réalisée avec l'adhésion.

d) h est une fonction affine croissante.
$h(x) = 0$ pour $x = \frac{1000}{3}$, donc $h(x) > 0$ pour $x > \frac{1000}{3}$. L'adhésion est intéressante à partir de la 334e photo.

Chapitre 4

17 **a)** $5,314^2 < 5,8^2$

b) $(-5,3)^2 < (-5,87)^2$

c) $(1 - \pi)^2 < (-2,5)^2$ (car $-2,5 < 1 - \pi < 0$)

d) $(10^3)^2 < (10^4)^2$

20 **a)**

x	0		10
x^2	0	↗	100

Donc pour $x \in [0\,;10]$, $x^2 \in [0\,;100]$.

b)

x	–5		–3		0
x^2	25	↘	9	↘	0

Donc pour $x \in [-5\,;-3]$, $x^2 \in [9\,;25]$.

c)

x	–8		0		2
x^2	64	↘	0	↗	4

Donc pour $x \in [-8\,;2[$, $x^2 \in [0\,;64]$.

22 **a)**

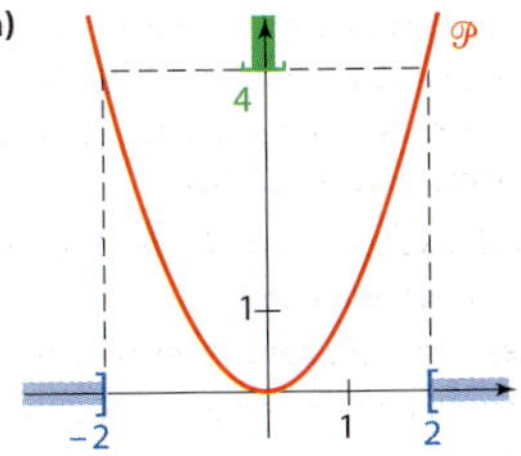

Donc $x^2 \geqslant 4$ lorsque :
$x \in\,]-\infty\,;-2] \cup [2\,;+\infty[$.

38 **a)** $-0,1$ et $-0,99$ sont tous deux négatifs.
Or la fonction inverse est décroissante sur $]-\infty\,;0[$, donc de $-0,1 > -0,99$, on déduit que $\frac{1}{-0,1} < \frac{1}{-0,99}$.

b) $2 + \sqrt{2}$ et $3 + \sqrt{2}$ sont tous deux positifs.
Or la fonction inverse est décroissante sur $]0\,;+\infty[$, donc de $2 + \sqrt{2} < 3 + \sqrt{2}$, on déduit que $\frac{1}{2+\sqrt{2}} > \frac{1}{3+\sqrt{2}}$.

41 **a)**

x		0	2		7
$\frac{1}{x}$	↘	‖	$\frac{1}{2}$	↘	$\frac{1}{7}$

Donc pour $x \in [2\,;7]$,
$\frac{1}{x} \in \left[\frac{1}{7}\,;\frac{1}{2}\right]$.

b)

x		0		5
$\frac{1}{x}$	↘	‖	↘	$\frac{1}{5}$

Donc pour $x \in \left]0\,;5\right]$,

$$\frac{1}{x} \in \left[\frac{1}{5}\,;\,+\infty\right[.$$

c)

x	-2		$-\frac{1}{5}$	0	
$\frac{1}{x}$	$-\frac{1}{2}$	↘	-5	‖	↘

Donc pour $x \in \left]-2\,;\frac{1}{5}\right[$,

$$\frac{1}{x} \in \left[-5\,;-\frac{1}{2}\right[.$$

43

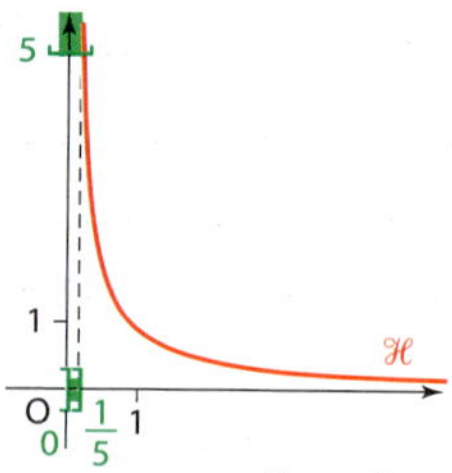

Donc $\frac{1}{x} \geqslant 5$ lorsque $x \in \left]0\,;\frac{1}{5}\right]$.

Chapitre 5

5 **a)** $x \in [0\,;3]$ car le point M décrit le segment [AC].

b) AMNP est un rectangle donc NP = AM = x. De plus, le triangle NPB est rectangle et $\hat{B} = 45°$ car ABC est un triangle rectangle et isocèle. Le triangle NPB est donc aussi isocèle et PB = x d'où $\mathscr{A}(x) = x(3-x)$

$$= -x^2 + 3x$$

Or $-\left(x-\frac{3}{2}\right)^2 + \frac{9}{4} = -\left(x^2 - 3x + \frac{9}{4}\right) + \frac{9}{4}$

$$= -x^2 + 3x$$

d'où $\mathscr{A}(x) = -\left(x + \frac{3}{2}\right)^2 + \frac{9}{4}$

c) $\mathscr{A}(x) = a(x-\alpha)^2 + \beta$

avec $a = -1, \alpha = \frac{3}{2}, \beta = \frac{9}{4}$

$a < 0$ donc $\mathscr{A}$ présente un maximum égal à $\frac{9}{4}$, atteint pour $x = \frac{3}{2}$.

L'aire maximale est $\frac{9}{4}$ pour M milieu de [AC].

7 **a)** Il s'agit de Y_2

$f(x) = 2(x-3)^2 - 7$

avec $a = 2, \alpha = 3, \beta = -7$.

a)

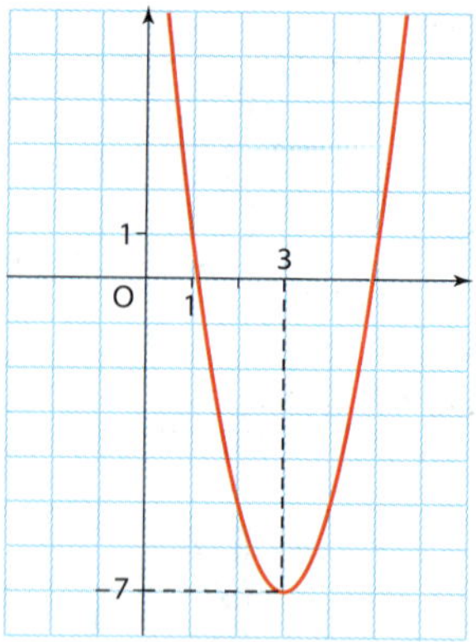

11

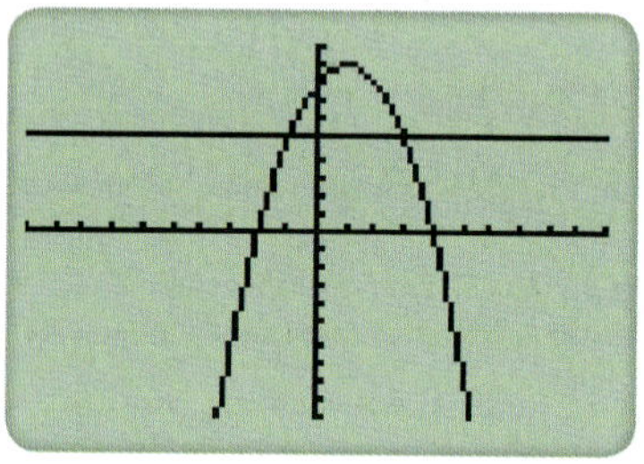

Graphiquement, les solutions de l'équation $f(x) = 5$ sont les abscisses des points d'intersection de $\mathscr{C}$ avec la droite d'équation $y = 5$.

Il y a deux solutions : $x = -1, x = 3$.

Algébriquement, l'équation $f(x) = 5$ s'écrit encore $4 - (x-1)^2 = 0$, ce qui revient à :

$$[2-(x-1)]\,[2+(x-1)] = 0$$

c'est-à-dire $(2-x+1)(2+x-1) = 0$.

$f(x) = 5$ si et seulement si $x = 3$ ou $x = -1$.

$\mathscr{S} = \{-1\,;3\}$.

15 **a)** On choisit la forme factorisée :

$$f(x) = 2\left(x - \frac{3}{2}\right)(x+2)$$

$f(x) = 0$ si, et seulement si,

$$x - \frac{3}{2} = 0 \text{ ou } x + 2 = 0,$$

c'est-à-dire $x = \frac{3}{2}$ ou $x = -2$.

$\mathscr{P}$ coupe l'axe des abscisses en deux points A($\frac{3}{2}$;0) et B(– 2 ; 0).

b) On choisit la forme développée :

$$f(x) = 2x^2 - x - 6.$$

$f(0) = -6$ donc $\mathscr{P}$ coupe l'axe des ordonnées au point C(0 ; – 6).

c) On choisit la forme canonique :

$$f(x) = 2\left(x + \frac{1}{4}\right)^2 - \frac{49}{8}.$$

$a = 2, \alpha = -\frac{1}{4}, \beta = -\frac{49}{8}$.

$a > 0$ donc f est décroissante sur $\left]-\infty\,;-\frac{1}{4}\right]$ et croissante sur $\left]-\frac{1}{4}\,;+\infty\right[$.

d) Le minimum de f est $\beta = -\frac{49}{8}$; il est atteint pour $x = \alpha = -\frac{1}{4}$.

21 **a)** $f_1(x) = \frac{7}{3}x + 2 \quad D_1 = \mathbb{R}$

$f_2(x) = \frac{7}{3x} + 2 \qquad D_2 = \mathbb{R}^*$

$f_3(x) = \frac{7}{3x+2} \qquad D_3 = \left]-\infty\,;-\frac{2}{3}\right[\cup \left]-\frac{2}{3}\,;+\infty\right[$

$f_4(x) = 5x - \frac{1}{x} + 4 \qquad D_4 = \mathbb{R}^*$

$f_5(x) = \frac{5x-1}{x} + 4 \qquad D_5 = \mathbb{R}^*$

$f_6(x) = 5x - \frac{1}{x+4} \qquad D_6 = \left]-\infty\,;-4\right[\cup \left]-4\,;+\infty\right[$

b) • f_1 est une fonction affine, pas une fonction homographique.

• Pour tout réel $x, x \neq 0$,

$f_2(x) = \frac{7}{3x} + \frac{2 \times 3x}{3x} = \frac{6x+7}{3x}$

f_2 est une fonction homographique.

• $f_3(x)$ est de la forme $\frac{ax+b}{cx+d}$ avec $a = 0, b = 7, c = 3, d = 2$.

f_3 est une fonction homographique.

• Pour tout réel $x, x \neq 0, f_4(x) = \frac{5x^2 - 1 + 4x}{x}$.

f_4 n'est pas une fonction homographique.

• Pour tout réel $x, x \neq 0$,

$f_5(x) = \frac{5x - 1 + 4x}{x} = \frac{9x-1}{x}$.

f_5 est une fonction homographique.

• Pour tout réel $x, x \neq -4, f_6(x) = \frac{5x^2 + 20x - 1}{x+4}$.

f_6 n'est pas une fonction homographique.

Chapitre 6

14 **1.** •

x	$-\infty$		$-\frac{5}{2}$		$\frac{1}{3}$		$+\infty$
$3x-1$		$-$		$-$	0	$+$	
$2x+5$		$-$	0	$+$		$+$	
$(3x-1)(2x+5)$		$+$	0	$-$	0	$+$	

2. a) L'ensemble des solutions de l'inéquation $(3x-1)(2x+5) < 0$ est l'intervalle $\left]-\frac{5}{2}\,;\frac{1}{3}\right[$.

b) L'ensemble des solutions de l'inéquation $(3x-1)(2x+5) \geqslant 0$ est $\mathscr{S} = \left]-\infty\,;\frac{5}{2}\right] \cup \left[\frac{1}{3}\,;+\infty\right[$.

21 **1. a)** -3 est solution de l'inéquation (**1**) car $(-3)^2 \geqslant 4$, mais -3 n'est pas solution de l'inéquation (**2**) car $-3 < 2$.

b) Les inéquations (**1**) et (**2**) n'ont donc pas le même ensemble de solutions.

2. a) $x^2 - 4 = (x-2)(x+2)$.

b)

x	$-\infty$		-2		2		$+\infty$
$x-2$		$-$		$-$	0	$+$	
$x+2$		$-$	0	$+$		$+$	
x^2-4		$+$	0	$-$	0	$+$	

c) L'inéquation (**1**) équivaut à :

$$(x+2)(x-2) \geqslant 0.$$

L'ensemble de ses solutions est :

$$\mathcal{S} =]-\infty\,;-2] \cup [2\,;+\infty[.$$

25 **a)**

x	$-\infty$		$\frac{11}{5}$		$\frac{9}{4}$		$+\infty$
$9-4x$		$+$		$+$	0	$-$	
$11-5x$		$+$	0	$-$	0	$-$	
$\frac{9-4x}{11-5x}$		$+$	‖	$-$	0	$+$	

b) L'ensemble des solutions de l'inéquation $\frac{9-4x}{11-5x} > 0$ est :

$$\mathcal{S} =]-\infty\,;\frac{11}{5}[\cup]\frac{9}{4}\,;+\infty[.$$

30 **a)**

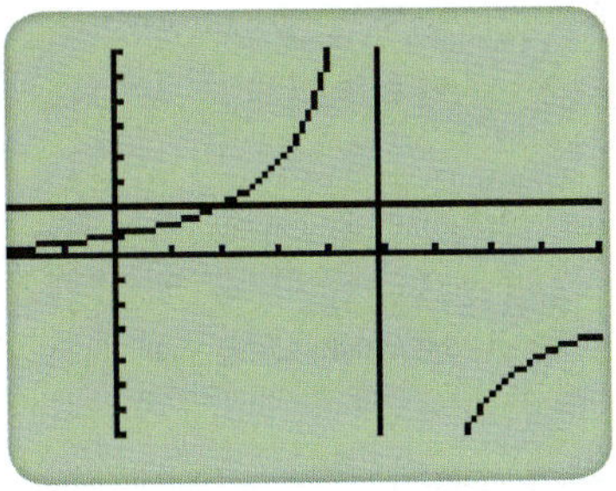

b) Les solutions de l'inéquation $f(x) < 2$ sont les abscisses des points de $\mathscr{C}$ situés strictement en dessous de la droite représentant la fonction affine $x \mapsto 2$.

On lit :

$$\mathcal{S} =]-\infty\,;2[\cup]5\,;+\infty[.$$

c) Pour tout réel $x, x \neq 5$,

$$\frac{x+4}{5-x} - 2 = \frac{x+4-2(5-x)}{5-x} = \frac{3x-6}{5-x}$$

L'inéquation $f(x) < 2$ équivaut à :

$$\frac{3x-6}{5-x} < 0.$$

x	$-\infty$		2		5	
$3x-6$		$-$	0	$+$		$+$
$5-x$		$+$		$+$		$-$
$\frac{3x-6}{5-x}$		$-$	0	$+$	‖	$-$

$\mathcal{S} =]-\infty\,;2[\cup]5\,;+\infty[$

42 **1. a)**

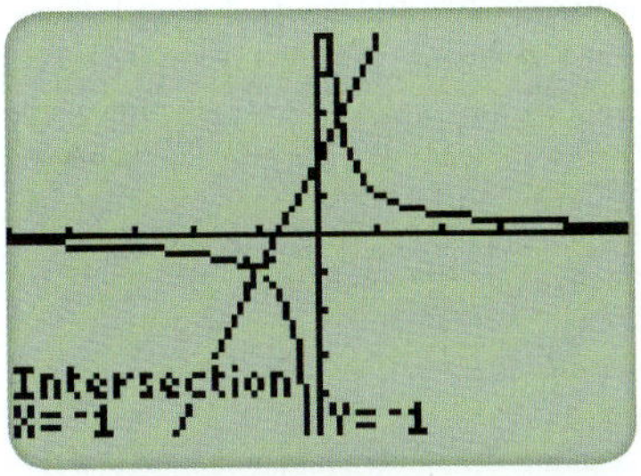

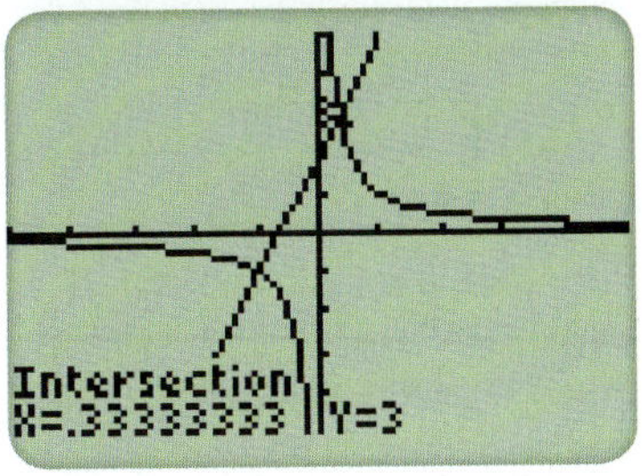

b) On conjecture que les abscisses des points d'intersection de $\mathscr{C}$ et Δ sont $x_1 = -1$ et $x_2 = \frac{1}{3}$ (une valeur approchée de x_2 étant 0,3333).

c) $\mathscr{C}$ est au-dessus de Δ pour :

$$x \leqslant -1 \quad \text{ou} \quad 0 < x \leqslant -\frac{1}{3}.$$

2. a) $\frac{1}{x} - (3x+2) = \frac{1-x(3x+2)}{x} = \frac{-3x^2-2x+1}{x}$

Or $(1-3x)(x+1) = x + 1 - 3x^2 - 3x$
$= -3x^2 - 2x + 1$

donc $\frac{1}{x} - (3x+2) = \frac{(1-3x)(x+1)}{x}$

b)

x	$-\infty$		-1		0		$\frac{1}{3}$		$+\infty$
$1-3x$		$+$		$+$		$+$	0	$-$	
$x+1$		$-$	0	$+$		$+$		$+$	
x		$-$		$-$	0	$+$		$+$	
$\frac{(1-3x)(x+1)}{x}$		$+$	0	$-$	‖	$+$	0	$-$	

c) • $\frac{1}{x} - (3x+2) = 0$ pour $x = -1$ ou $x = \frac{1}{3}$ ce qui valide la conjecture de la question **1. b)**.

• $\frac{1}{x} - (3x+2) \geqslant 0$ pour $x \leqslant -1$ ou $0 < x \leqslant \frac{1}{3}$ ce qui valide la conjecture de la question **1. c)**.

Chapitre 7

1 $\widehat{IOA} = \frac{180}{\pi} \times \frac{\pi}{3} = 60°$

$\widehat{IOB} = \frac{180}{\pi} \times \frac{4\pi}{5} = 144°$

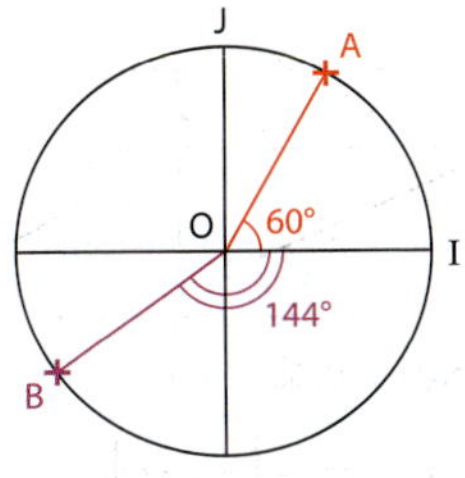

7 **a)** $\frac{\pi}{6} - \left(-\frac{11\pi}{6}\right) = 2\pi$; les deux réels ont le même point image.

b) $-\frac{\pi}{4} - \frac{5\pi}{4} = -\frac{3\pi}{2}$; les deux réels n'ont pas le même point image.

c) $-\frac{\pi}{3} - \frac{8\pi}{3} = -3\pi$; les deux réels n'ont pas le même point image.

9 **a)** $-\frac{\pi}{6} + 2\pi = \frac{11\pi}{6}$ et $-\frac{\pi}{6} - 2\pi = -\frac{13\pi}{6}$ ont le même point image sur $\mathscr{C}$ que $-\frac{\pi}{6}$.

b) $-\frac{3\pi}{4} + 2\pi = \frac{5\pi}{4}$ et $-\frac{3\pi}{4} + 4\pi = \frac{13\pi}{4}$ ont le même point image sur $\mathscr{C}$ que $-\frac{3\pi}{4}$.

c) Les réels qui ont le même point image sur $\mathscr{C}$ que $\frac{\pi}{12}$ sont les réels $\frac{\pi}{12} + k \times 2\pi$ où k est un entier relatif.

10

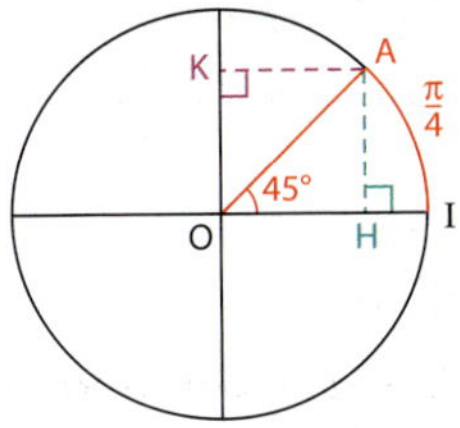

Le triangle OAH est rectangle isocèle en H ; le théorème de Pythagore donne :

$OH^2 + AH^2 = OA^2$ donc $2OH^2 = 1$, $OH^2 = \frac{1}{2}$ et $OH = \frac{\sqrt{2}}{2}$. On a aussi $AH = \frac{\sqrt{2}}{2}$.

D'où $\cos\frac{\pi}{4} = \frac{\sqrt{2}}{2}$ et $\sin\frac{\pi}{4} = \frac{\sqrt{2}}{2}$.

13 **a)** $\cos\left(-\frac{\pi}{3}\right) = \cos\frac{\pi}{3} = \frac{1}{2}$

$\sin\left(-\frac{\pi}{3}\right) = -\sin\frac{\pi}{3} = -\frac{\sqrt{3}}{2}$

b) $\cos\frac{3\pi}{4} = -\cos\frac{\pi}{4} = -\frac{\sqrt{2}}{2}$

$\sin\frac{3\pi}{4} = \sin\frac{\pi}{4} = \frac{\sqrt{2}}{2}$

c) $\cos\frac{7\pi}{6} = -\cos\frac{\pi}{6} = -\frac{\sqrt{3}}{2}$

$\sin\frac{7\pi}{6} = -\sin\frac{\pi}{6} = -\frac{1}{2}$

19 **a)** $x \approx -0{,}65$ **b)** $x \approx 2{,}49$.

Chapitre 8

5 **a)** • C(0 ; 0), M(1 ; 0), B(0 ; 1).

• CM = CD = ED et les points E, D, C et M sont alignés, donc D(– 1 ; 0) et E(– 2 ; 0).

• CB = CG = GN et les points B, C, G et N sont alignés, donc G(0 ; – 1) et N(0 ; – 2).

• ABCD est un carré, donc (AD) ⊥ (DC), donc A et D ont même abscisse. (AB) ⊥ (BC), donc A et B ont même ordonnée. Donc A(– 1 ; 1).

• De la même façon, on trouve que F(– 2 ; –1).

b) • $x_I = \dfrac{x_M + x_N}{2} = \dfrac{1+0}{2} = \dfrac{1}{2}$ et

$y_I = \dfrac{y_M + y_N}{2} = \dfrac{0+(-2)}{2} = -1.$

Donc $I\left(\dfrac{1}{2} ; -1\right)$.

• $x_J = \dfrac{x_E + x_I}{2} = \dfrac{-2+\dfrac{1}{2}}{2} = \dfrac{-3}{4}$ et

$y_J = \dfrac{y_E + y_I}{2} = \dfrac{0+(-1)}{2} = -\dfrac{1}{2}.$

Donc $J\left(-\dfrac{3}{4} ; -\dfrac{1}{2}\right)$.

10 **a)** On note I et J les milieux respectifs des segments [PR] et [QS].

$x_I = \dfrac{x_P + x_R}{2} = \dfrac{-4+2}{2} = -1$ et

$y_I = \dfrac{y_P + y_R}{2} = \dfrac{-1+2}{2} = \dfrac{1}{2}.$

Le même type de calcul pour J donne $x_J = -1$ et $y_J = \dfrac{1}{2}$.

Donc I et J sont confondus.

b) Les diagonales du quadrilatère PQRS ont le même milieu. C'est donc un parallélogramme.

12 **a)** $x_I = \dfrac{x_B + x_C}{2} = \dfrac{2+(-1)}{2} = \dfrac{1}{2}$ et

$y_I = \dfrac{y_B + y_C}{2} = \dfrac{4+3}{2} = \dfrac{7}{2}.$

b) Si ABEC est un parallélogramme, alors ses diagonales ont le même milieu, donc I doit être le milieu de [AE]. On note $E(x_E ; y_E)$, ce qui donne :

$\dfrac{1}{2} = \dfrac{x_A + x_E}{2} = \dfrac{3 + x_E}{2}$, donc $3 + x_E = 1$,

soit $x_E = -2$ et $\dfrac{7}{2} = \dfrac{y_A + y_E}{2} = \dfrac{1 + y_E}{2}$, donc $y_E = 6$.

19 **a)** $AC = \sqrt{(x_C - x_A)^2 + (y_C - y_A)^2}$

$= \sqrt{((-7)-(-1))^2 + ((-1)-2)^2}$

$= \sqrt{(-6)^2 + (-3)^2}$

$= \sqrt{45} = 3\sqrt{5}$

b) Il suffit d'utiliser la réciproque du théorème de Pythagore.

Or $AC^2 = 45$. De la même façon, on calcule :

$BC^2 = (x_C - x_B)^2 + (y_C - y_B)^2$

$= ((-7)-(-3))^2 + ((-1)-6)^2$

$= (-4)^2 + (-7)^2$

$= 65$

et $AB^2 = (x_B - x_A)^2 + (y_B - y_A)^2$

$= ((-3)-(-1))^2 + (6-2)^2$

$= 20.$

On a donc $BC^2 = AC^2 + AB^2$, on en déduit que le triangle ABC est rectangle en A.

29 **a)** A et B n'ont pas la même abscisse, donc la droite (AB) est bien la représentation graphique d'une fonction affine f dont l'expression est du type $f(x) = mx + p$. Comme A est un point de sa droite représentative, on a $f(-2) = 1$, donc $-2m + p = 1$.

De la même façon pour le point B, on trouve $f(3) = 3$ donc $3m + p = 3$.

D'où :

$(3m + p) - (-2m + p) = 3 - 1$

soit $5m = 2$ c'est-à-dire $m = \dfrac{2}{5}$.

On reporte alors cette valeur dans l'équation $-2m + p = 1$ par exemple pour trouver p.

$-2 \times \dfrac{2}{5} + p = 1$ donc $p = 1 + \dfrac{4}{5} = \dfrac{9}{5}$.

D'où $f(x) = \dfrac{2}{5}x + \dfrac{9}{5}$.

b) $f(x_C) = \dfrac{2}{5} \times 1 + \dfrac{9}{5} = \dfrac{11}{5} = y_C$ donc C est sur la droite (AB). Donc les points A, B et C sont alignés.

c) $f(45) = \dfrac{99}{5}$, donc $f(x_D) \neq y_D$ et D n'est pas sur la droite (AB). Les points A, B et D ne sont pas alignés.

36 • ABC est isocèle en A, donc AB = AC. D est le symétrique de B par rapport à A, donc AB = AD. Le cercle de centre A et de rayon AB passe donc par B, C et D. C'est donc le cercle circonscrit au triangle BCD.

• Par ailleurs, B et D sont alignés avec A, le centre du cercle, donc [BD] est un diamètre de ce cercle.

• Le triangle BCD est inscrit dans un cercle et son côté [BD] est un diamètre de ce cercle. Il est donc rectangle en C.

38 I est le centre du cercle inscrit au triangle ABC, puisqu'il est le point d'intersection de deux de ses bissectrices. Donc (AI) est la troisième bissectrice du triangle ABC, relative à l'angle $\widehat{BAC}$ et donc (AI) est aussi la bissectrice du triangle ADE issue de A.

• Elle passe donc par le centre du cercle inscrit de ADE, qui est K, puisque K est l'intersection des deux autres bissectrices de ADE.

• Les points A, I et K sont donc alignés.

39

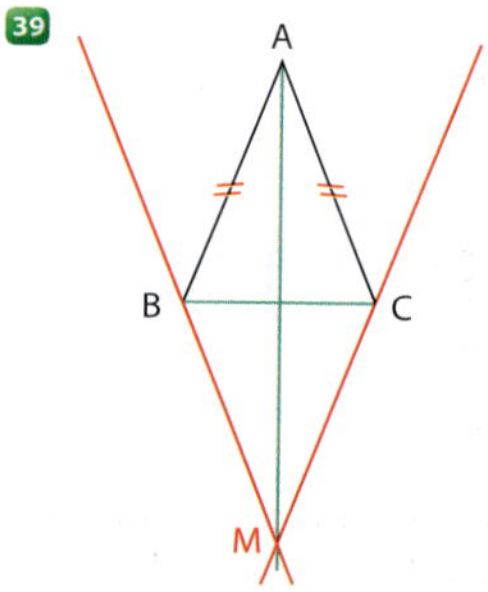

• La figure laisse penser que ABMC est un losange.

• (BM)//(AC) et (AB)//(CM) par construction, donc le quadrilatère ABMC a ses côtés opposés parallèles deux à deux. Donc c'est un parallélogramme.

• Or il a également deux côtés consécutifs de même longueur. C'est donc un losange.

• Ses diagonales (AM) et (BC) sont donc perpendiculaires.

Chapitre 9

4 **a)** $y_A = 14$

b) $y_B = 29$

c) On résout $4 = \dfrac{5}{2}x - 1$ donc $x_C = 2$.

d) On résout $-\dfrac{1}{2} = \dfrac{5}{2}x - 1$ donc $x_D = \dfrac{1}{5}$.

6 • d_1 : pour $x = 0$, $y = 5$ donc d_1 passe par le point de coordonnées (0 ; 5). De même d_1 passe par le point de coordonnées (10 ; 0).

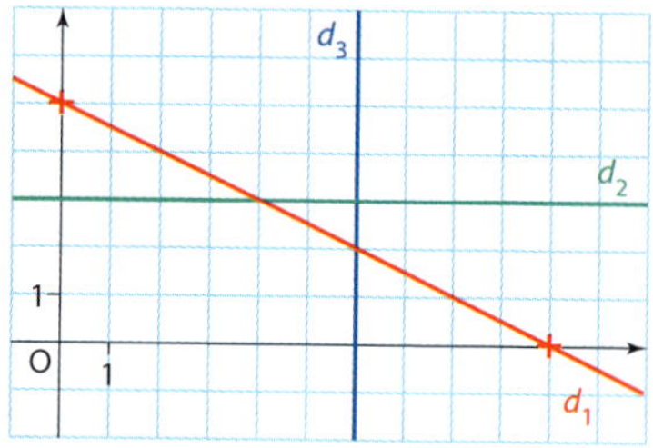

11 • Droite (AB) :

$$m = \frac{1-(-1)}{2-1} = 2 ;$$

on trouve p en résolvant l'équation $y_A = mx_A + p$ autrement dit $-1 = 2 \times 1 + p$. On en déduit $p = -3$ puis l'équation $y = 2x - 3$ de (AB). On peut vérifier avec GeoGebra.

• La droite (CD) admet $x = -5$ pour équation car $x_C = x_D = -5$.

25 **a)** Le coefficient directeur de la droite (AB) est : $\dfrac{0-\dfrac{1}{2}}{\dfrac{1}{6}-\dfrac{1}{3}} = \dfrac{\dfrac{-1}{2}}{\dfrac{-1}{6}} = \dfrac{-1}{2} \times \left(\dfrac{-6}{1}\right) = 3.$

Le coefficient directeur de la droite (CD) est : $\dfrac{1-\left(\dfrac{-2}{3}\right)}{\dfrac{5}{9}-0} = \dfrac{\dfrac{5}{3}}{\dfrac{5}{9}} = 3.$

Les droites (AB) et (CD) sont donc parallèles.

b) Le coefficient directeur de la droite (AC) est $\dfrac{7}{2}$ et celui de la droite (BD) est $\dfrac{18}{7}$. Les droites (AC) et (BD) sont sécantes.

29 **a)** d et d' ont des coefficients directeurs différents ($2 \neq 4$) donc elles sont sécantes.

b) Les coordonnées de $A(x_A ; y_A)$ vérifient l'équation : $\begin{cases} y_A = 2x_A + 4 \\ y_A = 4x_A - 10 \end{cases}$, donc $2x_A + 4 = 4x_A - 10$

donc $2x_A = 14$, soit $x_A = 7$.

D'où $y_A = 2 \times 7 + 4 = 18$.

D'où : A(7 ; 18).

Chapitre 10

4 **a)** $\overrightarrow{DD'}$ est le représentant d'origine D du vecteur $\overrightarrow{AC}$.

b) $\overrightarrow{A'A}$ est le représentant d'extrémité A du vecteur $\overrightarrow{BC}$.

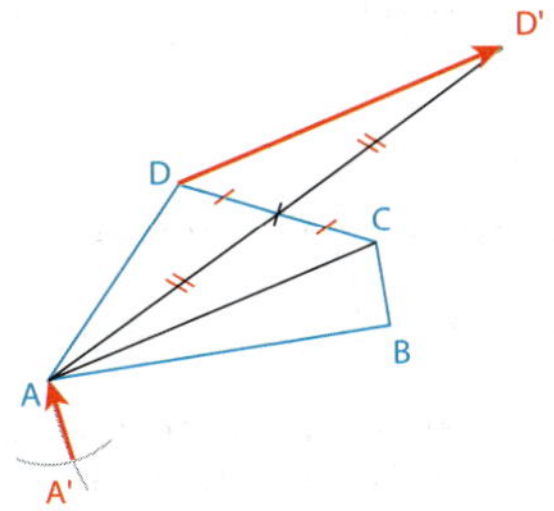

8 ABCD est un parallélogramme, donc : $\overrightarrow{AB} = \overrightarrow{DC}$; ABEF est un parallélogramme, donc $\overrightarrow{AB} = \overrightarrow{FE}$.

Ainsi, $\overrightarrow{DC} = \overrightarrow{FE}$, ce qui prouve que CDFE est un parallélogramme.

13 **a)**

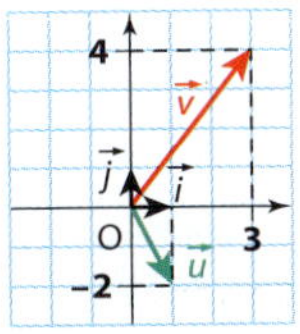

b)

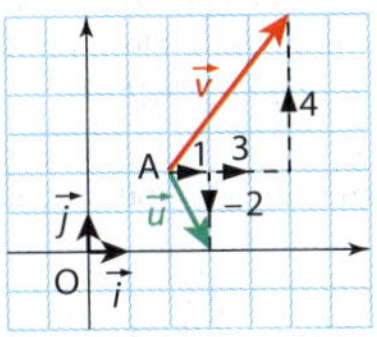

16 $\overrightarrow{AB}(3\,;-5)$; $\overrightarrow{AD}(8\,;2)$

$\overrightarrow{AC}(11\,;-3)$; $\overrightarrow{DC}(3\,;-5)$

b) $\overrightarrow{AB} = \overrightarrow{DC}$ donc ABCD est un parallélogramme.

c) Le point d'intersection des diagonales [AC] et [BD] est leur milieu O.

$x_O = \dfrac{x_A + x_C}{2} = \dfrac{7}{2}$ et $y_O = \dfrac{y_A + y_C}{2} = \dfrac{1}{2}$

Donc $O\left(\dfrac{7}{2};\dfrac{1}{2}\right)$.

19 $\overrightarrow{AB}(-1\,;-4)$; $\overrightarrow{AC}(2\,;1)$ donc $\overrightarrow{AB} + \overrightarrow{AC}\,(1\,;-3)$.

Or $\overrightarrow{AD}\,(x_D - 3\,;y_D - 3)$, donc $\begin{cases} x_D - 3 = 1 \\ y_D - 3 = -3 \end{cases}$

ainsi $\begin{cases} x_D = 4 \\ y_D = 0 \end{cases}$.

Le point D a pour coordonnées (4 ; 0).

24 **a)** $\overrightarrow{AD} = \overrightarrow{AB} + \overrightarrow{BC} = \overrightarrow{AC}$ (relation de Chasles) donc D = C.

b) $\overrightarrow{AB} + \overrightarrow{AC} = \overrightarrow{AE}$ (règle du parallélogramme).

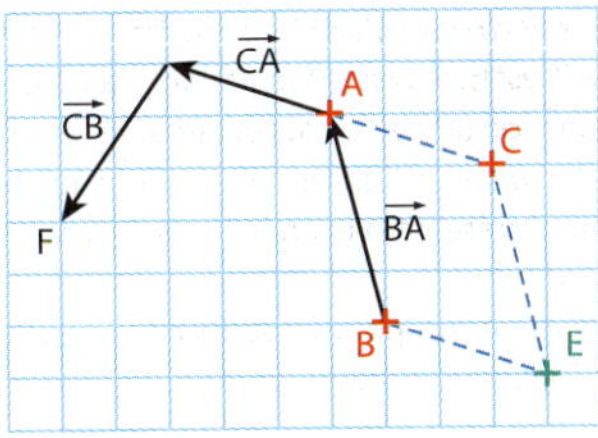

28 $\vec{u} = \overrightarrow{AC} + \overrightarrow{BA} + \overrightarrow{CB}$

$\vec{u} = \overrightarrow{AC} + \overrightarrow{CB} + \overrightarrow{BA}$

$\vec{u} = \overrightarrow{AC} + \overrightarrow{CA}$

$\vec{u} = \overrightarrow{AA}$

$\vec{u} = \vec{0}$

33

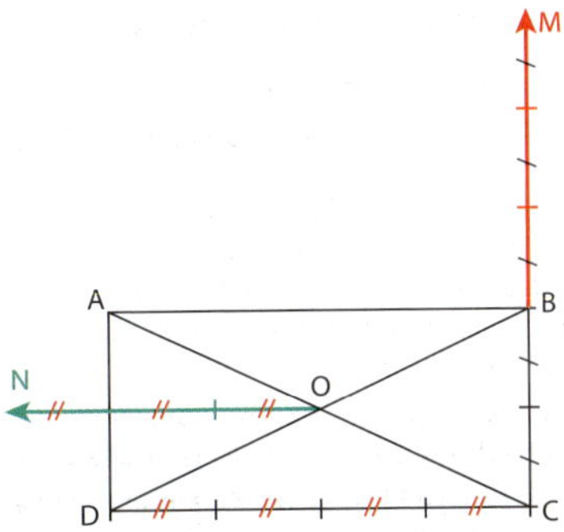

37 **a)** $\lambda = -\dfrac{1}{2}$; $\lambda' = -\dfrac{3}{4}$.

b) • $\overrightarrow{MA} = \dfrac{1}{3}\overrightarrow{MB}$

• $\overrightarrow{BM} = -3\overrightarrow{MA}$

• $\overrightarrow{NC} = \dfrac{7}{3}\overrightarrow{NA}$

• $\overrightarrow{AC} = \dfrac{4}{3}\overrightarrow{NA}$

49 **a)** $\overrightarrow{AB}(5\,;2)$; $\overrightarrow{AC}\left(3;\dfrac{6}{5}\right)$.

Les points A, B et C sont alignés si, et seulement si, les vecteurs $\overrightarrow{AB}$ et $\overrightarrow{AC}$ sont colinéaires.

Ce qui est le cas car :

$$5 = \frac{5}{3} \times 3 \text{ et } 2 = \frac{5}{3} \times \frac{6}{5}.$$

Donc A, B et C sont alignés.

b) $\overrightarrow{AB}(5\,;2)$; $\overrightarrow{AD}\left(\dfrac{49}{2};\dfrac{49}{5}\right)$.

Les points A, B et D sont alignés si, et seulement si, les vecteurs $\overrightarrow{AB}$ et $\overrightarrow{AD}$ sont colinéaires.

Ce qui est le cas car :

$$5 = \frac{10}{49} \times \frac{49}{2}$$

et :

$$2 = \frac{10}{49} \times \frac{49}{5}.$$

Donc A, B et D sont alignés.

Chapitre 11

2 **a)**

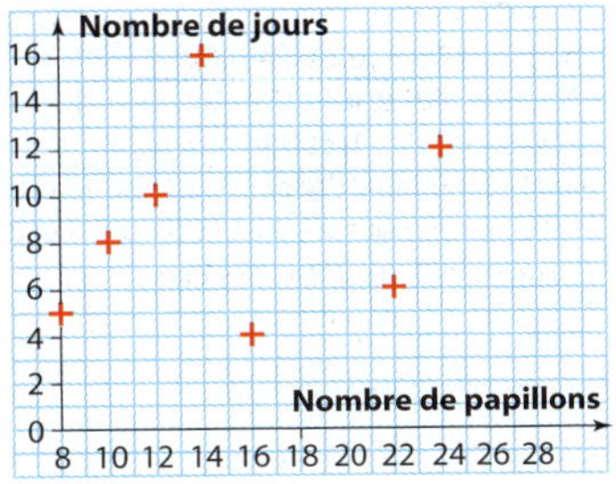

b)

Nombre de papillons	8	10	12	14	16	18	20	22	24
Effectifs cumulés croissants (en jours)	5	13	23	39	43	43	43	49	61

c) Il y a eu 23 jours à 12 papillons ou moins.

6

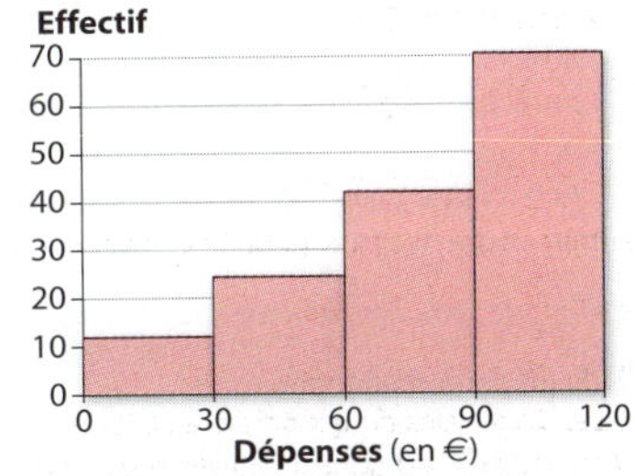

9

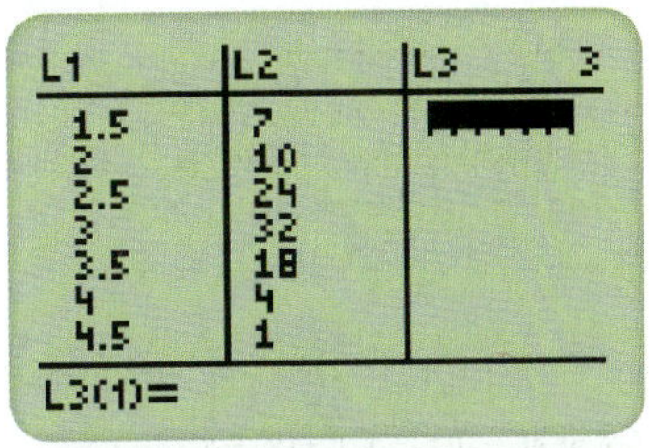

La taille moyenne des requins est environ 2,81 m.

11 **a)** • Les valeurs sont rangées par ordre croissant.

• Le magasin compte 43 ordinateurs. N = 43 est impair, 43 = 21 + 1 + 21, donc la médiane est la 22e valeur ; Me = 250.

• $2+9+11=22$, il y a 22 ordinateurs de capacité de disque dur inférieure ou égale à 250 Go.
$\frac{22}{43}\times 100 \approx 51{,}1$ donc environ 51,1 % des ordinateurs ont une capacité de disque dur inférieure ou égale à la médiane.

b) • $\frac{45}{4}=10{,}75$, donc Q_1 est le 11e ordinateur ; $Q_1=160$.

• $\frac{3}{4}\times 43=32{,}25$, donc Q_3 est le 33e ordinateur ; $Q_3=500$.

• $[Q_1\,;Q_3]=[160\,;500]$.

D'après le tableau, $9+11+7+5=34$ ordinateurs sont situés dans cet intervalle.
$\frac{34}{43}\times 100 \approx 79$, donc environ 79 % des ordinateurs sont situés entre Q_1 et Q_3.

Chapitre 12

1 **a)** Le modèle 2 est celui qui semble convenir car les fréquences d'apparition des issues 2, 4, 6, 8, 10, 12 sont approximativement égales : cela correspond donc à la loi équirépartie sur $\{2\,;4\,;6\,;8\,;10\,;12\}$.
b) C'est le modèle 2 qui convient. En effet, chaque nombre entre 1 et 6 a la même probabilité $\left(p=\frac{1}{6}\right)$ de sortir donc chaque issue 2, 4, 6, 8, 10, 12 a la même probabilité de sortir.

8 **a)** Le tirage est fait au hasard donc chaque boule a la même chance d'être tirée.
Il y a 20 % de boules rouges et donc 80 % de boules noires.
Ainsi, il y a quatre fois plus de chances de tirer une boule noire qu'une boule rouge.
On choisit donc la loi de probabilité suivante :

Couleur	N	R
Probabilité	0,8	0,2

10 **a)**

Issue	1	2	3	4
Probabilité	$\frac{1}{10}$	$\frac{2}{10}$	$\frac{3}{10}$	$\frac{4}{10}$

b) $p(A)=\frac{1}{10}+\frac{3}{10}=\frac{2}{5}$;

$p(B)=\frac{3}{10}+\frac{4}{10}=\frac{7}{10}$

12 **a)** $p(A)=\frac{8}{32}=\frac{1}{4}$.

b) $p(B)=\frac{4}{32}=\frac{1}{8}$.

19 **a)** $A=\{1\}$; $B=\{3\,;4\,;5\,;6\}$; $C=\{2\,;4\,;6\}$.

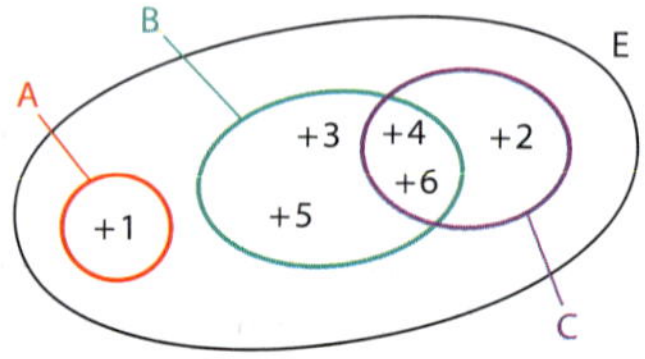

b) $A\cup B=\{1\,;3\,;5\,;4\,;6\}$, $B\cap C=\{4\,;6\}$.

$p(A)=\frac{1}{6}$; $p(B)=\frac{4}{6}=\frac{2}{3}$; $p(C)=\frac{3}{6}=\frac{1}{2}$;

$p(A\cup B)=\frac{5}{6}$; $p(B\cap C)=\frac{2}{6}=\frac{1}{3}$.

21 **a)**

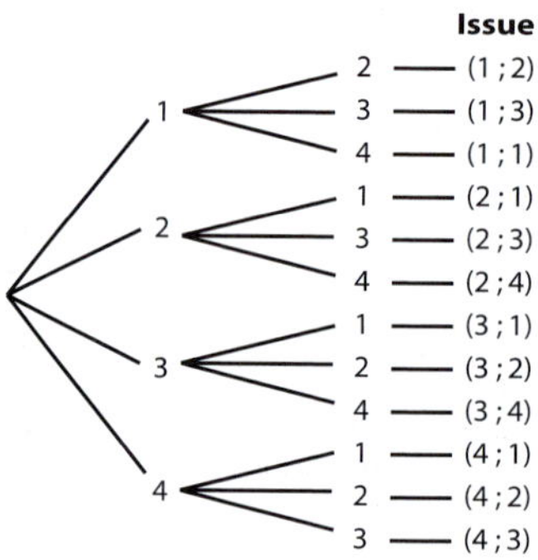

b) $A=\{(2\,;1)\,;(2\,;3)\,;(2\,;4)\}$;
$B=\{(1\,;4)\,;(2\,;3)\,;(3\,;2)\,;(4\,;1)\}$.
c) $A\cap B=\{(2\,;3)\}$.
d) $p(A)=\frac{3}{12}=\frac{1}{4}$; $p(B)=\frac{4}{12}=\frac{1}{3}$;

$p(A\cap B)=\frac{1}{12}$.

e) $p(A\cup B)=p(A)+p(B)-p(A\cap B)=\frac{6}{12}=\frac{1}{2}$;
$A\cup B=\{(2\,;1),(2\,;3),(2\,;4),(1\,;4),(3\,;2),(4\,;1)\}$
donc $p(A\cup B)=\frac{6}{12}=\frac{1}{2}$.

23 **a)** A : « La personne s'intéresse à la pêche ».
B : « La personne s'intéresse à la lecture ».

$p(A)=\frac{10}{20}=\frac{1}{2}$; $p(B)=\frac{8}{20}=\frac{2}{5}$;

$p(\overline{A\cup B})=\frac{5}{20}=\frac{1}{4}$.

b) $p(A\cup B)=1-p(\overline{A\cup B})=\frac{3}{4}$.

c) $p(A\cap B)=p(A)+p(B)-p(A\cup B)=\frac{3}{20}$.

Chapitre 13

12 **a)** $p=0{,}31$; $n=50$ donc l'intervalle de fluctuation au seuil de 95 % est :

$$\left[0{,}31-\frac{1}{\sqrt{50}}\,;\,0{,}31+\frac{1}{\sqrt{50}}\right]$$

c'est-à-dire environ $[0{,}17\,;0{,}45]$.
b) $f=\frac{15}{50}=0{,}3$. Donc $f\in[0{,}17\,;0{,}45]$, l'échantillon est représentatif de la population.
c) $f'=\frac{\text{nombre d'élèves aux yeux bleus}}{\text{nombre d'élèves dans la classe}}$.
Vérifier ensuite si $f'\in[0{,}17\,;0{,}45]$.

16 **a)** f semble se stabiliser autour de 0,2.
b) $f=0{,}2$; $n=160$ donc la fourchette de sondage au niveau 0,95 est $\left[0{,}2-\frac{1}{\sqrt{160}}\,;\,0{,}2+\frac{1}{\sqrt{160}}\right]$
c'est-à-dire environ $[0{,}12\,;0{,}28]$.
c) D'après la fourchette de sondage, p a 95 % de chance d'être dans l'intervalle $[0{,}12\,;0{,}28]$.
Or il faudrait que $p\approx 0{,}33$ pour que la direction embauche. Il ne faut pas embaucher.

A - B

C

D

E

F

H

I

L

M

N

O

Crédits photographiques
21 CORBIS / Tim Pannell ; **30 d** GETTY IMAGES France / Gary Yeowell ; **30 g** EYEDEA / GAMMA / KPA / c40 ; **37** GETTY IMAGES France / Andrew Kornylak ; **59** COSMOS / SPL / Peter Aprahaman ; **69** MASTERFILE France / Mark Leibowitz ; **70** GETTY IMAGES France / Steve Dunwell ; **76 d** MAXPPP / Gero Breloer ; **76 g** Archives Nathan ; **77** Droits Réservés ; **79** ASA-Pictures / Jean-Philippe Rousseille ; **87** BSIP / Photo Researchers / Hank Morgan ; **91** PHOTONONSTOP / Tips / Chromorange RM ; **95** FOTOLIA ; **96 d** REA / Antoine Devouard ; **96 g** GETTY IMAGES France / Frederic Pacorel ; **97** HANOTEAU Frederic ; **105** Peugeot ; **106** HEMIS / Bertrand Rieger ; **112** Droits Réservés ; **114 d** REA / Christophe Ena ; **114 g** GETTY IMAGES France / VolcanoDiscovery / Tom Pfeiffer ; **115** REA / Antoine Devouard ; **124** MAXPPP / Bruno Couderc ; **129** REA / Ian Hanning ; **130 bas** GELUCK Philippe ; **130 ht** REA / Ronald Frommann ; **131** BIOSPHOTO / OSF / Alain Christof ; **142** REA / Frank Heuer ; **148 bas** DPPI / IMACOM / François van Nalleghem ; **148 ht** Observatoire de Paris ; **153** KR IMAGES / L. Cheviet ; **165** SUNSET / Juniors Bildarchiv ; **172 ht** BRIDGEMAN – GIRAUDON ; **172 bas** BSIP / Stephen Gerard ; **173** CORBIS / Chris Hellier ; **174** CORBIS / Riccardo Spila ; **185** UMA / Philippe Montigny ; **186** CORBIS / Arctic-Images ; **192 ht** HANOTEAU Frederic ; **192 bas** Gérard Vandystadt / Regards du Sport - vandystadt.com ; **193 m** CORBIS / Nasa ; **204** Le Comptoir des Pierres ; **211** SAGAPHOTO.com / Patrick Forget ; **216 ht** Gérard Vandystadt / Regards du Sport - vandystadt.com ; **216 bas** GETTY IMAGES France / Max Dannenbaum ; **221** SIPA PRESS / AP / Peter Dejong ; **222** GETTY IMAGES France / Ed George ; **223** CORBIS / Amos Nachoum ; **225** SIPA PRESS / Efe Agencia / Alberto Estevez ; **228** CORBIS / Epa / Tolga Bozoglu ; **229** EYEDEA / NPL / David Fleetham ; **230** UMA / Laurent Zabulon ; **232** CIEL ET ESPACE / GSFC / Nasa ; **236** EYEDEA / Top / Jarry-Tripelon ; **238 ht** COSMOS / SPL / Royal Astronomical So ; **238 bas** REA / Benoit Decout ; **239 bas** CIT'IMAGES/CIT'EN SCENE / Benoite Fanton ; **239 ht** CORBIS / Alain Nogues ; **242** CORBIS / Solus-Veer ; **260 bas** PANORAMIC / JB Autissier ; **260 ht** PHOTONONSTOP / Christian Arnal ; **260 m** Droits Réservés ; **261** CORBIS / Matthias Kulka ; **261 ht** EYEDEA / Gamma / Rossi Xavier ; **262** CORBIS / epa / Dominic Favre ; **264** MAGNUM Photos / Peter Marlow ; **267** FOTOLIA / Christy Thompson ; **270** URBA IMAGES/AIR IMAGES / F. Achdou ; **276 bas** AFP / Christophe Simon ; **276 ht** AFP / Saul Loeb.

Édition : Carole Trierweiler, Alice Fragonard
Conception graphique : Marc Henry
Couverture : Marc & Yvette
Schémas : COREDOC
Iconographie : Juliette Barjon
Composition et photogravure : Soft Office

Imprimé en Italie par «La Tipografica Varese S.p.A.» Varese
N° d'editeur 10206629
Dépôt légal juillet 2014